考研数学系列

满分线性代数辅导讲义

主　编　杨　威
副主编　樊松涛

西安电子科技大学出版社

本书是为准备考研的学生复习线性代数而编写的一本辅导讲义，由编者近年来的考研强化辅导班笔记改写而成。本书可供考研科目为数学一、数学二、数学三的考生使用。全书分为六章，包括行列式、矩阵、向量、线性方程组、矩阵的特征值和特征向量及二次型等内容，书末附有习题参考答案。

本书结构清晰，内容翔实，可作为考研学子的辅导教材。

图书在版编目(CIP)数据

满分线性代数辅导讲义 / 杨威主编. --西安：西安电子科技大学出版社，2024.3
ISBN 978 - 7 - 5606 - 6923 - 6

Ⅰ. ①满… Ⅱ. ①杨… Ⅲ. ①线性代数—研究生—入学考试—自学参考资料 Ⅳ. ①O151.2

中国国家版本馆 CIP 数据核字(2023)第 122147 号

策　　划　戚文艳
责任编辑　于文平
出版发行　西安电子科技大学出版社(西安市太白南路 2 号)
电　　话　(029)88202421　88201467　　邮　　编　710071
网　　址　www.xduph.com　　电子邮箱　xdupfxb001@163.com
经　　销　新华书店
印刷单位　陕西天意印务有限责任公司
版　　次　2024 年 3 月第 1 版　2024 年 3 月第 1 次印刷
开　　本　787 毫米×1092 毫米　1/16　印张 14.75
字　　数　347 字
定　　价　37.00 元
ISBN 978 - 7 - 5606 - 6923 - 6/O
XDUP 7225001 - 1

前　言

线性代数是考研数学的重要组成部分之一，在考试中以最短的时间拿到线性代数的满分是学习本书的目的。

本书严格按照教育部考试中心考研数学考试大纲编写，对数学一、数学二、数学三的考生具有普适性。全书分为六章，每章均由考情分析、知识结构网络图、基本内容和重要结论、典型例题分析及习题演练五部分组成。其中考情分析分别给出了考研大纲、本章知识特点及考研真题分析。本书具有以下特色：

(1) 归纳总结了覆盖考研大纲的 88 个线性代数知识点。

(2) 给出了包含历年考研真题在内的 310 道典型题目。

(3) 深度剖析典型例题，其中包括“思路”“解/证明”“评注”和“秘籍”四个部分。“思路”告诉同学们针对该题应该怎样入手；“解/证明”给出了该题的详细解题/证明过程；“评注”给出了该题考查的知识点及注意事项；“秘籍”给出了该题的解题技巧和关键结论。

本书非常适合有一定基础的参加研究生入学考试的同学强化复习线性代数使用。针对零基础的同学，可以先学习本书作者编写的《满分线性代数(第二版)》，以补充线性代数的基础知识。

另外，为了更好地帮助同学们进行考研复习，本人所在的教学团队开设了微信公众号——杨威满分线性代数，同学们可以在公众号里获得最新的考研线性代数学习资料。衷心祝福广大学子考研成功！

微信公众号：杨威满分线性代数

感谢西安电子科技大学出版社的编辑们为本书的出版付出的辛勤劳动。书中难免存在不妥之处，恳请同行和读者批评指正。

杨　威

2024 年 1 月

目　录

第 1 章　行列式 …………………………… 1

1.1　考情分析 …………………………… 1

1.1.1　2023 版考研大纲 …………………… 1

1.1.2　行列式的特点 ………………………… 1

1.1.3　考研真题分析 ………………………… 1

1.2　行列式知识结构网络图 ……………… 2

1.3　基本内容和重要结论 ………………… 3

1.3.1　1 阶、2 阶和 3 阶行列式 …………… 3

1.3.2　排列及排列的逆序数 ……………… 3

1.3.3　n 阶行列式的定义…………………… 3

1.3.4　行列式的性质 ………………………… 4

1.3.5　余子式、代数余子式和 k 阶子式…… 5

1.3.6　行列式按行(列)展开定理 ………… 5

1.3.7　行列式展开定理的推论 …………… 5

1.3.8　特殊行列式的计算 ………………… 6

1.3.9　克莱姆法则(行列式的应用) ……… 9

1.3.10　克莱姆法则相关结论 …………… 10

1.3.11　行列式与矩阵的区别 …………… 10

1.3.12　方阵的行列式公式 ……………… 11

1.3.13　余子式和代数余子式问题 ……… 11

1.3.14　行列式与矩阵的秩 ……………… 12

1.3.15　行列式与特征值 ………………… 12

1.3.16　其他结论 ………………………… 12

1.4　典型例题分析 ………………………… 13

1.5　习题演练 ……………………………… 26

第 2 章　矩阵 ………………………………… 29

2.1　考情分析 ……………………………… 29

2.1.1　2023 版考研大纲……………………… 29

2.1.2　矩阵的特点 ………………………… 29

2.1.3　考研真题分析 ……………………… 29

2.2　知识结构网络图 ……………………… 30

2.2.1　矩阵知识结构网络图 ……………… 30

2.2.2　矩阵的秩知识结构网络图 ………… 31

2.3　基本内容和重要结论 ………………… 32

2.3.1　矩阵的概念 ………………………… 32

2.3.2　矩阵的线性运算 …………………… 32

2.3.3　矩阵乘法运算 ……………………… 33

2.3.4　方阵的幂运算 ……………………… 33

2.3.5　方阵的行列式 ……………………… 35

2.3.6　矩阵的转置 ………………………… 35

2.3.7　矩阵的逆 …………………………… 35

2.3.8　伴随矩阵 …………………………… 36

2.3.9　矩阵 $\boldsymbol{A}$ 可逆的充分必要条件 ……… 36

2.3.10　矩阵的初等变换 ………………… 37

2.3.11　初等矩阵 ………………………… 37

2.3.12　矩阵秩的概念 …………………… 38

2.3.13　矩阵秩的性质及公式 …………… 40

2.3.14　矩阵的等价与秩 ………………… 41

2.3.15　分块矩阵及其运算 ……………… 41

2.3.16　分块矩阵的应用举例 …………… 42

2.3.17　矩阵运算规律 …………………… 43

2.3.18　矩阵运算公式 …………………… 44

2.3.19　对角矩阵运算公式 ……………… 46

2.3.20　特殊分块矩阵运算公式 ………… 47

2.3.21　分块矩阵秩的公式 ……………… 48

2.4　典型例题分析 ………………………… 49

2.5 习题演练 …… 66
第 3 章 向量 …… 70
3.1 考情分析 …… 70
3.1.1 2023 版考研大纲 …… 70
3.1.2 向量的特点 …… 71
3.1.3 考研真题分析 …… 71
3.2 向量知识结构网络图 …… 72
3.3 基本内容和重要结论 …… 73
3.3.1 向量及向量线性表示的概念 …… 73
3.3.2 线性方程组与向量组线性表示定理 …… 74
3.3.3 向量组线性相关和线性无关的定义 …… 74
3.3.4 用线性方程组的解判定向量组线性相关性定理 …… 75
3.3.5 向量组线性相关性的形象理解定理 …… 75
3.3.6 向量组的部分与整体定理 …… 76
3.3.7 向量组的延伸与收缩定理 …… 76
3.3.8 一个向量与一个向量组定理 …… 76
3.3.9 特殊向量组的线性相关性定理 …… 76
3.3.10 向量组的极大线性无关组及秩 …… 77
3.3.11 用秩判断向量组的线性相关性定理 …… 77
3.3.12 “三秩相等”定理 …… 78
3.3.13 向量组的等价及与矩阵等价的区别 …… 78
3.3.14 向量组间线性表示与秩的关系定理 …… 79
3.3.15 向量组的“紧凑性”与“臃肿性”定理 …… 79
3.3.16 向量组极大无关组的求解及由极大无关组线性表示其余向量的方法 …… 79
3.3.17 向量的内积、长度和夹角 …… 80
3.3.18 向量组线性相关性的几何意义 …… 81
3.3.19 线性无关向量组的正交规范化 …… 82
3.3.20 正交矩阵 …… 82
3.3.21 (仅数学一要求)向量空间及子空间 …… 83
3.3.22 (仅数学一要求)向量空间的基、维数与坐标 …… 83
3.3.23 (仅数学一要求)n 维向量空间 $\mathbf{R}^n$ 的基 …… 84
3.3.24 (仅数学一要求)基变换(过渡矩阵)及坐标变换 …… 84
3.4 典型例题分析 …… 85
3.5 习题演练 …… 102
第 4 章 线性方程组 …… 105
4.1 考情分析 …… 105
4.1.1 2023 版考研大纲 …… 105
4.1.2 线性方程组的特点 …… 105
4.1.3 考研真题分析 …… 105
4.2 线性方程组知识结构网络图 …… 106
4.3 基本内容和重要结论 …… 107
4.3.1 线性方程组基本概念 …… 107
4.3.2 线性方程组与行列式 …… 107
4.3.3 线性方程组与矩阵 …… 107
4.3.4 线性方程组与秩 …… 108
4.3.5 线性方程组与向量组 …… 108
4.3.6 解向量与自由变量 …… 109
4.3.7 齐次线性方程组解的性质及解的结构 …… 110
4.3.8 非齐次线性方程组解的性质及解的结构 …… 111
4.3.9 方程组的公共解 …… 111
4.3.10 方程组的同解 …… 112
4.3.11 从 $\boldsymbol{AB}=\boldsymbol{O}$ 中可以得到的结论 …… 112
4.3.12 线性方程组的几何意义(仅数学一要求) …… 113
4.4 典型例题分析 …… 117
4.5 习题演练 …… 142
第 5 章 矩阵的特征值和特征向量 …… 148
5.1 考情分析 …… 148
5.1.1 2023 版考研大纲 …… 148

5.1.2 特征值和特征向量的特点 ……… 148
5.1.3 考研真题分析 ……………………… 148
5.2 特征值与特征向量知识结构网络图 … 149
5.3 基本内容和重要结论 ………………… 150
5.3.1 特征值与特征向量的概念 ……… 150
5.3.2 矩阵的特征值和特征向量命题大汇总 ……………………………… 150
5.3.3 特征值的性质及定理 …………… 152
5.3.4 实对称矩阵的特征值与特征向量 ………………………… 154
5.3.5 相似矩阵的定义及性质 ………… 154
5.3.6 矩阵的相似对角化 ……………… 155
5.4 典型例题分析 ………………………… 157
5.5 习题演练 ……………………………… 182
第 6 章 二次型 ……………………………… 185
6.1 考情分析 ……………………………… 185
6.1.1 2023 版考研大纲 ………………… 185
6.1.2 二次型的特点 …………………… 185
6.1.3 考研真题分析 …………………… 185
6.2 二次型知识结构网络图 ……………… 186
6.3 基本内容和重要结论 ………………… 186
6.3.1 二次型的概念 …………………… 186
6.3.2 矩阵的合同 ……………………… 187
6.3.3 二次型的标准形及规范形 ……… 187
6.3.4 正交变换法化二次型为标准形 … 188
6.3.5 配方法化二次型为标准形 ……… 188
6.3.6 惯性定理 ………………………… 188
6.3.7 正定 ……………………………… 189
6.3.8 等价、相似与合同的判定与关系 ……………………………… 189
6.3.9 二次型的几何意义（仅数学一要求） ………………… 190
6.4 典型例题分析 ………………………… 191
6.5 习题演练 ……………………………… 207
附录 A 参考答案 …………………………… 211
附录 B 最新例题讲解 ……………………… 217
参考文献 …………………………………… 228

行 列 式

1.1 考情分析

1.1.1 2023版考研大纲

1. 考试内容

行列式的概念和基本性质，行列式按行(列)展开定理。

2. 考试要求

(1) 了解行列式的概念，掌握行列式的性质。

(2) 会应用行列式的性质和行列式按行(列)展开定理计算行列式(数学一、数学二、数学三完全相同)。

1.1.2 行列式的特点

行列式是线性代数中最基本的运算之一，其计算方法灵活多变。另一方面，行列式广泛地应用在线性代数其他知识中，出题种类繁多。

1.1.3 考研真题分析

经统计，在2005年至2023年考研数学一、数学二、数学三真题中，与行列式相关的题型如下：

(1) 计算抽象行列式：7道。

(2) 计算4阶行列式：6道。

(3) 计算 n 阶行列式：2道。

(4) 行列式与其他章节内容相结合，隐性考查行列式的知识：16道。

1.2 行列式知识结构网络图

行列式

- **基本含义**——n行n列元素按某种运算规则计算得到一个值
- **定义**——
  - $D=\sum(-1)^{\tau(p_1p_2\cdots p_n)}a_{1p_1}a_{2p_2}\cdots a_{np_n}$
  - (1) n阶行列式为$n!$项之和;
  - (2) 每一项都是n个不同行不同列元素之乘积(或者说:这n个元素来自行列式的每一行和每一列);
  - (3) 每一项的正负由该项的行标及列标排列的逆序数决定
- **性质**——
  - (1) 转置相等;(2) 换行(列)变号;(3) 乘数乘行(列);
  - (4) 倍加相等;(5) 拆分拆行(列);(6) 零性质(零行、等行、比例行)
- **展开定理及推论**——$\sum_{k=1}^{n}a_{ik}A_{jk}=\begin{cases}D, & i=j\\0, & i\neq j\end{cases}$ 或 $\sum_{k=1}^{n}a_{ki}A_{kj}=\begin{cases}D, & i=j\\0, & i\neq j\end{cases}$
- **特殊行列式**——
  - (1) 对角;(2) 三角;(3) 副对角;(4) 副三角;(5)“一杠一星”;
  - (6)“两杠一星”;(7)“箭头”;(8)“弓”形;(9)“么”字形;
  - (10)“同行(列)同数”;(11) 行(列)和相等;(12)“ab”;(13) 范德蒙;
  - (14)“X”形;(15)“三对角”;(16) 分块(副)对角
- **与各章节关联问题**——
  - (1) 克莱姆法则及相关定理;(2) 行列式与矩阵的区别;
  - (3) 方阵的行列式公式;(4) 代数余子式与k阶子式;
  - (5) 行列式与矩阵的秩;(6) 行列式与特征值
- **$|\boldsymbol{A}|\neq 0$**——
  - 若$|\boldsymbol{A}|\neq 0$,则有:(1) $\boldsymbol{A}$是可逆矩阵、满秩矩阵、非奇异矩阵;
  - (2) $\boldsymbol{A}$与$\boldsymbol{E}$等价;(3) $\boldsymbol{A}$可以写为若干初等矩阵的乘积;
  - (4) $r(\boldsymbol{AB})=r(\boldsymbol{B})$, $r(\boldsymbol{CA})=r(\boldsymbol{C})$;(5) $\boldsymbol{A}$的行(列)向量组线性无关;
  - (6) $\boldsymbol{A}$的列(行)向量组是$\mathbf{R}^n$的一组基;(7) $\boldsymbol{Ax}=\boldsymbol{0}$只有零解;
  - (8) $\boldsymbol{Ax}=\boldsymbol{b}$有唯一解;(9) 0不是$\boldsymbol{A}$的特征值;(10) $\boldsymbol{A}^{\mathrm{T}}\boldsymbol{A}$是正定矩阵
- **$|\boldsymbol{A}|=0$**——
  - 若$|\boldsymbol{A}|=0$,则有:(1) $\boldsymbol{A}$是不可逆矩阵、降秩矩阵、奇异矩阵;
  - (2) $\boldsymbol{A}$的行(列)向量组线性相关;(3) $\boldsymbol{Ax}=\boldsymbol{0}$有非零解;
  - (4) $\boldsymbol{Ax}=\boldsymbol{b}$无解或有无穷组解;(5) 0是$\boldsymbol{A}$的特征值
- **16类题型**——
  - (1) 计算4阶行列式;(2) 计算n阶行列式;(3) 判断矩阵的可逆性;
  - (4) 运用行列式的性质;(5) 向量组间的线性表示;(6) 矩阵等式恒等变形;
  - (7) 初等变换;(8) 分块矩阵;(9) 秩;(10) 克莱姆法则;(11) 代数余子式;
  - (12) 证明$|\boldsymbol{A}|=0$或$|\boldsymbol{A}|\neq 0$;(13) 判断向量组的线性相关性;(14) 特征值;
  - (15) 相似矩阵;(16) 正定二次型

1.3 基本内容和重要结论

1.3.1 1阶、2阶和3阶行列式

举例如下：

1阶行列式：$|2|=2$，$|-3|=-3$。

2阶行列式：$\begin{vmatrix} 1 & 2 \\ 3 & 4 \end{vmatrix}=1\times4-2\times3=-2$。

3阶行列式：$\begin{vmatrix} 1 & 2 & 3 \\ 4 & 5 & 6 \\ 7 & 9 & 8 \end{vmatrix}=1\times5\times8+2\times6\times7+3\times4\times9-3\times5\times7-2\times4\times8-1\times6\times9=9$。

计算3阶行列式的对角线法则(沙路法)如图1.1所示。

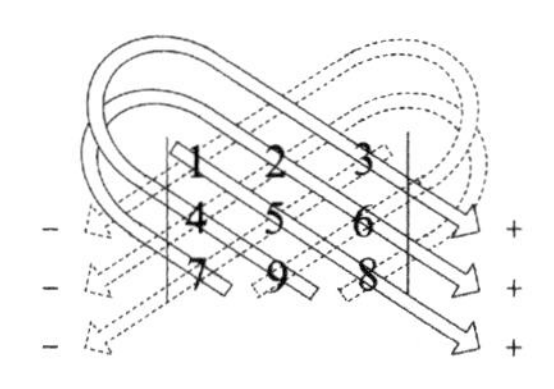

图1.1 用沙路法计算3阶行列式

1.3.2 排列及排列的逆序数

例如，由1，2，3，4，5五个数字可以组成5！种不同的排列。图1.2给出了一个用"向左看"法求逆序数的示意图，即分析排列中的每一个数字左边比自己大的数的个数，然后求其和，即为这个排列的逆序数。逆序数为奇(偶)数的排列称为奇(偶)排列，排列35241就是一个奇排列，排列51423就是一个偶排列。

3	5	2	4	1		5	1	4	2	3	
↓	↓	↓	↓	↓		↓	↓	↓	↓	↓	
0+	0+	2+	1+	4=	7	0+	1+	1+	2+	2=	6

(a) 奇排列　　　　(b) 偶排列

图1.2 "向左看"法求逆序数

1.3.3 *n*阶行列式的定义

n阶行列式定义如下：

$$D=\begin{vmatrix} a_{11} & a_{12} & \cdots & a_{1n} \\ a_{21} & a_{22} & \cdots & a_{2n} \\ \vdots & \vdots & & \vdots \\ a_{n1} & a_{n2} & \cdots & a_{nn} \end{vmatrix}=\sum(-1)^{\tau(p_1p_2\cdots p_n)}a_{1p_1}a_{2p_2}\cdots a_{np_n}$$

(1) 共有$n!$项；

(2) 每一项是“不同行、不同列”的 n 个元素的积(或描述成“每行每列都有”);

(3) 每一项的正负由元素所在行和列的下标排列的逆序数决定。

例如,4 阶行列式共有 $4!=24$ 项,每一项都是来自“不同行、不同列”的 4 个元素的积,如图 1.3(a)中圆圈所圈出来的 4 个元素。首先,按第 1、第 2、第 3、第 4 行的次序写出这 4 个元素 3、8、9、15,如图 1.3(b)所示;其次分析这 4 个元素的列号构成的排列 3412 的逆序数为 4,所以这项的值为 $(-1)^4\times3\times8\times9\times15=3240$。

$$\begin{vmatrix} 1 & 2 & \textcircled{3} & 4 \\ 5 & 6 & 7 & \textcircled{8} \\ \textcircled{9} & 10 & 11 & 12 \\ 16 & \textcircled{15} & 14 & 13 \end{vmatrix}$$

(a) 4阶行列式

行号:	1	2	3	4
元素值:	3	8	9	15
列号:	3	4	1	2
逆序数:	0+	0+	2+	2= 4

(b) 分析一项3×8×9×15的正负

图 1.3 分析 4 阶行列式的一项

1.3.4 行列式的性质

1. 转置相等

例如:$\begin{vmatrix} 1 & 2 & 3 \\ 4 & 5 & 6 \\ 9 & 1 & 1 \end{vmatrix}=\begin{vmatrix} 1 & 4 & 9 \\ 2 & 5 & 1 \\ 3 & 6 & 1 \end{vmatrix}$。

2. 换行(列)变号

例如,交换第 2 行和第 3 行,行列式的值“变号”: 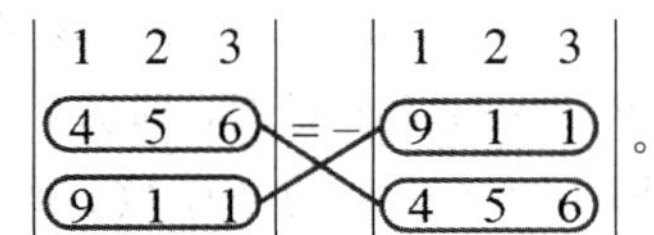 。

$$\begin{vmatrix} 1 & 2 & 3 \\ 4 & 5 & 6 \\ 9 & 1 & 1 \end{vmatrix}=-\begin{vmatrix} 1 & 2 & 3 \\ 9 & 1 & 1 \\ 4 & 5 & 6 \end{vmatrix}$$

3. 乘数乘行(列)

例如,行列式乘 3,可以把 3 乘到其中任意一列(行):$3\times\begin{vmatrix} 1 & 2 & 3 \\ 4 & 5 & 6 \\ 9 & 1 & 1 \end{vmatrix}=\begin{vmatrix} 1 & 2 & 9 \\ 4 & 5 & 18 \\ 9 & 1 & 3 \end{vmatrix}$。

4. 倍加相等

例如,把第 1 行的 2 倍加到第 3 行中,行列式的值不变:$\begin{vmatrix} 1 & 2 & 3 \\ 4 & 5 & 6 \\ 9 & 1 & 1 \end{vmatrix}\overset{r_3+2r_1}{=\!=\!=}\begin{vmatrix} 1 & 2 & 3 \\ 4 & 5 & 6 \\ 11 & 5 & 7 \end{vmatrix}$。

5. 拆分拆行(列)

例如,按第 3 行拆分:$\begin{vmatrix} 1 & 2 & 3 \\ 4 & 5 & 6 \\ 9 & 1 & 1 \end{vmatrix}=\begin{vmatrix} 1 & 2 & 3 \\ 4 & 5 & 6 \\ 0 & 1 & 2 \end{vmatrix}+\begin{vmatrix} 1 & 2 & 3 \\ 4 & 5 & 6 \\ 9 & 0 & -1 \end{vmatrix}$。

6. 零性质

零性质主要包括零行(列)、两行(列)相等、两行(列)成比例。

例如：$\begin{vmatrix}1&2&3\\0&0&0\\9&1&1\end{vmatrix}=0$，$\begin{vmatrix}1&2&3\\4&5&6\\1&2&3\end{vmatrix}=0$，$\begin{vmatrix}1&2&3\\4&5&6\\3&6&9\end{vmatrix}=0$。

1.3.5 余子式、代数余子式和 k 阶子式

针对 3 阶行列式 $|\mathbf{A}|$ 有 9 个余子式和 9 个代数余子式，图 1.4 给出了一个例子。

$$|A|=\begin{vmatrix}1&2&3\\4&5&6\\7&9&8\end{vmatrix} \Rightarrow M_{12}=\begin{vmatrix}4&6\\7&8\end{vmatrix}=-10 \Rightarrow A_{12}=(-1)^{1+2}M_{12}=10$$

图 1.4 余子式和代数余子式

设矩阵 $\mathbf{A}=\begin{bmatrix}1&2&3\\4&5&6\\7&9&8\end{bmatrix}$，3 阶矩阵 $\mathbf{A}$ 有 9 个 2 阶子式，$|\mathbf{A}|$ 的任意一个余子式都是 $\mathbf{A}$ 的一个 2 阶子式，例如，$M_{12}=\begin{pmatrix}4&6\\7&8\end{pmatrix}=-10$ 就是 $\mathbf{A}$ 的一个 2 阶子式。

1.3.6 行列式按行(列)展开定理

行列式既可以按行展开，也可以按列展开，例如：

$$\begin{vmatrix}1&2&3\\4&5&6\\7&9&8\end{vmatrix}\xlongequal{按 r_2 展开}4A_{21}+5A_{22}+6A_{23}=9,$$

$$\begin{vmatrix}1&2&3\\4&5&6\\7&9&8\end{vmatrix}\xlongequal{按 c_1 展开}1A_{11}+4A_{21}+7A_{31}=9$$

1.3.7 行列式展开定理的推论

例如，行列式 D 的第 3 行元素与第 3 行元素的代数余子式对应乘积之和等于行列式的值，但是第 2 行元素与第 3 行元素的代数余子式对应乘积之和刚好等于零。

$$D=\begin{vmatrix}1&2&3\\4&5&6\\7&9&8\end{vmatrix} \quad \begin{matrix}4A_{31}+5A_{32}+6A_{33}=0\\7A_{31}+9A_{32}+8A_{33}=D\end{matrix}$$

例如，行列式 D 的第 1 列元素与第 1 列元素的代数余子式对应乘积之和等于行列式的值，但是第 3 列元素与第 1 列元素的代数余子式对应乘积之和刚好等于零。

$$D=\begin{vmatrix}1&2&3\\4&5&6\\7&9&8\end{vmatrix}$$

$\to 1A_{11}+4A_{32}+7A_{31}=D$

$\to 3A_{11}+6A_{21}+8A_{31}=0$

1.3.8 特殊行列式的计算

1. 对角行列式

例如：$\begin{vmatrix}2&0&0\\0&3&0\\0&0&7\end{vmatrix}=2\times3\times7=42$。

2. 上三角行列式与下三角行列式

上三角行列式，例如：$\begin{vmatrix}1&2&3\\0&4&5\\0&0&6\end{vmatrix}=1\times4\times6=24$。

下三角行列式，例如：$\begin{vmatrix}2&0&0\\3&4&0\\5&6&7\end{vmatrix}=2\times4\times7=56$。

3. 次(副)对角(三角)行列式

例如：$\begin{vmatrix}&&1\\&2&\\3&&\end{vmatrix}=-6$，$\begin{vmatrix}&&&1\\&&2&\\&3&&\\4&&&\end{vmatrix}=24$，$\begin{vmatrix}a&b&c&d&1\\x&y&z&2&0\\e&f&3&0&0\\g&4&0&0&0\\5&0&0&0&0\end{vmatrix}=120$。

4. “一杠一星”行列式

例如：$\begin{vmatrix}0&0&0&5\\4&0&0&0\\0&3&0&0\\0&0&2&0\end{vmatrix}=-120$，$\begin{vmatrix}0&0&0&1&0\\0&0&2&0&0\\0&3&0&0&0\\4&0&0&0&0\\0&0&0&0&5\end{vmatrix}=120$。

5. “两杠一星”行列式

例如：$\begin{vmatrix}1&5&0&0\\0&2&6&0\\0&0&3&7\\8&0&0&4\end{vmatrix}=(-1)^{\tau_1}\times4!+(-1)^{\tau_2}\times5\times6\times7\times8=-1656$，

$$\begin{vmatrix} 6 & 0 & 0 & 0 & 1 \\ 0 & 0 & 0 & 2 & 2 \\ 0 & 0 & 3 & 3 & 0 \\ 0 & 4 & 4 & 0 & 0 \\ 5 & 5 & 0 & 0 & 0 \end{vmatrix} = (-1)^{\tau_1} \times 5! + (-1)^{\tau_2} \times 6! = 840。$$

6. “箭头”行列式(“爪”字形行列式)

例如：
$$\begin{vmatrix} 1 & 2 & 3 & 4 \\ 2 & 1 & 0 & 0 \\ 3 & 0 & 1 & 0 \\ 4 & 0 & 0 & 1 \end{vmatrix} \xlongequal[i=2,3,4]{c_1 - ic_i} \begin{vmatrix} 1-2^2-3^2-4^2 & 2 & 3 & 4 \\ 0 & 1 & 0 & 0 \\ 0 & 0 & 1 & 0 \\ 0 & 0 & 0 & 1 \end{vmatrix} = -28。$$

7. “弓”形行列式

例如：
$$\begin{vmatrix} 1 & 1 & 1 & 1 \\ 2 & 0 & 0 & 2 \\ 3 & 0 & 3 & 0 \\ 4 & 4 & 0 & 0 \end{vmatrix} \xlongequal[i=2,3,4]{c_1 - c_i} \begin{vmatrix} 1-1-1-1 & 1 & 1 & 1 \\ 0 & 0 & 0 & 2 \\ 0 & 0 & 3 & 0 \\ 0 & 4 & 0 & 0 \end{vmatrix} = 48。$$

8. “么”字形行列式

例如：
$$\begin{vmatrix} 0 & 0 & -1 & 1 \\ 0 & -2 & 2 & 0 \\ -3 & 3 & 0 & 0 \\ 4 & 3 & 2 & 1 \end{vmatrix} \xlongequal[i=4,3,2]{c_{i-1} + c_i} \begin{vmatrix} 0 & 0 & 0 & 1 \\ 0 & 0 & 2 & 0 \\ 0 & 3 & 0 & 0 \\ 10 & 6 & 3 & 1 \end{vmatrix} = 60,$$

$$\begin{vmatrix} 0 & 0 & -1 & 2 \\ 0 & -1 & 2 & 0 \\ -1 & 2 & 0 & 0 \\ 2 & 2 & 2 & 2 \end{vmatrix} \xlongequal[i=1,2,3]{c_{i+1} + 2c_i} \begin{vmatrix} 0 & 0 & -1 & 0 \\ 0 & -1 & 0 & 0 \\ -1 & 0 & 0 & 0 \\ 2 & 2+4 & 2+4+8 & 2+4+8+16 \end{vmatrix} = 30。$$

图 1.5 给出了“么”字形行列式的各种变形。

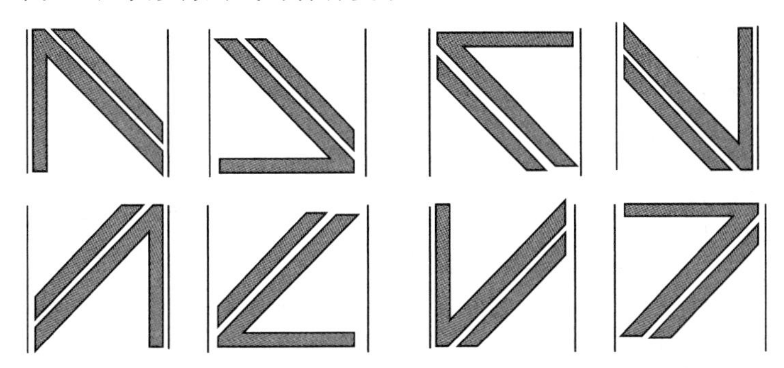

图 1.5 “么”字形行列式变形

9. “同行(列)同数”行列式

例如：$\begin{vmatrix} a_1+1 & a_2 & a_3 & a_4 \\ a_1 & a_2+1 & a_3 & a_4 \\ a_1 & a_2 & a_3+1 & a_4 \\ a_1 & a_2 & a_3 & a_4+1 \end{vmatrix} \xlongequal[i=2,3,4]{r_i-r_1} \begin{vmatrix} a_1+1 & a_2 & a_3 & a_4 \\ -1 & 1 & & \\ -1 & & 1 & \\ -1 & & & 1 \end{vmatrix}$

$\xlongequal[i=2,3,4]{c_1+c_i} a_1+a_2+a_3+a_4+1$。

10. 行(列)和相等行列式

例如：$\begin{vmatrix} 5 & 2 & 3 & 4 \\ 2 & 5 & 3 & 4 \\ 3 & 2 & 5 & 4 \\ 4 & 2 & 3 & 5 \end{vmatrix} \xlongequal[i=2,3,4]{c_1+c_i} 14\times \begin{vmatrix} 1 & 2 & 3 & 4 \\ 1 & 5 & 3 & 4 \\ 1 & 2 & 5 & 4 \\ 1 & 2 & 3 & 5 \end{vmatrix} \xlongequal[i=2,3,4]{c_i-ic_1} 14\times \begin{vmatrix} 1 & & & \\ 1 & 3 & & \\ 1 & & 2 & \\ 1 & & & 1 \end{vmatrix} =84$。

11. “ab”行列式

例如：$\begin{vmatrix} a & b & b & b \\ b & a & b & b \\ b & b & a & b \\ b & b & b & a \end{vmatrix} \xlongequal[i=2,3,4]{r_1+r_i} (a+3b) \begin{vmatrix} 1 & 1 & 1 & 1 \\ b & a & b & b \\ b & b & a & b \\ b & b & b & a \end{vmatrix} \xlongequal[i=2,3,4]{r_i-br_1} (a+3b) \begin{vmatrix} 1 & 1 & 1 & 1 \\ & a-b & & \\ & & a-b & \\ & & & a-b \end{vmatrix}$

$=(a+3b)(a-b)^3$。

同理，可以得到 n 阶“ab”矩阵的行列式的值为$[a+(n-1)b](a-b)^{n-1}$。

12. 范德蒙行列式

例如：$\begin{vmatrix} 1 & 1 & 1 & 1 \\ x_1 & x_2 & x_3 & x_4 \\ x_1^2 & x_2^2 & x_3^2 & x_4^2 \\ x_1^3 & x_2^3 & x_3^3 & x_4^3 \end{vmatrix} = (x_4-x_3)(x_4-x_2)(x_4-x_1)\cdot (x_3-x_2)(x_3-x_1)\cdot (x_2-x_1)$，

$\begin{vmatrix} 1 & 1 & 1 & 1 \\ 1 & 2 & 4 & 8 \\ 1 & 3 & 9 & 27 \\ 1 & -2 & 4 & -8 \end{vmatrix} = (-2-3)\times(-2-2)\times(-2-1)\times (3-2)\times(3-1)\times (2-1)$。

13. “X”形行列式

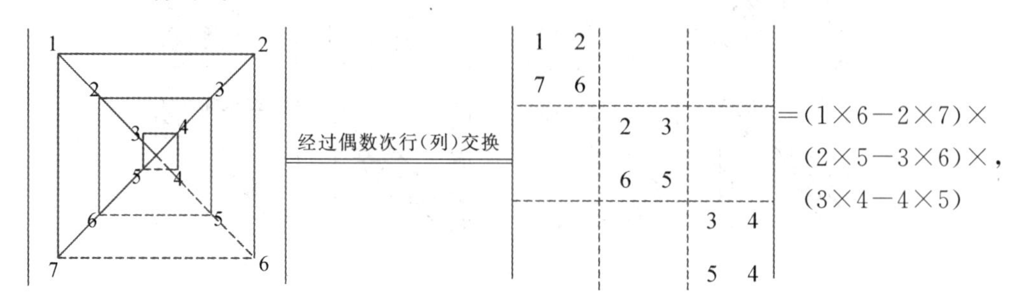

$=(1\times6-2\times7)\times(2\times5-3\times6)\times(3\times4-4\times5)$，

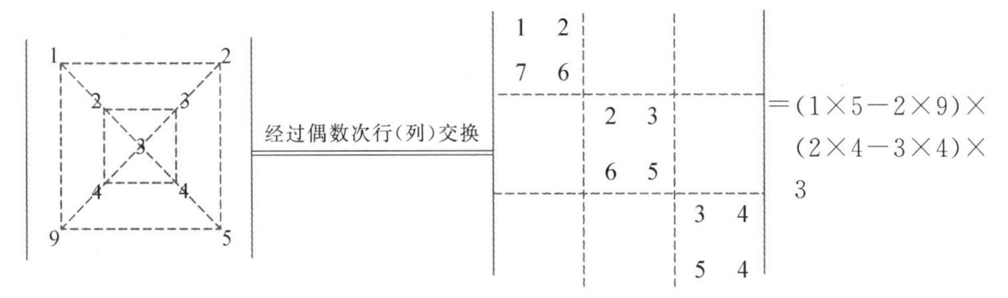

14. “三对角”行列式

“三对角”行列式的计算如下：

$$D_n=\begin{vmatrix} a & b & & & \\ c & a & b & & \\ & c & a & \ddots & \\ & & \ddots & \ddots & b \\ & & & c & a \end{vmatrix}=\begin{cases} \dfrac{x_1^{n+1}-x_2^{n+1}}{x_1-x_2}, & a^2\neq 4bc \\ (n+1)\dfrac{a^n}{2^n}, & a^2=4bc \end{cases}$$

其中：x_1，x_2 为方程 $x^2-ax+bc=0$ 的两个根。

例如，针对 n 阶三对角行列式 $D_n=\begin{vmatrix} 7 & 3 & & & \\ 4 & 7 & 3 & & \\ & 4 & 7 & \ddots & \\ & & \ddots & \ddots & 3 \\ & & & 4 & 7 \end{vmatrix}$，解方程 $x^2-7x+3\times4=0$，得 $x_1=4$，$x_2=3$，于是 $D_n=4^{n+1}-3^{n+1}$。

例如，针对 n 阶三对角行列式 $D_n=\begin{vmatrix} 12 & 4 & & & \\ 9 & 12 & 4 & & \\ & 9 & 12 & \ddots & \\ & & \ddots & \ddots & 4 \\ & & & 9 & 12 \end{vmatrix}$，解方程 $x^2-12x+4\times9=0$，得 $x_1=x_2=6$，于是 $D_n=(n+1)\dfrac{12^n}{2^n}=(n+1)6^n$。

15. 分块(副)对角行列式(特殊的拉普拉斯展开)

设 $\boldsymbol{A}_1$，$\boldsymbol{A}_2$，…，$\boldsymbol{A}_n$，$\boldsymbol{B}_m$ 都是方阵，$\boldsymbol{O}$ 是零矩阵，则有

$$\begin{vmatrix} \boldsymbol{A}_n & \boldsymbol{O} \\ \boldsymbol{C} & \boldsymbol{B}_m \end{vmatrix}=\begin{vmatrix} \boldsymbol{A}_n & \boldsymbol{D} \\ \boldsymbol{O} & \boldsymbol{B}_m \end{vmatrix}=|\boldsymbol{A}_n||\boldsymbol{B}_m|,$$

$$\begin{vmatrix} \boldsymbol{A}_1 & & & \\ & \boldsymbol{A}_2 & & \\ & & \ddots & \\ & & & \boldsymbol{A}_n \end{vmatrix}=|\boldsymbol{A}_1||\boldsymbol{A}_2|\cdots|\boldsymbol{A}_n|,$$

$$\begin{vmatrix} \boldsymbol{O} & \boldsymbol{A}_n \\ \boldsymbol{B}_m & \boldsymbol{C} \end{vmatrix}=\begin{vmatrix} \boldsymbol{D} & \boldsymbol{A}_n \\ \boldsymbol{B}_m & \boldsymbol{O} \end{vmatrix}=(-1)^{m\times n}|\boldsymbol{A}||\boldsymbol{B}|$$

1.3.9 克莱姆法则(行列式的应用)

克莱姆法则是用行列式求解线性方程组的方法。

例如，求解 $\begin{cases}2x_1+3x_2+4x_3=20\\x_1+2x_2+3x_3=14\\3x_1+5x_2+6x_3=31\end{cases}$，则有 $D=\begin{vmatrix}2&3&4\\1&2&3\\3&5&6\end{vmatrix}=-1$，

$$D_1=\begin{vmatrix}20&3&4\\14&2&3\\31&5&6\end{vmatrix}=-1,\quad D_2=\begin{vmatrix}2&20&4\\1&14&3\\3&31&6\end{vmatrix}=-2,\quad D_3=\begin{vmatrix}2&3&20\\1&2&14\\3&5&31\end{vmatrix}=-3,$$

所以 $x_1=\dfrac{D_1}{D}=1$，$x_2=\dfrac{D_2}{D}=2$，$x_3=\dfrac{D_3}{D}=3$。

1.3.10 克莱姆法则相关结论

1. 克莱姆法则

克莱姆法则如下：若 $|\boldsymbol{A}|\neq0$，则 $\boldsymbol{Ax}=\boldsymbol{b}$ 有唯一解，解为 $x_j=\dfrac{D_j}{D}(j=1, 2, \cdots, n)$。

2. 克莱姆法则相关结论(设 $\boldsymbol{A}$ 为 n 阶矩阵)

(1) $|\boldsymbol{A}|\neq0\Leftrightarrow\boldsymbol{Ax}=\boldsymbol{b}$ 有唯一解。

(2) $|\boldsymbol{A}|=0\Leftrightarrow\boldsymbol{Ax}=\boldsymbol{b}$ 无解或有无穷多解。

(3) $|\boldsymbol{A}|\neq0\Leftrightarrow\boldsymbol{Ax}=\boldsymbol{0}$ 只有零解。

(4) $|\boldsymbol{A}|=0\Leftrightarrow\boldsymbol{Ax}=\boldsymbol{0}$ 有非零解。

1.3.11 行列式与矩阵的区别

表 1.1 给出了行列式与矩阵的 6 点区别。

表 1.1　行列式与矩阵的区别

区别	行列式	矩阵
本质不同	数值	数表
两边符号不同	一对竖杠：||	一对圆括号()，或方括号[]
形状不同	正方形(n 行 n 列)	长方形(m 行 n 列)
数乘运算不同	$3\times\begin{vmatrix}1&2&3\\4&5&6\\7&9&8\end{vmatrix}=\begin{vmatrix}3&2&3\\12&5&6\\21&9&8\end{vmatrix}$	$3\times\begin{bmatrix}1&2&3\\4&5&6\\7&9&8\end{bmatrix}=\begin{bmatrix}3&6&9\\12&15&18\\21&27&24\end{bmatrix}$
拆分法则不同	$\begin{vmatrix}1&2&3\\4&5&6\\7&9&8\end{vmatrix}=\begin{vmatrix}1&2&3\\4&5&6\\1&1&1\end{vmatrix}+\begin{vmatrix}1&2&3\\4&5&6\\6&8&7\end{vmatrix}$	$\begin{bmatrix}1&2&3\\4&5&6\\7&9&8\end{bmatrix}=\begin{bmatrix}1&1&1\\2&2&2\\3&3&3\end{bmatrix}+\begin{bmatrix}0&1&2\\2&3&4\\4&6&5\end{bmatrix}$
相等的定义不同	$\begin{vmatrix}1&2\\2&5\end{vmatrix}=\begin{vmatrix}1&2&3\\0&1&6\\0&0&1\end{vmatrix}=1$	若 $\begin{bmatrix}a&b\\c&d\end{bmatrix}=\begin{bmatrix}1&2\\3&4\end{bmatrix}$，则 $a=1$，$b=2$，$c=3$，$d=4$

1.3.12 方阵的行列式公式

方阵的行列式公式如下(设 A、B 为 n 阶矩阵):

(1) $|k\boldsymbol{A}_n|=k^n|\boldsymbol{A}_n|$($k$ 为实数)。

(2) $|\boldsymbol{AB}|=|\boldsymbol{BA}|=|\boldsymbol{A}||\boldsymbol{B}|$。

(3) $|\boldsymbol{A}^k|=|\boldsymbol{A}|^k$($k$ 为正整数)。

(4) $|\boldsymbol{A}^{\mathrm{T}}|=|\boldsymbol{A}|$。

(5) $|\boldsymbol{A}^{-1}|=|\boldsymbol{A}|^{-1}$(设矩阵 $\boldsymbol{A}$ 可逆)。

(6) $|\boldsymbol{A}^*|=|\boldsymbol{A}|^{n-1}$。

(7) $\boldsymbol{AA}^*=\boldsymbol{A}^*\boldsymbol{A}=|\boldsymbol{A}|\boldsymbol{E}$。

1.3.13 余子式和代数余子式问题

1. 求代数余子式的和

已知行列式 $D=\begin{vmatrix}1&1&1&1\\1&2&3&4\\1&4&9&16\\1&8&27&64\end{vmatrix}$,求以下代数余子式的和:

(1) $A_{21}+2A_{22}+3A_{23}+4A_{24}$;

(2) $A_{21}+A_{22}+A_{23}+A_{24}$;

(3) $A_{14}+5A_{24}+25A_{34}+125A_{44}$。

分析以上问题:

(1) 根据行列式的展开定理知,行列式 D 的第 2 行元素乘第 2 行对应的代数余子式之和即为该行列式的值:

$$A_{21}+2A_{22}+3A_{23}+4A_{24}=D=12$$

(2) 根据行列式展开定理推论知,行列式 D 的第 1 行元素乘第 2 行对应的代数余子式之和为零,即

$$A_{21}+A_{22}+A_{23}+A_{24}=0$$

(3) 构建新的行列式 $D_1=\begin{vmatrix}1&1&1&1\\1&2&3&5\\1&4&9&25\\1&8&27&125\end{vmatrix}$,因为 D 和 D_1 只有第 4 列不同,所以它们第 4 列的代数余子式对应相同,而 $A_{14}+5A_{24}+25A_{34}+125A_{44}$ 刚好就是行列式 D_1 按第 4 列展开的结果,于是有

$$A_{14}+5A_{24}+25A_{34}+125A_{44}=D_1=48$$

2. 利用伴随矩阵 $\boldsymbol{A}^*$ 计算代数余子式

计算 3 阶行列式 $|\boldsymbol{A}|$ 所有元素的代数余子式之和 $\sum\limits_{i=1}^{3}\sum\limits_{j=1}^{3}A_{ij}$ 时,可以先计算 $\boldsymbol{A}$ 的伴随矩阵 $\boldsymbol{A}^*$。

3. 通过特征值计算代数余子式

计算3阶行列式$|\boldsymbol{A}|$对角线元素的代数余子式之和$\sum_{i=1}^{3}A_{ii}$时，可以先计算伴随矩阵$\boldsymbol{A}^*$的所有特征值。

1.3.14 行列式与矩阵的秩

矩阵$\boldsymbol{A}$的最高阶非零子式的阶数称为矩阵$\boldsymbol{A}$的秩，记为$r(\boldsymbol{A})$或$R(\boldsymbol{A})$。

(1) $r(\boldsymbol{A}_{m\times n})=r\Leftrightarrow\boldsymbol{A}$中至少有一个$r$阶非零子式，所有$r+1$阶子式均为零。

(2) $r(\boldsymbol{A}_{m\times n})<r\Leftrightarrow\boldsymbol{A}$中所有$r$阶子式均为零。

(3) $r(\boldsymbol{A}_n)=n\Leftrightarrow|\boldsymbol{A}_n|\neq0$。

(4) $r(\boldsymbol{A}_n)<n\Leftrightarrow|\boldsymbol{A}_n|=0$。

(5) $r(\boldsymbol{A}_n)<n-1\Leftrightarrow\boldsymbol{A}$中所有$n-1$阶子式均为零$\Leftrightarrow\boldsymbol{A}_n^*=\boldsymbol{O}$。

1.3.15 行列式与特征值

(1) $|\boldsymbol{A}_n|=\prod_{i=1}^{n}\lambda_i$($\lambda_1,\lambda_2,\cdots,\lambda_n$是矩阵$\boldsymbol{A}$的特征值)。

(2) 若$\boldsymbol{A}$与$\boldsymbol{B}$相似$\Rightarrow|\boldsymbol{A}|=|\boldsymbol{B}|$。

(3) 特征方程$|\lambda\boldsymbol{E}-\boldsymbol{A}|=0$的解即为矩阵$\boldsymbol{A}$的特征值。

针对3阶矩阵$\boldsymbol{A}$，有$|\lambda\boldsymbol{E}-\boldsymbol{A}|=\lambda^3-(a_{11}+a_{22}+a_{33})\lambda^2+k\lambda-|\boldsymbol{A}|$，其中$k=A_{11}+A_{22}+A_{33}$。当$r(\boldsymbol{A})=1$时，$\boldsymbol{A}$的特征值为$\mathrm{tr}(\boldsymbol{A})$，0，0，其中$\mathrm{tr}(\boldsymbol{A})=a_{11}+a_{22}+a_{33}$。

(4) $|\boldsymbol{A}-5\boldsymbol{E}|=0\Leftrightarrow5$是$\boldsymbol{A}$的特征值。

(5) $\boldsymbol{A}$是正定矩阵$\Leftrightarrow$实对称矩阵$\boldsymbol{A}$的各阶顺序主子式均大于零。

1.3.16 其他结论

从$|\boldsymbol{A}|=0$和$|\boldsymbol{A}|\neq0$可以得到如下结论：

(1) $|\boldsymbol{A}|\neq0\Leftrightarrow\boldsymbol{A}$可逆；

$|\boldsymbol{A}|=0\Leftrightarrow\boldsymbol{A}$不可逆。

(2) $|\boldsymbol{A}|\neq0\Leftrightarrow\boldsymbol{A}$满秩($r(\boldsymbol{A})=n$)；

$|\boldsymbol{A}|=0\Leftrightarrow\boldsymbol{A}$降秩($r(\boldsymbol{A})<n$)。

(3) $|\boldsymbol{A}|\neq0\Leftrightarrow\boldsymbol{A}$的列(行)向量组线性无关；

$|\boldsymbol{A}|=0\Leftrightarrow\boldsymbol{A}$的列(行)向量组线性相关。

(4) $|\boldsymbol{A}|\neq0\Leftrightarrow\boldsymbol{Ax}=\boldsymbol{b}$有唯一解；

$|\boldsymbol{A}|=0\Leftrightarrow\boldsymbol{Ax}=\boldsymbol{b}$有无穷多解或无解。

(5) $|\boldsymbol{A}|\neq0\Leftrightarrow\boldsymbol{Ax}=\boldsymbol{0}$只有零解；

$|\boldsymbol{A}|=0\Leftrightarrow\boldsymbol{Ax}=\boldsymbol{0}$有非零解。

(6) $|\boldsymbol{A}|\neq0\Leftrightarrow\boldsymbol{A}$与$\boldsymbol{E}$等价；

$|\boldsymbol{A}|=0\Leftrightarrow\boldsymbol{A}$与$\boldsymbol{E}$不等价。

(7) $|\boldsymbol{A}|\neq0\Leftrightarrow\boldsymbol{A}$可以写成若干初等方阵的乘积。

(8) $|\boldsymbol{A}|\neq0\Rightarrow r(\boldsymbol{AB})=r(\boldsymbol{B})$。

(9) $|\boldsymbol{A}|\neq 0\Rightarrow r(\boldsymbol{CA})=r(\boldsymbol{C})$。

(10) $|\boldsymbol{A}|\neq 0\Leftrightarrow \boldsymbol{A}$ 的列向量组是 n 维实向量空间 $\mathbf{R}^n$ 的一组基。

(11) $|\boldsymbol{A}|\neq 0\Leftrightarrow 0$ 不是 $\boldsymbol{A}$ 的特征值；

$|\boldsymbol{A}|=0\Leftrightarrow 0$ 是 $\boldsymbol{A}$ 的特征值。

(12) $|\boldsymbol{A}|\neq 0\Leftrightarrow \boldsymbol{A}^{\mathrm{T}}\boldsymbol{A}$ 是正定矩阵。

1.4　典型例题分析

【例 1.1】 (2012，数学一、数学二、数学三)$\boldsymbol{A}=\begin{bmatrix}1&a&0&0\\0&1&a&0\\0&0&1&a\\a&0&0&1\end{bmatrix}$，求$|\boldsymbol{A}|$。

【思路】 根据“两杠一星”行列式公式计算。

【解】 该题目是典型的“两杠一星”行列式，$|\boldsymbol{A}|=1^4+(-1)^{\tau}a^4$，把行列式中的元素 a 按第 1、2、3、4 行次序取出，分析其列排列的逆序数：$\tau(2,3,4,1)=3$。故

$$|\boldsymbol{A}|=1^4+(-1)^3a^4=1-a^4$$

【评注】 (1) 本题考查了行列式的定义，是典型的“两杠一星”行列式，参见本章 1.3.8 小节内容。

(2) 求解带参数的 4 阶行列式在考研真题中频频出现，请同学们重视 4 阶行列式的计算。

【例 1.2】 (2014，数学一、数学二、数学三)行列式$\begin{vmatrix}0&a&b&0\\a&0&0&b\\0&c&d&0\\c&0&0&d\end{vmatrix}=(\quad)$。

(A) $(ad-bc)^2$　　(B) $-(ad-bc)^2$　　(C) $a^2d^2-b^2c^2$　　(D). $b^2c^2-a^2d^2$

【思路】 对行列式进行行交换，可以转换为“X”形行列式。

【解】 把行列式的第一行与第二行交换，行列式就变成了“X”形行列式。

$$\begin{vmatrix}0&a&b&0\\a&0&0&b\\0&c&d&0\\c&0&0&d\end{vmatrix}\xlongequal{r_1\leftrightarrow r_2}-\begin{vmatrix}a&0&0&b\\0&a&b&0\\0&c&d&0\\c&0&0&d\end{vmatrix}=-(ad-bc)^2$$

选项 B 正确。

【评注】 本题利用行列式“换行变号”的性质，把原行列式转换为“X”形行列式，参见本章 1.3.8 小节内容，同学们要熟记特殊矩阵的形状和结论。

【例 1.3】 (2021，数学二、数学三)多项式 $f(x)=\begin{vmatrix}x&x&1&2x\\1&x&2&-1\\2&1&x&1\\2&-1&1&x\end{vmatrix}$ 中的 x^3 项的系数为________。

【思路】 把行列式中含有变量 x 的元素化简得越少越好。

【解】 通过列变换，把主对角线以外所有含 x 的项都消除掉。

$$f(x)=\begin{vmatrix} x & x & 1 & 2x \\ 1 & x & 2 & -1 \\ 2 & 1 & x & 1 \\ 2 & -1 & 1 & x \end{vmatrix} \xlongequal[c_4-2c_1]{c_2-c_1} \begin{vmatrix} x & 0 & 1 & 0 \\ 1 & x-1 & 2 & -3 \\ 2 & -1 & x & -3 \\ 2 & -3 & 1 & x-4 \end{vmatrix}$$

在化简后的行列式中，只有主对角线上含有 x 项，根据行列式的定义知，x^3 项只能出现在主对角线 4 个元素乘积中，即 $x(x-1)x(x-4)=x^4-5x^3+4x^2$，于是答案为 -5。

【评注】 该题的求解方法较多，同学们要把行列式的定义理解透彻。

【秘籍】 通过行列式的性质把行列式中含有变量 x 的元素尽量化简掉，然后用行列式的定义得到答案。

【例 1.4】 设 3 阶行列式：

$$D_1=\begin{vmatrix} a & b & c \\ a^2 & b^2 & c^2 \\ a^3 & b^3 & c^3 \end{vmatrix},\quad D_2=\begin{vmatrix} 1 & 1 & 1 \\ a^2 & b^2 & c^2 \\ a^3 & b^3 & c^3 \end{vmatrix},$$

$$D_3=\begin{vmatrix} 1 & 1 & 1 \\ a & b & c \\ a^3 & b^3 & c^3 \end{vmatrix},\quad D_4=\begin{vmatrix} 1 & 1 & 1 \\ a & b & c \\ a^2 & b^2 & c^2 \end{vmatrix}$$

求 D_1，D_2，D_3，D_4。

【思路】 利用范德蒙行列式计算。

【解】 构造 4 阶范德蒙行列式：

$$D=\begin{vmatrix} 1 & 1 & 1 & 1 \\ a & b & c & x \\ a^2 & b^2 & c^2 & x^2 \\ a^3 & b^3 & c^3 & x^3 \end{vmatrix}$$

根据范德蒙行列式公式，有

$$D=(x-a)(x-b)(x-c)(c-a)(c-b)(b-a) \qquad ①$$

另一方面，把 a，b，c 理解为常数，x 理解为变量，则行列式 D 就是关于 x 的一个 3 次多项式函数，于是把 D 按第 4 列展开，有

$$D=\begin{vmatrix} 1 & 1 & 1 & 1 \\ a & b & c & x \\ a^2 & b^2 & c^2 & x^2 \\ a^3 & b^3 & c^3 & x^3 \end{vmatrix}$$

$$\xlongequal{\text{按}c_4\text{展开}} 1\times(-1)^{1+4}D_1+x\times(-1)^{2+4}D_2+x^2\times(-1)^{3+4}D_3+x^3\times(-1)^{4+4}D_4$$

得

$$D=-D_1+D_2x-D_3x^2+D_4x^3 \qquad ②$$

把式①化为关于 x 的多项式形式：

$$D=(c-a)(c-b)(b-a)[x^3-(a+b+c)x^2+(ab+ac+bc)x-abc] \quad ③$$

对照式②和式③的关于 x 的0次、1次、2次和3次项的系数，可以得到

$$D_1=(c-a)(c-b)(b-a)abc,$$
$$D_2=(c-a)(c-b)(b-a)(ab+ac+bc),$$
$$D_3=(c-a)(c-b)(b-a)(a+b+c),$$
$$D_4=(c-a)(c-b)(b-a)$$

【评注】 本题考查了以下知识点：

(1) 范德蒙行列式的公式。

(2) 行列式按行展开定理。

【秘籍】 把行列式理解为关于 x 的多项式函数。

【例1.5】 (2008，数学一、数学二、数学三)证明：

$$n\text{阶行列式 } D_n=\begin{vmatrix} 2a & 1 & & & \\ a^2 & 2a & 1 & & \\ & a^2 & 2a & \ddots & \\ & & \ddots & \ddots & 1 \\ & & & a^2 & 2a \end{vmatrix}=(n+1)a^n。$$

【思路】 已知 n 阶行列式的结果，可以考虑用数学归纳法证明。

【证明】 用数学归纳法证明。当 $n=1$ 时，$D_1=2a$，结论成立。

当 $n=2$ 时，$D_2=\begin{vmatrix} 2a & 1 \\ a^2 & 2a \end{vmatrix}=3a^2$，结论成立。

假设当 $n<k$ 时，命题成立，则当 $n=k$ 时，

$$D_k=\begin{vmatrix} 2a & 1 & & & \\ a^2 & 2a & 1 & & \\ & a^2 & 2a & \ddots & \\ & & \ddots & \ddots & 1 \\ & & & a^2 & 2a \end{vmatrix}_k$$

$$\xlongequal{\text{按第1列展开}} 2a\begin{vmatrix} 2a & 1 & & & \\ a^2 & 2a & 1 & & \\ & a^2 & 2a & \ddots & \\ & & \ddots & \ddots & 1 \\ & & & a^2 & 2a \end{vmatrix}_{k-1}+a^2(-1)^{2+1}\begin{vmatrix} 1 & 0 & & & \\ a^2 & 2a & 1 & & \\ & a^2 & 2a & \ddots & \\ & & \ddots & \ddots & 1 \\ & & & a^2 & 2a \end{vmatrix}_{k-1}$$

$$=2aD_{k-1}-a^2D_{k-2}=2a(k-1+1)a^{k-1}-a^2(k-2+1)a^{k-2}$$
$$=(k+1)a^k$$

故结论正确。

【评注】 该行列式称为“三对角”行列式，此类行列式一般可以用数学归纳法证明或用递推法进行求解。

【秘籍】 针对具体的“三对角”行列式的值，可以用“三对角”行列式的公式进行求解，参见本章1.3.8小节内容。

【例 1.6】 (2015，数学一)n 阶行列式 $\begin{vmatrix} 2 & & & & 2 \\ -1 & 2 & & & 2 \\ & -1 & \ddots & & \vdots \\ & & \ddots & 2 & 2 \\ & & & -1 & 2 \end{vmatrix}$ = ________。

【思路】 用行列式性质“倍加相等”对行列式进行化简，使主对角线上 $n-1$ 个元素为零。

【解】

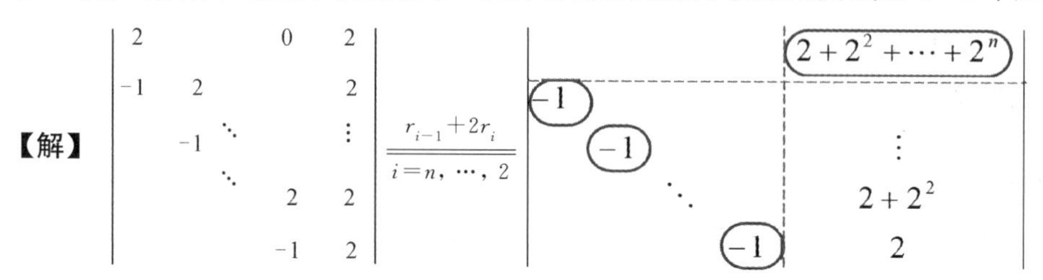

在化简后的行列式中，圆圈中 n 个元素的乘积是行列式的唯一非零项，按第 1，2，⋯，n 行次序取出，分析这 n 个元素所在列数的排列的逆序数，即 $\tau(n, 1, 2, \cdots, n-1)=n-1$，于是：原行列式 $=(-1)^{\tau}(-1)^{n-1}(2+2^2+\cdots+2^n)=(-1)^{n-1}(-1)^{n-1}(2^{n+1}-2)=2^{n+1}-2$。

【评注】 该题考查以下知识点：

(1) 行列式“倍加相等”的性质。

(2) 行列式的定义。

【秘籍】 该行列式为“么”字形行列式。同学们在化简中，要考虑以下三个问题：

(1) 化对角线为零？还是化与对角线平行的那一“杠”为零？

(2) 选行变换，还是列变换？

(3) 从低行(列)开始，还是从高行(列)开始？

【例 1.7】 (2008，数学一、数学二、数学三)设 $\boldsymbol{A}$ 为 n 阶非零矩阵，$\boldsymbol{E}$ 为 n 阶单位矩阵，且 $\boldsymbol{A}^3=\boldsymbol{O}$，则(　　)。

(A) $\boldsymbol{E}-\boldsymbol{A}$ 不可逆，$\boldsymbol{E}+\boldsymbol{A}$ 不可逆　　(B) $\boldsymbol{E}-\boldsymbol{A}$ 不可逆，$\boldsymbol{E}+\boldsymbol{A}$ 可逆

(C) $\boldsymbol{E}-\boldsymbol{A}$ 可逆，$\boldsymbol{E}+\boldsymbol{A}$ 可逆　　(D) $\boldsymbol{E}-\boldsymbol{A}$ 可逆，$\boldsymbol{E}+\boldsymbol{A}$ 不可逆

【思路】 从已知条件出发，经过恒等变换，化出含有 $\boldsymbol{E}-\boldsymbol{A}$ 和 $\boldsymbol{E}+\boldsymbol{A}$ 的矩阵等式。

【解】 因为 $\boldsymbol{A}^3=\boldsymbol{O}$，则有

$$\boldsymbol{A}^3+\boldsymbol{E}=\boldsymbol{E},\ (\boldsymbol{A}+\boldsymbol{E})(\boldsymbol{A}^2-\boldsymbol{A}+\boldsymbol{E})=\boldsymbol{E}$$

于是 $\boldsymbol{A}+\boldsymbol{E}$ 可逆。

因为 $\boldsymbol{A}^3=\boldsymbol{O}$，则有

$$\boldsymbol{A}^3-\boldsymbol{E}=-\boldsymbol{E},\ (\boldsymbol{A}-\boldsymbol{E})(-\boldsymbol{A}^2-\boldsymbol{A}-\boldsymbol{E})=\boldsymbol{E}$$

于是 $\boldsymbol{A}-\boldsymbol{E}$ 可逆。选项 C 正确。

【评注】 本题考查了以下知识点：

(1) $(\boldsymbol{A}+\boldsymbol{E})(\boldsymbol{A}^2-\boldsymbol{A}+\boldsymbol{E})=\boldsymbol{A}^3+\boldsymbol{E}$。

(2) $(\boldsymbol{A}-\boldsymbol{E})(\boldsymbol{A}^2+\boldsymbol{A}+\boldsymbol{E})=\boldsymbol{A}^3-\boldsymbol{E}$。

【秘籍】 设 $\boldsymbol{A}$ 为 n 阶非零矩阵，$\boldsymbol{E}$ 为 n 阶单位矩阵，且 $\boldsymbol{A}^m=\boldsymbol{O}$($m$ 为正整数)，则

(1) $(\boldsymbol{E}-\boldsymbol{A})^{-1}=\boldsymbol{E}+\boldsymbol{A}+\boldsymbol{A}^2+\cdots+\boldsymbol{A}^{m-1}$。

(2) 若 m 为奇数，则 $(\boldsymbol{A}+\boldsymbol{E})^{-1}=\boldsymbol{E}-\boldsymbol{A}+\boldsymbol{A}^2-\boldsymbol{A}^3+\cdots-\boldsymbol{A}^{m-2}+\boldsymbol{A}^{m-1}$。

【例 1.8】 (1993，数学四)若 $\boldsymbol{\alpha}_1$，$\boldsymbol{\alpha}_2$，$\boldsymbol{\alpha}_3$，$\boldsymbol{\beta}_1$，$\boldsymbol{\beta}_2$ 都是四维列向量，且四阶行列式 $|\boldsymbol{\alpha}_1, \boldsymbol{\alpha}_2, \boldsymbol{\alpha}_3, \boldsymbol{\beta}_1|=m$，$|\boldsymbol{\alpha}_1, \boldsymbol{\alpha}_2, \boldsymbol{\beta}_2, \boldsymbol{\alpha}_3|=n$，则四阶行列式 $|\boldsymbol{\alpha}_3, \boldsymbol{\alpha}_2, \boldsymbol{\alpha}_1, \boldsymbol{\beta}_1+\boldsymbol{\beta}_2|=($　　)。

(A) $m+n$　　(B) $-(m+n)$　　(C) $n-m$　　(D) $m-n$

【思路】 根据行列式的性质进行解题。

【解】 根据行列式的"拆分拆列"及"换列变号"的性质，有

$$\begin{aligned}|\boldsymbol{\alpha}_3, \boldsymbol{\alpha}_2, \boldsymbol{\alpha}_1, \boldsymbol{\beta}_1+\boldsymbol{\beta}_2| &= |\boldsymbol{\alpha}_3, \boldsymbol{\alpha}_2, \boldsymbol{\alpha}_1, \boldsymbol{\beta}_1|+|\boldsymbol{\alpha}_3, \boldsymbol{\alpha}_2, \boldsymbol{\alpha}_1, \boldsymbol{\beta}_2| \\ &= -|\boldsymbol{\alpha}_1, \boldsymbol{\alpha}_2, \boldsymbol{\alpha}_3, \boldsymbol{\beta}_1|+|\boldsymbol{\alpha}_1, \boldsymbol{\alpha}_2, \beta_2, \boldsymbol{\alpha}_3| \\ &= -m+n\end{aligned}$$

选项 C 正确。

【评注】 本题考查了行列式"拆分拆列"和"换列变号"的性质。

【例 1.9】 (2018，数学三)设 $\boldsymbol{A}$ 为 3 阶矩阵，$\boldsymbol{\alpha}_1$，$\boldsymbol{\alpha}_2$，$\boldsymbol{\alpha}_3$ 是线性无关的向量组，若 $\boldsymbol{A\alpha}_1=\boldsymbol{\alpha}_1+\boldsymbol{\alpha}_2$，$\boldsymbol{A\alpha}_2=\boldsymbol{\alpha}_2+\boldsymbol{\alpha}_3$，$\boldsymbol{A\alpha}_3=\boldsymbol{\alpha}_1+\boldsymbol{\alpha}_3$，则 $|\boldsymbol{A}|=$________。

【思路】 用矩阵等式来描述两个向量组之间的线性表示关系。

【解】 根据已知的 3 个向量等式，可以写出 1 个矩阵等式：

$$(\boldsymbol{A\alpha}_1, \boldsymbol{A\alpha}_2, \boldsymbol{A\alpha}_3)=\boldsymbol{A}(\boldsymbol{\alpha}_1, \boldsymbol{\alpha}_2, \boldsymbol{\alpha}_3)=(\boldsymbol{\alpha}_1, \boldsymbol{\alpha}_2, \boldsymbol{\alpha}_3)\begin{bmatrix}1 & 0 & 1\\ 1 & 1 & 0\\ 0 & 1 & 1\end{bmatrix}$$

对以上等式两端取行列式，有

$$|\boldsymbol{A}||\boldsymbol{\alpha}_1, \boldsymbol{\alpha}_2, \boldsymbol{\alpha}_3|=|\boldsymbol{\alpha}_1, \boldsymbol{\alpha}_2, \boldsymbol{\alpha}_3|\begin{vmatrix}1 & 0 & 1\\ 1 & 1 & 0\\ 0 & 1 & 1\end{vmatrix}$$

因为 $\boldsymbol{\alpha}_1$，$\boldsymbol{\alpha}_2$，$\boldsymbol{\alpha}_3$ 是线性无关的向量组，所以 $|\boldsymbol{\alpha}_1, \boldsymbol{\alpha}_2, \boldsymbol{\alpha}_3|\neq 0$，于是

$$|\boldsymbol{A}|=\begin{vmatrix}1 & 0 & 1\\ 1 & 1 & 0\\ 0 & 1 & 1\end{vmatrix}=2$$

【评注】 该题考查了以下知识点：

(1) 分块矩阵运算公式：$(\boldsymbol{A\alpha}_1, \boldsymbol{A\alpha}_2, \boldsymbol{A\alpha}_3)=\boldsymbol{A}(\boldsymbol{\alpha}_1, \boldsymbol{\alpha}_2, \boldsymbol{\alpha}_3)$。

(2) 若 $\boldsymbol{A}$，$\boldsymbol{B}$ 为 n 阶矩阵，则 $|\boldsymbol{AB}|=|\boldsymbol{A}||\boldsymbol{B}|$。

(3) 若 $\boldsymbol{\alpha}_1$，$\boldsymbol{\alpha}_2$，$\boldsymbol{\alpha}_3$ 是 3 维线性无关的列向量组，则 $|\boldsymbol{\alpha}_1, \boldsymbol{\alpha}_2, \boldsymbol{\alpha}_3|\neq 0$。

【秘籍】 同学们要学会把若干个向量等式合并成一个矩阵等式。

【例 1.10】 (2003，数学二)设三阶方阵 $\boldsymbol{A}$ 与 $\boldsymbol{B}$ 满足 $\boldsymbol{A}^2\boldsymbol{B}-\boldsymbol{A}-\boldsymbol{B}=\boldsymbol{E}$，其中 $\boldsymbol{E}$ 为三阶单位矩阵，若 $\boldsymbol{A}=\begin{bmatrix}1 & 0 & 1\\ 0 & 2 & 0\\ -2 & 0 & 1\end{bmatrix}$，则 $|\boldsymbol{B}|=$________。

【思路】 对矩阵等式进行恒等变形。

【解】 因为 $\boldsymbol{A}^2\boldsymbol{B}-\boldsymbol{A}-\boldsymbol{B}=\boldsymbol{E}$，则有

$$(\boldsymbol{A}^2-\boldsymbol{E})\boldsymbol{B}=\boldsymbol{A}+\boldsymbol{E}，(\boldsymbol{A}+\boldsymbol{E})(\boldsymbol{A}-\boldsymbol{E})\boldsymbol{B}=\boldsymbol{A}+\boldsymbol{E}$$

因为 $|\boldsymbol{A}+\boldsymbol{E}|=\begin{vmatrix}2 & 0 & 1\\ 0 & 3 & 0\\ -2 & 0 & 2\end{vmatrix}\neq 0$，所以 $\boldsymbol{A}+\boldsymbol{E}$ 可逆，用 $(\boldsymbol{A}+\boldsymbol{E})^{-1}$ 左乘以上等式两端，有

$$(A-E)B=E,\ B=(A-E)^{-1}=\begin{bmatrix} & & 1 \\ & 1 & \\ -2 & & \end{bmatrix}^{-1}=\begin{bmatrix} & & -\frac{1}{2} \\ & 1 & \\ 1 & & \end{bmatrix}$$

于是，$|B|=\frac{1}{2}$。

【评注】 本题考查了以下知识点：

(1) $A^2-E=(A+E)(A-E)=(A-E)(A+E)$。

(2) $|A|\neq 0 \Leftrightarrow A$ 为可逆矩阵。

(3) $\begin{bmatrix} & & a \\ & b & \\ c & & \end{bmatrix}^{-1}=\begin{bmatrix} & & \frac{1}{c} \\ & \frac{1}{b} & \\ \frac{1}{a} & & \end{bmatrix}$。

(4) $|A^{-1}|=|A|^{-1}$。

【秘籍】 本题在对 A^2-E 进行因式分解时，必须把 $(A+E)$ 放左，$(A-E)$ 放右。

【例 1.11】 设矩阵 A，B 满足 $A^*BA=2BA-4E$，其中 $A=\begin{bmatrix}1 & 0 & 0 \\ 0 & 1 & 0 \\ 0 & 0 & -2\end{bmatrix}$，求 $|B|$。

【思路】 把含有矩阵 B 的项合并，而 A^*BA 却把 B"包围"着，所以首先要把矩阵 B"剥离"出来。

【解】 因为 $|A|=-2\neq 0$，所以矩阵 A 可逆，对等式 $A^*BA=2BA-4E$ 两端右乘 A^{-1}，左乘 A，有

$$AA^*BAA^{-1}=2ABAA^{-1}-4AEA^{-1}$$

由于 $AA^*=|A|E=-2E$，于是

$$-2B=2AB-4E,\ B=2(A+E)^{-1}=\begin{bmatrix}1 & 0 & 0 \\ 0 & 1 & 0 \\ 0 & 0 & -2\end{bmatrix}$$

则 $|B|=-2$。

【评注】 该题中的矩阵 B 被"包围"在两个矩阵中，如何把矩阵 B"剥离"出来是解决该题的关键。本题利用了公式 $AA^*=|A|E$ 和 $AA^{-1}=E$。

【秘籍】 对矩阵等式进行恒等变形时，有一个技巧是"从左看，从右看，找出同类是关键"。针对本例题，首先观察已知矩阵等式，从右向左看，找出了两个 A，如图 1.6 所示。于是对矩阵等式两端右乘 A^{-1}，化简为 $A^*B=2B-4A^{-1}$，继续观察矩阵等式，从左向右看，找出"同类"A^* 和 A^{-1}，如图 1.7 所示。用矩阵 A 左乘矩阵等式两端，化简为 $|A|B=2AB-4E$。

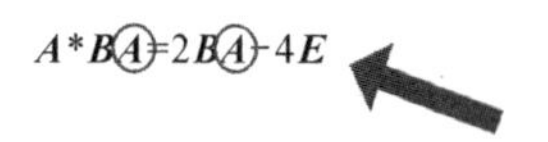

图 1.6　从右向左看

$A^*B=2B-4A^{-1}$

图 1.7　从左向右看

【例 1.12】 设 A，B 均为 3 阶矩阵，且 $|A|=4$，$|B|=-2$，则 $|3B^*A^{-1}+B^{-1}A^*|=$ ________。

【思路】 分别把伴随矩阵 $\boldsymbol{A}^*$，$\boldsymbol{B}^*$ 化为逆矩阵 $\boldsymbol{A}^{-1}$，$\boldsymbol{B}^{-1}$，进而化简。

【解】 因为 $|\boldsymbol{A}|=4\neq0$，$|\boldsymbol{B}|=-2\neq0$，所以 $\boldsymbol{A}$ 和 $\boldsymbol{B}$ 都是可逆矩阵，根据公式 $\boldsymbol{AA}^*=|\boldsymbol{A}|\boldsymbol{E}$，$\boldsymbol{BB}^*=|\boldsymbol{B}|\boldsymbol{E}$，有

$$\boldsymbol{B}^*=|\boldsymbol{B}|\boldsymbol{B}^{-1}=-2\boldsymbol{B}^{-1},\ \boldsymbol{A}^*=|\boldsymbol{A}|\boldsymbol{A}^{-1}=4\boldsymbol{A}^{-1}$$

于是

$$\begin{aligned}|3\boldsymbol{B}^*\boldsymbol{A}^{-1}+\boldsymbol{B}^{-1}\boldsymbol{A}^*|&=|-6\boldsymbol{B}^{-1}\boldsymbol{A}^{-1}+4\boldsymbol{B}^{-1}\boldsymbol{A}^{-1}|=|-2\boldsymbol{B}^{-1}\boldsymbol{A}^{-1}|\\&=(-2)^3|\boldsymbol{B}^{-1}||\boldsymbol{A}^{-1}|=(-8)|\boldsymbol{B}|^{-1}|\boldsymbol{A}|^{-1}\\&=(-8)\times\frac{1}{-2}\times\frac{1}{4}=1\end{aligned}$$

【评注】 本题考查了以下公式：

(1) $\boldsymbol{AA}^*=|\boldsymbol{A}|\boldsymbol{E}$。

(2) $\boldsymbol{A}^*=|\boldsymbol{A}|\boldsymbol{A}^{-1}$(若 $\boldsymbol{A}$ 可逆)。

(3) $|\boldsymbol{AB}|=|\boldsymbol{A}||\boldsymbol{B}|$。

(4) $|k\boldsymbol{A}_n|=k^n|\boldsymbol{A}_n|$。

(5) $|\boldsymbol{A}^{-1}|=|\boldsymbol{A}|^{-1}$。

【秘籍】 在求 $|\boldsymbol{A}+\boldsymbol{B}|$ 的值时，想方设法把“矩阵的和”变成“矩阵的积”的形式，本题采取的方法就是把 $\boldsymbol{A}$ 和 $\boldsymbol{B}$ 变成“同类”，从而合并成同类项，成功变成“矩阵的积”的形式。

【例 1.13】 (2010，数学二、数学三)设 $\boldsymbol{A}$，$\boldsymbol{B}$ 为3阶矩阵，且 $|\boldsymbol{A}|=3$，$|\boldsymbol{B}|=2$，$|\boldsymbol{A}^{-1}+\boldsymbol{B}|=2$，则 $|\boldsymbol{A}+\boldsymbol{B}^{-1}|=$________。

【思路】 从已知条件出发，构建一个矩阵等式。

【解】 从已知行列式对应的矩阵 $\boldsymbol{A}^{-1}+\boldsymbol{B}$ 出发，分析需要求解行列式对应的矩阵 $\boldsymbol{A}+\boldsymbol{B}^{-1}$，构建矩阵等式：

$$\boldsymbol{A}(\boldsymbol{A}^{-1}+\boldsymbol{B})\boldsymbol{B}^{-1}=\boldsymbol{A}+\boldsymbol{B}^{-1}$$

对以上矩阵等式两端取行列式，有

$$|\boldsymbol{A}||\boldsymbol{A}^{-1}+\boldsymbol{B}||\boldsymbol{B}^{-1}|=|\boldsymbol{A}+\boldsymbol{B}^{-1}|$$

因为 $|\boldsymbol{A}|=3$，$|\boldsymbol{B}|=2$，于是

$$|\boldsymbol{A}+\boldsymbol{B}^{-1}|=3\times2\times\frac{1}{2}=3$$

【评注】 本题考查了以下知识点：

(1) $|\boldsymbol{ABC}|=|\boldsymbol{A}||\boldsymbol{B}||\boldsymbol{C}|$。

(2) $|\boldsymbol{A}^{-1}|=|\boldsymbol{A}|^{-1}$。

【秘籍】 构建已知矩阵和未知矩阵之间的等式关系是解决本类题目的关键，以下再给出两个例子。

(1) 已知 $\boldsymbol{A}$，$\boldsymbol{B}$，$\boldsymbol{A}+\boldsymbol{B}$ 都是 n 阶可逆矩阵，证明 $\boldsymbol{A}^{-1}+\boldsymbol{B}^{-1}$ 可逆。

构建矩阵等式 $\boldsymbol{A}(\boldsymbol{A}^{-1}+\boldsymbol{B}^{-1})\boldsymbol{B}=\boldsymbol{A}+\boldsymbol{B}$，然后对等式两端取行列式，即可得证。

(2) 设 $\boldsymbol{A}$，$\boldsymbol{B}$ 是 n 阶方阵，已知 $|\boldsymbol{A}|=2$，$|\boldsymbol{E}+\boldsymbol{AB}|=3$，求 $|\boldsymbol{E}+\boldsymbol{BA}|$。

构建矩阵等式 $\boldsymbol{A}^{-1}(\boldsymbol{E}+\boldsymbol{AB})\boldsymbol{A}=\boldsymbol{E}+\boldsymbol{BA}$，然后对等式两端取行列式，即可求解。

【例 1.14】 (1995，数学一)设 $\boldsymbol{A}$ 为 n 阶矩阵，满足 $\boldsymbol{AA}^{\mathrm{T}}=\boldsymbol{E}$，$|\boldsymbol{A}|<0$，$|\boldsymbol{A}+\boldsymbol{E}|=$________。

【思路】 根据已知条件，构建矩阵等式。

【解】 根据已知条件 $\boldsymbol{AA}^{\mathrm{T}}=\boldsymbol{E}$，构建矩阵等式：

$$(\boldsymbol{A}+\boldsymbol{E})\boldsymbol{A}^{\mathrm{T}}=\boldsymbol{E}+\boldsymbol{A}^{\mathrm{T}}=(\boldsymbol{A}+\boldsymbol{E})^{\mathrm{T}}$$

对矩阵等式两端取行列式，有

$$|\boldsymbol{A}+\boldsymbol{E}||\boldsymbol{A}^{\mathrm{T}}|=|(\boldsymbol{A}+\boldsymbol{E})^{\mathrm{T}}|,\ |\boldsymbol{A}+\boldsymbol{E}|(|\boldsymbol{A}|-1)=0$$

因为$|\boldsymbol{A}|<0$，所以$|\boldsymbol{A}|-1\neq0$，于是$|\boldsymbol{A}+\boldsymbol{E}|=0$。

【评注】 本题考查了以下知识点：

(1) $\boldsymbol{E}^{\mathrm{T}}=\boldsymbol{E}$。

(2) $(\boldsymbol{A}+\boldsymbol{B})^{\mathrm{T}}=\boldsymbol{A}^{\mathrm{T}}+\boldsymbol{B}^{\mathrm{T}}$。

(3) $|\boldsymbol{AB}|=|\boldsymbol{A}||\boldsymbol{B}|$。

(4) $|\boldsymbol{A}^{\mathrm{T}}|=|\boldsymbol{A}|$。

【秘籍】 利用已知条件$\boldsymbol{AA}^{\mathrm{T}}=\boldsymbol{E}$，构造包含$\boldsymbol{A}+\boldsymbol{E}$的矩阵等式是求解该题的关键。

【例 1.15】 (2012，数学二、数学三)设$\boldsymbol{A}$为3阶矩阵，$|\boldsymbol{A}|=3$，$\boldsymbol{A}^*$为$\boldsymbol{A}$的伴随矩阵，若交换$\boldsymbol{A}$的第1行与第2行得矩阵$\boldsymbol{B}$，则$|\boldsymbol{BA}^*|=$________。

【思路】 确定矩阵$\boldsymbol{A}$和$\boldsymbol{B}$的行列式的关系。

【解】 因为交换$\boldsymbol{A}$的第1行与第2行得矩阵$\boldsymbol{B}$，根据行列式的"换行变号"的性质，知$|\boldsymbol{A}|=-|\boldsymbol{B}|$。根据伴随矩阵的行列式公式$|\boldsymbol{A}_n^*|=|\boldsymbol{A}_n|^{n-1}$，得

$$|\boldsymbol{BA}^*|=|\boldsymbol{B}||\boldsymbol{A}^*|=-|\boldsymbol{A}||\boldsymbol{A}|^2=-27$$

【评注】 本题考查了以下知识点：

(1) 行列式"换行变号"的性质。

(2) $|\boldsymbol{AB}|=|\boldsymbol{A}||\boldsymbol{B}|$。

(3) $|\boldsymbol{A}_n^*|=|\boldsymbol{A}_n|^{n-1}$。

【例 1.16】 设$\boldsymbol{A}$，$\boldsymbol{B}$都是3阶矩阵，已知$|\boldsymbol{A}|=2$，$|\boldsymbol{B}|=-3$，$\boldsymbol{A}^*$是$\boldsymbol{A}$的伴随矩阵，令$\boldsymbol{M}=\begin{bmatrix}\boldsymbol{O} & 3\boldsymbol{A}^* \\ 2\boldsymbol{B}^{-1} & \boldsymbol{O}\end{bmatrix}$，则$|\boldsymbol{M}|=$________。

【思路】 根据分块副对角矩阵的行列式公式解题。

【解】 根据分块副对角矩阵的行列式公式，可以得到：

$$|\boldsymbol{M}|=\begin{vmatrix}\boldsymbol{O} & 3\boldsymbol{A}^* \\ 2\boldsymbol{B}^{-1} & \boldsymbol{O}\end{vmatrix}=(-1)^{3\times3}|3\boldsymbol{A}^*||2\boldsymbol{B}^{-1}|=(-1)\times3^3\times|\boldsymbol{A}|^2\times2^3\times|\boldsymbol{B}|^{-1}=288$$

【评注】 本题考查了以下公式：

(1) $\begin{vmatrix}\boldsymbol{O} & \boldsymbol{A}_n \\ \boldsymbol{B}_m & \boldsymbol{O}\end{vmatrix}=(-1)^{m\times n}|\boldsymbol{A}||\boldsymbol{B}|$。

(2) $|k\boldsymbol{A}_n|=k^n|\boldsymbol{A}_n|$。

(3) $|\boldsymbol{A}_n^*|=|\boldsymbol{A}_n|^{n-1}$。

(4) $|\boldsymbol{A}^{-1}|=|\boldsymbol{A}|^{-1}$。

【例 1.17】 (1999，数学一)设$\boldsymbol{A}$是$m\times n$矩阵，$\boldsymbol{B}$是$n\times m$矩阵，则(　　)。

(A) 当$m>n$时，必有行列式$|\boldsymbol{AB}|\neq0$　　(B) 当$m>n$时，必有行列式$|\boldsymbol{AB}|=0$

(C) 当$n>m$时，必有行列式$|\boldsymbol{AB}|\neq0$　　(D) 当$n>m$时，必有行列式$|\boldsymbol{AB}|=0$

【思路】 "胖矩阵"一定是不可逆矩阵。

【解】 当$m>n$时，$r(\boldsymbol{AB})\leqslant r(\boldsymbol{A})\leqslant n<m$，因为$m$阶矩阵$\boldsymbol{AB}$的秩小于$m$，$\boldsymbol{AB}$为降秩矩阵，所以$|\boldsymbol{AB}|=0$。选项B正确。

【评注】 本题考查了以下知识点：

(1) $r(\boldsymbol{AB})\leqslant r(\boldsymbol{A})$，$r(\boldsymbol{AB})\leqslant r(\boldsymbol{B})$。

(2) $r(\boldsymbol{A}_{m\times n})\leqslant m$，$r(\boldsymbol{A}_{m\times n})\leqslant n$。

(3) $r(\boldsymbol{A}_m)<m\Leftrightarrow|\boldsymbol{A}_m|=0$。

【秘籍】 当 $m>n$ 时，把矩阵 $\boldsymbol{A}_{m\times n}\boldsymbol{B}_{n\times m}$ 称为“胖矩阵”，如图 1.8 所示，“胖矩阵”一定是不可逆矩阵。

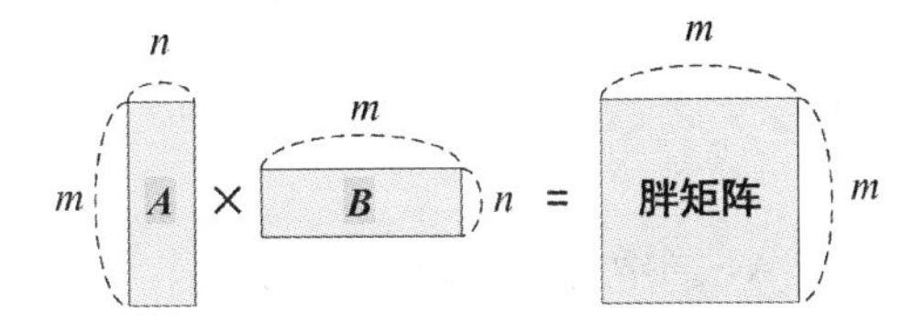

图 1.8 “胖矩阵”示意图

【例 1.18】 (2022，数学二、数学三)设矩阵 $\boldsymbol{A}=\begin{bmatrix}1&1&1\\1&a&a^2\\1&b&b^2\end{bmatrix}$，$\boldsymbol{b}=\begin{bmatrix}1\\2\\4\end{bmatrix}$，则线性方程组 $\boldsymbol{Ax}=\boldsymbol{b}$ 解的情况为(　　)。

(A) 无解　　(B) 有解

(C) 有无穷多解或无解　　(D) 有唯一解或无解

【思路】 根据范德蒙行列式和克莱姆法则解题。

【解】 根据范德蒙行列式公式，知 $|\boldsymbol{A}|=(b-a)(b-1)(a-1)$，又根据克莱姆法则知，当 $b\neq a$，$b\neq1$ 且 $a\neq1$ 时，方程组 $\boldsymbol{Ax}=\boldsymbol{b}$ 有唯一解；当 $b=a=1$ 时，$r(\boldsymbol{A})=1$，$r(\boldsymbol{A},\boldsymbol{b})=2$，则方程组 $\boldsymbol{Ax}=\boldsymbol{b}$ 无解。选项 D 正确。

【评注】 本题考查了以下知识点：

(1) 范德蒙行列式的公式。

(2) 克莱姆法则。

(3) $r(\boldsymbol{A})\neq r(\boldsymbol{A},\boldsymbol{b})\Leftrightarrow\boldsymbol{Ax}=\boldsymbol{b}$ 无解。

【秘籍】 本题可以根据选择题技巧，分别对参数 a 和 b 进行设值，用“设值法”快速获得答案。

【例 1.19】 (2013，数学一、数学二、数学三) 设 $\boldsymbol{A}=(a_{ij})$ 是三阶非零矩阵，$|\boldsymbol{A}|$ 为 $\boldsymbol{A}$ 的行列式，A_{ij} 为 a_{ij} 的代数余子式，若 $a_{ij}+A_{ij}=0(i,\ j=1,\ 2,\ 3)$，则 $|\boldsymbol{A}|=$________。

【思路】 把已知条件 $a_{ij}+A_{ij}=0$ 转换为 $\boldsymbol{A}^*=-\boldsymbol{A}^{\mathrm{T}}$。

【解】 根据伴随矩阵的定义及已知条件 $a_{ij}+A_{ij}=0(i,\ j=1,\ 2,\ 3)$得

$$\boldsymbol{A}^*=\begin{bmatrix}A_{11}&A_{21}&A_{31}\\A_{12}&A_{22}&A_{32}\\A_{13}&A_{23}&A_{33}\end{bmatrix}=\begin{bmatrix}-a_{11}&-a_{21}&-a_{31}\\-a_{12}&-a_{22}&-a_{32}\\-a_{13}&-a_{23}&-a_{33}\end{bmatrix}=-\boldsymbol{A}^{\mathrm{T}}$$

对以上矩阵等式两端取行列式，有

$$|\boldsymbol{A}^*|=|-\boldsymbol{A}^{\mathrm{T}}|,\ |\boldsymbol{A}|^2=(-1)^3|\boldsymbol{A}|,\ |\boldsymbol{A}|(|\boldsymbol{A}|+1)=0$$

现在用反证法证明 $|\boldsymbol{A}|\neq0$。假设 $|\boldsymbol{A}|=0$，则

$$|\boldsymbol{A}| \xlongequal{\text{按 } r_1 \text{ 展开}} a_{11}A_{11}+a_{12}A_{12}+a_{13}A_{13}=-({a_{11}}^2+{a_{12}}^2+{a_{13}}^2)=0$$

得 $a_{11}=a_{12}=a_{13}=0$，同理可得 $a_{21}=a_{22}=a_{23}=0$ 和 $a_{31}=a_{32}=a_{33}=0$，故 $\boldsymbol{A}=\boldsymbol{O}$，与已知条件"$\boldsymbol{A}$ 是非零矩阵"矛盾，于是假设错误，所以 $|\boldsymbol{A}|\neq 0$。最后得 $(|\boldsymbol{A}|+1)=0$，$|\boldsymbol{A}|=-1$。

【评注】 该题考查了以下知识点：

(1) 伴随矩阵的定义。

(2) $|\boldsymbol{A}_n^*|=|\boldsymbol{A}_n|^{n-1}$。

(3) $|\boldsymbol{A}^{\mathrm{T}}|=|\boldsymbol{A}|$。

(4) 行列式按行展开定理。

(5) 反证法。

【秘籍】 针对 3 阶实矩阵 $\boldsymbol{A}$，同学们应熟记以下结论：

(1) $a_{ij}=A_{ij}(i, j=1, 2, 3)\Leftrightarrow \boldsymbol{A}^*=\boldsymbol{A}^{\mathrm{T}}$。

(2) $a_{ij}+A_{ij}=0(i, j=1, 2, 3)\Leftrightarrow \boldsymbol{A}^*=-\boldsymbol{A}^{\mathrm{T}}$。

【例 1.20】 (2021，数学一)设 $\boldsymbol{A}=(a_{ij})$ 为 3 阶矩阵，A_{ij} 为代数余子式，若 $\boldsymbol{A}$ 的每行元素之和均为 2，且 $|\boldsymbol{A}|=3$，$A_{11}+A_{21}+A_{31}=$________。

【思路】 把"$\boldsymbol{A}$ 的每行元素之和均为 2"用一个矩阵乘法等式来表述，进一步获得矩阵 $\boldsymbol{A}^*$ 的第 1 行元素之和，即为所求。

【解】 3 阶矩阵 $\boldsymbol{A}$ 的每行元素之和均为 2，则有

$$\boldsymbol{A}\begin{bmatrix}1\\1\\1\end{bmatrix}=\begin{bmatrix}2\\2\\2\end{bmatrix}=2\times\begin{bmatrix}1\\1\\1\end{bmatrix}$$

用 $\boldsymbol{A}$ 的伴随矩阵 $\boldsymbol{A}^*$ 左乘以上矩阵等式两端，有

$$\boldsymbol{A}^*\boldsymbol{A}\begin{bmatrix}1\\1\\1\end{bmatrix}=2\times\boldsymbol{A}^*\begin{bmatrix}1\\1\\1\end{bmatrix}$$

根据公式 $\boldsymbol{A}^*\boldsymbol{A}=|\boldsymbol{A}|\boldsymbol{E}$ 和已知条件 $|\boldsymbol{A}|=3$，得

$$\boldsymbol{A}^*\begin{bmatrix}1\\1\\1\end{bmatrix}=\frac{|\boldsymbol{A}|}{2}\times\begin{bmatrix}1\\1\\1\end{bmatrix}=\begin{bmatrix}1.5\\1.5\\1.5\end{bmatrix}$$

以上等式说明矩阵 $\boldsymbol{A}^*$ 的每一行元素之和均为 1.5，而

$$\boldsymbol{A}^*=\begin{bmatrix}A_{11}&A_{21}&A_{31}\\A_{12}&A_{22}&A_{32}\\A_{13}&A_{23}&A_{33}\end{bmatrix}$$

于是 $A_{11}+A_{21}+A_{31}=1.5$。

【评注】 本题考查了以下知识点：

(1) 3 阶矩阵 $\boldsymbol{A}$ 的每行元素之和均为 $k\Leftrightarrow \boldsymbol{A}\begin{bmatrix}1\\1\\1\end{bmatrix}=\begin{bmatrix}k\\k\\k\end{bmatrix}$。

(2) $\boldsymbol{A}^*\boldsymbol{A}=|\boldsymbol{A}|\boldsymbol{E}$。

(3) 伴随矩阵 $\boldsymbol{A}^*$ 是由 $|\boldsymbol{A}|$ 的代数余子式构成的。

【秘籍】 同学们要善于用矩阵等式来描述线性代数语言。

【例 1.21】 设 $\boldsymbol{A}$ 为 n 阶矩阵，满足 $\boldsymbol{A}^2-2\boldsymbol{A}=3\boldsymbol{E}$，且 $\boldsymbol{A}\neq-\boldsymbol{E}$，证明 $|\boldsymbol{A}-3\boldsymbol{E}|=0$。

【思路】 证明矩阵 $\boldsymbol{A}-3\boldsymbol{E}$ 的秩小于 n。

【解】 因为 $\boldsymbol{A}^2-2\boldsymbol{A}=3\boldsymbol{E}$，则有

$$(\boldsymbol{A}-3\boldsymbol{E})(\boldsymbol{A}+\boldsymbol{E})=\boldsymbol{O}$$

故

$$r(\boldsymbol{A}-3\boldsymbol{E})+r(\boldsymbol{A}+\boldsymbol{E})\leqslant n$$

又因为 $\boldsymbol{A}\neq-\boldsymbol{E}$，所以 $\boldsymbol{A}+\boldsymbol{E}\neq\boldsymbol{O}$，则

$$r(\boldsymbol{A}+\boldsymbol{E})>0$$

得 $r(\boldsymbol{A}-3\boldsymbol{E})<n$，于是 $|\boldsymbol{A}-3\boldsymbol{E}|=0$。

【评注】 本题考查了以下知识点：

(1) 若 n 阶矩阵 $\boldsymbol{A}$ 和 $\boldsymbol{B}$ 满足 $\boldsymbol{AB}=\boldsymbol{O}$，则 $r(\boldsymbol{A})+r(\boldsymbol{B})\leqslant n$。

(2) $\boldsymbol{A}\neq\boldsymbol{O}\Leftrightarrow r(\boldsymbol{A})>0$。

(3) $|\boldsymbol{A}_n|=0\Leftrightarrow r(\boldsymbol{A}_n)<n$。

【秘籍】 证明抽象 n 阶矩阵 $\boldsymbol{A}$ 的行列式 $|\boldsymbol{A}|=0$ 的基本方法如下：

(1) 根据已知条件推导出 $k|\boldsymbol{A}|=0$，而 $k\neq0$(参见例 1.14)。

(2) 根据已知条件推导出 $r(\boldsymbol{A})<n$(参见例 1.17 和例 1.21)。

(3) 根据已知条件推导出 $\boldsymbol{A}$ 的列(行)向量组线性相关(参见例 1.22)。

(4) 根据已知条件推导出方程组 $\boldsymbol{Ax}=\boldsymbol{0}$ 有非零解。例如，已知 $\boldsymbol{AB}=\boldsymbol{O}$，且 $\boldsymbol{B}\neq\boldsymbol{O}$，证明 $|\boldsymbol{A}|=0$。

(5) 根据已知条件推导出 0 是矩阵 $\boldsymbol{A}$ 的特征值(参见练习 1.18)。

(6) 用反证法证明。例如，$\boldsymbol{A}^2=\boldsymbol{A}$，$\boldsymbol{A}\neq\boldsymbol{E}$，证明 $|\boldsymbol{A}|=0$。

【例 1.22】 (2012，数学一、数学二、数学三)设 $\boldsymbol{\alpha}_1=\begin{bmatrix}0\\0\\c_1\end{bmatrix}$，$\boldsymbol{\alpha}_2=\begin{bmatrix}0\\1\\c_2\end{bmatrix}$，$\boldsymbol{\alpha}_3=\begin{bmatrix}1\\-1\\c_3\end{bmatrix}$，$\boldsymbol{\alpha}_4=\begin{bmatrix}-1\\1\\c_4\end{bmatrix}$，其中 c_1，c_2，c_3，c_4 为任意常数，则下列向量组线性相关的为(　　)。

(A) $\boldsymbol{\alpha}_1$，$\boldsymbol{\alpha}_2$，$\boldsymbol{\alpha}_3$　　(B) $\boldsymbol{\alpha}_1$，$\boldsymbol{\alpha}_2$，$\boldsymbol{\alpha}_4$　　(C) $\boldsymbol{\alpha}_1$，$\boldsymbol{\alpha}_3$，$\boldsymbol{\alpha}_4$　　(D) $\boldsymbol{\alpha}_2$，$\boldsymbol{\alpha}_3$，$\boldsymbol{\alpha}_4$

【思路】 根据 3 个 3 维向量构成的行列式是否为零来确定选项。

【解】 分别计算选项中 3 个向量构成的矩阵的行列式：

$|\boldsymbol{\alpha}_1,\boldsymbol{\alpha}_2,\boldsymbol{\alpha}_3|=-c_1$，$|\boldsymbol{\alpha}_1,\boldsymbol{\alpha}_2,\boldsymbol{\alpha}_4|=c_1$，$|\boldsymbol{\alpha}_1,\boldsymbol{\alpha}_3,\boldsymbol{\alpha}_4|=0$，$|\boldsymbol{\alpha}_2,\boldsymbol{\alpha}_3,\boldsymbol{\alpha}_4|=-c_3-c_4$

因为 c_1，c_2，c_3，c_4 为任意常数，所以当 $c_1\neq0$ 时，向量组 $\boldsymbol{\alpha}_1$，$\boldsymbol{\alpha}_2$，$\boldsymbol{\alpha}_3$ 和 $\boldsymbol{\alpha}_1$，$\boldsymbol{\alpha}_2$，$\boldsymbol{\alpha}_4$ 都线性无关；当 $-c_3-c_4\neq0$ 时，向量组 $\boldsymbol{\alpha}_2$，$\boldsymbol{\alpha}_3$，$\boldsymbol{\alpha}_4$ 线性无关。于是选项 C 正确。

【评注】 本题考查了以下知识点：

(1) $|\boldsymbol{A}_n|=0\Leftrightarrow\boldsymbol{A}_n$ 的列(行)向量组线性相关。

(2) $|\boldsymbol{A}_n|\neq0\Leftrightarrow\boldsymbol{A}_n$ 的列(行)向量组线性无关。

【例 1.23】（2002，数学二）矩阵$\begin{bmatrix} 0 & -2 & -2 \\ 2 & 2 & -2 \\ -2 & -2 & 2 \end{bmatrix}$的非零特征值是________。

【思路】 通过特征方程求解特征值。

【解】 求解矩阵的特征值方程$|\boldsymbol{A}-\lambda\boldsymbol{E}|=0$，即

$$|\boldsymbol{A}-\lambda\boldsymbol{E}|=\begin{vmatrix} 0-\lambda & -2 & -2 \\ 2 & 2-\lambda & -2 \\ -2 & -2 & 2-\lambda \end{vmatrix} \xlongequal{c_3-c_2} \begin{vmatrix} -\lambda & -2 & 0 \\ 2 & 2-\lambda & \lambda-4 \\ -2 & -2 & 4-\lambda \end{vmatrix}$$

$$\xlongequal{r_2+r_3} \begin{vmatrix} -\lambda & -2 & 0 \\ 0 & -\lambda & 0 \\ -2 & -2 & 4-\lambda \end{vmatrix} \xlongequal{\text{按}c_3\text{展开}} (4-\lambda)\lambda^2=0$$

解得矩阵的非零特征值为 4。

【评注】 特征值方程$|\boldsymbol{A}-\lambda\boldsymbol{E}|=0$的根即为矩阵$\boldsymbol{A}$的特征值。

【秘籍】 在求解 3 阶矩阵$\boldsymbol{A}$的特征方程时，可以通过行列式性质把行列式的其中一行（或一列）化出两个零元素，从而按该行（列）展开，求得特征值。

【例 1.24】（2000，数学三）若四阶矩阵$\boldsymbol{A}$与$\boldsymbol{B}$相似，矩阵$\boldsymbol{A}$的特征值为$\frac{1}{2}$，$\frac{1}{3}$，$\frac{1}{4}$，$\frac{1}{5}$，则行列式$|\boldsymbol{B}^{-1}-\boldsymbol{E}|=$________。

【思路】 先求出矩阵$\boldsymbol{B}^{-1}-\boldsymbol{E}$的特征值。

【解】 因为$\boldsymbol{A}$与$\boldsymbol{B}$相似，所以$\boldsymbol{A}$与$\boldsymbol{B}$有相同的特征值，即矩阵$\boldsymbol{B}$的特征值也是$\frac{1}{2}$，$\frac{1}{3}$，$\frac{1}{4}$，$\frac{1}{5}$，则矩阵$\boldsymbol{B}^{-1}$的特征值为 2，3，4，5，那么$\boldsymbol{B}^{-1}-\boldsymbol{E}$的特征值为 1，2，3，4，于是$|\boldsymbol{B}^{-1}-\boldsymbol{E}|=1\times2\times3\times4=24$。

【评注】 本题考查的知识点如下：

（1）若$\boldsymbol{A}$与$\boldsymbol{B}$相似，则$\boldsymbol{A}$与$\boldsymbol{B}$有相同的特征值。

（2）若λ是$\boldsymbol{A}$的特征值，则λ^{-1}是$\boldsymbol{A}^{-1}$的特征值。

（3）若λ是$\boldsymbol{A}$的特征值，则$f(\lambda)$是$f(\boldsymbol{A})$的特征值。

（4）$|\boldsymbol{A}_n|=\lambda_1\lambda_2\cdots\lambda_n$。

【例 1.25】（2015，数学二、数学三）设 3 阶矩阵$\boldsymbol{A}$的特征值为 2，−2，1，$\boldsymbol{B}=\boldsymbol{A}^2-\boldsymbol{A}+\boldsymbol{E}$，其中$\boldsymbol{E}$为 3 阶单位矩阵，则行列式$|\boldsymbol{B}|=$________。

【思路】 先确定矩阵$\boldsymbol{B}$的特征值。

【解】 因为$\boldsymbol{A}$的特征值为 2，−2，1，所以$\boldsymbol{B}$的特征值为

$$2^2-2+1=3,\ (-2)^2-(-2)+1=7,\ 1^2-1+1=1$$

于是$|\boldsymbol{B}|=3\times7\times1=21$。

【评注】 本题考查的知识点如下：

（1）若λ是$\boldsymbol{A}$的特征值，则$f(\lambda)$是$f(\boldsymbol{A})$的特征值。

（2）$|\boldsymbol{A}_n|=\lambda_1\lambda_2\cdots\lambda_n$。

【例 1.26】（2018，数学一）设二阶矩阵$\boldsymbol{A}$有两个不同的特征值，$\boldsymbol{\alpha}_1$，$\boldsymbol{\alpha}_2$是$\boldsymbol{A}$的线性无关的特征向量，且满足$\boldsymbol{A}^2(\boldsymbol{\alpha}_1+\boldsymbol{\alpha}_2)=\boldsymbol{\alpha}_1+\boldsymbol{\alpha}_2$，则$|\boldsymbol{A}|=$________。

【思路】 先确定矩阵 $\boldsymbol{A}$ 的特征值。

【解】 因为二阶矩阵 $\boldsymbol{A}$ 有两个不同的特征值，所以 $\boldsymbol{A}$ 的特征值都是单根，而 $\boldsymbol{\alpha}_1$，$\boldsymbol{\alpha}_2$ 是 $\boldsymbol{A}$ 的线性无关的特征向量，于是 $\boldsymbol{\alpha}_1$，$\boldsymbol{\alpha}_2$ 是 $\boldsymbol{A}$ 的属于不同特征值的特征向量。设 $\boldsymbol{A\alpha}_1=\lambda_1\boldsymbol{\alpha}_1$，$\boldsymbol{A\alpha}_2=\lambda_2\boldsymbol{\alpha}_2$，$\lambda_1\neq\lambda_2$。对已知条件 $\boldsymbol{A}^2(\boldsymbol{\alpha}_1+\boldsymbol{\alpha}_2)=\boldsymbol{\alpha}_1+\boldsymbol{\alpha}_2$ 进行化简，得

$$(\lambda_1^2-1)\boldsymbol{\alpha}_1+(\lambda_2^2-1)\boldsymbol{\alpha}_2=\boldsymbol{0}$$

因为 $\boldsymbol{\alpha}_1$，$\boldsymbol{\alpha}_2$ 线性无关，所以

$$(\lambda_1^2-1)=0,\ (\lambda_2^2-1)=0$$

又因为 $\lambda_1\neq\lambda_2$，则 λ_1，λ_2 一个是 1 一个是 -1，于是

$$|\boldsymbol{A}|=\lambda_1\lambda_2=-1$$

【评注】 本题考查了以下知识点：

(1) 矩阵 $\boldsymbol{A}$ 的几何重数小于等于代数重数。

(2) 若 $\boldsymbol{\alpha}_1$，$\boldsymbol{\alpha}_2$ 线性无关，且 $k_1\boldsymbol{\alpha}_1+k_2\boldsymbol{\alpha}_2=\boldsymbol{0}$，则 $k_1=k_2=0$。

(3) $|\boldsymbol{A}_n|=\lambda_1\lambda_2\cdots\lambda_n$。

【例 1.27】 (2000，数学四)设 $\boldsymbol{\alpha}=(1,0,-1)^{\mathrm{T}}$，矩阵 $\boldsymbol{A}=\boldsymbol{\alpha\alpha}^{\mathrm{T}}$，$n$ 为正整数，则 $|a\boldsymbol{E}-\boldsymbol{A}^n|=$ ________。

【思路】 先确定矩阵 $a\boldsymbol{E}-\boldsymbol{A}^n$ 的所有特征值。

【解】 $r(\boldsymbol{A})=r(\boldsymbol{\alpha\alpha}^{\mathrm{T}})\leqslant r(\boldsymbol{\alpha})=1$，而 $\boldsymbol{A}\neq\boldsymbol{O}$，所以 $r(\boldsymbol{A})=1$，则 $\boldsymbol{A}$ 的特征值为 0，0，$\mathrm{tr}(\boldsymbol{A})=\boldsymbol{\alpha}^{\mathrm{T}}\boldsymbol{\alpha}=2$。进一步获得矩阵 $a\boldsymbol{E}-\boldsymbol{A}^n$ 的特征值为 a，a，$a-2^n$，于是 $|a\boldsymbol{E}-\boldsymbol{A}^n|=a^2(a-2^n)$。

【评注】 本题考查了以下知识点：

(1) $r(\boldsymbol{AB})\leqslant r(\boldsymbol{A})$，$r(\boldsymbol{AB})\leqslant r(\boldsymbol{B})$。

(2) $\boldsymbol{A}\neq\boldsymbol{O}\Leftrightarrow r(\boldsymbol{A})>0$。

(3) 若 $r(\boldsymbol{A}_n)=1$，则 $\boldsymbol{A}$ 的特征值为 $n-1$ 个 0，1 个 $\mathrm{tr}(\boldsymbol{A})$。

(4) 若 $\boldsymbol{A}_n=\boldsymbol{\alpha\beta}^{\mathrm{T}}$，则 $\mathrm{tr}(\boldsymbol{A}_n)=\mathrm{tr}(\boldsymbol{\alpha\beta}^{\mathrm{T}})=\boldsymbol{\alpha}^{\mathrm{T}}\boldsymbol{\beta}$。

(5) 若 λ 是 $\boldsymbol{A}$ 的特征值，则 $f(\lambda)$ 是 $f(\boldsymbol{A})$ 的特征值。

(6) $|\boldsymbol{A}_n|=\lambda_1\lambda_2\cdots\lambda_n$。

【例 1.28】 (1997，数学三)若二次型 $f(x_1,x_2,x_3)=2x_1^2+x_2^2+x_3^2+2x_1x_2+tx_2x_3$ 是正定的，则 t 的取值范围是________。

【思路】 分析二次型矩阵 $\boldsymbol{A}$ 的顺序主子式。

【解】 写出二次型对应的实对称矩阵 $\boldsymbol{A}=\begin{bmatrix}2 & 1 & 0\\ 1 & 1 & \frac{t}{2}\\ 0 & \frac{t}{2} & 1\end{bmatrix}$，因为 $\boldsymbol{A}$ 正定，所以 $\boldsymbol{A}$ 的 3 个顺序主子式均为正：

$$2>0,\quad \begin{vmatrix}2 & 1\\ 1 & 1\end{vmatrix}=1>0,\quad |\boldsymbol{A}|=1-\frac{t^2}{2}>0$$

解得 $-\sqrt{2}<t<\sqrt{2}$。

【评注】 实对称矩阵 $\boldsymbol{A}$ 为正定矩阵的充要条件是 $\boldsymbol{A}$ 的所有顺序主子式均为正。

1.5 习题演练

1. 行列式$\begin{vmatrix} 1 & 1 & 1 & 4 \\ 2 & 4 & 8 & 3 \\ 3 & 9 & 27 & 2 \\ 4 & 16 & 64 & 1 \end{vmatrix}=$______。

2. (2020，数学一、数学二、数学三)行列式$\begin{vmatrix} a & 0 & -1 & 1 \\ 0 & a & 1 & -1 \\ -1 & 1 & a & 0 \\ 1 & -1 & 0 & a \end{vmatrix}=$______。

3. (1999，数学二)记行列式$\begin{vmatrix} x-2 & x-1 & x-2 & x-3 \\ 2x-2 & 2x-1 & 2x-2 & 2x-3 \\ 3x-3 & 3x-2 & 4x-5 & 3x-5 \\ 4x & 4x-3 & 5x-7 & 4x-3 \end{vmatrix}$为$f(x)$，则方程$f(x)=0$的根的个数为(　　)。

(A) 1　　(B) 2　　(C) 3　　(D) 4

4. (2016，数学一、数学三)行列式$\begin{vmatrix} \lambda & -1 & 0 & 0 \\ 0 & \lambda & -1 & 0 \\ 0 & 0 & \lambda & -1 \\ 4 & 3 & 2 & \lambda+1 \end{vmatrix}=$______。

5. (1997，数学四)设n阶矩阵$\boldsymbol{A}=\begin{bmatrix} 0 & 1 & 1 & \cdots & 1 & 1 \\ 1 & 0 & 1 & \cdots & 1 & 1 \\ 1 & 1 & 0 & \cdots & 1 & 1 \\ \vdots & \vdots & \vdots & & \vdots & \vdots \\ 1 & 1 & 1 & \cdots & 0 & 1 \\ 1 & 1 & 1 & \cdots & 1 & 0 \end{bmatrix}$，则$|\boldsymbol{A}|=$______。

6. 设4阶矩阵$\boldsymbol{A}=(\boldsymbol{\alpha}_1,\boldsymbol{\alpha}_2,\boldsymbol{\alpha}_3,\boldsymbol{\xi})$，$\boldsymbol{B}=(\boldsymbol{\alpha}_1,\boldsymbol{\alpha}_2,\boldsymbol{\alpha}_3,\boldsymbol{\eta})$，其中$\boldsymbol{\alpha}_1,\boldsymbol{\alpha}_2,\boldsymbol{\alpha}_3,\boldsymbol{\xi},\boldsymbol{\eta}$均为4维列向量，且$|\boldsymbol{A}|=2$，$|\boldsymbol{B}|=3$，则$|\boldsymbol{A}+\boldsymbol{B}|=$______。

7. (2005，数学二)设$\boldsymbol{\alpha}_1,\boldsymbol{\alpha}_2,\boldsymbol{\alpha}_3$均为3维列向量，记矩阵$\boldsymbol{A}=(\boldsymbol{\alpha}_1,\boldsymbol{\alpha}_2,\boldsymbol{\alpha}_3)$，$\boldsymbol{B}=(\boldsymbol{\alpha}_1+\boldsymbol{\alpha}_2+\boldsymbol{\alpha}_3,\boldsymbol{\alpha}_1+2\boldsymbol{\alpha}_2+4\boldsymbol{\alpha}_3,\boldsymbol{\alpha}_1+3\boldsymbol{\alpha}_2+9\boldsymbol{\alpha}_3)$。如果$|\boldsymbol{A}|=1$，那么$|\boldsymbol{B}|=$______。

8. 设$\boldsymbol{\alpha}_1,\boldsymbol{\alpha}_2,\cdots,\boldsymbol{\alpha}_n$为$n$维列向量，$\boldsymbol{\beta}_1=\boldsymbol{\alpha}_1+\boldsymbol{\alpha}_2$，$\boldsymbol{\beta}_2=\boldsymbol{\alpha}_2+\boldsymbol{\alpha}_3$，$\cdots$，$\boldsymbol{\beta}_n=\boldsymbol{\alpha}_n+\boldsymbol{\alpha}_1$，方阵$\boldsymbol{A}=(\boldsymbol{\alpha}_1,\boldsymbol{\alpha}_2,\cdots,\boldsymbol{\alpha}_n)$，$\boldsymbol{B}=(\boldsymbol{\beta}_1,\boldsymbol{\beta}_2,\cdots,\boldsymbol{\beta}_n)$，若$|\boldsymbol{A}|=1003$，求$|\boldsymbol{B}|$的值。

9. (2006，数学一、数学二、数学三)设矩阵$\boldsymbol{A}=\begin{bmatrix} 2 & 1 \\ -1 & 1 \end{bmatrix}$，$\boldsymbol{E}$为二阶单位矩阵，矩阵$\boldsymbol{B}$满足$\boldsymbol{BA}=\boldsymbol{B}+2\boldsymbol{E}$，则$|\boldsymbol{B}|=$______。

10. 设$\boldsymbol{A}$为4阶方阵，且$|\boldsymbol{A}|=3$，$\boldsymbol{A}^*$为$\boldsymbol{A}$的伴随矩阵，则$|(2\boldsymbol{A})^*-21\boldsymbol{A}^{-1}|=$______。

11. 已知$\boldsymbol{A}$是3阶方阵，且$|\boldsymbol{A}|=6$，$\boldsymbol{A}^*$为$\boldsymbol{A}$的伴随矩阵，则$\Big|(2\boldsymbol{A}^{-1})^*-$

$\left[\left(\frac{1}{4}A\right)^*\right]^{-1}\Big|=$________。

12. 设$\boldsymbol{A}$，$\boldsymbol{B}$是n阶方阵，已知$|\boldsymbol{A}|=2$，$|\boldsymbol{E}+\boldsymbol{AB}|=3$，则$|\boldsymbol{E}+\boldsymbol{BA}|=$________。

13. 已知$\boldsymbol{A}$是3阶正交矩阵，$|\boldsymbol{A}|<0$，$\boldsymbol{B}$是3阶矩阵，已知$|\boldsymbol{A}-\boldsymbol{B}|=6$，则$|\boldsymbol{B}^{\mathrm{T}}\boldsymbol{A}-\boldsymbol{E}|=$________。

14. 设矩阵$\boldsymbol{A}=(a_{ij})_{3\times 3}$，满足$\boldsymbol{A}^{\mathrm{T}}=\boldsymbol{A}^*$，且$a_{11}=a_{12}=a_{13}>0$，则$a_{11}=$________。

15. (1996，数学三)已知$\boldsymbol{A}=\begin{bmatrix}1 & 1 & 1 & \cdots & 1\\ a_1 & a_2 & a_3 & \cdots & a_n\\ a_1^2 & a_2^2 & a_3^2 & \cdots & a_n^2\\ \vdots & \vdots & \vdots & & \vdots\\ a_1^{n-1} & a_2^{n-1} & a_3^{n-1} & \cdots & a_n^{n-1}\end{bmatrix}$，$\boldsymbol{x}=\begin{bmatrix}x_1\\ x_2\\ x_3\\ \vdots\\ x_n\end{bmatrix}$，$\boldsymbol{b}=\begin{bmatrix}1\\ 1\\ 1\\ \vdots\\ 1\end{bmatrix}$，其中$a_i(i=1,2,\cdots,n)$各不相同，则线性方程组$\boldsymbol{A}^{\mathrm{T}}\boldsymbol{x}=\boldsymbol{b}$的解是________________。

16. (2019，数学二)已知矩阵$\boldsymbol{A}=\begin{bmatrix}1 & -1 & 0 & 0\\ -2 & 1 & -1 & 1\\ 3 & -2 & 2 & -1\\ 0 & 0 & 3 & 4\end{bmatrix}$，$A_{ij}$表示$|\boldsymbol{A}|$中$(i,j)$元的代数余子式，则$A_{11}-A_{12}=$________。

17. 已知$\boldsymbol{A}=\begin{bmatrix}0 & 0 & 0 & \frac{1}{5}\\ \frac{1}{2} & 0 & 0 & 0\\ 0 & \frac{1}{3} & 0 & 0\\ 0 & 0 & \frac{1}{4} & 0\end{bmatrix}$，那么行列式$|\boldsymbol{A}|$的所有元素的代数余子式之和为________。

18. 设$\boldsymbol{\alpha}$为n维单位列向量，矩阵$\boldsymbol{A}=\boldsymbol{E}-\boldsymbol{\alpha}\boldsymbol{\alpha}^{\mathrm{T}}$，证明$|\boldsymbol{A}|=0$。

19. (1994，数学一)设$\boldsymbol{A}$为n阶非零矩阵，$\boldsymbol{A}^*$是$\boldsymbol{A}$的伴随矩阵，$\boldsymbol{A}^{\mathrm{T}}$是$\boldsymbol{A}$的转置矩阵，当$\boldsymbol{A}^*=\boldsymbol{A}^{\mathrm{T}}$时，证明$|\boldsymbol{A}|\neq 0$。

20. (2007，数学一、数学二、数学三)设向量组$\boldsymbol{\alpha}_1$，$\boldsymbol{\alpha}_2$，$\boldsymbol{\alpha}_3$线性无关，则下列向量组线性相关的是(　　)。

(A) $\boldsymbol{\alpha}_1-\boldsymbol{\alpha}_2$，$\boldsymbol{\alpha}_2-\boldsymbol{\alpha}_3$，$\boldsymbol{\alpha}_3-\boldsymbol{\alpha}_1$　　(B) $\boldsymbol{\alpha}_1+\boldsymbol{\alpha}_2$，$\boldsymbol{\alpha}_2+\boldsymbol{\alpha}_3$，$\boldsymbol{\alpha}_3+\boldsymbol{\alpha}_1$

(C) $\boldsymbol{\alpha}_1-2\boldsymbol{\alpha}_2$，$\boldsymbol{\alpha}_2-2\boldsymbol{\alpha}_3$，$\boldsymbol{\alpha}_3-2\boldsymbol{\alpha}_1$　　(D) $\boldsymbol{\alpha}_1+2\boldsymbol{\alpha}_2$，$\boldsymbol{\alpha}_2+2\boldsymbol{\alpha}_3$，$\boldsymbol{\alpha}_3+2\boldsymbol{\alpha}_1$

21. 已知3阶矩阵$\boldsymbol{A}$的特征值为2，-3，1，设$A_{ij}(i,j=1,2,3)$是$|\boldsymbol{A}|$的代数余子式，则$A_{11}+A_{22}+A_{33}=$________。

22. (2008，数学二)设3阶矩阵$\boldsymbol{A}$的特征值为2，3，λ。若行列式$|2\boldsymbol{A}|=-48$，则$\lambda=$________。

23. (2008，数学三)设3阶矩阵$\boldsymbol{A}$的特征值为1，2，2，$\boldsymbol{E}$为3阶单位矩阵，则$|4\boldsymbol{A}^{-1}-\boldsymbol{E}|=$________。

24. 已知 4 阶矩阵 $\boldsymbol{A}$ 的秩为 2，且 $\boldsymbol{A}+2\boldsymbol{E}$ 和 $2\boldsymbol{A}-\boldsymbol{E}$ 均为不可逆矩阵，则 $|\boldsymbol{A}^2+3\boldsymbol{A}-2\boldsymbol{E}|=$ ________。

25. 设 $\boldsymbol{\alpha}$, $\boldsymbol{\beta}$ 均为 n 维列向量，$\boldsymbol{A}$ 为 n 阶矩阵，已知 $|\boldsymbol{A}|=2$，$\begin{vmatrix} \boldsymbol{A} & \boldsymbol{\beta} \\ \boldsymbol{\alpha}^{\mathrm{T}} & 5 \end{vmatrix}=0$，则 $\begin{vmatrix} \boldsymbol{A} & \boldsymbol{\beta} \\ \boldsymbol{\alpha}^{\mathrm{T}} & 3 \end{vmatrix}=$ ________。

26. 设 $\boldsymbol{A}$ 是 3 阶矩阵，$\boldsymbol{\alpha}$ 为三维列向量，$\boldsymbol{P}=(\boldsymbol{\alpha}, \boldsymbol{A\alpha}, \boldsymbol{A}^2\boldsymbol{\alpha})$ 为可逆矩阵，$\boldsymbol{B}=\boldsymbol{P}^{-1}\boldsymbol{AP}$，$\boldsymbol{A\alpha}+\boldsymbol{A}^2\boldsymbol{\alpha}+\boldsymbol{A}^3\boldsymbol{\alpha}=\boldsymbol{\alpha}$，则 $|\boldsymbol{B}+\boldsymbol{E}|=$ ________。

27. 设 $\boldsymbol{A}$ 为奇数阶正交矩阵，则 $|\boldsymbol{A}^2-\boldsymbol{E}|=$ ________。

28. 已知平面上 n 个点的坐标为 (x_i, y_i)，$i=1, 2, \cdots, n$，且 $x_1, x_2, \cdots, x_n$ 互不相同。证明：一定存在一个多项式函数 $y=f(x)$ 过这 n 个点，且该函数是唯一的。

矩　阵

2.1　考情分析

2.1.1　2023 版考研大纲

1. 考试内容

矩阵的概念，矩阵的线性运算，矩阵的乘法，方阵的幂，方阵乘积的行列式，矩阵的转置，逆矩阵的概念和性质，矩阵可逆的充分必要条件，伴随矩阵，矩阵的初等变换，初等矩阵，矩阵的秩，矩阵的等价，分块矩阵及其运算。

2. 考试要求

(1) 理解矩阵的概念，了解单位矩阵、数量矩阵、对角矩阵、三角矩阵、对称矩阵、反对称矩阵(数学二、数学三：正交矩阵)以及它们的性质。

(2) 掌握矩阵的线性运算、乘法、转置以及它们的运算规律，了解方阵的幂与方阵乘积的行列式的性质。

(3) 理解逆矩阵的概念，掌握逆矩阵的性质以及矩阵可逆的充分必要条件，理解伴随矩阵的概念，会用伴随矩阵求逆矩阵。

(4) 理解(数学二、数学三：了解)矩阵初等变换的概念，了解初等矩阵的性质和矩阵等价的概念，理解矩阵秩的概念，掌握用初等变换求矩阵的秩和逆矩阵的方法。

(5) 了解分块矩阵及其运算。(数学三：了解分块矩阵的概念，掌握分块矩阵的运算法则。)

2.1.2　矩阵的特点

矩阵是线性代数的核心内容，矩阵理论贯穿线性代数的始终。

2.1.3　考研真题分析

统计 2005 年至 2023 年考研数学一、数学二、数学三真题中，与矩阵相关的题型如下：

(1) 矩阵运算(包括乘法、高次幂、逆、伴随、分块矩阵等)：8 道。

(2) 矩阵等式恒等变形(包含矩阵方程等)：3 道。

(3) 初等变换：7 道。

(4) 秩：9 道。

2.2 知识结构网络图

2.2.1 矩阵知识结构网络图

矩阵——

- 基本含义——m 行 n 列元素构成的矩形数表
- 各种矩阵——(1) 方阵；(2) 行矩阵(行向量)；(3) 列矩阵(列向量)；(4) 对角矩阵；(5) 数量矩阵；(6) 单位矩阵；(7) 零矩阵；(8) 对称矩阵；(9) 反对称矩阵；(10) 上(下)三角矩阵；(11) 三角矩阵；(12) 初等矩阵；(13) 可逆矩阵(满秩矩阵、非奇异矩阵)；(14) 不可逆矩阵(降秩矩阵、奇异矩阵)；(15) 伴随矩阵；(16) 分块矩阵；(17) 分块对角矩阵
- 后续学习的矩阵——(18) 行满秩矩阵；(19) 列满秩矩阵；(20) 行阶梯矩阵；(21) 行最简形矩阵；(22) 标准形矩阵；(23) 正交矩阵；(24) 正定矩阵；
- 八类运算——(1) 加法；(2) 数乘(加法和数乘称为线性运算)；(3) 乘法；(4) 方阵的行列式；(5) 转置；(6) 方阵的幂；(7) 伴随；(8) 逆(后四种运算称为“上标运算”)
- 初等变换——
  - (1) 初等行变换：第一种 $r_i \leftrightarrow r_j$；第二种 $kr_i(k\neq 0)$；第三种 r_i+kr_j
  - (2) 初等列变换：第一种 $c_i \leftrightarrow c_j$；第二种 $kc_i(k\neq 0)$；第三种 c_i+kc_j
- 初等矩阵及定理——
  - 单位矩阵 $\boldsymbol{E}$ 经过一次初等行变换化为 $\boldsymbol{P}$，则 $\boldsymbol{P}$ 称为初等矩阵；
  - 矩阵 $\boldsymbol{A}$ 经过与以上相同的初等行变换化为 $\boldsymbol{B}$，则有 $\boldsymbol{PA}=\boldsymbol{B}$；
  - 单位矩阵 $\boldsymbol{E}$ 经过一次初等列变换化为 $\boldsymbol{Q}$，则 $\boldsymbol{Q}$ 也称为初等矩阵；
  - 矩阵 $\boldsymbol{A}$ 经过与以上相同的初等列变换化为 $\boldsymbol{C}$，则有 $\boldsymbol{AQ}=\boldsymbol{C}$；
  - $\boldsymbol{A}\rightarrow\cdots\rightarrow\boldsymbol{B}\Leftrightarrow\boldsymbol{PAQ}=\boldsymbol{B}$，其中 $\boldsymbol{P}$、$\boldsymbol{Q}$ 为可逆矩阵
- 矩阵乘法——(1) 可乘条件——相邻下标相等；(2) 积的形状——左行乘右列；(3) 积的元素——左行乘右列
- 求逆——(1) 定义法；(2) 伴随矩阵；(3) 初等变换法；(4) 公式法
- 证明可逆——(1) $|\boldsymbol{A}|\neq 0$；(2) $r(\boldsymbol{A}_n)=n$；(3) $\boldsymbol{A}$ 的行(列)向量组线性无关；(4) 特征值均非零
- 克莱姆法则——若线性方程组的系数矩阵的行列式 $D\neq 0$，则方程组的解为
  $$x_j=\frac{D_j}{D}\quad (j=1, 2, \cdots, n)$$
- 克莱姆法则的延伸——
  - (1) $|\boldsymbol{A}|\neq 0\Leftrightarrow\boldsymbol{Ax}=\boldsymbol{b}$ 有唯一解；(2) $|\boldsymbol{A}|=0\Leftrightarrow\boldsymbol{Ax}=\boldsymbol{b}$ 无解或多解；
  - (3) $|\boldsymbol{A}|\neq 0\Leftrightarrow\boldsymbol{Ax}=\boldsymbol{0}$ 只有零解；(4) $|\boldsymbol{A}|=0\Leftrightarrow\boldsymbol{Ax}=\boldsymbol{0}$ 有非零解
- 矩阵之间的各种关系——(1) 同型；(2) 相等；(3) 互逆；(4) 行等价；(5) 列等价；(6) 等价；(7) 相似(第 5 章)；(8) 合同(第 5 章)
- 矩阵运算规律——
  - (1) 矩阵乘法运算满足“空间位置不能变，时间次序可以变”；
  - (2) 矩阵乘法与“上标运算”结合——“戴上帽子换位置”；
  - (3) “上标运算”可调换
- 初等变换的应用——初等变换贯穿线性代数所有章内容：(1) 求解线性方程组；(2) 求行列式；(3) 求矩阵的逆；(4) 求矩阵的秩；(5) 求向量组的秩；(6) 分析向量组的线性相关性；(7) 求向量组的极大无关组，并用极大无关组线性表示其他向量；(8) 求向量在基下的坐标；(9) 求基与基之间的过渡矩阵；(10) 求特征值；(11) 求特征向量；(12) 矩阵的相似对角化；(13) 二次型的标准化；(14) 判断正定矩阵

2.2.2 矩阵的秩知识结构网络图

矩阵的秩

- **k阶子式**—矩阵 $\boldsymbol{A}$ 的任意 k 行与任意 k 列交叉处的 k^2 个元素构成的 k 阶行列式
- **矩阵秩的定义**—矩阵 $\boldsymbol{A}$ 的最高阶非零子式的阶数
- **矩阵秩的求法**—对矩阵 $\boldsymbol{A}$ 进行初等变换,化为行阶梯矩阵的非零行数就是矩阵 $\boldsymbol{A}$ 的秩
- **矩阵秩的性质及公式**—
  - (1) 非负性;(2) 零矩阵的秩为零;(3) 秩不大于矩阵的“尺寸”;
  - (4) 转置秩不变,即 $r(\boldsymbol{AA}^{\mathrm{T}})=r(\boldsymbol{A}^{\mathrm{T}})=r(\boldsymbol{A})=r(\boldsymbol{A}^{\mathrm{T}}\boldsymbol{A})$;(5) 数乘秩不变;
  - (6) 初等变换秩不变;(7) $r(\boldsymbol{A}\pm\boldsymbol{B})\leqslant r(\boldsymbol{A})+r(\boldsymbol{B})$;
  - (8)“矩阵越乘秩越小”:$r(\boldsymbol{AB})\leqslant r(\boldsymbol{B})$,若 $\boldsymbol{A}$ 列满秩,则有 $r(\boldsymbol{AB})=r(\boldsymbol{B})$,
    $r(\boldsymbol{AB})\leqslant r(\boldsymbol{A})$,若 $\boldsymbol{B}$ 行满秩,则有 $r(\boldsymbol{AB})=r(\boldsymbol{A})$;
  - (9) 西尔维斯特不等式:$r(\boldsymbol{A}_n\boldsymbol{B}_n)\geqslant r(\boldsymbol{A})+r(\boldsymbol{B})-n$,若 $\boldsymbol{A}_n\boldsymbol{B}_n=\boldsymbol{0}$,则有
    $r(\boldsymbol{A})+r(\boldsymbol{B})\leqslant n$;
  - (10) 矩阵的行列式与秩:$|\boldsymbol{A}_n|\neq 0\Leftrightarrow r(\boldsymbol{A}_n)=n$,$|\boldsymbol{A}_n|=0\Leftrightarrow r(\boldsymbol{A}_n)<n$
  - (11) 伴随矩阵的秩:$r(\boldsymbol{A}^*)=\begin{cases}n, & r(\boldsymbol{A})=n\\ 1, & r(\boldsymbol{A})=n-1;\\ 0, & r(\boldsymbol{A})<n-1\end{cases}$
- **分块矩阵秩的公式**—
  - (1) $r((\boldsymbol{A},\boldsymbol{B}))\geqslant r(\boldsymbol{A})$;$r(\boldsymbol{A},\boldsymbol{B})\geqslant r(\boldsymbol{B})$;(2) $r\begin{pmatrix}\boldsymbol{A}\\ \boldsymbol{B}\end{pmatrix}\geqslant r(\boldsymbol{A})$,$r\begin{pmatrix}\boldsymbol{A}\\ \boldsymbol{B}\end{pmatrix}\geqslant r(\boldsymbol{B})$;
  - (3) $r(\boldsymbol{A}+\boldsymbol{B})\leqslant r(\boldsymbol{A},\boldsymbol{B})\leqslant r(\boldsymbol{A})+r(\boldsymbol{B})$;
  - (4) $r(\boldsymbol{A}+\boldsymbol{B})\leqslant r\begin{pmatrix}\boldsymbol{A}\\ \boldsymbol{B}\end{pmatrix}\leqslant r(\boldsymbol{A})+r(\boldsymbol{B})$;
  - (5) $r((\boldsymbol{A},\boldsymbol{AP}))=r(\boldsymbol{A})$;(6) $r(\boldsymbol{A},\boldsymbol{A})=r(\boldsymbol{A})$;
  - (7) 若 $\boldsymbol{A}$ 为可逆矩阵,则 $r(\boldsymbol{A},\boldsymbol{B})=r(\boldsymbol{A})$;
  - (8) 若 $\boldsymbol{A}$ 为行满秩,则 $r(\boldsymbol{A},\boldsymbol{B})=r(\boldsymbol{A})$;
  - (9) $r\begin{pmatrix}\boldsymbol{A}\\ \boldsymbol{BA}\end{pmatrix}=r(\boldsymbol{A})$;(10) $r\begin{pmatrix}\boldsymbol{A}\\ \boldsymbol{A}\end{pmatrix}=r(\boldsymbol{A})$;
  - (11) 若 $\boldsymbol{A}$ 为可逆矩阵,则 $r\begin{pmatrix}\boldsymbol{A}\\ \boldsymbol{B}\end{pmatrix}=r(\boldsymbol{A})$;
  - (12) 若 $\boldsymbol{A}$ 为列满秩,则 $r\begin{pmatrix}\boldsymbol{A}\\ \boldsymbol{B}\end{pmatrix}=r(\boldsymbol{A})$;
  - (13) $r(\boldsymbol{A})+r(\boldsymbol{B})+r(\boldsymbol{C})\geqslant r\begin{pmatrix}\boldsymbol{A} & \boldsymbol{O}\\ \boldsymbol{C} & \boldsymbol{B}\end{pmatrix}\geqslant r(\boldsymbol{A})+r(\boldsymbol{B})$,
    $r(\boldsymbol{A})+r(\boldsymbol{B})+r(\boldsymbol{D})\geqslant r\begin{pmatrix}\boldsymbol{A} & \boldsymbol{D}\\ \boldsymbol{O} & \boldsymbol{B}\end{pmatrix}\geqslant r(\boldsymbol{A})+r(\boldsymbol{B})$;
  - (14) $r\begin{pmatrix}\boldsymbol{A} & \boldsymbol{O}\\ \boldsymbol{O} & \boldsymbol{B}\end{pmatrix}=r\begin{pmatrix}\boldsymbol{O} & \boldsymbol{A}\\ \boldsymbol{B} & \boldsymbol{O}\end{pmatrix}=r(\boldsymbol{A})+r(\boldsymbol{B})$;
  - (15) $r\begin{pmatrix}\boldsymbol{A} & \boldsymbol{AC}\\ \boldsymbol{O} & \boldsymbol{B}\end{pmatrix}=r(\boldsymbol{A})+r(\boldsymbol{B})$;(16) $r\begin{pmatrix}\boldsymbol{A} & \boldsymbol{DB}\\ \boldsymbol{O} & \boldsymbol{B}\end{pmatrix}=r(\boldsymbol{A})+r(\boldsymbol{B})$;
  - (17) $r\begin{pmatrix}\boldsymbol{A} & \boldsymbol{A}\\ \boldsymbol{O} & \boldsymbol{B}\end{pmatrix}=r\begin{pmatrix}\boldsymbol{A} & \boldsymbol{B}\\ \boldsymbol{O} & \boldsymbol{B}\end{pmatrix}=r(\boldsymbol{A})+r(\boldsymbol{B})$;
  - (18) 若 $\boldsymbol{A}$ 可逆(或 $\boldsymbol{B}$ 可逆),则 $r\begin{pmatrix}\boldsymbol{A} & \boldsymbol{O}\\ \boldsymbol{C} & \boldsymbol{B}\end{pmatrix}=r\begin{pmatrix}\boldsymbol{A} & \boldsymbol{D}\\ \boldsymbol{O} & \boldsymbol{B}\end{pmatrix}=r(\boldsymbol{A})+r(\boldsymbol{B})$;
  - (19) 若 $\boldsymbol{A}$ 行满秩,则 $r\begin{pmatrix}\boldsymbol{A} & \boldsymbol{C}\\ \boldsymbol{O} & \boldsymbol{B}\end{pmatrix}=r(\boldsymbol{A})+r(\boldsymbol{B})$;
  - (20) 若 $\boldsymbol{B}$ 列满秩,则 $r\begin{pmatrix}\boldsymbol{A} & \boldsymbol{C}\\ \boldsymbol{O} & \boldsymbol{B}\end{pmatrix}=r(\boldsymbol{A})+r(\boldsymbol{B})$

2.3 基本内容和重要结论

2.3.1 矩阵的概念

1. 矩阵的定义

由 $m\times n$ 个数排成 m 行 n 列的矩形数表称为 $m\times n$ 矩阵。例如

$$\boldsymbol{A}=\begin{bmatrix}1 & 2 & 3\\4 & 5 & 6\end{bmatrix},\ \boldsymbol{B}=\begin{bmatrix}1 & 2\\3 & 4\\5 & 6\end{bmatrix}$$

其中，$\boldsymbol{A}$ 为 2×3 矩阵，$\boldsymbol{B}$ 为 3×2 矩阵。

2. 特殊矩阵

图 2.1(a)是 3 阶矩阵，图 2.1(b)是零矩阵，图 2.1(c)是列矩阵(列向量)，图 2.1(d)是行矩阵(行向量)，图 2.1(e)是上三角矩阵，图 2.1(f)是下三角矩阵，图 2.1(g)是对角矩阵，图 2.1(h)是单位矩阵，图 2.1(i)是数量矩阵。元素全为零的矩阵称为零矩阵，上三角矩阵或下三角矩阵统称为三角矩阵。设 $\boldsymbol{E}$ 为单位矩阵，$k\boldsymbol{E}$ 为数量矩阵(k 为任意数)。

$$\begin{bmatrix}1 & 2 & 3\\4 & 5 & 6\\0 & 3 & 7\end{bmatrix}\quad\begin{bmatrix}0 & 0\\0 & 0\\0 & 0\end{bmatrix}\quad\begin{bmatrix}1\\2\\3\end{bmatrix}\quad[5,6,7]\quad\begin{bmatrix}1 & 2 & 3\\0 & 2 & 7\\0 & 0 & 8\end{bmatrix}\quad\begin{bmatrix}3 & 0 & 0\\2 & 5 & 0\\3 & 5 & 7\end{bmatrix}\quad\begin{bmatrix}3 & 0 & 0\\0 & 5 & 0\\0 & 0 & 7\end{bmatrix}\quad\begin{bmatrix}1 & 0 & 0\\0 & 1 & 0\\0 & 0 & 1\end{bmatrix}\quad\begin{bmatrix}3 & 0 & 0\\0 & 3 & 0\\0 & 0 & 3\end{bmatrix}$$

(a) (b) (c) (d) (e) (f) (g) (h) (i)

图 2.1 特殊矩阵

若 n 阶实矩阵 $\boldsymbol{A}$ 满足 $\boldsymbol{A}^{\mathrm{T}}\boldsymbol{A}=\boldsymbol{E}$，则称 $\boldsymbol{A}$ 为正交矩阵。正交矩阵将在第 3 章进行详细讨论。

3. 两个矩阵同型及相等

若两个矩阵的行数与列数均相等，则称这两个矩阵同型。若两个矩阵同型，且所有对应元素均相等，则称这两个矩阵相等。

2.3.2 矩阵的线性运算

1. 矩阵的加法运算

两个同型矩阵可以进行加法运算，例如：

$$\begin{bmatrix}1 & 2 & 3\\4 & 5 & 6\end{bmatrix}+\begin{bmatrix}1 & 1 & 1\\2 & 0 & 7\end{bmatrix}=\begin{bmatrix}2 & 3 & 4\\6 & 5 & 13\end{bmatrix}$$

2. 矩阵的数乘运算

一个数可以与一个矩阵相乘，例如：

$$3\times\begin{bmatrix}1 & 2 & 3\\4 & 5 & 6\end{bmatrix}=\begin{bmatrix}3 & 6 & 9\\12 & 15 & 18\end{bmatrix}$$

3. 矩阵的线性运算

矩阵的加法运算和矩阵的数乘运算称为矩阵的线性运算，例如：

$$3\times\begin{bmatrix}1\\2\end{bmatrix}+2\times\begin{bmatrix}2\\1\end{bmatrix}+4\times\begin{bmatrix}1\\1\end{bmatrix}=\begin{bmatrix}11\\12\end{bmatrix}$$

2.3.3 矩阵乘法运算

1. 矩阵乘法的定义

矩阵乘法是按“左行×右列”的规则进行运算的。如图 2.2 所示，2×3 的矩阵乘 3 阶矩阵的乘积依然是 2×3 矩阵，“左矩阵”的第一行与“右矩阵”的第三列对应元素乘积之和为乘积的第 1 行第 3 列元素。

$$1\times3+2\times0+3\times5=18$$

$$\begin{bmatrix}1 & 2 & 3\\2 & 3 & 4\end{bmatrix}\begin{bmatrix}1 & 2 & 3\\1 & 2 & 0\\1 & 2 & 5\end{bmatrix}=\begin{bmatrix}6 & 12 & 18\\9 & 18 & 26\end{bmatrix}$$

第1行→ ← 第1行

第3列 第3列

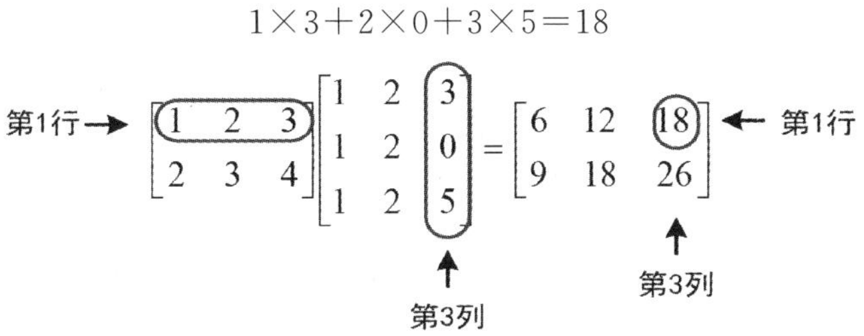

图 2.2 矩阵乘法运算

2. 矩阵可乘的条件

不是任意两个矩阵都可以相乘的。两个矩阵的可乘条件是：“相邻下标相等”，即左矩阵的列数要与右矩阵的行数相等，就是要保证“左行”元素个数与“右列”元素个数相等。

3. 矩阵乘积的形状

两个矩阵乘积的形状是：“左行×右列”，如图 2.3 所示。

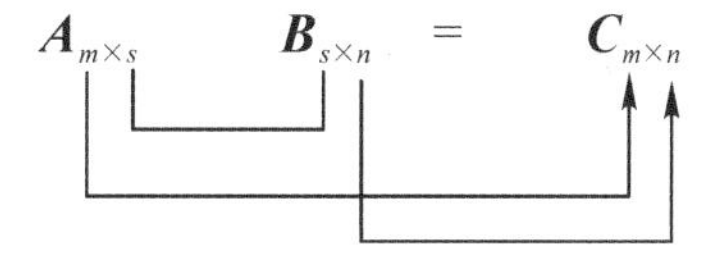

图 2.3 矩阵乘法的形状

4. 矩阵乘积的元素

矩阵乘积的每一个元素都是由“左行×右列”得到的，图 2.2 中矩阵乘积的第 1 行第 3 列元素 18 是由左矩阵的第一行与右矩阵的第三列对应元素乘积之和得到的。

5. 矩阵乘法运算举例

$$[1,\ 2,\ 3]_{1\times3}\begin{bmatrix}3\\2\\1\end{bmatrix}_{3\times1}=1\times3+2\times2+3\times1=10,\quad \begin{bmatrix}3\\2\\1\end{bmatrix}_{3\times1}[1,\ 2,\ 3]_{1\times3}=\begin{bmatrix}3 & 6 & 9\\2 & 4 & 6\\1 & 2 & 3\end{bmatrix}_{3\times3}$$

2.3.4 方阵的幂运算

1. 对角矩阵和分块对角矩阵的幂

以下给出对角矩阵幂运算和分块对角矩阵幂运算的两个例子：

$$\begin{bmatrix}1 & & \\ & 2 & \\ & & 3\end{bmatrix}^n=\begin{bmatrix}1 & & \\ & 2^n & \\ & & 3^n\end{bmatrix},\quad \begin{bmatrix}\boldsymbol{A}_t & & \\ & \boldsymbol{B}_s & \\ & & \boldsymbol{C}_k\end{bmatrix}^n=\begin{bmatrix}\boldsymbol{A}_t^n & & \\ & \boldsymbol{B}_s^n & \\ & & \boldsymbol{C}_k^n\end{bmatrix}$$

2. 特殊矩阵的幂

通过找规律求出特殊矩阵的高次幂，以下给出几个例子：

$$\begin{bmatrix}0&-1&0\\1&0&0\\0&0&-1\end{bmatrix}^4=\begin{bmatrix}1&&\\&1&\\&&1\end{bmatrix}\Rightarrow\begin{bmatrix}0&-1&0\\1&0&0\\0&0&-1\end{bmatrix}^{2024}=\begin{bmatrix}1&&\\&1&\\&&1\end{bmatrix},$$

$$\begin{bmatrix}1&0&1\\0&2&0\\1&0&1\end{bmatrix}^2=\begin{bmatrix}2&0&2\\0&2^2&0\\2&0&2\end{bmatrix}\Rightarrow\begin{bmatrix}1&0&1\\0&2&0\\1&0&1\end{bmatrix}^n=\begin{bmatrix}2^{n-1}&0&2^{n-1}\\0&2^n&0\\2^{n-1}&0&2^{n-1}\end{bmatrix},$$

$$\begin{bmatrix}0&0&0\\2&0&0\\4&3&0\end{bmatrix}^3=\begin{bmatrix}0&0&0\\0&0&0\\0&0&0\end{bmatrix}\Rightarrow\begin{bmatrix}0&0&0\\2&0&0\\4&3&0\end{bmatrix}^{2024}=\begin{bmatrix}0&0&0\\0&0&0\\0&0&0\end{bmatrix},$$

$$\begin{bmatrix}2&-3&1\\0&-1&0\\-3&3&-2\end{bmatrix}^2=\begin{bmatrix}1&0&0\\0&1&0\\0&0&1\end{bmatrix}\Rightarrow\begin{bmatrix}2&-3&1\\0&-1&0\\-3&3&-2\end{bmatrix}^{2023}=\begin{bmatrix}2&-3&1\\0&-1&0\\-3&3&-2\end{bmatrix}$$

3. 秩为 1 的矩阵的幂

若 n 阶矩阵 $\boldsymbol{A}$ 的秩为 1，则 $\boldsymbol{A}$ 一定可以拆成两个 n 维向量的乘积，即 $\boldsymbol{A}=\boldsymbol{\alpha\beta}^{\mathrm{T}}$，其中 $\boldsymbol{\alpha}$，$\boldsymbol{\beta}$ 为 n 维列向量，于是有以下公式：

$$\boldsymbol{A}^n=(\boldsymbol{\alpha\beta}^{\mathrm{T}})^n=(\boldsymbol{\beta}^{\mathrm{T}}\boldsymbol{\alpha})^{n-1}\boldsymbol{\alpha\beta}^{\mathrm{T}}=[\mathrm{tr}(\boldsymbol{A})]^{n-1}\boldsymbol{A}$$

4. 矩阵 $k\boldsymbol{E}+\boldsymbol{B}$ 的幂

若矩阵 $\boldsymbol{A}$ 可以拆分为 $k\boldsymbol{E}+\boldsymbol{B}$，而 $\boldsymbol{B}$ 的高次幂容易求得，则可以用以下公式计算矩阵 $\boldsymbol{A}$ 的幂：

$$\boldsymbol{A}^n=(k\boldsymbol{E}+\boldsymbol{B})^n=k^n\boldsymbol{E}+\mathrm{C}_n^1k^{n-1}\boldsymbol{B}+\mathrm{C}_n^2k^{n-2}\boldsymbol{B}^2+\cdots+\mathrm{C}_n^nk^0\boldsymbol{B}^n$$

例如，已知矩阵 $\boldsymbol{A}=\begin{bmatrix}1&0&0\\2&1&0\\4&3&1\end{bmatrix}$，求 $\boldsymbol{A}^n$。因为 $\boldsymbol{A}=\begin{bmatrix}1&0&0\\2&1&0\\4&3&1\end{bmatrix}=\begin{bmatrix}1&0&0\\0&1&0\\0&0&1\end{bmatrix}+\begin{bmatrix}0&0&0\\2&0&0\\4&3&0\end{bmatrix}=\boldsymbol{E}+\boldsymbol{B}$，而 $\boldsymbol{B}^3=\boldsymbol{O}$，根据以上公式有

$$\boldsymbol{A}^n=(\boldsymbol{E}+\boldsymbol{B})^n=\boldsymbol{E}+n\boldsymbol{B}+\frac{n\times(n-1)}{2}\boldsymbol{B}^2=\begin{bmatrix}1&0&0\\2n&1&0\\3n^2+n&3n&1\end{bmatrix}$$

5. 通过相似关系求高次幂

若 $\boldsymbol{A}=\boldsymbol{P}^{-1}\boldsymbol{BP}$，则 $\boldsymbol{A}^n=\boldsymbol{P}^{-1}\boldsymbol{B}^n\boldsymbol{P}$。

6. 初等矩阵的高次幂

例如：计算 $\begin{bmatrix}1&0&0\\0&1&0\\1&0&1\end{bmatrix}^{2022}\begin{bmatrix}1&2&3\\4&5&6\\1&1&1\end{bmatrix}\begin{bmatrix}1&0&0\\0&0&1\\0&1&0\end{bmatrix}^{2023}$。根据初等变换定理，容易得到计算结果：

$$\begin{bmatrix}1&0&0\\0&1&0\\1&0&1\end{bmatrix}^{2022}\begin{bmatrix}1&2&3\\4&5&6\\1&1&1\end{bmatrix}\begin{bmatrix}1&0&0\\0&0&1\\0&1&0\end{bmatrix}^{2023}=\begin{bmatrix}1&0&0\\0&1&0\\2022&0&1\end{bmatrix}\begin{bmatrix}1&2&3\\4&5&6\\1&1&1\end{bmatrix}\begin{bmatrix}1&0&0\\0&0&1\\0&1&0\end{bmatrix}$$

$$=\begin{bmatrix}1&3&2\\4&6&5\\2023&6067&4045\end{bmatrix}$$

2.3.5 方阵的行列式

1. 定义

由 n 阶矩阵 $\boldsymbol{A}$ 的元素所构成的行列式(各元素位置不变)，称为方阵 $\boldsymbol{A}$ 的行列式，记作 $\det\boldsymbol{A}$ 或 $|\boldsymbol{A}|$。

2. 矩阵与行列式的区别

第 1 章的表 1.1 给出了矩阵与行列式的区别。

3. 方阵的行列式的运算规律

设 $\boldsymbol{A}$ 和 $\boldsymbol{B}$ 均为 n 阶矩阵，方阵的行列式满足以下运算规律：

(1) $|\boldsymbol{A}^{\mathrm{T}}|=|\boldsymbol{A}|$(行列式的性质)。

(2) $|k\boldsymbol{A}|=k^n|\boldsymbol{A}|$。

(3) $|\boldsymbol{AB}|=|\boldsymbol{A}||\boldsymbol{B}|$。

2.3.6 矩阵的转置

1. 矩阵转置的定义

把矩阵 $\boldsymbol{A}$ 的行换成同序数的列得到一个新矩阵，称为 $\boldsymbol{A}$ 的转置矩阵，记作 $\boldsymbol{A}^{\mathrm{T}}$。例如：

$$\begin{bmatrix}1&2&3\\4&5&6\end{bmatrix}^{\mathrm{T}}=\begin{bmatrix}1&4\\2&5\\3&6\end{bmatrix},\quad \begin{bmatrix}1&2&3\\4&5&6\\7&8&9\end{bmatrix}^{\mathrm{T}}=\begin{bmatrix}1&4&7\\2&5&8\\3&6&9\end{bmatrix}$$

2. 对称矩阵与反对称矩阵

设 $\boldsymbol{A}$ 为 n 阶矩阵，若满足 $\boldsymbol{A}^{\mathrm{T}}=\boldsymbol{A}$，则称 $\boldsymbol{A}$ 为对称矩阵；若满足 $\boldsymbol{A}^{\mathrm{T}}=-\boldsymbol{A}$，则称 $\boldsymbol{A}$ 为反对称矩阵。例如：$\begin{bmatrix}1&5&-6\\5&2&8\\-6&8&3\end{bmatrix}$为对称矩阵，$\begin{bmatrix}0&3&4\\-3&0&-5\\-4&5&0\end{bmatrix}$为反对称矩阵。

2.3.7 矩阵的逆

1. 矩阵逆的定义

若 n 阶矩阵 $\boldsymbol{A}$ 和 $\boldsymbol{B}$ 满足 $\boldsymbol{AB}=\boldsymbol{BA}=\boldsymbol{E}$，则称矩阵 $\boldsymbol{A}$ 可逆，矩阵 $\boldsymbol{B}$ 可逆，把 $\boldsymbol{B}$ 称为 $\boldsymbol{A}$ 的逆矩阵，把 $\boldsymbol{A}$ 称为 $\boldsymbol{B}$ 的逆矩阵，称 $\boldsymbol{A}$ 与 $\boldsymbol{B}$ 互逆。$\boldsymbol{A}$ 的逆矩阵记作 $\boldsymbol{A}^{-1}$，$\boldsymbol{B}=\boldsymbol{A}^{-1}$。$\boldsymbol{B}$ 的逆矩阵记作 $\boldsymbol{B}^{-1}$，$\boldsymbol{A}=\boldsymbol{B}^{-1}$。

【注意】：针对 n 阶矩阵 $\boldsymbol{A}$ 和 $\boldsymbol{B}$，只要满足 $\boldsymbol{AB}=\boldsymbol{E}$，即可得到 $\boldsymbol{A}$ 与 $\boldsymbol{B}$ 互逆。

2. 矩阵的可逆性

有的方阵可逆，有的方阵不可逆。

3. 矩阵逆的唯一性

若 $\boldsymbol{B}$ 是 $\boldsymbol{A}$ 的逆矩阵，$\boldsymbol{C}$ 也是 $\boldsymbol{A}$ 的逆矩阵，则 $\boldsymbol{B}=\boldsymbol{C}$。若矩阵可逆，则逆矩阵是唯一的。

2.3.8 伴随矩阵

1. 定义

行列式 $|\boldsymbol{A}|$ 的各个元素的代数余子式 A_{ij} 构成了 $\boldsymbol{A}$ 的伴随矩阵 $\boldsymbol{A}^*$，图 2.4 给出了 3 阶伴随矩阵的构造示意图。

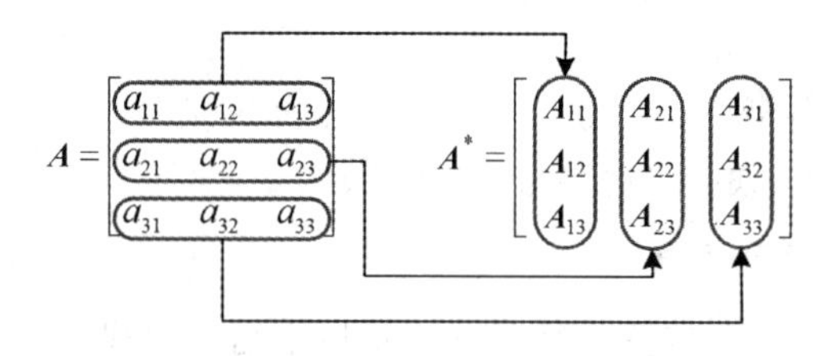

图 2.4 伴随矩阵构造图

2. 伴随矩阵的“母公式”

可以通过行列式的按行(列)展开定理和推论来证明伴随矩阵的“母公式”：

$$\boldsymbol{A}\boldsymbol{A}^*=\boldsymbol{A}^*\boldsymbol{A}=|\boldsymbol{A}|\boldsymbol{E}$$

若 $|\boldsymbol{A}|\neq 0$，则有

$$\boldsymbol{A}^{-1}=\frac{1}{|\boldsymbol{A}|}\boldsymbol{A}^*,\ \boldsymbol{A}^*=|\boldsymbol{A}|\boldsymbol{A}^{-1}$$

从以上等式可以看出，当 $\boldsymbol{A}$ 可逆时，矩阵 $\boldsymbol{A}$ 的逆矩阵 $\boldsymbol{A}^{-1}$ 和伴随矩阵 $\boldsymbol{A}^*$ 就差一个系数。针对 n 阵矩阵 $\boldsymbol{A}(n>1)$，它的逆矩阵有可能存在，也有可能不存在，但它的伴随矩阵 $\boldsymbol{A}^*$ 一定存在。

针对二阶矩阵，它的伴随矩阵可以直接用口诀“主对角上换位置，副对角上变符号”直接写出。例如：

$$\boldsymbol{A}=\begin{bmatrix}-1 & 2\\ -3 & 4\end{bmatrix},\quad \boldsymbol{A}^*=\begin{bmatrix}4 & -2\\ 3 & -1\end{bmatrix},\quad \boldsymbol{A}^{-1}=\frac{1}{|\boldsymbol{A}|}\boldsymbol{A}^*=\frac{1}{2}\times\begin{bmatrix}4 & -2\\ 3 & -1\end{bmatrix}$$

2.3.9 矩阵 A 可逆的充分必要条件

设 $\boldsymbol{A}$ 为 n 阶矩阵，以下十个命题均是 $\boldsymbol{A}$ 为可逆矩阵的充分必要条件：

(1) $|\boldsymbol{A}|\neq 0$；

(2) $\boldsymbol{A}$ 与 $\boldsymbol{E}$ 等价($\boldsymbol{E}$ 为 n 阶单位矩阵)；

(3) $\boldsymbol{A}=\boldsymbol{P}_1\boldsymbol{P}_2\cdots\boldsymbol{P}_s$(其中 $\boldsymbol{P}_1$，$\boldsymbol{P}_2$，…，$\boldsymbol{P}_s$ 为 n 阶初等矩阵)；

(4) $r(\boldsymbol{A})=n$；

(5) $\boldsymbol{A}$ 的列(行)向量组线性无关；

(6) $\boldsymbol{A}$ 的列(行)向量组是 n 维实向量组空间 $\mathbf{R}^n$ 的一组基；

(7) $\boldsymbol{Ax}=\boldsymbol{0}$ 只有零解；

(8) $\boldsymbol{Ax}=\boldsymbol{b}$ 有唯一解；

(9) 0 不是 $\boldsymbol{A}$ 的特征值；

(10) $\boldsymbol{A}^{\mathrm{T}}\boldsymbol{A}$ 是正定矩阵。

2.3.10　矩阵的初等变换

1. 定义

矩阵的初等变换有初等行变换和初等列变换两类，每一类又有 3 种：

(1) 交换两行(列)位置，如图 2.5(a)所示；

(2) 某行(列)乘一个非零数，如图 2.5(b)所示；

(3) 某行(列)所有元素的 k 倍加到另一行(列)对应元素上，如图 2.5(c)所示。

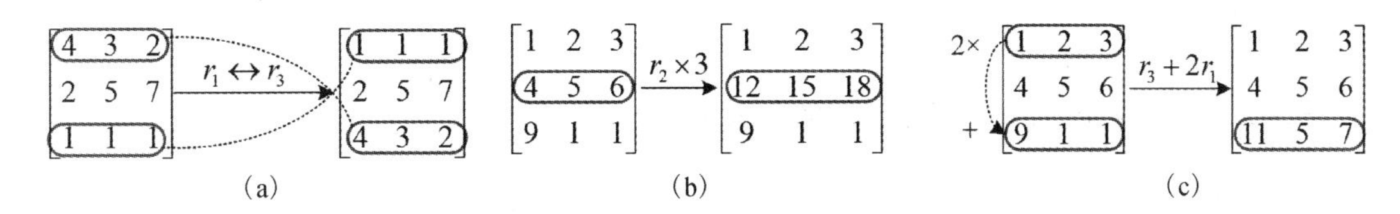

图 2.5　三种初等行变换举例

2. 解线性方程组

用高斯消元法解线性方程组的过程就是对方程组的增广矩阵进行初等行变换的过程。

2.3.11　初等矩阵

1. 定义

由单位矩阵 $\boldsymbol{E}$ 经过一次初等变换得到的矩阵称为初等矩阵。下式中的 $\boldsymbol{P}_1$，$\boldsymbol{P}_2$，$\boldsymbol{P}_3$ 均为 3 阶初等矩阵。

$$\boldsymbol{E}=\begin{bmatrix}1&0&0\\0&1&0\\0&0&1\end{bmatrix}\xrightarrow{r_2\leftrightarrow r_3}\begin{bmatrix}1&0&0\\0&0&1\\0&1&0\end{bmatrix}=\boldsymbol{P}_1,$$

$$\boldsymbol{E}=\begin{bmatrix}1&0&0\\0&1&0\\0&0&1\end{bmatrix}\xrightarrow{r_3\times 5}\begin{bmatrix}1&0&0\\0&1&0\\0&0&5\end{bmatrix}=\boldsymbol{P}_2,$$

$$\boldsymbol{E}=\begin{bmatrix}1&0&0\\0&1&0\\0&0&1\end{bmatrix}\xrightarrow{r_1-2r_3}\begin{bmatrix}1&0&-2\\0&1&0\\0&0&1\end{bmatrix}=\boldsymbol{P}_3$$

2. 定理

设 $\boldsymbol{A}$ 为 $m\times n$ 矩阵，对 $\boldsymbol{A}$ 进行一次初等行变换，相当于在 $\boldsymbol{A}$ 的左边乘相应的 m 阶初等矩阵；对 $\boldsymbol{A}$ 进行一次初等列变换，相当于在 $\boldsymbol{A}$ 的右边乘相应的 n 阶初等矩阵。图 2.6 给出了两个具体例子。

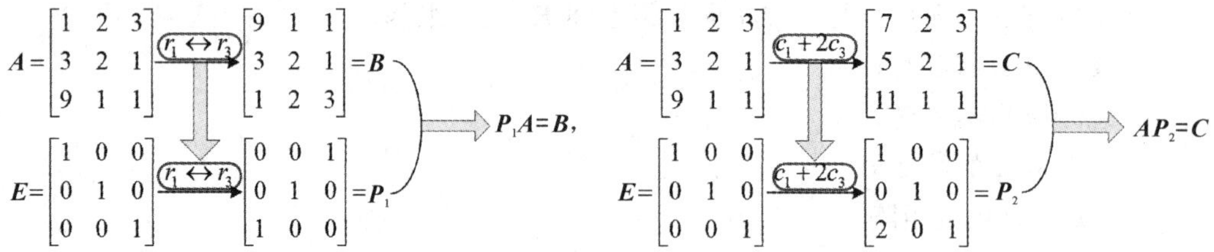

$$A=\begin{bmatrix}1&2&3\\3&2&1\\9&1&1\end{bmatrix}\xrightarrow{r_1\leftrightarrow r_3}\begin{bmatrix}9&1&1\\3&2&1\\1&2&3\end{bmatrix}=B,\quad E=\begin{bmatrix}1&0&0\\0&1&0\\0&0&1\end{bmatrix}\xrightarrow{r_1\leftrightarrow r_3}\begin{bmatrix}0&0&1\\0&1&0\\1&0&0\end{bmatrix}=P_1 \Rightarrow P_1A=B,$$

$$A=\begin{bmatrix}1&2&3\\3&2&1\\9&1&1\end{bmatrix}\xrightarrow{c_1+2c_3}\begin{bmatrix}7&2&3\\5&2&1\\11&1&1\end{bmatrix}=C,\quad E=\begin{bmatrix}1&0&0\\0&1&0\\0&0&1\end{bmatrix}\xrightarrow{c_1+2c_3}\begin{bmatrix}1&0&0\\0&1&0\\2&0&1\end{bmatrix}=P_2 \Rightarrow AP_2=C$$

图 2.6　初等矩阵定理举例

3. 用初等变换求矩阵的逆

(1) 已知可逆矩阵 $\boldsymbol{A}$，求 $\boldsymbol{A}^{-1}$。

对分块矩阵$[\boldsymbol{A},\boldsymbol{E}]$进行初等行变换，当把分块矩阵的左块化为单位矩阵 $\boldsymbol{E}$ 时，右块即为 $\boldsymbol{A}^{-1}$。以下给出一个用初等行变换求矩阵逆的具体例子。

例　设 $\boldsymbol{A}=\begin{bmatrix}1&2&2\\1&0&3\\2&3&4\end{bmatrix}$，求 $\boldsymbol{A}^{-1}$。

【解】 对分块矩阵$[\boldsymbol{A},\boldsymbol{E}]$进行初等行变换：

$$[\boldsymbol{A},\boldsymbol{E}]=\begin{bmatrix}1&2&2&1&0&0\\1&0&3&0&1&0\\2&3&4&0&0&1\end{bmatrix}\xrightarrow[r_3-2r_1]{r_2-r_1}\begin{bmatrix}1&2&2&1&0&0\\0&-2&1&-1&1&0\\0&-1&0&-2&0&1\end{bmatrix}$$

$$\xrightarrow[r_2\times(-1)]{r_2\leftrightarrow r_3}\begin{bmatrix}1&2&2&1&0&0\\0&1&0&2&0&-1\\0&-2&1&-1&1&0\end{bmatrix}\xrightarrow[r_3+2r_2]{r_1-2r_2}\begin{bmatrix}1&0&2&-3&0&2\\0&1&0&2&0&-1\\0&0&1&3&1&-2\end{bmatrix}$$

$$\xrightarrow{r_1-2r_3}\begin{bmatrix}1&0&0&-9&-2&6\\0&1&0&2&0&-1\\0&0&1&3&1&-2\end{bmatrix}$$

于是 $\boldsymbol{A}^{-1}=\begin{bmatrix}-9&-2&6\\2&0&-1\\3&1&-2\end{bmatrix}$。

(2) 已知矩阵 $\boldsymbol{B}$ 和可逆矩阵 $\boldsymbol{A}$，求 $\boldsymbol{A}^{-1}\boldsymbol{B}$。

对分块矩阵$[\boldsymbol{A},\boldsymbol{B}]$进行初等行变换，当把分块矩阵的左块化为单位矩阵 $\boldsymbol{E}$ 时，右块即为 $\boldsymbol{A}^{-1}\boldsymbol{B}$，如图 2.7 所示。

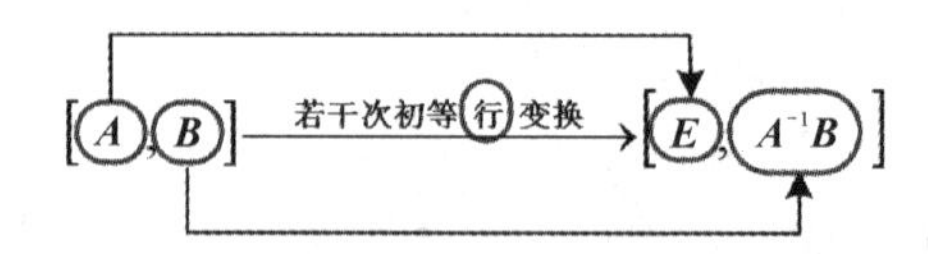

图 2.7　用初等行变换求 $\boldsymbol{A}^{-1}\boldsymbol{B}$

2.3.12　矩阵秩的概念

1. k 阶子式

第 1 章介绍了余子式、代数余子式和 k 阶子式的概念。

2. 矩阵的秩的定义

若矩阵 $\boldsymbol{A}$ 的某一个 k 阶子式 D 不等于零，而 $\boldsymbol{A}$ 的所有 $k+1$ 阶子式全为零，那么 D 称为 $\boldsymbol{A}$ 的最高阶非零子式，数 k 称为矩阵 $\boldsymbol{A}$ 的秩，记作 $r(\boldsymbol{A})$ 或 $R(\boldsymbol{A})$，并规定零矩阵的秩等于 0。

设 $\boldsymbol{A}=\begin{bmatrix}1 & 2 & 3 & 4\\2 & 3 & 5 & 6\\3 & 5 & 8 & 10\end{bmatrix}$，其中二阶子式 $D_2=\begin{vmatrix}1 & 2\\2 & 3\end{vmatrix}=-1\neq 0$，而 $\boldsymbol{A}$ 的所有三阶子式均为零，于是矩阵 $\boldsymbol{A}$ 的秩 $r(\boldsymbol{A})$ 为 2。

若 n 阶矩阵 $\boldsymbol{A}$ 的秩小于 $n-1$，则 $\boldsymbol{A}$ 的所有 $n-1$ 阶子式均为零，即 $|\boldsymbol{A}|$ 的所有元素对应的代数余子式 A_{ij} 也均为零，则矩阵 $\boldsymbol{A}$ 的伴随矩阵 $\boldsymbol{A}^*=\boldsymbol{O}$。

3. 与秩相关的几个特殊矩阵

设 $\boldsymbol{A}$ 为 $m\times n$ 矩阵，根据矩阵秩的值可以定义以下特殊矩阵：

(1) $\boldsymbol{A}$ 为行满秩矩阵 $\Leftrightarrow r(\boldsymbol{A})=m$。

(2) $\boldsymbol{A}$ 为列满秩矩阵 $\Leftrightarrow r(\boldsymbol{A})=n$。

(3) $\boldsymbol{A}$ 为满秩矩阵 $\Leftrightarrow r(\boldsymbol{A})=m=n$。

(4) $\boldsymbol{A}$ 为降秩矩阵 $\Leftrightarrow r(\boldsymbol{A})<m=n$。

根据矩阵的特殊形状，又可以定义：行阶梯矩阵、行最简形矩阵、标准形矩阵：

(5) 行阶梯矩阵：针对非零矩阵，非零行在零行之上，且每一行的第一个非零元素在上一行的第一个非零元素的右边。图 2.8 中的两个矩阵均为行阶梯矩阵。

$$\begin{bmatrix}1 & 1 & 1 & 6 & 9\\0 & 2 & 2 & 10 & 14\\0 & 0 & 2 & 6 & 8\end{bmatrix}\quad\begin{bmatrix}1 & 2 & 2 & 7 & 8\\0 & 0 & 2 & 4 & 6\\0 & 0 & 0 & 0 & 0\end{bmatrix}$$

图 2.8 行阶梯矩阵举例

(6) 行最简形矩阵：针对行阶梯矩阵，每一行第一个非零元素为 1，且这个非零元素所在列的其他元素均为 0。图 2.9 中的两个矩阵均为行最简形矩阵。

$$\begin{bmatrix}1 & 0 & 0 & 1 & 2\\0 & 1 & 0 & 2 & 3\\0 & 0 & 1 & 3 & 4\end{bmatrix}\quad\begin{bmatrix}1 & 2 & 0 & 3 & 2\\0 & 0 & 1 & 2 & 3\\0 & 0 & 0 & 0 & 0\end{bmatrix}$$

图 2.9 行最简形矩阵举例

(7) 标准形矩阵：把分块矩阵 $\begin{bmatrix}\boldsymbol{E}_r & \boldsymbol{O}\\\boldsymbol{O} & \boldsymbol{O}\end{bmatrix}$ 的形式称为标准形。图 2.10 的两个矩阵均为标准形矩阵。

$$\left[\begin{array}{ccc:cc}1 & 0 & 0 & 0 & 0\\0 & 1 & 0 & 0 & 0\\0 & 0 & 1 & 0 & 0\end{array}\right],\quad\left[\begin{array}{cc:ccc}1 & 0 & 0 & 0 & 0\\0 & 1 & 0 & 0 & 0\\\hdashline 0 & 0 & 0 & 0 & 0\end{array}\right]$$

图 2.10 标准形矩阵举例

任意一个矩阵 $\boldsymbol{A}$ 总可以经过若干次初等行变换化为行阶梯矩阵，再进一步经过初等行变换总可以化为行最简形矩阵，最后经过初等列变换总可以得到标准形矩阵。

4. 矩阵秩的求法

根据初等变换不改变矩阵秩的定理，可以通过初等变换来求得矩阵的秩。例如，对已知矩阵 $\boldsymbol{A}$ 进行初等行变换，把它化为行阶梯矩阵 $\boldsymbol{B}$，则矩阵 $\boldsymbol{A}$ 的秩就等于矩阵 $\boldsymbol{B}$ 的秩，而矩阵 $\boldsymbol{B}$ 的秩就等于 $\boldsymbol{B}$ 的非零行数，如图 2.11 所示。

$$\boldsymbol{A} \xrightarrow{\text{若干次初等行交换}} \boldsymbol{B}\text{（行阶梯矩阵）}$$

$$r(\boldsymbol{A})=r(\boldsymbol{B})=\boldsymbol{B}\text{ 的非零行数}$$

图 2.11　通过初等变换求矩阵的秩

2.3.13　矩阵秩的性质及公式

关于矩阵 $\boldsymbol{A}$ 的秩有以下性质及公式：

(1) 秩是非负整数：$r(\boldsymbol{A})\geqslant 0$。

(2) 零矩阵的秩为零：$r(\boldsymbol{O})=0$；若 $\boldsymbol{A}\neq\boldsymbol{O}$，则 $r(\boldsymbol{A})>0$。

(3) 秩不大于矩阵的“尺寸”：$r(\boldsymbol{A}_{m\times n})\leqslant m$，$r(\boldsymbol{A}_{m\times n})\leqslant n$。

(4) 转置秩不变：$r(\boldsymbol{A}^{\mathrm{T}})=r(\boldsymbol{A})$。

(5) 数乘秩不变：$r(k\boldsymbol{A})=r(\boldsymbol{A})$ $(k\neq 0)$。

(6) 初等变换秩不变(等价则等秩)：若矩阵 $\boldsymbol{A}$ 经过有限次初等变换化为矩阵 $\boldsymbol{B}$，则 $r(\boldsymbol{A})=r(\boldsymbol{B})$。

(7) 矩阵和(差)的秩不大于矩阵秩的和：$r(\boldsymbol{A}\pm\boldsymbol{B})\leqslant r(\boldsymbol{A})+r(\boldsymbol{B})$。

(8) 矩阵越乘秩越“小”：两矩阵乘积的秩不会超过任意一个矩阵的秩，$r(\boldsymbol{AB})\leqslant r(\boldsymbol{A})$，$r(\boldsymbol{AB})\leqslant r(\boldsymbol{B})$。以下是两个矩阵乘积的秩与原矩阵的秩相等的特殊情况：

① 设 $\boldsymbol{A}$ 是 $m\times n$ 矩阵，若 $\boldsymbol{P}$ 是 m 阶可逆矩阵，$\boldsymbol{Q}$ 是 n 阶可逆矩阵，则 $r(\boldsymbol{PA})=r(\boldsymbol{A})$，$r(\boldsymbol{AQ})=r(\boldsymbol{A})$，$r(\boldsymbol{PAQ})=r(\boldsymbol{A})$；

② 设 $\boldsymbol{A}$ 是 $m\times n$ 矩阵，若 $\boldsymbol{P}$ 是 $t\times m$ 矩阵，且 $r(\boldsymbol{P})=m$，则 $r(\boldsymbol{PA})=r(\boldsymbol{A})$；

③ 设 $\boldsymbol{A}$ 是 $m\times n$ 矩阵，若 $\boldsymbol{Q}$ 是 $n\times s$ 矩阵，且 $r(\boldsymbol{Q})=n$，则 $r(\boldsymbol{AQ})=r(\boldsymbol{A})$；

④ $r(\boldsymbol{AA}^{\mathrm{T}})=r(\boldsymbol{A}^{\mathrm{T}}\boldsymbol{A})=r(\boldsymbol{A})=r(\boldsymbol{A}^{\mathrm{T}})$。

(9) 西尔维斯特不等式：$r(\boldsymbol{A}_{m\times n}\boldsymbol{B}_{n\times m})\geqslant r(\boldsymbol{A})+r(\boldsymbol{B})-n$，以下是两种特殊情况：

① 若 $\boldsymbol{A}_{m\times n}\boldsymbol{B}_{n\times m}=\boldsymbol{O}$，则 $r(\boldsymbol{A})+r(\boldsymbol{B})\leqslant n$；

② 若 $(\boldsymbol{A}_n-k_1\boldsymbol{E})(\boldsymbol{A}_n-k_2\boldsymbol{E})=\boldsymbol{O}$，$k_1\neq k_2$，则 $r(\boldsymbol{A}-k_1\boldsymbol{E})+r(\boldsymbol{A}-k_2\boldsymbol{E})=n$。

(10) 方阵的秩。

① $|\boldsymbol{A}|\neq 0\Leftrightarrow\boldsymbol{A}$ 是满秩矩阵 $(r(\boldsymbol{A}_n)=n)\Leftrightarrow\boldsymbol{A}$ 是可逆矩阵 $\Leftrightarrow\boldsymbol{A}$ 是非奇异矩阵；

② $|\boldsymbol{A}|=0\Leftrightarrow\boldsymbol{A}$ 是降秩矩阵$(r(\boldsymbol{A}_n)<n)\Leftrightarrow\boldsymbol{A}$ 是不可逆矩阵 $\Leftrightarrow\boldsymbol{A}$ 是奇异矩阵。

(11) 伴随矩阵的秩：n 阶矩阵 $\boldsymbol{A}$ 的伴随矩阵 $\boldsymbol{A}^*$ 的秩只有以下 3 种情况：

$$r(\boldsymbol{A}^*)=\begin{cases}n, & r(\boldsymbol{A})=n\\ 1, & r(\boldsymbol{A})=n-1\\ 0, & r(\boldsymbol{A})<n-1\end{cases}$$

2.3.14　矩阵的等价与秩

1. 定义

(1) 行等价：矩阵 $\boldsymbol{A}$ 经过有限次初等行变换变成矩阵 $\boldsymbol{B}$，就称矩阵 $\boldsymbol{A}$ 与 $\boldsymbol{B}$ 行等价。

(2) 列等价：矩阵 $\boldsymbol{A}$ 经过有限次初等列变换变成矩阵 $\boldsymbol{B}$，就称矩阵 $\boldsymbol{A}$ 与 $\boldsymbol{B}$ 列等价。

(3) 等价：矩阵 $\boldsymbol{A}$ 经过有限次初等变换变成矩阵 $\boldsymbol{B}$，就称矩阵 $\boldsymbol{A}$ 与 $\boldsymbol{B}$ 等价。

2. 等价的性质

(1) 反身性：$\boldsymbol{A}$ 与 $\boldsymbol{A}$ 等价。

(2) 对称性：若 $\boldsymbol{A}$ 与 $\boldsymbol{B}$ 等价，则 $\boldsymbol{B}$ 与 $\boldsymbol{A}$ 等价。

(3) 传递性：若 $\boldsymbol{A}$ 与 $\boldsymbol{B}$ 等价，$\boldsymbol{B}$ 与 $\boldsymbol{C}$ 等价，则 $\boldsymbol{A}$ 与 $\boldsymbol{C}$ 等价。

3. 等价与秩

根据初等变换不改变矩阵秩的定理，可以得到以下结论：

$$\boldsymbol{A}_{m\times n}\text{与}\boldsymbol{B}_{m\times n}\text{等价}\Leftrightarrow r(\boldsymbol{A}_{m\times n})=r(\boldsymbol{B}_{m\times n})$$

2.3.15　分块矩阵及其运算

1. 分块矩阵的概念

将矩阵 $\boldsymbol{A}$ 用若干条纵线和横线分成许多小矩阵，每一个小矩阵称为 $\boldsymbol{A}$ 的子块，以子块为元素的形式上的矩阵称为分块矩阵。图 2.12(a)～图 2.12(d)及 2.12(f)都是正确的分块形式，而图 2.12(e)是错误的分块形式。

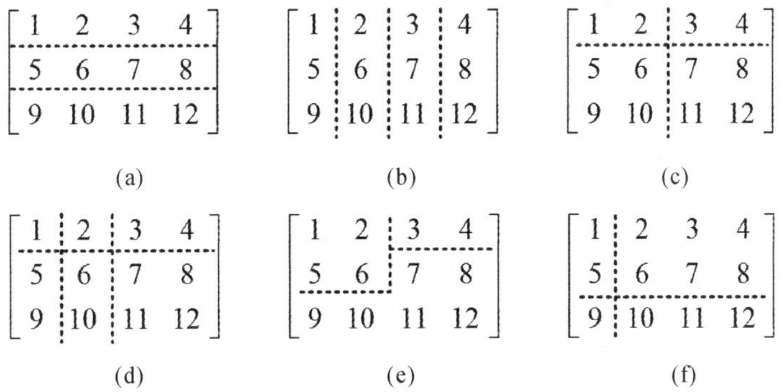

$$\left[\begin{array}{cccc}1&2&3&4\\\hline 5&6&7&8\\\hline 9&10&11&12\end{array}\right]\quad\left[\begin{array}{c|c|c|c}1&2&3&4\\5&6&7&8\\9&10&11&12\end{array}\right]\quad\left[\begin{array}{cc|cc}1&2&3&4\\\hline 5&6&7&8\\9&10&11&12\end{array}\right]$$

(a)　(b)　(c)

$$\left[\begin{array}{c|c|cc}1&2&3&4\\\hline 5&6&7&8\\9&10&11&12\end{array}\right]\quad\begin{bmatrix}1&2&3&4\\5&6&7&8\\9&10&11&12\end{bmatrix}\quad\left[\begin{array}{c|ccc}1&2&3&4\\5&6&7&8\\\hline 9&10&11&12\end{array}\right]$$

(d)　(e)　(f)

图 2.12　分块矩阵示意图

2. 分块矩阵的基本运算公式

对矩阵进行适当分块处理，有如下运算公式(假设所有运算都是可行的)：

(1) $\begin{bmatrix}\boldsymbol{A}_1&\boldsymbol{A}_2\\\boldsymbol{A}_3&\boldsymbol{A}_4\end{bmatrix}+\begin{bmatrix}\boldsymbol{B}_1&\boldsymbol{B}_2\\\boldsymbol{B}_3&\boldsymbol{B}_4\end{bmatrix}=\begin{bmatrix}\boldsymbol{A}_1+\boldsymbol{B}_1&\boldsymbol{A}_2+\boldsymbol{B}_2\\\boldsymbol{A}_3+\boldsymbol{B}_3&\boldsymbol{A}_4+\boldsymbol{B}_4\end{bmatrix}$。

(2) $k\begin{bmatrix}\boldsymbol{A}&\boldsymbol{B}\\\boldsymbol{C}&\boldsymbol{D}\end{bmatrix}=\begin{bmatrix}k\boldsymbol{A}&k\boldsymbol{B}\\k\boldsymbol{C}&k\boldsymbol{D}\end{bmatrix}$。

(3) $\begin{bmatrix}\boldsymbol{A}&\boldsymbol{B}\\\boldsymbol{C}&\boldsymbol{D}\end{bmatrix}\begin{bmatrix}\boldsymbol{X}&\boldsymbol{Y}\\\boldsymbol{Z}&\boldsymbol{W}\end{bmatrix}=\begin{bmatrix}\boldsymbol{AX}+\boldsymbol{BZ}&\boldsymbol{AY}+\boldsymbol{BW}\\\boldsymbol{CX}+\boldsymbol{DZ}&\boldsymbol{CY}+\boldsymbol{DW}\end{bmatrix}$。

(4) $\begin{bmatrix} \boldsymbol{A} & \boldsymbol{B} \\ \boldsymbol{C} & \boldsymbol{D} \end{bmatrix}^{\mathrm{T}} = \begin{bmatrix} \boldsymbol{A}^{\mathrm{T}} & \boldsymbol{C}^{\mathrm{T}} \\ \boldsymbol{B}^{\mathrm{T}} & \boldsymbol{D}^{\mathrm{T}} \end{bmatrix}$。

3. 特殊分块矩阵的乘法举例

设 $\boldsymbol{A}$ 可以左乘 $\boldsymbol{B}$，则有：

(1) 若 $\boldsymbol{B}=[\boldsymbol{C}, \boldsymbol{D}]$，则有 $\boldsymbol{AB}=\boldsymbol{A}[\boldsymbol{C}, \boldsymbol{D}]=[\boldsymbol{AC}, \boldsymbol{AD}]$。

(2) 若 $\boldsymbol{B}=[\boldsymbol{b}_1, \boldsymbol{b}_2, \boldsymbol{b}_3]$，则有 $\boldsymbol{AB}=\boldsymbol{A}[\boldsymbol{b}_1, \boldsymbol{b}_2, \boldsymbol{b}_3]=[\boldsymbol{Ab}_1, \boldsymbol{Ab}_2, \boldsymbol{Ab}_3]$。

(3) 若 $\boldsymbol{A}=\begin{bmatrix} \boldsymbol{X} \\ \boldsymbol{Y} \end{bmatrix}$，则有 $\boldsymbol{AB}=\begin{bmatrix} \boldsymbol{X} \\ \boldsymbol{Y} \end{bmatrix}\boldsymbol{B}=\begin{bmatrix} \boldsymbol{XB} \\ \boldsymbol{YB} \end{bmatrix}$。

【注意】：$[\boldsymbol{C}, \boldsymbol{D}]\boldsymbol{B} \neq [\boldsymbol{CB}, \boldsymbol{DB}]$，$\boldsymbol{B}\begin{bmatrix} \boldsymbol{X} \\ \boldsymbol{Y} \end{bmatrix} \neq \begin{bmatrix} \boldsymbol{BX} \\ \boldsymbol{BY} \end{bmatrix}$。

2.3.16 分块矩阵的应用举例

1. 逆矩阵求法的证明

用初等行变换求可逆矩阵 $\boldsymbol{A}$ 的逆矩阵 $\boldsymbol{A}^{-1}$ 的方法如下：

$$[\boldsymbol{A}, \boldsymbol{E}] \xrightarrow{\text{若干次初等行变换}} [\boldsymbol{E}, \boldsymbol{B}],\ \boldsymbol{B}=\boldsymbol{A}^{-1}$$

证明：根据初等矩阵定理知，对矩阵$[\boldsymbol{A}, \boldsymbol{E}]$进行一次初等行变换，相当于在$[\boldsymbol{A}, \boldsymbol{E}]$的左边乘相应的初等矩阵 $\boldsymbol{P}_i$，于是有矩阵等式：

$$\boldsymbol{P}_l \cdots \boldsymbol{P}_2 \boldsymbol{P}_1 [\boldsymbol{A}, \boldsymbol{E}] = [\boldsymbol{E}, \boldsymbol{B}]$$

令 $\boldsymbol{P}_l \cdots \boldsymbol{P}_2 \boldsymbol{P}_1 = \boldsymbol{P}$，则有

$$\boldsymbol{P}[\boldsymbol{A}, \boldsymbol{E}] = [\boldsymbol{E}, \boldsymbol{B}],\ [\boldsymbol{PA}, \boldsymbol{PE}] = [\boldsymbol{E}, \boldsymbol{B}]$$

$$\boldsymbol{PA}=\boldsymbol{E},\ \boldsymbol{P}=\boldsymbol{B}$$

于是有 $\boldsymbol{B}=\boldsymbol{P}=\boldsymbol{A}^{-1}$。

2. 线性方程组五种表述

根据矩阵乘法运算规律及分块矩阵的概念，图 2.13 给出了一个具体线性方程组的五种表述。

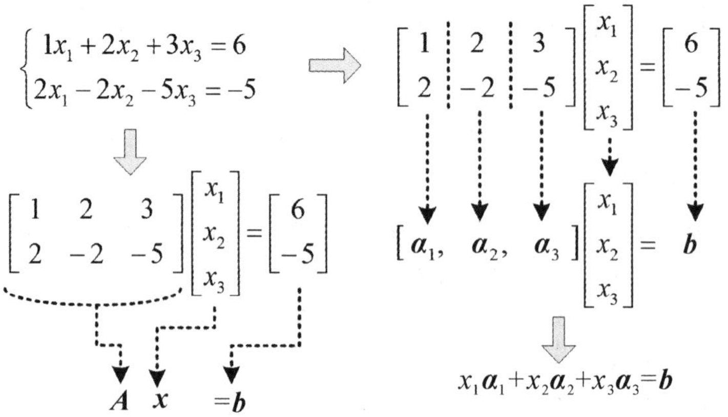

$$\begin{cases} 1x_1+2x_2+3x_3=6 \\ 2x_1-2x_2-5x_3=-5 \end{cases}$$

$$\left[\begin{array}{c:c:c} 1 & 2 & 3 \\ 2 & -2 & -5 \end{array}\right]\begin{bmatrix} x_1 \\ x_2 \\ x_3 \end{bmatrix}=\begin{bmatrix} 6 \\ -5 \end{bmatrix}$$

$$\begin{bmatrix} 1 & 2 & 3 \\ 2 & -2 & -5 \end{bmatrix}\begin{bmatrix} x_1 \\ x_2 \\ x_3 \end{bmatrix}=\begin{bmatrix} 6 \\ -5 \end{bmatrix}$$

$$\boldsymbol{A}\ \boldsymbol{x}\ =\boldsymbol{b}$$

$$[\boldsymbol{\alpha}_1, \boldsymbol{\alpha}_2, \boldsymbol{\alpha}_3]\begin{bmatrix} x_1 \\ x_2 \\ x_3 \end{bmatrix}=\boldsymbol{b}$$

$$x_1\boldsymbol{\alpha}_1+x_2\boldsymbol{\alpha}_2+x_3\boldsymbol{\alpha}_3=\boldsymbol{b}$$

图 2.13 线性方程组的五种表述示意图

3. 向量组间线性表示

设有两个向量组 $\boldsymbol{\alpha}_1, \boldsymbol{\alpha}_2, \boldsymbol{\alpha}_3$ 和 $\boldsymbol{\beta}_1, \boldsymbol{\beta}_2, \boldsymbol{\beta}_3$，它们之间有以下线性表述关系：

$$\boldsymbol{\beta}_1=\boldsymbol{\alpha}_1-\boldsymbol{\alpha}_2,\quad \boldsymbol{\beta}_2=\boldsymbol{\alpha}_1+\boldsymbol{\alpha}_2-\boldsymbol{\alpha}_3,\quad \boldsymbol{\beta}_3=\boldsymbol{\alpha}_2+5\boldsymbol{\alpha}_3$$

于是，可以用分块矩阵的形式，用矩阵等式：

$$[\boldsymbol{\beta}_1, \boldsymbol{\beta}_2, \boldsymbol{\beta}_3]=[\boldsymbol{\alpha}_1, \boldsymbol{\alpha}_2, \boldsymbol{\alpha}_3]\begin{bmatrix}1 & 1 & 0\\ -1 & 1 & 1\\ 0 & -1 & 5\end{bmatrix}$$

来描述以上两个向量组之间的线性表述关系。

4. 矩阵的相似对角化

设3阶矩阵 $\boldsymbol{A}$ 的特征值为1，2，3，对应的特征向量为 $\boldsymbol{\alpha}_1, \boldsymbol{\alpha}_2, \boldsymbol{\alpha}_3$，于是有

$$\boldsymbol{A}\boldsymbol{\alpha}_1=\boldsymbol{\alpha}_1,\quad \boldsymbol{A}\boldsymbol{\alpha}_2=2\boldsymbol{\alpha}_2,\quad \boldsymbol{A}\boldsymbol{\alpha}_3=3\boldsymbol{\alpha}_3$$

根据分块矩阵的运算规则，可以得到以下矩阵等式：

$$(\boldsymbol{A}\boldsymbol{\alpha}_1, \boldsymbol{A}\boldsymbol{\alpha}_2, \boldsymbol{A}\boldsymbol{\alpha}_3)=(\boldsymbol{\alpha}_1, 2\boldsymbol{\alpha}_2, 3\boldsymbol{\alpha}_3),$$

$$\boldsymbol{A}(\boldsymbol{\alpha}_1, \boldsymbol{\alpha}_2, \boldsymbol{\alpha}_3)=(\boldsymbol{\alpha}_1, \boldsymbol{\alpha}_2, \boldsymbol{\alpha}_3)\begin{bmatrix}1 & & \\ & 2 & \\ & & 3\end{bmatrix}$$

令 $\boldsymbol{P}=(\boldsymbol{\alpha}_1, \boldsymbol{\alpha}_2, \boldsymbol{\alpha}_3)$，因为 $\boldsymbol{\alpha}_1, \boldsymbol{\alpha}_2, \boldsymbol{\alpha}_3$ 是 $\boldsymbol{A}$ 的属于不同特征值的特征向量，于是 $\boldsymbol{\alpha}_1, \boldsymbol{\alpha}_2, \boldsymbol{\alpha}_3$ 线性无关，则 $\boldsymbol{P}$ 为可逆矩阵，用 $\boldsymbol{P}^{-1}$ 左乘以上等式两端，则有

$$\boldsymbol{P}^{-1}\boldsymbol{A}\boldsymbol{P}=\boldsymbol{\Lambda}=\begin{bmatrix}1 & & \\ & 2 & \\ & & 3\end{bmatrix}$$

2.3.17 矩阵运算规律

1. 矩阵乘法运算规律

矩阵乘法运算规律为：“空间位置不能变，时间次序可以变”。例如：

$$\boldsymbol{AB}\neq\boldsymbol{BA},\ (\boldsymbol{AB})\boldsymbol{C}=\boldsymbol{A}(\boldsymbol{BC}),\ \boldsymbol{A}(\boldsymbol{B}+\boldsymbol{C})=\boldsymbol{AB}+\boldsymbol{AC}$$

2. 矩阵乘法运算与“上标运算”的结合

(1) $(\boldsymbol{AB})^{\mathrm{T}}=\boldsymbol{B}^{\mathrm{T}}\boldsymbol{A}^{\mathrm{T}}$（$\boldsymbol{A}$ 为 $m\times n$ 矩阵，$\boldsymbol{B}$ 为 $n\times s$ 矩阵）。

(2) $(\boldsymbol{AB})^*=\boldsymbol{B}^*\boldsymbol{A}^*$（$\boldsymbol{A}$ 和 $\boldsymbol{B}$ 为 n 阶矩阵）。

(3) $(\boldsymbol{AB})^{-1}=\boldsymbol{B}^{-1}\boldsymbol{A}^{-1}$（$\boldsymbol{A}$ 和 $\boldsymbol{B}$ 为 n 阶可逆矩阵）。

以上三个公式可以用口诀“戴上帽子换位置”来概括。

(4) $(\boldsymbol{AB})^k=\boldsymbol{A}(\boldsymbol{BA})^{k-1}\boldsymbol{B}$（$\boldsymbol{A}$ 为 $m\times n$ 矩阵，$\boldsymbol{B}$ 为 $n\times m$ 矩阵）。

3. 矩阵“上标运算”之间的调换

设 α, β 为四个“上标”运算——转置、逆、伴随、幂中的两个，有以下公式：

$$(\boldsymbol{A}^{\alpha})^{\beta}=(\boldsymbol{A}^{\beta})^{\alpha}$$

例如：$(\boldsymbol{A}^k)^{-1}=(\boldsymbol{A}^{-1})^k$，　$(\boldsymbol{A}^*)^{-1}=(\boldsymbol{A}^{-1})^*$，　$(\boldsymbol{A}^{-1})^{\mathrm{T}}=(\boldsymbol{A}^{\mathrm{T}})^{-1}$，　…。

2.3.18 矩阵运算公式

1. 加法运算公式

设 $\boldsymbol{A}$，$\boldsymbol{B}$，$\boldsymbol{C}$ 为同型矩阵，有

(1) $\boldsymbol{A}+\boldsymbol{B}=\boldsymbol{B}+\boldsymbol{A}$；

(2) $(\boldsymbol{A}+\boldsymbol{B})+\boldsymbol{C}=\boldsymbol{A}+(\boldsymbol{B}+\boldsymbol{C})$。

2. 数乘运算公式

设 $\boldsymbol{A}$，$\boldsymbol{B}$ 为同型矩阵，k，l 为数，有

(1) $k(\boldsymbol{A}+\boldsymbol{B})=k\boldsymbol{A}+k\boldsymbol{B}$；

(2) $(k+l)\boldsymbol{A}=k\boldsymbol{A}+l\boldsymbol{A}$；

(3) $(kl)\boldsymbol{A}=k(l\boldsymbol{A})$。

3. 乘法运算公式

设 $\boldsymbol{A}$，$\boldsymbol{B}$，$\boldsymbol{C}$ 为矩阵，k，l 为数，有(假设以下运算都是可行的)：

(1) $\boldsymbol{A}(\boldsymbol{B}+\boldsymbol{C})=\boldsymbol{AB}+\boldsymbol{AC}$，$(\boldsymbol{B}+\boldsymbol{C})\boldsymbol{A}=\boldsymbol{BA}+\boldsymbol{CA}$；

(2) $k(\boldsymbol{AB})=(k\boldsymbol{A})\boldsymbol{B}=\boldsymbol{A}(k\boldsymbol{B})$；

(3) $(\boldsymbol{AB})\boldsymbol{C}=\boldsymbol{A}(\boldsymbol{BC})$；

(4) $\boldsymbol{AE}=\boldsymbol{EA}=\boldsymbol{A}$；

(5) $\boldsymbol{AO}=\boldsymbol{OA}=\boldsymbol{O}$；

(6) $\boldsymbol{A}(\boldsymbol{BA}-\boldsymbol{E})=(\boldsymbol{AB}-\boldsymbol{E})\boldsymbol{A}$。

4. 幂运算公式

设 $\boldsymbol{A}$ 为 n 阶方阵，$\boldsymbol{E}$ 为 n 阶单位矩阵，k，l 为数，有

(1) $(\boldsymbol{E}+\boldsymbol{A})^k=\boldsymbol{E}+C_k^1\boldsymbol{A}+C_k^2\boldsymbol{A}^2+\cdots+C_k^k\boldsymbol{A}^k$(矩阵的“二项式”定理)；

因为矩阵 $\boldsymbol{A}$ 和 $\boldsymbol{E}$ 可交换($\boldsymbol{AE}=\boldsymbol{EA}$)，所以二项式定理成立。

(2) $(k\boldsymbol{A})^l=k^l\boldsymbol{A}^l$。

(3) $\boldsymbol{A}^k\boldsymbol{A}^l=\boldsymbol{A}^{k+l}$。

(4) $(\boldsymbol{A}^k)^l=\boldsymbol{A}^{kl}$。

(5) $(\boldsymbol{AB})^k=\boldsymbol{A}(\boldsymbol{BA})^{k-1}\boldsymbol{B}$。

若 $\boldsymbol{\alpha}$，$\boldsymbol{\beta}$ 是 n 维列向量，且 $\boldsymbol{A}=\boldsymbol{\alpha}\boldsymbol{\beta}^{\mathrm{T}}$，则有

$$\boldsymbol{A}^n=\boldsymbol{\alpha}(\boldsymbol{\beta}^{\mathrm{T}}\boldsymbol{\alpha})^{n-1}\boldsymbol{\beta}^{\mathrm{T}}=(\boldsymbol{\beta}^{\mathrm{T}}\boldsymbol{\alpha})^{n-1}\boldsymbol{A}=(\mathrm{tr}(\boldsymbol{A}))^{n-1}\boldsymbol{A}$$

5. 矩阵乘法易错问题

(1) 矩阵乘法不满足交换律和消去律。

① $\boldsymbol{AB}\neq\boldsymbol{BA}$；

② $\boldsymbol{AB}=\boldsymbol{AC}$，且 $\boldsymbol{A}\neq\boldsymbol{O}\not\Rightarrow\boldsymbol{B}=\boldsymbol{C}$；

③ $\boldsymbol{AB}=\boldsymbol{O}\not\Rightarrow\boldsymbol{A}=\boldsymbol{O}$ 或 $\boldsymbol{B}=\boldsymbol{O}$；

④ $\boldsymbol{A}^2=\boldsymbol{O}\not\Rightarrow\boldsymbol{A}=\boldsymbol{O}$；

⑤ $(\boldsymbol{A}\pm\boldsymbol{B})^2\neq\boldsymbol{A}^2\pm2\boldsymbol{AB}+\boldsymbol{B}^2$；

⑥ $\boldsymbol{A}^3\pm\boldsymbol{B}^3\neq(\boldsymbol{A}\pm\boldsymbol{B})(\boldsymbol{A}^2\mp\boldsymbol{AB}+\boldsymbol{B}^2)$；

⑦ $A^2-B^2\neq(A+B)(A-B)$；

⑧ $(A+B)^n\neq C_n^0A^nB^0+C_n^1A^{n-1}B^1+\cdots+C_n^{n-1}A^1B^{n-1}+C_n^nA^0B^n$。

(2) 当矩阵 A 与 B 可交换时，例如 $AE=EA=A$，则有以下公式：

① $(A\pm E)^2=A^2\pm 2A+E$；

② $A^3\pm E=(A\pm E)(A^2\mp A+E)$；

③ $A^2-E=(A+E)(A-E)$；

④ $(A+E)^n=C_n^0A^n+C_n^1A^{n-1}+\cdots+C_n^{n-1}A^1+C_n^nE$。

(3) 乘法可交换的各种情况如下：

① A 与 O 可交换；

② A 与 E 可交换；

③ A 与 $f(A)$可交换(例如：$f(A)=A^3+4A^2-5A+6E$)；

④ $f(A)$与 $g(B)$可交换

⑤ A 与 A^* 可交换；

⑥ A 与 A^{-1}可交换；

⑦ A 与 $f(A,A^{-1},A^*)$可交换；

⑧ 若 A，B 都为对角矩阵，则 A 与 B 可交换；

⑨ 若 A 是正交矩阵，则 A 与 A^T 可交换；

⑩ 若 A，B，AB 都是对称矩阵，则 A 和 B 可以交换；

⑪ 若 $AB=A+B$，则 A 与 B 可交换(证明见例 2.6)。

6. 转置运算公式

(1) $(A^T)^T=A$。

(2) $(A+B)^T=A^T+B^T$。

(3) $(kA)^T=kA^T$。

(4) $(AB)^T=B^TA^T$。

(5) $(A^k)^T=(A^T)^k$。

7. 逆运算公式

设 A 和 B 为可逆矩阵，k 为非零的数：

(1) $(A^{-1})^{-1}=A$。

(2) $(A+B)^{-1}$没有公式。

(3) $(kA)^{-1}=k^{-1}A^{-1}$。

(4) $(AB)^{-1}=B^{-1}A^{-1}$。

(5) $(A^T)^{-1}=(A^{-1})^T$。

(6) $(A^k)^{-1}=(A^{-1})^k$。

(7) $A(A^{-1}+B^{-1})B=A+B=B(A^{-1}+B^{-1})A$。

8. 伴随运算公式

(1) $AA^*=A^*A=|A|E$。

(2) $A^*=|A|A^{-1}$，$A^{-1}=\dfrac{1}{|A|}A^*$(设矩阵 A 可逆)。

(3) $(kA_n)^*=k^{n-1}A_n^*$(k 是常数)。

(4) $(\boldsymbol{AB})^*=\boldsymbol{B}^*\boldsymbol{A}^*$(设 $\boldsymbol{A}$ 和 $\boldsymbol{B}$ 为 n 阶矩阵)。

(5) $(\boldsymbol{A}^k)^*=(\boldsymbol{A}^*)^k$($k$ 是正整数)。

(6) $(\boldsymbol{A}^{\mathrm{T}})^*=(\boldsymbol{A}^*)^{\mathrm{T}}$。

(7) $(\boldsymbol{A}^{-1})^*=(\boldsymbol{A}^*)^{-1}=\dfrac{\boldsymbol{A}}{|\boldsymbol{A}|}$(设矩阵 $\boldsymbol{A}$ 可逆)。

(8) $(\boldsymbol{A}_n^*)^*=|\boldsymbol{A}_n|^{n-2}\boldsymbol{A}_n$。

9. 矩阵的行列式运算公式

设 $\boldsymbol{A}$ 和 $\boldsymbol{B}$ 为 n 阶矩阵，有以下公式：

(1) $|k\boldsymbol{A}_n|=k^n|\boldsymbol{A}_n|$($k$ 为常数)。

(2) $|\boldsymbol{AB}|=|\boldsymbol{BA}|=|\boldsymbol{A}||\boldsymbol{B}|$。

(3) $|\boldsymbol{A}^k|=|\boldsymbol{A}|^k$($k$ 为正整数)。

(4) $|\boldsymbol{A}^{\mathrm{T}}|=|\boldsymbol{A}|$。

(5) $|\boldsymbol{A}^{-1}|=|\boldsymbol{A}|^{-1}$(设矩阵 $\boldsymbol{A}$ 可逆)。

(6) $|\boldsymbol{A}^*|=|\boldsymbol{A}|^{n-1}$。

2.3.19 对角矩阵运算公式

1. 对角矩阵的公式

(1) 对角矩阵的乘积。

例如：$\begin{bmatrix}1 & & \\ & 2 & \\ & & 3\end{bmatrix}\begin{bmatrix}3 & & \\ & 2 & \\ & & 1\end{bmatrix}=\begin{bmatrix}3 & & \\ & 4 & \\ & & 3\end{bmatrix}$。

(2) 对角矩阵的幂。

例如：$\begin{bmatrix}2 & & \\ & 4 & \\ & & 6\end{bmatrix}^n=\begin{bmatrix}2^n & & \\ & 4^n & \\ & & 6^n\end{bmatrix}$。

(3) 对角矩阵的逆。

例如：$\begin{bmatrix}1 & & \\ & 3 & \\ & & 5\end{bmatrix}^{-1}=\begin{bmatrix}1 & & \\ & 3^{-1} & \\ & & 5^{-1}\end{bmatrix}$。

(4) 对角矩阵的行列式。

例如：$\begin{vmatrix}3 & & \\ & 4 & \\ & & 5\end{vmatrix}=3\times4\times5=60$。

2. 副对角矩阵的公式

(1) 副对角矩阵的逆。

例如：$\begin{bmatrix} & & 2\\ & 3 & \\ 4 & & \end{bmatrix}^{-1}=\begin{bmatrix} & & 4^{-1}\\ & 3^{-1} & \\ 2^{-1} & & \end{bmatrix}$。

（2）副对角矩阵的行列式。

例如：$\begin{vmatrix} & & & 1 \\ & & 2 & \\ & \iddots & & \\ n & & & \end{vmatrix} = (-1)^{\frac{n(n-1)}{2}} n!$。

2.3.20　特殊分块矩阵运算公式

1．分块对角矩阵的幂公式

设 $\boldsymbol{A}$，$\boldsymbol{B}$，$\boldsymbol{C}$ 均为方阵，则有

$$\begin{bmatrix} \boldsymbol{A} & & \\ & \boldsymbol{B} & \\ & & \boldsymbol{C} \end{bmatrix}^k = \begin{bmatrix} \boldsymbol{A}^k & & \\ & \boldsymbol{B}^k & \\ & & \boldsymbol{C}^k \end{bmatrix}$$

2．分块对角矩阵的逆公式

设 $\boldsymbol{A}$，$\boldsymbol{B}$，$\boldsymbol{C}$ 均为可逆方阵，则有

$$\begin{bmatrix} \boldsymbol{A} & & \\ & \boldsymbol{B} & \\ & & \boldsymbol{C} \end{bmatrix}^{-1} = \begin{bmatrix} \boldsymbol{A}^{-1} & & \\ & \boldsymbol{B}^{-1} & \\ & & \boldsymbol{C}^{-1} \end{bmatrix}$$

3．分块对角矩阵的行列式公式

设 $\boldsymbol{A}$，$\boldsymbol{B}$，$\boldsymbol{C}$ 均为方阵，则有

$$\begin{vmatrix} \boldsymbol{A} & & \\ & \boldsymbol{B} & \\ & & \boldsymbol{C} \end{vmatrix} = |\boldsymbol{A}||\boldsymbol{B}||\boldsymbol{C}|$$

4．分块对角矩阵的伴随矩阵

设 $\boldsymbol{A}$，$\boldsymbol{B}$ 均为方阵，则有

$$\begin{bmatrix} \boldsymbol{A} & \\ & \boldsymbol{B} \end{bmatrix}^* = \begin{bmatrix} |\boldsymbol{B}|\boldsymbol{A}^* & \\ & |\boldsymbol{A}|\boldsymbol{B}^* \end{bmatrix}$$

5．分块三角矩阵的逆矩阵

设 $\boldsymbol{A}$，$\boldsymbol{B}$ 均为可逆矩阵，则有

$$\begin{bmatrix} \boldsymbol{A} & \boldsymbol{O} \\ \boldsymbol{C} & \boldsymbol{B} \end{bmatrix}^{-1} = \begin{bmatrix} \boldsymbol{A}^{-1} & \boldsymbol{O} \\ -\boldsymbol{B}^{-1}\boldsymbol{C}\boldsymbol{A}^{-1} & \boldsymbol{B}^{-1} \end{bmatrix}$$

6．分块三角矩阵的行列式

设 $\boldsymbol{A}$，$\boldsymbol{B}$ 均为方阵，则有

$$\begin{vmatrix} \boldsymbol{A} & \boldsymbol{O} \\ \boldsymbol{C} & \boldsymbol{B} \end{vmatrix} = \begin{vmatrix} \boldsymbol{A} & \boldsymbol{D} \\ \boldsymbol{O} & \boldsymbol{B} \end{vmatrix} = |\boldsymbol{A}||\boldsymbol{B}|$$

7．分块副对角矩阵的逆公式

设 $\boldsymbol{A}$，$\boldsymbol{B}$ 均为可逆矩阵，则有

$$\begin{bmatrix} & \boldsymbol{A} \\ \boldsymbol{B} & \end{bmatrix}^{-1}=\begin{bmatrix} & \boldsymbol{B}^{-1} \\ \boldsymbol{A}^{-1} & \end{bmatrix}$$

8. 分块副三角矩阵的行列式公式

设 $\boldsymbol{A}$，$\boldsymbol{B}$ 均为方阵，则有

$$\begin{vmatrix} \boldsymbol{C} & \boldsymbol{A}_m \\ \boldsymbol{B}_n & \boldsymbol{O} \end{vmatrix}=\begin{vmatrix} \boldsymbol{O} & \boldsymbol{A}_m \\ \boldsymbol{B}_n & \boldsymbol{D} \end{vmatrix}=(-1)^{m\times n}|\boldsymbol{A}||\boldsymbol{B}|$$

2.3.21 分块矩阵秩的公式

(1) $r([\boldsymbol{A},\boldsymbol{B}])\geqslant r(\boldsymbol{A})$，$r[\boldsymbol{A},\boldsymbol{B}])\geqslant r(\boldsymbol{B})$(设矩阵 $\boldsymbol{A}$ 与 $\boldsymbol{B}$ 行数相同)。

(2) $r\begin{bmatrix}\boldsymbol{A}\\ \boldsymbol{B}\end{bmatrix}\geqslant r(\boldsymbol{A})$，$r\begin{bmatrix}\boldsymbol{A}\\ \boldsymbol{B}\end{bmatrix}\geqslant r(\boldsymbol{B})$(设矩阵 $\boldsymbol{A}$ 与 $\boldsymbol{B}$ 列数相同)。

(3) $r(\boldsymbol{A}+\boldsymbol{B})\leqslant r([\boldsymbol{A},\boldsymbol{B}])\leqslant r(\boldsymbol{A})+r(\boldsymbol{B})$(设矩阵 $\boldsymbol{A}$ 与 $\boldsymbol{B}$ 同型)。

(4) $r(\boldsymbol{A}+\boldsymbol{B})\leqslant r\begin{bmatrix}\boldsymbol{A}\\ \boldsymbol{B}\end{bmatrix}\leqslant r(\boldsymbol{A})+r(\boldsymbol{B})$(设矩阵 $\boldsymbol{A}$ 与 $\boldsymbol{B}$ 同型)。

(5) $r([\boldsymbol{A},\boldsymbol{AP}])=r(\boldsymbol{A})$。

(6) $r([\boldsymbol{A},\boldsymbol{A}])=r(\boldsymbol{A})$。

(7) 若 $\boldsymbol{A}$ 为可逆矩阵，则 $r([\boldsymbol{A},\boldsymbol{B}])=r(\boldsymbol{A})$(设矩阵 $\boldsymbol{A}$ 与 $\boldsymbol{B}$ 行数相同)。

(8) 若 $\boldsymbol{A}$ 为行满秩，则 $r([\boldsymbol{A},\boldsymbol{B}])=r(\boldsymbol{A})$(设矩阵 $\boldsymbol{A}$ 与 $\boldsymbol{B}$ 行数相同)。

(9) $r\begin{bmatrix}\boldsymbol{A}\\ \boldsymbol{BA}\end{bmatrix}=r(\boldsymbol{A})$。

(10) $r\begin{bmatrix}\boldsymbol{A}\\ \boldsymbol{A}\end{bmatrix}=r(\boldsymbol{A})$。

(11) 若 $\boldsymbol{A}$ 为可逆矩阵，则 $r\begin{bmatrix}\boldsymbol{A}\\ \boldsymbol{B}\end{bmatrix}=r(\boldsymbol{A})$(设矩阵 $\boldsymbol{A}$ 与 $\boldsymbol{B}$ 列数相同)。

(12) 若 $\boldsymbol{A}$ 列满秩，则 $r\begin{bmatrix}\boldsymbol{A}\\ \boldsymbol{B}\end{bmatrix}=r(\boldsymbol{A})$(设矩阵 $\boldsymbol{A}$ 与 $\boldsymbol{B}$ 列数相同)。

(13) $r(\boldsymbol{A})+r(\boldsymbol{B})+r(\boldsymbol{C})\geqslant r\begin{bmatrix}\boldsymbol{A} & \boldsymbol{O}\\ \boldsymbol{C} & \boldsymbol{B}\end{bmatrix}\geqslant r(\boldsymbol{A})+r(\boldsymbol{B})$；

$r(\boldsymbol{A})+r(\boldsymbol{B})+r(\boldsymbol{D})\geqslant r\begin{bmatrix}\boldsymbol{A} & \boldsymbol{D}\\ \boldsymbol{O} & \boldsymbol{B}\end{bmatrix}\geqslant r(\boldsymbol{A})+r(\boldsymbol{B})$。

(14) $r\begin{bmatrix}\boldsymbol{A} & \boldsymbol{O}\\ \boldsymbol{O} & \boldsymbol{B}\end{bmatrix}=r\begin{bmatrix}\boldsymbol{O} & \boldsymbol{A}\\ \boldsymbol{B} & \boldsymbol{O}\end{bmatrix}=r(\boldsymbol{A})+r(\boldsymbol{B})$。

(15) $r\begin{bmatrix}\boldsymbol{A} & \boldsymbol{AC}\\ \boldsymbol{O} & \boldsymbol{B}\end{bmatrix}=r(\boldsymbol{A})+r(\boldsymbol{B})$。

(16) $r\begin{bmatrix}\boldsymbol{A} & \boldsymbol{DB}\\ \boldsymbol{O} & \boldsymbol{B}\end{bmatrix}=r(\boldsymbol{A})+r(\boldsymbol{B})$。

(17) $r\begin{bmatrix}\boldsymbol{A} & \boldsymbol{A}\\ \boldsymbol{O} & \boldsymbol{B}\end{bmatrix}=r\begin{bmatrix}\boldsymbol{A} & \boldsymbol{B}\\ \boldsymbol{O} & \boldsymbol{B}\end{bmatrix}=r(\boldsymbol{A})+r(\boldsymbol{B})$。

(18) 若 $\boldsymbol{A}$ 可逆(或 $\boldsymbol{B}$ 可逆)，则 $r\begin{bmatrix}\boldsymbol{A} & \boldsymbol{O}\\ \boldsymbol{C} & \boldsymbol{B}\end{bmatrix}=r\begin{bmatrix}\boldsymbol{A} & \boldsymbol{D}\\ \boldsymbol{O} & \boldsymbol{B}\end{bmatrix}=r(\boldsymbol{A})+r(\boldsymbol{B})$。

(19) 若 $\boldsymbol{A}$ 行满秩，则 $r\begin{bmatrix}\boldsymbol{A} & \boldsymbol{C}\\ \boldsymbol{O} & \boldsymbol{B}\end{bmatrix}=r(\boldsymbol{A})+r(\boldsymbol{B})$。

(20) 若 $\boldsymbol{B}$ 列满秩，则 $r\begin{bmatrix}\boldsymbol{A} & \boldsymbol{C}\\ \boldsymbol{O} & \boldsymbol{B}\end{bmatrix}=r(\boldsymbol{A})+r(\boldsymbol{B})$。

2.4 典型例题分析

【例 2.1】 设矩阵 $\boldsymbol{A}=\begin{bmatrix}2 & 4 & 6\\ -3 & -6 & -9\\ 1 & 2 & 3\end{bmatrix}$，求 $\boldsymbol{A}^{2049}$。

【思路】 因为矩阵 $\boldsymbol{A}$ 的秩为 1，所以可以把 $\boldsymbol{A}$ 拆为一个列向量与一个行向量的乘积。

【解】 可以把矩阵 $\boldsymbol{A}$ 拆成两个向量的乘积：

$$\boldsymbol{A}=\boldsymbol{\alpha\beta}=\begin{bmatrix}2\\ -3\\ 1\end{bmatrix}[1,\ 2,\ 3]$$

于是

$$\boldsymbol{A}^{2049}=(\boldsymbol{\alpha\beta})^{2049}=\boldsymbol{\alpha}(\boldsymbol{\beta\alpha})^{2048}\boldsymbol{\beta}$$

而

$$\boldsymbol{\beta\alpha}=[1,\ 2,\ 3]\begin{bmatrix}2\\ -3\\ 1\end{bmatrix}=-1$$

故

$$\boldsymbol{A}^{2049}=\boldsymbol{\alpha\beta}=\begin{bmatrix}2 & 4 & 6\\ -3 & -6 & -9\\ 1 & 2 & 3\end{bmatrix}$$

【评注】 若方阵 $\boldsymbol{A}$ 的秩为 1，则可以把 $\boldsymbol{A}$ 拆成一个列向量 $\boldsymbol{\alpha}$ 与行向量 $\boldsymbol{\beta}$ 的乘积，然后利用以下公式计算：

$$\boldsymbol{A}^n=(\boldsymbol{\alpha\beta})^n=\boldsymbol{\alpha}(\boldsymbol{\beta\alpha})^{n-1}\boldsymbol{\beta}=(\boldsymbol{\beta\alpha})^{n-1}\boldsymbol{\alpha\beta}=[\mathrm{tr}(\boldsymbol{A})]^{n-1}\boldsymbol{A}$$

【秘籍】 由于矩阵乘法不满足交换律，于是“改变矩阵运算的时间顺序”是矩阵运算的一个技巧。

【例 2.2】 设矩阵 $\boldsymbol{A}=\begin{bmatrix}1 & 0 & 0\\ 3 & 1 & 0\\ 1 & 8 & 1\end{bmatrix}$，求 $\boldsymbol{A}^n$。

【思路】 把 $\boldsymbol{A}$ 拆分为 $\boldsymbol{E}+\boldsymbol{B}$，然后用二项式定理解题。

【解】 把 $\boldsymbol{A}$ 拆分为

$$\boldsymbol{A}=\begin{bmatrix}1&0&0\\0&1&0\\0&0&1\end{bmatrix}+\begin{bmatrix}0&0&0\\3&0&0\\1&8&0\end{bmatrix}=\boldsymbol{E}+\boldsymbol{B}$$

而

$$\boldsymbol{B}^2=\begin{bmatrix}0&0&0\\3&0&0\\1&8&0\end{bmatrix}^2=\begin{bmatrix}0&0&0\\0&0&0\\24&0&0\end{bmatrix},\quad \boldsymbol{B}^3=\begin{bmatrix}0&0&0\\3&0&0\\1&8&0\end{bmatrix}^3=\begin{bmatrix}0&0&0\\0&0&0\\0&0&0\end{bmatrix}$$

于是

$$\boldsymbol{A}^n=(\boldsymbol{E}+\boldsymbol{B})^n=\boldsymbol{E}+n\boldsymbol{B}+\frac{n(n-1)}{2}\boldsymbol{B}^2$$

$$\boldsymbol{A}^n=\begin{bmatrix}1&0&0\\0&1&0\\0&0&1\end{bmatrix}+\begin{bmatrix}0&0&0\\3n&0&0\\n&8n&0\end{bmatrix}+\begin{bmatrix}0&0&0\\0&0&0\\12n(n-1)&0&0\end{bmatrix}=\begin{bmatrix}1&0&0\\3n&1&0\\12n^2-11n&8n&1\end{bmatrix}$$

【评注】 若矩阵 $\boldsymbol{A}$ 可以拆分为 $k\boldsymbol{E}+\boldsymbol{B}$，而 $\boldsymbol{B}$ 的高次幂容易求得，则可以用二项式定理计算矩阵 $\boldsymbol{A}$ 的高次幂：

$$\boldsymbol{A}^n=(k\boldsymbol{E}+\boldsymbol{B})^n=k^n\boldsymbol{E}+C_n^1k^{n-1}\boldsymbol{B}+C_n^2k^{n-2}\boldsymbol{B}^2+\cdots+C_n^nk^0\boldsymbol{B}^n$$

【例 2.3】 (1999，数学三)设 $\boldsymbol{A}=\begin{bmatrix}1&0&1\\0&2&0\\1&0&1\end{bmatrix}$，而 $n\geqslant 2$ 为整数，则 $\boldsymbol{A}^n-2\boldsymbol{A}^{n-1}=$________。

【思路】 计算 $\boldsymbol{A}^2$，$\boldsymbol{A}^3$，寻找 $\boldsymbol{A}^n$ 的规律。

【解】 $\boldsymbol{A}^2=\begin{bmatrix}2&0&2\\0&4&0\\2&0&2\end{bmatrix}$，$\boldsymbol{A}^3=\begin{bmatrix}4&0&4\\0&8&0\\4&0&4\end{bmatrix}$，设 $\boldsymbol{A}^k=\begin{bmatrix}2^{k-1}&0&2^{k-1}\\0&2^k&0\\2^{k-1}&0&2^{k-1}\end{bmatrix}$，计算 $\boldsymbol{A}^{k+1}$，则

$$\boldsymbol{A}^{k+1}=\begin{bmatrix}2^{k-1}&0&2^{k-1}\\0&2^k&0\\2^{k-1}&0&2^{k-1}\end{bmatrix}\begin{bmatrix}1&0&1\\0&2&0\\1&0&1\end{bmatrix}=\begin{bmatrix}2^k&0&2^k\\0&2^{k+1}&0\\2^k&0&2^k\end{bmatrix}$$

显然 $\boldsymbol{A}^{k+1}$ 的元素依然满足 $\boldsymbol{A}^k$ 中元素的规律，于是有

$$\boldsymbol{A}^n-2\boldsymbol{A}^{n-1}=\boldsymbol{O}$$

【评注】 通过计算矩阵的低次幂，找出矩阵高次幂的规律。

【秘籍】 本题可以从“终点”出发，直接写出答案。

$$\boldsymbol{A}^n-2\boldsymbol{A}^{n-1}=\boldsymbol{A}^{n-2}(\boldsymbol{A}^2-2\boldsymbol{A})=\boldsymbol{A}^{n-2}\boldsymbol{O}=\boldsymbol{O}$$

【例 2.4】 (2009，数学一、数学二、数学三)设 $\boldsymbol{A}$，$\boldsymbol{B}$ 均为二阶方阵，$\boldsymbol{A}^*$，$\boldsymbol{B}^*$ 分别为 $\boldsymbol{A}$，$\boldsymbol{B}$ 的伴随矩阵。若 $|\boldsymbol{A}|=2$，$|\boldsymbol{B}|=3$，则分块矩阵 $\begin{bmatrix}\boldsymbol{O}&\boldsymbol{A}\\\boldsymbol{B}&\boldsymbol{O}\end{bmatrix}$ 的伴随矩阵为(　　)。

(A) $\begin{bmatrix}\boldsymbol{O}&3\boldsymbol{B}^*\\2\boldsymbol{A}^*&\boldsymbol{O}\end{bmatrix}$　(B) $\begin{bmatrix}\boldsymbol{O}&2\boldsymbol{B}^*\\3\boldsymbol{A}^*&\boldsymbol{O}\end{bmatrix}$　(C) $\begin{bmatrix}\boldsymbol{O}&3\boldsymbol{A}^*\\2\boldsymbol{B}^*&\boldsymbol{O}\end{bmatrix}$　(D) $\begin{bmatrix}\boldsymbol{O}&2\boldsymbol{A}^*\\3\boldsymbol{B}^*&\boldsymbol{O}\end{bmatrix}$

【思路】 根据伴随矩阵的母公式 $\boldsymbol{PP}^*=|\boldsymbol{P}|\boldsymbol{E}$，对选项逐个进行筛选。

【解】 因为

$$\boldsymbol{AA}^*=|\boldsymbol{A}|\boldsymbol{E}=2\boldsymbol{E},\quad \boldsymbol{BB}^*=|\boldsymbol{B}|\boldsymbol{E}=3\boldsymbol{E}$$

且

$$\begin{vmatrix} \boldsymbol{O} & \boldsymbol{A} \\ \boldsymbol{B} & \boldsymbol{O} \end{vmatrix} = (-1)^{2\times 2}|\boldsymbol{A}||\boldsymbol{B}| = 6$$

分析选项 B，有

$$\begin{bmatrix} \boldsymbol{O} & \boldsymbol{A} \\ \boldsymbol{B} & \boldsymbol{O} \end{bmatrix}\begin{bmatrix} \boldsymbol{O} & 2\boldsymbol{B}^* \\ 3\boldsymbol{A}^* & \boldsymbol{O} \end{bmatrix} = \begin{bmatrix} 3\boldsymbol{A}\boldsymbol{A}^* & \boldsymbol{O} \\ \boldsymbol{O} & 2\boldsymbol{B}\boldsymbol{B}^* \end{bmatrix} = 6\times\begin{bmatrix} \boldsymbol{E} & \boldsymbol{O} \\ \boldsymbol{O} & \boldsymbol{E} \end{bmatrix} = \begin{vmatrix} \boldsymbol{O} & \boldsymbol{A} \\ \boldsymbol{B} & \boldsymbol{O} \end{vmatrix}\times\begin{bmatrix} \boldsymbol{E} & \boldsymbol{O} \\ \boldsymbol{O} & \boldsymbol{E} \end{bmatrix}$$

于是选项 B 正确。

【评注】 本题考查了以下知识点：

(1) $\boldsymbol{P}\boldsymbol{P}^* = |\boldsymbol{P}|\boldsymbol{E}$。

(2) $\begin{vmatrix} \boldsymbol{O} & \boldsymbol{A}_m \\ \boldsymbol{B}_n & \boldsymbol{O} \end{vmatrix} = (-1)^{m\times n}|\boldsymbol{A}||\boldsymbol{B}|$。

【秘籍】 针对选择题，可以从选项出发，逐个演算，从而获得答案。

【例 2.5】 已知矩阵 $\boldsymbol{A} = \begin{bmatrix} 1 & -2 & 3 & 4 \\ 2 & 1 & -4 & 3 \\ 3 & -4 & -1 & -2 \\ 4 & 3 & 2 & -1 \end{bmatrix}$，求 $\boldsymbol{A}^{-1}$。

【思路】 观察矩阵 $\boldsymbol{A}$ 的列向量两两正交，且长度相等，联想正交矩阵的性质。

【解】 矩阵 $\boldsymbol{A}$ 的 4 个列向量两两正交，且长度都是 $\sqrt{30}$，于是有

$$\boldsymbol{A}^{\mathrm{T}}\boldsymbol{A} = \begin{bmatrix} 1 & 2 & 3 & 4 \\ -2 & 1 & -4 & 3 \\ 3 & -4 & -1 & 2 \\ 4 & 3 & -2 & -1 \end{bmatrix}\begin{bmatrix} 1 & -2 & 3 & 4 \\ 2 & 1 & -4 & 3 \\ 3 & -4 & -1 & -2 \\ 4 & 3 & 2 & -1 \end{bmatrix} = \begin{bmatrix} 30 & & & \\ & 30 & & \\ & & 30 & \\ & & & 30 \end{bmatrix} = 30\boldsymbol{E}$$

则

$$\boldsymbol{A}^{-1} = \frac{1}{30}\boldsymbol{A}^{\mathrm{T}} = \frac{1}{30}\times\begin{bmatrix} 1 & 2 & 3 & 4 \\ -2 & 1 & -4 & 3 \\ 3 & -4 & -1 & 2 \\ 4 & 3 & -2 & -1 \end{bmatrix}$$

【评注】 本题考查了以下知识点：

(1) 若 $\boldsymbol{A}$，$\boldsymbol{B}$ 为 n 阶矩阵，且 $\boldsymbol{AB} = \boldsymbol{E}$，则 $\boldsymbol{A}^{-1} = \boldsymbol{B}$。

(2) 若 n 阶矩阵 $\boldsymbol{A}$ 的列向量组两两正交，且每一个向量的长度均为 l，则 $\boldsymbol{A}^{\mathrm{T}}\boldsymbol{A} = l^2\boldsymbol{E}$。

【秘籍】 若 n 阶矩阵 $\boldsymbol{A}$ 的 n 个列向量两两正交，且向量长度均为 l，则有

(1) $\boldsymbol{A}^{-1} = \dfrac{1}{l^2}\boldsymbol{A}^{\mathrm{T}}$。

(2) $|\boldsymbol{A}| = l^n$ 或 $|\boldsymbol{A}| = -l^n$。

【例 2.6】 设 $\boldsymbol{A}$，$\boldsymbol{B}$ 均是 n 阶实矩阵，以下命题错误的是(　　)。

(A) 若 $\boldsymbol{AB} = \boldsymbol{A} + \boldsymbol{B}$，则 $\boldsymbol{AB} = \boldsymbol{BA}$

(B) 若 $\boldsymbol{AB} = \boldsymbol{A} + \boldsymbol{B}$，则 $\boldsymbol{A} - \boldsymbol{E}$ 和 $\boldsymbol{B} - \boldsymbol{E}$ 都可逆

(C) 若 $\mathrm{tr}(\boldsymbol{A}\boldsymbol{A}^{\mathrm{T}}) = 0$，则 $\boldsymbol{A} = \boldsymbol{O}$

(D) 若矩阵 $\boldsymbol{A}$ 与 $\boldsymbol{B}$ 等价，则一定存在矩阵 $\boldsymbol{P}$，使得 $\boldsymbol{AP} = \boldsymbol{B}$

【思路】 对矩阵等式进行恒等变形，推导出 $\boldsymbol{PQ} = \boldsymbol{E}$ 的形式，进一步可以得到 $\boldsymbol{QP} = \boldsymbol{E}$

及 $\boldsymbol{Q}$ 和 $\boldsymbol{P}$ 都可逆。

【解】 分析选项 A 和选项 B，对矩阵等式 $\boldsymbol{AB}=\boldsymbol{A}+\boldsymbol{B}$ 进行恒等变形：

$$\boldsymbol{AB}-\boldsymbol{A}-\boldsymbol{B}+\boldsymbol{E}=\boldsymbol{E},$$
$$(\boldsymbol{A}-\boldsymbol{E})(\boldsymbol{B}-\boldsymbol{E})=\boldsymbol{E}$$

对以上等式两端取行列式，有

$$|\boldsymbol{A}-\boldsymbol{E}||\boldsymbol{B}-\boldsymbol{E}|=|\boldsymbol{E}|=1\neq 0$$

于是矩阵 $\boldsymbol{A}-\boldsymbol{E}$ 和 $\boldsymbol{B}-\boldsymbol{E}$ 都是可逆矩阵，用矩阵 $(\boldsymbol{A}-\boldsymbol{E})^{-1}$ 和 $\boldsymbol{A}-\boldsymbol{E}$ 分别左乘和右乘以上矩阵等式两端，得

$$(\boldsymbol{B}-\boldsymbol{E})(\boldsymbol{A}-\boldsymbol{E})=\boldsymbol{E},\ \boldsymbol{BA}-\boldsymbol{A}-\boldsymbol{B}+\boldsymbol{E}=\boldsymbol{E}$$

故

$$\boldsymbol{AB}=\boldsymbol{BA}=\boldsymbol{A}+\boldsymbol{B}$$

分析选项 C，不妨设 3 阶实矩阵 $\boldsymbol{A}=\begin{bmatrix}a_{11} & a_{12} & a_{13}\\ a_{21} & a_{22} & a_{23}\\ a_{31} & a_{32} & a_{33}\end{bmatrix}$，分析矩阵 $\boldsymbol{AA}^{\mathrm{T}}$ 的迹，有

$$\boldsymbol{AA}^{\mathrm{T}}=\begin{bmatrix}a_{11} & a_{12} & a_{13}\\ a_{21} & a_{22} & a_{23}\\ a_{31} & a_{32} & a_{33}\end{bmatrix}\begin{bmatrix}a_{11} & a_{21} & a_{31}\\ a_{12} & a_{22} & a_{32}\\ a_{13} & a_{23} & a_{33}\end{bmatrix}=\begin{bmatrix}a_{11}^2+a_{12}^2+a_{13}^2 & * & *\\ * & a_{21}^2+a_{22}^2+a_{23}^2 & *\\ * & * & a_{31}^2+a_{32}^2+a_{33}^2\end{bmatrix}$$

已知 $\operatorname{tr}(\boldsymbol{AA}^{\mathrm{T}})=0$，于是实矩阵 $\boldsymbol{A}$ 的所有元素的平方和为零，则 $\boldsymbol{A}=\boldsymbol{O}$。

选项 D 是错误的，若矩阵 $\boldsymbol{A}$ 和 $\boldsymbol{B}$ 列等价，则一定存在可逆矩阵 $\boldsymbol{P}$，使得 $\boldsymbol{AP}=\boldsymbol{B}$。

【评注】 本题考查了以下知识点：

(1) $|\boldsymbol{A}|\neq 0\Leftrightarrow \boldsymbol{A}$ 为可逆矩阵。

(2) 设 $\boldsymbol{A}$，$\boldsymbol{B}$ 为 n 阶矩阵，若 $\boldsymbol{AB}=\boldsymbol{E}$，则 $\boldsymbol{BA}=\boldsymbol{E}$。

(3) $\operatorname{tr}(\boldsymbol{AA}^{\mathrm{T}})$ 等于矩阵 $\boldsymbol{A}$ 的所有元素的平方和。

矩阵的恒等变形在考研真题中频繁出现，同学们一定要熟练掌握。

【秘籍】 若 n 阶矩阵 $\boldsymbol{A}$ 和 $\boldsymbol{B}$ 满足 $\boldsymbol{AB}=a\boldsymbol{A}+b\boldsymbol{B}\,(ab\neq 0)$，则有以下结论：

(1) $\boldsymbol{AB}=\boldsymbol{BA}$；

(2) 矩阵 $\boldsymbol{A}-b\boldsymbol{E}$ 和 $\boldsymbol{B}-a\boldsymbol{E}$ 均可逆。

【例 2.7】 (2022，数学一)设 $\boldsymbol{A}$，$\boldsymbol{E}-\boldsymbol{A}$ 可逆，若 $\boldsymbol{B}$ 满足 $(\boldsymbol{E}-(\boldsymbol{E}-\boldsymbol{A})^{-1})\boldsymbol{B}=\boldsymbol{A}$，则 $\boldsymbol{B}-\boldsymbol{A}=$ ________。

【思路】 对单位矩阵 $\boldsymbol{E}$ 进行变形，从而化简矩阵等式。

【解】 观察单位矩阵 $\boldsymbol{E}$ 右边矩阵的形式，对单位矩阵 $\boldsymbol{E}$ 进行变形：

$$\boldsymbol{E}=(\boldsymbol{E}-\boldsymbol{A})(\boldsymbol{E}-\boldsymbol{A})^{-1}$$

把上式代入已知矩阵等式，得

$$[(\boldsymbol{E}-\boldsymbol{A})(\boldsymbol{E}-\boldsymbol{A})^{-1}-(\boldsymbol{E}-\boldsymbol{A})^{-1}]\boldsymbol{B}=\boldsymbol{A}$$
$$(-\boldsymbol{A})(\boldsymbol{E}-\boldsymbol{A})^{-1}\boldsymbol{B}=\boldsymbol{A}$$

因为 $\boldsymbol{A}$ 可逆，用 $\boldsymbol{A}^{-1}$ 左乘以上等式两端，得

$$(\boldsymbol{E}-\boldsymbol{A})^{-1}\boldsymbol{B}=-\boldsymbol{E}$$

用 $(\boldsymbol{E}-\boldsymbol{A})$ 左乘以上等式两端，得

$$\boldsymbol{B}=(\boldsymbol{E}-\boldsymbol{A})(-\boldsymbol{E}),\ \boldsymbol{B}-\boldsymbol{A}=-\boldsymbol{E}$$

【评注】 单位矩阵 $\boldsymbol{E}$ 就像一个“变色龙”，它可以根据周围的情况来变化自己，从而达

到化简的目的。

【秘籍】　本题可以用“设值法”快速获得答案。设 $\boldsymbol{A}=2\boldsymbol{E}$，满足已知条件 $\boldsymbol{A}$，$\boldsymbol{E}-\boldsymbol{A}$ 可逆，把 $\boldsymbol{A}=2\boldsymbol{E}$ 代入已知矩阵等式，得

$$[\boldsymbol{E}-(\boldsymbol{E}-2\boldsymbol{E})^{-1}]\boldsymbol{B}=2\boldsymbol{E},\ \boldsymbol{B}=\boldsymbol{E}$$

于是 $\boldsymbol{B}-\boldsymbol{A}=-\boldsymbol{E}$。

采用“设值法”可以快速获得客观题的答案，但该方法有时会得出错误答案，所以同学们要慎用。

【例 2.8】　(2001，数学一)设矩阵 $\boldsymbol{A}$ 满足 $\boldsymbol{A}^2+\boldsymbol{A}-4\boldsymbol{E}=\boldsymbol{O}$，其中 $\boldsymbol{E}$ 为单位矩阵，则 $(\boldsymbol{A}-\boldsymbol{E})^{-1}=$________。

【思路】　根据已知的矩阵等式，构造新的矩阵等式 $(\boldsymbol{A}-\boldsymbol{E})(\quad ?\quad)=\boldsymbol{E}$，其中$(\quad ?\quad)$即是答案。

【解】　从已知矩阵等式出发，构造以下矩阵等式：

$$(\boldsymbol{A}-\boldsymbol{E})(\boldsymbol{A}+2\boldsymbol{E})=2\boldsymbol{E},\quad (\boldsymbol{A}-\boldsymbol{E})\left[\frac{1}{2}(\boldsymbol{A}+2\boldsymbol{E})\right]=\boldsymbol{E}$$

于是

$$(\boldsymbol{A}-\boldsymbol{E})^{-1}=\frac{1}{2}(\boldsymbol{A}+2\boldsymbol{E})$$

【评注】　本题考查了以下知识点：

设 $\boldsymbol{A}$ 为 n 阶矩阵，$\boldsymbol{E}$ 为 n 阶单位矩阵，若有 $\boldsymbol{AB}=\boldsymbol{E}$，则 $\boldsymbol{A}^{-1}=\boldsymbol{B}$。

【秘籍】　此题型解法归纳如下：

已知 n 阶矩阵 $\boldsymbol{A}$ 的多项式等式 $f(\boldsymbol{A})=\boldsymbol{O}$，求 $(\boldsymbol{A}+k\boldsymbol{E})^{-1}$。

解题方法：用 $f(\boldsymbol{A})$ 除以 $\boldsymbol{A}+k\boldsymbol{E}$，若商为 $g(\boldsymbol{A})$，余为 $\lambda\boldsymbol{E}(\lambda\neq 0)$，则有

$$f(\boldsymbol{A})=g(\boldsymbol{A})(\boldsymbol{A}+k\boldsymbol{E})+\lambda\boldsymbol{E}=\boldsymbol{O}$$

于是

$$(\boldsymbol{A}+k\boldsymbol{E})^{-1}=\frac{1}{-\lambda}g(\boldsymbol{A})$$

【例 2.9】　(2000，数学二)设 $\boldsymbol{A}=\begin{bmatrix}1&0&0&0\\-2&3&0&0\\0&-4&5&0\\0&0&-6&7\end{bmatrix}$。$\boldsymbol{E}$ 为四阶单位矩阵，且 $\boldsymbol{B}=(\boldsymbol{E}+\boldsymbol{A})^{-1}(\boldsymbol{E}-\boldsymbol{A})$，则 $(\boldsymbol{E}+\boldsymbol{B})^{-1}=$________。

【思路】　把括号内的 $\boldsymbol{E}+\boldsymbol{B}$ 变成矩阵乘积的形式，从而把括号“脱掉”。

【解】　观察矩阵 $\boldsymbol{B}=(\boldsymbol{E}+\boldsymbol{A})^{-1}(\boldsymbol{E}-\boldsymbol{A})$ 的形式，把单位矩阵写成 $\boldsymbol{E}=(\boldsymbol{E}+\boldsymbol{A})^{-1}(\boldsymbol{E}+\boldsymbol{A})$，则有

$$\begin{aligned}(\boldsymbol{E}+\boldsymbol{B})^{-1}&=[(\boldsymbol{E}+\boldsymbol{A})^{-1}(\boldsymbol{E}+\boldsymbol{A})+(\boldsymbol{E}+\boldsymbol{A})^{-1}(\boldsymbol{E}-\boldsymbol{A})]^{-1}\\&=[(\boldsymbol{E}+\boldsymbol{A})^{-1}(2\boldsymbol{E})]^{-1}\\&=\frac{1}{2}(\boldsymbol{E}+\boldsymbol{A})\\&=\begin{bmatrix}1&0&0&0\\-1&2&0&0\\0&-2&3&0\\0&0&-3&4\end{bmatrix}\end{aligned}$$

【评注】 该题考查了以下知识点：

(1) $(\boldsymbol{A}^{-1})^{-1}=\boldsymbol{A}$。

(2) $(k\boldsymbol{A})^{-1}=\frac{1}{k}\boldsymbol{A}^{-1}$。

【秘籍】 (1) 因为$(\boldsymbol{E}+\boldsymbol{B})^{-1}$不能直接脱括号，所以要想方设法把括号内的项变成矩阵相乘的形式。

(2) 单位矩阵 $\boldsymbol{E}$ 就像一个“变色龙”，它可以根据周围的情况来变化自己，从而达到化简的目的。

【例 2.10】 (2015，数学二、数学三)设矩阵 $\boldsymbol{A}=\begin{bmatrix} a & 1 & 0 \\ 1 & a & -1 \\ 0 & 1 & a \end{bmatrix}$，且 $\boldsymbol{A}^3=\boldsymbol{O}$。

(1) 求 a 的值；

(2) 若矩阵 $\boldsymbol{X}$ 满足 $\boldsymbol{X}-\boldsymbol{X}\boldsymbol{A}^2-\boldsymbol{A}\boldsymbol{X}+\boldsymbol{A}\boldsymbol{X}\boldsymbol{A}^2=\boldsymbol{E}$，其中 $\boldsymbol{E}$ 为三阶单位矩阵，求 $\boldsymbol{X}$。

【思路】 通过 $\boldsymbol{A}$ 的行列式为零，确定 a 的值；通过矩阵等式的恒等变形求解 $\boldsymbol{X}$。

【解】 (1) 因为 $\boldsymbol{A}^3=\boldsymbol{O}$，对等式两端取行列式，可以得到$|\boldsymbol{A}|^3=0$，$|\boldsymbol{A}|=0$。

$$|\boldsymbol{A}|=\begin{vmatrix} a & 1 & 0 \\ 1 & a & -1 \\ 0 & 1 & a \end{vmatrix}=a^3=0$$

得 $a=0$。

(2) 对已知矩阵等式进行恒等变形：

$$\boldsymbol{X}(\boldsymbol{E}-\boldsymbol{A}^2)-\boldsymbol{A}\boldsymbol{X}(\boldsymbol{E}-\boldsymbol{A}^2)=\boldsymbol{E}$$
$$(\boldsymbol{X}-\boldsymbol{A}\boldsymbol{X})(\boldsymbol{E}-\boldsymbol{A}^2)=\boldsymbol{E}$$
$$(\boldsymbol{E}-\boldsymbol{A})\boldsymbol{X}(\boldsymbol{E}-\boldsymbol{A}^2)=\boldsymbol{E}$$

对以上矩阵等式两端取行列式，有

$$|\boldsymbol{E}-\boldsymbol{A}||\boldsymbol{X}||\boldsymbol{E}-\boldsymbol{A}^2|=|\boldsymbol{E}|=1\neq 0$$

于是矩阵 $\boldsymbol{E}-\boldsymbol{A}$ 和 $\boldsymbol{E}-\boldsymbol{A}^2$ 均可逆，可得

$$\begin{aligned}\boldsymbol{X}&=(\boldsymbol{E}-\boldsymbol{A})^{-1}(\boldsymbol{E}-\boldsymbol{A}^2)^{-1}\\&=[(\boldsymbol{E}-\boldsymbol{A}^2)(\boldsymbol{E}-\boldsymbol{A})]^{-1}\\&=(\boldsymbol{E}-\boldsymbol{A}-\boldsymbol{A}^2)^{-1}\end{aligned}$$

而

$$\boldsymbol{E}-\boldsymbol{A}-\boldsymbol{A}^2=\begin{bmatrix} 0 & -1 & 1 \\ -1 & 1 & 1 \\ -1 & -1 & 2 \end{bmatrix}$$

$$\begin{bmatrix} 0 & -1 & 1 & 1 & 0 & 0 \\ -1 & 1 & 1 & 0 & 1 & 0 \\ -1 & -1 & 2 & 0 & 0 & 1 \end{bmatrix}\xrightarrow{\text{初等行变换}}\begin{bmatrix} 1 & 0 & 0 & 3 & 1 & -2 \\ 0 & 1 & 0 & 1 & 1 & -1 \\ 0 & 0 & 1 & 2 & 1 & -1 \end{bmatrix}$$

则

$$\boldsymbol{X}^{-1}=\begin{bmatrix} 3 & 1 & -2 \\ 1 & 1 & -1 \\ 2 & 1 & -1 \end{bmatrix}$$

【评注】 本题考查了以下知识点：

(1) $|\boldsymbol{A}^k|=|\boldsymbol{A}|^k$。

(2) 若 n 阶矩阵 $\boldsymbol{A}$，$\boldsymbol{B}$，$\boldsymbol{C}$ 满足 $\boldsymbol{ABC}=\boldsymbol{E}$，则 $\boldsymbol{A}$，$\boldsymbol{B}$，$\boldsymbol{C}$ 均为可逆矩阵。

(3) $|\boldsymbol{ABC}|=|\boldsymbol{A}||\boldsymbol{B}||\boldsymbol{C}|$。

(4) 若 $|\boldsymbol{A}|\neq 0$，则 $\boldsymbol{A}$ 是可逆矩阵。

(5) $(\boldsymbol{AB})^{-1}=\boldsymbol{B}^{-1}\boldsymbol{A}^{-1}$。

(6) 求矩阵 $\boldsymbol{A}$ 的逆矩阵的方法如下：

$$[\boldsymbol{A},\ \boldsymbol{E}]\xrightarrow{\text{若干次初等行变换}}[\boldsymbol{E},\ \boldsymbol{B}],\ \boldsymbol{B}=\boldsymbol{A}^{-1}$$

【秘籍】 很多同学用 $\boldsymbol{A}$ 右乘等式 $\boldsymbol{X}-\boldsymbol{XA}^2-\boldsymbol{AX}+\boldsymbol{AXA}^2=\boldsymbol{E}$ 两端，化简成 $\boldsymbol{XA}-\boldsymbol{AXA}=\boldsymbol{A}$，最后解得矩阵 $\boldsymbol{X}$。这种做法是错误的，因为矩阵 $\boldsymbol{A}$ 是不可逆矩阵，这种做法会出现“增根”现象。

【例 2.11】 (2005，数学四)设 $\boldsymbol{A}$，$\boldsymbol{B}$，$\boldsymbol{C}$ 均为 n 阶矩阵，$\boldsymbol{E}$ 为 n 阶单位矩阵，若 $\boldsymbol{B}=\boldsymbol{E}+\boldsymbol{AB}$，$\boldsymbol{C}=\boldsymbol{A}+\boldsymbol{CA}$，则 $\boldsymbol{B}-\boldsymbol{C}=(\quad)$。

(A) $\boldsymbol{E}$　　(B) $-\boldsymbol{E}$　　(C) $\boldsymbol{A}$　　(D) $-\boldsymbol{A}$

【思路】 把矩阵 $\boldsymbol{B}$ 和 $\boldsymbol{C}$ 都转化成矩阵 $\boldsymbol{A}$ 的函数 $f(\boldsymbol{A})$ 和 $g(\boldsymbol{A})$，然后化简 $\boldsymbol{B}-\boldsymbol{C}=f(\boldsymbol{A})-g(\boldsymbol{A})$。

【解】 因为 $\boldsymbol{B}=\boldsymbol{E}+\boldsymbol{AB}$，则有

$$\boldsymbol{B}-\boldsymbol{AB}=\boldsymbol{E},\ (\boldsymbol{E}-\boldsymbol{A})\boldsymbol{B}=\boldsymbol{E}$$

于是

$$\boldsymbol{B}=(\boldsymbol{E}-\boldsymbol{A})^{-1}$$

因为 $\boldsymbol{C}=\boldsymbol{A}+\boldsymbol{CA}$，则有

$$\boldsymbol{C}-\boldsymbol{CA}=\boldsymbol{A},\ \boldsymbol{C}(\boldsymbol{E}-\boldsymbol{A})=\boldsymbol{A}$$

于是

$$\boldsymbol{C}=\boldsymbol{A}(\boldsymbol{E}-\boldsymbol{A})^{-1}$$

则

$$\begin{aligned}\boldsymbol{B}-\boldsymbol{C}&=(\boldsymbol{E}-\boldsymbol{A})^{-1}-\boldsymbol{A}(\boldsymbol{E}-\boldsymbol{A})^{-1}\\&=(\boldsymbol{E}-\boldsymbol{A})(\boldsymbol{E}-\boldsymbol{A})^{-1}\\&=\boldsymbol{E}\end{aligned}$$

【评注】 用同一个矩阵 $\boldsymbol{A}$ 来表示矩阵 $\boldsymbol{B}$ 和 $\boldsymbol{C}$，简化矩阵间的关系。

【例 2.12】 设 $\boldsymbol{A}$，$\boldsymbol{B}$ 均为 n 阶矩阵，且满足 $\boldsymbol{AB}+\boldsymbol{BA}=\boldsymbol{E}$，$\boldsymbol{E}$ 为 n 阶单位矩阵，k 为正整数，则 $\boldsymbol{A}^k\boldsymbol{B}+(-1)^{k+1}\boldsymbol{BA}^k=$________。

【思路】 分别分析 k 为奇数和偶数两种情况。

【解】 用矩阵 $\boldsymbol{A}$ 左乘矩阵等式 $\boldsymbol{AB}+\boldsymbol{BA}=\boldsymbol{E}$ 两端，有

$$\boldsymbol{A}^2\boldsymbol{B}+\boldsymbol{ABA}=\boldsymbol{A}$$

把 $\boldsymbol{AB}=\boldsymbol{E}-\boldsymbol{BA}$ 代入上式，有

$$\boldsymbol{A}^2\boldsymbol{B}+(\boldsymbol{E}-\boldsymbol{BA})\boldsymbol{A}=\boldsymbol{A}$$

$$\boldsymbol{A}^2\boldsymbol{B}-\boldsymbol{BA}^2=\boldsymbol{O}$$

继续用矩阵 $\boldsymbol{A}$ 左乘以上矩阵等式两端，并把 $\boldsymbol{AB}=\boldsymbol{E}-\boldsymbol{BA}$ 代入，有

$$\boldsymbol{A}^3\boldsymbol{B}-(\boldsymbol{E}-\boldsymbol{BA})\boldsymbol{A}^2=\boldsymbol{O}$$

$$\boldsymbol{A}^3\boldsymbol{B}+\boldsymbol{BA}^3=\boldsymbol{A}^2$$

再用矩阵 $\boldsymbol{A}$ 左乘以上矩阵等式两端，并把 $\boldsymbol{AB}=\boldsymbol{E}-\boldsymbol{BA}$ 代入，有

$$\boldsymbol{A}^4\boldsymbol{B}+(\boldsymbol{E}-\boldsymbol{BA})\boldsymbol{A}^3=\boldsymbol{A}^3,$$

$$\boldsymbol{A}^4\boldsymbol{B}-\boldsymbol{BA}^4=\boldsymbol{O}$$

于是可以得到，当 k 为偶数时，$\boldsymbol{A}^k\boldsymbol{B}+(-1)^{k+1}\boldsymbol{BA}^k=\boldsymbol{O}$；当 k 为奇数时，$\boldsymbol{A}^k\boldsymbol{B}+(-1)^{k+1}\boldsymbol{BA}^k=\boldsymbol{A}^{k-1}$。

【评注】 在对矩阵等式进行恒等变形时，有两种情况，如图 2.14 所示。

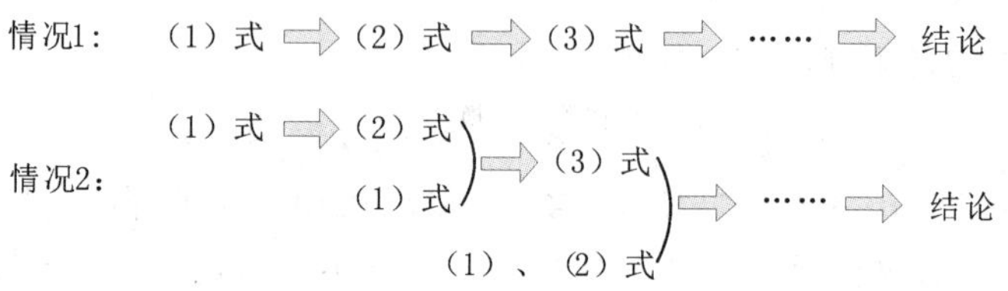

情况1：（1）式 ⇨（2）式 ⇨（3）式 ⇨ …… ⇨ 结论

情况2：（1）式 ⇨（2）式；（2）式、（1）式 ⇨（3）式；（3）式、（1）、（2）式 ⇨ …… ⇨ 结论

图 2.14　矩阵等式恒等变形的两种情况

【例 2.13】 设 $\boldsymbol{A}$ 为 n 阶实对称矩阵，且 $\boldsymbol{A}^3+\boldsymbol{A}^2=2\boldsymbol{E}$，那么以下命题中不正确的是(　　)。

(A) $\boldsymbol{A}$ 一定是单位矩阵　　(B) $\boldsymbol{A}$ 一定是正定矩阵

(C) $\boldsymbol{A}$ 一定是正交矩阵　　(D) $\boldsymbol{A}^2+2\boldsymbol{A}+2\boldsymbol{E}$ 可能是奇异矩阵

【思路】 分析矩阵 $\boldsymbol{A}$ 的所有特征值。

【解】 设 λ 是矩阵 $\boldsymbol{A}$ 的任意一个特征值，对应特征向量为 $\boldsymbol{\alpha}$，则有 $\boldsymbol{A\alpha}=\lambda\boldsymbol{\alpha}$。

用 $\boldsymbol{\alpha}$ 右乘矩阵等式 $\boldsymbol{A}^3+\boldsymbol{A}^2=2\boldsymbol{E}$ 两端，得

$$\boldsymbol{A}^3\boldsymbol{\alpha}+\boldsymbol{A}^2\boldsymbol{\alpha}=2\boldsymbol{E\alpha},$$

$$\lambda^3\boldsymbol{\alpha}+\lambda^2\boldsymbol{\alpha}=2\boldsymbol{\alpha},$$

$$(\lambda^3+\lambda^2-2)\boldsymbol{\alpha}=\boldsymbol{0}$$

因为 $\boldsymbol{\alpha}\neq\boldsymbol{0}$，所以

$$\lambda^3+\lambda^2-2=0$$

因式分解得

$$(\lambda-1)(\lambda^2+2\lambda+2)=0$$

因为 $\boldsymbol{A}$ 为实对称矩阵，所以 $\boldsymbol{A}$ 的特征值都是实数，于是可以得到：$\boldsymbol{A}$ 的所有特征值均为 1。

因为 $\boldsymbol{A}$ 为实对称矩阵，所以 $\boldsymbol{A}$ 一定可以相似对角化，于是存在可逆矩阵 $\boldsymbol{P}$，使得

$$\boldsymbol{P}^{-1}\boldsymbol{AP}=\begin{bmatrix}1 & & & \\ & 1 & & \\ & & \ddots & \\ & & & 1\end{bmatrix}=\boldsymbol{E},$$

$$\boldsymbol{A}=\boldsymbol{PEP}^{-1}=\boldsymbol{E}$$

所以选项 A、B 和 C 都正确。而

$$\boldsymbol{A}^2+2\boldsymbol{A}+2\boldsymbol{E}=\boldsymbol{E}^2+2\boldsymbol{E}+2\boldsymbol{E}=5\boldsymbol{E}$$

故选项 D 错误。

【评注】 本题考查了以下知识点：

(1) 若 $f(\boldsymbol{A})=\boldsymbol{O}$，则 $\boldsymbol{A}$ 的特征值一定在方程 $f(x)=0$ 的根中选取。

(2) 若 $\boldsymbol{A}$ 为实对称矩阵，则 $\boldsymbol{A}$ 的特征值都是实数。

(3) 若 $\boldsymbol{A}$ 为实对称矩阵，则 $\boldsymbol{A}$ 一定可以相似对角化。

(4) 若实对称矩阵 $\boldsymbol{A}$ 的特征值都为正，则 $\boldsymbol{A}$ 为正定矩阵。

(5) 若 n 阶矩阵 $\boldsymbol{A}$ 满足 $\boldsymbol{A}^{\mathrm{T}}\boldsymbol{A}=\boldsymbol{E}$，则 $\boldsymbol{A}$ 为正交矩阵。

(6) 若 $|\boldsymbol{A}|\neq 0$，则 $\boldsymbol{A}$ 为非奇异矩阵。

【例 2.14】 (2006，数学一、数学二、数学三)设 $\boldsymbol{A}$ 为三阶矩阵，将 $\boldsymbol{A}$ 的第 2 行加到第 1 行得矩阵 $\boldsymbol{B}$，再将 $\boldsymbol{B}$ 的第 1 列的 -1 倍加到第 2 列得矩阵 $\boldsymbol{C}$，记 $\boldsymbol{P}=\begin{bmatrix}1&1&0\\0&1&0\\0&0&1\end{bmatrix}$，则(　　)。

(A) $\boldsymbol{C}=\boldsymbol{P}^{-1}\boldsymbol{AP}$　　(B) $\boldsymbol{C}=\boldsymbol{PAP}^{-1}$　　(C) $\boldsymbol{C}=\boldsymbol{P}^{\mathrm{T}}\boldsymbol{AP}$　　(D) $\boldsymbol{C}=\boldsymbol{PAP}^{\mathrm{T}}$

【思路】 矩阵 $\boldsymbol{P}$ 为初等矩阵，且 $\boldsymbol{P}^{\mathrm{T}}$ 和 $\boldsymbol{P}^{-1}$ 都是初等矩阵，然后根据初等矩阵定理解题。

【解】 "将矩阵 $\boldsymbol{A}$ 的第 2 行加到第 1 行得矩阵 $\boldsymbol{B}$"翻译成矩阵等式：

$$\begin{bmatrix}1&1&0\\0&1&0\\0&0&1\end{bmatrix}\boldsymbol{A}=\boldsymbol{B}，即\ \boldsymbol{PA}=\boldsymbol{B}$$

"将 $\boldsymbol{B}$ 的第 1 列的 -1 倍加到第 2 列得矩阵 $\boldsymbol{C}$"翻译成矩阵等式：

$$\boldsymbol{B}\begin{bmatrix}1&-1&0\\0&1&0\\0&0&1\end{bmatrix}=\boldsymbol{C}$$

而 $\boldsymbol{P}^{-1}=\begin{bmatrix}1&-1&0\\0&1&0\\0&0&1\end{bmatrix}$，则有

$$\boldsymbol{BP}^{-1}=\boldsymbol{C}$$

将 $\boldsymbol{PA}=\boldsymbol{B}$ 代入上式，得

$$\boldsymbol{PAP}^{-1}=\boldsymbol{C}$$

于是选项 B 正确。

【评注】 初等变换及初等矩阵定理在考研真题中频繁出现，同学们要熟练掌握。本题考查了以下知识点：

(1) 初等矩阵定理，参见本章 2.3.11 小节内容。

(2) 初等矩阵的逆矩阵依然是初等矩阵，以下是三个具体例子：

$$\begin{bmatrix}1&0&0\\0&0&1\\0&1&0\end{bmatrix}^{-1}=\begin{bmatrix}1&0&0\\0&0&1\\0&1&0\end{bmatrix},\quad \begin{bmatrix}1&0&0\\0&1&0\\0&0&7\end{bmatrix}^{-1}=\begin{bmatrix}1&0&0\\0&1&0\\0&0&\dfrac{1}{7}\end{bmatrix},\quad \begin{bmatrix}1&0&0\\0&1&0\\0&5&1\end{bmatrix}^{-1}=\begin{bmatrix}1&0&0\\0&1&0\\0&-5&1\end{bmatrix}$$

【例 2.15】 (2012，数学一、数学二、数学三)设 $\boldsymbol{A}$ 为三阶矩阵，$\boldsymbol{P}$ 为三阶可逆矩阵，且 $\boldsymbol{P}^{-1}\boldsymbol{AP}=\begin{bmatrix}1&0&0\\0&1&0\\0&0&2\end{bmatrix}$，若 $\boldsymbol{P}=(\boldsymbol{\alpha}_1,\boldsymbol{\alpha}_2,\boldsymbol{\alpha}_3)$，$\boldsymbol{Q}=(\boldsymbol{\alpha}_1+\boldsymbol{\alpha}_2,\boldsymbol{\alpha}_2,\boldsymbol{\alpha}_3)$，则 $\boldsymbol{Q}^{-1}\boldsymbol{AQ}=$(　　)。

(A) $\begin{bmatrix}1&0&0\\0&2&0\\0&0&1\end{bmatrix}$　　(B) $\begin{bmatrix}1&0&0\\0&1&0\\0&0&2\end{bmatrix}$　　(C) $\begin{bmatrix}2&0&0\\0&1&0\\0&0&2\end{bmatrix}$　　(D) $\begin{bmatrix}2&0&0\\0&2&0\\0&0&1\end{bmatrix}$

【思路】 根据矩阵 P 和 Q 的结构，写出矩阵 P 与 Q 的矩阵等式关系。

【解】 观察构成矩阵 P 和 Q 的列向量，可以写出它们之间的矩阵等式：

$$P\begin{bmatrix}1&0&0\\1&1&0\\0&0&1\end{bmatrix}=Q$$

于是

$$Q^{-1}AQ=\left(P\begin{bmatrix}1&0&0\\1&1&0\\0&0&1\end{bmatrix}\right)^{-1}A\left(P\begin{bmatrix}1&0&0\\1&1&0\\0&0&1\end{bmatrix}\right)=\begin{bmatrix}1&0&0\\-1&1&0\\0&0&1\end{bmatrix}P^{-1}AP\begin{bmatrix}1&0&0\\1&1&0\\0&0&1\end{bmatrix}$$

$$=\begin{bmatrix}1&0&0\\-1&1&0\\0&0&1\end{bmatrix}\begin{bmatrix}1&0&0\\0&1&0\\0&0&2\end{bmatrix}\begin{bmatrix}1&0&0\\1&1&0\\0&0&1\end{bmatrix}=\begin{bmatrix}1&0&0\\0&1&0\\0&0&2\end{bmatrix}$$

故选项 B 正确。

【评注】 本题考查了以下知识点：

（1）学会用矩阵等式来描述两个向量组之间的关系，例如：设三阶矩阵 $A=(\alpha_1,\alpha_2,\alpha_3)$ 和 $B=(\alpha_1+\alpha_2+\alpha_3,\alpha_2-\alpha_3,\alpha_1+2\alpha_3)$，则有 $B=A\begin{bmatrix}1&0&1\\1&1&0\\1&-1&2\end{bmatrix}$。

（2）$(AB)^{-1}=B^{-1}A^{-1}$。

（3）$\begin{bmatrix}1&0&0\\1&1&0\\0&0&1\end{bmatrix}^{-1}=\begin{bmatrix}1&0&0\\-1&1&0\\0&0&1\end{bmatrix}$。

【秘籍】 根据相似对角化过程知，α_1，α_2 是矩阵 A 属于 1 的特征向量，所以 $\alpha_1+\alpha_2$ 也是矩阵 A 属于 1 的特征向量，于是矩阵 Q 的三个列向量依然是矩阵 A 属于 1，1，2 的特征向量，故选项 B 正确。

【例 2.16】 （2005，数学二）设 A 为 $n(n\geqslant 2)$ 阶可逆矩阵，交换 A 的第 1 行与第 2 行得矩阵 B，A^*，B^* 分别为 A，B 的伴随矩阵，则（　　）。

（A）交换 A^* 的第 1 列与第 2 列得 B^*　　（B）交换 A^* 的第 1 行与第 2 行得 B^*

（C）交换 A^* 的第 1 列与第 2 列得 $-B^*$　　（D）交换 A^* 的第 1 行与第 2 行得 $-B^*$

【思路】 首先写出矩阵 A 和 B 的矩阵等式关系。

【解】 把"交换 A 的第 1 行与第 2 行得矩阵 B"翻译成矩阵等式：

$$\begin{bmatrix}0&1&0\\1&0&0\\0&0&1\end{bmatrix}A=B$$

对以上等式两端取伴随运算，有

$$\left(\begin{bmatrix}0&1&0\\1&0&0\\0&0&1\end{bmatrix}A\right)^*=B^*$$

$$\boldsymbol{A}^* \begin{bmatrix} 0 & 1 & 0 \\ 1 & 0 & 0 \\ 0 & 0 & 1 \end{bmatrix}^* = \boldsymbol{B}^*$$

而
$$\begin{bmatrix} 0 & 1 & 0 \\ 1 & 0 & 0 \\ 0 & 0 & 1 \end{bmatrix}^* = \begin{vmatrix} 0 & 1 & 0 \\ 1 & 0 & 0 \\ 0 & 0 & 1 \end{vmatrix} \times \begin{bmatrix} 0 & 1 & 0 \\ 1 & 0 & 0 \\ 0 & 0 & 1 \end{bmatrix}^{-1} = (-1) \times \begin{bmatrix} 0 & 1 & 0 \\ 1 & 0 & 0 \\ 0 & 0 & 1 \end{bmatrix}$$

则有

$$\boldsymbol{A}^* \begin{bmatrix} 0 & 1 & 0 \\ 1 & 0 & 0 \\ 0 & 0 & 1 \end{bmatrix} = -\boldsymbol{B}^*$$

以上矩阵等式可以翻译为“交换 $\boldsymbol{A}^*$ 的第 1 列与第 2 列得 $-\boldsymbol{B}^*$”，于是选项 C 正确。

【评注】 本题考查了以下知识点：

(1) 若 $\boldsymbol{A} \xrightarrow{r_1 \leftrightarrow r_2} \boldsymbol{B}$，$\boldsymbol{E} \xrightarrow{r_1 \leftrightarrow r_2} \boldsymbol{P}$，则 $\boldsymbol{PA} = \boldsymbol{B}$；若 $\boldsymbol{A} \xrightarrow{c_1 \leftrightarrow c_2} \boldsymbol{B}$，$\boldsymbol{E} \xrightarrow{c_1 \leftrightarrow c_2} \boldsymbol{Q}$，则 $\boldsymbol{AQ} = \boldsymbol{B}$。

(2) $(\boldsymbol{AB})^* = \boldsymbol{B}^* \boldsymbol{A}^*$。

(3) $\boldsymbol{A}^* = |\boldsymbol{A}|\boldsymbol{A}^{-1}$（设 $\boldsymbol{A}$ 为可逆矩阵）。

(4) $\begin{vmatrix} 0 & 1 & 0 \\ 1 & 0 & 0 \\ 0 & 0 & 1 \end{vmatrix} = -1$。

(5) $\begin{bmatrix} 0 & 1 & 0 \\ 1 & 0 & 0 \\ 0 & 0 & 1 \end{bmatrix}^{-1} = \begin{bmatrix} 0 & 1 & 0 \\ 1 & 0 & 0 \\ 0 & 0 & 1 \end{bmatrix}$。

【秘籍】 用矩阵等式来表述“交换 $\boldsymbol{A}$ 的第 1 行与第 2 行得矩阵 $\boldsymbol{B}$”是该题的关键。

【例 2.17】 计算 $\begin{bmatrix} 1 & 0 & 1 \\ 0 & 1 & 0 \\ 0 & 0 & 1 \end{bmatrix}^{2024} \begin{bmatrix} 1 & 1 & 1 \\ 3 & 1 & 8 \\ 1 & 2 & 3 \end{bmatrix} \begin{bmatrix} 0 & 0 & 1 \\ 0 & 1 & 0 \\ 1 & 0 & 0 \end{bmatrix}^{2025} =$ ________。

【思路】 根据初等矩阵定理解题。

【解】 设矩阵 $\boldsymbol{A} = \begin{bmatrix} 1 & 1 & 1 \\ 3 & 1 & 8 \\ 1 & 2 & 3 \end{bmatrix}$，根据初等矩阵定理知，本题就是对矩阵 $\boldsymbol{A}$ 进行了 2024 次初等行变换，又进行了 2025 次初等列变换，其中行变换就是把 $\boldsymbol{A}$ 的第 3 行加到第 1 行，列变换就是交换矩阵的第 1 列和第 3 列，于是有

$$\begin{bmatrix} 1 & 0 & 1 \\ 0 & 1 & 0 \\ 0 & 0 & 1 \end{bmatrix}^{2024} \begin{bmatrix} 1 & 1 & 1 \\ 3 & 1 & 8 \\ 1 & 2 & 3 \end{bmatrix} = \begin{bmatrix} 1+1\times 2024 & 1+2\times 2024 & 1+3\times 2024 \\ 3 & 1 & 8 \\ 1 & 2 & 3 \end{bmatrix}$$

进行了奇数次列交换，实际就进行了一次列交换，则有

$$\begin{bmatrix} 1+1\times 2024 & 1+2\times 2024 & 1+3\times 2024 \\ 3 & 1 & 8 \\ 1 & 2 & 3 \end{bmatrix} \begin{bmatrix} 0 & 0 & 1 \\ 0 & 1 & 0 \\ 1 & 0 & 0 \end{bmatrix}^{2025} = \begin{bmatrix} 6073 & 4049 & 2025 \\ 8 & 1 & 3 \\ 3 & 2 & 1 \end{bmatrix}$$

【评注】 (1) 本题考查了初等矩阵定理，参见本章 2.3.11 小节内容。

(2) 本题也可以直接计算 $\begin{bmatrix}1&0&1\\0&1&0\\0&0&1\end{bmatrix}^{2024}$ 和 $\begin{bmatrix}0&0&1\\0&1&0\\1&0&0\end{bmatrix}^{2025}$，然后进行矩阵乘法运算。

【例 2.18】 (2023，数学一)设 $\boldsymbol{A}$，$\boldsymbol{B}$，$\boldsymbol{C}$ 均为 n 阶矩阵，$\boldsymbol{ABC}=\boldsymbol{O}$，$\boldsymbol{E}$ 为 n 阶单位矩阵，记矩阵 $\begin{bmatrix}\boldsymbol{O}&\boldsymbol{A}\\\boldsymbol{BC}&\boldsymbol{E}\end{bmatrix}$，$\begin{bmatrix}\boldsymbol{AB}&\boldsymbol{C}\\\boldsymbol{O}&\boldsymbol{E}\end{bmatrix}$，$\begin{bmatrix}\boldsymbol{E}&\boldsymbol{AB}\\\boldsymbol{AB}&\boldsymbol{O}\end{bmatrix}$的秩分别为 r_1，r_2，r_3，则(　　)。

(A) $r_1\leqslant r_2\leqslant r_3$　　(B) $r_1\leqslant r_3\leqslant r_2$　　(C) $r_3\leqslant r_1\leqslant r_2$　　(D) $r_2\leqslant r_1\leqslant r_3$

【思路】 通过分块矩阵的初等变换把矩阵化为分块对角矩阵。

【解】 因为

$$\begin{bmatrix}\boldsymbol{E}&-\boldsymbol{A}\\\boldsymbol{O}&\boldsymbol{E}\end{bmatrix}\begin{bmatrix}\boldsymbol{O}&\boldsymbol{A}\\\boldsymbol{BC}&\boldsymbol{E}\end{bmatrix}=\begin{bmatrix}-\boldsymbol{ABC}&\boldsymbol{O}\\\boldsymbol{BC}&\boldsymbol{E}\end{bmatrix}=\begin{bmatrix}\boldsymbol{O}&\boldsymbol{O}\\\boldsymbol{BC}&\boldsymbol{E}\end{bmatrix}$$

而$\begin{bmatrix}\boldsymbol{E}&-\boldsymbol{A}\\\boldsymbol{O}&\boldsymbol{E}\end{bmatrix}$为可逆矩阵，所以

$$r_1=r\begin{bmatrix}\boldsymbol{O}&\boldsymbol{A}\\\boldsymbol{BC}&\boldsymbol{E}\end{bmatrix}=r\begin{bmatrix}\boldsymbol{O}&\boldsymbol{O}\\\boldsymbol{BC}&\boldsymbol{E}\end{bmatrix}=n$$

因为

$$\begin{bmatrix}\boldsymbol{E}&-\boldsymbol{C}\\\boldsymbol{O}&\boldsymbol{E}\end{bmatrix}\begin{bmatrix}\boldsymbol{AB}&\boldsymbol{C}\\\boldsymbol{O}&\boldsymbol{E}\end{bmatrix}=\begin{bmatrix}\boldsymbol{AB}&\boldsymbol{O}\\\boldsymbol{O}&\boldsymbol{E}\end{bmatrix}$$

而$\begin{bmatrix}\boldsymbol{E}&-\boldsymbol{C}\\\boldsymbol{O}&\boldsymbol{E}\end{bmatrix}$为可逆矩阵，所以

$$r_2=r\begin{bmatrix}\boldsymbol{AB}&\boldsymbol{C}\\\boldsymbol{O}&\boldsymbol{E}\end{bmatrix}=r\begin{bmatrix}\boldsymbol{AB}&\boldsymbol{O}\\\boldsymbol{O}&\boldsymbol{E}\end{bmatrix}=r(\boldsymbol{AB})+n$$

因为

$$\begin{bmatrix}\boldsymbol{E}&\boldsymbol{O}\\-\boldsymbol{AB}&\boldsymbol{E}\end{bmatrix}\begin{bmatrix}\boldsymbol{E}&\boldsymbol{AB}\\\boldsymbol{AB}&\boldsymbol{O}\end{bmatrix}\begin{bmatrix}\boldsymbol{E}&-\boldsymbol{AB}\\\boldsymbol{O}&\boldsymbol{E}\end{bmatrix}=\begin{bmatrix}\boldsymbol{E}&\boldsymbol{O}\\\boldsymbol{O}&-(\boldsymbol{AB})^2\end{bmatrix}$$

且$\begin{bmatrix}\boldsymbol{E}&\boldsymbol{O}\\-\boldsymbol{AB}&\boldsymbol{E}\end{bmatrix}$和$\begin{bmatrix}\boldsymbol{E}&-\boldsymbol{AB}\\\boldsymbol{O}&\boldsymbol{E}\end{bmatrix}$均为可逆矩阵，所以

$$r_3=r\begin{bmatrix}\boldsymbol{E}&\boldsymbol{AB}\\\boldsymbol{AB}&\boldsymbol{O}\end{bmatrix}=r\begin{bmatrix}\boldsymbol{E}&\boldsymbol{O}\\\boldsymbol{O}&-(\boldsymbol{AB})^2\end{bmatrix}=r((\boldsymbol{AB})^2)+n$$

又因为 $r((\boldsymbol{AB})^2)\leqslant r(\boldsymbol{AB})$，于是 $r_1\leqslant r_3\leqslant r_2$。

【评注】 本题考查了以下知识点：

(1) 分块矩阵的乘法公式：设 $\boldsymbol{A}$，$\boldsymbol{B}$，$\boldsymbol{C}$，$\boldsymbol{D}$，$\boldsymbol{X}$，$\boldsymbol{Y}$，$\boldsymbol{Z}$，$\boldsymbol{W}$ 均为 n 阶矩阵，则有

$$\begin{bmatrix}\boldsymbol{A}&\boldsymbol{B}\\\boldsymbol{C}&\boldsymbol{D}\end{bmatrix}\begin{bmatrix}\boldsymbol{X}&\boldsymbol{Y}\\\boldsymbol{Z}&\boldsymbol{W}\end{bmatrix}=\begin{bmatrix}\boldsymbol{AX}+\boldsymbol{BZ}&\boldsymbol{AY}+\boldsymbol{BW}\\\boldsymbol{CX}+\boldsymbol{DZ}&\boldsymbol{CY}+\boldsymbol{DW}\end{bmatrix}$$

(2) 若 $\boldsymbol{P}$ 为可逆矩阵，则 $r(\boldsymbol{PA})=r(\boldsymbol{A})$。

(3) $r\begin{bmatrix}\boldsymbol{A}&\boldsymbol{O}\\\boldsymbol{O}&\boldsymbol{B}\end{bmatrix}=r\begin{bmatrix}\boldsymbol{O}&\boldsymbol{A}\\\boldsymbol{B}&\boldsymbol{O}\end{bmatrix}=r(\boldsymbol{A})+r(\boldsymbol{B})$。

(4) $r(\boldsymbol{A}^2)\leqslant r(\boldsymbol{A})$。

【秘籍】 (1) 对于分块矩阵的初等行变换：

$$\begin{bmatrix} \boldsymbol{O} & \boldsymbol{A} \\ \boldsymbol{BC} & \boldsymbol{E} \end{bmatrix} \xrightarrow{r_1 - \boldsymbol{A}r_2} \begin{bmatrix} -\boldsymbol{ABC} & \boldsymbol{O} \\ \boldsymbol{BC} & \boldsymbol{E} \end{bmatrix}, \begin{bmatrix} \boldsymbol{E} & \boldsymbol{O} \\ \boldsymbol{O} & \boldsymbol{E} \end{bmatrix} \xrightarrow{r_1 - \boldsymbol{A}r_2} \begin{bmatrix} \boldsymbol{E} & -\boldsymbol{A} \\ \boldsymbol{O} & \boldsymbol{E} \end{bmatrix}$$

该分块矩阵的初等行变换与以下矩阵等式等价：

$$\begin{bmatrix} \boldsymbol{E} & -\boldsymbol{A} \\ \boldsymbol{O} & \boldsymbol{E} \end{bmatrix} \begin{bmatrix} \boldsymbol{O} & \boldsymbol{A} \\ \boldsymbol{BC} & \boldsymbol{E} \end{bmatrix} = \begin{bmatrix} -\boldsymbol{ABC} & \boldsymbol{O} \\ \boldsymbol{BC} & \boldsymbol{E} \end{bmatrix}$$

(2) 对于分块矩阵的初等列变换：

$$\begin{bmatrix} \boldsymbol{E} & \boldsymbol{AB} \\ \boldsymbol{AB} & \boldsymbol{O} \end{bmatrix} \xrightarrow{c_2 - c_1 \boldsymbol{AB}} \begin{bmatrix} \boldsymbol{E} & \boldsymbol{O} \\ \boldsymbol{AB} & -(\boldsymbol{AB})^2 \end{bmatrix}, \begin{bmatrix} \boldsymbol{E} & \boldsymbol{O} \\ \boldsymbol{O} & \boldsymbol{E} \end{bmatrix} \xrightarrow{c_2 - c_1 \boldsymbol{AB}} \begin{bmatrix} \boldsymbol{E} & -\boldsymbol{AB} \\ \boldsymbol{O} & \boldsymbol{E} \end{bmatrix}$$

该分块矩阵的初等列变换与以下矩阵等式等价：

$$\begin{bmatrix} \boldsymbol{E} & \boldsymbol{AB} \\ \boldsymbol{AB} & \boldsymbol{O} \end{bmatrix} \begin{bmatrix} \boldsymbol{E} & -\boldsymbol{AB} \\ \boldsymbol{O} & \boldsymbol{E} \end{bmatrix} = \begin{bmatrix} \boldsymbol{E} & \boldsymbol{O} \\ \boldsymbol{AB} & -(\boldsymbol{AB})^2 \end{bmatrix}$$

【例 2.19】 (2021，数学一)设 $\boldsymbol{A}$，$\boldsymbol{B}$ 为 n 阶实矩阵，下列不成立的是(　　)。

(A) $r\begin{bmatrix} \boldsymbol{A} & \boldsymbol{O} \\ \boldsymbol{O} & \boldsymbol{A}^{\mathrm{T}}\boldsymbol{A} \end{bmatrix} = 2r(\boldsymbol{A})$　　(B) $r\begin{bmatrix} \boldsymbol{A} & \boldsymbol{AB} \\ \boldsymbol{O} & \boldsymbol{A}^{\mathrm{T}} \end{bmatrix} = 2r(\boldsymbol{A})$

(C) $r\begin{bmatrix} \boldsymbol{A} & \boldsymbol{BA} \\ \boldsymbol{O} & \boldsymbol{AA}^{\mathrm{T}} \end{bmatrix} = 2r(\boldsymbol{A})$　　(D) $r\begin{bmatrix} \boldsymbol{A} & \boldsymbol{O} \\ \boldsymbol{BA} & \boldsymbol{A}^{\mathrm{T}} \end{bmatrix} = 2r(\boldsymbol{A})$

【思路】 用分块矩阵的初等变换对分块矩阵进行化简。

【解】 分析选项 A，有

$$r\begin{bmatrix} \boldsymbol{A} & \boldsymbol{O} \\ \boldsymbol{O} & \boldsymbol{A}^{\mathrm{T}}\boldsymbol{A} \end{bmatrix} = r(\boldsymbol{A}) + r(\boldsymbol{A}^{\mathrm{T}}\boldsymbol{A}) = r(\boldsymbol{A}) + r(\boldsymbol{A}) = 2r(\boldsymbol{A})$$

分析选项 B，有

$$\begin{bmatrix} \boldsymbol{A} & \boldsymbol{AB} \\ \boldsymbol{O} & \boldsymbol{A}^{\mathrm{T}} \end{bmatrix} \begin{bmatrix} \boldsymbol{E} & -\boldsymbol{B} \\ \boldsymbol{O} & \boldsymbol{E} \end{bmatrix} = \begin{bmatrix} \boldsymbol{A} & \boldsymbol{O} \\ \boldsymbol{O} & \boldsymbol{A}^{\mathrm{T}} \end{bmatrix}$$

而$\begin{bmatrix} \boldsymbol{E} & -\boldsymbol{B} \\ \boldsymbol{O} & \boldsymbol{E} \end{bmatrix}$为可逆矩阵，所以

$$r\begin{bmatrix} \boldsymbol{A} & \boldsymbol{AB} \\ \boldsymbol{O} & \boldsymbol{A}^{\mathrm{T}} \end{bmatrix} = r\begin{bmatrix} \boldsymbol{A} & \boldsymbol{O} \\ \boldsymbol{O} & \boldsymbol{A}^{\mathrm{T}} \end{bmatrix} = r(\boldsymbol{A}) + r(\boldsymbol{A}^{\mathrm{T}}) = 2r(\boldsymbol{A})$$

分析选项 D，有

$$\begin{bmatrix} \boldsymbol{E} & \boldsymbol{O} \\ -\boldsymbol{B} & \boldsymbol{E} \end{bmatrix} \begin{bmatrix} \boldsymbol{A} & \boldsymbol{O} \\ \boldsymbol{BA} & \boldsymbol{A}^{\mathrm{T}} \end{bmatrix} = \begin{bmatrix} \boldsymbol{A} & \boldsymbol{O} \\ \boldsymbol{O} & \boldsymbol{A}^{\mathrm{T}} \end{bmatrix}$$

而$\begin{bmatrix} \boldsymbol{E} & \boldsymbol{O} \\ -\boldsymbol{B} & \boldsymbol{E} \end{bmatrix}$是可逆矩阵，所以

$$r\begin{bmatrix} \boldsymbol{A} & \boldsymbol{O} \\ \boldsymbol{BA} & \boldsymbol{A}^{\mathrm{T}} \end{bmatrix} = r\begin{bmatrix} \boldsymbol{A} & \boldsymbol{O} \\ \boldsymbol{O} & \boldsymbol{A}^{\mathrm{T}} \end{bmatrix} = r(\boldsymbol{A}) + r(\boldsymbol{A}^{\mathrm{T}}) = 2r(\boldsymbol{A})$$

分析选项 C，设 $\boldsymbol{A} = \begin{bmatrix} 1 & 1 \\ 0 & 0 \end{bmatrix}$，$\boldsymbol{B} = \begin{bmatrix} 1 & 2 \\ 3 & 4 \end{bmatrix}$，则

$$r\begin{bmatrix} A & BA \\ O & AA^{\mathrm{T}} \end{bmatrix}=r\begin{pmatrix} 1 & 1 & 1 & 1 \\ 0 & 0 & 3 & 3 \\ 0 & 0 & 2 & 0 \\ 0 & 0 & 0 & 0 \end{pmatrix}=3\neq 2$$

故选项 C 错误。

【评注】 本题考查了以下知识点：

(1) $r\begin{bmatrix} A & O \\ O & B \end{bmatrix}=r(A)+r(B)$。

(2) 若 P 和 Q 均为可逆矩阵，则 $r(PA)=r(A)$，$r(AQ)=r(A)$。

(3) $r(A)=r(A^{\mathrm{T}})=r(AA^{\mathrm{T}})=r(A^{\mathrm{T}}A)$。

【秘籍】 (1) 对于分块矩阵的初等行变换，若

$$\begin{bmatrix} A & O \\ BA & A^{\mathrm{T}} \end{bmatrix}\xrightarrow{r_2-Br_1}\begin{bmatrix} A & O \\ O & A^{\mathrm{T}} \end{bmatrix},\ \begin{bmatrix} E & O \\ O & E \end{bmatrix}\xrightarrow{r_2-Br_1}\begin{bmatrix} E & O \\ -B & E \end{bmatrix}$$

则

$$\begin{bmatrix} E & O \\ -B & E \end{bmatrix}\begin{bmatrix} A & O \\ BA & A^{\mathrm{T}} \end{bmatrix}=\begin{bmatrix} A & O \\ O & A^{\mathrm{T}} \end{bmatrix}$$

(2) 对于分块矩阵的初等列变换，若

$$\begin{bmatrix} A & AB \\ O & A^{\mathrm{T}} \end{bmatrix}\xrightarrow{c_2-c_1B}\begin{bmatrix} A & O \\ O & A^{\mathrm{T}} \end{bmatrix},\ \begin{bmatrix} E & O \\ O & E \end{bmatrix}\xrightarrow{c_2-c_1B}\begin{bmatrix} E & -B \\ O & E \end{bmatrix}$$

则

$$\begin{bmatrix} A & AB \\ O & A^{\mathrm{T}} \end{bmatrix}\begin{bmatrix} E & -B \\ O & E \end{bmatrix}=\begin{bmatrix} A & O \\ O & A^{\mathrm{T}} \end{bmatrix}$$

【例 2.20】 (2003，数学三)设三阶矩阵 $A=\begin{bmatrix} a & b & b \\ b & a & b \\ b & b & a \end{bmatrix}$，若 A 的伴随矩阵的秩等于 1，则必有(　　)。

(A) $a=b$ 或 $a+2b=0$　　(B) $a=b$ 或 $a+2b\neq 0$

(C) $a\neq b$ 且 $a+2b=0$　　(D) $a\neq b$ 且 $a+2b\neq 0$

【思路】 根据伴随矩阵秩的公式解题。

【解】 因为 $r(A^*)=1$，根据伴随矩阵秩的公式，知 $r(A)=2<3$，所以 $|A|=0$，故有

$$|A|=\begin{vmatrix} a & b & b \\ b & a & b \\ b & b & a \end{vmatrix}=(a+2b)(a-b)^2=0$$

若 $a=b$，则 $r(A)\leqslant 1$，则 $a+2b=0$。故选项 C 正确。

【评注】 本题考查了以下知识点：

(1) 伴随矩阵秩的公式：

$$r(A^*)=\begin{cases} n, & r(A)=n \\ 1, & r(A)=n-1 \\ 0, & r(A)<n-1 \end{cases}$$

(2) 若 $r(\boldsymbol{A}_n)<n$，则 $|\boldsymbol{A}_n|=0$。

【秘籍】 n 阶“ab”矩阵的性质：

设 n 阶矩阵 $\boldsymbol{A}=\begin{bmatrix} a & b & \cdots & b & b \\ b & a & \cdots & b & b \\ \vdots & \vdots & & \vdots & \vdots \\ b & b & \cdots & a & b \\ b & b & \cdots & b & a \end{bmatrix}$，则有

(1) $|\boldsymbol{A}|=[a+(n-1)b](a-b)^{n-1}$；

(2) 当 $a+(n-1)b\neq 0$，且 $a-b\neq 0$ 时，$r(\boldsymbol{A})=n$；

(3) 当 $a=b=0$ 时，$r(\boldsymbol{A})=0$；

(4) 当 $a=b\neq 0$ 时，$r(\boldsymbol{A})=1$；

(5) 当 $a+(n-1)b=0$，且 $a\neq 0$ 时，$r(\boldsymbol{A})=n-1$。

【例 2.21】 (2010，数学一)设 $\boldsymbol{A}$ 为 $m\times n$ 矩阵，$\boldsymbol{B}$ 为 $n\times m$ 矩阵，$\boldsymbol{E}$ 为 m 阶单位矩阵。若 $\boldsymbol{AB}=\boldsymbol{E}$，则(　　)。

(A) 秩 $r(\boldsymbol{A})=m$，秩 $r(\boldsymbol{B})=m$　　(B) 秩 $r(\boldsymbol{A})=m$，秩 $r(\boldsymbol{B})=n$

(C) 秩 $r(\boldsymbol{A})=n$，秩 $r(\boldsymbol{B})=m$　　(D) 秩 $r(\boldsymbol{A})=n$，秩 $r(\boldsymbol{B})=n$

【思路】 根据矩阵越乘秩越“小”及秩不大于矩阵“尺寸”的性质解题。

【解】 根据矩阵秩的性质，有

$$m=r(\boldsymbol{E}_m)=r(\boldsymbol{A}_{m\times n}\boldsymbol{B}_{n\times m})\leqslant r(\boldsymbol{A}_{m\times n})\leqslant m$$

及

$$m=r(\boldsymbol{E}_m)=r(\boldsymbol{A}_{m\times n}\boldsymbol{B}_{n\times m})\leqslant r(\boldsymbol{B}_{n\times m})\leqslant m$$

于是 $r(\boldsymbol{A})=m$，$r(\boldsymbol{B})=m$，故选项 A 正确。

【评注】 本题考查了以下知识点：

(1) 矩阵越乘秩越“小”：$r(\boldsymbol{AB})\leqslant r(\boldsymbol{A})$，$r(\boldsymbol{AB})\leqslant r(\boldsymbol{B})$。

(2) 秩不大于矩阵“尺寸”：$r(\boldsymbol{A}_{m\times n})\leqslant m$，$r(\boldsymbol{A}_{m\times n})\leqslant n$。

(3) $r(\boldsymbol{E}_m)=m$。

【例 2.22】 (2018，数学二、数学三)设 $\boldsymbol{A}$，$\boldsymbol{B}$ 为 n 阶矩阵，记 $r(\boldsymbol{X})$ 为矩阵 $\boldsymbol{X}$ 的秩，$(\boldsymbol{X}\ \ \boldsymbol{Y})$ 表示分块矩阵，则(　　)。

(A) $r(\boldsymbol{A}\ \boldsymbol{AB})=r(\boldsymbol{A})$　　(B) $r(\boldsymbol{A}\ \boldsymbol{BA})=r(\boldsymbol{A})$

(C) $r(\boldsymbol{A}\ \boldsymbol{B})=\max\{r(\boldsymbol{A}),\ r(\boldsymbol{B})\}$　　(D) $r(\boldsymbol{A}\ \boldsymbol{B})=r(\boldsymbol{A}^{\mathrm{T}}\boldsymbol{B}^{\mathrm{T}})$

【思路】 根据分块矩阵秩的公式解题。

【解】 根据“部分”的秩不大于“整体”的秩及矩阵越乘秩越“小”的性质，有

$$r(\boldsymbol{A})\leqslant r(\boldsymbol{A}\ \boldsymbol{AB})=r(\boldsymbol{A}(\boldsymbol{E}\ \boldsymbol{B}))\leqslant r(\boldsymbol{A})$$

于是 $r(\boldsymbol{A}\ \boldsymbol{AB})=r(\boldsymbol{A})$。

针对选项 B、C、D，设 $\boldsymbol{A}=\begin{bmatrix} 1 & 1 \\ 0 & 0 \end{bmatrix}$，$\boldsymbol{B}=\begin{bmatrix} 0 & 0 \\ 2 & 2 \end{bmatrix}$，有

$$r(\boldsymbol{A}\ \boldsymbol{BA})=r\begin{pmatrix} 1 & 1 & 0 & 0 \\ 0 & 0 & 2 & 2 \end{pmatrix}=2\neq r(\boldsymbol{A})=1$$

$$r(\boldsymbol{A}\ \boldsymbol{B})=r\begin{pmatrix}1&1&0&0\\0&0&2&2\end{pmatrix}=2\neq\max\{r(\boldsymbol{A}),\ r(\boldsymbol{B})\}=1$$

$$r(\boldsymbol{A}^{\mathrm{T}}\boldsymbol{B}^{\mathrm{T}})=r\begin{pmatrix}1&0&0&2\\1&0&0&2\end{pmatrix}=1\neq r(\boldsymbol{A}\ \boldsymbol{B})=2$$

故选项 A 正确。

【评注】 本题考查了以下知识点：

(1) “部分”的秩不大于“整体”的秩：$r(\boldsymbol{A})\leqslant r(\boldsymbol{A}\ \boldsymbol{B})$，$r(\boldsymbol{B})\leqslant r(\boldsymbol{A}\ \boldsymbol{B})$。

(2) 矩阵越乘秩越“小”：$r(\boldsymbol{AB})\leqslant r(\boldsymbol{A})$，$r(\boldsymbol{AB})\leqslant r(\boldsymbol{B})$。

(3) 设 $\boldsymbol{A}$，$\boldsymbol{B}$，$\boldsymbol{C}$ 均为 n 阶矩阵，则有 $\boldsymbol{A}(\boldsymbol{B}\ \boldsymbol{C})=(\boldsymbol{AB}\ \boldsymbol{AC})$，$\begin{bmatrix}\boldsymbol{B}\\\boldsymbol{C}\end{bmatrix}\boldsymbol{A}=\begin{bmatrix}\boldsymbol{BA}\\\boldsymbol{CA}\end{bmatrix}$

【秘籍】 很多考生错误地选择了 B 选项，是因为用错了以下公式：

$$(\boldsymbol{B}\ \boldsymbol{C})\boldsymbol{A}\neq(\boldsymbol{BA}\ \boldsymbol{CA}),\ \boldsymbol{A}\begin{bmatrix}\boldsymbol{B}\\\boldsymbol{C}\end{bmatrix}\neq\begin{bmatrix}\boldsymbol{AB}\\\boldsymbol{AC}\end{bmatrix}$$

【例 2.23】 (2012，数学一)设 $\boldsymbol{\alpha}$ 为三维单位列向量，$\boldsymbol{E}$ 为三阶单位矩阵，则矩阵 $\boldsymbol{E}-\boldsymbol{\alpha\alpha}^{\mathrm{T}}$ 的秩为________。

【思路】 根据矩阵的特征值来确定矩阵的秩。

【解】 根据矩阵越乘秩越“小”，有

$$r(\boldsymbol{\alpha\alpha}^{\mathrm{T}})\leqslant r(\boldsymbol{\alpha})=1$$

而 $\boldsymbol{\alpha}$ 为三维单位列向量，所以

$$r(\boldsymbol{\alpha\alpha}^{\mathrm{T}})\geqslant 1$$

故，$r(\boldsymbol{\alpha\alpha}^{\mathrm{T}})=1$，于是 3 阶矩阵 $\boldsymbol{\alpha\alpha}^{\mathrm{T}}$ 的特征值为 0，0，$\mathrm{tr}(\boldsymbol{\alpha\alpha}^{\mathrm{T}})=\boldsymbol{\alpha}^{\mathrm{T}}\boldsymbol{\alpha}=1$。
进一步得出，3 阶矩阵 $\boldsymbol{E}-\boldsymbol{\alpha\alpha}^{\mathrm{T}}$ 的特征值为 1，1，0。又因为 $\boldsymbol{E}-\boldsymbol{\alpha\alpha}^{\mathrm{T}}$ 为实对称矩阵，于是 $\boldsymbol{E}-\boldsymbol{\alpha\alpha}^{\mathrm{T}}$ 与对角矩阵 $\begin{bmatrix}1&&\\&1&\\&&0\end{bmatrix}$ 相似，故

$$r(\boldsymbol{E}-\boldsymbol{\alpha\alpha}^{\mathrm{T}})=r\begin{pmatrix}1&&\\&1&\\&&0\end{pmatrix}=2$$

【评注】 本题考查了以下知识点：

(1) 设 $\boldsymbol{\alpha}$，$\boldsymbol{\beta}$ 是 n 维列向量，则 n 阶矩阵 $\boldsymbol{\alpha\beta}^{\mathrm{T}}$ 的特征值为 $n-1$ 个 0 和 1 个 $\mathrm{tr}(\boldsymbol{\alpha\beta}^{\mathrm{T}})=\boldsymbol{\alpha}^{\mathrm{T}}\boldsymbol{\beta}$。

(2) 若 λ 是 $\boldsymbol{A}$ 的特征值，则 $f(\lambda)$ 是 $f(\boldsymbol{A})$ 的特征值。

(3) 实对称矩阵一定可以相似对角化。

(4) 若 $\boldsymbol{A}$ 可以相似对角化，则 $\boldsymbol{A}$ 的秩等于它非零特征值的个数。

【秘籍】 该题可设 $\boldsymbol{\alpha}=(1,\ 0,\ 0)^{\mathrm{T}}$，用“设值法”快速获得答案，但“设值法”是有风险的。

【例 2.24】 设矩阵 $\boldsymbol{A}=\begin{bmatrix}1&1&1\\1&2&a\\1&4&a^2\end{bmatrix}$ 与 $\boldsymbol{B}=\begin{bmatrix}1&3&1\\0&-1&0\\2&0&2\end{bmatrix}$ 行等价，则 $a=$________。

【思路】 两个矩阵行等价，则有相同的行最简形。

【解】 通过初等行变换把矩阵 $\boldsymbol{B}$ 化为行最简形：

$$B=\begin{bmatrix}1&3&1\\0&-1&0\\2&0&2\end{bmatrix}\xrightarrow[r_2\times(-1)]{r_3-2r_1}\begin{bmatrix}1&3&1\\0&1&0\\0&-6&0\end{bmatrix}\xrightarrow[r_3+6r_2]{r_1-3r_2}\begin{bmatrix}1&0&1\\0&1&0\\0&0&0\end{bmatrix}$$

因为 $\boldsymbol{A}$ 和 $\boldsymbol{B}$ 等价，所以 $|\boldsymbol{A}|=|\boldsymbol{B}|=0$，而范德蒙行列式 $|\boldsymbol{A}|=(a-2)(a-1)(2-1)=0$。当 $a=2$ 时，通过初等行变换把矩阵 $\boldsymbol{A}$ 化为行最简形：

$$A=\begin{bmatrix}1&1&1\\1&2&2\\1&4&4\end{bmatrix}\xrightarrow[r_3-r_1]{r_2-r_1}\begin{bmatrix}1&1&1\\0&1&1\\0&3&3\end{bmatrix}\xrightarrow[r_3-3r_2]{r_1-r_2}\begin{bmatrix}1&0&0\\0&1&1\\0&0&0\end{bmatrix}$$

当 $a=1$ 时，通过初等行变换把矩阵 $\boldsymbol{A}$ 化为行最简形：

$$A=\begin{bmatrix}1&1&1\\1&2&1\\1&4&1\end{bmatrix}\xrightarrow[r_3-r_1]{r_2-r_1}\begin{bmatrix}1&1&1\\0&1&0\\0&3&0\end{bmatrix}\xrightarrow[r_3-3r_2]{r_1-r_2}\begin{bmatrix}1&0&1\\0&1&0\\0&0&0\end{bmatrix}$$

只有当 $a=1$ 时，矩阵 $\boldsymbol{A}$ 与 $\boldsymbol{B}$ 才有相同的行最简形，于是 $a=1$。

【评注】 本题考查了以下知识点：

(1) 若 $\boldsymbol{A}$ 与 $\boldsymbol{B}$ 行等价，则有：① $r(\boldsymbol{A})=r(\boldsymbol{B})$；② $\boldsymbol{A}$ 与 $\boldsymbol{B}$ 有相同的行最简形；③ 方程组 $\boldsymbol{Ax}=\boldsymbol{0}$ 与 $\boldsymbol{Bx}=\boldsymbol{0}$ 同解。

(2) 范德蒙行列式的结构及值：

$$\begin{vmatrix}1&1&1&\cdots&1\\x_1&x_2&x_3&\cdots&x_n\\x_1^2&x_2^2&x_3^2&\cdots&x_n^2\\\vdots&\vdots&\vdots&&\vdots\\x_1^{n-1}&x_2^{n-1}&x_3^{n-1}&\cdots&x_n^{n-1}\end{vmatrix}=\prod_{n\geqslant i\geqslant j\geqslant 1}(x_i-x_j)$$

【例 2.25】 设 $\boldsymbol{A}$，$\boldsymbol{B}$，$\boldsymbol{C}$，$\boldsymbol{P}$ 都是矩阵，以下命题错误的是(　　)。

(A) 若 $\boldsymbol{AB}=\boldsymbol{AC}$，且 $\boldsymbol{A}$ 列满秩，则 $\boldsymbol{B}=\boldsymbol{C}$

(B) 若 n 阶矩阵 $\boldsymbol{A}$ 满足 $(\boldsymbol{A}+3\boldsymbol{E})(\boldsymbol{A}-2\boldsymbol{E})=\boldsymbol{O}$，则 $r(\boldsymbol{A}+3\boldsymbol{E})+r(\boldsymbol{A}-2\boldsymbol{E})=n$

(C) 若 n 阶矩阵 $\boldsymbol{A}$ 满足 $\boldsymbol{A}^2=\boldsymbol{O}$，则 $\boldsymbol{A}^*=\boldsymbol{O}$

(D) 若矩阵 $\boldsymbol{A}$ 列满秩，则 $r(\boldsymbol{AB})=r(\boldsymbol{B})$

【思路】 根据矩阵秩的性质及公式解题。

【解】 分析选项 A，设 $\boldsymbol{A}$ 为 $m\times n$ 矩阵，因为 $\boldsymbol{AB}=\boldsymbol{AC}$，则有

$$\boldsymbol{A}(\boldsymbol{B}-\boldsymbol{C})=\boldsymbol{O}$$

于是有

$$r(\boldsymbol{A})+r(\boldsymbol{B}-\boldsymbol{C})\leqslant n$$

已知 $\boldsymbol{A}$ 列满秩，所以 $r(\boldsymbol{A})=n$，则

$$r(\boldsymbol{B}-\boldsymbol{C})=0,\ \boldsymbol{B}-\boldsymbol{C}=\boldsymbol{O},\ \boldsymbol{B}=\boldsymbol{C}$$

分析选项 B，因为 $(\boldsymbol{A}+3\boldsymbol{E})(\boldsymbol{A}-2\boldsymbol{E})=\boldsymbol{O}$，则有

$$r(\boldsymbol{A}+3\boldsymbol{E})+r(\boldsymbol{A}-2\boldsymbol{E})\leqslant n$$

另一方面：

$$r(\boldsymbol{A}+3\boldsymbol{E})+r(\boldsymbol{A}-2\boldsymbol{E})=r(\boldsymbol{A}+3\boldsymbol{E})+r(2\boldsymbol{E}-\boldsymbol{A})\geqslant r(\boldsymbol{A}+3\boldsymbol{E}+2\boldsymbol{E}-\boldsymbol{A})=r(5\boldsymbol{E})=n$$

综合可得 $r(\boldsymbol{A}+3\boldsymbol{E})+r(\boldsymbol{A}-2\boldsymbol{E})=n$。

分析选项 D，根据矩阵越乘秩越“小”的性质知

$$r(\boldsymbol{AB}) \leqslant r(\boldsymbol{B})$$

设 $\boldsymbol{A}$ 为 $m \times n$ 矩阵，又根据西尔维斯特不等式知

$$r(\boldsymbol{AB}) \geqslant r(\boldsymbol{A}) + r(\boldsymbol{B}) - n$$

已知 $\boldsymbol{A}$ 列满秩，即 $r(\boldsymbol{A}) = n$，于是

$$r(\boldsymbol{AB}) \geqslant r(\boldsymbol{B})$$

综合可得 $r(\boldsymbol{AB}) = r(\boldsymbol{B})$。

分析选项 C，设 $\boldsymbol{A} = \begin{bmatrix} 0 & 1 \\ 0 & 0 \end{bmatrix}$，则 $\boldsymbol{A}^2 = \begin{bmatrix} 0 & 0 \\ 0 & 0 \end{bmatrix}$，而 $\boldsymbol{A}^* = \begin{bmatrix} 0 & -1 \\ 0 & 0 \end{bmatrix}$，于是选项 C 错误。

【评注】 本题考查了以下知识点：

(1) 若 $\boldsymbol{A}_{m \times n} \boldsymbol{B}_{n \times s} = \boldsymbol{O}$，则 $r(\boldsymbol{A}) + r(\boldsymbol{B}) \leqslant n$。

(2) 矩阵的秩是非负数：若 $r(\boldsymbol{A}) \leqslant 0$，则 $r(\boldsymbol{A}) = 0$。

(3) 若 $r(\boldsymbol{A}) = 0$，则 $\boldsymbol{A} = \boldsymbol{O}$。

(4) $r(k\boldsymbol{A}) = r(\boldsymbol{A})(k \neq 0)$。

(5) $r(\boldsymbol{A} + \boldsymbol{B}) \leqslant r(\boldsymbol{A}) + r(\boldsymbol{B})$。

(6) 西尔维斯特不等式：$r(\boldsymbol{A}_{m \times n} \boldsymbol{B}_{n \times s}) \geqslant r(\boldsymbol{A}) + r(\boldsymbol{B}) - n$。

(7) 若选项 C 增加一个已知条件 $n > 2$，则该选项就正确了。

【秘籍】 针对无法证明的命题，往往可以通过举反例来说明该命题错误。

2.5 习题演练

1. (1994，数学一)已知 $\boldsymbol{\alpha} = (1, 2, 3)$，$\boldsymbol{\beta} = \left[1, \frac{1}{2}, \frac{1}{3}\right]$，设 $\boldsymbol{A} = \boldsymbol{\alpha}^{\mathrm{T}} \boldsymbol{\beta}$，其中 $\boldsymbol{\alpha}^{\mathrm{T}}$ 是 $\boldsymbol{\alpha}$ 的转置，则 $\boldsymbol{A}^n =$ ________。

2. (2004，数学四)设 $\boldsymbol{A} = \begin{bmatrix} 0 & -1 & 0 \\ 1 & 0 & 0 \\ 0 & 0 & -1 \end{bmatrix}$，$\boldsymbol{B} = \boldsymbol{P}^{-1} \boldsymbol{A} \boldsymbol{P}$，其中 $\boldsymbol{P}$ 为三阶可逆矩阵，则 $\boldsymbol{B}^{2004} - 2\boldsymbol{A}^2 =$ ________。

3. 已知 $\boldsymbol{A} = \begin{bmatrix} 3 & 0 & 1 \\ 0 & 4 & 0 \\ -2 & 0 & 3 \end{bmatrix}$，$\boldsymbol{B} = \begin{bmatrix} 0 & 0 & 0 \\ 0 & 1 & 0 \\ 0 & 0 & -1 \end{bmatrix}$，若满足 $\boldsymbol{XA} + 3\boldsymbol{B} = \boldsymbol{AB} + 3\boldsymbol{X}$，则 $\boldsymbol{X}^{2024} =$ ________。

4. 设矩阵 $\boldsymbol{A} = \begin{bmatrix} 2 & -3 & 2 \\ -3 & 2 & -2 \\ -6 & 6 & -5 \end{bmatrix}$，则 $\boldsymbol{A}^{2024} =$ ________。

5. (2022，数学二、数学三)设 $\boldsymbol{A}$ 为 3 阶矩阵，交换 $\boldsymbol{A}$ 的第 2 行和第 3 行，再将第 2 列的 -1 倍加到第 1 列，得到矩阵 $\begin{bmatrix} -2 & 1 & -1 \\ 1 & -1 & 0 \\ -1 & 0 & 0 \end{bmatrix}$，则 $\boldsymbol{A}^{-1}$ 的迹 $\mathrm{tr}(\boldsymbol{A}^{-1}) =$ ________。

6. (2021，数学二、数学三)已知矩阵 $\boldsymbol{A}=\begin{bmatrix}1&0&-1\\2&-1&1\\-1&2&-5\end{bmatrix}$，若存在下三角可逆矩阵 $\boldsymbol{P}$ 和上三角可逆矩阵 $\boldsymbol{Q}$，使 $\boldsymbol{PAQ}$ 为对角矩阵，则 $\boldsymbol{P}$，$\boldsymbol{Q}$ 可以分别取(　　)。

(A) $\begin{bmatrix}1&0&0\\0&1&0\\0&0&1\end{bmatrix}$，$\begin{bmatrix}1&0&1\\0&1&3\\0&0&1\end{bmatrix}$　　(B) $\begin{bmatrix}1&0&0\\2&-1&0\\-3&2&1\end{bmatrix}$，$\begin{bmatrix}1&0&0\\0&1&0\\0&0&1\end{bmatrix}$

(C) $\begin{bmatrix}1&0&0\\2&-1&0\\-3&2&1\end{bmatrix}$，$\begin{bmatrix}1&0&1\\0&1&3\\0&0&1\end{bmatrix}$　　(D) $\begin{pmatrix}1&0&0\\0&1&0\\1&3&1\end{pmatrix}$，$\begin{pmatrix}1&2&-3\\0&-1&2\\0&0&1\end{pmatrix}$

7. (2017，数学二)设 $\boldsymbol{A}$ 为3阶矩阵，$\boldsymbol{P}=(\boldsymbol{\alpha}_1,\boldsymbol{\alpha}_2,\boldsymbol{\alpha}_3)$ 为可逆矩阵，使得 $\boldsymbol{P}^{-1}\boldsymbol{AP}=\begin{bmatrix}0&0&0\\0&1&0\\0&0&2\end{bmatrix}$，则 $\boldsymbol{A}(\boldsymbol{\alpha}_1+\boldsymbol{\alpha}_2+\boldsymbol{\alpha}_3)=$(　　)。

(A) $\boldsymbol{\alpha}_1+\boldsymbol{\alpha}_2$　　(B) $\boldsymbol{\alpha}_2+2\boldsymbol{\alpha}_3$　　(C) $\boldsymbol{\alpha}_2+\boldsymbol{\alpha}_3$　　(D) $\boldsymbol{\alpha}_1+2\boldsymbol{\alpha}_2$

8. (2003，数学二)设 $\boldsymbol{\alpha}$ 为三维列向量，$\boldsymbol{\alpha}^{\mathrm{T}}$ 是 $\boldsymbol{\alpha}$ 的转置，若 $\boldsymbol{\alpha\alpha}^{\mathrm{T}}=\begin{bmatrix}1&-1&1\\-1&1&-1\\1&-1&1\end{bmatrix}$，则 $\boldsymbol{\alpha}^{\mathrm{T}}\boldsymbol{\alpha}=$________。

9. (1991，数学一)设 n 阶方阵 $\boldsymbol{A}$，$\boldsymbol{B}$，$\boldsymbol{C}$ 满足关系式 $\boldsymbol{ABC}=\boldsymbol{E}$，其中 $\boldsymbol{E}$ 是 n 阶单位矩阵，则必有(　　)。

(A) $\boldsymbol{ACB}=\boldsymbol{E}$　　(B) $\boldsymbol{CBA}=\boldsymbol{E}$　　(C) $\boldsymbol{BAC}=\boldsymbol{E}$　　(D) $\boldsymbol{BCA}=\boldsymbol{E}$

10. (1995，数学三)设 $\boldsymbol{A}=\begin{bmatrix}1&0&0\\2&2&0\\3&4&5\end{bmatrix}$，$\boldsymbol{A}^*$ 是 $\boldsymbol{A}$ 的伴随矩阵，则 $(\boldsymbol{A}^*)^{-1}=$________。

11. (1998，数学二)设 $\boldsymbol{A}$ 是任意一个 $n(n\geqslant 3)$ 阶方阵，$\boldsymbol{A}^*$ 是其伴随矩阵，又 k 为常数，且 $k\neq 0,\pm 1$，则必有 $(k\boldsymbol{A})^*=$(　　)。

(A) $k\boldsymbol{A}^*$　　(B) $k^{n-1}\boldsymbol{A}^*$　　(C) $k^n\boldsymbol{A}^*$　　(D) $k^{-1}\boldsymbol{A}^*$

12. (2023，数学二、数学三)设 $\boldsymbol{A}$，$\boldsymbol{B}$ 为 n 阶可逆矩阵，$\boldsymbol{E}$ 为 n 阶单位矩阵，$\boldsymbol{M}^*$ 是 $\boldsymbol{M}$ 的伴随矩阵，则 $\begin{bmatrix}\boldsymbol{A}&\boldsymbol{E}\\\boldsymbol{O}&\boldsymbol{B}\end{bmatrix}^*=$(　　)。

(A) $\begin{bmatrix}|\boldsymbol{A}|\boldsymbol{B}^*&-\boldsymbol{B}^*\boldsymbol{A}^*\\\boldsymbol{O}&\boldsymbol{A}^*\boldsymbol{B}^*\end{bmatrix}$　　(B) $\begin{bmatrix}|\boldsymbol{A}|\boldsymbol{B}^*&-\boldsymbol{A}^*\boldsymbol{B}^*\\\boldsymbol{O}&|\boldsymbol{B}|\boldsymbol{A}^*\end{bmatrix}$

(C) $\begin{bmatrix}|\boldsymbol{B}|\boldsymbol{A}^*&-\boldsymbol{B}^*\boldsymbol{A}^*\\\boldsymbol{O}&|\boldsymbol{A}|\boldsymbol{B}^*\end{bmatrix}$　　(D) $\begin{pmatrix}|\boldsymbol{B}|\boldsymbol{A}^*&-\boldsymbol{A}^*\boldsymbol{B}^*\\\boldsymbol{O}&|\boldsymbol{A}|\boldsymbol{B}^*\end{pmatrix}$

13. (2003，数学三)设 n 维向量 $\boldsymbol{\alpha}=(a,0,\cdots,0,a)^{\mathrm{T}}$，$a<0$，$\boldsymbol{E}$ 为 n 阶单位矩阵，矩阵 $\boldsymbol{A}=\boldsymbol{E}-\boldsymbol{\alpha\alpha}^{\mathrm{T}}$，$\boldsymbol{B}=\boldsymbol{E}+\dfrac{1}{a}\boldsymbol{\alpha\alpha}^{\mathrm{T}}$，其中 $\boldsymbol{A}$ 的逆矩阵为 $\boldsymbol{B}$，则 $a=$________。

14. (2008，数学一、数学二、数学三)设 $\boldsymbol{A}$ 为 n 阶非零矩阵，$\boldsymbol{E}$ 为 n 阶单位矩阵，若 $\boldsymbol{A}^3=\boldsymbol{O}$，则(　　)。

(A) $\boldsymbol{E}-\boldsymbol{A}$ 不可逆，$\boldsymbol{E}+\boldsymbol{A}$ 不可逆　　(B) $\boldsymbol{E}-\boldsymbol{A}$ 不可逆，$\boldsymbol{E}+\boldsymbol{A}$ 可逆

(C) $\boldsymbol{E}-\boldsymbol{A}$ 可逆，$\boldsymbol{E}+\boldsymbol{A}$ 可逆　　(D) $\boldsymbol{E}-\boldsymbol{A}$ 可逆，$\boldsymbol{E}+\boldsymbol{A}$ 不可逆

15. 设矩阵 $\boldsymbol{A}$ 的伴随矩阵 $\boldsymbol{A}^*=\begin{bmatrix}1&0&0&0\\0&1&0&0\\1&0&1&0\\0&-3&0&8\end{bmatrix}$，且 $\boldsymbol{ABA}^{-1}=\boldsymbol{BA}^{-1}+3\boldsymbol{E}$，其中 $\boldsymbol{E}$ 是 4 阶单位矩阵，则矩阵 $\boldsymbol{B}=$ ________。

16. (1998，数学二)设$(2\boldsymbol{E}-\boldsymbol{C}^{-1}\boldsymbol{B})\boldsymbol{A}^{\mathrm{T}}=\boldsymbol{C}^{-1}$，其中 $\boldsymbol{E}$ 是四阶单位矩阵，$\boldsymbol{A}^{\mathrm{T}}$ 是四阶矩阵 $\boldsymbol{A}$ 的转置矩阵，且 $\boldsymbol{B}=\begin{bmatrix}1&2&-3&-2\\0&1&2&-3\\0&0&1&2\\0&0&0&1\end{bmatrix}$，$\boldsymbol{C}=\begin{bmatrix}1&2&0&1\\0&1&2&0\\0&0&1&2\\0&0&0&1\end{bmatrix}$，求矩阵 $\boldsymbol{A}$。

17. (2001，数学二)已知矩阵 $\boldsymbol{A}=\begin{bmatrix}1&0&0\\1&1&0\\1&1&1\end{bmatrix}$，$\boldsymbol{B}=\begin{bmatrix}0&1&1\\1&0&1\\1&1&0\end{bmatrix}$，且矩阵 $\boldsymbol{X}$ 满足 $\boldsymbol{AXA}+\boldsymbol{BXB}=\boldsymbol{AXB}+\boldsymbol{BXA}+\boldsymbol{E}$，其中 $\boldsymbol{E}$ 是 3 阶单位矩阵，求 $\boldsymbol{X}$。

18. (2020，数学一)若矩阵 $\boldsymbol{A}$ 经初等列变换化成 $\boldsymbol{B}$，则(　　)。

(A) 存在矩阵 $\boldsymbol{P}$，使得 $\boldsymbol{PA}=\boldsymbol{B}$　　(B) 存在矩阵 $\boldsymbol{P}$，使得 $\boldsymbol{BP}=\boldsymbol{A}$

(C) 存在矩阵 $\boldsymbol{P}$，使得 $\boldsymbol{PB}=\boldsymbol{A}$　　(D) 方程组 $\boldsymbol{Ax}=\boldsymbol{0}$ 与 $\boldsymbol{Bx}=\boldsymbol{0}$ 同解

19. (2011，数学一、数学二、数学三)设 $\boldsymbol{A}$ 为三阶矩阵，将 $\boldsymbol{A}$ 的第 2 列加到第 1 列得 $\boldsymbol{B}$，再交换 $\boldsymbol{B}$ 的第 2 行和第 3 行得单位矩阵，记 $\boldsymbol{P}_1=\begin{bmatrix}1&0&0\\1&1&0\\0&0&1\end{bmatrix}$，$\boldsymbol{P}_2=\begin{bmatrix}1&0&0\\0&0&1\\0&1&0\end{bmatrix}$，则 $\boldsymbol{A}=$(　　)。

(A) $\boldsymbol{P}_1\boldsymbol{P}_2$　　(B) $\boldsymbol{P}_1^{-1}\boldsymbol{P}_2$　　(C) $\boldsymbol{P}_2\boldsymbol{P}_1$　　(D) $\boldsymbol{P}_2\boldsymbol{P}_1^{-1}$

20. (2009，数学二、数学三)设 $\boldsymbol{A}$，$\boldsymbol{P}$ 均为 3 阶矩阵，$\boldsymbol{P}^{\mathrm{T}}$ 为 $\boldsymbol{P}$ 的转置矩阵，且 $\boldsymbol{P}^{\mathrm{T}}\boldsymbol{AP}=\begin{bmatrix}1&0&0\\0&1&0\\0&0&2\end{bmatrix}$，若 $\boldsymbol{P}=(\boldsymbol{\alpha}_1,\boldsymbol{\alpha}_2,\boldsymbol{\alpha}_3)$，$\boldsymbol{Q}=(\boldsymbol{\alpha}_1+\boldsymbol{\alpha}_2,\boldsymbol{\alpha}_2,\boldsymbol{\alpha}_3)$，则 $\boldsymbol{Q}^{\mathrm{T}}\boldsymbol{AQ}$ 为(　　)。

(A) $\begin{bmatrix}2&1&0\\1&1&0\\0&0&2\end{bmatrix}$　　(B) $\begin{bmatrix}1&1&0\\1&2&0\\0&0&2\end{bmatrix}$　　(C) $\begin{bmatrix}2&0&0\\0&1&0\\0&0&2\end{bmatrix}$　　(D) $\begin{bmatrix}1&0&0\\0&2&0\\0&0&2\end{bmatrix}$

21. 设 $\boldsymbol{A}$ 为 3 阶矩阵，将矩阵 $\boldsymbol{A}$ 的第 1 行加到第 3 行得到矩阵 $\boldsymbol{B}$，再将 $\boldsymbol{B}$ 的第 3 列的 -1 倍加到第 1 列得到 $\boldsymbol{C}$，设 $\boldsymbol{P}=\begin{bmatrix}1&0&0\\0&1&0\\1&0&1\end{bmatrix}$，写出 $\boldsymbol{A}$，$\boldsymbol{C}$，$\boldsymbol{P}$ 三个矩阵的关系等式(　　)。

(A) $\boldsymbol{PAP}=\boldsymbol{C}$　　(B) $\boldsymbol{P}^{-1}\boldsymbol{AP}=\boldsymbol{C}$　　(C) $\boldsymbol{PAP}^{\mathrm{T}}=\boldsymbol{C}$　　(D) $\boldsymbol{PAP}^{-1}=\boldsymbol{C}$

22. (1993，数学一)已知 $\boldsymbol{Q}=\begin{bmatrix}1&2&3\\2&4&t\\3&6&9\end{bmatrix}$，$\boldsymbol{P}$ 为三阶非零矩阵，且满足 $\boldsymbol{PQ}=\boldsymbol{O}$，则(　　)。

(A) $t=6$ 时 $\boldsymbol{P}$ 的秩必为 1　　(B) $t=6$ 时 $\boldsymbol{P}$ 的秩必为 2

(C) $t\neq6$ 时 $\boldsymbol{P}$ 的秩必为 1　　(D) $t\neq6$ 时 $\boldsymbol{P}$ 的秩必为 2

23. (1997，数学一)设 $\boldsymbol{A}=\begin{bmatrix}1&2&-2\\4&t&3\\3&-1&1\end{bmatrix}$，$\boldsymbol{B}$ 为三阶非零矩阵，且 $\boldsymbol{AB}=\boldsymbol{O}$，则 $t=$________。

24. (1996，数学一)设 $\boldsymbol{A}$ 是 4×3 矩阵，且 $r(\boldsymbol{A})=2$，而 $\boldsymbol{B}=\begin{bmatrix}1&0&2\\0&2&0\\-1&0&3\end{bmatrix}$，则 $r(\boldsymbol{AB})=$ ________。

25. (1998，数学三)设 $n(n\geqslant3)$ 阶矩阵 $\boldsymbol{A}=\begin{bmatrix}1&a&a&\cdots&a\\a&1&a&\cdots&a\\a&a&1&\cdots&a\\\vdots&\vdots&\vdots&&\vdots\\a&a&a&\cdots&1\end{bmatrix}$，若矩阵 $\boldsymbol{A}$ 的秩为 $n-1$，则 a 必为(　　)。

(A) 1　　(B) $\dfrac{1}{1-n}$　　(C) -1　　(D) $\dfrac{1}{n-1}$

26. (2007，数学一、数学二、数学三)设 $\boldsymbol{A}=\begin{bmatrix}0&1&0&0\\0&0&1&0\\0&0&0&1\\0&0&0&0\end{bmatrix}$，则 $\boldsymbol{A}^3$ 的秩为________。

27. (2017，数学一、数学三)设 $\boldsymbol{\alpha}$ 为 n 维单位列向量，$\boldsymbol{E}$ 为 n 阶单位矩阵，则(　　)。

(A) $\boldsymbol{E}-\boldsymbol{\alpha\alpha}^{\mathrm{T}}$ 不可逆　　(B) $\boldsymbol{E}+\boldsymbol{\alpha\alpha}^{\mathrm{T}}$ 不可逆

(C) $\boldsymbol{E}+2\boldsymbol{\alpha\alpha}^{\mathrm{T}}$ 不可逆　　(D) $\boldsymbol{E}-2\boldsymbol{\alpha\alpha}^{\mathrm{T}}$ 不可逆

28. (2016，数学二)设矩阵 $\begin{bmatrix}a&-1&-1\\-1&a&-1\\-1&-1&a\end{bmatrix}$ 与 $\begin{bmatrix}1&1&0\\0&-1&1\\1&0&1\end{bmatrix}$ 等价，则 $a=$________。

29. 设 4 阶矩阵 $\boldsymbol{A}$ 的秩为 2，且 $\boldsymbol{A}+\boldsymbol{E}$ 和 $\boldsymbol{A}-3\boldsymbol{E}$ 均为不可逆矩阵，则 $r(\boldsymbol{A}^2-\boldsymbol{A}-2\boldsymbol{E})=$ ________。

30. 设 $\boldsymbol{A}$，$\boldsymbol{C}$，$\boldsymbol{D}$ 均是 2×3 矩阵，$\boldsymbol{B}$ 是 4×3 矩阵，$\boldsymbol{X}$ 是 3×3 矩阵，$\boldsymbol{Y}$ 是 2×4 矩阵，分析以下命题，则(　　)。

(1) 若 $r(\boldsymbol{A})=r(\boldsymbol{B})=2$，则 $r\begin{bmatrix}\boldsymbol{A}&\boldsymbol{C}\\\boldsymbol{O}&\boldsymbol{B}\end{bmatrix}=4$；(2) 若 $r(\boldsymbol{A})=1$，$r(\boldsymbol{B})=3$，则 $r\begin{bmatrix}\boldsymbol{A}&\boldsymbol{D}\\\boldsymbol{O}&\boldsymbol{B}\end{bmatrix}=4$；

(3) $r\begin{bmatrix}\boldsymbol{A}&\boldsymbol{O}\\\boldsymbol{B}&\boldsymbol{B}\end{bmatrix}=r\begin{bmatrix}\boldsymbol{A}&\boldsymbol{A}\\\boldsymbol{O}&\boldsymbol{B}\end{bmatrix}=r(\boldsymbol{A})+r(\boldsymbol{B})$；(4) $r\begin{bmatrix}\boldsymbol{AX}&\boldsymbol{A}\\\boldsymbol{B}&\boldsymbol{O}\end{bmatrix}=r\begin{bmatrix}\boldsymbol{O}&\boldsymbol{B}\\\boldsymbol{A}&\boldsymbol{YB}\end{bmatrix}=r(\boldsymbol{A})+r(\boldsymbol{B})$。

(A) 只有(1)和(2)正确　　(B) 只有(3)和(4)正确

(C) 只有(1)和(3)正确　　(D) 4 个命题都正确

第3章 向量

3.1 考情分析

3.1.1 2023版考研大纲

1. 数学一

1) 考试内容

向量的概念，向量的线性组合与线性表示，向量组的线性相关与线性无关，向量组的极大线性无关组，等价向量组，向量组的秩，向量组的秩与矩阵的秩之间的关系，向量空间及其相关概念，n维向量空间的基变换和坐标变换，过渡矩阵，向量的内积，线性无关向量组的正交规范化法，规范正交基，正交矩阵及其性质。

2) 考试要求

(1) 理解n维向量、向量的线性组合与线性表示的概念。

(2) 理解向量组线性相关、线性无关的概念，掌握向量组线性相关、线性无关的有关性质及判别法。

(3) 理解向量组的极大线性无关组和向量组秩的概念，会求向量组的极大线性无关组及秩。

(4) 理解向量组等价的概念，理解矩阵秩与其行(列)向量组的秩之间的关系。

(5) 了解n维向量空间、子空间、基底、维数、坐标等概念。

(6) 了解基变换和坐标变换公式，会求过渡矩阵。

(7) 了解内积的概念，掌握线性无关向量组正交规范化的施密特(Schmidt)方法。

(8) 了解规范正交基、正交矩阵的概念以及它们的性质。

2. 数学二

1) 考试内容

向量的概念、向量的线性组合与线性表示、向量组的线性相关与线性无关、向量组的极大线性无关组、等价向量组、向量组的秩、向量组的秩与矩阵的秩之间的关系、向量的内积、线性无关向量组的正交规范化法。

2）考试要求

（1）理解 n 维向量、向量的线性组合与线性表示的概念。

（2）理解向量组线性相关、线性无关的概念，掌握向量组线性相关、线性无关的有关性质及判别法。

（3）了解向量组的极大线性无关组和向量组秩的概念，会求向量组的极大线性无关组及秩。

（4）了解向量组等价的概念，了解矩阵秩与其行(列)向量组的秩之间的关系。

（5）了解内积的概念，掌握线性无关向量组正交规范化的施密特(Schmidt)方法。

3. 数学三

1）考试内容

向量的概念、向量的线性组合与线性表示、向量组的线性相关与线性无关、向量组的极大线性无关组、等价向量组、向量组的秩、向量组的秩与矩阵的秩之间的关系、向量的内积、线性无关向量组的正交规范化法。

2）考试要求

（1）了解向量的概念，掌握向量的加法和数乘运算法则。

（2）理解向量的线性组合与线性表示、向量组线性相关与线性无关等概念，掌握向量组线性相关、线性无关的有关性质及判别法。

（3）理解向量组的极大线性无关组的概念，会求向量组的极大线性无关组及秩。

（4）理解向量组等价的概念，理解矩阵秩与其行(列)向量组的秩之间的关系。

（5）了解内积的概念，掌握线性无关向量组正交规范化的施密特(Schmidt)方法。

3.1.2 向量的特点

向量是线性代数课程的重点，因为这一章内容抽象、定理繁多，所以它又成为线性代数课程的难点。

3.1.3 考研真题分析

统计 2005 年至 2023 年考研数学一、数学二、数学三真题中，与向量相关的题型如下：

（1）向量的线性表示：7 道。

（2）向量组的线性相关性：6 道。

（3）向量组极大无关组及秩：3 道。

（4）向量空间(仅数学一要求)：5 道。

3.2 向量知识结构网络图

向量

- **向量的概念与运算**
  - 行矩阵(列矩阵)即为行向量(列向量)
  - (1) 加法;(2) 数乘;(3) 转置;(4) 内积;(5) 向量的单位化;(6) 向量组的正交化
- **向量组与矩阵**
  - 向量组是由若干个同维向量组成的,矩阵可以看成一个行向量组或一个列向量组
- **线性表示**
  - 若 $\boldsymbol{\beta}=k_1\boldsymbol{\alpha}_1+\cdots+k_m\boldsymbol{\alpha}_m$,则称 $\boldsymbol{\beta}$ 可由 $\boldsymbol{\alpha}_1,\cdots,\boldsymbol{\alpha}_m$ 线性表示
  - (1) 任意向量都可以由同维基本单位向量组线性表示;(2) 零向量可以由任意一个向量组来线性表示;(3) 向量组中任意一个向量总能由该向量组线性表示
- **向量组的等价**
  - 若两个向量组可以相互线性表示,则称它们等价。(1) 向量组与其极大无关组等价;(2) 同一个向量空间的两组基等价;(3) 向量组等价与矩阵等价的区别与联系
- **线性相关与线性无关**
  - (1) 定义;(2) 形象理解;(3) 几何意义;(4) 部分与整体;(5) 延伸与收缩;(6) 一个向量与一个向量组;(7) "紧凑性"与"臃肿性"
- **特殊向量组线性相关性**
  - (1) 基本单位;(2) 零向量;(3) 一个向量;(4) 两个向量;(5) n 个 n 维向量;(6) m 个 n 维向量$(m>n)$
- **极大无关组**
  - (1) 定义;(2) 是否唯一;(3) 求法;(4) 线性表示其他向量
- **向量组的秩**
  - (1) 定义;(2);向量组所含向量的个数与秩;(3) 向量组间的线性表示与秩;(4) 三秩相等;(5) 秩的计算方法
- **向量空间**
  - (1) 定义;(2) 基;(3) 维数;(4) n 维实向量空间;(5) 坐标;(6) 过渡矩阵
- **正交矩阵**
  - (1) 定义;(2) 6 个性质;(3) 准正交矩阵的行列式、逆、伴随、特征值、特征向量
- **线性方程组的五种表示方法**
  - (1) 代数;(2) 具体矩阵;(3) 抽象矩阵;(4) 分块矩阵;(5) 向量
- **线性方程组与向量组的线性相关性**
  - (1) $x_1\boldsymbol{\alpha}_1+x_2\boldsymbol{\alpha}_2+\cdots+x_m\boldsymbol{\alpha}_m=\mathbf{0}$ 有非零解 $\Leftrightarrow \boldsymbol{\alpha}_1,\boldsymbol{\alpha}_2,\cdots,\boldsymbol{\alpha}_m$ 线性相关;
  - (2) $x_1\boldsymbol{\alpha}_1+x_2\boldsymbol{\alpha}_2+\cdots+x_m\boldsymbol{\alpha}_m=\mathbf{0}$ 只有零解 $\Leftrightarrow \boldsymbol{\alpha}_1,\boldsymbol{\alpha}_2,\cdots,\boldsymbol{\alpha}_m$ 线性无关;
  - (3) $x_1\boldsymbol{\alpha}_1+x_2\boldsymbol{\alpha}_2+\cdots+x_m\boldsymbol{\alpha}_m=\boldsymbol{\beta}$ 有解 $\Leftrightarrow \boldsymbol{\beta}$ 可由 $\boldsymbol{\alpha}_1,\boldsymbol{\alpha}_2,\cdots,\boldsymbol{\alpha}_m$ 线性表示 $\Rightarrow \boldsymbol{\alpha}_1,\boldsymbol{\alpha}_2,\cdots,\boldsymbol{\alpha}_m,\boldsymbol{\beta}$ 线性相关;
  - (4) $\boldsymbol{\alpha}_1,\boldsymbol{\alpha}_2,\cdots,\boldsymbol{\alpha}_m,\boldsymbol{\beta}$ 线性无关 $\Rightarrow \boldsymbol{\beta}$ 不能由 $\boldsymbol{\alpha}_1,\boldsymbol{\alpha}_2,\cdots,\boldsymbol{\alpha}_m$ 线性表示 $\Leftrightarrow x_1\boldsymbol{\alpha}_1+x_2\boldsymbol{\alpha}_2+\cdots+x_m\boldsymbol{\alpha}_m=\boldsymbol{\beta}$ 无解
- **零向量的作用、特点及性质**
- **零向量在线性代数各个章节中充当的重要角色**
- **3 个三维线性无关列向量串联线性代数各个章节内容**
- **3 个三维线性相关列向量串联线性代数各个章节内容**

3.3 基本内容和重要结论

3.3.1 向量及向量线性表示的概念

1. n 维向量

例如：$\boldsymbol{\alpha}=\begin{bmatrix}2\\3\end{bmatrix}$是一个二维列向量，$\boldsymbol{\beta}=(1,4,7)$是一个三维行向量。

2. 向量的线性运算

例如：$\boldsymbol{\alpha}_1=\begin{bmatrix}1\\2\end{bmatrix}$，$\boldsymbol{\alpha}_2=\begin{bmatrix}2\\3\end{bmatrix}$，以下运算属于向量的线性运算：

$$2\boldsymbol{\alpha}_1+5\boldsymbol{\alpha}_2=2\times\begin{bmatrix}1\\2\end{bmatrix}+5\times\begin{bmatrix}2\\3\end{bmatrix}=\begin{bmatrix}12\\19\end{bmatrix}$$

3. 向量组

例如：$\boldsymbol{\alpha}_1=\begin{bmatrix}1\\2\end{bmatrix}$，$\boldsymbol{\alpha}_2=\begin{bmatrix}2\\3\end{bmatrix}$，$\boldsymbol{\alpha}_3=\begin{bmatrix}4\\5\end{bmatrix}$是由 3 个二维列向量构成的向量组；$\boldsymbol{\beta}_1=(1,2,3)^{\mathrm{T}}$，$\boldsymbol{\beta}_2=(2,3,4)^{\mathrm{T}}$ 是由 2 个三维列向量构成的向量组。

4. 矩阵与向量组

设 $\boldsymbol{A}=\begin{bmatrix}1&2&3&4\\5&6&7&8\\9&8&7&6\end{bmatrix}$，那么矩阵 $\boldsymbol{A}$ 可以看作两个向量组：一个是 3 个四维行向量构成的向量组，即$(1,2,3,4)$，$(5,6,7,8)$，$(9,8,7,6)$；另一个是 4 个三维列向量构成的向量组，即$\begin{bmatrix}1\\5\\9\end{bmatrix}$，$\begin{bmatrix}2\\6\\8\end{bmatrix}$，$\begin{bmatrix}3\\7\\7\end{bmatrix}$，$\begin{bmatrix}4\\8\\6\end{bmatrix}$。

5. 线性组合与线性表示

设 $\boldsymbol{\alpha}_1$，$\boldsymbol{\alpha}_2$，$\boldsymbol{\alpha}_3$ 是一个向量组，若 $\boldsymbol{\beta}=2\boldsymbol{\alpha}_1+3\boldsymbol{\alpha}_2-5\boldsymbol{\alpha}_3$，则称 $\boldsymbol{\beta}$ 是向量组 $\boldsymbol{\alpha}_1$，$\boldsymbol{\alpha}_2$，$\boldsymbol{\alpha}_3$ 的一个线性组合，或称 $\boldsymbol{\beta}$ 可以由向量组 $\boldsymbol{\alpha}_1$，$\boldsymbol{\alpha}_2$，$\boldsymbol{\alpha}_3$ 线性表示，或称向量组 $\boldsymbol{\alpha}_1$，$\boldsymbol{\alpha}_2$，$\boldsymbol{\alpha}_3$ 可以线性表示向量 $\boldsymbol{\beta}$。

6. n 维基本单位向量组

例如，$\begin{bmatrix}1\\0\\0\end{bmatrix}$，$\begin{bmatrix}0\\1\\0\end{bmatrix}$，$\begin{bmatrix}0\\0\\1\end{bmatrix}$是三维基本单位向量组，$n$ 维基本单位向量组刚好构成 n 阶单位矩阵 $\boldsymbol{E}$。

7. 零向量

所有元素均为 0 的向量称为零向量，例如$(0,0,0)^{\mathrm{T}}$ 是一个三维零向量。

8. 向量组间线性表示的概念

设向量组(Ⅰ)$\boldsymbol{\alpha}_1$，$\boldsymbol{\alpha}_2$，$\boldsymbol{\alpha}_3$，向量组(Ⅱ)$\boldsymbol{\beta}_1$，$\boldsymbol{\beta}_2$，$\boldsymbol{\beta}_3$，若有以下线性表示关系：

$$\begin{cases}\boldsymbol{\beta}_1=2\boldsymbol{\alpha}_1+\boldsymbol{\alpha}_2-3\boldsymbol{\alpha}_3\\ \boldsymbol{\beta}_2=\boldsymbol{\alpha}_1+\boldsymbol{\alpha}_2+\boldsymbol{\alpha}_3\\ \boldsymbol{\beta}_3=2\boldsymbol{\alpha}_1-\boldsymbol{\alpha}_2+5\boldsymbol{\alpha}_3\end{cases}$$

则称向量组(Ⅱ)可以由向量组(Ⅰ)线性表示。

9. 用矩阵等式表述向量组间线性表示

可以用以下矩阵等式来描述以上两个向量组之间的线性表示关系：

$$(\boldsymbol{\beta}_1,\boldsymbol{\beta}_2,\boldsymbol{\beta}_3)=(\boldsymbol{\alpha}_1,\boldsymbol{\alpha}_2,\boldsymbol{\alpha}_3)\begin{bmatrix}2&1&2\\1&1&-1\\-3&1&5\end{bmatrix}$$

10. 一个向量组可以由自己线性表示

显然，任意一个向量组总可以由它自己线性表示，例如：针对向量组 $\boldsymbol{\alpha}_1$，$\boldsymbol{\alpha}_2$，$\boldsymbol{\alpha}_3$，有

$$(\boldsymbol{\alpha}_1,\boldsymbol{\alpha}_2,\boldsymbol{\alpha}_3)=(\boldsymbol{\alpha}_1,\boldsymbol{\alpha}_2,\boldsymbol{\alpha}_3)\begin{bmatrix}1&0&0\\0&1&0\\0&0&1\end{bmatrix}$$

3.3.2 线性方程组与向量组线性表示定理

图 2.13 给出了线性方程组的五种表述形式，其中最后一种向量形式 $x_1\boldsymbol{\alpha}_1+x_2\boldsymbol{\alpha}_2+x_3\boldsymbol{\alpha}_3=\boldsymbol{b}$ 的含义是：向量 $\boldsymbol{b}$ 是否可以由向量组 $\boldsymbol{\alpha}_1$，$\boldsymbol{\alpha}_2$，$\boldsymbol{\alpha}_3$ 线性表示？即方程组是否有解？如果有解，具体的线性表示系数 x_1，x_2，x_3 即线性方程组的解。

根据以上分析，可以得到线性方程组与向量组线性表示之间的关系定理：

(1) 向量 $\boldsymbol{\beta}$ 可以由向量组 $\boldsymbol{\alpha}_1$，$\boldsymbol{\alpha}_2$，…，$\boldsymbol{\alpha}_n$ 线性表示

$\Leftrightarrow$ 非齐次线性方程组 $x_1\boldsymbol{\alpha}_1+x_2\boldsymbol{\alpha}_2+\cdots+x_n\boldsymbol{\alpha}_n=\boldsymbol{\beta}$ 有解

$\Leftrightarrow r(\boldsymbol{\alpha}_1,\boldsymbol{\alpha}_2,\cdots,\boldsymbol{\alpha}_n)=r(\boldsymbol{\alpha}_1,\boldsymbol{\alpha}_2,\cdots,\boldsymbol{\alpha}_n,\boldsymbol{\beta})$。

(2) 向量 $\boldsymbol{\beta}$ 不能由向量组 $\boldsymbol{\alpha}_1$，$\boldsymbol{\alpha}_2$，…，$\boldsymbol{\alpha}_n$ 线性表示

$\Leftrightarrow$ 非齐次线性方程组 $x_1\boldsymbol{\alpha}_1+x_2\boldsymbol{\alpha}_2+\cdots+x_n\boldsymbol{\alpha}_n=\boldsymbol{\beta}$ 无解

$\Leftrightarrow r(\boldsymbol{\alpha}_1,\boldsymbol{\alpha}_2,\cdots,\boldsymbol{\alpha}_n)<r(\boldsymbol{\alpha}_1,\boldsymbol{\alpha}_2,\cdots,\boldsymbol{\alpha}_n,\boldsymbol{\beta})$。

3.3.3 向量组线性相关和线性无关的定义

1. 线性相关

对于向量组 $\boldsymbol{\alpha}_1$，$\boldsymbol{\alpha}_2$，…，$\boldsymbol{\alpha}_m$，若存在一组不全为零的数 k_1，k_2，…，k_m，使得

$$k_1\boldsymbol{\alpha}_1+k_2\boldsymbol{\alpha}_2+\cdots+k_m\boldsymbol{\alpha}_m=\boldsymbol{0}$$

则称向量组 $\boldsymbol{\alpha}_1$，$\boldsymbol{\alpha}_2$，…，$\boldsymbol{\alpha}_m$ 线性相关。

例如：齐次线性方程组

$$x_1\begin{bmatrix}1\\2\\3\end{bmatrix}+x_2\begin{bmatrix}3\\2\\1\end{bmatrix}+x_3\begin{bmatrix}5\\5\\5\end{bmatrix}=\begin{bmatrix}0\\0\\0\end{bmatrix}$$

存在不全为零的解 $x_1=1$，$x_2=1$，$x_3=-\frac{4}{5}$，则称向量组$(1, 2, 3)^T$，$(3, 2, 1)^T$，$(5, 5, 5)^T$线性相关。

2. 线性无关

对于向量组 $\boldsymbol{\alpha}_1$，$\boldsymbol{\alpha}_2$，…，$\boldsymbol{\alpha}_m$，仅当 $k_1=k_2=\cdots=k_m=0$ 时，才有

$$k_1\boldsymbol{\alpha}_1+k_2\boldsymbol{\alpha}_2+\cdots+k_m\boldsymbol{\alpha}_m=\mathbf{0}$$

则称向量组 $\boldsymbol{\alpha}_1$，$\boldsymbol{\alpha}_2$，…，$\boldsymbol{\alpha}_m$ 线性无关。

例如：齐次线性方程组

$$x_1\begin{bmatrix}1\\0\\0\end{bmatrix}+x_2\begin{bmatrix}0\\1\\0\end{bmatrix}+x_3\begin{bmatrix}0\\0\\1\end{bmatrix}=\begin{bmatrix}0\\0\\0\end{bmatrix}$$

只有唯一零解 $x_1=0$，$x_2=0$，$x_3=0$，则称向量组$(1, 0, 0)^T$，$(0, 1, 0)^T$，$(0, 0, 1)^T$ 线性无关。

3.3.4 用线性方程组的解判定向量组线性相关性定理

根据向量组线性相关性的定义可以得到以下四个定理。

1. 用齐次线性方程组的解判断线性相关向量组定理

向量组 $\boldsymbol{\alpha}_1$，$\boldsymbol{\alpha}_2$，…，$\boldsymbol{\alpha}_m$ 线性相关$\Leftrightarrow$齐次线性方程组 $x_1\boldsymbol{\alpha}_1+x_2\boldsymbol{\alpha}_2+\cdots+x_m\boldsymbol{\alpha}_m=\mathbf{0}$ 有非零解$\Leftrightarrow r(\boldsymbol{\alpha}_1, \boldsymbol{\alpha}_2, \cdots, \boldsymbol{\alpha}_m)<m$。

2. 用齐次线性方程组的解判断线性无关向量组定理

向量组 $\boldsymbol{\alpha}_1$，$\boldsymbol{\alpha}_2$，…，$\boldsymbol{\alpha}_m$ 线性无关$\Leftrightarrow$齐次线性方程组 $x_1\boldsymbol{\alpha}_1+x_2\boldsymbol{\alpha}_2+\cdots+x_m\boldsymbol{\alpha}_m=\mathbf{0}$ 只有零解$\Leftrightarrow r(\boldsymbol{\alpha}_1, \boldsymbol{\alpha}_2, \cdots, \boldsymbol{\alpha}_m)=m$。

3. 非齐次线性方程组与线性相关向量组定理

$r(\boldsymbol{\alpha}_1, \boldsymbol{\alpha}_2, \cdots, \boldsymbol{\alpha}_m)=r(\boldsymbol{\alpha}_1, \boldsymbol{\alpha}_2, \cdots, \boldsymbol{\alpha}_m, \boldsymbol{\beta})\Leftrightarrow x_1\boldsymbol{\alpha}_1+x_2\boldsymbol{\alpha}_2+\cdots+x_m\boldsymbol{\alpha}_m=\boldsymbol{\beta}$ 有解$\Rightarrow\boldsymbol{\alpha}_1$，$\boldsymbol{\alpha}_2$，…，$\boldsymbol{\alpha}_m$，$\boldsymbol{\beta}$ 线性相关。

4. 非齐次线性方程组与线性无关向量组定理

$\boldsymbol{\alpha}_1$，$\boldsymbol{\alpha}_2$，…，$\boldsymbol{\alpha}_m$，$\boldsymbol{\beta}$ 线性无关$\Rightarrow x_1\boldsymbol{\alpha}_1+x_2\boldsymbol{\alpha}_2+\cdots+x_m\boldsymbol{\alpha}_m=\boldsymbol{\beta}$ 无解$\Leftrightarrow r(\boldsymbol{\alpha}_1, \boldsymbol{\alpha}_2, \cdots, \boldsymbol{\alpha}_n)<r(\boldsymbol{\alpha}_1, \boldsymbol{\alpha}_2, \cdots, \boldsymbol{\alpha}_n, \boldsymbol{\beta})$。

3.3.5 向量组线性相关性的形象理解定理

1. 线性相关

向量组 $\boldsymbol{\alpha}_1$，$\boldsymbol{\alpha}_2$，…，$\boldsymbol{\alpha}_m$$(m\geqslant 2)$线性相关的充要条件是其中至少有一个向量可以由其余向量线性表示。

2. 线性无关

向量组 $\boldsymbol{\alpha}_1$，$\boldsymbol{\alpha}_2$，…，$\boldsymbol{\alpha}_m$$(m\geqslant 2)$线性无关的充要条件是其中任意一个向量都不能由其余向量线性表示。

例如：针对向量组 $\boldsymbol{\alpha}_1=(1, 2, 3)^T$，$\boldsymbol{\alpha}_2=(3, 2, 1)^T$，$\boldsymbol{\alpha}_3=(5, 5, 5)^T$，存在以下线性表

示关系：

$$\frac{5}{4}\boldsymbol{\alpha}_1+\frac{5}{4}\boldsymbol{\alpha}_2=\boldsymbol{\alpha}_3$$

于是，向量组 $\boldsymbol{\alpha}_1$，$\boldsymbol{\alpha}_2$，$\boldsymbol{\alpha}_3$ 线性相关。

例如：针对向量组 $\boldsymbol{e}_1=(1,\ 0,\ 0)^{\mathrm{T}}$，$\boldsymbol{e}_2=(0,\ 1,\ 0)^{\mathrm{T}}$，$\boldsymbol{e}_3=(0,\ 0,\ 1)^{\mathrm{T}}$，不存在任意线性表示的关系，于是，向量组 $\boldsymbol{e}_1$，$\boldsymbol{e}_2$，$\boldsymbol{e}_3$ 线性无关。

3.3.6 向量组的部分与整体定理

(1) 若向量组一部分线性相关，则向量组整体线性相关。

例如：若 $\boldsymbol{\alpha}_1$，$\boldsymbol{\alpha}_2$，$\boldsymbol{\alpha}_3$ 线性相关，则 $\boldsymbol{\alpha}_1$，$\boldsymbol{\alpha}_2$，$\boldsymbol{\alpha}_3$，$\boldsymbol{\alpha}_4$ 线性相关。

(2) 若向量组整体线性无关，则向量组任意一部分线性无关。

例如：若 $\boldsymbol{\beta}_1$，$\boldsymbol{\beta}_2$，$\boldsymbol{\beta}_3$ 线性无关，则 $\boldsymbol{\beta}_1$，$\boldsymbol{\beta}_2$ 线性无关，$\boldsymbol{\beta}_1$，$\boldsymbol{\beta}_3$ 线性无关，$\boldsymbol{\beta}_2$，$\boldsymbol{\beta}_3$ 线性无关。

3.3.7 向量组的延伸与收缩定理

向量组的延伸与收缩定理可以形象地描述如下。

(1) “长”相关，则“短”相关。

例如：若“长”向量组 $(a,\ b,\ c)^{\mathrm{T}}$，$(x,\ y,\ z)^{\mathrm{T}}$ 线性相关，则删除向量对应元素后的“短”向量组 $(a,\ b)^{\mathrm{T}}$，$(x,\ y)^{\mathrm{T}}$ 也线性相关。

(2) “短”无关，则“长”无关。

例如：“短”向量组 $(1,\ 0)^{\mathrm{T}}$，$(0,\ 1)^{\mathrm{T}}$ 线性无关，则增加向量对应元素后的“长”向量组 $(1,\ 0,\ a)^{\mathrm{T}}$，$(0,\ 1,\ b)^{\mathrm{T}}$ 依然线性无关。

例如：设 $\boldsymbol{A}=\begin{bmatrix} a_{11} & a_{12} & a_{13} \\ a_{21} & a_{22} & a_{23} \\ a_{31} & a_{32} & a_{33} \end{bmatrix}$，已知 $|\boldsymbol{A}|$ 的代数余子式 $A_{33}\neq 0$，即 $\begin{vmatrix} a_{11} & a_{12} \\ a_{21} & a_{22} \end{vmatrix}\neq 0$，于是向量组 $(a_{11},\ a_{21})^{\mathrm{T}}$，$(a_{12},\ a_{22})^{\mathrm{T}}$ 线性无关，根据“短”无关，则“长”无关定理，可以得到矩阵 $\boldsymbol{A}$ 的第 1、2 列构成的向量组线性无关。

3.3.8 一个向量与一个向量组定理

若向量组 $\boldsymbol{\alpha}_1$，$\boldsymbol{\alpha}_2$，…，$\boldsymbol{\alpha}_n$ 线性无关，而向量组 $\boldsymbol{\alpha}_1$，$\boldsymbol{\alpha}_2$，…，$\boldsymbol{\alpha}_n$，$\boldsymbol{\beta}$ 线性相关，则向量 $\boldsymbol{\beta}$ 一定可以由向量组 $\boldsymbol{\alpha}_1$，$\boldsymbol{\alpha}_2$，…，$\boldsymbol{\alpha}_n$ 线性表示，且表示方法唯一。

例如：$\boldsymbol{\alpha}_1$，$\boldsymbol{\alpha}_2$，$\boldsymbol{\alpha}_3$ 线性无关，$\boldsymbol{\alpha}_1$，$\boldsymbol{\alpha}_2$，$\boldsymbol{\alpha}_4$ 线性相关，判断 $\boldsymbol{\alpha}_4$ 是否能由向量组 $\boldsymbol{\alpha}_1$，$\boldsymbol{\alpha}_2$，$\boldsymbol{\alpha}_3$ 线性表示?

因为 $\boldsymbol{\alpha}_1$，$\boldsymbol{\alpha}_2$，$\boldsymbol{\alpha}_3$ 线性无关，根据整体无关，则部分无关定理，知向量组 $\boldsymbol{\alpha}_1$，$\boldsymbol{\alpha}_2$ 线性无关，而向量组 $\boldsymbol{\alpha}_1$，$\boldsymbol{\alpha}_2$，$\boldsymbol{\alpha}_4$ 线性相关，又根据“一个向量与一个向量组定理”得，$\boldsymbol{\alpha}_4$ 可由向量组 $\boldsymbol{\alpha}_1$，$\boldsymbol{\alpha}_2$ 线性表示，显然，$\boldsymbol{\alpha}_4$ 也可由向量组 $\boldsymbol{\alpha}_1$，$\boldsymbol{\alpha}_2$，$\boldsymbol{\alpha}_3$ 线性表示。

3.3.9 特殊向量组的线性相关性定理

1. 基本单位向量组线性无关

例如：3 维基本单位向量组 $\boldsymbol{e}_1=(1,\ 0,\ 0)^{\mathrm{T}}$，$\boldsymbol{e}_2=(0,\ 1,\ 0)^{\mathrm{T}}$，$\boldsymbol{e}_3=(0,\ 0,\ 1)^{\mathrm{T}}$ 线性无关。

2. 含有零向量的向量组线性相关

“零向量组到哪里，哪里就线性相关”。例如：向量组 $\boldsymbol{\alpha}_1$，$\boldsymbol{\alpha}_2$，$\boldsymbol{\alpha}_3$，$\mathbf{0}$ 线性相关。

3. 只含有一个向量的向量组

一个非零向量构成的向量组线性无关，一个零向量构成的向量组线性相关。

4. 含有两个向量的向量组

如果两个向量组对应元素成比例，则这两个向量构成的向量组线性相关，否则线性无关。

例如：向量组 $\boldsymbol{\alpha}_1=(1,2,3)^{\mathrm{T}}$，$\boldsymbol{\alpha}_2=(2,4,k)^{\mathrm{T}}$，若 $k=6$，两个向量对应元素之比均为2，则向量组 $\boldsymbol{\alpha}_1$，$\boldsymbol{\alpha}_2$ 线性相关；若 $k\neq6$，两个向量对应元素不成比例，则向量组 $\boldsymbol{\alpha}_1$，$\boldsymbol{\alpha}_2$ 线性无关。

5. n 个 n 维向量组

设 $\boldsymbol{A}$ 为 n 阶矩阵，关于 $\boldsymbol{A}$ 的行列式值、线性方程组 $\boldsymbol{Ax}=\mathbf{0}$ 的解、$\boldsymbol{A}$ 的列向量组的线性相关性，有以下定理：

(1) $|\boldsymbol{A}|=0\Leftrightarrow\boldsymbol{Ax}=\mathbf{0}$ 有非零解 $\Leftrightarrow\boldsymbol{A}$ 的列向量组线性相关；

(2) $|\boldsymbol{A}|\neq0\Leftrightarrow\boldsymbol{Ax}=\mathbf{0}$ 只有零解 $\Leftrightarrow\boldsymbol{A}$ 的列向量组线性无关。

6. m 个 $n(m>n)$ 维向量必线性相关

例如：3个2维向量构成的向量组一定线性相关。

3.3.10　向量组的极大线性无关组及秩

1. 极大无关组定义

设向量组 $\boldsymbol{T}$ 的一个部分组 $\boldsymbol{\alpha}_1$，$\boldsymbol{\alpha}_2$，…，$\boldsymbol{\alpha}_r$ 满足：

(1) $\boldsymbol{\alpha}_1$，$\boldsymbol{\alpha}_2$，…，$\boldsymbol{\alpha}_r$ 线性无关；

(2) 向量组 $\boldsymbol{T}$ 中任意一个向量都可以由 $\boldsymbol{\alpha}_1$，$\boldsymbol{\alpha}_2$，…，$\boldsymbol{\alpha}_r$ 线性表示。

则称 $\boldsymbol{\alpha}_1$，$\boldsymbol{\alpha}_2$，…，$\boldsymbol{\alpha}_r$ 是向量组 $\boldsymbol{T}$ 的一个极大线性无关组，简称极大无关组。

2. 向量组秩的定义

向量组 $\boldsymbol{\alpha}_1$，$\boldsymbol{\alpha}_2$，…，$\boldsymbol{\alpha}_m$ 的极大线性无关组所含向量个数，称为该向量组的秩，记作 $r(\boldsymbol{\alpha}_1,\boldsymbol{\alpha}_2,\cdots,\boldsymbol{\alpha}_m)$。

3. 特殊向量组的秩

r(零向量组)$=0$，r(n 维基本单位向量组)$=n$。

3.3.11　用秩判断向量组的线性相关性定理

1. 秩不会大于其“尺寸”

该定理可表达如下：

$$r(\boldsymbol{\alpha}_1,\boldsymbol{\alpha}_2,\cdots,\boldsymbol{\alpha}_m)\leqslant m$$

2. 降秩则相关

该定理可表达如下：

$$r(\boldsymbol{\alpha}_1,\boldsymbol{\alpha}_2,\cdots,\boldsymbol{\alpha}_m)<m\Leftrightarrow\text{向量组 }\boldsymbol{\alpha}_1,\boldsymbol{\alpha}_2,\cdots,\boldsymbol{\alpha}_m\text{ 线性相关}$$

3. 满秩则无关

该定理可表达如下：

$$r(\boldsymbol{\alpha}_1, \boldsymbol{\alpha}_2, \cdots, \boldsymbol{\alpha}_m)=m \Leftrightarrow \text{向量组 } \boldsymbol{\alpha}_1, \boldsymbol{\alpha}_2, \cdots, \boldsymbol{\alpha}_m \text{ 线性无关}$$

3.3.12 “三秩相等”定理

1. 定理

设 $\boldsymbol{A}$ 为 $m\times n$ 矩阵，“三秩相等”定理如下：

$$r(\boldsymbol{A})=r(\boldsymbol{A}\text{ 的行向量组})=r(\boldsymbol{A}\text{ 的列向量组})$$

2. 列满秩与行满秩

根据“三秩相等”定理知：

(1) 若 n 阶矩阵 $\boldsymbol{A}$ 行(列)满秩，则 $\boldsymbol{A}$ 也列(行)满秩。

(2) 若 n 阶矩阵 $\boldsymbol{A}$ 行(列)降秩，则 $\boldsymbol{A}$ 也列(行)降秩。

(3) n 阶矩阵 $\boldsymbol{A}$ 的行向量组与列向量组有相同的线性相关性。

(4) 若 $m<n$，则矩阵 $\boldsymbol{A}_{m\times n}$ 列降秩，$\boldsymbol{A}$ 的列向量组线性相关。

(5) 若 $m>n$，则矩阵 $\boldsymbol{A}_{m\times n}$ 行降秩，$\boldsymbol{A}$ 的行向量组线性相关。

3. 向量组秩的求法

根据“三秩相等”定理可得，向量组的秩等于向量组构成矩阵 $\boldsymbol{A}$ 的秩，于是，可以通过初等行变换求得矩阵 $\boldsymbol{A}$ 的秩，那么矩阵 $\boldsymbol{A}$ 的行向量组的秩和 $\boldsymbol{A}$ 的列向量组的秩也就获得了。

3.3.13 向量组的等价及与矩阵等价的区别

1. 向量组等价的定义及性质

定义：若向量组Ⅰ与向量组Ⅱ可以相互线性表示，则称向量组Ⅰ与向量组Ⅱ等价。

等价的传递性：若向量组Ⅰ与向量组Ⅱ等价，向量组Ⅱ与向量组Ⅲ等价，则向量组Ⅰ与向量组Ⅲ也等价。

2. 等价的向量组举例

(1) 一个向量组与其极大无关组等价。

(2) 一个向量组的任意两个极大无关组等价。

(3) (数学一)向量空间中的任意两个基等价。

(4) 矩阵 $\boldsymbol{A}$ 经过有限次初等行变换变为矩阵 $\boldsymbol{B}$，则矩阵 $\boldsymbol{A}$ 的行向量组与矩阵 $\boldsymbol{B}$ 的行向量组等价。

(5) 矩阵 $\boldsymbol{A}$ 经过有限次初等列变换变为矩阵 $\boldsymbol{C}$，则矩阵 $\boldsymbol{A}$ 的列向量组与矩阵 $\boldsymbol{C}$ 的列向量组等价。

3. 向量组等价与矩阵等价关系

(1) 定义上的区别。

矩阵等价：矩阵 $\boldsymbol{A}$ 经过有限次初等变换变成矩阵 $\boldsymbol{B}$，则称 $\boldsymbol{A}$ 与 $\boldsymbol{B}$ 等价。

向量组等价：两个向量组可以相互线性表示，则称它们等价。

(2) 单向推出定理。

若列向量组 $\boldsymbol{\alpha}_1, \boldsymbol{\alpha}_2, \cdots, \boldsymbol{\alpha}_n$ 与 $\boldsymbol{\beta}_1, \boldsymbol{\beta}_2, \cdots, \boldsymbol{\beta}_n$ 等价，则矩阵$(\boldsymbol{\alpha}_1, \boldsymbol{\alpha}_2, \cdots, \boldsymbol{\alpha}_n)$与$(\boldsymbol{\beta}_1, \boldsymbol{\beta}_2, \cdots, \boldsymbol{\beta}_n)$等价。

(3) 等价与等秩。

设 $\boldsymbol{A}, \boldsymbol{B}$ 均为 $m \times n$ 矩阵，则有

$$\boldsymbol{A} \text{ 与 } \boldsymbol{B} \text{ 等价} \Leftrightarrow r(\boldsymbol{A}) = r(\boldsymbol{B})$$

设 $\boldsymbol{T}_1, \boldsymbol{T}_2$ 为同维向量组，则有

$$\boldsymbol{T}_1 \text{ 与 } \boldsymbol{T}_2 \text{ 等价} \Rightarrow r(\boldsymbol{T}_1) = r(\boldsymbol{T}_2),$$

$$\boldsymbol{T}_1 \text{ 与 } \boldsymbol{T}_2 \text{ 等价} \Leftrightarrow r(\boldsymbol{T}_1) = r(\boldsymbol{T}_2) = r(\boldsymbol{T}_1, \boldsymbol{T}_2)$$

3.3.14 向量组间线性表示与秩的关系定理

向量组的秩可以形象地理解为向量组的“能力值”，用“能力值”的思想可以理解以下四个定理。

(1) 若向量组 $\boldsymbol{\beta}_1, \boldsymbol{\beta}_2, \cdots, \boldsymbol{\beta}_n$ 可由向量组 $\boldsymbol{\alpha}_1, \boldsymbol{\alpha}_2, \cdots, \boldsymbol{\alpha}_m$ 线性表示，则有

$$r(\boldsymbol{\beta}_1, \boldsymbol{\beta}_2, \cdots, \boldsymbol{\beta}_n) \leqslant r(\boldsymbol{\alpha}_1, \boldsymbol{\alpha}_2, \cdots, \boldsymbol{\alpha}_m)$$

(2) 若向量组 $\boldsymbol{\alpha}_1, \boldsymbol{\alpha}_2, \cdots, \boldsymbol{\alpha}_m$ 与向量组 $\boldsymbol{\beta}_1, \boldsymbol{\beta}_2, \cdots, \boldsymbol{\beta}_n$ 等价，则有

$$r(\boldsymbol{\alpha}_1, \boldsymbol{\alpha}_2, \cdots, \boldsymbol{\alpha}_m) = r(\boldsymbol{\beta}_1, \boldsymbol{\beta}_2, \cdots, \boldsymbol{\beta}_n)$$

(3) 向量组 $\boldsymbol{\beta}_1, \boldsymbol{\beta}_2, \cdots, \boldsymbol{\beta}_n$ 可由向量组 $\boldsymbol{\alpha}_1, \boldsymbol{\alpha}_2, \cdots, \boldsymbol{\alpha}_m$ 线性表示的充分必要条件是

$$r(\boldsymbol{\alpha}_1, \boldsymbol{\alpha}_2, \cdots, \boldsymbol{\alpha}_m) = r(\boldsymbol{\alpha}_1, \boldsymbol{\alpha}_2, \cdots, \boldsymbol{\alpha}_m, \boldsymbol{\beta}_1, \boldsymbol{\beta}_2, \cdots, \boldsymbol{\beta}_n)$$

(4) 向量组 $\boldsymbol{\alpha}_1, \boldsymbol{\alpha}_2, \cdots, \boldsymbol{\alpha}_m$ 与向量组 $\boldsymbol{\beta}_1, \boldsymbol{\beta}_2, \cdots, \boldsymbol{\beta}_n$ 等价的充分必要条件是

$$r(\boldsymbol{\alpha}_1, \boldsymbol{\alpha}_2, \cdots, \boldsymbol{\alpha}_m) = r(\boldsymbol{\beta}_1, \boldsymbol{\beta}_2, \cdots, \boldsymbol{\beta}_n) = r(\boldsymbol{\alpha}_1, \boldsymbol{\alpha}_2, \cdots, \boldsymbol{\alpha}_m, \boldsymbol{\beta}_1, \boldsymbol{\beta}_2, \cdots, \boldsymbol{\beta}_n)$$

3.3.15 向量组的“紧凑性”与“臃肿性”定理

1. 概念

线性无关向量组可以形象地理解为“紧凑”的，没有“多余”的向量，即任何一个向量也不能由其余向量线性表示，各个向量都有自己的“特色”。

线性相关向量组可以形象地理解为“臃肿”的，总有“多余”的向量，即至少存在一个向量能由其余向量线性表示，这个向量可以形象地理解为“多余”的。

2. 向量组“臃肿性”和“紧凑性”的相关定理

(1) 若向量组 $\boldsymbol{\beta}_1, \boldsymbol{\beta}_2, \cdots, \boldsymbol{\beta}_t$ 可以由向量组 $\boldsymbol{\alpha}_1, \boldsymbol{\alpha}_2, \cdots, \boldsymbol{\alpha}_s$ 线性表示，且 $s<t$，则向量组 $\boldsymbol{\beta}_1, \boldsymbol{\beta}_2, \cdots, \boldsymbol{\beta}_t$ 线性相关。

(2) 若向量组 $\boldsymbol{\beta}_1, \boldsymbol{\beta}_2, \cdots, \boldsymbol{\beta}_t$ 可以由向量组 $\boldsymbol{\alpha}_1, \boldsymbol{\alpha}_2, \cdots, \boldsymbol{\alpha}_s$ 线性表示，且向量组 $\boldsymbol{\beta}_1, \boldsymbol{\beta}_2, \cdots, \boldsymbol{\beta}_t$ 线性无关，则 $s \geqslant t$。

(3) 若向量组 $\boldsymbol{\beta}_1, \boldsymbol{\beta}_2, \cdots, \boldsymbol{\beta}_t$ 与向量组 $\boldsymbol{\alpha}_1, \boldsymbol{\alpha}_2, \cdots, \boldsymbol{\alpha}_s$ 可以相互线性表示，且两个向量组都线性无关，则 $t=s$。

3.3.16 向量组极大无关组的求解及由极大无关组线性表示其余向量的方法

1. 定理

矩阵 $\boldsymbol{A}$ 经初等行变换化为 $\boldsymbol{B}$，则

(1) 矩阵 $\boldsymbol{A}$ 与 $\boldsymbol{B}$ 任何对应的列向量构成的向量组有相同的线性相关性。

(2) 矩阵 $\boldsymbol{A}$ 的列向量组与 $\boldsymbol{B}$ 的列向量组有相同的线性表示关系。

(3) 矩阵 $\boldsymbol{A}$ 的行向量组与 $\boldsymbol{B}$ 的行向量组等价。

例如：$\boldsymbol{\alpha}_1$，$\boldsymbol{\alpha}_2$，$\boldsymbol{\alpha}_3$，$\boldsymbol{\alpha}_4$ 是矩阵 $\boldsymbol{A}$ 的 4 个列向量，若有

$$\boldsymbol{A}=(\boldsymbol{\alpha}_1,\boldsymbol{\alpha}_2,\boldsymbol{\alpha}_3,\boldsymbol{\alpha}_4)\xrightarrow{\text{有限次初等行变换}}(\boldsymbol{\beta}_1,\boldsymbol{\beta}_2,\boldsymbol{\beta}_3,\boldsymbol{\beta}_4)=\boldsymbol{B}$$

则有

(1) $\boldsymbol{\beta}_2$，$\boldsymbol{\beta}_3$ 与 $\boldsymbol{\alpha}_2$，$\boldsymbol{\alpha}_3$ 有相同的线性相关性，$\boldsymbol{\beta}_1$，$\boldsymbol{\beta}_3$，$\boldsymbol{\beta}_4$ 与 $\boldsymbol{\alpha}_1$，$\boldsymbol{\alpha}_3$，$\boldsymbol{\alpha}_4$ 有相同的线性相关性。

(2) 若 $\boldsymbol{\beta}_1=\boldsymbol{\beta}_2-\boldsymbol{\beta}_3+5\boldsymbol{\beta}_4$，则 $\boldsymbol{\alpha}_1=\boldsymbol{\alpha}_2-\boldsymbol{\alpha}_3+5\boldsymbol{\alpha}_4$；若 $\boldsymbol{\beta}_2=2\boldsymbol{\beta}_3$，则 $\boldsymbol{\alpha}_2=2\boldsymbol{\alpha}_3$。

(3) 矩阵 $\boldsymbol{A}$ 的行向量组与 $\boldsymbol{B}$ 的行向量组等价。

注意：向量组 $\boldsymbol{\alpha}_1$，$\boldsymbol{\alpha}_2$，$\boldsymbol{\alpha}_3$，$\boldsymbol{\alpha}_4$ 与 $\boldsymbol{\beta}_1$，$\boldsymbol{\beta}_2$，$\boldsymbol{\beta}_3$，$\boldsymbol{\beta}_4$ 并不等价。

2. 向量组极大无关组的求法

举例说明求解列向量组 $\boldsymbol{\alpha}_1$，$\boldsymbol{\alpha}_2$，$\boldsymbol{\alpha}_3$，$\boldsymbol{\alpha}_4$，$\boldsymbol{\alpha}_5$ 极大无关组的方法，对矩阵$(\boldsymbol{\alpha}_1,\boldsymbol{\alpha}_2,\boldsymbol{\alpha}_3,\boldsymbol{\alpha}_4,\boldsymbol{\alpha}_5)$进行初等行变换：

$$(\boldsymbol{\alpha}_1,\boldsymbol{\alpha}_2,\boldsymbol{\alpha}_3,\boldsymbol{\alpha}_4,\boldsymbol{\alpha}_5)\xrightarrow{\text{有限次初等行变换}}\begin{bmatrix}1&2&0&0&3\\0&0&1&0&-2\\0&0&0&1&5\\0&0&0&0&0\end{bmatrix}=(\boldsymbol{\beta}_1,\boldsymbol{\beta}_2,\boldsymbol{\beta}_3,\boldsymbol{\beta}_4,\boldsymbol{\beta}_5)$$

从行最简形矩阵可以看出 $\boldsymbol{\beta}_1$，$\boldsymbol{\beta}_3$，$\boldsymbol{\beta}_4$ 是向量组 $\boldsymbol{\beta}_1$，$\boldsymbol{\beta}_2$，$\boldsymbol{\beta}_3$，$\boldsymbol{\beta}_4$，$\boldsymbol{\beta}_5$ 的极大无关组，于是 $\boldsymbol{\alpha}_1$，$\boldsymbol{\alpha}_3$，$\boldsymbol{\alpha}_4$ 也是向量组 $\boldsymbol{\alpha}_1$，$\boldsymbol{\alpha}_2$，$\boldsymbol{\alpha}_3$，$\boldsymbol{\alpha}_4$，$\boldsymbol{\alpha}_5$ 的极大无关组；从行最简形矩阵还可以得到 $\boldsymbol{\beta}_2=2\boldsymbol{\beta}_1$ 及 $\boldsymbol{\beta}_5=3\boldsymbol{\beta}_1-2\boldsymbol{\beta}_3+5\boldsymbol{\beta}_4$，于是一定有 $\boldsymbol{\alpha}_2=2\boldsymbol{\alpha}_1$ 及 $\boldsymbol{\alpha}_5=3\boldsymbol{\alpha}_1-2\boldsymbol{\alpha}_3+5\boldsymbol{\alpha}_4$。

3.3.17 向量的内积、长度和夹角

1. 向量的几何含义

我们可以用有方向的线段来形象地表示二维向量和三维向量。图 3.1 给出了二维向量的几何含义。

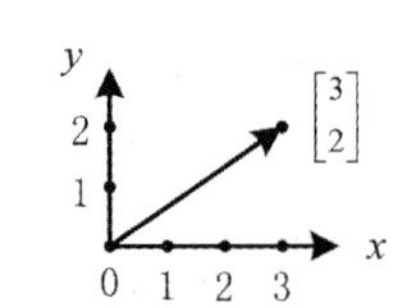

图 3.1 二维向量的几何含义

2. 向量的内积

两个 n 维列向量 $\boldsymbol{\alpha}$，$\boldsymbol{\beta}$ 的内积就是对应元素乘积之和，记作$(\boldsymbol{\alpha},\boldsymbol{\beta})$或$[\boldsymbol{\alpha},\boldsymbol{\beta}]$。根据矩阵乘法运算规律有

$$(\boldsymbol{\alpha},\boldsymbol{\beta})=\boldsymbol{\alpha}^{\mathrm{T}}\boldsymbol{\beta}=\boldsymbol{\beta}^{\mathrm{T}}\boldsymbol{\alpha}$$

例如：$\boldsymbol{\alpha}=(1,2,3)^{\mathrm{T}}$，$\boldsymbol{\beta}=(3,2,1)^{\mathrm{T}}$，则 $\boldsymbol{\alpha}$，$\boldsymbol{\beta}$ 的内积为

$$(\boldsymbol{\alpha},\boldsymbol{\beta})=\boldsymbol{\alpha}^{\mathrm{T}}\boldsymbol{\beta}=\boldsymbol{\beta}^{\mathrm{T}}\boldsymbol{\alpha}=1\times3+2\times2+3\times1=10$$

3. 向量的长度

设 n 维向量 $\boldsymbol{\alpha}=(a_1,a_2,\cdots,a_n)^{\mathrm{T}}$，令 $\|\boldsymbol{\alpha}\|=\sqrt{(\boldsymbol{\alpha},\boldsymbol{\alpha})}=\sqrt{a_1^2+a_2^2+\cdots+a_n^2}$，$\|\boldsymbol{\alpha}\|$ 称为向量 $\boldsymbol{\alpha}$ 的长度(或范数)。

例如：向量 $\boldsymbol{\alpha}=(1,2,3)^{\mathrm{T}}$ 的长度为 $\|\boldsymbol{\alpha}\|=\sqrt{(\boldsymbol{\alpha},\boldsymbol{\alpha})}=\sqrt{1^2+2^2+3^2}=\sqrt{14}$。

把长度为1的向量称为单位向量。只有零向量的长度为0。

4. 单位化

把向量$\boldsymbol{\alpha}$变成单位向量$\frac{1}{\|\boldsymbol{\alpha}\|}\boldsymbol{\alpha}$的过程，称为单位化。

例如：把向量$\boldsymbol{\alpha}=(1, 2, 3)^{\mathrm{T}}$单位化的结果为$\boldsymbol{\alpha}_0=\frac{1}{\|\boldsymbol{\alpha}\|}\boldsymbol{\alpha}=\frac{1}{\sqrt{14}}\times(1, 2, 3)^{\mathrm{T}}(\|\boldsymbol{\alpha}_0\|=1)$。

5. 向量的夹角

设$\boldsymbol{\alpha}$，$\boldsymbol{\beta}$均为n维非零列向量，$\theta=\arccos\frac{(\boldsymbol{\alpha}, \boldsymbol{\beta})}{\|\boldsymbol{\alpha}\|\|\boldsymbol{\beta}\|}$称为向量$\boldsymbol{\alpha}$与$\boldsymbol{\beta}$的夹角。

6. 向量正交的充要条件

设$\boldsymbol{\alpha}$，$\boldsymbol{\beta}$均为n维列向量，向量$\boldsymbol{\alpha}$与$\boldsymbol{\beta}$正交的充要条件是：$(\boldsymbol{\alpha}, \boldsymbol{\beta})=0$。

显然零向量与任意同维向量正交。

例如：二维向量$\boldsymbol{\alpha}=(3, 1)^{\mathrm{T}}$与$\boldsymbol{\beta}=(-1, 3)^{\mathrm{T}}$的内积为

$$(\boldsymbol{\alpha}, \boldsymbol{\beta})=\boldsymbol{\alpha}^{\mathrm{T}}\boldsymbol{\beta}=3\times(-1)+1\times3=0$$

于是向量$\boldsymbol{\alpha}$与$\boldsymbol{\beta}$正交(垂直)，如图3.2所示。

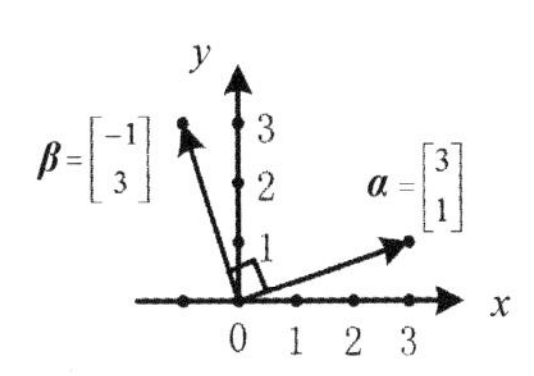

图3.2 向量正交示意图

3.3.18 向量组线性相关性的几何意义

1. 两个向量构成的向量组

设$\boldsymbol{\alpha}$，$\boldsymbol{\beta}$均为3维(或2维)非零列向量，则有

(1) $\boldsymbol{\alpha}$，$\boldsymbol{\beta}$线性无关$\Leftrightarrow\boldsymbol{\alpha}$，$\boldsymbol{\beta}$不共线

(2) $\boldsymbol{\alpha}$，$\boldsymbol{\beta}$线性相关$\Leftrightarrow\boldsymbol{\alpha}$，$\boldsymbol{\beta}$共线

图3.3(a)和图3.3(b)所示分别为线性无关和线性相关的几何意义。

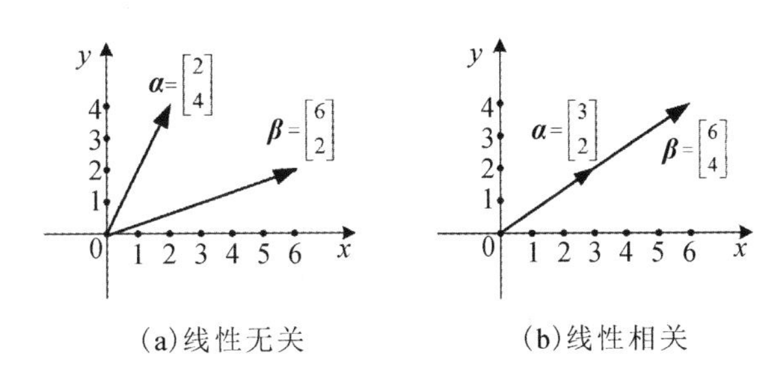

(a)线性无关　(b)线性相关

图3.3 两个向量线性相关性的几何意义

2. 三个向量构成的向量组

设$\boldsymbol{\alpha}$，$\boldsymbol{\beta}$，$\boldsymbol{\gamma}$均为3维非零列向量，则有

(1) $\boldsymbol{\alpha}$，$\boldsymbol{\beta}$，$\boldsymbol{\gamma}$线性无关$\Leftrightarrow\boldsymbol{\alpha}$，$\boldsymbol{\beta}$，$\boldsymbol{\gamma}$不共面

(2) $\boldsymbol{\alpha}$，$\boldsymbol{\beta}$，$\boldsymbol{\gamma}$线性相关$\Leftrightarrow\boldsymbol{\alpha}$，$\boldsymbol{\beta}$，$\boldsymbol{\gamma}$共面

图3.4中向量$\boldsymbol{\alpha}_2$是$\boldsymbol{\alpha}_1$在xy平面上的投影，显然向量$\boldsymbol{\alpha}_2$，$\boldsymbol{\alpha}_3$，$\boldsymbol{\alpha}_4$共面，它们线性相关；向量$\boldsymbol{\alpha}_1$，$\boldsymbol{\alpha}_2$，$\boldsymbol{\alpha}_3$异面，它们线性无关。

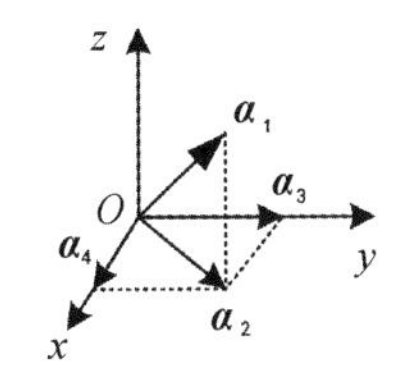

图3.4 三维向量线性相关性的几何意义

3.3.19 线性无关向量组的正交规范化

1. 正交向量组

(1) 定义：两两正交的非零向量组称为正交向量组。

(2) 定理：正交向量组必线性无关。

2. 施密特正交化

设 $\boldsymbol{\alpha}_1, \boldsymbol{\alpha}_2, \cdots, \boldsymbol{\alpha}_m$ 是线性无关向量组，施密特正交化就是从 $\boldsymbol{\alpha}_1, \boldsymbol{\alpha}_2, \cdots, \boldsymbol{\alpha}_m$ 出发，找出正交向量组 $\boldsymbol{\beta}_1, \boldsymbol{\beta}_2, \cdots, \boldsymbol{\beta}_m$，满足向量组 $\boldsymbol{\alpha}_1, \boldsymbol{\alpha}_2, \cdots, \boldsymbol{\alpha}_k$ 与 $\boldsymbol{\beta}_1, \boldsymbol{\beta}_2, \cdots, \boldsymbol{\beta}_k$ 等价，其中 $1 \leqslant k \leqslant m$。

具体公式如下：

$$\boldsymbol{\beta}_1 = \boldsymbol{\alpha}_1,$$

$$\boldsymbol{\beta}_2 = \boldsymbol{\alpha}_2 - \frac{(\boldsymbol{\alpha}_2, \boldsymbol{\beta}_1)}{(\boldsymbol{\beta}_1, \boldsymbol{\beta}_1)}\boldsymbol{\beta}_1,$$

$$\cdots$$

$$\boldsymbol{\beta}_m = \boldsymbol{\alpha}_m - \frac{(\boldsymbol{\alpha}_m, \boldsymbol{\beta}_1)}{(\boldsymbol{\beta}_1, \boldsymbol{\beta}_1)}\boldsymbol{\beta}_1 - \frac{(\boldsymbol{\alpha}_m, \boldsymbol{\beta}_2)}{(\boldsymbol{\beta}_2, \boldsymbol{\beta}_2)}\boldsymbol{\beta}_2 - \cdots - \frac{(\boldsymbol{\alpha}_m, \boldsymbol{\beta}_{m-1})}{(\boldsymbol{\beta}_{m-1}, \boldsymbol{\beta}_{m-1})}\boldsymbol{\beta}_{m-1}$$

再进一步可以把正交向量组 $\boldsymbol{\beta}_1, \boldsymbol{\beta}_2, \cdots, \boldsymbol{\beta}_m$ 单位化：

$$\boldsymbol{\xi}_1 = \frac{1}{\|\boldsymbol{\beta}_1\|}\boldsymbol{\beta}_1, \boldsymbol{\xi}_2 = \frac{1}{\|\boldsymbol{\beta}_2\|}\boldsymbol{\beta}_2, \cdots, \boldsymbol{\xi}_m = \frac{1}{\|\boldsymbol{\beta}_m\|}\boldsymbol{\beta}_m$$

以上过程即是线性无关向量组的正交规范化过程。

3. 施密特正交化思想(不用公式)

例如：已知线性无关列向量组 $\boldsymbol{\alpha}_1, \boldsymbol{\alpha}_2, \boldsymbol{\alpha}_3$，求与之等价的正交向量组 $\boldsymbol{\beta}_1, \boldsymbol{\beta}_2, \boldsymbol{\beta}_3$。

思路：第一步，令 $\boldsymbol{\beta}_1 = \boldsymbol{\alpha}_1$。

第二步，令 $\boldsymbol{\beta}_2 = \boldsymbol{\alpha}_2 + k\boldsymbol{\beta}_1$，因为 $\boldsymbol{\beta}_1$ 与 $\boldsymbol{\beta}_2$ 正交，则有 $\boldsymbol{\beta}_1^{\mathrm{T}}\boldsymbol{\beta}_2 = 0$，于是可以求得参数 k。

第三步，令 $\boldsymbol{\beta}_3 = \boldsymbol{\alpha}_3 + k_1\boldsymbol{\beta}_1 + k_2\boldsymbol{\beta}_2$，因为 $\boldsymbol{\beta}_3$ 与 $\boldsymbol{\beta}_1$ 正交，$\boldsymbol{\beta}_3$ 与 $\boldsymbol{\beta}_2$ 正交，则有 $\boldsymbol{\beta}_1^{\mathrm{T}}\boldsymbol{\beta}_3 = \boldsymbol{\beta}_2^{\mathrm{T}}\boldsymbol{\beta}_3 = 0$，于是可以求得参数 k_1, k_2。

3.3.20 正交矩阵

1. 正交矩阵的定义

如果 n 阶矩阵 $\boldsymbol{A}$ 满足 $\boldsymbol{A}^{\mathrm{T}}\boldsymbol{A} = \boldsymbol{E}$，则称 $\boldsymbol{A}$ 为正交矩阵。

正交矩阵的行(列)向量是两两正交的单位向量。例如，以下矩阵均为正交矩阵：

$$\begin{bmatrix} 1 & 0 & 0 \\ 0 & 1 & 0 \\ 0 & 0 & 1 \end{bmatrix}, \begin{bmatrix} 0 & 0 & 1 \\ 0 & 1 & 0 \\ 1 & 0 & 0 \end{bmatrix}, \begin{bmatrix} \sqrt{2}/2 & -\sqrt{2}/2 & 0 \\ 0 & 0 & 1 \\ \sqrt{2}/2 & \sqrt{2}/2 & 0 \end{bmatrix}, \frac{1}{\sqrt{30}} \times \begin{bmatrix} 1 & -2 & 3 & 4 \\ 2 & 1 & -4 & 3 \\ 3 & -4 & -1 & -2 \\ 4 & 3 & 2 & -1 \end{bmatrix}$$

2. 正交矩阵的性质

(1) 若 $\boldsymbol{A}$ 为正交矩阵，则 $|\boldsymbol{A}| = \pm 1$。

(2) 若 $\boldsymbol{A}$ 为正交矩阵，则 $-\boldsymbol{A}, \boldsymbol{A}^{\mathrm{T}}, \boldsymbol{A}^{-1}, \boldsymbol{A}^*, \boldsymbol{A}^k$($k$ 为大于 0 的整数)也是正交矩阵。

(3) 若 $\boldsymbol{A}, \boldsymbol{B}$ 都为正交矩阵，则 $\boldsymbol{AB}$ 及 $\boldsymbol{BA}$ 也是正交矩阵。

(4) n 阶矩阵 $\boldsymbol{A}$ 为正交矩阵 $\Leftrightarrow$ $\boldsymbol{A}$ 的列(行)向量组是 $\mathbf{R}^n$ 的一组规范正交基。

(5) 正交变换“3不变”：设 $\boldsymbol{\alpha}$，$\boldsymbol{\beta}$ 为 n 维列向量，$\boldsymbol{A}$ 为 n 阶正交矩阵，则有

$\boldsymbol{A\alpha}$，$\boldsymbol{A\beta}$ 的内积与 $\boldsymbol{\alpha}$，$\boldsymbol{\beta}$ 的内积相等；$\boldsymbol{A\alpha}$，$\boldsymbol{A\beta}$ 的夹角与 $\boldsymbol{\alpha}$，$\boldsymbol{\beta}$ 的夹角相等；$\boldsymbol{A\alpha}$ 的长度与 $\boldsymbol{\alpha}$ 的长度相等、$\boldsymbol{A\beta}$ 的长度与 $\boldsymbol{\beta}$ 的长度相等。

(6) 正交矩阵特征值的模为1。

3.3.21 (仅数学一要求)向量空间及子空间

1. 向量空间的定义

设 V 是 n 维向量构成的非空集合，且满足：

(1) 对任意 $\boldsymbol{\alpha}$，$\boldsymbol{\beta}\in V$，有 $\boldsymbol{\alpha}+\boldsymbol{\beta}\in V$($V$ 对向量加法运算封闭)；

(2) 对任意 $\boldsymbol{\alpha}\in V$，任意数 k 有 $k\boldsymbol{\alpha}\in V$($V$ 对向量数乘运算封闭)。

则称集合 V 为向量空间。

2. 子空间

设向量空间 V_1，V_2，若 $V_1\subseteq V_2$，就称 V_1 是 V_2 的子空间，如图3.5所示。

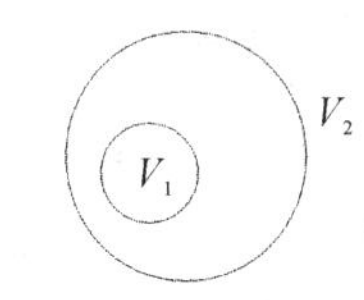

图3.5 子空间示意图

3. 齐次线性方程组 $\boldsymbol{Ax}=\boldsymbol{0}$ 的解空间

因为齐次线性方程组 $\boldsymbol{Ax}=\boldsymbol{0}$ 的任意两个解向量之和依然是方程组的解，任意一个解向量的 k 倍也依然是方程组的解，所以齐次线性方程组 $\boldsymbol{Ax}=0$ 的所有解向量组构成的集合 V 针对向量加法和向量数乘运算满足封闭性，于是 V 就是一个向量组空间，这个空间称为解空间。

4. n 维向量空间 $\mathbf{R}^n$

所有 n 维向量构成的集合 V 显然对向量加法及向量数乘运算满足封闭性，故 V 为一个向量空间，称为 n 维向量空间，记作 $\mathbf{R}^n$。

例如：齐次线性方程组 $\begin{cases}x_1+x_2+x_3=0\\x_1-x_2-2x_3=0\end{cases}$ 的所有解构成的集合称为解空间，该空间中的向量均为3维向量，于是该空间是 $\mathbf{R}^3$ 的一个子空间。

3.3.22 (仅数学一要求)向量空间的基、维数与坐标

1. 基与维数

设 V 是向量空间，$\boldsymbol{\alpha}_1$，$\boldsymbol{\alpha}_2$，…，$\boldsymbol{\alpha}_m\in V$，且满足：

(1) $\boldsymbol{\alpha}_1$，$\boldsymbol{\alpha}_2$，…，$\boldsymbol{\alpha}_m$ 线性无关；

(2) V 中任一向量都可以由 $\boldsymbol{\alpha}_1$，$\boldsymbol{\alpha}_2$，…，$\boldsymbol{\alpha}_m$ 线性表示。

则称 $\boldsymbol{\alpha}_1$，$\boldsymbol{\alpha}_2$，…，$\boldsymbol{\alpha}_m$ 为向量空间 V 的一组基(或基底)，m 称为 V 的维数，记作 $\dim(V)=m$。

向量空间的基相当于一个向量组的极大无关组，向量空间的维数相当于向量组的秩。

2. 向量的维数与向量空间的维数的区别

一个向量的维数就是这个向量所含元素的个数，而一个向量空间的维数是它的基所含

向量的个数。

例如：3 维向量 $\boldsymbol{\alpha}=(1,2,3)^{\mathrm{T}}$，$\boldsymbol{\beta}=(1,1,1)^{\mathrm{T}}$ 所张成的向量空间的维数是 2 维的。

3. 坐标

设 $\boldsymbol{\beta}$ 是向量空间 V 中的一个向量，$\boldsymbol{\alpha}_1$，$\boldsymbol{\alpha}_2$，$\boldsymbol{\alpha}_3$ 是 V 的一组基，若有

$$\boldsymbol{\beta}=2\boldsymbol{\alpha}_1+3\boldsymbol{\alpha}_2-5\boldsymbol{\alpha}_3=(\boldsymbol{\alpha}_1,\boldsymbol{\alpha}_2,\boldsymbol{\alpha}_3)\begin{bmatrix}2\\3\\-5\end{bmatrix}$$

则称有序数组$(2,3,-5)$是向量 $\boldsymbol{\beta}$ 在基 $\boldsymbol{\alpha}_1$，$\boldsymbol{\alpha}_2$，$\boldsymbol{\alpha}_3$ 下的坐标，记作$(2,3,-5)$或$(2,3,-5)^{\mathrm{T}}$，称为坐标向量。

一个向量在同一个基下的坐标是唯一的。

3.3.23 (仅数学一要求)n 维向量空间 $\mathbf{R}^n$ 的基

1. 自然基

例如：3 维基本单位向量组 $\boldsymbol{e}_1=(1,0,0)^{\mathrm{T}}$，$\boldsymbol{e}_2=(0,1,0)^{\mathrm{T}}$，$\boldsymbol{e}_3=(0,0,1)^{\mathrm{T}}$ 是 3 维向量空间 $\mathbf{R}^3$ 的一组基，这个基称为 $\mathbf{R}^3$ 的自然基。任意一个 3 维列向量在自然基下的坐标向量就是它自己，例如：

$$\begin{bmatrix}3\\6\\9\end{bmatrix}=3\boldsymbol{e}_1+6\boldsymbol{e}_2+9\boldsymbol{e}_3=(\boldsymbol{e}_1,\boldsymbol{e}_2,\boldsymbol{e}_3)\begin{bmatrix}3\\6\\9\end{bmatrix}$$

2. 正交基及规范正交基

(1) 若向量空间 V 的基 $\boldsymbol{\alpha}_1$，$\boldsymbol{\alpha}_2$，…，$\boldsymbol{\alpha}_m$ 为正交向量组，则该基称为正交基。

(2) 若向量空间 V 的基 $\boldsymbol{\alpha}_1$，$\boldsymbol{\alpha}_2$，…，$\boldsymbol{\alpha}_m$ 为正交基，且基中每个向量都是单位向量，那么该基称为规范正交基。

3. n 个线性无关的 n 维向量组

若 n 个 n 维向量构成的向量组线性无关，则该向量组可以作为 $\mathbf{R}^n$ 的一组基。

4. n 阶可逆矩阵的列(行)向量组

若 $\boldsymbol{A}$ 是 n 阶可逆矩阵，则矩阵 $\boldsymbol{A}$ 的列(行)向量组可以作为 $\mathbf{R}^n$ 的一组基。

5. 维数是 n 的向量空间

维数是 n 的向量空间不一定是 $\mathbf{R}^n$。例如：齐次线性方程组 $\begin{cases}x_1+2x_2+3x_3=0\\3x_1+6x_2+9x_3=0\end{cases}$ 的解空间 V 的维数是 2，但 V 并不是 $\mathbf{R}^2$，V 是 $\mathbf{R}^3$ 的一个子空间。

3.3.24 (仅数学一要求)基变换(过渡矩阵)及坐标变换

1. 过渡矩阵

设 $\boldsymbol{\alpha}_1$，$\boldsymbol{\alpha}_2$，$\boldsymbol{\alpha}_3$ 和 $\boldsymbol{\beta}_1$，$\boldsymbol{\beta}_2$，$\boldsymbol{\beta}_3$ 都是 3 维向量空间 $\mathbf{R}^3$ 的基，于是这两组基等价，若两组基之间存在以下线性表示关系：

$$(\boldsymbol{\beta}_1,\boldsymbol{\beta}_2,\boldsymbol{\beta}_3)=(\boldsymbol{\alpha}_1,\boldsymbol{\alpha}_2,\boldsymbol{\alpha}_3)\boldsymbol{P}$$

则称矩阵 $\boldsymbol{P}$ 为从基 $\boldsymbol{\alpha}_1, \boldsymbol{\alpha}_2, \boldsymbol{\alpha}_3$ 到基 $\boldsymbol{\beta}_1, \boldsymbol{\beta}_2, \boldsymbol{\beta}_3$ 的过渡矩阵。上式称为基变换公式。显然 $\boldsymbol{P}^{-1}$ 为从基 $\boldsymbol{\beta}_1, \boldsymbol{\beta}_2, \boldsymbol{\beta}_3$ 到基 $\boldsymbol{\alpha}_1, \boldsymbol{\alpha}_2, \boldsymbol{\alpha}_3$ 的过渡矩阵。设 $\boldsymbol{A}=(\boldsymbol{\alpha}_1, \boldsymbol{\alpha}_2, \boldsymbol{\alpha}_3)$，$\boldsymbol{B}=(\boldsymbol{\beta}_1, \boldsymbol{\beta}_2, \boldsymbol{\beta}_3)$，则有

$$\boldsymbol{P}=\boldsymbol{A}^{-1}\boldsymbol{B}, \quad \boldsymbol{P}^{-1}=\boldsymbol{B}^{-1}\boldsymbol{A}$$

2. 坐标变换

设 3 维向量 $\boldsymbol{\gamma}$ 在基 $\boldsymbol{\alpha}_1, \boldsymbol{\alpha}_2, \boldsymbol{\alpha}_3$ 和 $\boldsymbol{\beta}_1, \boldsymbol{\beta}_2, \boldsymbol{\beta}_3$ 下的坐标分别是 x_1, x_2, x_3 和 y_1, y_2, y_3，于是有

$$\boldsymbol{\gamma}=(\boldsymbol{\alpha}_1, \boldsymbol{\alpha}_2, \boldsymbol{\alpha}_3)\begin{bmatrix}x_1\\x_2\\x_3\end{bmatrix}=(\boldsymbol{\beta}_1, \boldsymbol{\beta}_2, \boldsymbol{\beta}_3)\begin{bmatrix}y_1\\y_2\\y_3\end{bmatrix}$$

把基变换公式代入，得

$$\begin{bmatrix}y_1\\y_2\\y_3\end{bmatrix}=\boldsymbol{B}^{-1}\boldsymbol{A}\begin{bmatrix}x_1\\x_2\\x_3\end{bmatrix}=\boldsymbol{P}^{-1}\begin{bmatrix}x_1\\x_2\\x_3\end{bmatrix}$$

上式称为从坐标 $(x_1, x_2, x_3)^{\mathrm{T}}$ 到坐标 $(y_1, y_2, y_3)^{\mathrm{T}}$ 的坐标变换公式。

3.4 典型例题分析

【例 3.1】 (2011，数学一、数学二、数学三)设向量组 $\boldsymbol{\alpha}_1=(1, 0, 1)^{\mathrm{T}}$，$\boldsymbol{\alpha}_2=(0, 1, 1)^{\mathrm{T}}$，$\boldsymbol{\alpha}_3=(1, 3, 5)^{\mathrm{T}}$ 不能由向量组 $\boldsymbol{\beta}_1=(1, 1, 1)^{\mathrm{T}}$，$\boldsymbol{\beta}_2=(1, 2, 3)^{\mathrm{T}}$，$\boldsymbol{\beta}_3=(3, 4, a)^{\mathrm{T}}$ 线性表示。

(1) 求 a 的值；

(2) 将 $\boldsymbol{\beta}_1, \boldsymbol{\beta}_2, \boldsymbol{\beta}_3$ 用 $\boldsymbol{\alpha}_1, \boldsymbol{\alpha}_2, \boldsymbol{\alpha}_3$ 线性表示。

【思路】 根据 $|\boldsymbol{\beta}_1, \boldsymbol{\beta}_2, \boldsymbol{\beta}_3|=0$ 来确定 a，通过初等行变换确定线性表示关系。

【解】 (1) 因为 $\boldsymbol{\alpha}_1, \boldsymbol{\alpha}_2, \boldsymbol{\alpha}_3$ 不能由 $\boldsymbol{\beta}_1, \boldsymbol{\beta}_2, \boldsymbol{\beta}_3$ 线性表示，所以 $|\boldsymbol{\beta}_1, \boldsymbol{\beta}_2, \boldsymbol{\beta}_3|=0$，解得 $a=5$。

(2) 对矩阵 $(\boldsymbol{\alpha}_1, \boldsymbol{\alpha}_2, \boldsymbol{\alpha}_3, \boldsymbol{\beta}_1, \boldsymbol{\beta}_2, \boldsymbol{\beta}_3)$ 进行初等行变换：

$$(\boldsymbol{\alpha}_1, \boldsymbol{\alpha}_2, \boldsymbol{\alpha}_3, \boldsymbol{\beta}_1, \boldsymbol{\beta}_2, \boldsymbol{\beta}_3)\xrightarrow{\text{初等行变换}}\begin{bmatrix}1 & 0 & 0 & 2 & 1 & 5\\0 & 1 & 0 & 4 & 2 & 10\\0 & 0 & 1 & -1 & 0 & -2\end{bmatrix}$$

于是得到

$$\boldsymbol{\beta}_1=2\boldsymbol{\alpha}_1+4\boldsymbol{\alpha}_2-\boldsymbol{\alpha}_3, \boldsymbol{\beta}_2=\boldsymbol{\alpha}_1+2\boldsymbol{\alpha}_2, \boldsymbol{\beta}_3=5\boldsymbol{\alpha}_1+10\boldsymbol{\alpha}_2-2\boldsymbol{\alpha}_3$$

【评注】 本题考查了以下知识点：

(1) 设 $\boldsymbol{A}$ 为 n 阶矩阵，则有

$|\boldsymbol{A}|\neq 0 \Leftrightarrow \boldsymbol{A}$ 的列(行)向量组线性无关；

$|\boldsymbol{A}|=0 \Leftrightarrow \boldsymbol{A}$ 的列(行)向量组线性相关。

(2) 若 n 个 n 维向量组 $\boldsymbol{T}$ 线性无关，则任意一个 n 维向量 $\boldsymbol{\beta}$ 一定可以由 $\boldsymbol{T}$ 线性表示。

(3) 若一个 n 维向量 $\boldsymbol{\beta}$ 不能由 n 个 n 维向量构成的向量组 $\boldsymbol{T}$ 线性表示，则 $\boldsymbol{T}$ 线性相关。

(4) 用 $\boldsymbol{\alpha}_1, \boldsymbol{\alpha}_2, \boldsymbol{\alpha}_3$ 线性表示 $\boldsymbol{\beta}_1, \boldsymbol{\beta}_2, \boldsymbol{\beta}_3$ 的方法：

$$(\boldsymbol{\alpha}_1, \boldsymbol{\alpha}_2, \boldsymbol{\alpha}_3, \boldsymbol{\beta}_1, \boldsymbol{\beta}_2, \boldsymbol{\beta}_3)\xrightarrow{\text{初等行变换}}(\text{行最简形矩阵})$$

根据行最简形矩阵即可得到具体线性表示。

【秘籍】 同学们要把第 3 章向量与第 4 章线性方程组的知识融合起来学习和理解，例如：

(1) $\boldsymbol{\alpha}$ 不能由 $\boldsymbol{\beta}_1, \boldsymbol{\beta}_2, \boldsymbol{\beta}_3$ 线性表示 $\Leftrightarrow$ 线性方程组 $x_1\boldsymbol{\beta}_1+x_2\boldsymbol{\beta}_2+x_3\boldsymbol{\beta}_3=\boldsymbol{\alpha}$ 无解。

(2) 将 $\boldsymbol{\beta}$ 用 $\boldsymbol{\alpha}_1, \boldsymbol{\alpha}_2, \boldsymbol{\alpha}_3$ 线性表示，就是求线性方程组 $x_1\boldsymbol{\alpha}_1+x_2\boldsymbol{\alpha}_2+x_3\boldsymbol{\alpha}_3=\boldsymbol{\beta}$ 的解。

(3) 将 $\boldsymbol{\beta}_1, \boldsymbol{\beta}_2, \boldsymbol{\beta}_3$ 用 $\boldsymbol{\alpha}_1, \boldsymbol{\alpha}_2, \boldsymbol{\alpha}_3$ 线性表示，就是求解矩阵方程 $\boldsymbol{AX}=\boldsymbol{B}$，其中 $\boldsymbol{A}=(\boldsymbol{\alpha}_1, \boldsymbol{\alpha}_2, \boldsymbol{\alpha}_3)$，$\boldsymbol{B}=(\boldsymbol{\beta}_1, \boldsymbol{\beta}_2, \boldsymbol{\beta}_3)$。

【例 3.2】 (2019，数学二、数学三)已知向量组Ⅰ：$\boldsymbol{\alpha}_1=(1, 1, 4)^{\mathrm{T}}$，$\boldsymbol{\alpha}_2=(1, 0, 4)^{\mathrm{T}}$，$\boldsymbol{\alpha}_3=(1, 2, a^2+3)^{\mathrm{T}}$；Ⅱ：$\boldsymbol{\beta}_1=(1, 1, a+3)^{\mathrm{T}}$，$\boldsymbol{\beta}_2=(0, 2, 1-a)^{\mathrm{T}}$，$\boldsymbol{\beta}_3=(1, 3, a^2+3)^{\mathrm{T}}$。

若向量组Ⅰ与Ⅱ等价，求 a 的取值，并将 $\boldsymbol{\beta}_3$ 用 $\boldsymbol{\alpha}_1, \boldsymbol{\alpha}_2, \boldsymbol{\alpha}_3$ 线性表示。

【思路】 根据向量组构成矩阵的行列式来判断向量组Ⅰ和Ⅱ是否等价，进一步求得 a 值。

【解】 计算向量组Ⅰ和Ⅱ构成矩阵的行列式：

$$|\boldsymbol{\alpha}_1, \boldsymbol{\alpha}_2, \boldsymbol{\alpha}_3|=\begin{vmatrix}1 & 1 & 1\\ 1 & 0 & 2\\ 4 & 4 & a^2+3\end{vmatrix}=(1+a)(1-a),$$

$$|\boldsymbol{\beta}_1, \boldsymbol{\beta}_2, \boldsymbol{\beta}_3|=\begin{vmatrix}1 & 0 & 1\\ 1 & 2 & 3\\ a+3 & 1-a & a^2+3\end{vmatrix}=2(a+1)(a-1)$$

当 $a\neq-1$ 且 $a\neq1$ 时，向量组Ⅰ和Ⅱ都是线性无关的，于是它们等价。

当 $a=1$ 时，通过计算可以得到：

$$r(\boldsymbol{\alpha}_1, \boldsymbol{\alpha}_2, \boldsymbol{\alpha}_3)=r(\boldsymbol{\beta}_1, \boldsymbol{\beta}_2, \boldsymbol{\beta}_3)=r(\boldsymbol{\alpha}_1, \boldsymbol{\alpha}_2, \boldsymbol{\alpha}_3, \boldsymbol{\beta}_1, \boldsymbol{\beta}_2, \boldsymbol{\beta}_3)=2$$

于是向量组Ⅰ和Ⅱ依然等价。

当 $a=-1$ 时，通过计算可以得到：

$$r(\boldsymbol{\alpha}_1, \boldsymbol{\alpha}_2, \boldsymbol{\alpha}_3)=r(\boldsymbol{\beta}_1, \boldsymbol{\beta}_2, \boldsymbol{\beta}_3)=2,\ r(\boldsymbol{\alpha}_1, \boldsymbol{\alpha}_2, \boldsymbol{\alpha}_3, \boldsymbol{\beta}_1, \boldsymbol{\beta}_2, \boldsymbol{\beta}_3)=3$$

于是向量组Ⅰ和Ⅱ不等价。

综上所述，当 $a\neq-1$ 时，向量组Ⅰ和Ⅱ等价。

当 $a=1$ 时，对以下矩阵进行初等行变换：

$$(\boldsymbol{\alpha}_1, \boldsymbol{\alpha}_2, \boldsymbol{\alpha}_3, \boldsymbol{\beta}_3)=\begin{bmatrix}1 & 1 & 1 & 1\\ 1 & 0 & 2 & 3\\ 4 & 4 & 4 & 4\end{bmatrix}\xrightarrow{\text{初等行变换}}\begin{bmatrix}1 & 0 & 2 & 3\\ 0 & 1 & -1 & -2\\ 0 & 0 & 0 & 0\end{bmatrix}$$

于是方程组 $x_1\boldsymbol{\alpha}_1+x_2\boldsymbol{\alpha}_2+x_3\boldsymbol{\alpha}_3=\boldsymbol{\beta}_3$ 的通解为 $\boldsymbol{x}=k(-2, 1, 1)^{\mathrm{T}}+(3, -2, 0)^{\mathrm{T}}=(3-2k, k-2, k)^{\mathrm{T}}$，即 $\boldsymbol{\beta}_3=(3-2k)\boldsymbol{\alpha}_1+(k-2)\boldsymbol{\alpha}_2+k\boldsymbol{\alpha}_3$，$k$ 为任意常数。

当 $a\neq-1$ 且 $a\neq1$ 时，对以下矩阵进行初等行变换：

$$(\boldsymbol{\alpha}_1, \boldsymbol{\alpha}_2, \boldsymbol{\alpha}_3, \boldsymbol{\beta}_3)=\begin{bmatrix}1 & 1 & 1 & 1\\ 1 & 0 & 2 & 3\\ 4 & 4 & a^2+3 & a^2+3\end{bmatrix}\xrightarrow{\text{初等行变换}}\begin{bmatrix}1 & 0 & 0 & 1\\ 0 & 1 & 0 & -1\\ 0 & 0 & 1 & 1\end{bmatrix}$$

于是，$\boldsymbol{\beta}_3=\boldsymbol{\alpha}_1-\boldsymbol{\alpha}_2+\boldsymbol{\alpha}_3$。

【评注】 本题考查了以下知识点：

(1) 向量 $\boldsymbol{b}$ 可以由矩阵 $\boldsymbol{A}$ 的列向量组线性表示 $\Leftrightarrow$ 方程组 $\boldsymbol{Ax}=\boldsymbol{b}$ 有解 $\Leftrightarrow r(\boldsymbol{A})=r(\boldsymbol{A}, \boldsymbol{b})$。

(2) 矩阵 $\boldsymbol{B}$ 的列向量组可以由矩阵 $\boldsymbol{A}$ 的列向量组线性表示 $\Leftrightarrow$ 矩阵方程 $\boldsymbol{AX}=\boldsymbol{B}$ 有解 $\Leftrightarrow$ $r(\boldsymbol{A})=r(\boldsymbol{A},\boldsymbol{B})$。

(3) 矩阵 $\boldsymbol{A}$ 的列向量组与矩阵 $\boldsymbol{B}$ 的列向量组等价 $\Leftrightarrow r(\boldsymbol{A})=r(\boldsymbol{B})=r(\boldsymbol{A},\boldsymbol{B})$。

(4) 求 $\boldsymbol{\beta}$ 用 $\boldsymbol{\alpha}_1$，$\boldsymbol{\alpha}_2$，$\boldsymbol{\alpha}_3$ 线性表示，就是求解非齐次线性方程组 $x_1\boldsymbol{\alpha}_1+x_2\boldsymbol{\alpha}_2+x_3\boldsymbol{\alpha}_3=\boldsymbol{\beta}$。

【秘籍】 当年很多考生只讨论了一种情况，在求解带参数的线性方程组时，一定要仔细讨论各种可能的情况。

【例 3.3】 (1998，数学四)若向量组 $\boldsymbol{\alpha}$，$\boldsymbol{\beta}$，$\boldsymbol{\gamma}$ 线性无关，$\boldsymbol{\alpha}$，$\boldsymbol{\beta}$，$\boldsymbol{\delta}$ 线性相关，则(　　)。

(A) $\boldsymbol{\alpha}$ 必可由 $\boldsymbol{\beta}$，$\boldsymbol{\gamma}$，$\boldsymbol{\delta}$ 线性表示　　(B) $\boldsymbol{\beta}$ 必不可由 $\boldsymbol{\alpha}$，$\boldsymbol{\gamma}$，$\boldsymbol{\delta}$ 线性表示

(C) $\boldsymbol{\delta}$ 必可由 $\boldsymbol{\alpha}$，$\boldsymbol{\beta}$，$\boldsymbol{\gamma}$ 线性表示　　(D) $\boldsymbol{\delta}$ 必不可由 $\boldsymbol{\alpha}$，$\boldsymbol{\beta}$，$\boldsymbol{\gamma}$ 线性表示

【思路】 根据部分与整体定理及一个向量与一个向量组的定理解题。

【解】 因为向量组 $\boldsymbol{\alpha}$，$\boldsymbol{\beta}$，$\boldsymbol{\gamma}$ 线性无关，所以 $\boldsymbol{\alpha}$，$\boldsymbol{\beta}$ 线性无关，而 $\boldsymbol{\alpha}$，$\boldsymbol{\beta}$，$\boldsymbol{\delta}$ 线性相关，于是 $\boldsymbol{\delta}$ 可由 $\boldsymbol{\alpha}$，$\boldsymbol{\beta}$ 线性表示，当然 $\boldsymbol{\delta}$ 也可由 $\boldsymbol{\alpha}$，$\boldsymbol{\beta}$，$\boldsymbol{\gamma}$ 线性表示。选项 C 正确。

【评注】 本题考查了以下知识点：

(1) 若整体 $\boldsymbol{\alpha}$，$\boldsymbol{\beta}$，$\boldsymbol{\gamma}$ 线性无关，则部分 $\boldsymbol{\alpha}$，$\boldsymbol{\beta}$ 线性无关。

(2) 若 $\boldsymbol{\alpha}$，$\boldsymbol{\beta}$ 线性无关，且 $\boldsymbol{\alpha}$，$\boldsymbol{\beta}$，$\boldsymbol{\delta}$ 线性相关，则 $\boldsymbol{\delta}$ 可由 $\boldsymbol{\alpha}$，$\boldsymbol{\beta}$ 唯一地线性表示。

【例 3.4】 (2022，数学一、数学二、数学三)设 $\boldsymbol{\alpha}_1=\begin{bmatrix}\lambda\\1\\1\end{bmatrix}$，$\boldsymbol{\alpha}_2=\begin{bmatrix}1\\\lambda\\1\end{bmatrix}$，$\boldsymbol{\alpha}_3=\begin{bmatrix}1\\1\\\lambda\end{bmatrix}$，$\boldsymbol{\alpha}_4=\begin{bmatrix}1\\\lambda\\\lambda^2\end{bmatrix}$，若 $\boldsymbol{\alpha}_1$，$\boldsymbol{\alpha}_2$，$\boldsymbol{\alpha}_3$ 与 $\boldsymbol{\alpha}_1$，$\boldsymbol{\alpha}_2$，$\boldsymbol{\alpha}_4$ 等价，则 $\lambda\in$(　　)。

(A) $\{\lambda|\lambda\in\mathbf{R}\}$　　(B) $\{\lambda|\lambda\in\mathbf{R},\lambda\neq-1\}$

(C) $\{\lambda|\lambda\in\mathbf{R},\lambda\neq-1,\lambda\neq-2\}$　　(D) $\{\lambda|\lambda\in\mathbf{R},\lambda\neq-2\}$

【思路】 根据两个向量组构成矩阵的行列式来判断向量组的等价。

【解】 分别计算 $\boldsymbol{\alpha}_1$，$\boldsymbol{\alpha}_2$，$\boldsymbol{\alpha}_3$ 与 $\boldsymbol{\alpha}_1$，$\boldsymbol{\alpha}_2$，$\boldsymbol{\alpha}_4$ 构成矩阵的行列式：

$$|\boldsymbol{\alpha}_1,\boldsymbol{\alpha}_2,\boldsymbol{\alpha}_3|=\begin{vmatrix}\lambda&1&1\\1&\lambda&1\\1&1&\lambda\end{vmatrix}=(\lambda+2)(\lambda-1)^2,$$

$$|\boldsymbol{\alpha}_1,\boldsymbol{\alpha}_2,\boldsymbol{\alpha}_4|=\begin{vmatrix}\lambda&1&1\\1&\lambda&\lambda\\1&1&\lambda^2\end{vmatrix}=(\lambda+1)^2(\lambda-1)^2$$

当 $\lambda\neq-2$，$\lambda\neq1$，$\lambda\neq-1$ 时，$\boldsymbol{\alpha}_1$，$\boldsymbol{\alpha}_2$，$\boldsymbol{\alpha}_3$ 与 $\boldsymbol{\alpha}_1$，$\boldsymbol{\alpha}_2$，$\boldsymbol{\alpha}_4$ 都是线性无关向量组，于是 $\boldsymbol{\alpha}_1$，$\boldsymbol{\alpha}_2$，$\boldsymbol{\alpha}_3$ 与 $\boldsymbol{\alpha}_1$，$\boldsymbol{\alpha}_2$，$\boldsymbol{\alpha}_4$ 等价。

当 $\lambda=-2$ 时，向量组 $\boldsymbol{\alpha}_1$，$\boldsymbol{\alpha}_2$，$\boldsymbol{\alpha}_3$ 线性相关，而 $\boldsymbol{\alpha}_1$，$\boldsymbol{\alpha}_2$，$\boldsymbol{\alpha}_4$ 线性无关，于是 $\boldsymbol{\alpha}_1$，$\boldsymbol{\alpha}_2$，$\boldsymbol{\alpha}_3$ 与 $\boldsymbol{\alpha}_1$，$\boldsymbol{\alpha}_2$，$\boldsymbol{\alpha}_4$ 不等价。

当 $\lambda=-1$ 时，向量组 $\boldsymbol{\alpha}_1$，$\boldsymbol{\alpha}_2$，$\boldsymbol{\alpha}_3$ 线性无关，而 $\boldsymbol{\alpha}_1$，$\boldsymbol{\alpha}_2$，$\boldsymbol{\alpha}_4$ 线性相关，于是 $\boldsymbol{\alpha}_1$，$\boldsymbol{\alpha}_2$，$\boldsymbol{\alpha}_3$ 与 $\boldsymbol{\alpha}_1$，$\boldsymbol{\alpha}_2$，$\boldsymbol{\alpha}_4$ 不等价。

当 $\lambda=1$ 时，$\boldsymbol{\alpha}_1=\boldsymbol{\alpha}_2=\boldsymbol{\alpha}_3=\boldsymbol{\alpha}_4=(1,1,1)^{\mathrm{T}}$，显然向量组 $\boldsymbol{\alpha}_1$，$\boldsymbol{\alpha}_2$，$\boldsymbol{\alpha}_3$ 与 $\boldsymbol{\alpha}_1$，$\boldsymbol{\alpha}_2$，$\boldsymbol{\alpha}_4$ 等价。综上讨论，知选项 C 正确。

【评注】 本题考查了以下知识点：

(1) 设 n 阶"ab"矩阵 $\boldsymbol{A}=\begin{bmatrix} a & b & \cdots & b & b \\ b & a & \cdots & b & b \\ \vdots & \vdots & & \vdots & \vdots \\ b & b & \cdots & a & b \\ b & b & \cdots & b & a \end{bmatrix}$，则有 $|\boldsymbol{A}|=[a+(n-1)b](a-b)^{n-1}$。

(2) $|\boldsymbol{A}_n|\neq 0 \Leftrightarrow$ 任意一个 n 维列向量 $\boldsymbol{\beta}$ 可以由 n 阶矩阵 $\boldsymbol{A}$ 的列向量组线性表示。

【秘籍】 本题可以根据选择题的技巧，把 $\lambda=-1$ 和 $\lambda=-2$ 代入，可以快速获得答案为 C 选项。

【例 3.5】 (2023，数学一、数学二、数学三)已知向量 $\boldsymbol{\alpha}_1=\begin{bmatrix}1\\2\\3\end{bmatrix}$，$\boldsymbol{\alpha}_2=\begin{bmatrix}2\\1\\1\end{bmatrix}$，$\boldsymbol{\beta}_1=\begin{bmatrix}2\\5\\9\end{bmatrix}$，$\boldsymbol{\beta}_2=\begin{bmatrix}1\\0\\1\end{bmatrix}$，若 $\boldsymbol{\gamma}$ 既可由 $\boldsymbol{\alpha}_1$，$\boldsymbol{\alpha}_2$ 线性表示，也可以由 $\boldsymbol{\beta}_1$，$\boldsymbol{\beta}_2$ 线性表示，则 $\boldsymbol{\gamma}=($　　$)$。

(A) $k\begin{bmatrix}3\\3\\4\end{bmatrix}$，$k\in\mathbf{R}$　　(B) $k\begin{bmatrix}3\\5\\10\end{bmatrix}$，$k\in\mathbf{R}$　　(C) $k\begin{bmatrix}-1\\1\\2\end{bmatrix}$，$k\in\mathbf{R}$　　(D) $k\begin{bmatrix}1\\5\\8\end{bmatrix}$，$k\in\mathbf{R}$

【思路】 构建 4 元线性方程组，通过求解方程组求得向量 $\boldsymbol{\gamma}$。

【解】 因为 $\boldsymbol{\gamma}$ 既可由 $\boldsymbol{\alpha}_1$，$\boldsymbol{\alpha}_2$ 线性表示，也可以由 $\boldsymbol{\beta}_1$，$\boldsymbol{\beta}_2$ 线性表示，所以存在系数 k_1，k_2 和 l_1，l_2，使得

$$\boldsymbol{\gamma}=k_1\boldsymbol{\alpha}_1+k_2\boldsymbol{\alpha}_2=l_1\boldsymbol{\beta}_1+l_2\boldsymbol{\beta}_2 \tag{①}$$

即有

$$k_1\boldsymbol{\alpha}_1+k_2\boldsymbol{\alpha}_2-l_1\boldsymbol{\beta}_1-l_2\boldsymbol{\beta}_2=\mathbf{0}$$

上式可以理解为以 k_1，k_2，l_1，l_2 为未知数的 4 元线性方程组，对方程组系数矩阵进行初等行变换：

$$\begin{bmatrix}1 & 2 & -2 & -1\\2 & 1 & -5 & 0\\3 & 1 & -9 & -1\end{bmatrix}\rightarrow\begin{bmatrix}1 & 0 & 0 & 3\\0 & 1 & 0 & -1\\0 & 0 & 1 & 1\end{bmatrix}$$

解得$(k_1, k_2, l_1, l_2)^{\mathrm{T}}=c(-3, 1, -1, 1)^{\mathrm{T}}$，$c$ 为任意常数。把 k_1，k_2 或 l_1，l_2 代入①式得，$\boldsymbol{\gamma}=c(-1, -5, -8)^{\mathrm{T}}=k(1, 5, 8)^{\mathrm{T}}$，$k$ 为任意常数。于是选项 D 正确。

【评注】 本题考查了以下知识点：

线性方程组的五种表示方法，参见第 2 章 2.3.6 小节内容。

【秘籍】 本题也可以理解为求向量 $\boldsymbol{\alpha}_1$，$\boldsymbol{\alpha}_2$ 构成的平面 L_1 与向量 $\boldsymbol{\beta}_1$，$\boldsymbol{\beta}_2$ 构成的平面 L_2 的交线。

【例 3.6】 设 $\boldsymbol{\alpha}_1$，$\boldsymbol{\alpha}_2$，$\boldsymbol{\beta}_1$，$\boldsymbol{\beta}_2$ 都是 3 维列向量，且 $\boldsymbol{\alpha}_1$，$\boldsymbol{\alpha}_2$ 线性无关，$\boldsymbol{\beta}_1$，$\boldsymbol{\beta}_2$ 线性无关，则一定存在非零向量 $\boldsymbol{\gamma}$ 既可以由 $\boldsymbol{\alpha}_1$，$\boldsymbol{\alpha}_2$ 线性表示，也可以由 $\boldsymbol{\beta}_1$，$\boldsymbol{\beta}_2$ 线性表示。

【思路】 从向量组 $\boldsymbol{\alpha}_1$，$\boldsymbol{\alpha}_2$，$\boldsymbol{\beta}_1$，$\boldsymbol{\beta}_2$ 线性相关出发，构造向量 $\boldsymbol{\gamma}$。

【解】 因为 $\boldsymbol{\alpha}_1$，$\boldsymbol{\alpha}_2$，$\boldsymbol{\beta}_1$，$\boldsymbol{\beta}_2$ 是 4 个 3 维列向量，所以该向量组一定是线性相关的，于是

存在不全为零的系数 x_1, x_2, x_3, x_4，使得

$$x_1\boldsymbol{\alpha}_1+x_2\boldsymbol{\alpha}_2+x_3\boldsymbol{\beta}_1+x_4\boldsymbol{\beta}_2=\mathbf{0}$$

则有 $x_1\boldsymbol{\alpha}_1+x_2\boldsymbol{\alpha}_2=-x_3\boldsymbol{\beta}_1-x_4\boldsymbol{\beta}_2$，令

$$\boldsymbol{\gamma}=x_1\boldsymbol{\alpha}_1+x_2\boldsymbol{\alpha}_2=-x_3\boldsymbol{\beta}_1-x_4\boldsymbol{\beta}_2$$

用反证法证明向量 $\boldsymbol{\gamma}\neq\mathbf{0}$。设 $\boldsymbol{\gamma}=\mathbf{0}$，则有

$$x_1\boldsymbol{\alpha}_1+x_2\boldsymbol{\alpha}_2=-x_3\boldsymbol{\beta}_1-x_4\boldsymbol{\beta}_2=\mathbf{0}$$

因为向量组 $\boldsymbol{\alpha}_1, \boldsymbol{\alpha}_2$ 与 $\boldsymbol{\beta}_1, \boldsymbol{\beta}_2$ 都线性无关，则有

$$x_1=x_2=0, \quad x_3=x_4=0$$

与"x_1, x_2, x_3, x_4 是不全为零的系数"矛盾，所以假设错误。于是存在非零向量 $\boldsymbol{\gamma}$ 既可以由 $\boldsymbol{\alpha}_1, \boldsymbol{\alpha}_2$ 线性表示，也可以由 $\boldsymbol{\beta}_1, \boldsymbol{\beta}_2$ 线性表示。

【评注】 本题考查了以下知识点：

(1) m 个 n 维向量($m>n$)一定是线性相关向量组。

(2) 向量组 $\boldsymbol{\alpha}_1, \boldsymbol{\alpha}_2, \cdots, \boldsymbol{\alpha}_m$ 线性无关 $\Leftrightarrow$ 方程组 $x_1\boldsymbol{\alpha}_1+x_2\boldsymbol{\alpha}_2+\cdots+x_m\boldsymbol{\alpha}_m=\mathbf{0}$ 只有零解。

(3) 向量组 $\boldsymbol{\alpha}_1, \boldsymbol{\alpha}_2, \cdots, \boldsymbol{\alpha}_m$ 线性相关 $\Leftrightarrow$ 方程组 $x_1\boldsymbol{\alpha}_1+x_2\boldsymbol{\alpha}_2+\cdots+x_m\boldsymbol{\alpha}_m=\mathbf{0}$ 有非零解。

【秘籍】 反证法是线性代数的一大"法宝"，同学们需要熟练掌握。当命题的结论以否定的形式出现时，如"不能……""不存在……""不等于……"等，往往可以考虑使用反证法。

【例 3.7】 (2006，数学一、数学二、数学三)设 $\boldsymbol{\alpha}_1, \boldsymbol{\alpha}_2, \cdots, \boldsymbol{\alpha}_s$ 均为 n 维列向量，$\boldsymbol{A}$ 是 $m\times n$ 矩阵，下列选项正确的是(　　)。

(A) 若 $\boldsymbol{\alpha}_1, \boldsymbol{\alpha}_2, \cdots, \boldsymbol{\alpha}_s$ 线性相关，则 $\boldsymbol{A}\boldsymbol{\alpha}_1, \boldsymbol{A}\boldsymbol{\alpha}_2, \cdots, \boldsymbol{A}\boldsymbol{\alpha}_s$ 线性相关

(B) 若 $\boldsymbol{\alpha}_1, \boldsymbol{\alpha}_2, \cdots, \boldsymbol{\alpha}_s$ 线性相关，则 $\boldsymbol{A}\boldsymbol{\alpha}_1, \boldsymbol{A}\boldsymbol{\alpha}_2, \cdots, \boldsymbol{A}\boldsymbol{\alpha}_s$ 线性无关

(C) 若 $\boldsymbol{\alpha}_1, \boldsymbol{\alpha}_2, \cdots, \boldsymbol{\alpha}_s$ 线性无关，则 $\boldsymbol{A}\boldsymbol{\alpha}_1, \boldsymbol{A}\boldsymbol{\alpha}_2, \cdots, \boldsymbol{A}\boldsymbol{\alpha}_s$ 线性相关

(D) 若 $\boldsymbol{\alpha}_1, \boldsymbol{\alpha}_2, \cdots, \boldsymbol{\alpha}_s$ 线性无关，则 $\boldsymbol{A}\boldsymbol{\alpha}_1, \boldsymbol{A}\boldsymbol{\alpha}_2, \cdots, \boldsymbol{A}\boldsymbol{\alpha}_s$ 线性无关

【思路】 根据分块矩阵的概念及矩阵秩的性质解题。

【解】 根据分块矩阵运算公式及"矩阵越乘秩越小"的性质有

$$r(\boldsymbol{A}\boldsymbol{\alpha}_1, \boldsymbol{A}\boldsymbol{\alpha}_2, \cdots, \boldsymbol{A}\boldsymbol{\alpha}_s)=r[\boldsymbol{A}(\boldsymbol{\alpha}_1, \boldsymbol{\alpha}_2, \cdots, \boldsymbol{\alpha}_s)]\leqslant r(\boldsymbol{\alpha}_1, \boldsymbol{\alpha}_2, \cdots, \boldsymbol{\alpha}_s)$$

若 $\boldsymbol{\alpha}_1, \boldsymbol{\alpha}_2, \cdots, \boldsymbol{\alpha}_s$ 线性相关，则有 $r(\boldsymbol{\alpha}_1, \boldsymbol{\alpha}_2, \cdots, \boldsymbol{\alpha}_s)<s$，代入上式，有

$$r(\boldsymbol{A}\boldsymbol{\alpha}_1, \boldsymbol{A}\boldsymbol{\alpha}_2, \cdots, \boldsymbol{A}\boldsymbol{\alpha}_s)=r[\boldsymbol{A}(\boldsymbol{\alpha}_1, \boldsymbol{\alpha}_2, \cdots, \boldsymbol{\alpha}_s)]\leqslant r(\boldsymbol{\alpha}_1, \boldsymbol{\alpha}_2, \cdots, \boldsymbol{\alpha}_s)<s$$

则 $r(\boldsymbol{A}\boldsymbol{\alpha}_1, \boldsymbol{A}\boldsymbol{\alpha}_2, \cdots, \boldsymbol{A}\boldsymbol{\alpha}_s)<s$，于是 $\boldsymbol{A}\boldsymbol{\alpha}_1, \boldsymbol{A}\boldsymbol{\alpha}_2, \cdots, \boldsymbol{A}\boldsymbol{\alpha}_s$ 线性相关。选项 A 正确。

【评注】 本题考查了以下知识点：

(1) $(\boldsymbol{A}\boldsymbol{\alpha}_1, \boldsymbol{A}\boldsymbol{\alpha}_2, \cdots, \boldsymbol{A}\boldsymbol{\alpha}_s)=\boldsymbol{A}(\boldsymbol{\alpha}_1, \boldsymbol{\alpha}_2, \cdots, \boldsymbol{\alpha}_s)$。

(2) $r(\boldsymbol{AB})\leqslant r(\boldsymbol{B})$，$r(\boldsymbol{AB})\leqslant r(\boldsymbol{A})$。

(3) $r(\boldsymbol{\alpha}_1, \boldsymbol{\alpha}_2, \cdots, \boldsymbol{\alpha}_s)<s\Leftrightarrow$ 向量组 $\boldsymbol{\alpha}_1, \boldsymbol{\alpha}_2, \cdots, \boldsymbol{\alpha}_s$ 线性相关。

【秘籍】 因为将一个向量组乘矩阵 $\boldsymbol{A}$，其秩不会增大，于是有以下两个结论：

(1) 若向量组 $\boldsymbol{\alpha}_1, \boldsymbol{\alpha}_2, \cdots, \boldsymbol{\alpha}_s$ 线性相关，则 $\boldsymbol{A}\boldsymbol{\alpha}_1, \boldsymbol{A}\boldsymbol{\alpha}_2, \cdots, \boldsymbol{A}\boldsymbol{\alpha}_s$ 线性相关。

(2) 若向量组 $\boldsymbol{A}\boldsymbol{\alpha}_1, \boldsymbol{A}\boldsymbol{\alpha}_2, \cdots, \boldsymbol{A}\boldsymbol{\alpha}_s$ 线性无关，则 $\boldsymbol{\alpha}_1, \boldsymbol{\alpha}_2, \cdots, \boldsymbol{\alpha}_s$ 线性无关。

【例 3.8】 (2012，数学一、数学二、数学三)设 $\boldsymbol{\alpha}_1=\begin{bmatrix}0\\0\\c_1\end{bmatrix}$，$\boldsymbol{\alpha}_2=\begin{bmatrix}0\\1\\c_2\end{bmatrix}$，$\boldsymbol{\alpha}_3=\begin{bmatrix}1\\-1\\c_3\end{bmatrix}$，

$\boldsymbol{\alpha}_4=\begin{bmatrix}-1\\1\\c_4\end{bmatrix}$，其中 c_1，c_2，c_3，c_4 为任意常数，则下列向量组线性相关的为(　　)。

(A) $\boldsymbol{\alpha}_1$，$\boldsymbol{\alpha}_2$，$\boldsymbol{\alpha}_3$　　(B) $\boldsymbol{\alpha}_1$，$\boldsymbol{\alpha}_2$，$\boldsymbol{\alpha}_4$　　(C) $\boldsymbol{\alpha}_1$，$\boldsymbol{\alpha}_3$，$\boldsymbol{\alpha}_4$　　(D) $\boldsymbol{\alpha}_2$，$\boldsymbol{\alpha}_3$，$\boldsymbol{\alpha}_4$

【思路】 分别计算 3 个 3 维列向量构成的矩阵的行列式。

【解】 分别计算四个选项中向量组构成的矩阵的行列式，发现只有选项 C 的行列式为 0，即

$$|\boldsymbol{\alpha}_1,\boldsymbol{\alpha}_3,\boldsymbol{\alpha}_4|=\begin{vmatrix}0&1&-1\\0&-1&1\\c_1&c_3&c_4\end{vmatrix}=0$$

而其他选项中的行列式的值均是 c_i 的函数，于是选项 C 正确。

【评注】 本题考查了以下知识点：

(1) $|\boldsymbol{A}|=0\Leftrightarrow\boldsymbol{A}$ 的列向量组线性相关。

(2) $|\boldsymbol{A}|\neq0\Leftrightarrow\boldsymbol{A}$ 的列向量组线性无关。

【例 3.9】 (2014，数学一、数学二、数学三)设 $\boldsymbol{\alpha}_1$，$\boldsymbol{\alpha}_2$，$\boldsymbol{\alpha}_3$ 均为三维向量，则对任意常数 k，l，向量组 $\boldsymbol{\alpha}_1+k\boldsymbol{\alpha}_3$，$\boldsymbol{\alpha}_2+l\boldsymbol{\alpha}_3$ 线性无关是向量组 $\boldsymbol{\alpha}_1$，$\boldsymbol{\alpha}_2$，$\boldsymbol{\alpha}_3$ 线性无关的(　　)。

(A) 必要非充分条件　　(B) 充分非必要条件

(C) 充分必要条件　　(D) 既非充分也非必要条件

【思路】 分析向量组 $\boldsymbol{\alpha}_1$，$\boldsymbol{\alpha}_2$，$\boldsymbol{\alpha}_3$ 线性表示 $\boldsymbol{\alpha}_1+k\boldsymbol{\alpha}_3$，$\boldsymbol{\alpha}_2+l\boldsymbol{\alpha}_3$ 的系数矩阵。

【解】 证明必要性。写出向量组 $\boldsymbol{\alpha}_1$，$\boldsymbol{\alpha}_2$，$\boldsymbol{\alpha}_3$ 与向量组 $\boldsymbol{\alpha}_1+k\boldsymbol{\alpha}_3$，$\boldsymbol{\alpha}_2+l\boldsymbol{\alpha}_3$ 的线性表示关系：

$$(\boldsymbol{\alpha}_1+k\boldsymbol{\alpha}_3,\boldsymbol{\alpha}_2+l\boldsymbol{\alpha}_3)=(\boldsymbol{\alpha}_1,\boldsymbol{\alpha}_2,\boldsymbol{\alpha}_3)\begin{bmatrix}1&0\\0&1\\k&l\end{bmatrix}$$

因为 $\boldsymbol{\alpha}_1$，$\boldsymbol{\alpha}_2$，$\boldsymbol{\alpha}_3$ 线性无关，所以矩阵$(\boldsymbol{\alpha}_1,\boldsymbol{\alpha}_2,\boldsymbol{\alpha}_3)$为可逆矩阵，则有

$$r(\boldsymbol{\alpha}_1+k\boldsymbol{\alpha}_3,\boldsymbol{\alpha}_2+l\boldsymbol{\alpha}_3)=r\begin{bmatrix}1&0\\0&1\\k&l\end{bmatrix}=2$$

于是向量组 $\boldsymbol{\alpha}_1+k\boldsymbol{\alpha}_3$，$\boldsymbol{\alpha}_2+l\boldsymbol{\alpha}_3$ 线性无关。

假设 $\boldsymbol{\alpha}_1=(1,0,0)^{\mathrm{T}}$，$\boldsymbol{\alpha}_2=(0,1,0)^{\mathrm{T}}$，$\boldsymbol{\alpha}_3=(0,0,0)^{\mathrm{T}}$，显然 $\boldsymbol{\alpha}_1+k\boldsymbol{\alpha}_3$，$\boldsymbol{\alpha}_2+l\boldsymbol{\alpha}_3$ 线性无关，但向量组 $\boldsymbol{\alpha}_1$，$\boldsymbol{\alpha}_2$，$\boldsymbol{\alpha}_3$ 线性相关。选项 A 正确。

【评注】 本题考查了以下知识点：

(1) 若 $\boldsymbol{P}$ 为可逆矩阵，则 $r(\boldsymbol{PA})=r(\boldsymbol{A})$。

(2) $r(\boldsymbol{\alpha}_1,\boldsymbol{\alpha}_2,\cdots,\boldsymbol{\alpha}_s)=s\Leftrightarrow$ 向量组 $\boldsymbol{\alpha}_1$，$\boldsymbol{\alpha}_2$，$\cdots$，$\boldsymbol{\alpha}_s$ 线性无关。

【秘籍】 本题的充分性无法证明，我们往往可以通过反例进行说明。

【例 3.10】 (2008，数学二、数学三)设 $\boldsymbol{A}$ 为三阶矩阵，$\boldsymbol{\alpha}_1$，$\boldsymbol{\alpha}_2$ 为 $\boldsymbol{A}$ 的分别属于特征值 -1，1 的特征向量，向量 $\boldsymbol{\alpha}_3$ 满足 $\boldsymbol{A}\boldsymbol{\alpha}_3=\boldsymbol{\alpha}_2+\boldsymbol{\alpha}_3$。

(1) 证明 $\boldsymbol{\alpha}_1$，$\boldsymbol{\alpha}_2$，$\boldsymbol{\alpha}_3$ 线性无关；

(2) 令 $\boldsymbol{P}=(\boldsymbol{\alpha}_1,\boldsymbol{\alpha}_2,\boldsymbol{\alpha}_3)$，求 $\boldsymbol{P}^{-1}\boldsymbol{AP}$。

【思路】 根据向量组线性无关的定义证明。

【解】（1）用向量组线性无关的定义来证明，设

$$k_1\boldsymbol{\alpha}_1+k_2\boldsymbol{\alpha}_2+k_3\boldsymbol{\alpha}_3=\mathbf{0} \quad ①$$

用 $\boldsymbol{A}$ 左乘①式两端，又根据已知条件 $\boldsymbol{A\alpha}_1=-\boldsymbol{\alpha}_1$，$\boldsymbol{A\alpha}_2=\boldsymbol{\alpha}_2$，$\boldsymbol{A\alpha}_3=\boldsymbol{\alpha}_2+\boldsymbol{\alpha}_3$，有

$$-k_1\boldsymbol{\alpha}_1+k_2\boldsymbol{\alpha}_2+k_3(\boldsymbol{\alpha}_2+\boldsymbol{\alpha}_3)=\mathbf{0} \quad ②$$

①式－②式，得

$$2k_1\boldsymbol{\alpha}_1-k_3\boldsymbol{\alpha}_2=\mathbf{0}$$

因为 $\boldsymbol{\alpha}_1$，$\boldsymbol{\alpha}_2$ 为矩阵 $\boldsymbol{A}$ 属于不同特征值的特征向量，所以 $\boldsymbol{\alpha}_1$，$\boldsymbol{\alpha}_2$ 线性无关，则 $k_1=0$，$k_3=0$，代入①式，得 $k_2\boldsymbol{\alpha}_2=\mathbf{0}$，因为 $\boldsymbol{\alpha}_2$ 是特征向量，所以 $\boldsymbol{\alpha}_2\neq\mathbf{0}$，则有 $k_2=0$，于是向量组 $\boldsymbol{\alpha}_1$，$\boldsymbol{\alpha}_2$，$\boldsymbol{\alpha}_3$ 线性无关。

（2）根据分块矩阵运算规律，有

$$\begin{aligned}\boldsymbol{AP}&=\boldsymbol{A}(\boldsymbol{\alpha}_1,\boldsymbol{\alpha}_2,\boldsymbol{\alpha}_3)=(\boldsymbol{A\alpha}_1,\boldsymbol{A\alpha}_2,\boldsymbol{A\alpha}_3)\\&=(-\boldsymbol{\alpha}_1,\boldsymbol{\alpha}_2,\boldsymbol{\alpha}_2+\boldsymbol{\alpha}_3)\\&=(\boldsymbol{\alpha}_1,\boldsymbol{\alpha}_2,\boldsymbol{\alpha}_3)\begin{bmatrix}-1&0&0\\0&1&1\\0&0&1\end{bmatrix}\end{aligned}$$

因为 $\boldsymbol{\alpha}_1$，$\boldsymbol{\alpha}_2$，$\boldsymbol{\alpha}_3$ 线性无关，所以 $\boldsymbol{P}$ 为可逆矩阵，对以上等式两端左乘 $\boldsymbol{P}^{-1}$，有

$$\boldsymbol{P}^{-1}\boldsymbol{AP}=\begin{bmatrix}-1&0&0\\0&1&1\\0&0&1\end{bmatrix}$$

【评注】本题考查了以下知识点：

（1）若 $\boldsymbol{\alpha}$ 为 $\boldsymbol{A}$ 的属于特征值 λ 的特征向量，则有 $\boldsymbol{A\alpha}=\lambda\boldsymbol{\alpha}$，$\boldsymbol{\alpha}\neq\mathbf{0}$。

（2）矩阵 $\boldsymbol{A}$ 的属于不同特征值的特征向量线性无关。

（3）用定义法证明向量组 $\boldsymbol{\alpha}_1$，$\boldsymbol{\alpha}_2$，$\boldsymbol{\alpha}_3$ 线性无关的方法如下：

设 $k_1\boldsymbol{\alpha}_1+k_2\boldsymbol{\alpha}_2+k_3\boldsymbol{\alpha}_3=\mathbf{0}$，最后推导出 $k_1=0$，$k_2=0$，$k_3=0$。

（4）n 阶矩阵 $\boldsymbol{A}$ 的列向量组线性无关 $\Leftrightarrow$ $\boldsymbol{A}_n$ 是可逆矩阵。

（5）若向量组 $\boldsymbol{\alpha}_1$，$\boldsymbol{\alpha}_2$，$\boldsymbol{\alpha}_3$ 线性无关，则方程组 $x_1\boldsymbol{\alpha}_1+x_2\boldsymbol{\alpha}_2+x_3\boldsymbol{\alpha}_3=\mathbf{0}$ 只有零解。

【秘籍】当一个证明题目有两问或两问以上时，第一问的结果往往要应用到后面的计算或证明中。

【例 3.11】已知 4 维向量组 $\boldsymbol{\alpha}_1$，$\boldsymbol{\alpha}_2$，$\boldsymbol{\alpha}_3$ 线性无关，且 4 维列向量 $\boldsymbol{\beta}_1$，$\boldsymbol{\beta}_2$ 均与 $\boldsymbol{\alpha}_1$，$\boldsymbol{\alpha}_2$，$\boldsymbol{\alpha}_3$ 正交，证明 $\boldsymbol{\beta}_1$，$\boldsymbol{\beta}_2$ 线性相关。

【思路】根据已知条件写出矩阵等式。

【解】因为向量组 $\boldsymbol{\beta}_1$，$\boldsymbol{\beta}_2$ 与向量组 $\boldsymbol{\alpha}_1$，$\boldsymbol{\alpha}_2$，$\boldsymbol{\alpha}_3$ 正交，则有 $\boldsymbol{\beta}_i^{\mathrm{T}}\boldsymbol{\alpha}_j=0$，$i=1$，2；$j=1$，2，3，可以进一步写成矩阵等式：

$$\begin{bmatrix}\boldsymbol{\beta}_1^{\mathrm{T}}\\\boldsymbol{\beta}_2^{\mathrm{T}}\end{bmatrix}[\boldsymbol{\alpha}_1,\boldsymbol{\alpha}_2,\boldsymbol{\alpha}_3]=\begin{bmatrix}0&0&0\\0&0&0\end{bmatrix}$$

令 $\boldsymbol{B}=\begin{bmatrix}\boldsymbol{\beta}_1^{\mathrm{T}}\\\boldsymbol{\beta}_2^{\mathrm{T}}\end{bmatrix}$，$\boldsymbol{A}=[\boldsymbol{\alpha}_1,\boldsymbol{\alpha}_2,\boldsymbol{\alpha}_3]$，有 $\boldsymbol{BA}=\boldsymbol{O}$，于是有 $r(\boldsymbol{B})+r(\boldsymbol{A})\leqslant4$。又因为向量组 $\boldsymbol{\alpha}_1$，$\boldsymbol{\alpha}_2$，$\boldsymbol{\alpha}_3$ 线性无关，所以 $r(\boldsymbol{A})=3$，则 $r(\boldsymbol{B})\leqslant4-r(\boldsymbol{A})=1<2$。故向量组 $\boldsymbol{\beta}_1$，$\boldsymbol{\beta}_2$ 线性相关。

【评注】本题考查了以下知识点：

(1) 列向量 $\boldsymbol{\alpha}$, $\boldsymbol{\beta}$ 正交 $\Leftrightarrow \boldsymbol{\alpha}^{\mathrm{T}}\boldsymbol{\beta}=0$。

(2) 列向量组 $\boldsymbol{\alpha}_1, \boldsymbol{\alpha}_2, \boldsymbol{\alpha}_3$ 与列向量组 $\boldsymbol{\beta}_1, \boldsymbol{\beta}_2, \boldsymbol{\beta}_3$ 正交，则有

$$\begin{bmatrix}\boldsymbol{\alpha}_1^{\mathrm{T}}\\ \boldsymbol{\alpha}_2^{\mathrm{T}}\\ \boldsymbol{\alpha}_3^{\mathrm{T}}\end{bmatrix}[\boldsymbol{\beta}_1, \boldsymbol{\beta}_2, \boldsymbol{\beta}_3]=\begin{bmatrix}0&0&0\\0&0&0\\0&0&0\end{bmatrix}$$

(3) 若 $\boldsymbol{A}_{m\times s}\boldsymbol{B}_{s\times n}=\boldsymbol{O}$，则 $r(\boldsymbol{A}_{m\times s})+r(\boldsymbol{B}_{s\times n})\leqslant s$。

(4) 向量组 $\boldsymbol{\alpha}_1, \boldsymbol{\alpha}_2, \cdots, \boldsymbol{\alpha}_m$ 线性无关 $\Leftrightarrow r(\boldsymbol{\alpha}_1, \boldsymbol{\alpha}_2, \cdots, \boldsymbol{\alpha}_m)=m$。

(5) 向量组 $\boldsymbol{\alpha}_1, \boldsymbol{\alpha}_2, \cdots, \boldsymbol{\alpha}_m$ 线性相关 $\Leftrightarrow r(\boldsymbol{\alpha}_1, \boldsymbol{\alpha}_2, \cdots, \boldsymbol{\alpha}_m)<m$。

【秘籍】 用一个矩阵等式来描述两个向量组正交的关系是解题的关键。

【例 3.12】 设 $\boldsymbol{\alpha}_1, \boldsymbol{\alpha}_2, \cdots, \boldsymbol{\alpha}_t, \boldsymbol{\beta}_1, \boldsymbol{\beta}_2, \cdots, \boldsymbol{\beta}_s$ 都为 n 维列向量，存在 $t\times s$ 矩阵 $\boldsymbol{Q}$，满足 $(\boldsymbol{\beta}_1, \boldsymbol{\beta}_2, \cdots, \boldsymbol{\beta}_s)=(\boldsymbol{\alpha}_1, \boldsymbol{\alpha}_2, \cdots, \boldsymbol{\alpha}_t)\boldsymbol{Q}$，以下命题错误的是(　　)。

(A) 若 $\boldsymbol{\beta}_1, \boldsymbol{\beta}_2, \cdots, \boldsymbol{\beta}_s$ 线性无关，且 $s=t$，则 $\boldsymbol{\alpha}_1, \boldsymbol{\alpha}_2, \cdots, \boldsymbol{\alpha}_t$ 线性无关

(B) 若 $\boldsymbol{\beta}_1, \boldsymbol{\beta}_2, \cdots, \boldsymbol{\beta}_s$ 线性无关，且 $\boldsymbol{Q}$ 列满秩，则 $\boldsymbol{\alpha}_1, \boldsymbol{\alpha}_2, \cdots, \boldsymbol{\alpha}_t$ 线性无关

(C) 若 $\boldsymbol{\alpha}_1, \boldsymbol{\alpha}_2, \cdots, \boldsymbol{\alpha}_t$ 线性无关，且 $\boldsymbol{Q}$ 列满秩，则 $\boldsymbol{\beta}_1, \boldsymbol{\beta}_2, \cdots, \boldsymbol{\beta}_s$ 线性无关

(D) 若 $\boldsymbol{\alpha}_1, \boldsymbol{\alpha}_2, \cdots, \boldsymbol{\alpha}_t$ 线性无关，且 $\boldsymbol{Q}$ 列降秩，则 $\boldsymbol{\beta}_1, \boldsymbol{\beta}_2, \cdots, \boldsymbol{\beta}_s$ 线性相关

【思路】 根据秩的性质解题。

【解】 分析选项 A，若 $\boldsymbol{\beta}_1, \boldsymbol{\beta}_2, \cdots, \boldsymbol{\beta}_s$ 线性无关，则 $r(\boldsymbol{\beta}_1, \boldsymbol{\beta}_2, \cdots, \boldsymbol{\beta}_s)=s=t$，又根据“矩阵越乘秩越小”及“秩不会超过其尺寸”的性质，有

$$t=s=r(\boldsymbol{\beta}_1, \boldsymbol{\beta}_2, \cdots, \boldsymbol{\beta}_s)=r[(\boldsymbol{\alpha}_1, \boldsymbol{\alpha}_2, \cdots, \boldsymbol{\alpha}_t)\boldsymbol{Q}]\leqslant r(\boldsymbol{\alpha}_1, \boldsymbol{\alpha}_2, \cdots, \boldsymbol{\alpha}_t)\leqslant t$$

于是 $r(\boldsymbol{\alpha}_1, \boldsymbol{\alpha}_2, \cdots, \boldsymbol{\alpha}_t)=t$，故 $\boldsymbol{\alpha}_1, \boldsymbol{\alpha}_2, \cdots, \boldsymbol{\alpha}_t$ 线性无关。

分析选项 C 和 D，因为 $\boldsymbol{\alpha}_1, \boldsymbol{\alpha}_2, \cdots, \boldsymbol{\alpha}_t$ 线性无关，所以 $r(\boldsymbol{\alpha}_1, \boldsymbol{\alpha}_2, \cdots, \boldsymbol{\alpha}_t)=t$，则有

$$r(\boldsymbol{\beta}_1, \boldsymbol{\beta}_2, \cdots, \boldsymbol{\beta}_s)=r(\boldsymbol{Q}_{t\times s})$$

于是，当 $\boldsymbol{Q}$ 列满秩时，有

$$r(\boldsymbol{\beta}_1, \boldsymbol{\beta}_2, \cdots, \boldsymbol{\beta}_s)=r(\boldsymbol{Q}_{t\times s})=s$$

$\boldsymbol{\beta}_1, \boldsymbol{\beta}_2, \cdots, \boldsymbol{\beta}_s$ 线性无关；当 $\boldsymbol{Q}$ 列降秩时，

$$r(\boldsymbol{\beta}_1, \boldsymbol{\beta}_2, \cdots, \boldsymbol{\beta}_s)=r(\boldsymbol{Q}_{t\times s})<s$$

$\boldsymbol{\beta}_1, \boldsymbol{\beta}_2, \cdots, \boldsymbol{\beta}_s$ 线性相关。

分析选项 B，举反例如下。

假设 $\boldsymbol{\alpha}_1, \boldsymbol{\alpha}_2$ 线性无关，一个向量组为 $\boldsymbol{\alpha}_1, \boldsymbol{\alpha}_2, \boldsymbol{\alpha}_3$，其中 $\boldsymbol{\alpha}_3=\boldsymbol{0}$，另外一个向量组为 $\boldsymbol{\beta}_1, \boldsymbol{\beta}_2$，其中 $\boldsymbol{\beta}_1=\boldsymbol{\alpha}_1, \boldsymbol{\beta}_2=\boldsymbol{\alpha}_2$，则有

$$(\boldsymbol{\beta}_1, \boldsymbol{\beta}_2)=(\boldsymbol{\alpha}_1, \boldsymbol{\alpha}_2, \boldsymbol{\alpha}_3)\begin{bmatrix}1&0\\0&1\\0&0\end{bmatrix}$$

显然，$\boldsymbol{\beta}_1, \boldsymbol{\beta}_2$ 线性无关，$\boldsymbol{Q}$ 列满秩，但 $\boldsymbol{\alpha}_1, \boldsymbol{\alpha}_2, \boldsymbol{\alpha}_3$ 却线性相关，于是选项 B 错误。

【评注】 本题考查了以下知识点：

(1) 若 $\boldsymbol{B}=\boldsymbol{AQ}$，则 $r(\boldsymbol{B})=r(\boldsymbol{AQ})\leqslant r(\boldsymbol{A})$，$r(\boldsymbol{B})=r(\boldsymbol{AQ})\leqslant r(\boldsymbol{Q})$。

(2) $\boldsymbol{\beta}_1, \boldsymbol{\beta}_2, \cdots, \boldsymbol{\beta}_s$ 线性无关 $\Leftrightarrow r(\boldsymbol{\beta}_1, \boldsymbol{\beta}_2, \cdots, \boldsymbol{\beta}_s)=s$。

(3) $\boldsymbol{\beta}_1, \boldsymbol{\beta}_2, \cdots, \boldsymbol{\beta}_s$ 线性相关 $\Leftrightarrow r(\boldsymbol{\beta}_1, \boldsymbol{\beta}_2, \cdots, \boldsymbol{\beta}_s)<s$。

(4) 若 $\boldsymbol{B}=\boldsymbol{AQ}$，且 $r(\boldsymbol{A})=\boldsymbol{A}$ 的列数，则 $r(\boldsymbol{B})=r(\boldsymbol{AQ})=r(\boldsymbol{Q})$。

【秘籍】 错误的命题往往可以通过反例进行说明，举反例的技巧如下：

(1) 找简单而特殊的向量或矩阵，例如：零向量、基本单位向量组、单位矩阵、$\begin{bmatrix}0&1\\1&0\end{bmatrix}$、$\begin{bmatrix}0&-1\\1&0\end{bmatrix}$…。

(2) 找简单而特殊的关系，例如：$\boldsymbol{\beta}_1=\boldsymbol{\alpha}_1$、$\boldsymbol{\beta}_2=\boldsymbol{\alpha}_2$、$\boldsymbol{\alpha}_1=\boldsymbol{\alpha}_2$、$\boldsymbol{\alpha}_3=\boldsymbol{\alpha}_1+\boldsymbol{\alpha}_2$…。

【例 3.13】 设 $\boldsymbol{A}$ 是 n 阶矩阵，$\boldsymbol{\alpha}$，$\boldsymbol{\alpha}_1$，$\boldsymbol{\alpha}_2$，$\boldsymbol{\alpha}_3$ 均是 n 维列向量，以下命题正确的是(　　)。

(A) 若 $\boldsymbol{A}^2\boldsymbol{\alpha}\neq\boldsymbol{0}$，$\boldsymbol{A}^3\boldsymbol{\alpha}=\boldsymbol{0}$，则向量组 $\boldsymbol{\alpha}$，$\boldsymbol{A\alpha}$，$\boldsymbol{A}^2\boldsymbol{\alpha}$ 线性无关

(B) 若向量组 $\boldsymbol{A\alpha}_1$，$\boldsymbol{A\alpha}_2$，$\boldsymbol{A\alpha}_3$ 线性相关，则 $\boldsymbol{\alpha}_1$，$\boldsymbol{\alpha}_2$，$\boldsymbol{\alpha}_3$ 线性相关

(C) 若 $\boldsymbol{A\alpha}_1$，$\boldsymbol{A\alpha}_2$，$\boldsymbol{A\alpha}_3$ 线性无关，则矩阵 $\boldsymbol{A}$ 可逆

(D) 若 $|\boldsymbol{A}|=0$，则 $\boldsymbol{A\alpha}_1$，$\boldsymbol{A\alpha}_2$，$\boldsymbol{A\alpha}_3$ 线性相关

【思路】 根据向量组线性无关的定义来证明选项 A，用反例说明其他选项错误。

【解】 证明选项 A。设

$$k_1\boldsymbol{\alpha}+k_2\boldsymbol{A\alpha}+k_3\boldsymbol{A}^2\boldsymbol{\alpha}=\boldsymbol{0} \tag{①}$$

用 $\boldsymbol{A}$ 左乘①式两端，又根据已知条件 $\boldsymbol{A}^3\boldsymbol{\alpha}=\boldsymbol{0}$，得

$$k_1\boldsymbol{A\alpha}+k_2\boldsymbol{A}^2\boldsymbol{\alpha}=\boldsymbol{0} \tag{②}$$

再用 $\boldsymbol{A}$ 左乘②式两端，得

$$k_1\boldsymbol{A}^2\boldsymbol{\alpha}=\boldsymbol{0}$$

因为 $\boldsymbol{A}^2\boldsymbol{\alpha}\neq\boldsymbol{0}$，所以 $k_1=0$，代入②式，同理可得 $k_2=0$。把 $k_1=0$ 和 $k_2=0$ 代入①式，最后得到 $k_3=0$。于是向量组 $\boldsymbol{\alpha}$，$\boldsymbol{A\alpha}$，$\boldsymbol{A}^2\boldsymbol{\alpha}$ 线性无关。选项 A 正确。

通过反例来说明错误选项。设 $\boldsymbol{A}=\boldsymbol{O}$，显然选项 B 错误。设

$$\boldsymbol{\alpha}_1=\begin{bmatrix}1\\0\\0\\0\end{bmatrix},\ \boldsymbol{\alpha}_2=\begin{bmatrix}0\\1\\0\\0\end{bmatrix},\ \boldsymbol{\alpha}_3=\begin{bmatrix}0\\0\\1\\0\end{bmatrix},\ \boldsymbol{A}=\begin{bmatrix}1&0&0&0\\0&1&0&0\\0&0&1&0\\0&0&0&0\end{bmatrix}$$

则选项 C 和 D 均是错误的。

【评注】 本题考查了以下知识点：

(1) 用定义法证明向量组的线性无关性题目在考研中频繁出现，同学们要熟练掌握。

(2) 学会用反例来说明错误的命题。

【秘籍】 由选项 A 可以推广出以下结论：

设 $\boldsymbol{A}$ 是 n 阶矩阵，$\boldsymbol{\alpha}$ 是 n 维列向量，若 $\boldsymbol{A}^{k-1}\boldsymbol{\alpha}\neq\boldsymbol{0}$，$\boldsymbol{A}^k\boldsymbol{\alpha}=\boldsymbol{0}$，则向量组 $\boldsymbol{\alpha}$，$\boldsymbol{A\alpha}$，…，$\boldsymbol{A}^{k-1}\boldsymbol{\alpha}$ 线性无关。

【例 3.14】 设 $\boldsymbol{A}$ 是 n 阶矩阵，$\boldsymbol{\alpha}_1$，$\boldsymbol{\alpha}_2$，$\boldsymbol{\alpha}_3$ 均是 n 维列向量，若 $\boldsymbol{A\alpha}_1=\boldsymbol{\alpha}_1\neq\boldsymbol{0}$，$\boldsymbol{A\alpha}_2=\boldsymbol{\alpha}_1+\boldsymbol{\alpha}_2$，$\boldsymbol{A\alpha}_3=\boldsymbol{\alpha}_2+\boldsymbol{\alpha}_3$，则向量组 $\boldsymbol{\alpha}_1$，$\boldsymbol{\alpha}_2$，$\boldsymbol{\alpha}_3$ 线性无关。

【思路】 用定义法证明向量组线性无关。

【解】 设

$$k_1\boldsymbol{\alpha}_1+k_2\boldsymbol{\alpha}_2+k_3\boldsymbol{\alpha}_3=\boldsymbol{0} \tag{①}$$

用 $\boldsymbol{A}$ 左乘①式两端，又根据已知条件 $\boldsymbol{A\alpha}_1=\boldsymbol{\alpha}_1$，$\boldsymbol{A\alpha}_2=\boldsymbol{\alpha}_1+\boldsymbol{\alpha}_2$，$\boldsymbol{A\alpha}_3=\boldsymbol{\alpha}_2+\boldsymbol{\alpha}_3$，有

$$k_1\boldsymbol{\alpha}_1+k_2\boldsymbol{\alpha}_1+k_2\boldsymbol{\alpha}_2+k_3\boldsymbol{\alpha}_2+k_3\boldsymbol{\alpha}_3=\boldsymbol{0} \tag{②}$$

②式－①式，得

$$k_2\boldsymbol{\alpha}_1+k_3\boldsymbol{\alpha}_2=\mathbf{0} \tag{③}$$

用 $\boldsymbol{A}$ 左乘③式两端，得

$$k_2\boldsymbol{\alpha}_1+k_3\boldsymbol{\alpha}_1+k_3\boldsymbol{\alpha}_2=\mathbf{0} \tag{④}$$

④式－③式，得

$$k_3\boldsymbol{\alpha}_1=\mathbf{0}$$

因为 $\boldsymbol{\alpha}_1\neq\mathbf{0}$，所以 $k_3=0$，代入③式，同理可得 $k_2=0$，把 $k_2=0$ 和 $k_3=0$ 代入①式，最后得 $k_1=0$。于是向量组 $\boldsymbol{\alpha}_1$，$\boldsymbol{\alpha}_2$，$\boldsymbol{\alpha}_3$ 线性无关。

【评注】 用定义法证明向量组线性无关时，有时不能“一气呵成”，需要采用“迂回战术”。

【秘籍】 本题可以把已知条件 $\boldsymbol{A}\boldsymbol{\alpha}_2=\boldsymbol{\alpha}_1+\boldsymbol{\alpha}_2$ 和 $\boldsymbol{A}\boldsymbol{\alpha}_3=\boldsymbol{\alpha}_2+\boldsymbol{\alpha}_3$ 化简为 $(\boldsymbol{A}-\boldsymbol{E})\boldsymbol{\alpha}_2=\boldsymbol{\alpha}_1$ 和 $(\boldsymbol{A}-\boldsymbol{E})\boldsymbol{\alpha}_3=\boldsymbol{\alpha}_2$。用矩阵 $(\boldsymbol{A}-\boldsymbol{E})$ 左乘①式，可直接得到③式，再用 $(\boldsymbol{A}-\boldsymbol{E})$ 左乘③式，可以快速证明。

【例 3.15】 分析以下命题，错误的是(　　)。

(A) 若向量组 $\boldsymbol{\alpha}_1$，$\boldsymbol{\alpha}_2$，$\boldsymbol{\alpha}_3$，$\boldsymbol{\beta}$ 线性相关，向量 $\boldsymbol{\beta}$ 不能被 $\boldsymbol{\alpha}_1$，$\boldsymbol{\alpha}_2$，$\boldsymbol{\alpha}_3$ 线性表示，则向量组 $\boldsymbol{\alpha}_1$，$\boldsymbol{\alpha}_2$，$\boldsymbol{\alpha}_3$ 线性相关

(B) 若 3 维列向量组 $\boldsymbol{\alpha}_1$，$\boldsymbol{\alpha}_2$，$\boldsymbol{\alpha}_3$ 不能线性表示向量 $(1, 2, 3)^{\mathrm{T}}$，则向量组 $\boldsymbol{\alpha}_1$，$\boldsymbol{\alpha}_2$，$\boldsymbol{\alpha}_3$ 可能线性相关，也可能线性无关

(C) $\boldsymbol{\alpha}$ 是矩阵 $\boldsymbol{A}$ 的非零行向量，$\boldsymbol{\xi}_1$，$\boldsymbol{\xi}_2$，…，$\boldsymbol{\xi}_r$ 是 $\boldsymbol{A}\boldsymbol{x}=\mathbf{0}$ 的基础解系，则向量组 $\boldsymbol{\alpha}^{\mathrm{T}}$，$\boldsymbol{\xi}_1$，$\boldsymbol{\xi}_2$，…，$\boldsymbol{\xi}_r$ 线性无关

(D) 若 3 维列向量组 $\boldsymbol{\alpha}_1$，$\boldsymbol{\alpha}_2$ 线性无关，且 3 维列向量 $\boldsymbol{\beta}_1$ 和 $\boldsymbol{\beta}_2$ 与向量 $\boldsymbol{\alpha}_1$，$\boldsymbol{\alpha}_2$ 都正交，则向量组 $\boldsymbol{\beta}_1$，$\boldsymbol{\beta}_2$ 线性相关

【思路】 用反证法来讨论选项 A 和 B。

【解】 用反证法证明选项 A。假设向量组 $\boldsymbol{\alpha}_1$，$\boldsymbol{\alpha}_2$，$\boldsymbol{\alpha}_3$ 线性无关，而 $\boldsymbol{\alpha}_1$，$\boldsymbol{\alpha}_2$，$\boldsymbol{\alpha}_3$，$\boldsymbol{\beta}$ 线性相关，则向量 $\boldsymbol{\beta}$ 可由向量组 $\boldsymbol{\alpha}_1$，$\boldsymbol{\alpha}_2$，$\boldsymbol{\alpha}_3$ 线性表示，与已知条件矛盾，故假设错误。于是向量组 $\boldsymbol{\alpha}_1$，$\boldsymbol{\alpha}_2$，$\boldsymbol{\alpha}_3$ 线性相关。

用反证法证明命题：“若 3 维列向量组 $\boldsymbol{\alpha}_1$，$\boldsymbol{\alpha}_2$，$\boldsymbol{\alpha}_3$ 不能线性表示向量 $(1, 2, 3)^{\mathrm{T}}$，则向量组 $\boldsymbol{\alpha}_1$，$\boldsymbol{\alpha}_2$，$\boldsymbol{\alpha}_3$ 线性相关”。

假设 3 维列向量组 $\boldsymbol{\alpha}_1$，$\boldsymbol{\alpha}_2$，$\boldsymbol{\alpha}_3$ 线性无关，则任意一个向量都可以由它线性表示，与已知矛盾，故假设错误。那么，3 维列向量组 $\boldsymbol{\alpha}_1$，$\boldsymbol{\alpha}_2$，$\boldsymbol{\alpha}_3$ 线性相关。于是选项 B 错误。

证明选项 C。因为 $\boldsymbol{\alpha}$ 是矩阵 $\boldsymbol{A}$ 的非零行向量，而 $\boldsymbol{\xi}_1$，$\boldsymbol{\xi}_2$，…，$\boldsymbol{\xi}_r$ 是 $\boldsymbol{A}\boldsymbol{x}=\mathbf{0}$ 的基础解系，于是有

$$\boldsymbol{\alpha}\boldsymbol{\xi}_i=0,\quad i=1, 2, \cdots, r$$

设

$$k_1\boldsymbol{\xi}_1+k_2\boldsymbol{\xi}_2+\cdots+k_r\boldsymbol{\xi}_r+k_{r+1}\boldsymbol{\alpha}^{\mathrm{T}}=\mathbf{0} \tag{①}$$

用 $\boldsymbol{\alpha}$ 左乘以上等式两端，有

$$k_{r+1}\boldsymbol{\alpha}\boldsymbol{\alpha}^{\mathrm{T}}=\mathbf{0}$$

因为 $\boldsymbol{\alpha}\neq\mathbf{0}$，所以 $k_{r+1}=0$，代入①式，得

$$k_1\boldsymbol{\xi}_1+k_2\boldsymbol{\xi}_2+\cdots+k_r\boldsymbol{\xi}_r=\mathbf{0}$$

因为 $\boldsymbol{\xi}_1$，$\boldsymbol{\xi}_2$，…，$\boldsymbol{\xi}_r$ 是基础解系，所以线性无关，则有 $k_1=k_2=\cdots=k_r=0$。于是向量组 $\boldsymbol{\alpha}^{\mathrm{T}}$，$\boldsymbol{\xi}_1$，$\boldsymbol{\xi}_2$，…，$\boldsymbol{\xi}_r$ 线性无关。

分析选项D。因为3维列向量$\boldsymbol{\beta}_1$和$\boldsymbol{\beta}_2$与向量$\boldsymbol{\alpha}_1$，$\boldsymbol{\alpha}_2$都正交，则有

$$\begin{bmatrix}\boldsymbol{\beta}_1^{\mathrm{T}}\\ \boldsymbol{\beta}_2^{\mathrm{T}}\end{bmatrix}(\boldsymbol{\alpha}_1,\boldsymbol{\alpha}_2)=\begin{bmatrix}0&0\\0&0\end{bmatrix}$$

于是有

$$r\begin{pmatrix}\boldsymbol{\beta}_1^{\mathrm{T}}\\ \boldsymbol{\beta}_2^{\mathrm{T}}\end{pmatrix}+r(\boldsymbol{\alpha}_1,\boldsymbol{\alpha}_2)\leqslant 3$$

因为向量组$\boldsymbol{\alpha}_1$，$\boldsymbol{\alpha}_2$线性无关，所以$r(\boldsymbol{\alpha}_1,\boldsymbol{\alpha}_2)=2$，故

$$r\begin{pmatrix}\boldsymbol{\beta}_1^{\mathrm{T}}\\ \boldsymbol{\beta}_2^{\mathrm{T}}\end{pmatrix}\leqslant 3-2=1<2$$

于是向量组$\boldsymbol{\beta}_1$，$\boldsymbol{\beta}_2$线性相关。

【评注】 本题考查了以下知识点：

(1) 若向量组$\boldsymbol{\alpha}_1$，$\boldsymbol{\alpha}_2$，$\boldsymbol{\alpha}_3$线性无关，且$\boldsymbol{\alpha}_1$，$\boldsymbol{\alpha}_2$，$\boldsymbol{\alpha}_3$，$\boldsymbol{\beta}$线性相关，则向量$\boldsymbol{\beta}$可由向量组$\boldsymbol{\alpha}_1$，$\boldsymbol{\alpha}_2$，$\boldsymbol{\alpha}_3$唯一线性表示。

(2) 若n个n维向量组$\boldsymbol{A}$线性无关，则任意一个n维向量一定可以由$\boldsymbol{A}$线性表示。

(3) $\boldsymbol{Ax}=\boldsymbol{0}$的任意一个解向量与$\boldsymbol{A}$的任意一个行向量正交。

(4) 若n维列向量组$\boldsymbol{\beta}_1$，$\boldsymbol{\beta}_2$与n维列向量组$\boldsymbol{\alpha}_1$，$\boldsymbol{\alpha}_2$正交，则有

$$\begin{bmatrix}\boldsymbol{\beta}_1^{\mathrm{T}}\\ \boldsymbol{\beta}_2^{\mathrm{T}}\end{bmatrix}(\boldsymbol{\alpha}_1,\boldsymbol{\alpha}_2)=\begin{bmatrix}0&0\\0&0\end{bmatrix}$$

(5) 若$\boldsymbol{A}_{m\times s}\boldsymbol{B}_{s\times n}=\boldsymbol{O}$，则$r(\boldsymbol{A})+r(\boldsymbol{B})\leqslant s$。

(6) $\boldsymbol{\beta}_1$，$\boldsymbol{\beta}_2$，…，$\boldsymbol{\beta}_s$线性无关$\Leftrightarrow r(\boldsymbol{\beta}_1,\boldsymbol{\beta}_2,\cdots,\boldsymbol{\beta}_s)=s$。

【秘籍】 选项D可以用几何意义来理解。因为3维列向量组$\boldsymbol{\alpha}_1$，$\boldsymbol{\alpha}_2$线性无关，所以$\boldsymbol{\alpha}_1$，$\boldsymbol{\alpha}_2$构成了3维空间中的一个平面，而$\boldsymbol{\beta}_1$和$\boldsymbol{\beta}_2$都与该平面正交，若$\boldsymbol{\beta}_1$和$\boldsymbol{\beta}_2$都是非零向量，则它们都是该平面的法方向，当然$\boldsymbol{\beta}_1$与$\boldsymbol{\beta}_2$平行，所以$\boldsymbol{\beta}_1$，$\boldsymbol{\beta}_2$线性相关。

【例3.16】 以下命题错误的是(　　)。

(A) 设n维列向量组$\boldsymbol{\alpha}_1$，$\boldsymbol{\alpha}_2$，…，$\boldsymbol{\alpha}_m(m>1)$线性无关，且$\boldsymbol{\beta}=\boldsymbol{\alpha}_1+\boldsymbol{\alpha}_2+\cdots+\boldsymbol{\alpha}_m$，那么$\boldsymbol{\beta}-\boldsymbol{\alpha}_1$，$\boldsymbol{\beta}-\boldsymbol{\alpha}_2$，…，$\boldsymbol{\beta}-\boldsymbol{\alpha}_m$也线性无关

(B) 若$r(\boldsymbol{A}_n)=n-1$，则$\boldsymbol{A}_n^*$任意两个行(列)向量线性相关

(C) 若$\boldsymbol{\beta}$可由$\boldsymbol{\alpha}_1$，$\boldsymbol{\alpha}_2$，…，$\boldsymbol{\alpha}_m$线性表示，但不能由$\boldsymbol{\alpha}_2$，$\boldsymbol{\alpha}_3$，…，$\boldsymbol{\alpha}_m$线性表示，则$\boldsymbol{\alpha}_1$可由$\boldsymbol{\beta}$，$\boldsymbol{\alpha}_2$，$\boldsymbol{\alpha}_3$，…，$\boldsymbol{\alpha}_m$线性表示，不能由$\boldsymbol{\alpha}_2$，$\boldsymbol{\alpha}_3$，…，$\boldsymbol{\alpha}_m$线性表示

(D) 设矩阵$\boldsymbol{A}$，$\boldsymbol{B}$满足$\boldsymbol{AB}=\boldsymbol{E}$，$\boldsymbol{E}$为$n$阶单位矩阵，则$\boldsymbol{A}$的列向量组线性无关，$\boldsymbol{B}$的行向量组线性无关

【思路】 用矩阵等式表示两个向量组之间的关系来分析选项A，用反证法证明选项C。

【解】 证明选项A。用矩阵等式表示两个向量组之间的线性表示关系：

$$(\boldsymbol{\beta}-\boldsymbol{\alpha}_1,\boldsymbol{\beta}-\boldsymbol{\alpha}_2,\cdots,\boldsymbol{\beta}-\boldsymbol{\alpha}_m)=(\boldsymbol{\alpha}_1,\boldsymbol{\alpha}_2,\cdots,\boldsymbol{\alpha}_m)\begin{bmatrix}0&1&1&\cdots&1\\1&0&1&\cdots&1\\1&1&0&\cdots&1\\\vdots&\vdots&\vdots&&\vdots\\1&1&1&\cdots&0\end{bmatrix}$$

因为向量组 $\boldsymbol{\alpha}_1, \boldsymbol{\alpha}_2, \cdots, \boldsymbol{\alpha}_m$ 线性无关，所以有

$$r(\boldsymbol{\beta}-\boldsymbol{\alpha}_1, \boldsymbol{\beta}-\boldsymbol{\alpha}_2, \cdots, \boldsymbol{\beta}-\boldsymbol{\alpha}_m)=r\begin{bmatrix} 0 & 1 & 1 & \cdots & 1 \\ 1 & 0 & 1 & & 1 \\ 1 & 1 & 0 & \cdots & 1 \\ \vdots & \vdots & \vdots & & \vdots \\ 1 & 1 & 1 & \cdots & 0 \end{bmatrix}$$

因为 $m>1$，所以有

$$\begin{vmatrix} 0 & 1 & 1 & \cdots & 1 \\ 1 & 0 & 1 & \cdots & 1 \\ 1 & 1 & 0 & \cdots & 1 \\ \vdots & \vdots & \vdots & & \vdots \\ 1 & 1 & 1 & \cdots & 0 \end{vmatrix}=(-1)^{m-1}(m-1)\neq 0$$

于是向量组 $\boldsymbol{\beta}-\boldsymbol{\alpha}_1, \boldsymbol{\beta}-\boldsymbol{\alpha}_2, \cdots, \boldsymbol{\beta}-\boldsymbol{\alpha}_m$ 线性无关。

证明选项 B。因为 $r(\boldsymbol{A}_n)=n-1$，所以 $r(\boldsymbol{A}_n^*)=1$，于是 $\boldsymbol{A}_n^*$ 的任意两个行(列)向量线性相关。

用反证法证明选项 C。因为 $\boldsymbol{\beta}$ 可由 $\boldsymbol{\alpha}_1, \boldsymbol{\alpha}_2, \cdots, \boldsymbol{\alpha}_m$ 线性表示，则存在系数 $k_1, k_2, \cdots, k_m$，使得

$$\boldsymbol{\beta}=k_1\boldsymbol{\alpha}_1+k_2\boldsymbol{\alpha}_2+\cdots+k_m\boldsymbol{\alpha}_m \tag{①}$$

假设 $k_1=0$，则有

$$\boldsymbol{\beta}=k_2\boldsymbol{\alpha}_2+\cdots+k_m\boldsymbol{\alpha}_m$$

上式与已知条件“$\boldsymbol{\beta}$ 不能由 $\boldsymbol{\alpha}_2, \boldsymbol{\alpha}_3, \cdots, \boldsymbol{\alpha}_m$ 线性表示”矛盾，所以假设错误，于是 $k_1\neq 0$，则由①式得

$$\boldsymbol{\alpha}_1=\frac{1}{k_1}(\boldsymbol{\beta}-k_2\boldsymbol{\alpha}_2-\cdots-k_m\boldsymbol{\alpha}_m)$$

即 $\boldsymbol{\alpha}_1$ 可由 $\boldsymbol{\beta}, \boldsymbol{\alpha}_2, \boldsymbol{\alpha}_3, \cdots, \boldsymbol{\alpha}_m$ 线性表示。

假设 $\boldsymbol{\alpha}_1$ 可以由 $\boldsymbol{\alpha}_2, \boldsymbol{\alpha}_3, \cdots, \boldsymbol{\alpha}_m$ 线性表示，则存在系数 $l_1, l_2, \cdots, l_{m-1}$，使得

$$\boldsymbol{\alpha}_1=l_1\boldsymbol{\alpha}_2+l_2\boldsymbol{\alpha}_3+\cdots+l_{m-1}\boldsymbol{\alpha}_m$$

把上式代入①式，可以得到 $\boldsymbol{\beta}$ 可以由 $\boldsymbol{\alpha}_2, \boldsymbol{\alpha}_3, \cdots, \boldsymbol{\alpha}_m$ 线性表示，与已知条件矛盾，故假设错误，于是 $\boldsymbol{\alpha}_1$ 不能由 $\boldsymbol{\alpha}_2, \boldsymbol{\alpha}_3, \cdots, \boldsymbol{\alpha}_m$ 线性表示。

通过反例说明分析选项 D 错误。设 $\boldsymbol{A}=\begin{bmatrix} 1 & 0 & 0 \\ 0 & 1 & 0 \end{bmatrix}$，$\boldsymbol{B}=\begin{bmatrix} 1 & 0 \\ 0 & 1 \\ 0 & 0 \end{bmatrix}$，显然满足 $\boldsymbol{AB}=\boldsymbol{E}$，但 $\boldsymbol{A}$ 的列向量组和 $\boldsymbol{B}$ 的行向量组都是线性相关的。

【评注】 本题考查了以下知识点：

(1) n 阶“ab”矩阵的行列式为 $|\boldsymbol{A}|=[a+(n-1)b](a-b)^{n-1}$。

(2) 若 $\boldsymbol{B}=\boldsymbol{AQ}$，且 $r(\boldsymbol{A})=\boldsymbol{A}$ 的列数，则 $r(\boldsymbol{B})=r(\boldsymbol{AQ})=r(\boldsymbol{Q})$。

(3) $\boldsymbol{\beta}_1, \boldsymbol{\beta}_2, \cdots, \boldsymbol{\beta}_s$ 线性无关 $\Leftrightarrow r(\boldsymbol{\beta}_1, \boldsymbol{\beta}_2, \cdots, \boldsymbol{\beta}_s)=s$。

(4) n 阶矩阵 $\boldsymbol{A}$ 的伴随矩阵秩的公式：

$$r(\boldsymbol{A}^*)=\begin{cases}n, & r(\boldsymbol{A})=n\\1, & r(\boldsymbol{A})=n-1\\0, & r(\boldsymbol{A})<n-1\end{cases}$$

(5) 若 $r(\boldsymbol{A})=r$，则 $\boldsymbol{A}$ 的任意 $r+1$ 列(行)向量线性相关。

(6) 若 $\boldsymbol{AB}=\boldsymbol{E}$，则 $\boldsymbol{A}$ 的行向量组线性无关，$\boldsymbol{B}$ 的列向量组线性无关。

【秘籍】 很多同学看见 $\boldsymbol{AB}=\boldsymbol{E}$，马上得出 $\boldsymbol{A}$ 与 $\boldsymbol{B}$ 互逆，其实不然，因为必须添加"$\boldsymbol{A}$ 是方阵"(或"$\boldsymbol{B}$ 是方阵")的条件，才可得出 $\boldsymbol{A}$ 与 $\boldsymbol{B}$ 互逆的结论。

【例 3.17】 设4阶矩阵 $\boldsymbol{A}=(\boldsymbol{\alpha}_1,\boldsymbol{\alpha}_2,\boldsymbol{\alpha}_3,\boldsymbol{\alpha}_4)$经过初等行变换化为矩阵 $\boldsymbol{B}=(\boldsymbol{\beta}_1,\boldsymbol{\beta}_2,\boldsymbol{\beta}_3,\boldsymbol{\beta}_4)$，向量组 $\boldsymbol{\alpha}_1,\boldsymbol{\alpha}_2,\boldsymbol{\alpha}_3$ 线性无关，且 $\boldsymbol{\alpha}_1-2\boldsymbol{\alpha}_2-3\boldsymbol{\alpha}_3-4\boldsymbol{\alpha}_4=\boldsymbol{0}$，则错误的是(　　)。

(A) 向量组 $\boldsymbol{\alpha}_1,\boldsymbol{\alpha}_2,\boldsymbol{\alpha}_3,\boldsymbol{\alpha}_4$ 与 $\boldsymbol{\beta}_1,\boldsymbol{\beta}_2,\boldsymbol{\beta}_3,\boldsymbol{\beta}_4$ 等价

(B) 向量组 $\boldsymbol{\beta}_2,\boldsymbol{\beta}_3,\boldsymbol{\beta}_4$ 线性无关

(C) 向量组 $\boldsymbol{\beta}_1,\boldsymbol{\beta}_2,\boldsymbol{\beta}_3,\boldsymbol{\beta}_4$ 中任一向量都可以由其余向量唯一地线性表示

(D) $\boldsymbol{\beta}_1=2\boldsymbol{\beta}_2+3\boldsymbol{\beta}_3+4\boldsymbol{\beta}_4$

【思路】 矩阵 $\boldsymbol{A}$ 和 $\boldsymbol{B}$ 的对应列向量构成的向量组有相同的线性相关性。

【解】 证明选项B。因为 $\boldsymbol{\alpha}_1-2\boldsymbol{\alpha}_2-3\boldsymbol{\alpha}_3-4\boldsymbol{\alpha}_4=\boldsymbol{0}$，可以得到向量组 $\boldsymbol{\alpha}_1,\boldsymbol{\alpha}_2,\boldsymbol{\alpha}_3$ 与 $\boldsymbol{\alpha}_2,\boldsymbol{\alpha}_3,\boldsymbol{\alpha}_4$ 等价。又因为 $\boldsymbol{\alpha}_1,\boldsymbol{\alpha}_2,\boldsymbol{\alpha}_3$ 线性无关，所以 $\boldsymbol{\alpha}_2,\boldsymbol{\alpha}_3,\boldsymbol{\alpha}_4$ 也线性无关。同理可以得出向量组 $\boldsymbol{\alpha}_1,\boldsymbol{\alpha}_2,\boldsymbol{\alpha}_3,\boldsymbol{\alpha}_4$ 中任意3个向量都线性无关，于是向量组 $\boldsymbol{\beta}_2,\boldsymbol{\beta}_3,\boldsymbol{\beta}_4$ 也线性无关。

证明选项C。因为 $\boldsymbol{\alpha}_1-2\boldsymbol{\alpha}_2-3\boldsymbol{\alpha}_3-4\boldsymbol{\alpha}_4=\boldsymbol{0}$，且向量组 $\boldsymbol{\alpha}_1,\boldsymbol{\alpha}_2,\boldsymbol{\alpha}_3,\boldsymbol{\alpha}_4$ 中任意3个向量都线性无关，所以可以得到向量组 $\boldsymbol{\alpha}_1,\boldsymbol{\alpha}_2,\boldsymbol{\alpha}_3,\boldsymbol{\alpha}_4$ 中任意一个向量都可以由其余向量唯一地线性表示，于是向量组 $\boldsymbol{\beta}_1,\boldsymbol{\beta}_2,\boldsymbol{\beta}_3,\boldsymbol{\beta}_4$ 中任一向量也都可以由其余向量唯一地线性表示。

证明选项D。因为 $\boldsymbol{\alpha}_1-2\boldsymbol{\alpha}_2-3\boldsymbol{\alpha}_3-4\boldsymbol{\alpha}_4=\boldsymbol{0}$，即 $\boldsymbol{\alpha}_1=2\boldsymbol{\alpha}_2+3\boldsymbol{\alpha}_3+4\boldsymbol{\alpha}_4$，于是有 $\boldsymbol{\beta}_1=2\boldsymbol{\beta}_2+3\boldsymbol{\beta}_3+4\boldsymbol{\beta}_4$。

选项A错误。

【评注】 本题考查了以下知识点：

(1) 若向量组 $\boldsymbol{A}$ 与 $\boldsymbol{B}$ 等价，则 $r(\boldsymbol{A})=r(\boldsymbol{B})$。

(2) 若向量组 $\boldsymbol{\alpha}_1,\boldsymbol{\alpha}_2,\boldsymbol{\alpha}_3$ 线性无关，且方程组 $x_1\boldsymbol{\alpha}_1+x_2\boldsymbol{\alpha}_2+x_3\boldsymbol{\alpha}_3=\boldsymbol{\alpha}_4$ 有解，则方程组 $x_1\boldsymbol{\alpha}_1+x_2\boldsymbol{\alpha}_2+x_3\boldsymbol{\alpha}_3=\boldsymbol{\alpha}_4$ 有唯一解。

(3) 若矩阵 $\boldsymbol{A}=(\boldsymbol{\alpha}_1,\boldsymbol{\alpha}_2,\boldsymbol{\alpha}_3,\boldsymbol{\alpha}_4)$经过初等行变换化为矩阵 $\boldsymbol{B}=(\boldsymbol{\beta}_1,\boldsymbol{\beta}_2,\boldsymbol{\beta}_3,\boldsymbol{\beta}_4)$，则有

① $\boldsymbol{\alpha}_1,\boldsymbol{\alpha}_2,\boldsymbol{\alpha}_3$ 线性无关$\Leftrightarrow\boldsymbol{\beta}_1,\boldsymbol{\beta}_2,\boldsymbol{\beta}_3$ 线性无关；

② $\boldsymbol{\alpha}_1,\boldsymbol{\alpha}_2,\boldsymbol{\alpha}_3,\boldsymbol{\alpha}_4$ 线性相关$\Leftrightarrow\boldsymbol{\beta}_1,\boldsymbol{\beta}_2,\boldsymbol{\beta}_3,\boldsymbol{\beta}_4$ 线性相关；

③ $\boldsymbol{\alpha}_1=2\boldsymbol{\alpha}_2+3\boldsymbol{\alpha}_3+4\boldsymbol{\alpha}_4\Leftrightarrow\boldsymbol{\beta}_1=2\boldsymbol{\beta}_2+3\boldsymbol{\beta}_3+4\boldsymbol{\beta}_4$；

④ $\boldsymbol{A}$ 的行向量组与 $\boldsymbol{B}$ 的行向量组等价；

⑤ 向量组 $\boldsymbol{\alpha}_1,\boldsymbol{\alpha}_2,\boldsymbol{\alpha}_3,\boldsymbol{\alpha}_4$ 与向量组 $\boldsymbol{\beta}_1,\boldsymbol{\beta}_2,\boldsymbol{\beta}_3,\boldsymbol{\beta}_4$ 一般情况下不等价。

【例 3.18】 设 $\boldsymbol{A}$ 为 $m\times n$ 矩阵，$\boldsymbol{B}$ 为 $n\times m$ 矩阵，$\boldsymbol{C}$ 为 m 阶矩阵，若满足 $\boldsymbol{AB}=\boldsymbol{C}$，且 $|\boldsymbol{C}|=0$，则以下错误的是(　　)。

(A) $\boldsymbol{C}$ 的列向量组线性相关

(B) 若 $\boldsymbol{A}$ 的列向量组线性无关，则 $\boldsymbol{B}$ 的列向量组线性相关

(C) 若 $\boldsymbol{B}$ 的行向量组线性无关，则 $\boldsymbol{A}$ 的行向量组线性相关

(D) $m>n$

【思路】 根据矩阵秩的性质解题。

【解】 分析选项 A。因为$|\boldsymbol{C}|=0$，所以$\boldsymbol{C}$的列向量组线性相关。

分析选项 B。因为$\boldsymbol{A}$的列向量组线性无关，且$|\boldsymbol{C}|=0$，所以

$$r(\boldsymbol{B}_{n\times m})=r(\boldsymbol{A}_{m\times n}\boldsymbol{B}_{n\times m})=(\boldsymbol{C}_m)<m$$

于是矩阵$\boldsymbol{B}$的列向量组线性相关。

分析选项 C。因为$\boldsymbol{B}$的行向量组线性无关，所以

$$r(\boldsymbol{A}_{m\times n})=r(\boldsymbol{A}_{m\times n}\boldsymbol{B}_{n\times m})=(\boldsymbol{C}_m)<m$$

于是矩阵$\boldsymbol{A}$的行向量组线性相关。

分析选项 D。举反例，$m=1$，$n=2$，设$\boldsymbol{A}_{1\times 2}=(1,2)$，$\boldsymbol{B}_{2\times 1}=\begin{bmatrix}2\\-1\end{bmatrix}$，满足$|\boldsymbol{AB}|=0$。于是选项 D 错误。

【评注】 本题考查了以下知识点：

(1) $|\boldsymbol{C}|=0\Leftrightarrow\boldsymbol{C}$的列(行)向量线性相关。

(2) 若$\boldsymbol{C}=\boldsymbol{AB}$，且$r(\boldsymbol{A})=\boldsymbol{A}$的列数，则$r(\boldsymbol{C})=r(\boldsymbol{AB})=r(\boldsymbol{B})$。

(3) 若$\boldsymbol{C}=\boldsymbol{AB}$，且$r(\boldsymbol{B})=\boldsymbol{B}$的行数，则$r(\boldsymbol{C})=r(\boldsymbol{AB})=r(\boldsymbol{A})$。

(4) $r(\boldsymbol{A})=\boldsymbol{A}$的列(行)数$\Leftrightarrow\boldsymbol{A}$的列(行)向量线性无关。

(5) $r(\boldsymbol{A})<\boldsymbol{A}$的列(行)数$\Leftrightarrow\boldsymbol{A}$的列(行)向量线性相关。

(6) 若$m>n$，则$|\boldsymbol{A}_{m\times n}\boldsymbol{B}_{n\times m}|=0$。

【例 3.19】 设$\boldsymbol{\alpha}_1,\boldsymbol{\alpha}_2,\cdots,\boldsymbol{\alpha}_s$与$\boldsymbol{\beta}_1,\boldsymbol{\beta}_2,\cdots,\boldsymbol{\beta}_t$为两个$n$维列向量组，且$r(\boldsymbol{\alpha}_1,\boldsymbol{\alpha}_2,\cdots,\boldsymbol{\alpha}_s)=r(\boldsymbol{\beta}_1,\boldsymbol{\beta}_2,\cdots,\boldsymbol{\beta}_t)=r$，则(　　)。

(A) 两个向量组等价

(B) $r(\boldsymbol{\alpha}_1,\boldsymbol{\alpha}_2,\cdots,\boldsymbol{\alpha}_s,\boldsymbol{\beta}_1,\boldsymbol{\beta}_2,\cdots,\boldsymbol{\beta}_t)=r$

(C) 若向量组$\boldsymbol{\alpha}_1,\boldsymbol{\alpha}_2,\cdots,\boldsymbol{\alpha}_s$可由$\boldsymbol{\beta}_1,\boldsymbol{\beta}_2,\cdots,\boldsymbol{\beta}_t$线性表示，则两个向量组等价

(D) 两个向量组构成的矩阵等价

【思路】 根据向量组等价的充要条件来证明选项 C，用反例说明其余选项错误。

【解】 证明选项 C。已知向量组$\boldsymbol{\alpha}_1,\boldsymbol{\alpha}_2,\cdots,\boldsymbol{\alpha}_s$可由$\boldsymbol{\beta}_1,\boldsymbol{\beta}_2,\cdots,\boldsymbol{\beta}_t$线性表示，则有

$$r(\boldsymbol{\beta}_1,\boldsymbol{\beta}_2,\cdots,\boldsymbol{\beta}_t)=(\boldsymbol{\beta}_1,\boldsymbol{\beta}_2,\cdots,\boldsymbol{\beta}_t,\boldsymbol{\alpha}_1,\boldsymbol{\alpha}_2,\cdots,\boldsymbol{\alpha}_s)$$

又已知

$$r(\boldsymbol{\alpha}_1,\boldsymbol{\alpha}_2,\cdots,\boldsymbol{\alpha}_s)=r(\boldsymbol{\beta}_1,\boldsymbol{\beta}_2,\cdots,\boldsymbol{\beta}_t)=r$$

所以

$$r(\boldsymbol{\alpha}_1,\boldsymbol{\alpha}_2,\cdots,\boldsymbol{\alpha}_s)=r(\boldsymbol{\beta}_1,\boldsymbol{\beta}_2,\cdots,\boldsymbol{\beta}_t)=(\boldsymbol{\beta}_1,\boldsymbol{\beta}_2,\cdots,\boldsymbol{\beta}_t,\boldsymbol{\alpha}_1,\boldsymbol{\alpha}_2,\cdots,\boldsymbol{\alpha}_s)=r$$

于是，向量组$\boldsymbol{\alpha}_1,\boldsymbol{\alpha}_2,\cdots,\boldsymbol{\alpha}_s$与$\boldsymbol{\beta}_1,\boldsymbol{\beta}_2,\cdots,\boldsymbol{\beta}_t$等价。

举反例说明选项 A、B 和 D 是错误的。设

$$\boldsymbol{\alpha}_1=\begin{bmatrix}1\\0\\0\end{bmatrix},\ \boldsymbol{\alpha}_2=\begin{bmatrix}0\\1\\0\end{bmatrix},\ \boldsymbol{\beta}_1=\begin{bmatrix}0\\1\\0\end{bmatrix},\ \boldsymbol{\beta}_2=\begin{bmatrix}0\\0\\1\end{bmatrix},\ \boldsymbol{\beta}_3=\begin{bmatrix}0\\1\\1\end{bmatrix}$$

显然满足$r(\boldsymbol{\alpha}_1,\boldsymbol{\alpha}_2)=r(\boldsymbol{\beta}_1,\boldsymbol{\beta}_2,\boldsymbol{\beta}_3)=2$。但向量组$\boldsymbol{\alpha}_1,\boldsymbol{\alpha}_2$与$\boldsymbol{\beta}_1,\boldsymbol{\beta}_2,\boldsymbol{\beta}_3$并不等价，$r(\boldsymbol{\alpha}_1,\boldsymbol{\alpha}_2,\boldsymbol{\beta}_1,\boldsymbol{\beta}_2,\boldsymbol{\beta}_3)=3\neq2$，因为矩阵$(\boldsymbol{\alpha}_1,\boldsymbol{\alpha}_2)$与$(\boldsymbol{\beta}_1,\boldsymbol{\beta}_2,\boldsymbol{\beta}_3)$不同型，所以也不等价。

【评注】 本题考查了以下知识点：

(1) 向量组 $\boldsymbol{\alpha}_1, \boldsymbol{\alpha}_2, \cdots, \boldsymbol{\alpha}_s$ 与 $\boldsymbol{\beta}_1, \boldsymbol{\beta}_2, \cdots, \boldsymbol{\beta}_t$ 等价 $\Rightarrow r(\boldsymbol{\alpha}_1, \boldsymbol{\alpha}_2, \cdots, \boldsymbol{\alpha}_s)=r(\boldsymbol{\beta}_1, \boldsymbol{\beta}_2, \cdots, \boldsymbol{\beta}_t)$。

(2) 矩阵 $\mathbf{A}_{m\times n}$ 与 $\mathbf{B}_{m\times n}$ 等价 $\Leftrightarrow r(\mathbf{A}_{m\times n})=r(\mathbf{B}_{m\times n})$。

(3) 向量组 $\boldsymbol{\alpha}_1, \boldsymbol{\alpha}_2, \cdots, \boldsymbol{\alpha}_s$ 与 $\boldsymbol{\beta}_1, \boldsymbol{\beta}_2, \cdots, \boldsymbol{\beta}_s$ 等价 $\Rightarrow$ 矩阵 $(\boldsymbol{\alpha}_1, \boldsymbol{\alpha}_2, \cdots, \boldsymbol{\alpha}_s)$ 与 $(\boldsymbol{\beta}_1, \boldsymbol{\beta}_2, \cdots, \boldsymbol{\beta}_s)$ 等价。

(4) 向量组 $\boldsymbol{\alpha}_1, \boldsymbol{\alpha}_2, \cdots, \boldsymbol{\alpha}_s$ 可由 $\boldsymbol{\beta}_1, \boldsymbol{\beta}_2, \cdots, \boldsymbol{\beta}_t$ 线性表示 $\Leftrightarrow$

$$r(\boldsymbol{\beta}_1, \boldsymbol{\beta}_2, \cdots, \boldsymbol{\beta}_t)=r(\boldsymbol{\beta}_1, \boldsymbol{\beta}_2, \cdots, \boldsymbol{\beta}_t, \boldsymbol{\alpha}_1, \boldsymbol{\alpha}_2, \cdots, \boldsymbol{\alpha}_s)$$

(5) 向量组 $\boldsymbol{\beta}_1, \boldsymbol{\beta}_2, \cdots, \boldsymbol{\beta}_t$ 可由 $\boldsymbol{\alpha}_1, \boldsymbol{\alpha}_2, \cdots, \boldsymbol{\alpha}_s$ 线性表示 $\Leftrightarrow$

$$r(\boldsymbol{\alpha}_1, \boldsymbol{\alpha}_2, \cdots, \boldsymbol{\alpha}_s)=r(\boldsymbol{\alpha}_1, \boldsymbol{\alpha}_2, \cdots, \boldsymbol{\alpha}_s, \boldsymbol{\beta}_1, \boldsymbol{\beta}_2, \cdots, \boldsymbol{\beta}_t)$$

(6) 向量组 $\boldsymbol{\alpha}_1, \boldsymbol{\alpha}_2, \cdots, \boldsymbol{\alpha}_s$ 与 $\boldsymbol{\beta}_1, \boldsymbol{\beta}_2, \cdots, \boldsymbol{\beta}_t$ 等价 $\Leftrightarrow$

$$r(\boldsymbol{\alpha}_1, \boldsymbol{\alpha}_2, \cdots, \boldsymbol{\alpha}_s)=r(\boldsymbol{\beta}_1, \boldsymbol{\beta}_2, \cdots, \boldsymbol{\beta}_t)=r(\boldsymbol{\alpha}_1, \boldsymbol{\alpha}_2, \cdots, \boldsymbol{\alpha}_s, \boldsymbol{\beta}_1, \boldsymbol{\beta}_2, \cdots, \boldsymbol{\beta}_t)$$

【例 3.20】 (仅数学一要求，2015，数学一)设向量组 $\boldsymbol{\alpha}_1, \boldsymbol{\alpha}_2, \boldsymbol{\alpha}_3$ 为 $\mathbf{R}^3$ 的一组基，$\boldsymbol{\beta}_1=2\boldsymbol{\alpha}_1+2k\boldsymbol{\alpha}_3$，$\boldsymbol{\beta}_2=2\boldsymbol{\alpha}_2$，$\boldsymbol{\beta}_3=\boldsymbol{\alpha}_1+(k+1)\boldsymbol{\alpha}_3$。

(1) 证明向量组 $\boldsymbol{\beta}_1, \boldsymbol{\beta}_2, \boldsymbol{\beta}_3$ 为 $\mathbf{R}^3$ 的一组基；

(2) 当 k 为何值时，存在非零向量 $\boldsymbol{\xi}$ 在基 $\boldsymbol{\alpha}_1, \boldsymbol{\alpha}_2, \boldsymbol{\alpha}_3$ 与基 $\boldsymbol{\beta}_1, \boldsymbol{\beta}_2, \boldsymbol{\beta}_3$ 下的坐标相同，并求所有的 $\boldsymbol{\xi}$。

【思路】 写出两个向量组之间线性表示的矩阵等式，进一步计算线性表示矩阵的行列式。

证明 (1) 根据已知条件可以写出向量组 $\boldsymbol{\beta}_1, \boldsymbol{\beta}_2, \boldsymbol{\beta}_3$ 由 $\boldsymbol{\alpha}_1, \boldsymbol{\alpha}_2, \boldsymbol{\alpha}_3$ 线性表示的矩阵等式：

$$(\boldsymbol{\beta}_1, \boldsymbol{\beta}_2, \boldsymbol{\beta}_3)=(\boldsymbol{\alpha}_1, \boldsymbol{\alpha}_2, \boldsymbol{\alpha}_3)\begin{bmatrix}2 & 0 & 1\\ 0 & 2 & 0\\ 2k & 0 & k+1\end{bmatrix}$$

令 $\boldsymbol{B}=(\boldsymbol{\beta}_1, \boldsymbol{\beta}_2, \boldsymbol{\beta}_3)$，$\mathbf{A}=(\boldsymbol{\alpha}_1, \boldsymbol{\alpha}_2, \boldsymbol{\alpha}_3)$，$\boldsymbol{P}=\begin{bmatrix}2 & 0 & 1\\ 0 & 2 & 0\\ 2k & 0 & k+1\end{bmatrix}$，则有 $\boldsymbol{B}=\boldsymbol{AP}$。

因为 $|\boldsymbol{P}|=4\neq 0$，所以向量组 $\boldsymbol{\beta}_1, \boldsymbol{\beta}_2, \boldsymbol{\beta}_3$ 与 $\boldsymbol{\alpha}_1, \boldsymbol{\alpha}_2, \boldsymbol{\alpha}_3$ 等价，故 $\boldsymbol{\beta}_1, \boldsymbol{\beta}_2, \boldsymbol{\beta}_3$ 也为 $\mathbf{R}^3$ 的一组基。

(2) 设向量 $\boldsymbol{\xi}$ 在基 $\boldsymbol{\alpha}_1, \boldsymbol{\alpha}_2, \boldsymbol{\alpha}_3$ 与基 $\boldsymbol{\beta}_1, \boldsymbol{\beta}_2, \boldsymbol{\beta}_3$ 下的坐标向量都为 $\boldsymbol{x}=[x_1, x_2, x_3]^{\mathrm{T}}$，则有

$$\boldsymbol{\xi}=(\boldsymbol{\alpha}_1, \boldsymbol{\alpha}_2, \boldsymbol{\alpha}_3)\begin{bmatrix}x_1\\ x_2\\ x_3\end{bmatrix}=(\boldsymbol{\beta}_1, \boldsymbol{\beta}_2, \boldsymbol{\beta}_3)\begin{bmatrix}x_1\\ x_2\\ x_3\end{bmatrix}$$

把 $\boldsymbol{B}=\boldsymbol{AP}$ 代入以上等式有

$$(\boldsymbol{AP}-\mathbf{A})\boldsymbol{x}=\mathbf{0}$$

因为向量组 $\boldsymbol{\alpha}_1, \boldsymbol{\alpha}_2, \boldsymbol{\alpha}_3$ 为 $\mathbf{R}^3$ 的一组基，所以 $\mathbf{A}$ 可逆，于是用 $\mathbf{A}^{-1}$ 左乘以上等式两端，有

$$(\boldsymbol{P}-\boldsymbol{E})\boldsymbol{x}=\mathbf{0}$$

因为 $\boldsymbol{\xi}$ 为非零向量，它的坐标 $\boldsymbol{x}$ 也一定是非零向量，所以以上齐次线性方程组有非零解，于是有

$$|\boldsymbol{E}-\boldsymbol{P}|=\begin{vmatrix}1&0&1\\0&1&0\\2k&0&k\end{vmatrix}=0$$

解得 $k=0$。

当 $k=0$ 时，齐次线性方程组 $(\boldsymbol{P}-\boldsymbol{E})\boldsymbol{x}=\boldsymbol{0}$ 的通解为

$$\boldsymbol{x}=\begin{bmatrix}x_1\\x_2\\x_3\end{bmatrix}=\lambda\begin{bmatrix}-1\\0\\1\end{bmatrix}，\lambda \text{ 为任意常数}$$

于是非零向量 $\boldsymbol{\xi}$ 为

$$\boldsymbol{\xi}=(\boldsymbol{\alpha}_1,\boldsymbol{\alpha}_2,\boldsymbol{\alpha}_3)\begin{bmatrix}x_1\\x_2\\x_3\end{bmatrix}=\lambda(-\boldsymbol{\alpha}_1+\boldsymbol{\alpha}_3)，\lambda\in\mathbf{R}，\lambda\neq 0$$

【评注】 本题考查了以下知识点：

(1) 若 3 个 3 维向量 $\boldsymbol{\alpha}_1$，$\boldsymbol{\alpha}_2$，$\boldsymbol{\alpha}_3$ 线性无关，则它一定是 $\mathbf{R}^3$ 的一组基。

(2) 若向量组 $\boldsymbol{\alpha}_1$，$\boldsymbol{\alpha}_2$，$\boldsymbol{\alpha}_3$ 为 $\mathbf{R}^3$ 的一组基，且 $\boldsymbol{\xi}=(\boldsymbol{\alpha}_1,\boldsymbol{\alpha}_2,\boldsymbol{\alpha}_3)\begin{bmatrix}x_1\\x_2\\x_3\end{bmatrix}$，则 $\boldsymbol{x}=\begin{bmatrix}x_1\\x_2\\x_3\end{bmatrix}$ 是 $\boldsymbol{\xi}$ 在基 $\boldsymbol{\alpha}_1$，$\boldsymbol{\alpha}_2$，$\boldsymbol{\alpha}_3$ 下的坐标向量。

【秘籍】 写出两组基之间线性表示的矩阵等式是本题的关键。

【例 3.21】 (仅数学一要求，2019，数学一)设向量组 $\boldsymbol{\alpha}_1=(1,2,1)^{\mathrm{T}}$，$\boldsymbol{\alpha}_2=(1,3,2)^{\mathrm{T}}$，$\boldsymbol{\alpha}_3=(1,a,3)^{\mathrm{T}}$ 为 $\mathbf{R}^3$ 的一组基，$\boldsymbol{\beta}=(1,1,1)^{\mathrm{T}}$ 在这组基下的坐标为 $(b,c,1)^{\mathrm{T}}$。

(1) 求 a，b，c 的值；

(2) 证明 $\boldsymbol{\alpha}_2$，$\boldsymbol{\alpha}_3$，$\boldsymbol{\beta}$ 为 $\mathbf{R}^3$ 的一组基，并求 $\boldsymbol{\alpha}_2$，$\boldsymbol{\alpha}_3$，$\boldsymbol{\beta}$ 到 $\boldsymbol{\alpha}_1$，$\boldsymbol{\alpha}_2$，$\boldsymbol{\alpha}_3$ 的过渡矩阵。

【思路】 根据坐标建立等式，确定 a，b，c 的值。通过证明向量组线性无关，确定其是基。

【解】 (1) $\boldsymbol{\beta}$ 在基 $\boldsymbol{\alpha}_1$，$\boldsymbol{\alpha}_2$，$\boldsymbol{\alpha}_3$ 下的坐标为 $(b,c,1)^{\mathrm{T}}$，则有

$$\boldsymbol{\beta}=(\boldsymbol{\alpha}_1,\boldsymbol{\alpha}_2,\boldsymbol{\alpha}_3)\begin{bmatrix}b\\c\\1\end{bmatrix}，\begin{bmatrix}1\\1\\1\end{bmatrix}=\begin{bmatrix}1&1&1\\2&3&a\\1&2&3\end{bmatrix}\begin{bmatrix}b\\c\\1\end{bmatrix}$$

解得 $a=3$，$b=2$，$c=-2$。

(2) 计算由向量组 $\boldsymbol{\alpha}_2$，$\boldsymbol{\alpha}_3$，$\boldsymbol{\beta}$ 构成的矩阵的行列式，有

$$|\boldsymbol{\alpha}_2,\boldsymbol{\alpha}_3,\boldsymbol{\beta}|=\begin{vmatrix}1&1&1\\3&3&1\\2&3&1\end{vmatrix}=2\neq 0$$

所以向量组 $\boldsymbol{\alpha}_2$，$\boldsymbol{\alpha}_3$，$\boldsymbol{\beta}$ 线性无关，于是 $\boldsymbol{\alpha}_2$，$\boldsymbol{\alpha}_3$，$\boldsymbol{\beta}$ 是 $\mathbf{R}^3$ 的一组基。

因为 $\boldsymbol{\beta}$ 在基 $\boldsymbol{\alpha}_1$，$\boldsymbol{\alpha}_2$，$\boldsymbol{\alpha}_3$ 下的坐标为 $(2,-2,1)^{\mathrm{T}}$，即

$$\boldsymbol{\beta}=2\boldsymbol{\alpha}_1-2\boldsymbol{\alpha}_2+\boldsymbol{\alpha}_3$$

所以有

$$\boldsymbol{\alpha}_1=\boldsymbol{\alpha}_2-\frac{1}{2}\boldsymbol{\alpha}_3+\frac{1}{2}\boldsymbol{\beta}$$

构造两组基之间的线性表示关系：

$$(\boldsymbol{\alpha}_1,\boldsymbol{\alpha}_2,\boldsymbol{\alpha}_3)=(\boldsymbol{\alpha}_2,\boldsymbol{\alpha}_3,\boldsymbol{\beta})\begin{bmatrix}1&1&0\\-\frac{1}{2}&0&1\\\frac{1}{2}&0&0\end{bmatrix}$$

于是，基 $\boldsymbol{\alpha}_2$，$\boldsymbol{\alpha}_3$，$\boldsymbol{\beta}$ 到 $\boldsymbol{\alpha}_1$，$\boldsymbol{\alpha}_2$，$\boldsymbol{\alpha}_3$ 的过渡矩阵为 $\begin{bmatrix}1&1&0\\-\frac{1}{2}&0&1\\\frac{1}{2}&0&0\end{bmatrix}$。

【评注】 本题考查了以下知识点：

(1) $|\boldsymbol{A}|\neq0\Leftrightarrow$ 方阵 $\boldsymbol{A}$ 的列向量组线性无关。

(2) 若 3 个 3 维向量 $\boldsymbol{\alpha}_1$，$\boldsymbol{\alpha}_2$，$\boldsymbol{\alpha}_3$ 线性无关，则它一定是 $\mathbf{R}^3$ 的一组基。

(3) 若向量组 $\boldsymbol{\alpha}_1$，$\boldsymbol{\alpha}_2$，$\boldsymbol{\alpha}_3$ 为 $\mathbf{R}^3$ 的一组基，且 $\boldsymbol{\xi}=(\boldsymbol{\alpha}_1,\boldsymbol{\alpha}_2,\boldsymbol{\alpha}_3)\begin{bmatrix}x_1\\x_2\\x_3\end{bmatrix}$，则 $\boldsymbol{x}=\begin{bmatrix}x_1\\x_2\\x_3\end{bmatrix}$ 是 $\boldsymbol{\xi}$ 在基 $\boldsymbol{\alpha}_1$，$\boldsymbol{\alpha}_2$，$\boldsymbol{\alpha}_3$ 下的坐标向量。

(4) 设 $\boldsymbol{\alpha}_1$，$\boldsymbol{\alpha}_2$，$\boldsymbol{\alpha}_3$ 和 $\boldsymbol{\beta}_1$，$\boldsymbol{\beta}_2$，$\boldsymbol{\beta}_3$ 都是 3 维向量空间 $\mathbf{R}^3$ 的基，若有 $(\boldsymbol{\beta}_1,\boldsymbol{\beta}_2,\boldsymbol{\beta}_3)=(\boldsymbol{\alpha}_1,\boldsymbol{\alpha}_2,\boldsymbol{\alpha}_3)\boldsymbol{P}$，则称矩阵 $\boldsymbol{P}$ 为从基 $\boldsymbol{\alpha}_1$，$\boldsymbol{\alpha}_2$，$\boldsymbol{\alpha}_3$ 到基 $\boldsymbol{\beta}_1$，$\boldsymbol{\beta}_2$，$\boldsymbol{\beta}_3$ 的过渡矩阵。

【秘籍】 很多考生在考试中，把从基 $\boldsymbol{\alpha}_1$，$\boldsymbol{\alpha}_2$，$\boldsymbol{\alpha}_3$ 到基 $\boldsymbol{\beta}_1$，$\boldsymbol{\beta}_2$，$\boldsymbol{\beta}_3$ 的过渡矩阵与从基 $\boldsymbol{\beta}_1$，$\boldsymbol{\beta}_2$，$\boldsymbol{\beta}_3$ 到基 $\boldsymbol{\alpha}_1$，$\boldsymbol{\alpha}_2$，$\boldsymbol{\alpha}_3$ 的过渡矩阵算颠倒了。

【例 3.22】 (仅数学一要求，1997，数学一)设 $\boldsymbol{B}$ 是秩为 2 的 5×4 矩阵，$\boldsymbol{\alpha}_1=(1,1,2,3)^{\mathrm{T}}$，$\boldsymbol{\alpha}_2=(-1,1,4,-1)^{\mathrm{T}}$，$\boldsymbol{\alpha}_3=(5,-1,-8,9)^{\mathrm{T}}$ 是齐次线性方程组 $\boldsymbol{Bx}=\boldsymbol{0}$ 的解向量，求 $\boldsymbol{Bx}=\boldsymbol{0}$ 的解空间的一个标准正交基(规范正交基)。

【思路】 根据施密特正交化思想解题。

【解】 因为矩阵 $\boldsymbol{B}$ 有 4 列，秩为 2，所以 $\boldsymbol{Bx}=\boldsymbol{0}$ 的解空间的维数为 $4-r(\boldsymbol{B})=2$，于是在 $\boldsymbol{\alpha}_1$，$\boldsymbol{\alpha}_2$，$\boldsymbol{\alpha}_3$ 中任意两个线性无关的向量都是 $\boldsymbol{Bx}=\boldsymbol{0}$ 解空间的一组基。显然 $\boldsymbol{\alpha}_1$，$\boldsymbol{\alpha}_2$ 线性无关，用斯密特正交化思路，对向量组 $\boldsymbol{\alpha}_1$，$\boldsymbol{\alpha}_2$ 正交规范化。

设

$$\boldsymbol{\beta}_1=\boldsymbol{\alpha}_1=(1,1,2,3)^{\mathrm{T}},\ \boldsymbol{\beta}_2=\boldsymbol{\alpha}_2+k\boldsymbol{\beta}_1=(k-1,k+1,2k+4,3k-1)^{\mathrm{T}}$$

要求 $\boldsymbol{\beta}_1$ 与 $\boldsymbol{\beta}_2$ 正交，则有 $\boldsymbol{\beta}_1^{\mathrm{T}}\boldsymbol{\beta}_2=0$，解得 $k=-\frac{1}{3}$，代入上式，得

$$\boldsymbol{\beta}_1=(1,1,2,3)^{\mathrm{T}},\ \boldsymbol{\beta}_2=\frac{2}{3}\times(-2,1,5,-3)^{\mathrm{T}}$$

继续单位化，得

$$\xi_1=\frac{\boldsymbol{\beta}_1}{\|\boldsymbol{\beta}_1\|}=\frac{1}{\sqrt{15}}(1,1,2,3)^{\mathrm{T}},\ \boldsymbol{\xi}_2=\frac{\boldsymbol{\beta}_2}{\|\boldsymbol{\beta}_2\|}=\frac{1}{\sqrt{39}}(-2,1,5,-3)^{\mathrm{T}}$$

于是，$\boldsymbol{\xi}_1$，$\boldsymbol{\xi}_2$ 即为 $\boldsymbol{Bx}=\boldsymbol{0}$ 解空间的一组规范正交基。

【评注】 本题考查了以下知识点：

(1) 齐次线性方程组 $\boldsymbol{Ax}=\mathbf{0}$ 解空间的维数为：$\boldsymbol{A}$ 的列数$-r(\boldsymbol{A})$。

(2) 向量的单位化，参加本章 3.3.17 小节内容。

(3) 向量空间的基是不唯一的，本题的答案也不唯一。

【秘籍】 掌握施密特正交化思想比施密特公式更重要，参见本章 3.3.19 小节内容。

3.5 习题演练

1. (2023，数学一)已知向量 $\boldsymbol{\alpha}_1=(1, 0, 1, 1)^T$，$\boldsymbol{\alpha}_2=(-1, -1, 0, 1)^T$，$\boldsymbol{\alpha}_3=(0, 1, -1, 1)^T$，$\boldsymbol{\beta}=(1, 1, 1, -1)^T$，$\boldsymbol{\gamma}=k_1\boldsymbol{\alpha}_1+k_2\boldsymbol{\alpha}_2+k_3\boldsymbol{\alpha}_3$，若 $\boldsymbol{\gamma}^T\boldsymbol{\alpha}_i=\boldsymbol{\beta}^T\boldsymbol{\alpha}_i(i=1, 2, 3)$，则 $k_1^2+k_2^2+k_3^2=$________。

2. (2013，数学一、数学二、数学三)设 $\boldsymbol{A}$，$\boldsymbol{B}$，$\boldsymbol{C}$ 均为 n 阶矩阵，若 $\boldsymbol{AB}=\boldsymbol{C}$，且 $\boldsymbol{B}$ 可逆，则(　　)。

(A) 矩阵 $\boldsymbol{C}$ 的行向量组与矩阵 $\boldsymbol{A}$ 的行向量组等价

(B) 矩阵 $\boldsymbol{C}$ 的列向量组与矩阵 $\boldsymbol{A}$ 的列向量组等价

(C) 矩阵 $\boldsymbol{C}$ 的行向量组与矩阵 $\boldsymbol{B}$ 的行向量组等价

(D) 矩阵 $\boldsymbol{C}$ 的列向量组与矩阵 $\boldsymbol{B}$ 的列向量组等价

3. (2003，数学四)设有向量组Ⅰ：$\boldsymbol{\alpha}_1=(1, 0, 2)^T$，$\boldsymbol{\alpha}_2=(1, 1, 3)^T$，$\boldsymbol{\alpha}_3=(1, -1, a+2)^T$ 和向量组Ⅱ：$\boldsymbol{\beta}_1=(1, 2, a+3)^T$，$\boldsymbol{\beta}_2=(2, 1, a+6)^T$，$\boldsymbol{\beta}_3=(2, 1, a+4)^T$。试问：当 a 为何值时，向量组Ⅰ与Ⅱ等价？当 a 为何值时，向量组Ⅰ与Ⅱ不等价？

4. (1999，数学四)设向量 $\boldsymbol{\beta}$ 可由向量组 $\boldsymbol{\alpha}_1$，$\boldsymbol{\alpha}_2$，…，$\boldsymbol{\alpha}_m$ 线性表示，但不能由向量组Ⅰ：$\boldsymbol{\alpha}_1$，$\boldsymbol{\alpha}_2$，…，$\boldsymbol{\alpha}_{m-1}$ 线性表示，记向量组Ⅱ：$\boldsymbol{\alpha}_1$，$\boldsymbol{\alpha}_2$，…，$\boldsymbol{\alpha}_{m-1}$，$\boldsymbol{\beta}$，则(　　)。

(A) $\boldsymbol{\alpha}_m$ 不能由Ⅰ线性表示，也不能由Ⅱ线性表示

(B) $\boldsymbol{\alpha}_m$ 不能由Ⅰ线性表示，但可由Ⅱ线性表示

(C) $\boldsymbol{\alpha}_m$ 可由Ⅰ线性表示，也可由Ⅱ线性表示

(D) $\boldsymbol{\alpha}_m$ 可由Ⅰ线性表示，但不能由Ⅱ线性表示

5. (2010，数学二、数学三)设向量组Ⅰ：$\boldsymbol{\alpha}_1$，$\boldsymbol{\alpha}_2$，…，$\boldsymbol{\alpha}_r$ 可由向量组Ⅱ：$\boldsymbol{\beta}_1$，$\boldsymbol{\beta}_2$，…，$\boldsymbol{\beta}_s$ 线性表示，下列命题正确的是(　　)。

(A) 若向量组Ⅰ线性无关，则 $r\leqslant s$　　(B) 若向量组Ⅰ线性相关，则 $r>s$

(C) 若向量组Ⅱ线性无关，则 $r\leqslant s$　　(D) 若向量组Ⅱ线性相关，则 $r>s$

6. (2005，数学二)确定常数 a，使向量组 $\boldsymbol{\alpha}_1=(1, 1, a)^T$，$\boldsymbol{\alpha}_2=(1, a, 1)^T$，$\boldsymbol{\alpha}_3=(a, 1, 1)^T$ 可由向量 $\boldsymbol{\beta}_1=(1, 1, a)^T$，$\boldsymbol{\beta}_2=(-2, a, 4)^T$，$\boldsymbol{\beta}_3=(-2, a, a)^T$ 线性表示，但向量组 $\boldsymbol{\beta}_1$，$\boldsymbol{\beta}_2$，$\boldsymbol{\beta}_3$ 不能由向量组 $\boldsymbol{\alpha}_1$，$\boldsymbol{\alpha}_2$，$\boldsymbol{\alpha}_3$ 线性表示。

7. (2007，数学一、数学二、数学三)设向量组 $\boldsymbol{\alpha}_1$，$\boldsymbol{\alpha}_2$，$\boldsymbol{\alpha}_3$ 线性无关，则下列向量组线性相关的是(　　)。

(A) $\boldsymbol{\alpha}_1-\boldsymbol{\alpha}_2$，$\boldsymbol{\alpha}_2-\boldsymbol{\alpha}_3$，$\boldsymbol{\alpha}_3-\boldsymbol{\alpha}_1$　　(B) $\boldsymbol{\alpha}_1+\boldsymbol{\alpha}_2$，$\boldsymbol{\alpha}_2+\boldsymbol{\alpha}_3$，$\boldsymbol{\alpha}_3+\boldsymbol{\alpha}_1$

(C) $\boldsymbol{\alpha}_1-2\boldsymbol{\alpha}_2$，$\boldsymbol{\alpha}_2-2\boldsymbol{\alpha}_3$，$\boldsymbol{\alpha}_3-2\boldsymbol{\alpha}_1$　　(D) $\boldsymbol{\alpha}_1+2\boldsymbol{\alpha}_2$，$\boldsymbol{\alpha}_2+2\boldsymbol{\alpha}_3$，$\boldsymbol{\alpha}_3+2\boldsymbol{\alpha}_1$

8. (2004，数学一)设 $\boldsymbol{A}$，$\boldsymbol{B}$ 为满足 $\boldsymbol{AB}=\boldsymbol{O}$ 的任意两个非零矩阵，则必有(　　)。

(A) $\boldsymbol{A}$ 的列向量组线性相关，$\boldsymbol{B}$ 的行向量组线性相关

(B) $\boldsymbol{A}$ 的列向量组线性相关，$\boldsymbol{B}$ 的列向量组线性相关

(C) $\boldsymbol{A}$ 的行向量组线性相关，$\boldsymbol{B}$ 的行向量组线性相关

(D) $\boldsymbol{A}$ 的行向量组线性相关，$\boldsymbol{B}$ 的列向量组线性相关

9. (2005，数学三)设行向量组$(2, 1, 1, 1)$，$(2, 1, a, a)$，$(3, 2, 1, a)$，$(4, 3, 2, 1)$线性相关，且 $a\neq 1$，则 $a=$________。

10. 设列向量组 $\boldsymbol{\alpha}_1, \boldsymbol{\alpha}_2, \cdots, \boldsymbol{\alpha}_n$ 线性无关，令 $\boldsymbol{\beta}_1=\boldsymbol{\alpha}_1+\boldsymbol{\alpha}_2$，$\boldsymbol{\beta}_2=\boldsymbol{\alpha}_2+\boldsymbol{\alpha}_3$，$\cdots$，$\boldsymbol{\beta}_{n-1}=\boldsymbol{\alpha}_{n-1}+\boldsymbol{\alpha}_n$，$\boldsymbol{\beta}_n=\boldsymbol{\alpha}_n+\boldsymbol{\alpha}_1$。判断向量组 $\boldsymbol{\beta}_1, \boldsymbol{\beta}_2, \cdots, \boldsymbol{\beta}_n$ 的线性相关性。

11. (2017，数学一、数学三)设矩阵 $\boldsymbol{A}=\begin{bmatrix}1 & 0 & 1\\ 1 & 1 & 2\\ 0 & 1 & 1\end{bmatrix}$，$\boldsymbol{\alpha}_1, \boldsymbol{\alpha}_2, \boldsymbol{\alpha}_3$ 为线性无关的3维列向量组，则向量组 $\boldsymbol{A\alpha}_1, \boldsymbol{A\alpha}_2, \boldsymbol{A\alpha}_3$ 的秩为________。

12. (2006，数学三)设四维向量组 $\boldsymbol{\alpha}_1=(1+a, 1, 1, 1)^{\mathrm{T}}$，$\boldsymbol{\alpha}_2=(2, 2+a, 2, 2)^{\mathrm{T}}$，$\boldsymbol{\alpha}_3=(3, 3, 3+a, 3)^{\mathrm{T}}$，$\boldsymbol{\alpha}_4=(4, 4, 4, 4+a)^{\mathrm{T}}$，问 a 为何值时，$\boldsymbol{\alpha}_1, \boldsymbol{\alpha}_2, \boldsymbol{\alpha}_3, \boldsymbol{\alpha}_4$ 线性相关？当 $\boldsymbol{\alpha}_1, \boldsymbol{\alpha}_2, \boldsymbol{\alpha}_3, \boldsymbol{\alpha}_4$ 线性相关时，求其一个极大线性无关组，并将其余向量用该极大线性无关组线性表出。

13. (2000，数学二)已知向量组 $\boldsymbol{\beta}_1=\begin{bmatrix}0\\ 1\\ -1\end{bmatrix}$，$\boldsymbol{\beta}_2=\begin{bmatrix}a\\ 2\\ 1\end{bmatrix}$，$\boldsymbol{\beta}_3=\begin{bmatrix}b\\ 1\\ 0\end{bmatrix}$与向量组 $\boldsymbol{\alpha}_1=\begin{bmatrix}1\\ 2\\ -3\end{bmatrix}$，$\boldsymbol{\alpha}_2=\begin{bmatrix}3\\ 0\\ 1\end{bmatrix}$，$\boldsymbol{\alpha}_3=\begin{bmatrix}9\\ 6\\ -7\end{bmatrix}$具有相同的秩，且 $\boldsymbol{\beta}_3$ 可由 $\boldsymbol{\alpha}_1, \boldsymbol{\alpha}_2, \boldsymbol{\alpha}_3$ 线性表示，求 a, b 的值。

14. (2008，数学一)设 $\boldsymbol{\alpha}$, $\boldsymbol{\beta}$ 为3维列向量，矩阵 $\boldsymbol{A}=\boldsymbol{\alpha\alpha}^{\mathrm{T}}+\boldsymbol{\beta\beta}^{\mathrm{T}}$，其中 $\boldsymbol{\alpha}^{\mathrm{T}}$，$\boldsymbol{\beta}^{\mathrm{T}}$ 分别是 $\boldsymbol{\alpha}$，$\boldsymbol{\beta}$ 的转置。

证明：(1) 秩 $r(\boldsymbol{A})\leqslant 2$；(2) 若 $\boldsymbol{\alpha}$, $\boldsymbol{\beta}$ 线性相关，则 $r(\boldsymbol{A})<2$。

15. 已知 $\boldsymbol{A}$ 是 $m\times n$ 矩阵，$\boldsymbol{B}$ 是 $n\times m$ 矩阵，$\boldsymbol{E}$ 是 m 阶单位矩阵，若 $\boldsymbol{AB}=\boldsymbol{E}$，则以下错误的是(　　)。

(A) $m\leqslant n$

(B) 秩($\boldsymbol{A}$ 的列向量组)=秩($\boldsymbol{B}$ 的行向量组)

(C) $\boldsymbol{A}$ 的行向量组线性无关，且 $\boldsymbol{B}$ 的列向量组线性无关

(D) $\boldsymbol{A}$ 的列向量组线性无关，且 $\boldsymbol{B}$ 的行向量组线性无关

16. 设矩阵 $\boldsymbol{A}$, $\boldsymbol{B}$, $\boldsymbol{C}$ 满足 $\boldsymbol{AB}=\boldsymbol{C}$，则以下错误的是(　　)。

(A) $\boldsymbol{C}$ 的列向量可以由 $\boldsymbol{A}$ 的列向量组线性表示

(B) $\boldsymbol{C}$ 的行向量可以由 $\boldsymbol{B}$ 的行向量组线性表示；

(C) 若 $\boldsymbol{A}$ 列满秩，则 $r(\boldsymbol{B})=r(\boldsymbol{C})$

(D) 若 $r(\boldsymbol{B})=r(\boldsymbol{C})$，则 $\boldsymbol{A}$ 列满秩

17. (仅数学一要求，2009，数学一)设 $\boldsymbol{\alpha}_1, \boldsymbol{\alpha}_2, \boldsymbol{\alpha}_3$ 是3维向量空间 $\mathbf{R}^3$ 的一组基，则由基 $\boldsymbol{\alpha}_1, \frac{1}{2}\boldsymbol{\alpha}_2, \frac{1}{3}\boldsymbol{\alpha}_3$ 到基 $\boldsymbol{\alpha}_1+\boldsymbol{\alpha}_2, \boldsymbol{\alpha}_2+\boldsymbol{\alpha}_3, \boldsymbol{\alpha}_3+\boldsymbol{\alpha}_1$ 的过渡矩阵为(　　)。

(A) $\begin{bmatrix}1 & 0 & 1\\ 2 & 2 & 0\\ 0 & 3 & 3\end{bmatrix}$　　(B) $\begin{bmatrix}1 & 2 & 0\\ 0 & 2 & 3\\ 1 & 0 & 3\end{bmatrix}$

(C) $\begin{bmatrix} \frac{1}{2} & \frac{1}{4} & -\frac{1}{6} \\ -\frac{1}{2} & \frac{1}{4} & \frac{1}{6} \\ \frac{1}{2} & -\frac{1}{4} & \frac{1}{6} \end{bmatrix}$　　(D) $\begin{bmatrix} \frac{1}{2} & -\frac{1}{2} & \frac{1}{2} \\ \frac{1}{4} & \frac{1}{4} & -\frac{1}{4} \\ -\frac{1}{6} & \frac{1}{6} & \frac{1}{6} \end{bmatrix}$

18.（仅数学一要求，2010，数学一）设 $\boldsymbol{\alpha}_1=(1,2,-1,0)^T$，$\boldsymbol{\alpha}_2=(1,1,0,2)^T$，$\boldsymbol{\alpha}_3=(2,1,1,a)^T$。若 $\boldsymbol{\alpha}_1$，$\boldsymbol{\alpha}_2$，$\boldsymbol{\alpha}_3$ 生成的向量空间的维数为 2，则 $\alpha=$________。

19.（仅数学一要求）已知向量组 $\boldsymbol{\alpha}_1=\begin{bmatrix}1\\2\end{bmatrix}$，$\boldsymbol{\alpha}_2=\begin{bmatrix}2\\1\end{bmatrix}$与 $\boldsymbol{\beta}_1=\begin{bmatrix}3\\1\end{bmatrix}$，$\boldsymbol{\beta}_2=\begin{bmatrix}-4\\4\end{bmatrix}$是 2 维实向量空间 $\mathbf{R}^2$ 的两组基，那么，在这两组基下有相同坐标的向量是________。

20.（仅数学一要求）设 $\boldsymbol{\alpha}_1$，$\boldsymbol{\alpha}_2$，$\boldsymbol{\alpha}_3$ 和 $\boldsymbol{\beta}_1$，$\boldsymbol{\beta}_2$，$\boldsymbol{\beta}_3$ 是空间 V 的两组基，向量 $\boldsymbol{\alpha}$ 在基 $\boldsymbol{\alpha}_1$，$\boldsymbol{\alpha}_2$，$\boldsymbol{\alpha}_3$ 下的坐标是$(1,2,3)^T$，若 $\boldsymbol{\beta}_1=\boldsymbol{\alpha}_1+\boldsymbol{\alpha}_2$，$\boldsymbol{\beta}_2=3\boldsymbol{\alpha}_1+2\boldsymbol{\alpha}_2$，$\boldsymbol{\beta}_3=4\boldsymbol{\alpha}_1+3\boldsymbol{\alpha}_2+\boldsymbol{\alpha}_3$，则向量 $\boldsymbol{\alpha}$ 在基 $\boldsymbol{\beta}_1$，$\boldsymbol{\beta}_2$，$\boldsymbol{\beta}_3$ 下的坐标是________。

21.（仅数学一要求，2021，数学一）已知 $\boldsymbol{\alpha}_1=\begin{bmatrix}1\\0\\1\end{bmatrix}$，$\boldsymbol{\alpha}_2=\begin{bmatrix}1\\2\\1\end{bmatrix}$，$\boldsymbol{\alpha}_3=\begin{bmatrix}3\\1\\2\end{bmatrix}$，记 $\boldsymbol{\beta}_1=\boldsymbol{\alpha}_1$，$\boldsymbol{\beta}_2=\boldsymbol{\alpha}_2-k\boldsymbol{\beta}_1$，$\boldsymbol{\beta}_3=\boldsymbol{\alpha}_3-l_1\boldsymbol{\beta}_1-l_2\boldsymbol{\beta}_2$，若 $\boldsymbol{\beta}_1$，$\boldsymbol{\beta}_2$，$\boldsymbol{\beta}_3$ 两两正交，则 l_1，l_2 依次为（　　）。

(A) $\frac{5}{2}$，$\frac{1}{2}$　　(B) $-\frac{5}{2}$，$\frac{1}{2}$　　(C) $\frac{5}{2}$，$-\frac{1}{2}$　　(D) $-\frac{5}{2}$，$-\frac{1}{2}$

线性方程组

4.1 考情分析

4.1.1 2023 版考研大纲

1. 考试内容

线性方程组的克莱姆(Cramer)法则，齐次线性方程组有非零解的充分必要条件，非齐次线性方程组有解的充分必要条件，线性方程组解的性质和解的结构，齐次线性方程组的基础解系和通解，解空间(仅数学一要求)，非齐次线性方程组的通解。

2. 考试要求

(1) 会用克莱姆法则。

(2) 理解齐次线性方程组有非零解的充分必要条件及非齐次线性方程组有解的充分必要条件。

(3) 理解齐次线性方程组的基础解系、通解及解空间(仅数学一要求)的概念，掌握齐次线性方程组的基础解系和通解的求法。

(4) 理解非齐次线性方程组解的结构及通解的概念。

(5) 掌握用初等行变换求解线性方程组的方法。

4.1.2 线性方程组的特点

线性方程组是线性代数知识体系的一根主线，它与行列式、矩阵、向量组、特征向量、二次型等概念密切相关，更是研究生入学考试的重点。

4.1.3 考研真题分析

统计 2005 年至 2023 年考研数学一、数学二、数学三真题中，与线性方程组相关的题型如下：

(1) 带参数的线性方程组：12 道。

(2) 抽象的线性方程组：6 道。

(3) 矩阵方程：4 道。

(4) 公共解与同解：2 道。

(5) 线性方程组的几何意义(仅数学一要求)：2 道。

4.2　线性方程组知识结构网络图

线性方程组

- **利用初等行变换解线性方程组**——线性方程组 $\boldsymbol{Ax}=\boldsymbol{b}$，$(\boldsymbol{A},\ \boldsymbol{b})\xrightarrow{\text{初等行变换}}(\boldsymbol{C},\ \boldsymbol{d})$（$(\boldsymbol{C},\ \boldsymbol{d})$为行最简形），方程组 $\boldsymbol{Ax}=\boldsymbol{b}$ 与方程组 $\boldsymbol{Cx}=\boldsymbol{d}$ 同解
- **用秩来判断线性方程组解的情况**
  - 非齐次线性方程组 $\boldsymbol{Ax}=\boldsymbol{b}$ 的解：
    - (1) $\boldsymbol{A}_{m\times n}\boldsymbol{x}=\boldsymbol{b}$ 无解 $\Leftrightarrow r(\boldsymbol{A})\neq r(\boldsymbol{A},\ \boldsymbol{b})$；
    - (2) $\boldsymbol{A}_{m\times n}\boldsymbol{x}=\boldsymbol{b}$ 有唯一解 $\Leftrightarrow r(\boldsymbol{A})=r(\boldsymbol{A},\ \boldsymbol{b})=n$；
    - (3) $\boldsymbol{A}_{m\times n}\boldsymbol{x}=\boldsymbol{b}$ 有无穷多解 $\Leftrightarrow r(\boldsymbol{A})=r(\boldsymbol{A},\ \boldsymbol{b})<n$；
    - (4) $|\boldsymbol{A}|=0\Leftrightarrow \boldsymbol{A}_n\boldsymbol{x}=\boldsymbol{b}$ 有无穷组解或无解，$|\boldsymbol{A}|\neq 0\Leftrightarrow \boldsymbol{A}_n\boldsymbol{x}=\boldsymbol{b}$ 有唯一解；
    - (5) $r(\boldsymbol{A}_{m\times n})=\boldsymbol{m}\Rightarrow \boldsymbol{A}_{m\times n}\boldsymbol{x}=\boldsymbol{b}$ 有解
  - 齐次线性方程组 $\boldsymbol{Ax}=\boldsymbol{0}$ 的解：
    - (1) 齐次线性方程组 $\boldsymbol{Ax}=\boldsymbol{0}$ 一定有解；
    - (2) $\boldsymbol{A}_{m\times n}\boldsymbol{x}=\boldsymbol{0}$ 只有零解 $\Leftrightarrow r(\boldsymbol{A})=n$；
    - (3) $\boldsymbol{A}_{m\times n}\boldsymbol{x}=\boldsymbol{0}$ 有非零解 $\Leftrightarrow r(\boldsymbol{A})<n$；
    - (4) 若 $m<n$，则 $\boldsymbol{A}_{m\times n}\boldsymbol{x}=\boldsymbol{0}$ 一定有非零解；
    - (5) $|\boldsymbol{A}|=0\Leftrightarrow \boldsymbol{A}_n\boldsymbol{x}=\boldsymbol{0}$ 有非零解，$|\boldsymbol{A}|\neq 0\Leftrightarrow \boldsymbol{A}_n\boldsymbol{x}=\boldsymbol{0}$ 只有零解
- **线性方程组的五种表示方法**——(1) 代数；(2) 具体矩阵；(3) 抽象矩阵；(4) 分块矩阵；(5) 向量
- **线性方程组与向量组的线性相关性**
  - (1) $x_1\boldsymbol{\alpha}_1+x_2\boldsymbol{\alpha}_2+\cdots+x_m\boldsymbol{\alpha}_m=\boldsymbol{0}$ 有非零解 $\Leftrightarrow \boldsymbol{\alpha}_1,\ \boldsymbol{\alpha}_2,\ \cdots,\ \boldsymbol{\alpha}_m$ 线性相关；
  - (2) $x_1\boldsymbol{\alpha}_1+x_2\boldsymbol{\alpha}_2+\cdots+x_m\boldsymbol{\alpha}_m=\boldsymbol{0}$ 只有零解 $\Leftrightarrow \boldsymbol{\alpha}_1,\ \boldsymbol{\alpha}_2,\ \cdots,\ \boldsymbol{\alpha}_m$ 线性无关；
  - (3) $x_1\boldsymbol{\alpha}_1+x_2\boldsymbol{\alpha}_2+\cdots+x_m\boldsymbol{\alpha}_m=\boldsymbol{\beta}$ 有解 $\Leftrightarrow \boldsymbol{\beta}$ 可由 $\boldsymbol{\alpha}_1,\ \boldsymbol{\alpha}_2,\ \cdots,\ \boldsymbol{\alpha}_m$ 线性表示 $\Rightarrow \boldsymbol{\alpha}_1,\ \boldsymbol{\alpha}_2,\ \cdots,\ \boldsymbol{\alpha}_m,\ \boldsymbol{\beta}$ 线性相关；
  - (4) $\boldsymbol{\alpha}_1,\ \boldsymbol{\alpha}_2,\ \cdots,\ \boldsymbol{\alpha}_m,\ \boldsymbol{\beta}$ 线性无关 $\Rightarrow \boldsymbol{\beta}$ 不能由 $\boldsymbol{\alpha}_1,\ \boldsymbol{\alpha}_2,\ \cdots,\ \boldsymbol{\alpha}_m$ 线性表示 $\Leftrightarrow x_1\boldsymbol{\alpha}_1+x_2\boldsymbol{\alpha}_2+\cdots+x_m\boldsymbol{\alpha}_m=\boldsymbol{\beta}$ 无解
- **线性方程组解的性质**
  - (1) 若 $\boldsymbol{\xi}_1,\ \boldsymbol{\xi}_2$ 是 $\boldsymbol{Ax}=\boldsymbol{0}$ 的解，则 $k_1\boldsymbol{\xi}_1+k_2\boldsymbol{\xi}_2$ 也是 $\boldsymbol{Ax}=\boldsymbol{0}$ 的解；
  - (2) 若 $\boldsymbol{\eta}_1,\ \boldsymbol{\eta}_2$ 是 $\boldsymbol{Ax}=\boldsymbol{b}$ 的解，则 $\boldsymbol{\eta}_1-\boldsymbol{\eta}_2$ 是 $\boldsymbol{Ax}=\boldsymbol{0}$ 的解；
  - (3) 若 $\boldsymbol{\eta}$ 是 $\boldsymbol{Ax}=\boldsymbol{b}$ 的解，$\boldsymbol{\xi}$ 是 $\boldsymbol{Ax}=\boldsymbol{0}$ 的解，则 $\boldsymbol{\eta}+\boldsymbol{\xi}$ 是 $\boldsymbol{Ax}=\boldsymbol{b}$ 的解
- **线性方程组解的结构**
  - (1) 方程组 $\boldsymbol{A}_{m\times n}\boldsymbol{x}=\boldsymbol{0}$ 解空间的概念、基础解系的定义及解空间维数定理；
  - (2) 若 $\boldsymbol{\xi}_1,\ \boldsymbol{\xi}_2,\ \cdots,\ \boldsymbol{\xi}_{n-r}$ 是 $\boldsymbol{A}_{m\times n}\boldsymbol{x}=\boldsymbol{0}$ 的一个基础解系，则 $k_1\boldsymbol{\xi}_1+k_2\boldsymbol{\xi}_2+\cdots+k_{n-r}\boldsymbol{\xi}_{n-r}$ 是 $\boldsymbol{A}_{m\times n}\boldsymbol{x}=\boldsymbol{0}$ 的通解，若 $\boldsymbol{\eta}$ 是 $\boldsymbol{A}_{m\times n}\boldsymbol{x}=\boldsymbol{b}$ 的特解，则 $\boldsymbol{x}=\boldsymbol{\eta}+k_1\boldsymbol{\xi}_1+k_2\boldsymbol{\xi}_2+\cdots+k_{n-r}\boldsymbol{\xi}_{n-r}$ 是 $\boldsymbol{A}_{m\times n}\boldsymbol{x}=\boldsymbol{b}$ 的通解

4.3　基本内容和重要结论

4.3.1　线性方程组基本概念

例如：

$$\begin{cases} x_1+2x_2+5x_3=7 \\ 3x_1-x_2+3x_3=8 \end{cases} \qquad ①$$

$$\begin{cases} x_1+2x_2+5x_3=0 \\ 3x_1-x_2+3x_3=0 \end{cases} \qquad ②$$

方程组①的等号右端存在非零数，称为非齐次线性方程组；方程组②的等号右端均是0，称为齐次线性方程组；方程组①和②的等号左端完全一样，方程组②称为方程组①的导出组。

4.3.2　线性方程组与行列式

1. 用行列式解线性方程组 $\boldsymbol{A}_n\boldsymbol{x}=\boldsymbol{b}$

克莱姆法则：当 $D=|\boldsymbol{A}|\neq 0$ 时，方程组 $\boldsymbol{A}_n\boldsymbol{x}=\boldsymbol{b}$ 有唯一解，解为

$$x_j=\frac{D_j}{D} \quad (j=1,\ 2,\ \cdots,\ n)$$

D_j 为用 $\boldsymbol{b}$ 替换 D 的第 j 列的行列式。

2. 用行列式判定线性方程组解的情况

克莱姆法则相关定理：

$|\boldsymbol{A}|=0 \Leftrightarrow \boldsymbol{A}_n\boldsymbol{x}=\boldsymbol{b}$ 有无穷多组解或无解；

$|\boldsymbol{A}|\neq 0 \Leftrightarrow \boldsymbol{A}_n\boldsymbol{x}=\boldsymbol{b}$ 有唯一解；

$|\boldsymbol{A}|=0 \Leftrightarrow \boldsymbol{A}_n\boldsymbol{x}=\boldsymbol{0}$ 有非零解；

$|\boldsymbol{A}|\neq 0 \Leftrightarrow \boldsymbol{A}_n\boldsymbol{x}=\boldsymbol{0}$ 只有零解。

4.3.3　线性方程组与矩阵

1. 用矩阵表示线性方程组(系数矩阵、增广矩阵)

设非齐次线性方程组：

$$\begin{cases} 2x_1+3x_2+4x_3=20 \\ x_1+2x_2+3x_3=14 \\ 3x_1+5x_2+6x_3=31 \end{cases}$$

设

$$\boldsymbol{A}=\begin{bmatrix} 2 & 3 & 4 \\ 1 & 2 & 3 \\ 3 & 5 & 6 \end{bmatrix},\ \boldsymbol{x}=\begin{bmatrix} x_1 \\ x_2 \\ x_3 \end{bmatrix},\ \boldsymbol{b}=\begin{bmatrix} 20 \\ 14 \\ 31 \end{bmatrix},\ (\boldsymbol{A},\ \boldsymbol{b})=\begin{bmatrix} 2 & 3 & 4 & 20 \\ 1 & 2 & 3 & 14 \\ 3 & 5 & 6 & 31 \end{bmatrix}$$

其中 $\boldsymbol{A}$ 称为该方程组的系数矩阵，$(\boldsymbol{A},\ \boldsymbol{b})$称为该方程组的增广矩阵。可以用 $\boldsymbol{A}\boldsymbol{x}=\boldsymbol{b}$ 的形式

来描述以上方程组。

2. 用初等行变换法解线性方程组

对非齐次线性方程组的增广矩阵进行初等行变换，化为行最简形：

$$(\boldsymbol{A},\ \boldsymbol{b})\xrightarrow{\text{初等行变换}}(\boldsymbol{B},\ \boldsymbol{c})(\text{行最简形})$$

因为方程组 $\boldsymbol{Bx}=\boldsymbol{c}$ 的解容易求得，根据方程组 $\boldsymbol{Ax}=\boldsymbol{b}$ 与方程组 $\boldsymbol{Bx}=\boldsymbol{c}$ 同解，从而得到 $\boldsymbol{Ax}=\boldsymbol{b}$ 的解。

3. 用逆矩阵解线性方程组

若 $\boldsymbol{A}$ 为 n 阶可逆矩阵，非齐次线性方程组 $\boldsymbol{Ax}=\boldsymbol{b}$ 的解为

$$\boldsymbol{x}=\boldsymbol{A}^{-1}\boldsymbol{b}$$

依然可以通过初等行变换进行求解：

$$(\boldsymbol{A},\ \boldsymbol{b})\xrightarrow{\text{初等行变换}}(\boldsymbol{E},\ \boldsymbol{A}^{-1}\boldsymbol{b})$$

4. 用初等变换法解矩阵方程 $\boldsymbol{AX}=\boldsymbol{B}$

矩阵方程的含义：已知矩阵 $\boldsymbol{A}$ 和 $\boldsymbol{B}$，且满足 $\boldsymbol{AX}=\boldsymbol{B}$，求矩阵 $\boldsymbol{X}$。

矩阵方程可以化为若干个非齐次线性方程组。设 $\boldsymbol{B}_{m\times n}=(\boldsymbol{b}_1,\ \boldsymbol{b}_2,\ \cdots,\ \boldsymbol{b}_n)$，求矩阵方程 $\boldsymbol{AX}=\boldsymbol{B}$，就是求解以下 n 个非齐次线性方程组：

$$\boldsymbol{Ax}=\boldsymbol{b}_1,\ \boldsymbol{Ax}=\boldsymbol{b}_2,\ \cdots,\ \boldsymbol{Ax}=\boldsymbol{b}_n$$

依然用初等行变换进行求解：

$$(\boldsymbol{A},\ \boldsymbol{B})\xrightarrow{\text{初等行变换}}(\boldsymbol{C},\ \boldsymbol{D})(\text{行最简形})$$

矩阵方程 $\boldsymbol{AX}=\boldsymbol{B}$ 与矩阵方程 $\boldsymbol{CX}=\boldsymbol{D}$ 同解。设 $\boldsymbol{D}_{m\times n}=(\boldsymbol{d}_1,\ \boldsymbol{d}_2,\ \cdots,\ \boldsymbol{d}_n)$，矩阵方程 $\boldsymbol{CX}=\boldsymbol{D}$ 也对应 n 个非齐次线性方程组：

$$\boldsymbol{Cx}=\boldsymbol{d}_1,\ \boldsymbol{Cx}=\boldsymbol{d}_2,\ \cdots,\ \boldsymbol{Cx}=\boldsymbol{d}_n$$

显然 $\boldsymbol{Ax}=\boldsymbol{b}_i$ 与 $\boldsymbol{Cx}=\boldsymbol{d}_i$ 同解($i=1,\ 2,\ \cdots,\ n$)。

4.3.4 线性方程组与秩

(1) $\boldsymbol{A}_{m\times n}\boldsymbol{x}=\boldsymbol{b}$ 无解 $\Leftrightarrow r(\boldsymbol{A}_{m\times n})\neq r(\boldsymbol{A}_{m\times n},\ \boldsymbol{b})$(或 $r(\boldsymbol{A}_{m\times n})+1=r(\boldsymbol{A}_{m\times n},\ \boldsymbol{b})$)。

(2) $\boldsymbol{A}_{m\times n}\boldsymbol{x}=\boldsymbol{b}$ 有解 $\Leftrightarrow r(\boldsymbol{A}_{m\times n})=r(\boldsymbol{A}_{m\times n},\ \boldsymbol{b})$。

(3) $\boldsymbol{A}_{m\times n}\boldsymbol{x}=\boldsymbol{b}$ 有唯一解 $\Leftrightarrow r(\boldsymbol{A}_{m\times n})=r(\boldsymbol{A}_{m\times n},\ \boldsymbol{b})=n$。

(4) $\boldsymbol{A}_{m\times n}\boldsymbol{x}=\boldsymbol{b}$ 有无穷多解 $\Leftrightarrow r(\boldsymbol{A}_{m\times n})=r(\boldsymbol{A}_{m\times n},\ \boldsymbol{b})<n$。

(5) $r(\boldsymbol{A}_{m\times n})=m\Rightarrow \boldsymbol{A}_{m\times n}\boldsymbol{x}=\boldsymbol{b}$ 有解。

(6) 齐次线性方程组 $\boldsymbol{A}_{m\times n}\boldsymbol{x}=\boldsymbol{0}$ 一定有解。

(7) $\boldsymbol{A}_{m\times n}\boldsymbol{x}=\boldsymbol{0}$ 只有零解 $\Leftrightarrow r(\boldsymbol{A}_{m\times n})=n$。

(8) $\boldsymbol{A}_{m\times n}\boldsymbol{x}=\boldsymbol{0}$ 有非零解 $\Leftrightarrow r(\boldsymbol{A}_{m\times n})<n$。

(9) $m<n\Rightarrow \boldsymbol{A}_{m\times n}\boldsymbol{x}=\boldsymbol{0}$ 有非零解。

4.3.5 线性方程组与向量组

1. 线性方程组的向量表示形式与定理

设非齐次线性方程组：

$$\begin{cases}9x_1+3x_2+2x_3=12\\6x_1+6x_2+10x_3=28\end{cases}$$

对系数矩阵按列分块

$$\boldsymbol{\alpha}_1=\begin{bmatrix}9\\6\end{bmatrix},\ \boldsymbol{\alpha}_2=\begin{bmatrix}3\\6\end{bmatrix},\ \boldsymbol{\alpha}_3=\begin{bmatrix}2\\10\end{bmatrix},\ \boldsymbol{b}=\begin{bmatrix}12\\28\end{bmatrix}$$

则线性方程组可以表示成向量组线性表示的形式：

$$x_1\begin{bmatrix}9\\6\end{bmatrix}+x_2\begin{bmatrix}3\\6\end{bmatrix}+x_3\begin{bmatrix}2\\10\end{bmatrix}=\begin{bmatrix}12\\28\end{bmatrix},\ x_1\boldsymbol{\alpha}_1+x_2\boldsymbol{\alpha}_2+x_3\boldsymbol{\alpha}_3=\boldsymbol{b}$$

于是求解线性方程组就变成了求向量组 $\boldsymbol{\alpha}_1$，$\boldsymbol{\alpha}_2$，$\boldsymbol{\alpha}_3$ 如何线性表示向量 $\boldsymbol{b}$ 的问题了。

根据以上分析，可以得出以下定理：

(1) 向量 $\boldsymbol{b}$ 可以被向量 $\boldsymbol{\alpha}_1$，$\boldsymbol{\alpha}_2$，$\boldsymbol{\alpha}_3$ 线性表示 $\Leftrightarrow$ 线性方程组 $x_1\boldsymbol{\alpha}_1+x_2\boldsymbol{\alpha}_2+x_3\boldsymbol{\alpha}_3=\boldsymbol{b}$ 有解 $\Leftrightarrow r(\boldsymbol{\alpha}_1,\boldsymbol{\alpha}_2,\boldsymbol{\alpha}_3)=r(\boldsymbol{\alpha}_1,\boldsymbol{\alpha}_2,\boldsymbol{\alpha}_3,\boldsymbol{b})$。

(2) 向量 $\boldsymbol{b}$ 不能被向量组 $\boldsymbol{\alpha}_1$，$\boldsymbol{\alpha}_2$，$\boldsymbol{\alpha}_3$ 线性表示 $\Leftrightarrow$ 线性方程组 $x_1\boldsymbol{\alpha}_1+x_2\boldsymbol{\alpha}_2+x_3\boldsymbol{\alpha}_3=\boldsymbol{b}$ 无解 $\Leftrightarrow r(\boldsymbol{\alpha}_1,\boldsymbol{\alpha}_2,\boldsymbol{\alpha}_3)\neq r(\boldsymbol{\alpha}_1,\boldsymbol{\alpha}_2,\boldsymbol{\alpha}_3,\boldsymbol{b})$。

2. 向量组的线性相关性与线性方程组解的定理

(1) 向量组 $\boldsymbol{\alpha}_1$，$\boldsymbol{\alpha}_2$，$\boldsymbol{\alpha}_3$ 线性相关 $\Leftrightarrow$ 方程组 $x_1\boldsymbol{\alpha}_1+x_2\boldsymbol{\alpha}_2+x_3\boldsymbol{\alpha}_3=\boldsymbol{0}$ 有非零解。

(2) 向量组 $\boldsymbol{\alpha}_1$，$\boldsymbol{\alpha}_2$，$\boldsymbol{\alpha}_3$ 线性无关 $\Leftrightarrow$ 方程组 $x_1\boldsymbol{\alpha}_1+x_2\boldsymbol{\alpha}_2+x_3\boldsymbol{\alpha}_3=\boldsymbol{0}$ 只有零解。

(3) 向量组 $\boldsymbol{\alpha}_1$，$\boldsymbol{\alpha}_2$，$\boldsymbol{\alpha}_3$，$\boldsymbol{b}$ 线性无关 $\Rightarrow$ 方程组 $x_1\boldsymbol{\alpha}_1+x_2\boldsymbol{\alpha}_2+x_3\boldsymbol{\alpha}_3=\boldsymbol{b}$ 无解。

(4) 方程组 $x_1\boldsymbol{\alpha}_1+x_2\boldsymbol{\alpha}_2+x_3\boldsymbol{\alpha}_3=\boldsymbol{b}$ 有解 $\Rightarrow$ 向量组 $\boldsymbol{\alpha}_1$，$\boldsymbol{\alpha}_2$，$\boldsymbol{\alpha}_3$，$\boldsymbol{b}$ 线性相关。

(5) 向量组 $\boldsymbol{\alpha}_1$，$\boldsymbol{\alpha}_2$，$\boldsymbol{\alpha}_3$ 线性无关，且向量组 $\boldsymbol{\alpha}_1$，$\boldsymbol{\alpha}_2$，$\boldsymbol{\alpha}_3$，$\boldsymbol{b}$ 线性相关 $\Leftrightarrow$ 非齐次线性方程组 $x_1\boldsymbol{\alpha}_1+x_2\boldsymbol{\alpha}_2+x_3\boldsymbol{\alpha}_3=\boldsymbol{b}$ 有唯一解。

3. 求解线性方程组的问题举例(核心内容)

(1) 求一个向量被一个向量组线性表示，就是求解一个线性方程组的问题。

(2) 求一个向量在某一组基下的坐标(仅数学一要求)，就是求一个线性方程组唯一解的问题。

(3) 求一个向量组被另一个向量组线性表示，就是求解一个矩阵方程的问题。

(4) 求一个基到另一个基的过渡矩阵(仅数学一要求)，就是求一个矩阵方程唯一解的问题。

(5) 求向量组的极大无关组并用极大无关组线性表示其余向量，类似于求解一个矩阵方程的问题。

(6) 求方阵 $\boldsymbol{A}$ 的属于特征值 λ 的特征向量，就是求齐次线性方程组 $(\boldsymbol{A}-\lambda\boldsymbol{E})\boldsymbol{x}=\boldsymbol{0}$ 非零解的问题。

4.3.6 解向量与自由变量

设线性方程组：

$$\begin{cases}x_1+2x_2+5x_3=0\\2x_1+3x_2+4x_3=0\\3x_1+5x_2+9x_3=0\end{cases}$$

对系数矩阵进行初等行变换：

$$\boldsymbol{A}=\begin{bmatrix}1&2&5\\2&3&4\\3&5&9\end{bmatrix}\xrightarrow{\text{初等行变换}}\begin{bmatrix}1&0&-7\\0&1&6\\0&0&0\end{bmatrix}\Rightarrow\begin{cases}x_1\quad -7x_3=0\\ x_2+6x_3=0\end{cases}$$

方程组未知数的个数即是矩阵 $\boldsymbol{A}$ 的列数 3，方程组约束条件的个数即是矩阵 $\boldsymbol{A}$ 的秩 $r(\boldsymbol{A})=2$，于是方程组自由变量的个数为：$\boldsymbol{A}$ 的列数 $-r(\boldsymbol{A})=3-2=1$ 个。选 x_3 为自由变量，当 $x_3=1$ 时，$\boldsymbol{x}=(7,-6,1)^{\mathrm{T}}$ 为方程组的一个解向量。

根据解向量的概念，有以下定理：

(1) $\boldsymbol{\xi}$ 是 $\boldsymbol{Ax}=\boldsymbol{b}$ 的解向量 $\Leftrightarrow \boldsymbol{A\xi}=\boldsymbol{b}$。

(2) $\boldsymbol{\xi}$ 是 $\boldsymbol{Ax}=\boldsymbol{0}$ 的解向量 $\Leftrightarrow \boldsymbol{\xi}$ 与 $\boldsymbol{A}^{\mathrm{T}}$ 的所有列向量正交。

(3) 方程组 $\boldsymbol{A}_{m\times n}\boldsymbol{x}=\boldsymbol{0}$ 自由变量的个数$=n-r(\boldsymbol{A})$。

(4) 方程组 $\boldsymbol{A}_{m\times n}\boldsymbol{x}=\boldsymbol{0}$ 基础解系所含向量的个数$=n-r(\boldsymbol{A})$。

4.3.7 齐次线性方程组解的性质及解的结构

1. 解向量的性质

(1) 若 $\boldsymbol{\xi}_1$，$\boldsymbol{\xi}_2$ 是齐次线性方程组 $\boldsymbol{Ax}=\boldsymbol{0}$ 的两个解向量，则 $\boldsymbol{\xi}_1+\boldsymbol{\xi}_2$ 也是 $\boldsymbol{Ax}=\boldsymbol{0}$ 的解向量。

(2) 若 $\boldsymbol{\xi}$ 是齐次线性方程组 $\boldsymbol{Ax}=\boldsymbol{0}$ 的解向量，则 $k\boldsymbol{\xi}$ 也是 $\boldsymbol{Ax}=0$ 的解向量，其中 k 为任意常数。

(3) 若 $\boldsymbol{\xi}_1$，$\boldsymbol{\xi}_2$ 是齐次线性方程组 $\boldsymbol{Ax}=\boldsymbol{0}$ 的两个解向量，则 $k_1\boldsymbol{\xi}_1+k_2\boldsymbol{\xi}_2$ 也是 $\boldsymbol{Ax}=\boldsymbol{0}$ 的解向量，其中 k_1，k_2 是任意一组常数。

2. 基础解系

若向量组 $\boldsymbol{\xi}_1,\boldsymbol{\xi}_2,\cdots,\boldsymbol{\xi}_t$ 同时满足以下三个条件：

(1) $\boldsymbol{\xi}_1,\boldsymbol{\xi}_2,\cdots,\boldsymbol{\xi}_t$ 都是方程组 $\boldsymbol{A}_{m\times n}\boldsymbol{x}=\boldsymbol{0}$ 的解向量；

(2) $\boldsymbol{\xi}_1,\boldsymbol{\xi}_2,\cdots,\boldsymbol{\xi}_t$ 线性无关；

(3) 方程组 $\boldsymbol{A}_{m\times n}\boldsymbol{x}=\boldsymbol{0}$ 任意一个解向量都可以由 $\boldsymbol{\xi}_1,\boldsymbol{\xi}_2,\cdots,\boldsymbol{\xi}_t$ 线性表示。

则称 $\boldsymbol{\xi}_1,\boldsymbol{\xi}_2,\cdots,\boldsymbol{\xi}_t$ 是方程组 $\boldsymbol{A}_{m\times n}\boldsymbol{x}=\boldsymbol{0}$ 的一组基础解系。

因为条件(3)不好演算，于是可以用以下条件替换条件(3)：

(3)′ $t=n-r(\boldsymbol{A})$。

3. 齐次线性方程组的通解

设 $\boldsymbol{\xi}_1,\boldsymbol{\xi}_2,\cdots,\boldsymbol{\xi}_{n-r}$ 是 $\boldsymbol{A}_{m\times n}\boldsymbol{x}=\boldsymbol{0}$ 的一个基础解系，则 $k_1\boldsymbol{\xi}_1+k_2\boldsymbol{\xi}_2+\cdots+k_{n-r}\boldsymbol{\xi}_{n-r}$ 是 $\boldsymbol{A}_{m\times n}\boldsymbol{x}=\boldsymbol{0}$ 的通解。其中 $k_1,k_2,\cdots,k_{n-r}$ 是任意一组常数。

4. 解空间(仅数学一要求)

(1) 定义：方程组 $\boldsymbol{A}_{m\times n}\boldsymbol{x}=\boldsymbol{0}$ 所有解向量构成的向量集合 V 对向量加法和向量数乘运算是封闭的，故 V 是一个向量空间，称为解向量空间或解空间。

(2) 基：方程组 $\boldsymbol{A}_{m\times n}\boldsymbol{x}=\boldsymbol{0}$ 的基础解系就是解空间的一组基。

(3) 维数：方程组 $\boldsymbol{A}_{m\times n}\boldsymbol{x}=\boldsymbol{0}$ 解空间的维数就是基础解系所含向量的个数：$n-r(\boldsymbol{A})$。

注意：非齐次线性方程组 $\boldsymbol{Ax}=\boldsymbol{b}$ 的所有解向量构成的集合不是向量空间。

4.3.8　非齐次线性方程组解的性质及解的结构

1. 解向量的性质

(1) 若 $\boldsymbol{\eta}_1$，$\boldsymbol{\eta}_2$ 是 $\boldsymbol{Ax}=\boldsymbol{b}$ 的两个解，则 $\boldsymbol{\eta}_1-\boldsymbol{\eta}_2$ 是其导出组 $\boldsymbol{Ax}=\boldsymbol{0}$ 的解。

(2) 若 $\boldsymbol{\eta}$ 是 $\boldsymbol{Ax}=\boldsymbol{b}$ 的解，$\boldsymbol{\xi}$ 是其导出组 $\boldsymbol{Ax}=\boldsymbol{0}$ 的解，则 $\boldsymbol{\eta}+\boldsymbol{\xi}$ 是 $\boldsymbol{Ax}=\boldsymbol{b}$ 的解。

(3) 若 $\boldsymbol{\eta}_1$，$\boldsymbol{\eta}_2$，…，$\boldsymbol{\eta}_m$ 是 $\boldsymbol{Ax}=\boldsymbol{b}$ 的 m 个解向量，则有

$$\frac{1}{k_1+k_2+\cdots+k_m}(k_1\boldsymbol{\eta}_1+k_2\boldsymbol{\eta}_2+\cdots+k_m\boldsymbol{\eta}_m)\quad(\text{其中 } k_1+k_2+\cdots+k_m\neq 0、1)$$

是 $\boldsymbol{Ax}=\boldsymbol{b}$ 的解。特殊情况有：

① 当 $k_1+k_2+\cdots+k_m=1$ 时，$k_1\boldsymbol{\eta}_1+k_2\boldsymbol{\eta}_2+\cdots+k_m\boldsymbol{\eta}_m$ 是 $\boldsymbol{Ax}=\boldsymbol{b}$ 的解；

② 当 $k_1+k_2+\cdots+k_m=0$ 时，$k_1\boldsymbol{\eta}_1+k_2\boldsymbol{\eta}_2+\cdots+k_m\boldsymbol{\eta}_m$ 是 $\boldsymbol{Ax}=\boldsymbol{0}$ 的解。

2. 非齐次线性方程组的通解

设 $\boldsymbol{\eta}$ 是 $\boldsymbol{A}_{m\times n}\boldsymbol{x}=\boldsymbol{b}$ 的特解，$\boldsymbol{\xi}_1$，$\boldsymbol{\xi}_2$，…，$\boldsymbol{\xi}_{n-r}$ 是其导出组 $\boldsymbol{A}_{m\times n}\boldsymbol{x}=\boldsymbol{0}$ 的基础解系，则 $\boldsymbol{A}_{m\times n}\boldsymbol{x}=\boldsymbol{b}$ 的通解为：$\boldsymbol{\eta}+k_1\boldsymbol{\xi}_1+k_2\boldsymbol{\xi}_2+\cdots+k_{n-r}\boldsymbol{\xi}_{n-r}$，其中 k_1，k_2，…，k_{n-r} 是任意一组常数。

非齐次线性方程组 $\boldsymbol{Ax}=\boldsymbol{b}$ 解向量的集合中最多可以找到 $n-r(\boldsymbol{A})+1$ 个线性无关的解向量，例如：

$$\boldsymbol{\eta},\ \boldsymbol{\xi}_1+\boldsymbol{\eta},\ \boldsymbol{\xi}_2+\boldsymbol{\eta},\ \cdots,\ \boldsymbol{\xi}_{n-r}+\boldsymbol{\eta}$$

3. 从非齐次线性方程组的通解可获得的信息

例如，已知非齐次线性方程组 $\boldsymbol{Ax}=\boldsymbol{b}$ 的通解为 $k(-2,3,0,1)^{\mathrm{T}}+(3,2,-1,0)^{\mathrm{T}}$，于是，可以得到以下结论：

(1) 未知数的个数：4。

(2) 系数矩阵和增广矩阵的秩：$r(\boldsymbol{A})=r(\boldsymbol{\alpha}_1,\boldsymbol{\alpha}_2,\boldsymbol{\alpha}_3,\boldsymbol{\alpha}_4)=r(\boldsymbol{\alpha}_1,\boldsymbol{\alpha}_2,\boldsymbol{\alpha}_3,\boldsymbol{\alpha}_4,\boldsymbol{b})=4-1=3$。

(3) 系数矩阵列向量组线性表示关系：$-2\boldsymbol{\alpha}_1+3\boldsymbol{\alpha}_2+0\boldsymbol{\alpha}_3+\boldsymbol{\alpha}_4=\boldsymbol{0}$。

(4) 系数矩阵列向量组线性表示 $\boldsymbol{b}$ 的系数：$3\boldsymbol{\alpha}_1+2\boldsymbol{\alpha}_2-\boldsymbol{\alpha}_3+0\boldsymbol{\alpha}_4=\boldsymbol{b}$。

4.3.9　方程组的公共解

1. 形象理解方程组的公共解

图 4.1 中的阴影部分就是方程组 $\boldsymbol{Ax}=\boldsymbol{0}$ 与 $\boldsymbol{Bx}=\boldsymbol{0}$ 的公共解。

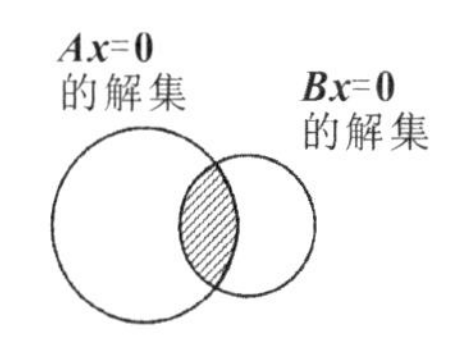

图 4.1　方程组的公共解示意图

2. 公共解的结论

任意含有两个方程以上的方程组的解一定是拆分后多个方程组的公共解。

例如：方程组 $\begin{cases}x_1+x_2+x_3=0\\x_1+x_2-x_3=0\end{cases}$ 的解就是方程组 $x_1+x_2+x_3=0$ 与方程组 $x_1+x_2-x_3=0$ 的公共解。

3. 公共解的公式

方程组 $\boldsymbol{Ax}=\boldsymbol{\xi}$ 与方程组 $\boldsymbol{Bx}=\boldsymbol{\eta}$ 的公共解就是方程组 $\begin{bmatrix}\boldsymbol{A}\\\boldsymbol{B}\end{bmatrix}\boldsymbol{x}=\begin{bmatrix}\boldsymbol{\xi}\\\boldsymbol{\eta}\end{bmatrix}$ 的解。

方程组 $\boldsymbol{A}_n\boldsymbol{x}=\boldsymbol{0}$ 与 $\boldsymbol{B}_n\boldsymbol{x}=\boldsymbol{0}$ 有非零公共解 $\Leftrightarrow r\begin{pmatrix}\boldsymbol{A}_n\\\boldsymbol{B}_n\end{pmatrix}<n$。

4. 典型例题

本章例 4.21 和例 4.22 就是方程组公共解的典型例题。

4.3.10 方程组的同解

1. 形象理解方程组的同解

图 4.2 给出了两个方程组同解的形象理解，即两个方程组有完全相同的解集。

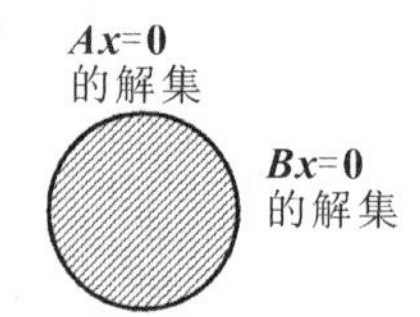

图 4.2 方程组同解的示意图

2. 方程组同解的定义

若方程组 $\boldsymbol{Ax}=\boldsymbol{b}$ 的解是 $\boldsymbol{Bx}=\boldsymbol{c}$ 的解，且方程组 $\boldsymbol{Bx}=\boldsymbol{c}$ 的解也是 $\boldsymbol{Ax}=\boldsymbol{b}$ 的解，则称方程组 $\boldsymbol{Ax}=\boldsymbol{b}$ 与 $\boldsymbol{Bx}=\boldsymbol{c}$ 同解。

3. 两个方程组同解的充要条件

(1) $\boldsymbol{A}_{m\times n}\boldsymbol{x}=\boldsymbol{b}$ 与 $\boldsymbol{B}_{m\times n}\boldsymbol{x}=\boldsymbol{c}$ 同解 $\Leftrightarrow[\boldsymbol{A},\boldsymbol{b}]\xrightarrow{\text{初等行变换}}[\boldsymbol{B},\boldsymbol{c}]$。

(2) $\boldsymbol{A}_{m\times n}\boldsymbol{x}=\boldsymbol{b}$ 与 $\boldsymbol{B}_{m\times n}\boldsymbol{x}=\boldsymbol{c}$ 同解 $\Leftrightarrow$ 矩阵$[\boldsymbol{A},\boldsymbol{b}]$与$[\boldsymbol{B},\boldsymbol{c}]$有相同的行最简形。

(3) $\boldsymbol{Ax}=\boldsymbol{b}$ 与 $\boldsymbol{Bx}=\boldsymbol{c}$ 同解 $\Leftrightarrow$ 矩阵$[\boldsymbol{A},\boldsymbol{b}]$与$[\boldsymbol{B},\boldsymbol{c}]$的行向量组等价。

(4) $\boldsymbol{Ax}=\boldsymbol{b}$ 与 $\boldsymbol{Bx}=\boldsymbol{c}$ 同解 $\Leftrightarrow r(\boldsymbol{A},\boldsymbol{b})=r(\boldsymbol{B},\boldsymbol{c})=r\begin{bmatrix}\boldsymbol{A} & \boldsymbol{b}\\ \boldsymbol{B} & \boldsymbol{c}\end{bmatrix}$。

(5) $\boldsymbol{Ax}=\boldsymbol{0}$ 与 $\boldsymbol{Bx}=\boldsymbol{0}$ 同解 $\Leftrightarrow r(\boldsymbol{A})=r(\boldsymbol{B})=r\begin{bmatrix}\boldsymbol{A}\\ \boldsymbol{B}\end{bmatrix}$。

(6) $\boldsymbol{Ax}=\boldsymbol{0}$ 与 $\boldsymbol{Bx}=\boldsymbol{0}$ 同解 $\Leftrightarrow \boldsymbol{Ax}=\boldsymbol{0}$ 的解是 $\boldsymbol{Bx}=\boldsymbol{0}$ 的解，且 $r(\boldsymbol{A})=r(\boldsymbol{B})$。

(7) $\boldsymbol{Ax}=\boldsymbol{0}$ 与 $\boldsymbol{Bx}=\boldsymbol{0}$ 同解 $\Leftrightarrow \boldsymbol{Ax}=\boldsymbol{0}$ 与 $\boldsymbol{Bx}=\boldsymbol{0}$ 的基础解系等价。

(8) $\boldsymbol{Ax}=\boldsymbol{0}$ 与 $\boldsymbol{Bx}=\boldsymbol{0}$ 同解 $\Leftrightarrow \boldsymbol{Ax}=\boldsymbol{0}$ 与 $\boldsymbol{Bx}=\boldsymbol{0}$ 的解空间是同一个向量空间(仅数学一要求)。

4. 方程组同解的特例

(1) 方程组 $\boldsymbol{A}^{\mathrm{T}}\boldsymbol{Ax}=\boldsymbol{0}$ 与 $\boldsymbol{Ax}=\boldsymbol{0}$ 同解。

(2) 若 $\boldsymbol{P}$ 列满秩，则方程组 $\boldsymbol{PAx}=\boldsymbol{0}$ 与 $\boldsymbol{Ax}=\boldsymbol{0}$ 同解。

(3) 若 $\boldsymbol{A}$ 为实对称矩阵，则 $\boldsymbol{A}^k\boldsymbol{x}=\boldsymbol{0}$ 与 $\boldsymbol{Ax}=\boldsymbol{0}$ 同解。

(4) 若 $\boldsymbol{A}$ 是 n 阶矩阵，则 $\boldsymbol{A}^n\boldsymbol{x}=\boldsymbol{0}$ 与 $\boldsymbol{A}^{n+1}\boldsymbol{x}=\boldsymbol{0}$ 同解。

本章例 4.25 给出了以上 4 个特例的证明。

5. 方程组同解与等价

(1) $\boldsymbol{Ax}=\boldsymbol{b}$ 与 $\boldsymbol{Bx}=\boldsymbol{c}$ 同解 $\Leftrightarrow$ 矩阵$[\boldsymbol{A},\boldsymbol{b}]$与$[\boldsymbol{B},\boldsymbol{c}]$的行向量组等价。

(2) $\boldsymbol{Ax}=\boldsymbol{0}$ 与 $\boldsymbol{Bx}=\boldsymbol{0}$ 同解 $\Leftrightarrow \boldsymbol{A}$ 与 $\boldsymbol{B}$ 的行向量组等价。

(3) $\boldsymbol{Ax}=\boldsymbol{0}$ 与 $\boldsymbol{Bx}=\boldsymbol{0}$ 同解 $\Leftrightarrow \boldsymbol{Ax}=\boldsymbol{0}$ 与 $\boldsymbol{Bx}=\boldsymbol{0}$ 的基础解系等价。

(4) $\boldsymbol{A}_{m\times n}\boldsymbol{x}=\boldsymbol{b}$ 与 $\boldsymbol{B}_{m\times n}\boldsymbol{x}=\boldsymbol{c}$ 同解 $\Rightarrow$ 矩阵$[\boldsymbol{A}_{m\times n},\boldsymbol{b}]$和$[\boldsymbol{B}_{m\times n},\boldsymbol{c}]$对应的列向量组有相同的线性相关性和相同的线性表示关系。

(5) $\boldsymbol{A}_{m\times n}\boldsymbol{x}=\boldsymbol{0}$ 与 $\boldsymbol{B}_{m\times n}\boldsymbol{x}=\boldsymbol{0}$ 同解 $\Rightarrow \boldsymbol{A}_{m\times n}$ 与 $\boldsymbol{B}_{m\times n}$ 等价。

4.3.11 从 $AB=O$ 中可以得到的结论

(1) 若 $\boldsymbol{A}_n\boldsymbol{B}_n=\boldsymbol{O}$，则 $|\boldsymbol{A}|=0$ 或 $|\boldsymbol{B}|=0$。

(2) 若 $\boldsymbol{A}_n\boldsymbol{B}_n=\boldsymbol{O}$，且 $|\boldsymbol{A}|\neq 0$，则 $\boldsymbol{B}=\boldsymbol{O}$。

(3) 若 $\boldsymbol{A}_n\boldsymbol{B}_n=\boldsymbol{O}$，且 $|\boldsymbol{B}|\neq 0$，则 $\boldsymbol{A}=\boldsymbol{O}$。

(4) 若 $\boldsymbol{AB}=\boldsymbol{O}$，则 $\boldsymbol{B}$ 的所有列向量都是 $\boldsymbol{Ax}=\boldsymbol{0}$ 的解向量。

(5) 若 $\boldsymbol{AB}=\boldsymbol{O}$，则 $\boldsymbol{A}^{\mathrm{T}}$ 的所有列向量都是 $\boldsymbol{B}^{\mathrm{T}}\boldsymbol{x}=\boldsymbol{0}$ 的解向量。

(6) 若 $\boldsymbol{A}_{m\times n}\boldsymbol{B}_{n\times s}=\boldsymbol{O}$，则 $r(\boldsymbol{A})+r(\boldsymbol{B})\leqslant n$。

(7) 若 $\boldsymbol{A}_{m\times n}\boldsymbol{B}_{n\times s}=\boldsymbol{O}$，且 $\boldsymbol{B}\neq\boldsymbol{O}$，则 $r(\boldsymbol{A})<n$，即 $\boldsymbol{A}$ 列向量组线性相关。

(8) 若 $\boldsymbol{A}_{m\times n}\boldsymbol{B}_{n\times s}=\boldsymbol{O}$，且 $\boldsymbol{A}\neq\boldsymbol{O}$，则 $r(\boldsymbol{B})<n$，即 $\boldsymbol{B}$ 行向量组线性相关。

(9) 若 $\boldsymbol{AB}=\boldsymbol{O}$，$\boldsymbol{A}$ 的任意一个行向量与 $\boldsymbol{B}$ 的任意一个列向量正交。

(10) 若 $\boldsymbol{A}_n\boldsymbol{B}_{n\times m}=\boldsymbol{O}$，则 $\boldsymbol{B}$ 的非零列向量是矩阵 $\boldsymbol{A}$ 的属于特征值 0 的特征向量。

(11) 若 $\boldsymbol{AB}=\boldsymbol{O}$，则 $\boldsymbol{B}$ 的列向量组所张成的向量空间是 $\boldsymbol{Ax}=\boldsymbol{0}$ 解空间的一个子空间(仅数学一要求)。

4.3.12　线性方程组的几何意义(仅数学一要求)

1. 直线方程的方向向量

(1) 平面直线。

设平面直线：

$$l: x+2y=2\Rightarrow\frac{x-0}{-2}=\frac{y-1}{1}$$

该直线的方向向量为 $\boldsymbol{\alpha}=(-2,1)^{\mathrm{T}}$，该直线过点 $A(0,1)$，如图 4.3 所示。

(2) 空间直线。

设空间直线：

$$l: \frac{x-1}{2}=\frac{y-2}{3}=\frac{z-3}{-5}$$

该直线的方向向量为 $\boldsymbol{\alpha}=(2,3,-5)^{\mathrm{T}}$，该直线过点 $A(1,2,3)$，如图 4.4 所示。

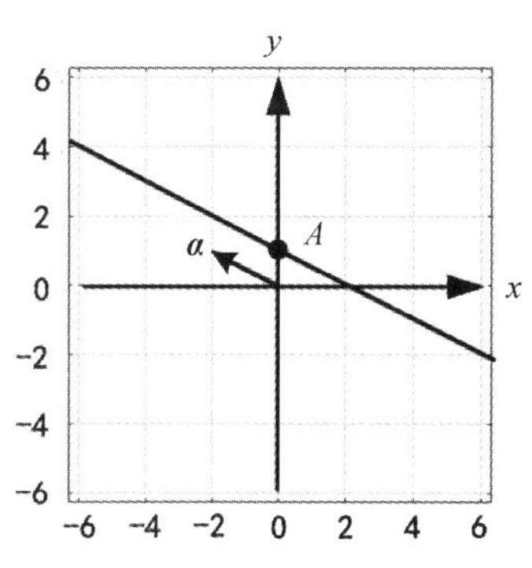

图 4.3　平面直线的方向向量

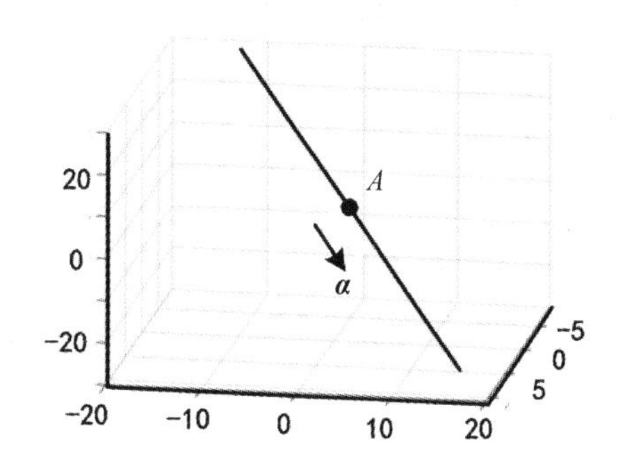

图 4.4　空间直线的方向向量

(3) 两个平面的交线。

设非齐次线性方程组为

$$\begin{cases} x+y-z=5 \\ 3x+y+z=9 \end{cases}$$

则该方程组导出组的基础解系 $\boldsymbol{\xi}=(-1,2,1)^{\mathrm{T}}$ 即为平面 $x+y-z=5$ 与 $3x+y+z=9$ 交线的方向向量，如图 4.5 所示。

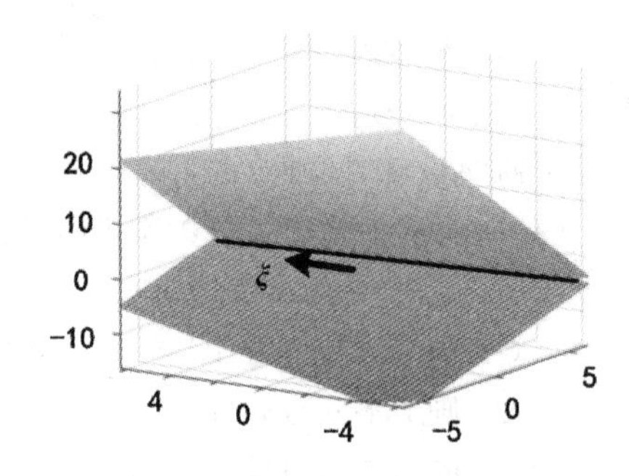

图 4.5　两个平面交线的方向向量

2. 线段 AB 的方向向量

设平面上两个点：$A(1, 3)$，$B(3, 2)$，则线段 AB 的方向向量为

$$\boldsymbol{\alpha}=\overrightarrow{AB}=\begin{bmatrix}3-1\\2-3\end{bmatrix}=\begin{bmatrix}2\\-1\end{bmatrix}$$

如图 4.6 所示。

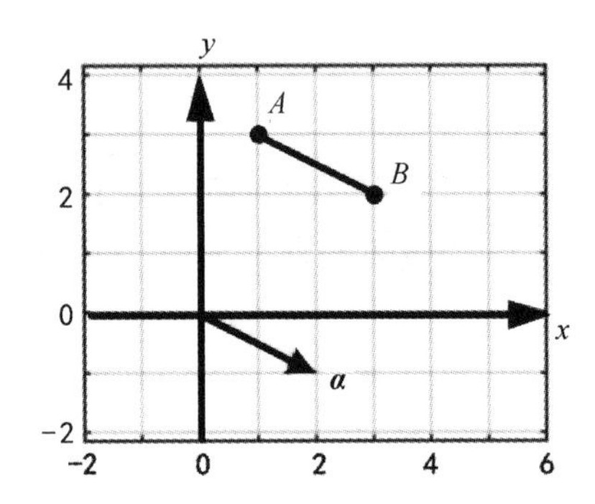

图 4.6　平面线段的方向向量

同理，设空间中两个点：$A(x_0, y_0, z_0)$，$B(x_1, y_1, z_1)$，则线段 AB 的方向向量为 $\overrightarrow{AB}=\begin{bmatrix}x_1-x_0\\y_1-y_0\\z_1-z_0\end{bmatrix}$。

3. 平面的法向量

设平面方程为 $2x+3y+4z=5$，则它的法向量为 $\boldsymbol{\tau}=(2, 3, 4)^{\mathrm{T}}$，如图 4.7 所示。

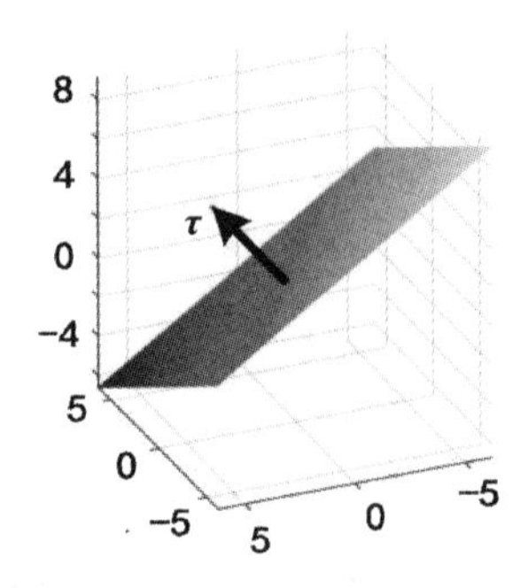

图 4.7　平面的法向量

例如，解齐次线性方程组：

$$\begin{cases} x_1+x_2+x_3=0 \\ 2x_1+3x_2+4x_3=0 \end{cases} \Rightarrow \begin{bmatrix} 1 & 1 & 1 \\ 2 & 3 & 4 \end{bmatrix}\begin{bmatrix} x_1 \\ x_2 \\ x_3 \end{bmatrix}=\begin{bmatrix} 0 \\ 0 \end{bmatrix}$$

的解向量 $\boldsymbol{x}$ 就是与两个平面的法向量 $\boldsymbol{\tau}_1=(1,1,1)^{\mathrm{T}}$ 和 $\boldsymbol{\tau}_2=(2,3,4)^{\mathrm{T}}$ 都正交的向量。

4. 2元线性方程组解的几何意义

(1) 设方程组① $\begin{cases} x+2y=5 \\ 2x-3y=-4 \end{cases}$，因为 $r(\boldsymbol{A})=r(\boldsymbol{A},\boldsymbol{b})=2$，所以方程组有唯一解。

(2) 设方程组② $\begin{cases} x+3y=2 \\ 3x+9y=6 \end{cases}$，因为 $r(\boldsymbol{A})=r(\boldsymbol{A},\boldsymbol{b})=1<2$，所以方程组有无穷多解。

(3) 设方程组③ $\begin{cases} x-3y=5 \\ 2x-6y=-6 \end{cases}$，因为 $r(\boldsymbol{A})=1$，$r(\boldsymbol{A},\boldsymbol{b})=2$，所以方程组无解。

(4) 设方程组④ $\begin{cases} x-2y=3 \\ 2x+y=2 \\ x+3y=5 \end{cases}$，因为 $r(\boldsymbol{A})=2$，$r(\boldsymbol{A},\boldsymbol{b})=3$，所以方程组无解。

图4.8(a)～图4.8(d)分别是方程组①、②、③、④解的几何意义。

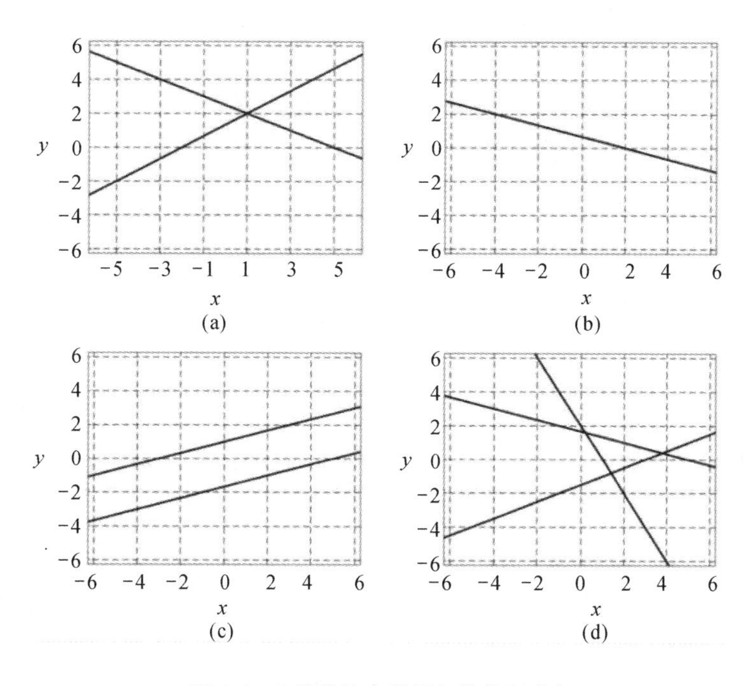

图4.8 2元线性方程组解的几何意义

5. 3元线性方程组解的几何意义

1) 有解的情况

(1) 设方程组① $\begin{cases} x_1+5x_2-x_3=-1 \\ 3x_1-3x_2-x_3=2 \\ -2x_1-0.5x_2-x_3=-3 \end{cases}$，因为 $r(\boldsymbol{A})=r(\boldsymbol{A},\boldsymbol{b})=3$，所以方程组有唯

一解。

(2) 设方程组② $\begin{cases} 8x_1+x_2-x_3=0 \\ 2x_1+x_2-x_3=6 \\ -3x_1+x_2-x_3=11 \end{cases}$，因为 $r(\boldsymbol{A})=r(\boldsymbol{A},\boldsymbol{b})=2<3$，所以方程组有无穷多解。

(3) 设方程组③ $\begin{cases} 2x_1+x_2-x_3=6 \\ -3x_1+x_2-x_3=11 \end{cases}$，因为 $r(\boldsymbol{A})=r(\boldsymbol{A},\boldsymbol{b})=2<3$，所以方程组有无穷多解。

(4) 设方程组④ $2x_1+x_2-x_3=6$，因为 $r(\boldsymbol{A})=r(\boldsymbol{A},\boldsymbol{b})=1<3$，所以方程组有无穷多解。

图 4.9(a)～图 4.9(d)分别是方程组①、②、③、④解的几何意义。

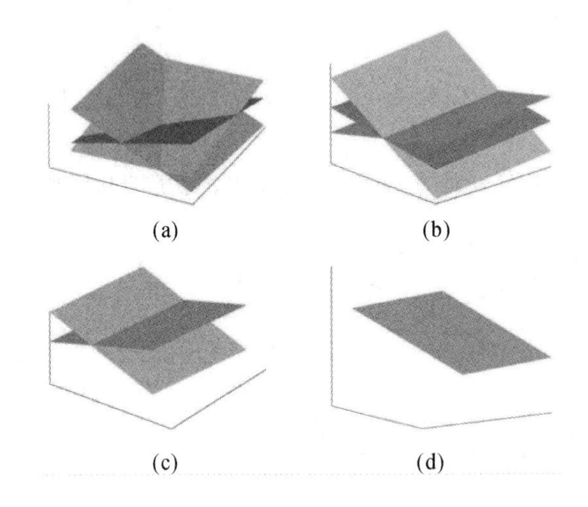

图 4.9　3 元线性方程组有解的几何意义

2) 无解的情况

(1) 设方程组① $\begin{cases} 5x_1-7x_2-x_3=5 \\ x_1+4x_2-x_3=-12 \\ x_1+4x_2-x_3=25 \end{cases}$，因为 $r(\boldsymbol{A})=2$，$r(\boldsymbol{A},\boldsymbol{b})=3$，所以方程组无解。

(2) 设方程组② $\begin{cases} 5x_2-x_3=8 \\ -7x_2-x_3=10 \\ x_3=15 \end{cases}$，因为 $r(\boldsymbol{A})=2$，$r(\boldsymbol{A},\boldsymbol{b})=3$，所以方程组无解。

(3) 设方程组③ $\begin{cases} x_1+4x_2-x_3=-12 \\ x_1+4x_2-x_3=25 \end{cases}$，因为 $r(\boldsymbol{A})=1$，$r(\boldsymbol{A},\boldsymbol{b})=2$，所以方程组无解。

(4) 设方程组④ $\begin{cases} x_1+4x_2-x_3=-50 \\ x_1+4x_2-x_3=-12 \\ x_1+4x_2-x_3=25 \end{cases}$，因为 $r(\boldsymbol{A})=1$，$r(\boldsymbol{A},\boldsymbol{b})=2$，所以方程组无解。

图 4.10(a)～图 4.10(d)分别是方程组①、②、③、④无解的几何意义。

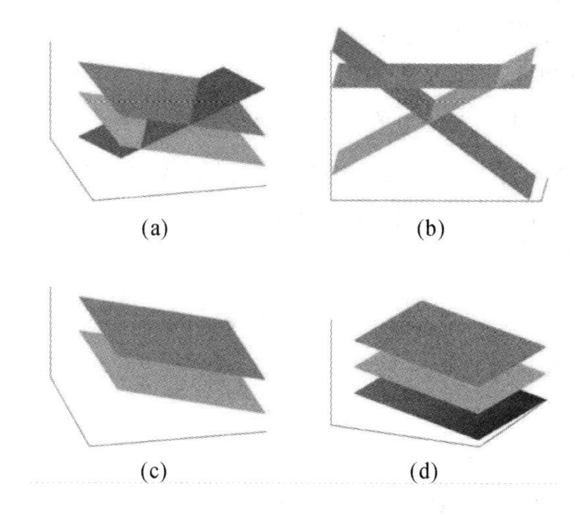

图 4.10　3 元线性方程组无解的几何意义

在方程组①、③和④中，都至少有 2 个平面平行，所以无解；而方程组②中的 3 个平面均不平行，但它们的 3 条交线却是平行的，所以也无解。

4.4　典型例题分析

【例 4.1】（2012，数学一、数学二、数学三）设 $\boldsymbol{A}=\begin{bmatrix}1 & a & 0 & 0\\0 & 1 & a & 0\\0 & 0 & 1 & a\\a & 0 & 0 & 1\end{bmatrix}$，$\boldsymbol{\beta}=\begin{bmatrix}1\\-1\\0\\0\end{bmatrix}$。

(1) 求行列式 $|\boldsymbol{A}|$；

(2) 当实数 a 为何值时，方程组 $\boldsymbol{Ax}=\boldsymbol{\beta}$ 有无穷多解，并求通解。

【思路】 根据“两杠一星”行列式公式计算 $|\boldsymbol{A}|$ 的值。

【解】 (1) 矩阵 $\boldsymbol{A}$ 的行列式为“两杠一星”行列式，于是 $|\boldsymbol{A}|=1-a^4$。

(2) 因为方程组 $\boldsymbol{Ax}=\boldsymbol{\beta}$ 有无穷多解，所以 $|\boldsymbol{A}|=0$，于是实数 $a=1$ 或 $a=-1$。

当 $a=1$ 时，对方程组增广矩阵进行初等行变换：

$$(\boldsymbol{A},\ \boldsymbol{\beta})\xrightarrow{\text{初等行变换}}\begin{bmatrix}1 & 1 & 0 & 0 & 1\\0 & 1 & 1 & 0 & -1\\0 & 0 & 1 & 1 & 0\\0 & 0 & 0 & 0 & -2\end{bmatrix}$$

显然有 $r(\boldsymbol{A})=3$，$r(\boldsymbol{A},\ \boldsymbol{\beta})=4$，于是方程组无解。

当 $a=-1$ 时，对方程组增广矩阵进行初等行变换：

$$(\boldsymbol{A},\ \boldsymbol{\beta})\xrightarrow{\text{初等行变换}}\begin{bmatrix}1 & 0 & 0 & -1 & 0\\0 & 1 & 0 & -1 & -1\\0 & 0 & 1 & -1 & 0\\0 & 0 & 0 & 0 & 0\end{bmatrix}$$

于是方程组 $\boldsymbol{Ax}=\boldsymbol{\beta}$ 的通解为 $k(1,\ 1,\ 1,\ 1)^{\mathrm{T}}+(0,\ -1,\ 0,\ 0)^{\mathrm{T}}$，$k$ 为任意常数。

【评注】 本题考查了以下知识点：

(1)“两杠一星”行列式，参见例 1.1。

(2) 若 $|\boldsymbol{A}|=0$，则方程组 $\boldsymbol{Ax}=\boldsymbol{\beta}$ 有无穷多解或无解。

(3) 若 $r(\boldsymbol{A}_{m\times n})=r(\boldsymbol{A},\boldsymbol{\beta})<n$，则方程组 $\boldsymbol{Ax}=\boldsymbol{\beta}$ 有无穷多解。

(4) 若 $r(\boldsymbol{A})\neq r(\boldsymbol{A},\boldsymbol{\beta})$，则方程组 $\boldsymbol{Ax}=\boldsymbol{\beta}$ 无解。

(5) 求解 $\boldsymbol{Ax}=\boldsymbol{b}$ 的方法如下：

$$(\boldsymbol{A},\boldsymbol{b})\xrightarrow{\text{初等行变换}}(\boldsymbol{B},\boldsymbol{c})\text{(行最简形)}$$

因为方程组 $\boldsymbol{Bx}=\boldsymbol{c}$ 的解容易求得，根据方程组 $\boldsymbol{Ax}=\boldsymbol{b}$ 与方程组 $\boldsymbol{Bx}=\boldsymbol{c}$ 同解，从而得到 $\boldsymbol{Ax}=\boldsymbol{b}$ 的解。

【例 4.2】 (2016，数学二、数学三)设矩阵 $\boldsymbol{A}=\begin{bmatrix}1&1&1-a\\1&0&a\\a+1&1&a+1\end{bmatrix}$，$\boldsymbol{\beta}=\begin{bmatrix}0\\1\\2a-2\end{bmatrix}$，且方程组 $\boldsymbol{Ax}=\boldsymbol{\beta}$ 无解。

(1) 求 a 的值；

(2) 求方程组 $\boldsymbol{A}^{\mathrm{T}}\boldsymbol{Ax}=\boldsymbol{A}^{\mathrm{T}}\boldsymbol{\beta}$ 的通解。

【思路】 对方程组的增广矩阵进行初等行变换，根据 $r(\boldsymbol{A})\neq r(\boldsymbol{A},\boldsymbol{\beta})$，获得 a 的值。

【解】 (1) 对方程组的增广矩阵进行初等行变换：

$$(\boldsymbol{A},\boldsymbol{\beta})=\begin{bmatrix}1&1&1-a&0\\1&0&a&1\\a+1&1&a+1&2a-2\end{bmatrix}\xrightarrow{\text{初等行变换}}\begin{bmatrix}1&1&1-a&0\\0&-1&2a-1&1\\0&0&-a^2+2a&a-2\end{bmatrix}$$

因为方程组无解，所以 $r(\boldsymbol{A})<r(\boldsymbol{A},\boldsymbol{\beta})$，故 $-a^2+2a=0$，且 $a-2\neq0$，于是得 $a=0$。

(2) 当 $a=0$ 时，对方程组 $\boldsymbol{A}^{\mathrm{T}}\boldsymbol{Ax}=\boldsymbol{A}^{\mathrm{T}}\boldsymbol{\beta}$ 的增广矩阵进行初等行变换：

$$(\boldsymbol{A}^{\mathrm{T}}\boldsymbol{A},\boldsymbol{A}^{\mathrm{T}}\boldsymbol{\beta})=\begin{bmatrix}3&2&2&-1\\2&2&2&-2\\2&2&2&-2\end{bmatrix}\xrightarrow{\text{初等行变换}}\begin{bmatrix}1&0&0&1\\0&1&1&-2\\0&0&0&0\end{bmatrix}$$

于是方程组 $\boldsymbol{A}^{\mathrm{T}}\boldsymbol{Ax}=\boldsymbol{A}^{\mathrm{T}}\boldsymbol{\beta}$ 的通解为 $k(0,-1,1)^{\mathrm{T}}+(1,-2,0)^{\mathrm{T}}$，$k$ 为任意常数。

【评注】 本题考查了以下知识点：

(1) 方程组 $\boldsymbol{Ax}=\boldsymbol{\beta}$ 无解的充要条件是 $r(\boldsymbol{A})<r(\boldsymbol{A},\boldsymbol{\beta})$。

(2) 方程组 $\boldsymbol{Ax}=\boldsymbol{\beta}$ 的通解是由其导出组 $\boldsymbol{Ax}=\boldsymbol{0}$ 的通解和 $\boldsymbol{Ax}=\boldsymbol{\beta}$ 的特解构成的。

【秘籍】 例 4.1、例 4.2 都属于“求解带参数的线性方程组”的题型，针对该题型，为了确定参数的值，一般有以下两种解题思路：

(1) 若系数矩阵为方阵，且其行列式容易求得，则采取求行列式法，如例 4.1(以及后面的例 4.3、例 4.4)。

(2) 若系数矩阵为方阵，但其行列式不易求得，或系数矩阵不是方阵，则采取初等行变换法，如例 4.2。

其实，方法的选择不是绝对的，例 4.1 也可以用初等行变换法来确定参数 a，例 4.2 也可以用行列式法来确定参数 a。

【例 4.3】 (2008，数学一)设 n 元线性方程组 $\boldsymbol{Ax}=\boldsymbol{b}$，其中

$$\boldsymbol{A}=\begin{bmatrix} 2a & 1 & & & & \\ a^2 & 2a & 1 & & & \\ & a^2 & 2a & 1 & & \\ & & \ddots & \ddots & \ddots & \\ & & & a^2 & 2a & 1 \\ & & & & a^2 & 2a \end{bmatrix}_{n\times n},\ \boldsymbol{x}=\begin{bmatrix} x_1 \\ x_2 \\ \vdots \\ x_n \end{bmatrix},\ \boldsymbol{b}=\begin{bmatrix} 1 \\ 0 \\ \vdots \\ 0 \end{bmatrix}$$

(1) 证明行列式 $|\boldsymbol{A}|=(n+1)a^n$；

(2) 当 a 为何值时，该方程组有唯一解，并求 x_1；

(3) 当 a 为何值时，该方程组有无穷多解，并求通解。

【思路】 根据行列式 $|\boldsymbol{A}|$ 的值确定参数 a。

【解】 (1) 参见第 1 章例 1.5 的证明。

(2) 因为 $|\boldsymbol{A}|=(n+1)a^n$，所以当 $a\neq 0$ 时，$|\boldsymbol{A}|\neq 0$，方程组有唯一解。根据克莱姆法则，有 $x_1=\dfrac{D_1}{D}$，其中 $D=|\boldsymbol{A}|=(n+1)a^n$，用 $\boldsymbol{b}$ 替换 D 的第一列可以得到 D_1，则

$$D_1=\begin{vmatrix} 1 & 1 & & & & \\ 0 & 2a & 1 & & & \\ 0 & a^2 & 2a & 1 & & \\ \vdots & & \ddots & \ddots & \ddots & \\ 0 & & & a^2 & 2a & 1 \\ 0 & & & & a^2 & 2a \end{vmatrix} \xlongequal{\text{按}c_1\text{展开}} |\boldsymbol{A}_{n-1}|=na^{n-1}$$

于是

$$x_1=\frac{D_1}{D}=\frac{na^{n-1}}{(n+1)a^n}=\frac{n}{(n+1)a}$$

(3) 当 $a=0$ 时，方程组的增广矩阵为

$$(\boldsymbol{A},\ \boldsymbol{b})=\begin{bmatrix} 0 & 1 & 0 & \cdots & 0 & 1 \\ 0 & 0 & 1 & \cdots & 0 & 0 \\ 0 & 0 & 0 & \cdots & 0 & 0 \\ \vdots & \vdots & \vdots & & \vdots & \vdots \\ 0 & 0 & 0 & & 1 & 0 \\ 0 & 0 & 0 & \cdots & 0 & 0 \end{bmatrix}$$

显然 $r(\boldsymbol{A}_n)=r(\boldsymbol{A},\ \boldsymbol{b})=n-1<n$，所以方程组有无穷多解，方程组的通解为 $k(1,\ 0,\ 0,\ \cdots,\ 0)^{\mathrm{T}}+(0,\ 1,\ 0,\ \cdots,\ 0)^{\mathrm{T}}$，$k$ 为任意常数。

【评注】 本题考查了以下知识点：

(1) 克莱姆法则，参见本章 4.3.2 小节内容。

(2) 若 $r(\boldsymbol{A}_{m\times n})=r(\boldsymbol{A},\ \boldsymbol{\beta})<n$，则方程组 $\boldsymbol{Ax}=\boldsymbol{\beta}$ 有无穷多解。

(3) $\boldsymbol{Ax}=\boldsymbol{b}$ 的通解是由其导出组 $\boldsymbol{Ax}=\boldsymbol{0}$ 的通解与 $\boldsymbol{Ax}=\boldsymbol{b}$ 的特解构成的。

(4) 方程组 $\boldsymbol{A}_{m\times n}\boldsymbol{x}=\boldsymbol{0}$ 的基础解系含有 $n-r(\boldsymbol{A})$ 个解向量。

【例 4.4】 (2002，数学三)设齐次线性方程组：

$$\begin{cases} ax_1+bx_2+bx_3+\cdots+bx_n=0 \\ bx_1+ax_2+bx_3+\cdots+bx_n=0 \\ \quad\vdots \\ bx_1+bx_2+bx_3+\cdots+ax_n=0 \end{cases}$$

其中 $a\neq 0$，$b\neq 0$，$n\geqslant 2$，试讨论 a，b 为何值时，方程组仅有零解，有无穷多组解？在有无穷多组解时，求出全部解，并用基础解系表示全部解。

【思路】 根据“ab”行列式公式解题。

【解】 计算方程组系数矩阵的行列式：

$$\begin{vmatrix} a & b & b & \cdots & b \\ b & a & b & \cdots & b \\ b & b & a & \cdots & b \\ \vdots & \vdots & \vdots & & \vdots \\ b & b & b & \cdots & a \end{vmatrix} \xlongequal[i=2,\cdots,n]{r_1+r_i} [a+(n-1)b]\begin{vmatrix} 1 & 1 & 1 & \cdots & 1 \\ b & a & b & \cdots & b \\ b & b & a & \cdots & b \\ \vdots & \vdots & \vdots & & \vdots \\ b & b & b & \cdots & a \end{vmatrix}$$

$$\xlongequal[i=2,\cdots,n]{r_i-br_1} [a+(n-1)b]\begin{vmatrix} 1 & 1 & 1 & \cdots & 1 \\ & a-b & & & \\ & & a-b & & \\ & & & \ddots & \\ & & & & a-b \end{vmatrix}$$

$$=[a+(n-1)b](a-b)^{n-1}$$

当 $a+(n-1)b\neq 0$ 且 $a-b\neq 0$ 时，方程组仅有零解。

当 $a=b$ 时，因为 $a\neq 0$，$b\neq 0$，对方程组系数矩阵进行初等行变换：

$$\begin{bmatrix} a & b & b & \cdots & b \\ b & a & b & \cdots & b \\ b & b & a & \cdots & b \\ \vdots & \vdots & \vdots & & \vdots \\ b & b & b & \cdots & a \end{bmatrix} \xrightarrow{\text{初等行变换}} \begin{bmatrix} 1 & 1 & 1 & \cdots & 1 \\ 0 & 0 & 0 & \cdots & 0 \\ 0 & 0 & 0 & \cdots & 0 \\ \vdots & \vdots & \vdots & & \vdots \\ 0 & 0 & 0 & \cdots & 0 \end{bmatrix}$$

于是方程组的基础解系为 $\boldsymbol{\xi}_1=(-1,1,0,\cdots,0)^{\mathrm{T}}$，$\boldsymbol{\xi}_2=(-1,0,1,\cdots,0)^{\mathrm{T}}$，…，$\boldsymbol{\xi}_{n-1}=(-1,0,0,\cdots,1)^{\mathrm{T}}$。

方程组的通解为 $k_1\boldsymbol{\xi}_1+k_2\boldsymbol{\xi}_2+\cdots+k_{n-1}\boldsymbol{\xi}_{n-1}$，$k_1$，$k_2$，…，$k_{n-1}$ 为任意常数。

当 $a+(n-1)b=0$ 时，因为 $a\neq 0$，$b\neq 0$，$n\geqslant 2$，所以 $a-b\neq 0$。对方程组系数矩阵进行初等行变换：

$$\begin{bmatrix} a & b & b & \cdots & b \\ b & a & b & \cdots & b \\ b & b & a & \cdots & b \\ \vdots & \vdots & \vdots & & \vdots \\ b & b & b & \cdots & a \end{bmatrix} \xrightarrow[i=2,\cdots,n]{r_i-r_1} \begin{bmatrix} a & b & b & \cdots & b \\ b-a & a-b & & & \\ b-a & & a-b & & \\ \vdots & & & \ddots & \\ b-a & & & & a-b \end{bmatrix} \xrightarrow[i=2,\cdots,n]{r_i/(b-a)}$$

$$\begin{bmatrix} a & b & b & \cdots & b \\ 1 & -1 & & & \\ 1 & & -1 & & \\ \vdots & & & \ddots & \\ 1 & & & & -1 \end{bmatrix} \xrightarrow[i=2,\cdots,n]{r_1+br_i} \begin{bmatrix} 0 & 0 & 0 & \cdots & 0 \\ 1 & -1 & & & \\ 1 & & -1 & & \\ \vdots & & & \ddots & \\ 1 & & & & -1 \end{bmatrix}$$

于是方程组的基础解系为 $\boldsymbol{\xi}=(1, 1, \cdots, 1)^{\mathrm{T}}$，方程组的通解为 $k\boldsymbol{\xi}$，k 为任意常数。

【评注】 本题考查了以下知识点：

(1) n 阶“ab”矩阵的行列式为$[a+(n-1)b](a-b)^{n-1}$。

(2) 若$|\boldsymbol{A}|\neq 0$，则方程组 $\boldsymbol{Ax}=\boldsymbol{0}$ 只有零解。

(3) 若$|\boldsymbol{A}|=0$，则方程组 $\boldsymbol{Ax}=\boldsymbol{0}$ 有无穷多解。

(4) 方程组 $\boldsymbol{A}_{m\times n}\boldsymbol{x}=\boldsymbol{0}$ 的基础解系含有 $n-r(\boldsymbol{A})$个解向量。

【例 4.5】 (2005，数学一、数学二)已知 3 阶矩阵 $\boldsymbol{A}$ 的第一行是(a, b, c)，a, b, c 不全为零，矩阵 $\boldsymbol{B}=\begin{bmatrix} 1 & 2 & 3 \\ 2 & 4 & 6 \\ 3 & 6 & k \end{bmatrix}$($k$ 为常数)，且 $\boldsymbol{AB}=\boldsymbol{O}$，求线性方程组 $\boldsymbol{Ax}=\boldsymbol{0}$ 的通解。

【思路】 从 $\boldsymbol{AB}=\boldsymbol{O}$ 出发，针对参数 k 的取值进行分类讨论。

【解】 因为 $\boldsymbol{AB}=\boldsymbol{O}$，所以 $r(\boldsymbol{A})+r(\boldsymbol{B})\leqslant 3$。针对 k 值进行分类讨论。

(1) 当 $k\neq 9$ 时，$r(\boldsymbol{B})=2$，所以 $r(\boldsymbol{A})\leqslant 3-r(\boldsymbol{B})=1$，又因为 $\boldsymbol{A}\neq\boldsymbol{O}$，所以 $r(\boldsymbol{A})=1$，于是方程组 $\boldsymbol{Ax}=\boldsymbol{0}$ 的基础解系含有 $3-r(\boldsymbol{A})=2$ 个解向量。

另一方面，因为 $\boldsymbol{AB}=\boldsymbol{O}$，所以 $\boldsymbol{B}$ 的所有列向量均为方程组 $\boldsymbol{Ax}=\boldsymbol{0}$ 的解向量，于是 $\boldsymbol{Ax}=\boldsymbol{0}$ 的通解为 $k_1(1, 2, 3)^{\mathrm{T}}+k_2(3, 6, k)^{\mathrm{T}}$，$k_1$，$k_2$ 为任意常数。

(2) 当 $k=9$ 时，$r(\boldsymbol{B})=1$，所以 $r(\boldsymbol{A})\leqslant 3-r(\boldsymbol{B})=2$，又因为 $\boldsymbol{A}\neq\boldsymbol{O}$，所以 $r(\boldsymbol{A})=1$ 或 $r(\boldsymbol{A})=2$。

① 当 $r(\boldsymbol{A})=2$ 时，$\boldsymbol{Ax}=\boldsymbol{0}$ 的基础解系含有 $3-r(\boldsymbol{A})=1$ 个解向量，于是 $\boldsymbol{Ax}=\boldsymbol{0}$ 的通解为 $c(1, 2, 3)^{\mathrm{T}}$，c 为任意常数。

② 当 $r(\boldsymbol{A})=1$ 时，对 $\boldsymbol{A}$ 进行初等行变换，显然有

$$\boldsymbol{A}\xrightarrow{\text{初等行变换}}\begin{bmatrix} a & b & c \\ & & \\ & & \end{bmatrix}$$

因为 a, b, c 不全为零，不妨设 $a\neq 0$，于是 $\boldsymbol{Ax}=\boldsymbol{0}$ 的通解为 $l_1(-b, a, 0)^{\mathrm{T}}+l_2(-c, 0, a)^{\mathrm{T}}$，$l_1$，$l_2$ 为任意常数。

【评注】 本题考查了以下知识点：

(1) 若 $\boldsymbol{A}_{m\times n}\boldsymbol{B}_{n\times s}=\boldsymbol{O}$，则 $r(\boldsymbol{A})+r(\boldsymbol{B})\leqslant n$。

(2) 若 $\boldsymbol{AB}=\boldsymbol{O}$，则 $\boldsymbol{B}$ 的所有列向量都是方程组 $\boldsymbol{Ax}=\boldsymbol{0}$ 的解向量。

(3) 方程组 $\boldsymbol{A}_{m\times n}\boldsymbol{x}=\boldsymbol{0}$ 的基础解系含有 $n-r(\boldsymbol{A})$个解向量。

(4) 若 $r(\boldsymbol{A})=1$，则 $\boldsymbol{A}$ 的任意一个非零行向量都是 $\boldsymbol{A}$ 的行向量组的极大无关组。

【秘籍】 该题的满分率非常低。当 $r(\boldsymbol{A})=1$ 时，矩阵 $\boldsymbol{B}$ 就失去了利用价值，而参数 a，b，c 就要“粉墨登场”了。

【例 4.6】 (2009,数学一、数学二、数学三)设 $\boldsymbol{A}=\begin{bmatrix}1&-1&-1\\-1&1&1\\0&-4&-2\end{bmatrix}$,$\boldsymbol{\xi}_1=\begin{bmatrix}-1\\1\\-2\end{bmatrix}$。

(1) 求满足 $\boldsymbol{A}\boldsymbol{\xi}_2=\boldsymbol{\xi}_1$,$\boldsymbol{A}^2\boldsymbol{\xi}_3=\boldsymbol{\xi}_1$ 的所有向量 $\boldsymbol{\xi}_2$,$\boldsymbol{\xi}_3$;

(2) 对(1)中的任意向量 $\boldsymbol{\xi}_2$,$\boldsymbol{\xi}_3$,证明 $\boldsymbol{\xi}_1$,$\boldsymbol{\xi}_2$,$\boldsymbol{\xi}_3$ 线性无关。

【思路】 求 $\boldsymbol{\xi}_2$,$\boldsymbol{\xi}_3$,就是求方程组 $\boldsymbol{A}\boldsymbol{x}=\boldsymbol{\xi}_1$ 和 $\boldsymbol{A}^2\boldsymbol{x}=\boldsymbol{\xi}_1$ 的通解,并写成向量的形式。

【解】 (1) 解非齐次线性方程组 $\boldsymbol{A}\boldsymbol{x}=\boldsymbol{\xi}_1$,对增广矩阵进行初等行变换:

$$(\boldsymbol{A},\boldsymbol{\xi}_1)=\begin{bmatrix}1&-1&-1&-1\\-1&1&1&1\\0&-4&-2&-2\end{bmatrix}\xrightarrow{\text{初等行变换}}\begin{bmatrix}1&0&-\frac{1}{2}&-\frac{1}{2}\\0&1&\frac{1}{2}&\frac{1}{2}\\0&0&0&0\end{bmatrix}$$

故方程组 $\boldsymbol{A}\boldsymbol{x}=\boldsymbol{\xi}_1$ 的通解为 $k(1,-1,2)^{\mathrm{T}}+\left(-\frac{1}{2},\frac{1}{2},0\right)^{\mathrm{T}}$,$k$ 为任意常数。

于是 $\boldsymbol{\xi}_2=\left(k-\frac{1}{2},\frac{1}{2}-k,2k\right)^{\mathrm{T}}$,$k$ 为任意常数。

解非齐次线性方程组 $\boldsymbol{A}^2\boldsymbol{x}=\boldsymbol{\xi}_1$,对增广矩阵进行初等行变换:

$$(\boldsymbol{A}^2,\boldsymbol{\xi}_1)=\begin{bmatrix}2&2&0&-1\\-2&-2&0&1\\4&4&0&-2\end{bmatrix}\xrightarrow{\text{初等行变换}}\begin{bmatrix}1&1&0&-\frac{1}{2}\\0&0&0&0\\0&0&0&0\end{bmatrix}$$

故方程组 $\boldsymbol{A}^2\boldsymbol{x}=\boldsymbol{\xi}_1$ 的通解为 $k_1(-1,1,0)^{\mathrm{T}}+k_2(0,0,1)^{\mathrm{T}}+\left(-\frac{1}{2},0,0\right)^{\mathrm{T}}$,$k_1$,$k_2$ 为任意常数。

于是 $\boldsymbol{\xi}_3=\left(-k_1-\frac{1}{2},k_1,k_2\right)^{\mathrm{T}}$,$k_1$,$k_2$ 为任意常数。

(2) 计算 $\boldsymbol{\xi}_1$,$\boldsymbol{\xi}_2$,$\boldsymbol{\xi}_3$ 构成的行列式:

$$|\boldsymbol{\xi}_1,\boldsymbol{\xi}_2,\boldsymbol{\xi}_3|=\begin{vmatrix}-1&k-\frac{1}{2}&-k_1-\frac{1}{2}\\1&-k+\frac{1}{2}&k_1\\-2&2k&k_2\end{vmatrix}\xlongequal{r_1+r_2}\begin{vmatrix}0&0&-\frac{1}{2}\\1&-k+\frac{1}{2}&k_1\\-2&2k&k_2\end{vmatrix}\xlongequal{\text{按}r_1\text{展开}}-\frac{1}{2}\neq 0$$

于是向量组 $\boldsymbol{\xi}_1$,$\boldsymbol{\xi}_2$,$\boldsymbol{\xi}_3$ 线性无关。

【评注】 本题考查了以下知识点:

(1) $\boldsymbol{A}\boldsymbol{x}=\boldsymbol{b}$ 的通解是由其导出组 $\boldsymbol{A}\boldsymbol{x}=\boldsymbol{0}$ 的通解与 $\boldsymbol{A}\boldsymbol{x}=\boldsymbol{b}$ 的特解构成的。

(2) 方程组 $\boldsymbol{A}_{m\times n}\boldsymbol{x}=\boldsymbol{0}$ 的基础解系含有 $n-r(\boldsymbol{A})$ 个解向量。

(3) $|\boldsymbol{A}|\neq 0\Leftrightarrow\boldsymbol{A}$ 的列(行)向量组线性无关。

【秘籍】 同学们要把第 3 章向量与第 4 章线性方程组的知识融合起来学习和理解,例如:求满足等式 $\boldsymbol{A}\boldsymbol{\alpha}=\boldsymbol{\beta}$ 的向量 $\boldsymbol{\alpha}$,就是求解方程组 $\boldsymbol{A}\boldsymbol{x}=\boldsymbol{\beta}$。

【例 4.7】 (2017,数学一、数学二、数学三)设三阶矩阵 $\boldsymbol{A}=(\boldsymbol{\alpha}_1,\boldsymbol{\alpha}_2,\boldsymbol{\alpha}_3)$ 有 3 个不同的特征值,且 $\boldsymbol{\alpha}_3=\boldsymbol{\alpha}_1+2\boldsymbol{\alpha}_2$。

(1) 证明 $r(\boldsymbol{A})=2$；

(2) 若 $\boldsymbol{\beta}=\boldsymbol{\alpha}_1+\boldsymbol{\alpha}_2+\boldsymbol{\alpha}_3$，求方程组 $\boldsymbol{Ax}=\boldsymbol{\beta}$ 的通解。

【思路】 根据相似对角化确定矩阵 $\boldsymbol{A}$ 的秩。

【解】 (1) 证明：因为三阶矩阵 $\boldsymbol{A}$ 有 3 个不同的特征值，所以 $\boldsymbol{A}$ 可以相似对角化，于是存在可逆矩阵 $\boldsymbol{P}$，使得

$$\boldsymbol{P}^{-1}\boldsymbol{AP}=\boldsymbol{\Lambda}=\begin{bmatrix}\lambda_1 & & \\ & \lambda_2 & \\ & & \lambda_3\end{bmatrix}$$

又因为 $\boldsymbol{\alpha}_3=\boldsymbol{\alpha}_1+2\boldsymbol{\alpha}_2$，所以 $|\boldsymbol{A}|=0$，故 0 是 $\boldsymbol{A}$ 的一个特征值，而 λ_1，λ_2，λ_3 为矩阵 $\boldsymbol{A}$ 的 3 个不同的特征值，于是 $r(\boldsymbol{A})=r(\boldsymbol{\Lambda})=2$。

(2) 因为 $r(\boldsymbol{A})=2$，所以 $\boldsymbol{Ax}=\boldsymbol{0}$ 的基础解系含有 $3-r(\boldsymbol{A})=1$ 个解向量。而 $\boldsymbol{\alpha}_3=\boldsymbol{\alpha}_1+2\boldsymbol{\alpha}_2$，则有

$$(\boldsymbol{\alpha}_1,\ \boldsymbol{\alpha}_2,\ \boldsymbol{\alpha}_3)\begin{bmatrix}1\\2\\-1\end{bmatrix}=\boldsymbol{0}$$

于是，齐次线性方程组 $\boldsymbol{Ax}=\boldsymbol{0}$ 的基础解系为 $(1,\ 2,\ -1)^{\mathrm{T}}$。

又因为 $\boldsymbol{\beta}=\boldsymbol{\alpha}_1+\boldsymbol{\alpha}_2+\boldsymbol{\alpha}_3$，所以有

$$(\boldsymbol{\alpha}_1,\ \boldsymbol{\alpha}_2,\ \boldsymbol{\alpha}_3)\begin{bmatrix}1\\1\\1\end{bmatrix}=\boldsymbol{\beta}$$

故方程组 $\boldsymbol{Ax}=\boldsymbol{\beta}$ 的特解为 $(1,\ 1,\ 1)^{\mathrm{T}}$，于是，方程组 $\boldsymbol{Ax}=\boldsymbol{\beta}$ 的通解为 $k(1,\ 2,\ -1)^{\mathrm{T}}+(1,\ 1,\ 1)^{\mathrm{T}}$，$k$ 为任意常数。

【评注】 本题考查了以下知识点：

(1) 若 n 阶矩阵 $\boldsymbol{A}$ 有 n 个互不相同的特征值，则 $\boldsymbol{A}$ 可以相似对角化。

(2) $|\boldsymbol{A}|=0 \Leftrightarrow \boldsymbol{A}$ 的列(行)向量组线性相关。

(3) $|\boldsymbol{A}|=0 \Leftrightarrow 0$ 是 $\boldsymbol{A}$ 的一个特征值。

(4) 若 $\boldsymbol{A}$ 可以相似对角化，则 $\boldsymbol{A}$ 的秩等于 $\boldsymbol{A}$ 的非零特征值的个数。

(5) $\boldsymbol{A}_{m\times n}\boldsymbol{x}=\boldsymbol{0}$ 的基础解系含有 $n-r(\boldsymbol{A})$ 个解向量。

(6) 设 $\boldsymbol{A}=(\boldsymbol{\alpha}_1,\ \boldsymbol{\alpha}_2,\ \boldsymbol{\alpha}_3)$，且有 $\boldsymbol{\alpha}_3=\boldsymbol{\alpha}_1+2\boldsymbol{\alpha}_2$，则有 $(1,\ 2,\ -1)^{\mathrm{T}}$ 是 $\boldsymbol{Ax}=\boldsymbol{0}$ 的解向量。

(7) 设 $\boldsymbol{A}=(\boldsymbol{\alpha}_1,\ \boldsymbol{\alpha}_2,\ \boldsymbol{\alpha}_3)$，且有 $\boldsymbol{\beta}=\boldsymbol{\alpha}_1+\boldsymbol{\alpha}_2+\boldsymbol{\alpha}_3$，则有 $(1,\ 1,\ 1)^{\mathrm{T}}$ 是 $\boldsymbol{Ax}=\boldsymbol{\beta}$ 的解向量。

(8) $\boldsymbol{Ax}=\boldsymbol{\beta}$ 的通解是由 $\boldsymbol{Ax}=\boldsymbol{0}$ 的通解和 $\boldsymbol{Ax}=\boldsymbol{\beta}$ 的特解构成的。

【例 4.8】 (2020，数学二、数学三)设 4 阶矩阵 $\boldsymbol{A}=(a_{ij})$ 不可逆，a_{12} 的代数余子式 $A_{12}\neq 0$，$\boldsymbol{\alpha}_1$，$\boldsymbol{\alpha}_2$，$\boldsymbol{\alpha}_3$，$\boldsymbol{\alpha}_4$ 为矩阵 $\boldsymbol{A}$ 的列向量组，$\boldsymbol{A}^*$ 为 $\boldsymbol{A}$ 的伴随矩阵，则方程组 $\boldsymbol{A}^*\boldsymbol{x}=\boldsymbol{0}$ 的通解为(　　)。

(A) $\boldsymbol{x}=k_1\boldsymbol{\alpha}_1+k_2\boldsymbol{\alpha}_2+k_3\boldsymbol{\alpha}_3$，其中 k_1，k_2，k_3 为任意常数

(B) $\boldsymbol{x}=k_1\boldsymbol{\alpha}_1+k_2\boldsymbol{\alpha}_2+k_3\boldsymbol{\alpha}_4$，其中 k_1，k_2，k_3 为任意常数

(C) $\boldsymbol{x}=k_1\boldsymbol{\alpha}_1+k_2\boldsymbol{\alpha}_3+k_3\boldsymbol{\alpha}_4$，其中 k_1，k_2，k_3 为任意常数

(D) $\boldsymbol{x}=k_1\boldsymbol{\alpha}_2+k_2\boldsymbol{\alpha}_3+k_3\boldsymbol{\alpha}_4$，其中 k_1，k_2，k_3 为任意常数

【思路】 从代数余子式 $A_{12}\neq 0$ 出发，获得 $\boldsymbol{\alpha}_1$，$\boldsymbol{\alpha}_2$，$\boldsymbol{\alpha}_3$，$\boldsymbol{\alpha}_4$ 的一个极大无关组。

【解】 因为 a_{12} 的代数余子式 $A_{12}\neq 0$，即矩阵 $\boldsymbol{A}$ 存在非零的 3 阶子式，又因为矩阵 $\boldsymbol{A}$ 不可

逆，所以矩阵 $\boldsymbol{A}$ 的秩为 3，进一步可以得到 $\boldsymbol{\alpha}_1$，$\boldsymbol{\alpha}_3$，$\boldsymbol{\alpha}_4$ 是 $\boldsymbol{\alpha}_1$，$\boldsymbol{\alpha}_2$，$\boldsymbol{\alpha}_3$，$\boldsymbol{\alpha}_4$ 的一个极大无关组。

根据伴随矩阵秩的公式，知 $r(\boldsymbol{A}^*)=1$，故方程组 $\boldsymbol{A}^*\boldsymbol{x}=\boldsymbol{0}$ 的基础解系含有 $4-r(\boldsymbol{A}^*)=3$ 个解向量。

因为 $\boldsymbol{A}$ 不可逆，所以 $|\boldsymbol{A}|=0$，则有

$$\boldsymbol{A}^*\boldsymbol{A}=|\boldsymbol{A}|\boldsymbol{E}=\boldsymbol{O}$$

于是 $\boldsymbol{A}$ 的所有列向量均是方程组 $\boldsymbol{A}^*\boldsymbol{x}=\boldsymbol{0}$ 的解向量，而 $\boldsymbol{\alpha}_1$，$\boldsymbol{\alpha}_3$，$\boldsymbol{\alpha}_4$ 是 $\boldsymbol{\alpha}_1$，$\boldsymbol{\alpha}_2$，$\boldsymbol{\alpha}_3$，$\boldsymbol{\alpha}_4$ 的一个极大无关组，那么 $\boldsymbol{\alpha}_1$，$\boldsymbol{\alpha}_3$，$\boldsymbol{\alpha}_4$ 即为 $\boldsymbol{A}^*\boldsymbol{x}=\boldsymbol{0}$ 的基础解系。选项 C 正确。

【评注】 本题考查了以下知识点：

(1) n 阶行列式 $|\boldsymbol{A}_n|$ 某个元素的代数余子式就是矩阵 $\boldsymbol{A}$ 的 $n-1$ 阶子式。

(2) $r(\boldsymbol{A}_n)<n \Leftrightarrow |\boldsymbol{A}_n|=0 \Leftrightarrow \boldsymbol{A}_n$ 的列(行)向量组线性相关。

(3) 矩阵 $\boldsymbol{A}$ 的秩就是 $\boldsymbol{A}$ 的最高阶非零子式的阶数。

(4) 伴随矩阵秩的公式如下：

$$r(\boldsymbol{A}^*)=\begin{cases} n, & r(\boldsymbol{A})=n \\ 1, & r(\boldsymbol{A})=n-1 \\ 0, & r(\boldsymbol{A})<n-1 \end{cases}$$

(5) $\boldsymbol{A}_{m\times n}\boldsymbol{x}=\boldsymbol{0}$ 的基础解系含有 $n-r(\boldsymbol{A})$ 个解向量。

(6) $\boldsymbol{A}\boldsymbol{A}^*=\boldsymbol{A}^*\boldsymbol{A}=|\boldsymbol{A}|\boldsymbol{E}$。

(7) 若 $\boldsymbol{AB}=\boldsymbol{O}$，则 $\boldsymbol{B}$ 的所有列向量都是方程组 $\boldsymbol{Ax}=\boldsymbol{0}$ 的解向量。

(8) 若向量组 $\boldsymbol{\xi}_1$，$\boldsymbol{\xi}_2$，…，$\boldsymbol{\xi}_t$ 同时满足以下三个条件：

① $\boldsymbol{\xi}_1$，$\boldsymbol{\xi}_2$，…，$\boldsymbol{\xi}_t$ 都是方程组 $\boldsymbol{A}_{m\times n}\boldsymbol{x}=\boldsymbol{0}$ 的解向量；

② $\boldsymbol{\xi}_1$，$\boldsymbol{\xi}_2$，…，$\boldsymbol{\xi}_t$ 线性无关；

③ $t=n-r(\boldsymbol{A})$。

则称 $\boldsymbol{\xi}_1$，$\boldsymbol{\xi}_2$，…，$\boldsymbol{\xi}_t$ 是方程组 $\boldsymbol{A}_{m\times n}\boldsymbol{x}=\boldsymbol{0}$ 的一组基础解系。

【秘籍】 若 n 阶行列式 $|\boldsymbol{A}_n|$ 的代数余子式 $A_{ij}\neq 0$，则有以下两结论：

(1) 矩阵 $\boldsymbol{A}$ 的除去第 j 列以外的 $n-1$ 个列向量线性无关；

(2) 矩阵 $\boldsymbol{A}$ 的除去第 i 行以外的 $n-1$ 个行向量线性无关。

【例 4.9】 设 $\boldsymbol{\alpha}_1$，$\boldsymbol{\alpha}_2$，$\boldsymbol{\alpha}_3$，$\boldsymbol{b}$ 均为 3 维列向量，$\boldsymbol{A}=(\boldsymbol{\alpha}_1, \boldsymbol{\alpha}_2, \boldsymbol{\alpha}_3)$，$\boldsymbol{B}=(\boldsymbol{\alpha}_1, \boldsymbol{\alpha}_2, \boldsymbol{\alpha}_3, \boldsymbol{\alpha}_3+\boldsymbol{b})$，已知方程组 $\boldsymbol{Ax}=\boldsymbol{b}$ 的通解是 $k(2, 5, -1)^{\mathrm{T}}+(-3, 2, 0)^{\mathrm{T}}$，$k$ 为任意常数。设 k_1，k_2 为任意常数，则以下错误的是(　　)。

(A) 方程组 $\boldsymbol{Bx}=\boldsymbol{b}$ 的通解为 $k_1(2, 5, -1, 0)^{\mathrm{T}}+k_2(-3, 2, 1, -1)^{\mathrm{T}}+(-3, 2, 0, 0)^{\mathrm{T}}$

(B) 方程组 $\boldsymbol{Bx}=\boldsymbol{b}$ 的通解为 $k_1(2, 5, -1, 0)^{\mathrm{T}}+k_2(3, -2, -1, 1)^{\mathrm{T}}+(0, 0, -1, 1)^{\mathrm{T}}$

(C) 方程组 $\boldsymbol{Bx}=\boldsymbol{b}$ 的通解为 $k_1(-3, 2, 1, -1)^{\mathrm{T}}+k_2(-2, -5, 1, 0)^{\mathrm{T}}+(5, 3, -3, 2)^{\mathrm{T}}$

(D) 方程组 $\boldsymbol{Bx}=\boldsymbol{b}$ 的通解为 $k_1(-2, -5, 1, 0)^{\mathrm{T}}+k_2(3, -2, -1, 1)^{\mathrm{T}}+(-3, 1, 2, 5)^{\mathrm{T}}$

【思路】 从方程组 $\boldsymbol{Ax}=\boldsymbol{b}$ 的通解中挖掘信息。

【解】 根据方程组 $\boldsymbol{Ax}=\boldsymbol{b}$ 的通解是 $k(2, 5, -1)^{\mathrm{T}}+(-3, 2, 0)^{\mathrm{T}}$，可以得到：

(1) $r(\boldsymbol{A})=3-1=2$。

(2) 向量等式：

$$2\boldsymbol{\alpha}_1+5\boldsymbol{\alpha}_2-\boldsymbol{\alpha}_3=\boldsymbol{0} \quad ①$$

(3) 向量等式：

$$-3\boldsymbol{\alpha}_1+2\boldsymbol{\alpha}_2=\boldsymbol{b} \quad ②$$

则有

$$r(\boldsymbol{B})=r(\boldsymbol{\alpha}_1, \boldsymbol{\alpha}_2, \boldsymbol{\alpha}_3, \boldsymbol{\alpha}_3+\boldsymbol{b})=r(\boldsymbol{\alpha}_1, \boldsymbol{\alpha}_2, \boldsymbol{\alpha}_3)=r(\boldsymbol{A})=2$$

那么，方程组 $\boldsymbol{Bx}=\boldsymbol{0}$ 的基础解系含有 $4-r(\boldsymbol{B})=2$ 个解向量。根据式①和式②，有

$$2\boldsymbol{\alpha}_1+5\boldsymbol{\alpha}_2-\boldsymbol{\alpha}_3+0\times(\boldsymbol{\alpha}_3+\boldsymbol{b})=\boldsymbol{0}$$

$$-3\boldsymbol{\alpha}_1+2\boldsymbol{\alpha}_2+\boldsymbol{\alpha}_3-(\boldsymbol{\alpha}_3+\boldsymbol{b})=\boldsymbol{0}$$

于是，方程组 $\boldsymbol{Bx}=\boldsymbol{0}$ 的基础解系为 $(2, 5, -1, 0)^{\mathrm{T}}$，$(-3, 2, 1, -1)^{\mathrm{T}}$。

②式还可以变形为

$$-3\boldsymbol{\alpha}_1+2\boldsymbol{\alpha}_2+0\boldsymbol{\alpha}_3+0\times(\boldsymbol{\alpha}_3+\boldsymbol{b})=\boldsymbol{b}$$

于是，方程组 $\boldsymbol{Bx}=\boldsymbol{b}$ 的通解为 $k_1(2, 5, -1, 0)^{\mathrm{T}}+k_2(-3, 2, 1, -1)^{\mathrm{T}}+(-3, 2, 0, 0)^{\mathrm{T}}$。

分析 4 个选项，发现关于 $\boldsymbol{Bx}=\boldsymbol{0}$ 的通解都是正确的，于是只需演算 $\boldsymbol{Bx}=\boldsymbol{b}$ 的特解 $\boldsymbol{\eta}$ 是否正确，即研究方程组③是否有解：

$$k_1(2, 5, -1, 0)^{\mathrm{T}}+k_2(-3, 2, 1, -1)^{\mathrm{T}}+(-3, 2, 0, 0)^{\mathrm{T}}=\boldsymbol{\eta} \quad ③$$

显然选项 A 正确；当 $k_1=0$，$k_2=-1$ 时，$\boldsymbol{\eta}=(0, 0, -1, 1)^{\mathrm{T}}$，选项 B 正确；当 $k_1=1$，$k_2=-2$ 时，$\boldsymbol{\eta}=(5, 3, -3, 2)^{\mathrm{T}}$，选项 C 也正确；针对选项 D 的 $\boldsymbol{\eta}=(-3, 1, 2, 5)^{\mathrm{T}}$，方程组③无解。于是选项 D 错误。

【评注】 本题考查了以下知识点：

(1) 从非齐次线性方程组的通解中可以挖掘出大量信息，参见本章 4.3.8 小节内容。

(2) $\boldsymbol{A}_{m\times n}\boldsymbol{x}=\boldsymbol{0}$ 的基础解系含有 $n-r(\boldsymbol{A})$ 个解向量。

(3) $\boldsymbol{Ax}=\boldsymbol{\beta}$ 的通解是由 $\boldsymbol{Ax}=\boldsymbol{0}$ 的通解和 $\boldsymbol{Ax}=\boldsymbol{\beta}$ 的特解构成的。

【秘籍】 已知 $\boldsymbol{Ax}=\boldsymbol{\beta}$ 的通解为 $k_1\boldsymbol{\xi}_1+k_2\boldsymbol{\xi}_2+\boldsymbol{\eta}$，若同时满足以下两个条件：

(1) 向量组 $\boldsymbol{\xi}_1$，$\boldsymbol{\xi}_2$ 与 $\boldsymbol{\alpha}_1$，$\boldsymbol{\alpha}_2$ 等价；

(2) 方程组 $x_1\boldsymbol{\xi}_1+x_2\boldsymbol{\xi}_2+\boldsymbol{\eta}=\boldsymbol{\gamma}$ 有解。

则 $k_1\boldsymbol{\alpha}_1+k_2\boldsymbol{\alpha}_2+\boldsymbol{\gamma}$ 也是 $\boldsymbol{Ax}=\boldsymbol{\beta}$ 的通解。

【例 4.10】 设 4 阶矩阵 $\boldsymbol{A}=[\boldsymbol{\alpha}_1, \boldsymbol{\alpha}_2, \boldsymbol{\alpha}_3, \boldsymbol{\alpha}_4]$，方程组 $\boldsymbol{Ax}=\boldsymbol{\beta}$ 的通解为 $(1, 2, 0, 3)^{\mathrm{T}}+k(3, 0, 1, -2)^{\mathrm{T}}$，$k$ 为任意常数。那么以下错误的是(　　)。

(A) 在方程组 $\boldsymbol{Ax}=\boldsymbol{\beta}$ 的解集中可以找到两个线性无关的解向量

(B) $\boldsymbol{\alpha}_2$ 能被 $\boldsymbol{\alpha}_1$，$\boldsymbol{\alpha}_3$，$\boldsymbol{\alpha}_4$ 线性表示

(C) $\boldsymbol{\alpha}_2$ 能被 $\boldsymbol{\alpha}_1$，$\boldsymbol{\alpha}_4$，$\boldsymbol{\beta}$ 线性表示

(D) $\boldsymbol{\alpha}_3$ 能被 $\boldsymbol{\alpha}_1$，$\boldsymbol{\alpha}_2$，$\boldsymbol{\beta}$ 线性表示

【思路】 从方程组的通解中获得信息。

【解】 根据方程组 $\boldsymbol{Ax}=\boldsymbol{\beta}$ 的通解是 $(1, 2, 0, 3)^{\mathrm{T}}+k(3, 0, 1, -2)^{\mathrm{T}}$，可以得到：

(1) $r(\boldsymbol{A})=4-1=3$。

(2) 向量等式：

$$3\boldsymbol{\alpha}_1+\boldsymbol{\alpha}_3-2\boldsymbol{\alpha}_4=\boldsymbol{0} \quad ①$$

(3) 向量等式：

$$\boldsymbol{\alpha}_1+2\boldsymbol{\alpha}_2+3\boldsymbol{\alpha}_4=\boldsymbol{\beta} \quad ②$$

分析选项 A。当 $\boldsymbol{Ax}=\boldsymbol{\beta}$ 的通解中常数 k 分别取 0 和 1 时，可以得到 $\boldsymbol{Ax}=\boldsymbol{\beta}$ 的两个线性无关的解向量：$(1, 2, 0, 3)^{\mathrm{T}}$，$(4, 2, 1, 1)^{\mathrm{T}}$。

分析选项 C。根据②式可得

$$\boldsymbol{\alpha}_2=\frac{1}{2}\boldsymbol{\beta}-\frac{1}{2}\boldsymbol{\alpha}_1-\frac{3}{2}\boldsymbol{\alpha}_4$$

于是，$\boldsymbol{\alpha}_2$ 能被 $\boldsymbol{\alpha}_1$，$\boldsymbol{\alpha}_4$，$\boldsymbol{\beta}$ 线性表示。

分析选项 D。$3\times$①$+2\times$②，得

$$11\boldsymbol{\alpha}_1+4\boldsymbol{\alpha}_2+3\boldsymbol{\alpha}_3=2\boldsymbol{\beta},\ \boldsymbol{\alpha}_3=\frac{2}{3}\boldsymbol{\beta}-\frac{11}{3}\boldsymbol{\alpha}_1-\frac{4}{3}\boldsymbol{\alpha}_2$$

于是，$\boldsymbol{\alpha}_3$ 能被 $\boldsymbol{\alpha}_1$，$\boldsymbol{\alpha}_2$，$\boldsymbol{\beta}$ 线性表示。

分析选项 B。假设 $\boldsymbol{\alpha}_2$ 能被 $\boldsymbol{\alpha}_1$，$\boldsymbol{\alpha}_3$，$\boldsymbol{\alpha}_4$ 线性表示，则向量组 $\boldsymbol{\alpha}_1$，$\boldsymbol{\alpha}_3$，$\boldsymbol{\alpha}_4$ 与 $\boldsymbol{\alpha}_1$，$\boldsymbol{\alpha}_2$，$\boldsymbol{\alpha}_3$，$\boldsymbol{\alpha}_4$ 等价，有

$$r(\boldsymbol{\alpha}_1,\boldsymbol{\alpha}_2,\boldsymbol{\alpha}_3,\boldsymbol{\alpha}_4)=r(\boldsymbol{\alpha}_1,\boldsymbol{\alpha}_3,\boldsymbol{\alpha}_4)$$

从①式中可得，向量组 $\boldsymbol{\alpha}_1$，$\boldsymbol{\alpha}_3$，$\boldsymbol{\alpha}_4$ 线性相关，则

$$r(\boldsymbol{\alpha}_1,\boldsymbol{\alpha}_2,\boldsymbol{\alpha}_3,\boldsymbol{\alpha}_4)=r(\boldsymbol{\alpha}_1,\boldsymbol{\alpha}_3,\boldsymbol{\alpha}_4)<3$$

与结论(1)矛盾，于是选项 B 错误。

【评注】 本题考查了以下知识点：

(1) 从非齐次线性方程组的通解中可以挖掘出大量信息，参见本章 4.3.8 小节内容。

(2) 从非齐次线性方程组 $\boldsymbol{A}_{m\times n}\boldsymbol{x}=\boldsymbol{\beta}$ 的解集里可以找到 $n-r(\boldsymbol{A}_{m\times n})+1$ 个线性无关的解向量。

(3) 若向量组 $\boldsymbol{T}_1$ 与向量组 $\boldsymbol{T}_2$ 等价，则 $r(\boldsymbol{T}_1)=r(\boldsymbol{T}_2)$。

(4) 向量组 $\boldsymbol{\alpha}_1$，$\boldsymbol{\alpha}_2$，…，$\boldsymbol{\alpha}_n$ 线性相关$\Leftrightarrow r(\boldsymbol{\alpha}_1,\boldsymbol{\alpha}_2,\cdots,\boldsymbol{\alpha}_n)<n$。

【例 4.11】 设 3 阶实对称矩阵 $\boldsymbol{A}$ 的秩为 1，$\boldsymbol{\xi}=(-1,-2,5)^{\mathrm{T}}$ 是矩阵 $\boldsymbol{A}$ 的属于 $\lambda=-2$ 的一个特征向量，设 $\boldsymbol{b}=(-2,-4,10)^{\mathrm{T}}$，求非齐次线性方程组 $\boldsymbol{Ax}=\boldsymbol{b}$ 的通解。

【思路】 根据向量 $\boldsymbol{\xi}=(-1,-2,5)^{\mathrm{T}}$ 与 $\boldsymbol{b}=(-2,-4,10)^{\mathrm{T}}$ 是 2 倍关系，从而得到 $\boldsymbol{Ax}=\boldsymbol{b}$ 的特解。

【解】 因为 $\boldsymbol{\xi}=(-1,-2,5)^{\mathrm{T}}$ 是矩阵 $\boldsymbol{A}$ 的属于 $\lambda=-2$ 的一个特征向量，而 3 阶实对称矩阵 $\boldsymbol{A}$ 的秩为 1，所以 $\boldsymbol{A}$ 的特征值为 0，0，-2。设 $(x_1,x_2,x_3)^{\mathrm{T}}$ 是 $\boldsymbol{A}$ 的属于 $\lambda=0$ 的特征向量，根据实对称矩阵属于不同特征值的特征向量是正交的，有

$$(-1,-2,5)\begin{bmatrix}x_1\\x_2\\x_3\end{bmatrix}=0$$

求解以上方程组，得矩阵 $\boldsymbol{A}$ 属于 $\lambda=0$ 的线性无关的特征向量为 $(-2,1,0)^{\mathrm{T}}$，$(5,0,1)^{\mathrm{T}}$。

方程组 $\boldsymbol{Ax}=\boldsymbol{0}$ 的非零解向量就是 $\boldsymbol{A}$ 属于 $\lambda=0$ 的特征向量，于是 $\boldsymbol{Ax}=\boldsymbol{0}$ 的基础解系即为 $(-2,1,0)^{\mathrm{T}}$，$(5,0,1)^{\mathrm{T}}$。

因为 $\boldsymbol{\xi}=(-1,-2,5)^{\mathrm{T}}$ 是矩阵 $\boldsymbol{A}$ 的属于 $\lambda=-2$ 的一个特征向量，则有

$$\boldsymbol{A\xi}=(-2)\times\boldsymbol{\xi}$$

而 $\boldsymbol{b}=(-2,-4,10)^{\mathrm{T}}=2\boldsymbol{\xi}$，从而有

$$\boldsymbol{A}(-\boldsymbol{\xi})=\boldsymbol{b}$$

即 $-\boldsymbol{\xi}$ 是方程组 $\boldsymbol{Ax}=\boldsymbol{b}$ 的一个特解，于是方程组 $\boldsymbol{Ax}=\boldsymbol{b}$ 的通解为 $k_1(-2,1,0)^{\mathrm{T}}+k_2(5,0,1)^{\mathrm{T}}+(1,2,-5)^{\mathrm{T}}$，$k_1$，$k_2$ 为任意常数。

【评注】 本科考查了以下知识点：

(1) 若 $\boldsymbol{\xi}$ 是 $\boldsymbol{A}$ 的属于 $\boldsymbol{\lambda}$ 的特征向量，则有 $\boldsymbol{A\xi}=\boldsymbol{\lambda\xi}$。

(2) 若 n 阶矩阵 $\boldsymbol{A}$ 的秩为 1，则 $\boldsymbol{A}$ 的特征值为 $n-1$ 个 0，1 个 $\mathrm{tr}(\boldsymbol{A})$。

(3) 实对称矩阵 $\boldsymbol{A}$ 的属于不同特征值的特征向量是正交的。

(4) 方程组 $\boldsymbol{A}_{m\times n}\boldsymbol{x}=\boldsymbol{0}$ 的基础解系含有 $n-r(\boldsymbol{A})$ 个解向量。

(5) 方程组 $\boldsymbol{A}_n\boldsymbol{x}=\boldsymbol{0}$ 的非零解向量就是矩阵 $\boldsymbol{A}^*$ 的属于 0 的特征向量。

(6) $\boldsymbol{Ax}=\boldsymbol{\beta}$ 的通解是由 $\boldsymbol{Ax}=\boldsymbol{0}$ 的通解和 $\boldsymbol{Ax}=\boldsymbol{\beta}$ 的特解构成的。

【例 4.12】 设 n 阶矩阵 $\boldsymbol{A}$ 的伴随矩阵为 $\boldsymbol{A}^*$，行列式 $|\boldsymbol{A}|$ 的代数余子式 $A_{11}\neq 0$。证明：非齐次线性方程组 $\boldsymbol{Ax}=\boldsymbol{\beta}$ 有无穷多组解的充分必要条件是非零向量 $\boldsymbol{\beta}$ 为齐次线性方程组 $\boldsymbol{A}^*\boldsymbol{x}=\boldsymbol{0}$ 的解。

【思路】 灵活运用伴随矩阵的母公式 $\boldsymbol{AA}^*=\boldsymbol{A}^*\boldsymbol{A}=|\boldsymbol{A}|\boldsymbol{E}$ 进行解题。

【证明】 (1) 必要性。因为 $\boldsymbol{Ax}=\boldsymbol{\beta}$ 有无穷多解，设 $\boldsymbol{\eta}$ 是 $\boldsymbol{Ax}=\boldsymbol{\beta}$ 的一个解向量，则

$$\boldsymbol{A\eta}=\boldsymbol{\beta}$$

用 $\boldsymbol{A}^*$ 左乘以上等式两端，有

$$\boldsymbol{A}^*\boldsymbol{A\eta}=\boldsymbol{A}^*\boldsymbol{\beta}$$

因为 $\boldsymbol{Ax}=\boldsymbol{\beta}$ 有无穷多解，则 $|\boldsymbol{A}|=0$，所以 $\boldsymbol{A}^*\boldsymbol{A}=|\boldsymbol{A}|\boldsymbol{E}=\boldsymbol{O}$，则

$$\boldsymbol{A}^*\boldsymbol{\beta}=\boldsymbol{0}$$

即 $\boldsymbol{\beta}$ 为齐次线性方程组 $\boldsymbol{A}^*\boldsymbol{x}=\boldsymbol{0}$ 的解向量。

(2) 充分性。因为非零向量 $\boldsymbol{\beta}$ 为齐次线性方程组 $\boldsymbol{A}^*\boldsymbol{x}=\boldsymbol{0}$ 的解向量，所以 $r(\boldsymbol{A}^*)<n$，又因为 $A_{11}\neq 0$，所以 $\boldsymbol{A}^*\neq\boldsymbol{O}$，根据伴随矩阵秩的公式：

$$r(\boldsymbol{A}^*)=\begin{cases}n, & r(\boldsymbol{A})=n\\ 1, & r(\boldsymbol{A})=n-1\\ 0, & r(\boldsymbol{A})<n-1\end{cases}$$

得 $r(\boldsymbol{A}^*)=1$，$r(\boldsymbol{A})=n-1$，$|\boldsymbol{A}|=0$。

因为 $\boldsymbol{A}^*\boldsymbol{A}=|\boldsymbol{A}|\boldsymbol{E}=\boldsymbol{O}$，所以 $\boldsymbol{A}$ 的列向量都是 $\boldsymbol{A}^*\boldsymbol{x}=\boldsymbol{0}$ 的解向量。又因为 $A_{11}\neq 0$，所以 $\boldsymbol{A}=(\boldsymbol{\alpha}_1,\boldsymbol{\alpha}_2,\cdots,\boldsymbol{\alpha}_n)$ 中的 $\boldsymbol{\alpha}_2,\boldsymbol{\alpha}_3,\cdots,\boldsymbol{\alpha}_n$ 线性无关。于是 $\boldsymbol{\alpha}_2,\boldsymbol{\alpha}_3,\cdots,\boldsymbol{\alpha}_n$ 是 $\boldsymbol{A}^*\boldsymbol{x}=\boldsymbol{0}$ 的一个基础解系。已知 $\boldsymbol{\beta}$ 是方程组 $\boldsymbol{A}^*\boldsymbol{x}=\boldsymbol{0}$ 的解向量，所以 $\boldsymbol{\beta}$ 可由 $\boldsymbol{\alpha}_2,\boldsymbol{\alpha}_3,\cdots,\boldsymbol{\alpha}_n$ 线性表示，则 $\boldsymbol{Ax}=\boldsymbol{\beta}$ 有解，而 $r(\boldsymbol{A})<n$，于是 $\boldsymbol{Ax}=\boldsymbol{\beta}$ 有无穷多解。

【评注】 本题考查了以下知识点：

(1) $\boldsymbol{\eta}$ 是 $\boldsymbol{Ax}=\boldsymbol{b}$ 的解向量 $\Leftrightarrow \boldsymbol{A\eta}=\boldsymbol{b}$。

(2) $\boldsymbol{A}_n\boldsymbol{x}=\boldsymbol{b}$ 有无穷多解 $\Rightarrow |\boldsymbol{A}_n|=0(r(\boldsymbol{A}_n)<n)$。

(3) $\boldsymbol{AA}^*=\boldsymbol{A}^*\boldsymbol{A}=|\boldsymbol{A}|\boldsymbol{E}$。

(4) $\boldsymbol{A}_n\boldsymbol{x}=\boldsymbol{0}$ 有非零解 $\Leftrightarrow |\boldsymbol{A}_n|=0\Leftrightarrow r(\boldsymbol{A}_n)<n$。

(5) 因为 $\boldsymbol{A}$ 的伴随矩阵 $\boldsymbol{A}^*$ 是由 $|\boldsymbol{A}_n|$ 的代数余子式 A_{ij} 构成的，所以当 $A_{11}\neq 0$ 时，$\boldsymbol{A}^*\neq\boldsymbol{O}$。

(6) 伴随矩阵秩的公式：

$$r(\boldsymbol{A}^*)=\begin{cases}n, & r(\boldsymbol{A})=n\\ 1, & r(\boldsymbol{A})=n-1\\ 0, & r(\boldsymbol{A})<n-1\end{cases}$$

(7) $\boldsymbol{AB}=\boldsymbol{O}\Rightarrow\boldsymbol{B}$ 的列向量都是 $\boldsymbol{Ax}=\boldsymbol{0}$ 的解向量。

(8) 若 $|\boldsymbol{A}_n|$ 的代数余子式 $A_{11}\neq 0$，则 $\boldsymbol{A}=(\boldsymbol{\alpha}_1,\boldsymbol{\alpha}_2,\cdots,\boldsymbol{\alpha}_n)$ 中的 $\boldsymbol{\alpha}_2,\boldsymbol{\alpha}_3,\cdots,\boldsymbol{\alpha}_n$ 线性无关。

(9) 方程组 $\boldsymbol{A}_{m\times n}\boldsymbol{x}=\boldsymbol{0}$ 的基础解系含有 $n-r(\boldsymbol{A})$ 个解向量。

(10) 方程组 $\boldsymbol{Ax}=\boldsymbol{b}$ 有解 $\Leftrightarrow\boldsymbol{b}$ 可以由 $\boldsymbol{A}$ 的列向量组线性表示。

【例 4.13】 设 $\boldsymbol{A}$ 为 $m\times n$ 矩阵，且 $r(\boldsymbol{A})=m<n$，$\boldsymbol{E}$ 为 m 阶单位矩阵，分析以下命题：

① $\boldsymbol{A}$ 一定存在 m 个线性无关的列向量。

② 通过初等列变换，一定可以把 $\boldsymbol{A}$ 化为 $(\boldsymbol{E},\boldsymbol{O})$ 的形式。

③ 非齐次线性方程组 $\boldsymbol{Ax}=\boldsymbol{b}$ 一定有无穷多解。

④ 若矩阵 $\boldsymbol{P}$ 满足 $\boldsymbol{PA}=\boldsymbol{O}$，则 $\boldsymbol{P}=\boldsymbol{O}$。

(A) 只有①正确　　(B) 只有①③正确

(C) 只有①②③正确　　(D) 4 个命题都正确

【思路】 根据"三秩相等"定理分析命题。

【解】 分析命题①。因为 $r(\boldsymbol{A})=m$，根据"三秩相等"定理，得 $\boldsymbol{A}$ 的列向量组的秩也为 m，即 $\boldsymbol{A}$ 的列向量组中一定存在 m 个线性无关的列向量。

分析命题②。因为 $\boldsymbol{A}$ 存在 m 个线性无关的列向量，对矩阵 $\boldsymbol{A}$ 进行列交换，可以把 m 个 m 维线性无关的列向量移到 $\boldsymbol{A}$ 的前 m 列，写成分块矩阵形式：

$$\boldsymbol{A}_{m\times n}\xrightarrow{\text{列交换}}[\boldsymbol{B}_{m\times m},\boldsymbol{C}_{m\times(n-m)}]$$

因为 $\boldsymbol{B}$ 是 m 阶可逆矩阵，所以 $\boldsymbol{B}$ 可以经过初等列变换变为 m 阶单位矩阵 $\boldsymbol{E}$，用 $\boldsymbol{E}$ 进一步通过初等列变换把 $\boldsymbol{C}$ 化为 $\boldsymbol{O}$，即

$$\boldsymbol{A}_{m\times n}\xrightarrow{\text{列交换}}[\boldsymbol{B}_{m\times m},\boldsymbol{C}_{m\times(n-m)}]\xrightarrow{\text{初等列变换}}[\boldsymbol{E}_{m\times m},\boldsymbol{C}_{m\times(n-m)}]\xrightarrow{\text{初等列变换}}[\boldsymbol{E}_{m\times m},\boldsymbol{O}_{m\times(n-m)}]$$

分析命题③。因为 $r(\boldsymbol{A})=m<n$，则

$$m\geqslant r(\boldsymbol{A}_{m\times n},\boldsymbol{b})\geqslant r(\boldsymbol{A}_{m\times n})=m$$

所以

$$r(\boldsymbol{A}_{m\times n},\boldsymbol{b})=r(\boldsymbol{A}_{m\times n})=m<n$$

于是 $\boldsymbol{A}_{m\times n}\boldsymbol{x}=\boldsymbol{b}$ 有无穷多解。

分析命题④。因为 $\boldsymbol{PA}=\boldsymbol{O}$，则 $r(\boldsymbol{P})+r(\boldsymbol{A})\leqslant m$，而 $r(\boldsymbol{A})=m$，所以 $r(\boldsymbol{P})=0$，于是 $\boldsymbol{P}=\boldsymbol{O}$。

综上分析，选项 D 正确。

【评注】 本题考查了以下知识点：

(1) "三秩相等"定理：$r(\boldsymbol{A})=r(\boldsymbol{A}$ 的行向量组$)=r(\boldsymbol{A}$ 的列向量组$)$。

(2) $\boldsymbol{A}_n$ 是可逆矩阵 $\Leftrightarrow\boldsymbol{A}_n$ 的列向量组线性无关

(3) 若 $\boldsymbol{A}$ 可逆，则 $\boldsymbol{A}$ 可以经过初等列变换化为单位矩阵 $\boldsymbol{E}$。

(4) $r(\boldsymbol{A}_{m\times n})\leqslant m$，$r(\boldsymbol{A}_{m\times n})\leqslant n$。

(5) 若 $r(\boldsymbol{A}_{m\times n})=m$，则 $\boldsymbol{A}_{m\times n}\boldsymbol{x}=\boldsymbol{b}$ 一定有解。

(6) 若 $r(\boldsymbol{A}_{m\times n})=r(\boldsymbol{A}_{m\times n},\boldsymbol{b})<n$，则 $\boldsymbol{A}_{m\times n}\boldsymbol{x}=\boldsymbol{b}$ 有无穷多解。

(7) 若 $\boldsymbol{A}_{m\times s}\boldsymbol{B}_{s\times n}=\boldsymbol{O}$，则 $r(\boldsymbol{B})+r(\boldsymbol{A})\leqslant s$。

(8) $r(\boldsymbol{A})=0\Leftrightarrow\boldsymbol{A}=\boldsymbol{O}$

【例 4.14】 设 $\boldsymbol{A}$ 为 3×4 矩阵，且 $\boldsymbol{A}$ 的行向量组线性无关，分析以下结论，则（　　）。

① 齐次线性方程组 $\boldsymbol{Ax}=\boldsymbol{0}$ 有非零解。

② 齐次线性方程组 $\boldsymbol{A}^{\mathrm{T}}\boldsymbol{x}=\boldsymbol{0}$ 只有零解。

③ 齐次线性方程组 $\boldsymbol{A}^{\mathrm{T}}\boldsymbol{Ax}=\boldsymbol{0}$ 有非零解。

④ 非齐次线性方程组 $\boldsymbol{AA}^{\mathrm{T}}\boldsymbol{x}=\boldsymbol{b}$ 有唯一解。

⑤ 非齐次线性方程组 $\boldsymbol{Ax}=\boldsymbol{b}$ 有无穷多解。

⑥ 非齐次线性方程组 $\boldsymbol{A}^{\mathrm{T}}\boldsymbol{x}=\boldsymbol{c}$ 有唯一解。

(A) 只有①②③正确　　(B) 只有①②③④正确

(C) 只有①②③④⑤正确　　(D) 6 个命题都正确

【思路】 $\boldsymbol{A}$ 的行向量组线性无关，即 $\boldsymbol{A}$ 行满秩，则 $\boldsymbol{A}^{\mathrm{T}}$ 就列满秩。

【解】 因为 $\boldsymbol{A}_{3\times4}$ 的行向量组线性无关，所以 $r(\boldsymbol{A}_{3\times4})=3$。

分析结论①。因为 $r(\boldsymbol{A}_{3\times4})=3<4$，所以方程组 $\boldsymbol{Ax}=\boldsymbol{0}$ 有非零解。

分析结论②。因为 $r(\boldsymbol{A}_{3\times4})=r(\boldsymbol{A}_{4\times3}^{\mathrm{T}})=3$，所以方程组 $\boldsymbol{A}^{\mathrm{T}}\boldsymbol{x}=\boldsymbol{0}$ 只有零解。

分析结论③。因为 $r(\boldsymbol{A}^{\mathrm{T}}\boldsymbol{A})_{4\times4}=r(\boldsymbol{A})=3<4$，所以方程组 $\boldsymbol{A}^{\mathrm{T}}\boldsymbol{Ax}=\boldsymbol{0}$ 有非零解。

分析结论④。因为 $r(\boldsymbol{AA}^{\mathrm{T}})_{3\times3}=r(\boldsymbol{A})=3$，所以方程组 $\boldsymbol{AA}^{\mathrm{T}}\boldsymbol{x}=\boldsymbol{b}$ 有唯一解。

分析结论⑤。因为 $3\geqslant r(\boldsymbol{A}_{3\times4},\ \boldsymbol{b})\geqslant r(\boldsymbol{A}_{3\times4})=3$，所以 $r(\boldsymbol{A}_{3\times4},\ \boldsymbol{b})=r(\boldsymbol{A}_{3\times4})=3<4$，则方程组 $\boldsymbol{Ax}=\boldsymbol{b}$ 有无穷多解。

分析结论⑥。举反例：设 $\boldsymbol{A}=\begin{bmatrix}1&0&0&0\\0&1&0&0\\0&0&1&0\end{bmatrix}$，$\boldsymbol{c}=(0,\ 0,\ 0,\ 1)^{\mathrm{T}}$。显然方程组 $\boldsymbol{A}^{\mathrm{T}}\boldsymbol{x}=\boldsymbol{c}$ 无解。

综上分析，选项 C 正确。

【评注】 本题考查了以下知识点：

(1) 若 $m<n$，则方程组 $\boldsymbol{A}_{m\times n}\boldsymbol{x}=\boldsymbol{0}$ 有非零解。

(2) 若 $r(\boldsymbol{A})=\boldsymbol{A}$ 的列数，则 $\boldsymbol{Ax}=\boldsymbol{0}$ 只有零解。

(3) $r(\boldsymbol{A})=r(\boldsymbol{A}^{\mathrm{T}})=r(\boldsymbol{AA}^{\mathrm{T}})=r(\boldsymbol{A}^{\mathrm{T}}\boldsymbol{A})$。

(4) 若 $r(\boldsymbol{A}_n)=n$，则 $\boldsymbol{A}_n\boldsymbol{x}=\boldsymbol{b}$ 有唯一解。

(5) 若 $r(\boldsymbol{A},\ \boldsymbol{b})=r(\boldsymbol{A})<\boldsymbol{A}$ 的列数，则 $\boldsymbol{Ax}=\boldsymbol{b}$ 有无穷多解。

(6) $\boldsymbol{A}$ 列满秩，一般不能得出 $\boldsymbol{Ax}=\boldsymbol{b}$ 有唯一解。

【例 4.15】 分析以下命题，则（　　）。

① 方程组 $\boldsymbol{A}_{3\times5}\boldsymbol{x}=\boldsymbol{0}$ 一定有非零解。

② 若方程组 $\boldsymbol{A}_n\boldsymbol{x}=\boldsymbol{b}$ 有两个不同的解，则 $|\boldsymbol{A}|=0$。

③ 若 $m>n$，则方程组 $(\boldsymbol{A}_{m\times n}\boldsymbol{B}_{n\times m})\boldsymbol{x}=\boldsymbol{0}$ 一定有非零解。

④ 若任意 n 维列向量 $\boldsymbol{\xi}$ 均是 $\boldsymbol{Ax}=\boldsymbol{0}$ 的解，则矩阵 $\boldsymbol{A}$ 的秩是 0。

⑤ 若针对任意 n 维列向量 $\boldsymbol{b}$，方程组 $\boldsymbol{Ax}=\boldsymbol{b}$ 均有解，则矩阵 $\boldsymbol{A}$ 的秩是 n。

(A) 只有 2 个命题正确　　(B) 只有 3 个命题正确

(C) 只有 4 个命题正确　　(D) 5 个命题都正确

【思路】 用具体向量替代“任意”向量。

【解】 分析命题①。因为 $r(\boldsymbol{A}_{3\times5})\leqslant3<5$，所以方程组 $\boldsymbol{A}_{3\times5}\boldsymbol{x}=\boldsymbol{0}$ 有非零解。

分析命题②。方程组 $\boldsymbol{A}_n\boldsymbol{x}=\boldsymbol{b}$ 有两个不同的解，就有无穷多解，所以 $|\boldsymbol{A}|=0$。

分析命题③。因为 $r(\boldsymbol{A}_{m\times n}\boldsymbol{B}_{n\times m})\leqslant r(\boldsymbol{A}_{m\times n})\leqslant n<m$，所以方程组 $(\boldsymbol{A}_{m\times n}\boldsymbol{B}_{n\times m})\boldsymbol{x}=\boldsymbol{0}$ 有非零解。

分析命题④。因为任意 n 维列向量 $\boldsymbol{\xi}$ 均是 $\boldsymbol{A}\boldsymbol{x}=\boldsymbol{0}$ 的解，所以基本单位向量组 $\boldsymbol{e}_1$，$\boldsymbol{e}_2$，…，$\boldsymbol{e}_n$ 也是 $\boldsymbol{A}\boldsymbol{x}=\boldsymbol{0}$ 的解，即有

$$\boldsymbol{A}\boldsymbol{e}_1=\boldsymbol{0},\ \boldsymbol{A}\boldsymbol{e}_2=\boldsymbol{0},\ \cdots,\ \boldsymbol{A}\boldsymbol{e}_n=\boldsymbol{0}$$

合并成矩阵等式：

$$\boldsymbol{A}(\boldsymbol{e}_1,\ \boldsymbol{e}_2,\ \cdots,\ \boldsymbol{e}_n)=(\boldsymbol{0},\ \boldsymbol{0},\ \cdots,\ \boldsymbol{0})$$

即 $\boldsymbol{A}\boldsymbol{E}=\boldsymbol{O}$，$\boldsymbol{A}=\boldsymbol{O}$，$r(\boldsymbol{A})=0$。

分析命题⑤。因为针对任意 n 维列向量 $\boldsymbol{b}$，方程组 $\boldsymbol{A}\boldsymbol{x}=\boldsymbol{b}$ 均有解，即 $\boldsymbol{A}$ 的列向量组可以线性表示任意 n 维列向量，所以 $\boldsymbol{A}$ 的列向量组可以线性表示 n 维基本单位向量组 $\boldsymbol{e}_1$，$\boldsymbol{e}_2$，…，$\boldsymbol{e}_n$，则有

$$n\geqslant r(\boldsymbol{A}_{n\times m})\geqslant r(\boldsymbol{e}_1,\ \boldsymbol{e}_2,\ \cdots,\ \boldsymbol{e}_n)=n$$

于是 $r(\boldsymbol{A}_{n\times m})=n$。

综上分析，选项 D 正确。

【评注】 本题考查了以下知识点：

(1) $r(\boldsymbol{A}_{m\times n})\leqslant m$，$r(\boldsymbol{A}_{m\times n})\leqslant n$。

(2) 若 $m<n$，则方程组 $\boldsymbol{A}_{m\times n}\boldsymbol{x}=\boldsymbol{0}$ 有非零解。

(3) 若方程组 $\boldsymbol{A}_n\boldsymbol{x}=\boldsymbol{b}$ 有两个不同的解，则 $\boldsymbol{A}_n\boldsymbol{x}=\boldsymbol{b}$ 就有无穷多解。

(4) 若 $\boldsymbol{A}_n\boldsymbol{x}=\boldsymbol{b}$ 有无穷多解，则 $|\boldsymbol{A}|=0$。

(5) $r(\boldsymbol{A}\boldsymbol{B})\leqslant r(\boldsymbol{A})$，$r(\boldsymbol{A}\boldsymbol{B})\leqslant r(\boldsymbol{B})$。

(6) 若 $r(\boldsymbol{A}_{m\times n})<n$，则方程组 $\boldsymbol{A}_{m\times n}\boldsymbol{x}=\boldsymbol{0}$ 有非零解。

(7) $r(\boldsymbol{A}_{m\times n})=0\Leftrightarrow\boldsymbol{A}_{m\times n}=\boldsymbol{O}$。

(8) 方程组 $\boldsymbol{A}\boldsymbol{x}=\boldsymbol{b}$ 有解 $\Leftrightarrow$ 向量 $\boldsymbol{b}$ 可以由 $\boldsymbol{A}$ 的列向量组线性表示。

(9) 若向量组 $\boldsymbol{T}_1$ 可以由向量组 $\boldsymbol{T}_2$ 线性表示，则 $r(\boldsymbol{T}_1)\leqslant r(\boldsymbol{T}_2)$。

【秘籍】 (1)“胖矩阵”一定是不可逆矩阵，见第 1 章例 1.17 秘籍。

(2) 当题目中出现抽象的“任意”向量时，往往可以用具体的基本单位向量来替代。

【例 4.16】 分析以下命题，则(　　)。

① 若 $r(\boldsymbol{A}_{m\times n})+r(\boldsymbol{B}_{s\times n})<n$，则方程组 $\boldsymbol{A}_{m\times n}\boldsymbol{x}=\boldsymbol{0}$ 与 $\boldsymbol{B}_{s\times n}\boldsymbol{x}=\boldsymbol{0}$ 有非零公共解。

② 设 $\boldsymbol{\xi}_1$，$\boldsymbol{\xi}_2$ 是方程组 $\boldsymbol{A}_4\boldsymbol{x}=\boldsymbol{0}$ 的基础解系，$\boldsymbol{\alpha}_1$，$\boldsymbol{\alpha}_2$ 是 $\boldsymbol{A}^{\mathrm{T}}$ 的线性无关列向量，则线性方程组 $x_1\boldsymbol{\xi}_1+x_2\boldsymbol{\xi}_2+x_3\boldsymbol{\alpha}_1+x_4\boldsymbol{\alpha}_2=\boldsymbol{0}$ 只有零解。

③ 设 $\boldsymbol{A}$ 是 n 阶矩阵，$\boldsymbol{\alpha}$ 是 n 维列向量，若 $r\begin{bmatrix}\boldsymbol{A} & \boldsymbol{\alpha}\\ \boldsymbol{\alpha}^{\mathrm{T}} & \boldsymbol{0}\end{bmatrix}=r(\boldsymbol{A})$，则方程组 $\boldsymbol{A}\boldsymbol{x}=\boldsymbol{\alpha}$ 有解。

④ 方程组 $\boldsymbol{A}^{\mathrm{T}}\boldsymbol{A}\boldsymbol{x}=\boldsymbol{A}^{\mathrm{T}}\boldsymbol{b}$ 总有解。

(A) 只有①正确　　(B) 只有①②正确

(C) 只有①②④正确　　(D) ①②③④都正确

【思路】 根据矩阵秩的相关公式及方程组有解的充要条件逐个分析。

【解】 分析命题①。因为 $r(\boldsymbol{A}_{m\times n})+r(\boldsymbol{B}_{s\times n})<n$，所以

$$r\begin{bmatrix}\boldsymbol{A}_{m\times n}\\ \boldsymbol{B}_{s\times n}\end{bmatrix}\leqslant r(\boldsymbol{A}_{m\times n})+r(\boldsymbol{B}_{s\times n})<n$$

则方程组 $\begin{bmatrix}\boldsymbol{A}_{m\times n}\\ \boldsymbol{B}_{s\times n}\end{bmatrix}\boldsymbol{x}=\boldsymbol{0}$ 有非零解，于是方程组 $\boldsymbol{A}_{m\times n}\boldsymbol{x}=\boldsymbol{0}$ 与 $\boldsymbol{B}_{s\times n}\boldsymbol{x}=\boldsymbol{0}$ 有非零公共解。

分析命题②。因为 $\boldsymbol{\alpha}_1$，$\boldsymbol{\alpha}_2$ 是 $\boldsymbol{A}^{\mathrm{T}}$ 的线性无关列向量，显然 $\boldsymbol{\alpha}_1^{\mathrm{T}}$，$\boldsymbol{\alpha}_2^{\mathrm{T}}$ 是 $\boldsymbol{A}$ 的线性无关的行向量，而 $\boldsymbol{\xi}_1$，$\boldsymbol{\xi}_2$ 是方程组 $\boldsymbol{A}_4\boldsymbol{x}=\boldsymbol{0}$ 的基础解系，所以 $\boldsymbol{\xi}_1$，$\boldsymbol{\xi}_2$ 与 $\boldsymbol{\alpha}_1$，$\boldsymbol{\alpha}_2$ 都正交。以下用定义法证明向量组 $\boldsymbol{\xi}_1$，$\boldsymbol{\xi}_2$，$\boldsymbol{\alpha}_1$，$\boldsymbol{\alpha}_2$ 线性无关，设

$$k_1\boldsymbol{\xi}_1+k_2\boldsymbol{\xi}_2+k_3\boldsymbol{\alpha}_1+k_4\boldsymbol{\alpha}_2=\boldsymbol{0} \tag{1}$$

用 $(k_1\boldsymbol{\xi}_1+k_2\boldsymbol{\xi}_2)^{\mathrm{T}}$ 左乘式(1)两端，因为 $\boldsymbol{\xi}_i^{\mathrm{T}}\boldsymbol{\alpha}_j=0(i,\ j=1,\ 2)$，所以

$$(k_1\boldsymbol{\xi}_1+k_2\boldsymbol{\xi}_2)^{\mathrm{T}}(k_1\boldsymbol{\xi}_1+k_2\boldsymbol{\xi}_2)=0$$

$$\|k_1\boldsymbol{\xi}_1+k_2\boldsymbol{\xi}_2\|^2=0,\ k_1\boldsymbol{\xi}_1+k_2\boldsymbol{\xi}_2=\boldsymbol{0}$$

因为 $\boldsymbol{\xi}_1$，$\boldsymbol{\xi}_2$ 是基础解系，所以线性无关，则 $k_1=k_2=0$，代入(1)式，得

$$k_3\boldsymbol{\alpha}_1+k_4\boldsymbol{\alpha}_2=\boldsymbol{0}$$

又因为 $\boldsymbol{\alpha}_1$，$\boldsymbol{\alpha}_2$ 也线性无关，则 $k_3=k_4=0$，于是向量组 $\boldsymbol{\xi}_1$，$\boldsymbol{\xi}_2$，$\boldsymbol{\alpha}_1$，$\boldsymbol{\alpha}_2$ 线性无关，故方程组 $x_1\boldsymbol{\xi}_1+x_2\boldsymbol{\xi}_2+x_3\boldsymbol{\alpha}_1+x_4\boldsymbol{\alpha}_2=\boldsymbol{0}$ 只有零解。

分析命题③。因为 $r\begin{bmatrix}\boldsymbol{A} & \boldsymbol{\alpha}\\ \boldsymbol{\alpha}^{\mathrm{T}} & \boldsymbol{0}\end{bmatrix}=r(\boldsymbol{A})$，又根据分块矩阵秩的公式有

$$r(\boldsymbol{A})=r\begin{bmatrix}\boldsymbol{A} & \boldsymbol{\alpha}\\ \boldsymbol{\alpha}^{\mathrm{T}} & \boldsymbol{0}\end{bmatrix}\geqslant r(\boldsymbol{A},\ \boldsymbol{\alpha})\geqslant r(\boldsymbol{A})$$

所以 $r(\boldsymbol{A},\ \boldsymbol{\alpha})=r(\boldsymbol{A})$，于是方程组 $\boldsymbol{A}\boldsymbol{x}=\boldsymbol{\alpha}$ 有解。

分析命题④。因为

$$r(\boldsymbol{A}^{\mathrm{T}})=r(\boldsymbol{A}^{\mathrm{T}}\boldsymbol{A})\leqslant r(\boldsymbol{A}^{\mathrm{T}}\boldsymbol{A},\ \boldsymbol{A}^{\mathrm{T}}\boldsymbol{b})=r(\boldsymbol{A}^{\mathrm{T}}(\boldsymbol{A},\ \boldsymbol{b}))\leqslant r(\boldsymbol{A}^{\mathrm{T}})$$

所以 $r(\boldsymbol{A}^{\mathrm{T}}\boldsymbol{A},\ \boldsymbol{A}^{\mathrm{T}}\boldsymbol{b})=r(\boldsymbol{A}^{\mathrm{T}}\boldsymbol{A})$，于是方程组 $\boldsymbol{A}^{\mathrm{T}}\boldsymbol{A}\boldsymbol{x}=\boldsymbol{A}^{\mathrm{T}}\boldsymbol{b}$ 有解。

综上分析，选项 D 正确。

【评注】 本题考查了以下知识点：

(1) $r\begin{bmatrix}\boldsymbol{A}\\ \boldsymbol{B}\end{bmatrix}\leqslant r(\boldsymbol{A})+r(\boldsymbol{B})$。

(2) $\boldsymbol{A}_{m\times n}\boldsymbol{x}=\boldsymbol{0}$ 与 $\boldsymbol{B}_{s\times n}\boldsymbol{x}=\boldsymbol{0}$ 有非零公共解 $\Leftrightarrow$ $\begin{bmatrix}\boldsymbol{A}_{m\times n}\\ \boldsymbol{B}_{s\times n}\end{bmatrix}\boldsymbol{x}=\boldsymbol{0}$ 有非零解。

(3) $\boldsymbol{A}_{m\times n}\boldsymbol{x}=\boldsymbol{0}$ 的任意一个解向量与 $\boldsymbol{A}$ 的任意一个行向量正交。

(4) 设 $\boldsymbol{\alpha}$ 为 n 维向量，则有 $\|\boldsymbol{\alpha}\|=0\Leftrightarrow\boldsymbol{\alpha}=\boldsymbol{0}$。

(5) 方程组 $x_1\boldsymbol{\alpha}_1+x_2\boldsymbol{\alpha}_2+\cdots+x_n\boldsymbol{\alpha}_n=\boldsymbol{0}$ 只有零解 $\Leftrightarrow$ 向量组 $\boldsymbol{\alpha}_1$，$\boldsymbol{\alpha}_2$，…，$\boldsymbol{\alpha}_n$ 线性无关。

(6) $r\begin{bmatrix}\boldsymbol{A}\\ \boldsymbol{B}\end{bmatrix}\geqslant r(\boldsymbol{A})$，$r\begin{bmatrix}\boldsymbol{A}\\ \boldsymbol{B}\end{bmatrix}\geqslant r(\boldsymbol{B})$。

(7) 方程组 $\boldsymbol{A}\boldsymbol{x}=\boldsymbol{\alpha}$ 有解 $\Leftrightarrow r(\boldsymbol{A},\ \boldsymbol{\alpha})=r(\boldsymbol{A})$。

(8) $r(\boldsymbol{A},\ \boldsymbol{B})\geqslant r(\boldsymbol{A})$，$r(\boldsymbol{A},\ \boldsymbol{B})\geqslant r(\boldsymbol{B})$。

(9) $r(\boldsymbol{A})=r(\boldsymbol{A}^{\mathrm{T}})=r(\boldsymbol{A}^{\mathrm{T}}\boldsymbol{A})=r(\boldsymbol{A}\boldsymbol{A}^{\mathrm{T}})$。

(10) $r(\boldsymbol{A}\boldsymbol{B})\leqslant r(\boldsymbol{A})$，$r(\boldsymbol{A}\boldsymbol{B})\leqslant r(\boldsymbol{B})$。

【例 4.17】 分析以下命题，错误的是(　　)。

(A) 方程组 $\boldsymbol{A}_n\boldsymbol{x}=\boldsymbol{0}$ 的所有解都可以由一个向量线性表示的充要条件是 $\boldsymbol{A}^*\neq\boldsymbol{O}$。

(B) 若 $\boldsymbol{A}\boldsymbol{x}=\boldsymbol{b}$ 有解，且 $\boldsymbol{\xi}$ 是 $\boldsymbol{A}^{\mathrm{T}}\boldsymbol{x}=\boldsymbol{0}$ 的解向量，则 $\boldsymbol{b}$ 与 $\boldsymbol{\xi}$ 一定正交。

(C) 矩阵 $\boldsymbol{A}$ 行满秩的充要条件是存在矩阵 $\boldsymbol{B}$ 使得 $\boldsymbol{AB}=\boldsymbol{E}$。

(D) 若方程组 $x_1\boldsymbol{\alpha}_1+x_2\boldsymbol{\alpha}_2+x_3\boldsymbol{\alpha}_3=\boldsymbol{b}$ 无解，则向量组 $\boldsymbol{\alpha}_1,\boldsymbol{\alpha}_2,\boldsymbol{\alpha}_3,\boldsymbol{b}$ 线性无关。

【思路】 用矩阵秩的公式分析选项 A 和 C。选项 B 考虑 $\boldsymbol{A}^{\mathrm{T}}\boldsymbol{x}=\boldsymbol{0}$ 的解向量一定与 $\boldsymbol{A}$ 的列向量正交。举反例说明选项 D。

【解】 证明选项 A。必要性。若 $\boldsymbol{A}_n\boldsymbol{x}=\boldsymbol{0}$ 的所有解都可以由一个向量线性表示，则有以下两种情况：

情况 1：$r(\boldsymbol{A}_n)=n$，方程组 $\boldsymbol{A}_n\boldsymbol{x}=\boldsymbol{0}$ 只有零解，根据伴随矩阵秩的公式可以得到 $r(\boldsymbol{A}_n^*)=n$，所以有 $\boldsymbol{A}^*\neq\boldsymbol{O}$。

情况 2：$r(\boldsymbol{A}_n)=n-1$，方程组 $\boldsymbol{A}_n\boldsymbol{x}=\boldsymbol{0}$ 的基础解系含有 1 个解向量，根据伴随矩阵秩的公式可以得到 $r(\boldsymbol{A}_n^*)=1$，所以有 $\boldsymbol{A}^*\neq\boldsymbol{O}$。

同理可以证明充分性。

证明选项 B。设 $\boldsymbol{A}_{m\times n}=(\boldsymbol{\alpha}_1,\boldsymbol{\alpha}_2,\cdots,\boldsymbol{\alpha}_n)$，因为 $\boldsymbol{A}\boldsymbol{x}=\boldsymbol{b}$ 有解，即存在一组数 $k_1,k_2,\cdots,k_n$，使得

$$\boldsymbol{b}=k_1\boldsymbol{\alpha}_1+k_2\boldsymbol{\alpha}_2+\cdots+k_n\boldsymbol{\alpha}_n \qquad ①$$

又因为 $\boldsymbol{\xi}$ 是 $\boldsymbol{A}^{\mathrm{T}}\boldsymbol{x}=\boldsymbol{0}$ 的解向量，所以 $\boldsymbol{\xi}$ 与 $\boldsymbol{A}^{\mathrm{T}}$ 的行向量均正交，即 $\boldsymbol{\xi}$ 与 $\boldsymbol{A}$ 的列向量均正交，有

$$\boldsymbol{\xi}^{\mathrm{T}}\boldsymbol{\alpha}_i=0 \quad (i=1,2,\cdots,n)$$

用 $\boldsymbol{\xi}^{\mathrm{T}}$ 左乘①式两端，得

$$\boldsymbol{\xi}^{\mathrm{T}}\boldsymbol{b}=\boldsymbol{\xi}^{\mathrm{T}}(k_1\boldsymbol{\alpha}_1+k_2\boldsymbol{\alpha}_2+\cdots+k_n\boldsymbol{\alpha}_n)=0$$

所以 $\boldsymbol{b}$ 与 $\boldsymbol{\xi}$ 一定正交。

证明选项 C。必要性。设 $r(\boldsymbol{A}_{m\times n})=m$，则方程组 $\boldsymbol{A}_{m\times n}\boldsymbol{x}=\boldsymbol{e}_i(i=1,2,\cdots,m)$一定有解。设 $\boldsymbol{b}_i$ 为方程组 $\boldsymbol{A}_{m\times n}\boldsymbol{x}=\boldsymbol{e}_i(i=1,2,\cdots,m)$的解向量，则有

$$\boldsymbol{A}_{m\times n}\boldsymbol{b}_i=\boldsymbol{e}_i \quad (i=1,2,\cdots,m)$$

合并成矩阵等式：

$$(\boldsymbol{A}\boldsymbol{b}_1,\boldsymbol{A}\boldsymbol{b}_2,\cdots,\boldsymbol{A}\boldsymbol{b}_m)=(\boldsymbol{e}_1,\boldsymbol{e}_2,\cdots,\boldsymbol{e}_m),\ \boldsymbol{A}(\boldsymbol{b}_1,\boldsymbol{b}_2,\cdots,\boldsymbol{b}_m)=(\boldsymbol{e}_1,\boldsymbol{e}_2,\cdots,\boldsymbol{e}_m)$$

令 $\boldsymbol{B}=(\boldsymbol{b}_1,\boldsymbol{b}_2,\cdots,\boldsymbol{b}_m)$，则有 $\boldsymbol{A}_{m\times n}\boldsymbol{B}_{n\times m}=\boldsymbol{E}_m$。

充分性。设 $\boldsymbol{A}_{m\times n}\boldsymbol{B}_{n\times m}=\boldsymbol{E}_m$，则有

$$m=r(\boldsymbol{E}_m)=r(\boldsymbol{A}_{m\times n}\boldsymbol{B}_{n\times m})\leqslant r(\boldsymbol{A}_{m\times n})\leqslant m$$

所以 $r(\boldsymbol{A}_{m\times n})=m$。

分析选项 D。举反例，设 $\boldsymbol{\alpha}_1=(1,0,0)^{\mathrm{T}}$，$\boldsymbol{\alpha}_2=(0,1,0)^{\mathrm{T}}$，$\boldsymbol{\alpha}_3=(1,1,0)^{\mathrm{T}}$，$\boldsymbol{b}=(0,0,1)^{\mathrm{T}}$，方程组 $x_1\boldsymbol{\alpha}_1+x_2\boldsymbol{\alpha}_2+x_3\boldsymbol{\alpha}_3=\boldsymbol{b}$ 无解，但向量组 $\boldsymbol{\alpha}_1,\boldsymbol{\alpha}_2,\boldsymbol{\alpha}_3,\boldsymbol{b}$ 线性相关。所以选项 D 错误。

【评注】 本题考查了以下知识点：

(1) $r(\boldsymbol{A}_n)=n\Leftrightarrow$ 方程组 $\boldsymbol{A}_n\boldsymbol{x}=\boldsymbol{0}$ 只有零解。

(2) 伴随矩阵秩的公式：

$$r(\boldsymbol{A}^*)=\begin{cases}n, & r(\boldsymbol{A})=n\\ 1, & r(\boldsymbol{A})=n-1\\ 0, & r(\boldsymbol{A})<n-1\end{cases}$$

(3) 方程组 $\boldsymbol{A}_{m\times n}\boldsymbol{x}=\boldsymbol{0}$ 的基础解系含有 $n-r(\boldsymbol{A})$ 个解向量。

(4) $r(\boldsymbol{A})\neq 0\Leftrightarrow \boldsymbol{A}\neq\boldsymbol{O}$。

(5) $\boldsymbol{Ax}=\boldsymbol{b}$ 有解 $\Leftrightarrow \boldsymbol{b}$ 可以由 $\boldsymbol{A}$ 的列向量组线性表示。

(6) $\boldsymbol{\xi}$ 是方程组 $\boldsymbol{Ax}=\boldsymbol{0}$ 的解向量 $\Leftrightarrow\boldsymbol{\xi}$ 与 $\boldsymbol{A}$ 的所有行向量均正交。

(7) 设 $\boldsymbol{\alpha}$ 与 $\boldsymbol{\beta}$ 为 n 维列向量，则 $\boldsymbol{\alpha}$ 与 $\boldsymbol{\beta}$ 正交 $\Leftrightarrow\boldsymbol{\alpha}^{\mathrm{T}}\boldsymbol{\beta}=0$。

(8) 若 $r(\boldsymbol{A}_{m\times n})=m$，则方程组 $\boldsymbol{A}_{m\times n}\boldsymbol{x}=\boldsymbol{b}$ 有解。

(9) $r(\boldsymbol{AB})\leqslant r(\boldsymbol{A})$，$r(\boldsymbol{AB})\leqslant r(\boldsymbol{B})$。

(10) $r(\boldsymbol{A}_{m\times n})\leqslant m$，$r(\boldsymbol{A}_{m\times n})\leqslant n$。

(11) 若向量组 $\boldsymbol{\alpha}_1$，$\boldsymbol{\alpha}_2$，$\boldsymbol{\alpha}_3$，$\boldsymbol{b}$ 线性无关，则方程组 $x_1\boldsymbol{\alpha}_1+x_2\boldsymbol{\alpha}_2+x_3\boldsymbol{\alpha}_3=\boldsymbol{b}$ 无解。但反之不然。

【例 4.18】 (2016，数学一)已知矩阵 $\boldsymbol{A}=\begin{bmatrix}1&-1&-1\\2&a&1\\-1&1&a\end{bmatrix}$，$\boldsymbol{B}=\begin{bmatrix}2&2\\1&a\\-a-1&-2\end{bmatrix}$。

当 a 为何值时，方程 $\boldsymbol{AX}=\boldsymbol{B}$ 无解、有唯一解、有无穷多解？在有解时，求解此方程。

【思路】 当 $|\boldsymbol{A}|=0$ 时，求出 a 的值，再分别讨论。

【解】 计算 $\boldsymbol{A}$ 的行列式

$$|\boldsymbol{A}|=\begin{vmatrix}1&-1&-1\\2&a&1\\-1&1&a\end{vmatrix}\xlongequal[c_3+c_1]{c_2+c_1}\begin{vmatrix}1&0&0\\2&a+2&3\\-1&0&a-1\end{vmatrix}=(a+2)(a-1)$$

(1) 当 $a\neq-2$ 且 $a\neq 1$ 时，方程 $\boldsymbol{AX}=\boldsymbol{B}$ 有唯一解。对分块矩阵 $[\boldsymbol{A},\boldsymbol{B}]$ 进行初等行变换：

$$[\boldsymbol{A},\boldsymbol{B}]\xrightarrow{\text{初等行变换}}\begin{bmatrix}1&0&0&1&\dfrac{3a}{a+2}\\0&1&0&0&\dfrac{a-4}{a+2}\\0&0&1&-1&0\end{bmatrix}$$

于是 $\boldsymbol{X}=\begin{bmatrix}1&\dfrac{3a}{a+2}\\0&\dfrac{a-4}{a+2}\\-1&0\end{bmatrix}$。

(2) 当 $a=-2$ 时，对分块矩阵 $[\boldsymbol{A},\boldsymbol{B}]$ 进行初等行变换：

$$[\boldsymbol{A},\boldsymbol{B}]=\begin{bmatrix}1&-1&-1&2&2\\2&-2&1&1&-2\\-1&1&-2&1&-2\end{bmatrix}\xrightarrow{\text{初等行变换}}\begin{bmatrix}1&-1&-1&2&2\\0&0&1&-1&-2\\0&0&0&0&-6\end{bmatrix}$$

因为 $r(\boldsymbol{A})\neq r(\boldsymbol{A},\boldsymbol{B})$，所以方程 $\boldsymbol{AX}=\boldsymbol{B}$ 无解。

(3) 当 $a=1$ 时，对分块矩阵 $[\boldsymbol{A},\boldsymbol{B}]$ 进行初等行变换：

$$[\boldsymbol{A}, \boldsymbol{B}]=\begin{bmatrix}1 & -1 & -1 & 2 & 2\\ 2 & 1 & 1 & 1 & 1\\ -1 & 1 & 1 & -2 & -2\end{bmatrix}\xrightarrow{\text{初等行变换}}\begin{bmatrix}1 & 0 & 0 & 1 & 1\\ 0 & 1 & 1 & -1 & -1\\ 0 & 0 & 0 & 0 & 0\end{bmatrix}=[\boldsymbol{C}, \boldsymbol{d}_1, \boldsymbol{d}_2]$$

方程组 $\boldsymbol{Cx}=\boldsymbol{d}_1$ 的通解为 $k_1(0, -1, 1)^{\mathrm{T}}+(1, -1, 0)^{\mathrm{T}}$，$k_1$ 为任意常数；方程组 $\boldsymbol{Cx}=\boldsymbol{d}_2$ 的通解为 $k_2(0, -1, 1)^{\mathrm{T}}+(1, -1, 0)^{\mathrm{T}}$，$k_2$ 为任意常数。

于是，$\boldsymbol{X}=\begin{bmatrix}1 & 1\\ -k_1-1 & -k_2-1\\ k_1 & k_2\end{bmatrix}$，$k_1$，$k_2$ 为任意常数。

【评注】 本题考查了以下知识点：

(1) 矩阵方程的求解参见本章 4.3.3 小节内容。

(2) $|\boldsymbol{A}|\neq 0$，则方程 $\boldsymbol{AX}=\boldsymbol{B}$ 有唯一解。

(3) $r(\boldsymbol{A})=r(\boldsymbol{A}, \boldsymbol{B})$，则方程 $\boldsymbol{AX}=\boldsymbol{B}$ 有解。

(4) $r(\boldsymbol{A})\neq r(\boldsymbol{A}, \boldsymbol{B})$，则方程 $\boldsymbol{AX}=\boldsymbol{B}$ 无解。

【秘籍】 很多同学最后给出以下答案：

$$\boldsymbol{X}=\begin{bmatrix}1 & 1\\ -k-1 & -k-1\\ k & k\end{bmatrix}, k \text{ 为任意常数}$$

因为原答案中 k_1 与 k_2 可以取不同的常数，所以上述答案不正确。

【例 4.19】 (2014，数学一、数学二、数学三)设 $\boldsymbol{A}=\begin{bmatrix}1 & -2 & 3 & -4\\ 0 & 1 & -1 & 1\\ 1 & 2 & 0 & -3\end{bmatrix}$，$\boldsymbol{E}$ 为单位矩阵，求：

(1) 方程组 $\boldsymbol{Ax}=\boldsymbol{0}$ 的一个基础解系；

(2) 满足 $\boldsymbol{AB}=\boldsymbol{E}$ 的所有矩阵 $\boldsymbol{B}$。

【思路】 用初等行变换求解方程组和矩阵方程。

【解】 (1) 对系数矩阵进行初等行变换：

$$\boldsymbol{A}=\begin{bmatrix}1 & -2 & 3 & -4\\ 0 & 1 & -1 & 1\\ 1 & 2 & 0 & -3\end{bmatrix}\xrightarrow{\text{初等行变换}}\begin{bmatrix}1 & 0 & 0 & 1\\ 0 & 1 & 0 & -2\\ 0 & 0 & 1 & -3\end{bmatrix}$$

于是 $\boldsymbol{Ax}=\boldsymbol{0}$ 的基础解系为$(-1, 2, 3, 1)^{\mathrm{T}}$。

(2) 对分块矩阵$(\boldsymbol{A}, \boldsymbol{E})$进行初等行变换：

$$(\boldsymbol{A}, \boldsymbol{E})=(\boldsymbol{A}, \boldsymbol{e}_1, \boldsymbol{e}_2, \boldsymbol{e}_3)\xrightarrow{\text{初等行变换}}\begin{bmatrix}1 & 0 & 0 & 1 & 2 & 6 & -1\\ 0 & 1 & 0 & -2 & -1 & -3 & 1\\ 0 & 0 & 1 & -3 & -1 & -4 & 1\end{bmatrix}=(\boldsymbol{C}, \boldsymbol{d}_1, \boldsymbol{d}_2, \boldsymbol{d}_3)$$

因为方程组 $\boldsymbol{Ax}=\boldsymbol{e}_i$ 与方程组 $\boldsymbol{Cx}=\boldsymbol{d}_i(i=1, 2, 3)$同解。所以 $\boldsymbol{Ax}=\boldsymbol{e}_1$ 的通解为 $k_1(-1, 2, 3, 1)^{\mathrm{T}}+(2, -1, -1, 0)^{\mathrm{T}}$，$\boldsymbol{Ax}=\boldsymbol{e}_2$ 的通解为 $k_2(-1, 2, 3, 1)^{\mathrm{T}}+(6, -3, -4, 0)^{\mathrm{T}}$，$\boldsymbol{Ax}=\boldsymbol{e}_3$ 的通解为 $k_3(-1, 2, 3, 1)^{\mathrm{T}}+(-1, 1, 1, 0)^{\mathrm{T}}$，于是

$$B=\begin{bmatrix}2-k_1 & 6-k_2 & -1-k_3\\ -1+2k_1 & -3+2k_2 & 1+2k_3\\ -1+3k_1 & -4+3k_2 & 1+3k_3\\ k_1 & k_2 & k_3\end{bmatrix}$$

【评注】 本题考查了矩阵方程的求解，参见本章第 4.3.3 小节内容。

【例 4.20】 (2021，数学二)设 3 阶矩阵 $\boldsymbol{A}=(\boldsymbol{\alpha}_1,\boldsymbol{\alpha}_2,\boldsymbol{\alpha}_3)$，$\boldsymbol{B}=(\boldsymbol{\beta}_1,\boldsymbol{\beta}_2,\boldsymbol{\beta}_3)$，若向量组 $\boldsymbol{\alpha}_1,\boldsymbol{\alpha}_2,\boldsymbol{\alpha}_3$ 可以由向量组 $\boldsymbol{\beta}_1,\boldsymbol{\beta}_2$ 线性表出，则(　　)。

(A) $\boldsymbol{Ax}=\boldsymbol{0}$ 的解均为 $\boldsymbol{Bx}=\boldsymbol{0}$ 的解　　(B) $\boldsymbol{A}^{\mathrm{T}}\boldsymbol{x}=\boldsymbol{0}$ 的解均为 $\boldsymbol{B}^{\mathrm{T}}\boldsymbol{x}=\boldsymbol{0}$ 的解

(C) $\boldsymbol{Bx}=\boldsymbol{0}$ 的解均为 $\boldsymbol{Ax}=\boldsymbol{0}$ 的解　　(D) $\boldsymbol{B}^{\mathrm{T}}\boldsymbol{x}=\boldsymbol{0}$ 的解均为 $\boldsymbol{A}^{\mathrm{T}}\boldsymbol{x}=\boldsymbol{0}$ 的解

【思路】 用矩阵等式来描述两个向量组间的线性表示关系。

【解】 因为向量组 $\boldsymbol{\alpha}_1,\boldsymbol{\alpha}_2,\boldsymbol{\alpha}_3$ 可以由向量组 $\boldsymbol{\beta}_1,\boldsymbol{\beta}_2$ 线性表出，所以存在系数矩阵 $\boldsymbol{K}$，使得

$$(\boldsymbol{\alpha}_1,\boldsymbol{\alpha}_2,\boldsymbol{\alpha}_3)=(\boldsymbol{\beta}_1,\boldsymbol{\beta}_2,\boldsymbol{\beta}_3)\begin{bmatrix}k_{11} & k_{12} & k_{13}\\ k_{21} & k_{22} & k_{23}\\ 0 & 0 & 0\end{bmatrix},\quad \boldsymbol{A}=\boldsymbol{BK}$$

对以上等式两端取转置，有

$$\boldsymbol{A}^{\mathrm{T}}=\boldsymbol{K}^{\mathrm{T}}\boldsymbol{B}^{\mathrm{T}}$$

设 $\boldsymbol{\xi}$ 是方程组 $\boldsymbol{B}^{\mathrm{T}}\boldsymbol{x}=\boldsymbol{0}$ 的解向量，则有

$$\boldsymbol{B}^{\mathrm{T}}\boldsymbol{\xi}=\boldsymbol{0}$$

对以上等式两端左乘矩阵 $\boldsymbol{K}^{\mathrm{T}}$，有

$$\boldsymbol{K}^{\mathrm{T}}\boldsymbol{B}^{\mathrm{T}}\boldsymbol{\xi}=\boldsymbol{0},\quad \boldsymbol{A}^{\mathrm{T}}\boldsymbol{\xi}=\boldsymbol{0}$$

即 $\boldsymbol{\xi}$ 也是方程组 $\boldsymbol{A}^{\mathrm{T}}\boldsymbol{x}=\boldsymbol{0}$ 的解向量。于是选项 D 正确。

【评注】 本题考查了以下知识点：

(1) 若列向量 $\boldsymbol{\alpha}_1,\boldsymbol{\alpha}_2,\boldsymbol{\alpha}_3$ 可以由列向量组 $\boldsymbol{\beta}_1,\boldsymbol{\beta}_2$ 线性表示，则存在矩阵 $\boldsymbol{K}$，使得 $(\boldsymbol{\alpha}_1,\boldsymbol{\alpha}_2,\boldsymbol{\alpha}_3)=(\boldsymbol{\beta}_1,\boldsymbol{\beta}_2)\boldsymbol{K}$。

(2) $\boldsymbol{\xi}$ 是方程组 $\boldsymbol{Ax}=\boldsymbol{0}$ 的解 $\Leftrightarrow \boldsymbol{A\xi}=\boldsymbol{0}$ 。

【秘籍】 方程组 $\boldsymbol{Bx}=\boldsymbol{0}$ 的解一定是方程组 $\boldsymbol{ABx}=\boldsymbol{0}$ 的解。

【例 4.21】 (2007，数学一)设线性方程组

$\begin{cases}x_1+x_2+x_3=0\\ x_1+2x_2+ax_3=0\\ x_1+4x_2+a^2x_3=0\end{cases}$ 与方程 $x_1+2x_2+x_3=a-1$ 有公共解，求 a 的值及所有公共解。

【思路】 把两个方程组合并，求解合并后的非齐次线性方程组。

【解】 根据题意构造以下方程组：

$$\begin{cases}x_1+x_2\quad +x_3=0\\ x_1+2x_2+ax_3=0\\ x_1+4x_2+a^2x_3=0\\ x_1+2x_2+x_3=a-1\end{cases}\qquad ①$$

对其增广矩阵进行初等行变换：

$$\begin{bmatrix}1 & 1 & 1 & 0\\1 & 2 & a & 0\\1 & 4 & a^2 & 0\\1 & 2 & 1 & a-1\end{bmatrix}\xrightarrow{\text{初等行变等}}\begin{bmatrix}1 & 0 & 1 & 1-a\\0 & 1 & 0 & a-1\\0 & 0 & a-1 & 1-a\\0 & 0 & 0 & (a-1)(a-2)\end{bmatrix}$$

根据题意知该方程组有解，于是 $a=1$ 或 $a=2$。

当 $a=1$ 时，方程组①的增广矩阵可化简为

$$\begin{bmatrix}1 & 1 & 1 & 0\\1 & 2 & 1 & 0\\1 & 4 & 1 & 0\\1 & 2 & 1 & 0\end{bmatrix}\xrightarrow{\text{初等行变等}}\begin{bmatrix}1 & 0 & 1 & 0\\0 & 1 & 0 & 0\\0 & 0 & 0 & 0\\0 & 0 & 0 & 0\end{bmatrix}$$

方程组①的通解即为公共解：$k(-1, 0, 1)^{\mathrm{T}}$，k 为任意常数。

当 $a=2$ 时，方程组①的增广矩阵可化简为

$$\begin{bmatrix}1 & 1 & 1 & 0\\1 & 2 & 2 & 0\\1 & 4 & 4 & 0\\1 & 2 & 1 & 1\end{bmatrix}\xrightarrow{\text{初等行变等}}\begin{bmatrix}1 & 0 & 0 & 0\\0 & 1 & 0 & 1\\0 & 0 & 1 & -1\\0 & 0 & 0 & 0\end{bmatrix}$$

方程组①的解即为公共解：$(0, 1, -1)^{\mathrm{T}}$。

【评注】 本题考查了方程组公共解的概念，参见本章第 4.3.9 小节内容。

【例 4.22】 (2002，数学四)设四元齐次线性方程组①为

$$\begin{cases}2x_1+3x_2-x_3=0\\x_1+2x_2+x_3-x_4=0\end{cases}$$

而已知另一四元齐次线性方程组②的一个基础解系为

$$\boldsymbol{\alpha}_1=(2, -1, a+2, 1)^{\mathrm{T}}, \boldsymbol{\alpha}_2=(-1, 2, 4, a+8)^{\mathrm{T}}$$

(1) 求方程组①的一个基础解系；

(2) 当 a 为何值时，方程组①与②有非零的公共解？在有非零公共解时，求出全部非零公共解。

【思路】 用方程组①和②的基础解系构建一个新的线性方程组。

【解】 (1) 对方程组①的系数矩阵进行初等行变换：

$$\begin{bmatrix}2 & 3 & -1 & 0\\1 & 2 & 1 & -1\end{bmatrix}\xrightarrow{\text{初等行变换}}\begin{bmatrix}1 & 0 & -5 & 3\\0 & 1 & 3 & -2\end{bmatrix}$$

于是方程组①的基础解系为 $\boldsymbol{\xi}_1=(5, -3, 1, 0)^{\mathrm{T}}$，$\boldsymbol{\xi}_2=(-3, 2, 0, 1)^{\mathrm{T}}$。

(2) 设 $\boldsymbol{\eta}$ 是方程组①与②的公共解，则有

$$\boldsymbol{\eta}=l_1\boldsymbol{\xi}_1+l_2\boldsymbol{\xi}_2=k_1\boldsymbol{\alpha}_1+k_2\boldsymbol{\alpha}_2$$

对上式进行变换有

$$l_1\boldsymbol{\xi}_1+l_2\boldsymbol{\xi}_2-k_1\boldsymbol{\alpha}_1-k_2\boldsymbol{\alpha}_2=\mathbf{0} \tag{③}$$

③式可以看作一个齐次线性方程组，对该方程组的系数矩阵进行初等行变换：

$$(\boldsymbol{\xi}_1, \boldsymbol{\xi}_2, -\boldsymbol{\alpha}_1, -\boldsymbol{\alpha}_2)=\begin{bmatrix}5 & -3 & -2 & 1\\-3 & 2 & 1 & -2\\1 & 0 & -a-2 & -4\\0 & 1 & -1 & -a-8\end{bmatrix}\xrightarrow{\text{初等行变换}}\begin{bmatrix}1 & 0 & -a-2 & -4\\0 & 1 & -1 & -a-8\\0 & 0 & 5(a+1) & -3(a+1)\\0 & 0 & 0 & a+1\end{bmatrix}$$

当 $a+1\neq 0$ 时，方程组③只有零解，于是 $\boldsymbol{\eta}=\mathbf{0}$，即方程组①与②没有非零公共解。

当 $a=-1$ 时，方程组③有非零解，于是存在非零向量 $\boldsymbol{\eta}$，即方程组①与②有非零公共解。

当 $a=-1$ 时，有

$$r(\boldsymbol{\xi}_1, \boldsymbol{\xi}_2, -\boldsymbol{\alpha}_1, -\boldsymbol{\alpha}_2)=r(\boldsymbol{\xi}_1, \boldsymbol{\xi}_2)=r(\boldsymbol{\alpha}_1, \boldsymbol{\alpha}_2)=2$$

此时，方程组①的基础解系 $\boldsymbol{\xi}_1$，$\boldsymbol{\xi}_2$ 与方程组②的基础解系 $\boldsymbol{\alpha}_1$，$\boldsymbol{\alpha}_2$ 等价，于是方程组①与方程组②同解，那么方程组①与②的全部非零公共解为 $l_1\boldsymbol{\xi}_1+l_2\boldsymbol{\xi}_2=l_1(5, -3, 1, 0)^{\mathrm{T}}+l_2(-3, 2, 0, 1)^{\mathrm{T}}$ 或 $k_1\boldsymbol{\alpha}_1+k_2\boldsymbol{\alpha}_2=k_1(2, -1, 1, 1)^{\mathrm{T}}+k_2(-1, 2, 4, 7)^{\mathrm{T}}$，其中 l_1，l_2 不同时为零，k_1，k_2 不同时为零。

【评注】 本题考查了以下知识点：

(1) 方程组公共解的概念，参见本章第 4.3.9 小节内容。

(2) 若 $\boldsymbol{\eta}$ 是方程组 $\boldsymbol{Ax}=\mathbf{0}$ 的解，则 $\boldsymbol{\eta}$ 可以由方程组 $\boldsymbol{Ax}=\mathbf{0}$ 的基础解系线性表示。

(3) 向量组 $\boldsymbol{\alpha}_1, \boldsymbol{\alpha}_2, \cdots, \boldsymbol{\alpha}_n$ 与 $\boldsymbol{\beta}_1, \boldsymbol{\beta}_2, \cdots, \boldsymbol{\beta}_s$ 等价的充要条件是

$$r(\boldsymbol{\alpha}_1, \boldsymbol{\alpha}_2, \cdots, \boldsymbol{\alpha}_n, \boldsymbol{\beta}_1, \boldsymbol{\beta}_2, \cdots, \boldsymbol{\beta}_s)=r(\boldsymbol{\alpha}_1, \boldsymbol{\alpha}_2, \cdots, \boldsymbol{\alpha}_n)=r(\boldsymbol{\beta}_1, \boldsymbol{\beta}_2, \cdots, \boldsymbol{\beta}_s)$$

(4) $\boldsymbol{Ax}=\mathbf{0}$ 与 $\boldsymbol{Bx}=\mathbf{0}$ 的基础解系等价 $\Leftrightarrow$ $\boldsymbol{Ax}=\mathbf{0}$ 与 $\boldsymbol{Bx}=\mathbf{0}$ 同解。

【例 4.23】 (2005，数学三)已知齐次线性方程组

$$①\begin{cases} x_1+2x_2+3x_3=0 \\ 2x_1+3x_2+5x_3=0 \\ x_1+x_2+ax_3=0 \end{cases} \text{和} ②\begin{cases} x_1+bx_2+cx_3=0 \\ 2x_1+b^2x_2+(c+1)x_3=0 \end{cases}$$

同解，求 a，b，c 的值。

【思路】 根据方程组系数矩阵等秩，确定参数 a，把方程组①的解代入方程组②中，确定参数 b 和 c。

【解】 对方程组①的系数矩阵进行初等行变换：

$$\begin{bmatrix} 1 & 2 & 3 \\ 2 & 3 & 5 \\ 1 & 1 & a \end{bmatrix} \xrightarrow{\text{初等行变换}} \begin{bmatrix} 1 & 0 & 1 \\ 0 & 1 & 1 \\ 0 & 0 & a-2 \end{bmatrix}$$

因为方程组①与②同解，于是它们的系数矩阵的秩相等，而方程组②只有两行，其秩不会为 3，于是 $a=2$。

当 $a=2$ 时，方程组①的基础解系为 $(-1, -1, 1)^{\mathrm{T}}$。因为方程组①和②同解，于是把 $(-1, -1, 1)^{\mathrm{T}}$ 代入方程组②，有

$$\begin{cases} -1-b+c=0 \\ -2-b^2+c+1=0 \end{cases}$$

解得 $b=0$，$c=1$ 或 $b=1$，$c=2$。

当 $b=0$，$c=1$ 时，方程组②的系数矩阵的秩为 1，此时方程组①和②不同解。

当 $b=1$，$c=2$ 时，对方程组②进行初等行变换：

$$\begin{bmatrix} 1 & 1 & 2 \\ 2 & 1 & 3 \end{bmatrix} \xrightarrow{\text{初等行变换}} \begin{bmatrix} 1 & 0 & 1 \\ 0 & 1 & 1 \end{bmatrix}$$

此时，方程组②的系数矩阵的行最简形与方程组①的系数矩阵的行最简形一致，方程组①和②同解。

【评注】 本题考查了以下知识点：

(1) 关于两个方程组的同解问题，参见本章第 4.3.10 小节内容。

(2) 若 $\boldsymbol{Ax}=\boldsymbol{0}$ 与 $\boldsymbol{Bx}=\boldsymbol{0}$ 同解，则 $r(\boldsymbol{A})=r(\boldsymbol{B})$。

(3) 若 $\boldsymbol{Ax}=\boldsymbol{0}$ 与 $\boldsymbol{Bx}=\boldsymbol{0}$ 同解，则 $\boldsymbol{A}$ 和 $\boldsymbol{B}$ 有相同的行最简形(不考虑零行)。

【例 4.24】 (2022，数学一)设矩阵 $\boldsymbol{A}$，$\boldsymbol{B}$ 均为 n 阶矩阵，若 $\boldsymbol{Ax}=\boldsymbol{0}$ 与 $\boldsymbol{Bx}=\boldsymbol{0}$ 同解，则(　　)。

(A) $\begin{bmatrix}\boldsymbol{A} & \boldsymbol{O}\\ \boldsymbol{E} & \boldsymbol{B}\end{bmatrix}\boldsymbol{x}=\boldsymbol{0}$ 仅有零解　　(B) $\begin{bmatrix}\boldsymbol{AB} & \boldsymbol{B}\\ \boldsymbol{O} & \boldsymbol{A}\end{bmatrix}\boldsymbol{x}=\boldsymbol{0}$ 仅有零解

(C) $\begin{bmatrix}\boldsymbol{A} & \boldsymbol{B}\\ \boldsymbol{O} & \boldsymbol{B}\end{bmatrix}\boldsymbol{x}=\boldsymbol{0}$ 与 $\begin{bmatrix}\boldsymbol{B} & \boldsymbol{A}\\ \boldsymbol{O} & \boldsymbol{A}\end{bmatrix}\boldsymbol{x}=\boldsymbol{0}$ 同解　　(D) $\begin{bmatrix}\boldsymbol{AB} & \boldsymbol{B}\\ \boldsymbol{O} & \boldsymbol{A}\end{bmatrix}\boldsymbol{x}=\boldsymbol{0}$ 与 $\begin{bmatrix}\boldsymbol{BA} & \boldsymbol{A}\\ \boldsymbol{O} & \boldsymbol{B}\end{bmatrix}\boldsymbol{x}=\boldsymbol{0}$ 同解

【思路】 若两个同型方程组同解，则这两个方程组的系数矩阵具有相同的行最简形。

【解】 因为 $\boldsymbol{A}_n\boldsymbol{x}=\boldsymbol{0}$ 与 $\boldsymbol{B}_n\boldsymbol{x}=\boldsymbol{0}$ 同解，所以 n 阶矩阵 $\boldsymbol{A}$ 和 $\boldsymbol{B}$ 有相同的行最简形矩阵 $\boldsymbol{C}$，即存在可逆矩阵 $\boldsymbol{P}$ 和 $\boldsymbol{Q}$，使得 $\boldsymbol{PA}=\boldsymbol{QB}=\boldsymbol{C}$。

分析选项 C 中两个方程组的系数矩阵：

$$\begin{bmatrix}\boldsymbol{E} & -\boldsymbol{E}\\ \boldsymbol{O} & \boldsymbol{E}\end{bmatrix}\begin{bmatrix}\boldsymbol{A} & \boldsymbol{B}\\ \boldsymbol{O} & \boldsymbol{B}\end{bmatrix}=\begin{bmatrix}\boldsymbol{A} & \boldsymbol{O}\\ \boldsymbol{O} & \boldsymbol{B}\end{bmatrix},\ \begin{bmatrix}\boldsymbol{P} & \boldsymbol{O}\\ \boldsymbol{O} & \boldsymbol{Q}\end{bmatrix}\begin{bmatrix}\boldsymbol{A} & \boldsymbol{O}\\ \boldsymbol{O} & \boldsymbol{B}\end{bmatrix}=\begin{bmatrix}\boldsymbol{PA} & \boldsymbol{O}\\ \boldsymbol{O} & \boldsymbol{QB}\end{bmatrix}=\begin{bmatrix}\boldsymbol{C} & \boldsymbol{O}\\ \boldsymbol{O} & \boldsymbol{C}\end{bmatrix},$$

$$\begin{bmatrix}\boldsymbol{E} & -\boldsymbol{E}\\ \boldsymbol{O} & \boldsymbol{E}\end{bmatrix}\begin{bmatrix}\boldsymbol{B} & \boldsymbol{A}\\ \boldsymbol{O} & \boldsymbol{A}\end{bmatrix}=\begin{bmatrix}\boldsymbol{B} & \boldsymbol{O}\\ \boldsymbol{O} & \boldsymbol{A}\end{bmatrix},\ \begin{bmatrix}\boldsymbol{Q} & \boldsymbol{O}\\ \boldsymbol{O} & \boldsymbol{P}\end{bmatrix}\begin{bmatrix}\boldsymbol{B} & \boldsymbol{O}\\ \boldsymbol{O} & \boldsymbol{A}\end{bmatrix}=\begin{bmatrix}\boldsymbol{QB} & \boldsymbol{O}\\ \boldsymbol{O} & \boldsymbol{PA}\end{bmatrix}=\begin{bmatrix}\boldsymbol{C} & \boldsymbol{O}\\ \boldsymbol{O} & \boldsymbol{C}\end{bmatrix}$$

通过以上分析，知方程组 $\begin{bmatrix}\boldsymbol{A} & \boldsymbol{B}\\ \boldsymbol{O} & \boldsymbol{B}\end{bmatrix}\boldsymbol{x}=\boldsymbol{0}$ 与 $\begin{bmatrix}\boldsymbol{B} & \boldsymbol{A}\\ \boldsymbol{O} & \boldsymbol{A}\end{bmatrix}\boldsymbol{x}=\boldsymbol{0}$ 进行初等行变换，都可以变为同一个方程组：

$$\begin{bmatrix}\boldsymbol{C} & \boldsymbol{O}\\ \boldsymbol{O} & \boldsymbol{C}\end{bmatrix}\boldsymbol{x}=\boldsymbol{0}$$

故 $\begin{bmatrix}\boldsymbol{A} & \boldsymbol{B}\\ \boldsymbol{O} & \boldsymbol{B}\end{bmatrix}\boldsymbol{x}=\boldsymbol{0}$ 与 $\begin{bmatrix}\boldsymbol{B} & \boldsymbol{A}\\ \boldsymbol{O} & \boldsymbol{A}\end{bmatrix}\boldsymbol{x}=\boldsymbol{0}$ 同解。

【评注】 本题考查了以下知识点：

若 $\boldsymbol{A}_n\boldsymbol{x}=\boldsymbol{0}$ 与 $\boldsymbol{B}_n\boldsymbol{x}=\boldsymbol{0}$ 同解，则 n 阶矩阵 $\boldsymbol{A}$ 与 $\boldsymbol{B}$ 有相同的行最简形。

【秘籍】 分块矩阵的初等变换，见例 2.18 的秘籍。

【例 4.25】 分析以下命题，则(　　)。

① 设 $\boldsymbol{A}$ 为 $m\times n$ 矩阵，则方程组 $\boldsymbol{A}^{\mathrm{T}}\boldsymbol{Ax}=\boldsymbol{0}$ 与 $\boldsymbol{Ax}=\boldsymbol{0}$ 同解。

② 设 $\boldsymbol{P}$ 为 $m\times n$ 矩阵，$\boldsymbol{A}$ 为 $n\times s$ 矩阵，且 $r(\boldsymbol{P})=n$，则方程组 $\boldsymbol{PAx}=\boldsymbol{0}$ 与 $\boldsymbol{Ax}=\boldsymbol{0}$ 同解。

③ 设 $\boldsymbol{A}$ 为 n 阶实对称阵，k 为正整数，则方程组 $\boldsymbol{A}^k\boldsymbol{x}=\boldsymbol{0}$ 与 $\boldsymbol{Ax}=\boldsymbol{0}$ 同解。

④ 设 $\boldsymbol{A}$ 为 n 阶矩阵，则方程组 $\boldsymbol{A}^n\boldsymbol{x}=\boldsymbol{0}$ 与 $\boldsymbol{A}^{n+1}\boldsymbol{x}=\boldsymbol{0}$ 同解。

(A) 只有①②正确　　(B) 只有①③正确

(C) 只有①②③正确　　(D) ①②③④都正确

【思路】 根据方程组同解的充要条件，逐个证明。

【解】 证明命题①。第一步，设 $\boldsymbol{\xi}$ 是 $\boldsymbol{Ax}=\boldsymbol{0}$ 的解向量，则

$$\boldsymbol{A\xi}=\boldsymbol{0}$$

用 $\boldsymbol{A}^{\mathrm{T}}$ 左乘等式两端，得

$$\boldsymbol{A}^{\mathrm{T}}\boldsymbol{A\xi}=\boldsymbol{0}$$

于是，$\boldsymbol{\xi}$ 也是 $\boldsymbol{A}^{\mathrm{T}}\boldsymbol{Ax}=\boldsymbol{0}$ 的解向量。

第二步，设 $\boldsymbol{\eta}$ 是 $\boldsymbol{A}^{\mathrm{T}}\boldsymbol{Ax}=\boldsymbol{0}$ 的解向量，则有

$$\boldsymbol{A}^{\mathrm{T}}\boldsymbol{A}\boldsymbol{\eta}=\mathbf{0}$$

用 $\boldsymbol{\eta}^{\mathrm{T}}$ 左乘等式两端，有

$$\boldsymbol{\eta}^{\mathrm{T}}\boldsymbol{A}^{\mathrm{T}}\boldsymbol{A}\boldsymbol{\eta}=0,\ (\boldsymbol{A}\boldsymbol{\eta})^{\mathrm{T}}(\boldsymbol{A}\boldsymbol{\eta})=0,\ \|\boldsymbol{A}\boldsymbol{\eta}\|^{2}=0$$

则 $\boldsymbol{A}\boldsymbol{\eta}=\mathbf{0}$，于是 $\boldsymbol{\eta}$ 是 $\boldsymbol{A}\boldsymbol{x}=\mathbf{0}$ 的解向量。

综上讨论，得方程组 $\boldsymbol{A}^{\mathrm{T}}\boldsymbol{A}\boldsymbol{x}=\mathbf{0}$ 与 $\boldsymbol{A}\boldsymbol{x}=\mathbf{0}$ 同解。

证明命题②。第一步，设 $\boldsymbol{\xi}$ 是 $\boldsymbol{A}\boldsymbol{x}=\mathbf{0}$ 的解向量，则

$$\boldsymbol{A}\boldsymbol{\xi}=\mathbf{0}$$

用 $\boldsymbol{P}$ 左乘等式两端，得

$$\boldsymbol{P}\boldsymbol{A}\boldsymbol{\xi}=\mathbf{0}$$

于是，$\boldsymbol{\xi}$ 也是 $\boldsymbol{P}\boldsymbol{A}\boldsymbol{x}=\mathbf{0}$ 的解向量。

第二步，设 $\boldsymbol{\eta}$ 是 $\boldsymbol{P}\boldsymbol{A}\boldsymbol{x}=\mathbf{0}$ 的解向量，则有

$$\boldsymbol{P}\boldsymbol{A}\boldsymbol{\eta}=\mathbf{0}$$

则 $\boldsymbol{A}\boldsymbol{\eta}$ 是 $\boldsymbol{P}\boldsymbol{x}=\mathbf{0}$ 的解向量，因为矩阵 $\boldsymbol{P}$ 列满秩，所以方程组 $\boldsymbol{P}\boldsymbol{x}=\mathbf{0}$ 只有零解，于是 $\boldsymbol{A}\boldsymbol{\eta}=\mathbf{0}$，则 $\boldsymbol{\eta}$ 也是 $\boldsymbol{A}\boldsymbol{x}=\mathbf{0}$ 的解向量。

综上讨论，得方程组 $\boldsymbol{P}\boldsymbol{A}\boldsymbol{x}=\mathbf{0}$ 与 $\boldsymbol{A}\boldsymbol{x}=\mathbf{0}$ 同解。

证明命题③。因为 $\boldsymbol{A}$ 为实对称矩阵，所以 $\boldsymbol{A}$ 可以相似对角化，则存在可逆矩阵 $\boldsymbol{P}$，使得

$$\boldsymbol{P}^{-1}\boldsymbol{A}\boldsymbol{P}=\boldsymbol{\Lambda}$$

故有

$$\boldsymbol{A}=\boldsymbol{P}\boldsymbol{\Lambda}\boldsymbol{P}^{-1},\ \boldsymbol{A}^{k}=\boldsymbol{P}\boldsymbol{\Lambda}^{k}\boldsymbol{P}^{-1}$$

于是

$$r(\boldsymbol{A}^{k})=r(\boldsymbol{\Lambda}^{k})=r(\boldsymbol{\Lambda})=r(\boldsymbol{A})$$

设 $\boldsymbol{\xi}$ 是 $\boldsymbol{A}\boldsymbol{x}=\mathbf{0}$ 的解向量，则

$$\boldsymbol{A}\boldsymbol{\xi}=\mathbf{0}$$

用 $\boldsymbol{A}^{k-1}$ 左乘等式两端，得

$$\boldsymbol{A}^{k}\boldsymbol{\xi}=\mathbf{0}$$

于是，$\boldsymbol{\xi}$ 也是 $\boldsymbol{A}^{k}\boldsymbol{x}=\mathbf{0}$ 的解向量。

设 $\boldsymbol{\xi}_1$，$\boldsymbol{\xi}_2$，…，$\boldsymbol{\xi}_{n-r}$ 是方程组 $\boldsymbol{A}\boldsymbol{x}=\mathbf{0}$ 的基础解系，则 $\boldsymbol{\xi}_1$，$\boldsymbol{\xi}_2$，…，$\boldsymbol{\xi}_{n-r}$ 也是 $\boldsymbol{A}^{k}\boldsymbol{x}=\mathbf{0}$ 的解向量，又因为 $r(\boldsymbol{A}^{k})=r(\boldsymbol{A})$，所以方程组 $\boldsymbol{A}\boldsymbol{x}=\mathbf{0}$ 与 $\boldsymbol{A}^{k}\boldsymbol{x}=\mathbf{0}$ 的基础解系所含向量的个数相同，于是 $\boldsymbol{\xi}_1$，$\boldsymbol{\xi}_2$，…，$\boldsymbol{\xi}_{n-r}$ 也是 $\boldsymbol{A}^{k}\boldsymbol{x}=\mathbf{0}$ 的基础解系。故方程组 $\boldsymbol{A}\boldsymbol{x}=\mathbf{0}$ 与 $\boldsymbol{A}^{k}\boldsymbol{x}=\mathbf{0}$ 同解。

证明命题④。第一步，设 $\boldsymbol{\xi}$ 是 $\boldsymbol{A}^{n}\boldsymbol{x}=\mathbf{0}$ 的解向量，则

$$\boldsymbol{A}^{n}\boldsymbol{\xi}=\mathbf{0}$$

用 $\boldsymbol{A}$ 左乘等式两端，得

$$\boldsymbol{A}^{n+1}\boldsymbol{\xi}=\mathbf{0}$$

于是，$\boldsymbol{\xi}$ 也是 $\boldsymbol{A}^{n+1}\boldsymbol{x}=\mathbf{0}$ 的解向量。

第二步，反证法。假设 $\boldsymbol{\eta}$ 是 $\boldsymbol{A}^{n+1}\boldsymbol{x}=\mathbf{0}$ 的解向量，但 $\boldsymbol{\eta}$ 不是 $\boldsymbol{A}^{n}\boldsymbol{x}=\mathbf{0}$ 的解向量，则有

$$\boldsymbol{A}^{n+1}\boldsymbol{\eta}=\mathbf{0},\ \boldsymbol{A}^{n}\boldsymbol{\eta}\neq\mathbf{0}$$

研究向量组 $\boldsymbol{\eta}$，$\boldsymbol{A}\boldsymbol{\eta}$，$\boldsymbol{A}^{2}\boldsymbol{\eta}$，…，$\boldsymbol{A}^{n}\boldsymbol{\eta}$，设

$$k_1\boldsymbol{\eta}+k_2\boldsymbol{A}\boldsymbol{\eta}+k_3\boldsymbol{A}^{2}\boldsymbol{\eta}+\cdots+k_{n+1}\boldsymbol{A}^{n}\boldsymbol{\eta}=\mathbf{0} \tag{1}$$

用 $\boldsymbol{A}^n$ 左乘(1)式两端，因为 $\boldsymbol{A}^{n+1}\boldsymbol{\eta}=\boldsymbol{0}$，所以 $\boldsymbol{A}^{n+i}\boldsymbol{\eta}=\boldsymbol{0}\ (i>1)$，则有

$$k_1\boldsymbol{A}^n\boldsymbol{\eta}=\boldsymbol{0}$$

又因为 $\boldsymbol{A}^n\boldsymbol{\eta}\neq\boldsymbol{0}$，所以 $k_1=0$。

用 $\boldsymbol{A}^{n-1}$左乘(1)式两端，同理可以得到 $k_2=0$。

……

用 $\boldsymbol{A}$ 左乘(1)式两端，同理可以得到 $k_n=0$。

把 $k_1=k_2=\cdots=k_n=0$ 代入(1)式，可以得到 $k_{n+1}=0$，于是向量组 $\boldsymbol{\eta}$，$\boldsymbol{A\eta}$，$\boldsymbol{A}^2\boldsymbol{\eta}$，…，$\boldsymbol{A}^n\boldsymbol{\eta}$ 线性无关。

另一方面，因为 $\boldsymbol{A}$ 为 n 阶矩阵，所以向量组 $\boldsymbol{\eta}$，$\boldsymbol{A\eta}$，$\boldsymbol{A}^2\boldsymbol{\eta}$，…，$\boldsymbol{A}^n\boldsymbol{\eta}$ 是 $n+1$ 个 n 维向量，显然该向量组是线性相关的，与以上证明结论矛盾，从而说明假设是错误的，即：若 $\boldsymbol{\eta}$ 是 $\boldsymbol{A}_n^{n+1}\boldsymbol{x}=\boldsymbol{0}$ 的解向量，$\boldsymbol{\eta}$ 也一定是 $\boldsymbol{A}_n^n\boldsymbol{x}=\boldsymbol{0}$ 的解向量。于是方程组 $\boldsymbol{A}^n\boldsymbol{x}=\boldsymbol{0}$ 与 $\boldsymbol{A}^{n+1}\boldsymbol{x}=\boldsymbol{0}$ 同解。

【评注】 本题考查了以下知识点：

(1) 关于两个方程组的同解问题，参见本章第 4.3.10 小节内容。

(2) $\boldsymbol{\xi}$ 是 $\boldsymbol{Ax}=\boldsymbol{0}$ 的解向量 $\Leftrightarrow \boldsymbol{A\xi}=\boldsymbol{0}$。

(3) $\|\boldsymbol{\eta}\|=0\Leftrightarrow\boldsymbol{\eta}=\boldsymbol{0}$。

(4) 若 $\boldsymbol{A}$ 列满秩，则 $\boldsymbol{Ax}=\boldsymbol{0}$ 只有零解。

(5) 实对称矩阵一定可以相似对角化。

(6) 若 $\boldsymbol{A}$ 可以相似对角化，则 $r(\boldsymbol{A}^k)=r(\boldsymbol{A})$。

(7) 若 $\boldsymbol{Ax}=\boldsymbol{0}$ 的解都是 $\boldsymbol{Bx}=\boldsymbol{0}$ 的解，且 $r(\boldsymbol{A})=r(\boldsymbol{B})$，则 $\boldsymbol{Ax}=\boldsymbol{0}$ 与 $\boldsymbol{Bx}=\boldsymbol{0}$ 同解。

(8) 若 $\boldsymbol{A}^{k+1}\boldsymbol{\eta}=\boldsymbol{0}$，$\boldsymbol{A}^k\boldsymbol{\eta}\neq\boldsymbol{0}$，则向量组 $\boldsymbol{\eta}$，$\boldsymbol{A\eta}$，$\boldsymbol{A}^2\boldsymbol{\eta}$，…，$\boldsymbol{A}^k\boldsymbol{\eta}$ 线性无关。

(9) 若 $m>n$，则 m 和 n 维向量必线性相关。

【例 4.26】 (仅数学一要求，2020，数学一)已知直线 l_1：$\dfrac{x-a_2}{a_1}=\dfrac{y-b_2}{b_1}=\dfrac{z-c_2}{c_1}$与直线 l_2：$\dfrac{x-a_3}{a_2}=\dfrac{y-b_3}{b_2}=\dfrac{z-c_3}{c_2}$相交于一点，记向量 $\boldsymbol{\alpha}_i=\begin{bmatrix}a_i\\b_i\\c_i\end{bmatrix}$，$i=1,2,3$，则(　　)。

(A) $\boldsymbol{\alpha}_1$ 可以由 $\boldsymbol{\alpha}_2$，$\boldsymbol{\alpha}_3$ 线性表示　　(B) $\boldsymbol{\alpha}_2$ 可以由 $\boldsymbol{\alpha}_1$，$\boldsymbol{\alpha}_3$ 线性表示

(C) $\boldsymbol{\alpha}_3$ 可以由 $\boldsymbol{\alpha}_1$，$\boldsymbol{\alpha}_2$ 线性表示　　(D) $\boldsymbol{\alpha}_1$，$\boldsymbol{\alpha}_2$，$\boldsymbol{\alpha}_3$ 线性无关

【思路】 画出几何图形，形象理解题意。

【解】 根据题意，画出简图 4.11，A 和 B 分别是直线 l_1，l_2 上的点。

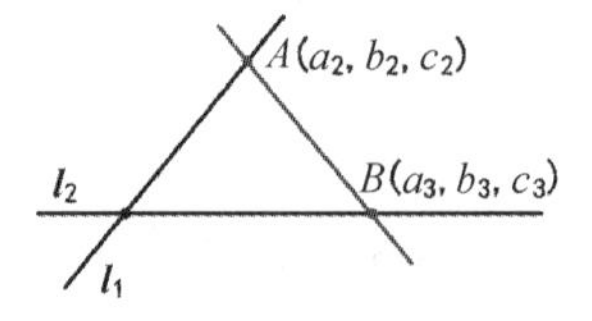

图 4.11　空间中相交的两条直线

根据已知的直线方程，可知直线 l_1，l_2 的方向向量分别为 $\boldsymbol{\alpha}_1=(a_1,b_1,c_1)^{\mathrm{T}}$，$\boldsymbol{\alpha}_2=(a_2,b_2,c_2)^{\mathrm{T}}$，线段 AB 的方向向量为$(a_3-a_2,b_3-b_2,c_3-c_2)^{\mathrm{T}}$。因为 l_1，l_2 相交于一点，所以 l_1，l_2 及线段 AB 共面，则有

$$\begin{vmatrix} a_1 & a_2 & a_3-a_2 \\ b_1 & b_2 & b_3-b_2 \\ c_1 & c_2 & c_3-c_2 \end{vmatrix}=0 \Rightarrow \begin{vmatrix} a_1 & a_2 & a_3 \\ b_1 & b_2 & b_3 \\ c_1 & c_2 & c_3 \end{vmatrix}=|\boldsymbol{\alpha}_1, \boldsymbol{\alpha}_2, \boldsymbol{\alpha}_3|=0$$

于是向量组 $\boldsymbol{\alpha}_1$，$\boldsymbol{\alpha}_2$，$\boldsymbol{\alpha}_3$ 线性相关，因为直线 l_1，l_2 相交于一点，所以 $\boldsymbol{\alpha}_1$，$\boldsymbol{\alpha}_2$ 线性无关，故 $\boldsymbol{\alpha}_3$ 可以由 $\boldsymbol{\alpha}_1$，$\boldsymbol{\alpha}_2$ 线性表示。选项 C 正确。

【评注】 本题考查了以下知识点：

(1) 直线$\dfrac{x-a_2}{a_1}=\dfrac{y-b_2}{b_1}=\dfrac{z-c_2}{c_1}$的方向向量为$(a_1, b_1, c_1)^{\mathrm{T}}$。

(2) 直线$\dfrac{x-a_2}{a_1}=\dfrac{y-b_2}{b_1}=\dfrac{z-c_2}{c_1}$过点$(a_2, b_2, c_2)^{\mathrm{T}}$。

(3) 设 A 为$(a_1, b_1, c_1)^{\mathrm{T}}$，$B$ 为$(a_2, b_2, c_2)^{\mathrm{T}}$，则线段 AB 的方向向量为$(a_2-a_1, b_2-b_1, c_2-c_1)^{\mathrm{T}}$。

(4) 设 $\boldsymbol{\alpha}_1$，$\boldsymbol{\alpha}_2$，$\boldsymbol{\alpha}_3$ 均为 3 维向量，则 $\boldsymbol{\alpha}_1$，$\boldsymbol{\alpha}_2$，$\boldsymbol{\alpha}_3$ 线性相关的充要条件是 $\boldsymbol{\alpha}_1$，$\boldsymbol{\alpha}_2$，$\boldsymbol{\alpha}_3$ 共面。

(5) 设 $\boldsymbol{\alpha}_1$，$\boldsymbol{\alpha}_2$，$\boldsymbol{\alpha}_3$ 均为 3 维列向量，则 $\boldsymbol{\alpha}_1$，$\boldsymbol{\alpha}_2$，$\boldsymbol{\alpha}_3$ 线性相关的充要条件是$|\boldsymbol{\alpha}_1, \boldsymbol{\alpha}_2, \boldsymbol{\alpha}_3|=0$。

(6) 若 $\boldsymbol{\alpha}_1$，$\boldsymbol{\alpha}_2$，$\boldsymbol{\alpha}_3$ 线性相关，$\boldsymbol{\alpha}_1$，$\boldsymbol{\alpha}_2$ 线性无关，则 $\boldsymbol{\alpha}_3$ 可以由 $\boldsymbol{\alpha}_1$，$\boldsymbol{\alpha}_2$ 唯一线性表示。

【例 4.27】 (仅数学一要求，2019，数学一)如图 4.12 所示，有 3 张平面两两相交，交线相互平行，它们的方程

$$a_{i1}x+a_{i2}y+a_{i3}z=d_i \quad (i=1, 2, 3)$$

组成的线性方程组的系数矩阵和增广矩阵分别记为 $\mathbf{A}$，$\overline{\mathbf{A}}$，则(　　)。

(A) $r(\mathbf{A})=2$，$r(\overline{\mathbf{A}})=3$

(B) $r(\mathbf{A})=2$，$r(\overline{\mathbf{A}})=2$

(C) $r(\mathbf{A})=1$，$r(\overline{\mathbf{A}})=2$

(D) $r(\mathbf{A})=1$，$r(\overline{\mathbf{A}})=1$

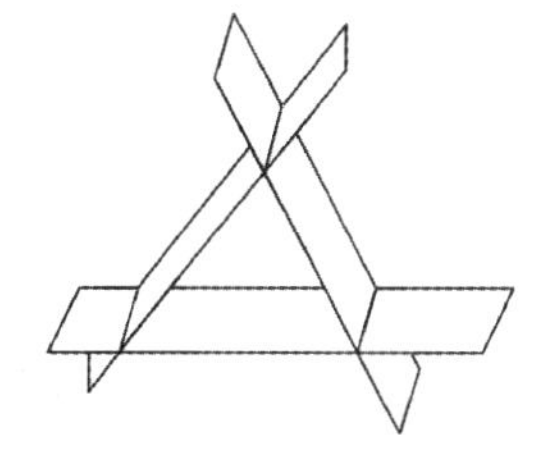

图 4.12　3 交线相互平行的 3 张平面

【思路】 通过几何图形可以得出方程组无解，且方程组系数矩阵的秩为 2。

【解】 因为 3 张平面的 3 条交线相互平行，所以 3 张平面没有公共交点，即方程组无解，于是有

$$r(\mathbf{A})\neq r(\overline{\mathbf{A}})$$

因为每一个方程的系数行向量即为该方程对应平面的法向量，假设 $r(\mathbf{A})=1$，则方程组对应的三个平面相互平行或重合，显然与图 4.12 不符，所以 $r(\mathbf{A})>1$。

综上分析得，$r(\mathbf{A})=2$，$r(\overline{\mathbf{A}})=3$。选项 A 正确。

【评注】 本题考查了以下知识点：

(1) 3 元线性方程组 $\mathbf{A}\boldsymbol{x}=\boldsymbol{b}$ 无解的几何意义是方程对应的平面没有公共的交点。

(2) 方程组 $\mathbf{A}\boldsymbol{x}=\boldsymbol{b}$ 无解 $\Leftrightarrow r(\mathbf{A})\neq r(\mathbf{A}, \boldsymbol{b})$。

(3) 平面方程 $ax+by+cz=d$ 的法向量为$(a, b, c)^{\mathrm{T}}$。

【例 4.28】 (仅数学一要求，2002，数学一)设有 3 张不同的平面，其方程为 $a_ix+b_iy+c_iz=d_i(i=1, 2, 3)$，它们所组成的线性方程组的系数矩阵与增广矩阵的秩都为 2，则这 3 张平面可能的位置关系为(　　)。

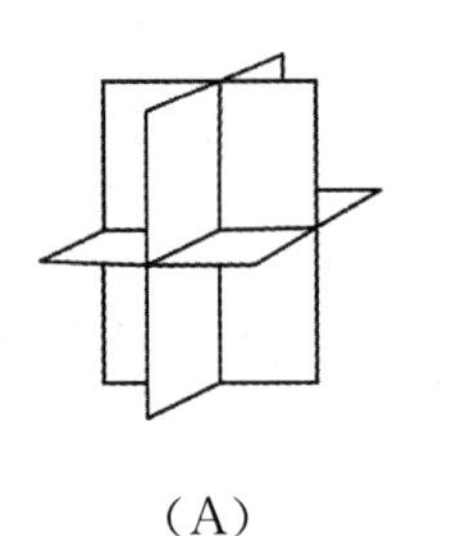
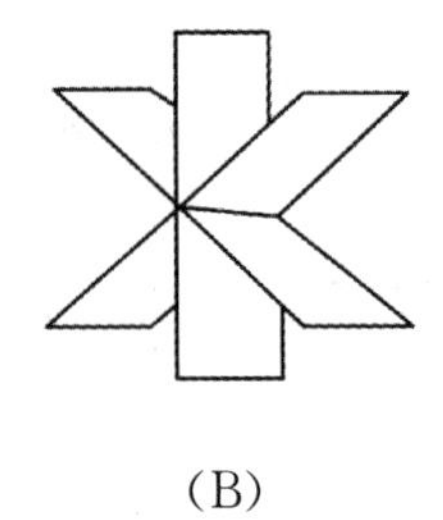
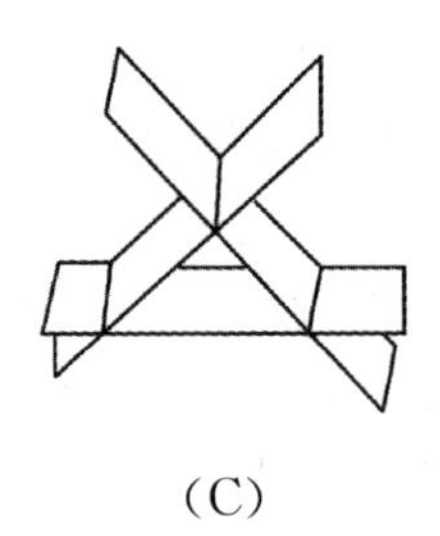
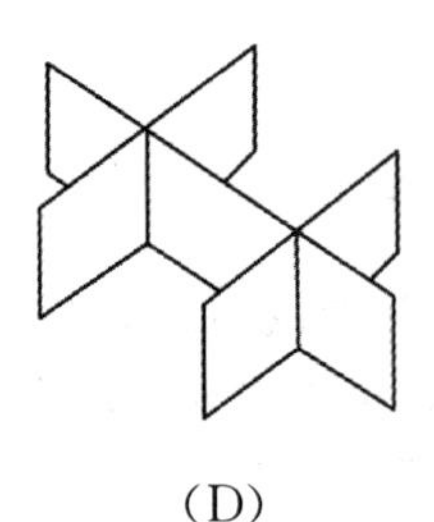

(A)　　(B)　　(C)　　(D)

【思路】 根据秩判断方程组解的情况。

【解】 设方程组的矩阵形式为 $\boldsymbol{Ax}=\boldsymbol{b}$，因为

$$r(\boldsymbol{A})=r(\boldsymbol{A},\boldsymbol{b})=2<3$$

所以方程组 $\boldsymbol{Ax}=\boldsymbol{b}$ 有解，且有无穷多解。显然选项 B 正确。

【评注】 本题考查了以下知识点：

(1) 方程组 $\boldsymbol{A}_n\boldsymbol{x}=\boldsymbol{b}$ 有无穷多解 $\Leftrightarrow r(\boldsymbol{A}_n)=r(\boldsymbol{A},\boldsymbol{b})<n$。

(2) 本题选项 A、B、C 和 D 对应 3 元线性方程组 $\boldsymbol{Ax}=\boldsymbol{b}$ 解的几何意义分别为：有唯一解、有无穷多解、无解、无解。

4.5 习题演练

1. (2023，数学二、数学三)已知线性方程组$\begin{cases}ax_1+x_3=1\\x_1+ax_2+x_3=0\\x_1+2x_2+ax_3=0\\ax_1+bx_2=2\end{cases}$有解，其中 a，b 为常数，若$\begin{vmatrix}a&0&1\\1&a&1\\1&2&a\end{vmatrix}=4$，则$\begin{vmatrix}1&a&1\\1&2&a\\a&b&0\end{vmatrix}=$________。

2. (2019，数学三)已知矩阵 $\boldsymbol{A}=\begin{bmatrix}1&0&-1\\1&1&-1\\0&1&a^2-1\end{bmatrix}$，$\boldsymbol{b}=\begin{bmatrix}0\\1\\a\end{bmatrix}$，若线性方程组 $\boldsymbol{Ax}=\boldsymbol{b}$ 有无穷多解，则 $a=$________。

3. (2010，数学一、数学二、数学三)设 $\boldsymbol{A}=\begin{bmatrix}\lambda&1&1\\0&\lambda-1&0\\1&1&\lambda\end{bmatrix}$，$\boldsymbol{b}=\begin{bmatrix}a\\1\\1\end{bmatrix}$，已知线性方程组 $\boldsymbol{Ax}=\boldsymbol{b}$ 存在两不同的解，求：

(1) 求 λ，a；

(2) 求方程组 $\boldsymbol{Ax}=\boldsymbol{b}$ 的通解。

4. (2013，数学一、数学二、数学三)设 $\boldsymbol{A}=\begin{bmatrix}1&a\\1&0\end{bmatrix}$，$\boldsymbol{B}=\begin{bmatrix}0&1\\1&b\end{bmatrix}$，当 a，b 为何值时，存在矩阵 $\boldsymbol{C}$ 使得 $\boldsymbol{AC}-\boldsymbol{CA}=\boldsymbol{B}$，并求所有矩阵 $\boldsymbol{C}$。

5. (2015, 数学一、数学二、数学三)设 $\boldsymbol{A}=\begin{bmatrix}1&1&1\\1&2&a\\1&4&a^2\end{bmatrix}$, $\boldsymbol{b}=\begin{bmatrix}1\\d\\d^2\end{bmatrix}$, 若集合 $\Omega=\{1, 2\}$, 则线性方程组 $\boldsymbol{Ax}=\boldsymbol{b}$ 有无穷多解的充分必要条件为(　　)。

(A) $a\notin\Omega$, $d\notin\Omega$　　(B) $a\notin\Omega$, $d\in\Omega$

(C) $a\in\Omega$, $d\notin\Omega$　　(D) $a\in\Omega$, $d\in\Omega$

6. (2022, 数学二、数学三)设矩阵 $\boldsymbol{A}=\begin{bmatrix}1&1&1\\1&a&a^2\\1&b&b^2\end{bmatrix}$, $\boldsymbol{b}=\begin{bmatrix}1\\2\\4\end{bmatrix}$, 则线性方程组 $\boldsymbol{Ax}=\boldsymbol{b}$ 解的情况为(　　)。

(A) 无解　　(B) 有解

(C) 有无穷多解或无解　　(D) 有唯一解或无解

7. (2004, 数学一)设有齐次线性方程组

$$\begin{cases}(1+a)x_1+x_2+\cdots+x_n=0\\2x_1+(2+a)x_2+\cdots+2x_n=0\\\quad\vdots\\nx_1+nx_2+\cdots+(n+a)x_n=0\end{cases}\quad(n\geqslant2)$$

试问 a 为何值时, 该方程组有非零解, 并求其通解。

8. (2006, 数学一)已知非齐次线性方程组

$$\begin{cases}x_1+x_2+x_3+x_4=-1\\4x_1+3x_2+5x_3-x_4=-1\\ax_1+x_2+3x_3+bx_4=1\end{cases}$$

有三个线性无关的解。

(1) 证明方程组系数矩阵 $\boldsymbol{A}$ 的秩 $r(\boldsymbol{A})=2$;

(2) 求 a, b 的值及方程组的通解。

9. (2000, 数学一)已知方程组 $\begin{bmatrix}1&2&1\\2&3&a+2\\1&a&-2\end{bmatrix}\begin{bmatrix}x_1\\x_2\\x_3\end{bmatrix}=\begin{bmatrix}1\\3\\0\end{bmatrix}$ 无解, 则 $a=$________。

10. 设矩阵 $\boldsymbol{A}=\begin{bmatrix}3&2&-1\\2&1&0\\k&-2&5\end{bmatrix}$, $\boldsymbol{B}$ 是三阶非零矩阵, 已知任意三维列向量 $\boldsymbol{\xi}$ 都是齐次线性方程组 $\boldsymbol{ABx}=\boldsymbol{0}$ 的解, 则常数 $k=$________。

11. (2000, 数学二)设 $\boldsymbol{\alpha}=\begin{bmatrix}1\\2\\1\end{bmatrix}$, $\boldsymbol{\beta}=\begin{bmatrix}1\\\frac{1}{2}\\0\end{bmatrix}$, $\boldsymbol{\gamma}=\begin{bmatrix}0\\0\\8\end{bmatrix}$, $\boldsymbol{A}=\boldsymbol{\alpha\beta}^{\mathrm{T}}$, $\boldsymbol{B}=\boldsymbol{\beta}^{\mathrm{T}}\boldsymbol{\alpha}$, 其中 $\boldsymbol{\beta}^{\mathrm{T}}$ 是 $\boldsymbol{\beta}$ 的转置, 求解方程 $2\boldsymbol{B}^2\boldsymbol{A}^2\boldsymbol{x}=\boldsymbol{A}^4\boldsymbol{x}+\boldsymbol{B}^4\boldsymbol{x}+\boldsymbol{\gamma}$。

12. (2019, 数学一)设 $\boldsymbol{A}=(\boldsymbol{\alpha}_1, \boldsymbol{\alpha}_2, \boldsymbol{\alpha}_3)$ 为三阶矩阵, 若 $\boldsymbol{\alpha}_1$, $\boldsymbol{\alpha}_2$ 线性无关, 且 $\boldsymbol{\alpha}_3=-\boldsymbol{\alpha}_1+2\boldsymbol{\alpha}_2$, 则线性方程组 $\boldsymbol{Ax}=\boldsymbol{0}$ 的通解为________________。

13. (2011，数学一、数学二)设 $\boldsymbol{A}=(\boldsymbol{\alpha}_1,\boldsymbol{\alpha}_2,\boldsymbol{\alpha}_3,\boldsymbol{\alpha}_4)$是四阶矩阵，$\boldsymbol{A}^*$ 为 $\boldsymbol{A}$ 的伴随矩阵，若$(1,0,1,0)^{\mathrm{T}}$ 是方程组 $\boldsymbol{Ax}=\boldsymbol{0}$ 的一个基础解系，则 $\boldsymbol{A}^*\boldsymbol{x}=\boldsymbol{0}$ 的基础解系可为(　　)。

(A) $\boldsymbol{\alpha}_1,\boldsymbol{\alpha}_3$　(B) $\boldsymbol{\alpha}_1,\boldsymbol{\alpha}_2$　(C) $\boldsymbol{\alpha}_1,\boldsymbol{\alpha}_2,\boldsymbol{\alpha}_3$　(D) $\boldsymbol{\alpha}_2,\boldsymbol{\alpha}_3,\boldsymbol{\alpha}_4$

14. (2019，数学二、数学三)设 $\boldsymbol{A}$ 是 4 阶矩阵，$\boldsymbol{A}^*$ 为 $\boldsymbol{A}$ 的伴随矩阵，若线性方程组 $\boldsymbol{Ax}=\boldsymbol{0}$ 的基础解系中只有 2 个向量，则 $r(\boldsymbol{A}^*)$为(　　)。

(A) 0　(B) 1　(C) 2　(D) 3

15. (2021，数学三)设 $\boldsymbol{A}=(\boldsymbol{\alpha}_1,\boldsymbol{\alpha}_2,\boldsymbol{\alpha}_3,\boldsymbol{\alpha}_4)$为 4 阶正交矩阵，若矩阵 $\boldsymbol{B}=\begin{bmatrix}\boldsymbol{\alpha}_1^{\mathrm{T}}\\ \boldsymbol{\alpha}_2^{\mathrm{T}}\\ \boldsymbol{\alpha}_3^{\mathrm{T}}\end{bmatrix}$，$\boldsymbol{\beta}=\begin{bmatrix}1\\1\\1\end{bmatrix}$，$k$ 表示任意常数，则线性方程组 $\boldsymbol{Bx}=\boldsymbol{\beta}$ 的通解 $\boldsymbol{x}=$(　　)。

(A) $\boldsymbol{\alpha}_2+\boldsymbol{\alpha}_3+\boldsymbol{\alpha}_4+k\boldsymbol{\alpha}_1$　(B) $\boldsymbol{\alpha}_1+\boldsymbol{\alpha}_3+\boldsymbol{\alpha}_4+k\boldsymbol{\alpha}_2$

(C) $\boldsymbol{\alpha}_1+\boldsymbol{\alpha}_2+\boldsymbol{\alpha}_4+k\boldsymbol{\alpha}_3$　(D) $\boldsymbol{\alpha}_1+\boldsymbol{\alpha}_2+\boldsymbol{\alpha}_3+k\boldsymbol{\alpha}_4$

16. (2011，数学三)设 $\boldsymbol{A}$ 为 4×3 矩阵，$\boldsymbol{\eta}_1,\boldsymbol{\eta}_2,\boldsymbol{\eta}_3$ 是非齐次线性方程组 $\boldsymbol{Ax}=\boldsymbol{\beta}$ 的 3 个线性无关的解，k_1,k_2 为任意常数，则 $\boldsymbol{Ax}=\boldsymbol{\beta}$ 的通解是(　　)。

(A) $\dfrac{\boldsymbol{\eta}_2+\boldsymbol{\eta}_3}{2}+k_1(\boldsymbol{\eta}_2-\boldsymbol{\eta}_1)$　(B) $\dfrac{\boldsymbol{\eta}_2-\boldsymbol{\eta}_3}{2}+k_1(\boldsymbol{\eta}_2-\boldsymbol{\eta}_1)$

(C) $\dfrac{\boldsymbol{\eta}_2+\boldsymbol{\eta}_3}{2}+k_1(\boldsymbol{\eta}_2-\boldsymbol{\eta}_1)+k_2(\boldsymbol{\eta}_3-\boldsymbol{\eta}_1)$　(D) $\dfrac{\boldsymbol{\eta}_2-\boldsymbol{\eta}_3}{2}+k_1(\boldsymbol{\eta}_2-\boldsymbol{\eta}_1)+k_2(\boldsymbol{\eta}_3-\boldsymbol{\eta}_1)$

17. (2001，数学三)设 $\boldsymbol{A}$ 是 n 阶矩阵，$\boldsymbol{\alpha}$ 是 n 维列向量，若秩$\begin{bmatrix}\boldsymbol{A} & \boldsymbol{\alpha}\\ \boldsymbol{\alpha}^{\mathrm{T}} & 0\end{bmatrix}=$秩$(\boldsymbol{A})$，则线性方程组(　　)。

(A) $\boldsymbol{Ax}=\boldsymbol{\alpha}$ 必有无穷多解　(B) $\boldsymbol{Ax}=\boldsymbol{\alpha}$ 必有唯一解

(C) $\begin{bmatrix}\boldsymbol{A} & \boldsymbol{\alpha}\\ \boldsymbol{\alpha}^{\mathrm{T}} & 0\end{bmatrix}\begin{bmatrix}\boldsymbol{x}\\ \boldsymbol{y}\end{bmatrix}=\boldsymbol{0}$ 仅有零解　(D) $\begin{bmatrix}\boldsymbol{A} & \boldsymbol{\alpha}\\ \boldsymbol{\alpha}^{\mathrm{T}} & 0\end{bmatrix}\begin{bmatrix}\boldsymbol{x}\\ \boldsymbol{y}\end{bmatrix}=\boldsymbol{0}$ 必有非零解

18. (1997，数学四)非齐次线性方程组 $\boldsymbol{Ax}=\boldsymbol{b}$ 中未知量的个数为 n，方程个数为 m，系数矩阵 $\boldsymbol{A}$ 的秩为 r，则(　　)。

(A) $r=m$ 时，方程组 $\boldsymbol{Ax}=\boldsymbol{b}$ 有解

(B) $r=n$ 时，方程组 $\boldsymbol{Ax}=\boldsymbol{b}$ 有唯一解

(C) $m=n$ 时，方程组 $\boldsymbol{Ax}=\boldsymbol{b}$ 有唯一解

(D) $r<n$ 时，方程组 $\boldsymbol{Ax}=\boldsymbol{b}$ 有无穷多解

19. (2004，数学三)设 n 阶矩阵 $\boldsymbol{A}$ 的伴随矩阵 $\boldsymbol{A}^*\neq\boldsymbol{O}$，若 $\boldsymbol{\xi}_1,\boldsymbol{\xi}_2,\boldsymbol{\xi}_3,\boldsymbol{\xi}_4$ 是非齐次线性方程组 $\boldsymbol{Ax}=\boldsymbol{b}$ 的互不相等的解，则对应的齐次线性方程组 $\boldsymbol{Ax}=\boldsymbol{0}$ 的基础解系(　　)。

(A) 不存在　(B) 仅含一个非零解向量

(C) 含有两个线性无关的解向量　(D) 含有三个线性无关的解向量

20. 设 n 阶矩阵 $\boldsymbol{A}$ 的各行元素之和均为零，且 $\boldsymbol{A}$ 的秩为 $n-1$，则齐次线性方程组 $\boldsymbol{Ax}=\boldsymbol{0}$ 的通解为________________。

21. (2002，数学一、数学二)已知 4 阶方阵 $\boldsymbol{A}=[\boldsymbol{\alpha}_1,\boldsymbol{\alpha}_2,\boldsymbol{\alpha}_3,\boldsymbol{\alpha}_4]$，$\boldsymbol{\alpha}_1,\boldsymbol{\alpha}_2,\boldsymbol{\alpha}_3,\boldsymbol{\alpha}_4$ 均为

4维列向量，其中$\boldsymbol{\alpha}_2$，$\boldsymbol{\alpha}_3$，$\boldsymbol{\alpha}_4$线性无关，$\boldsymbol{\alpha}_1=2\boldsymbol{\alpha}_2-\boldsymbol{\alpha}_3$，如果$\boldsymbol{\beta}=\boldsymbol{\alpha}_1+\boldsymbol{\alpha}_2+\boldsymbol{\alpha}_3+\boldsymbol{\alpha}_4$，求线性方程组$\boldsymbol{Ax}=\boldsymbol{\beta}$的通解。

22. 设$\boldsymbol{\alpha}_1$，$\boldsymbol{\alpha}_2$，$\boldsymbol{\alpha}_3$是四元线性方程组$\boldsymbol{Ax}=\boldsymbol{b}$的三个解向量，且$r(\boldsymbol{A})=3$，已知：$\boldsymbol{\alpha}_1+3\boldsymbol{\alpha}_2=(1, 2, 3, 4)^{\mathrm{T}}$，$2\boldsymbol{\alpha}_2+\boldsymbol{\alpha}_3=(4, 3, 2, 1)^{\mathrm{T}}$，则非齐次线性方程组$\boldsymbol{Ax}=\boldsymbol{b}$的通解是________________。

23. 设$\boldsymbol{A}$为3阶矩阵，且$r(\boldsymbol{A})=2$，已知$\boldsymbol{\eta}_1$，$\boldsymbol{\eta}_2$，$\boldsymbol{\eta}_3$是非齐次线性方程组$\boldsymbol{Ax}=\boldsymbol{b}$的三个解向量，且$\boldsymbol{\eta}_1+\boldsymbol{\eta}_2=(2, 6, 0)^{\mathrm{T}}$，$\boldsymbol{\eta}_2-\boldsymbol{\eta}_3=(1, 2, 3)^{\mathrm{T}}$，则非齐次线性方程组$\boldsymbol{Ax}=\boldsymbol{b}$的通解是________________。

24. 设非齐次线性方程组$x_1\boldsymbol{\alpha}_1+x_2\boldsymbol{\alpha}_2+x_3\boldsymbol{\alpha}_3+x_4\boldsymbol{\alpha}_4=\boldsymbol{b}$的通解是$k(-2, 3, -1, 1)^{\mathrm{T}}+(3, 2, -1, 0)^{\mathrm{T}}$，$k$为任意常数，则方程组$x_1\boldsymbol{\alpha}_2+x_2\boldsymbol{\alpha}_3+x_3\boldsymbol{\alpha}_4+x_4\boldsymbol{\alpha}_1=\boldsymbol{b}$的通解为__________。

25. 设$\boldsymbol{A}$为3阶矩阵，非齐次线性方程组$\boldsymbol{Ax}=\boldsymbol{b}$的通解是$k_1(1, -1, 0)^{\mathrm{T}}+k_2(1, 1, -1)^{\mathrm{T}}+(-1, -2, 2)^{\mathrm{T}}$，$k_1$和$k_2$为任意常数，且$\boldsymbol{b}=(3, -2, 1)^{\mathrm{T}}$，求矩阵$\boldsymbol{A}$。

26. 设$\boldsymbol{A}=(a_{ij})_{3\times3}$是正交矩阵，且$\boldsymbol{b}=(1, 0, 0)^{\mathrm{T}}$，$a_{11}=1$，则线性方程组$\boldsymbol{Ax}=\boldsymbol{b}$的解为________。

27. 设3阶实矩阵$\boldsymbol{A}=(a_{ij})_{3\times3}$满足$a_{ij}=A_{ij}(i, j=1, 2, 3)$，其中$A_{ij}$是$a_{ij}$的代数余子式，且$a_{12}=-1$，$\boldsymbol{b}=(1, 0, 0)^{\mathrm{T}}$，求方程组$\boldsymbol{Ax}=\boldsymbol{b}$的所有解。

28. 设$\boldsymbol{A}$为n阶奇异矩阵，A_{ij}是$|\boldsymbol{A}|$的代数余子式，且$A_{nn}\neq0$，$\boldsymbol{A}^*$为$\boldsymbol{A}$的伴随矩阵。分析以下命题，正确的是(　　)。

① $|\boldsymbol{A}|=|\boldsymbol{A}^*|=0$。

② $r(\boldsymbol{A}^*)=1$。

③ $k(A_{n1}, A_{n2}, \cdots, A_{nn})^{\mathrm{T}}$是齐次线性方程组$\boldsymbol{Ax}=\boldsymbol{0}$的通解，$k$是任意常数。

④ $\boldsymbol{A}$的前$n-1$个列向量是齐次线性方程组$\boldsymbol{A}^*\boldsymbol{x}=\boldsymbol{0}$的一组基础解系。

(A) 只有①正确　　(B) 只有①②正确

(C) 只有①②③正确　　(D) 4个命题都正确

29. 设$\boldsymbol{Ax}=\boldsymbol{0}$是非齐次线性方程组$\boldsymbol{Ax}=\boldsymbol{b}$的导出组，分析以下命题，正确的是(　　)。

① 若$\boldsymbol{Ax}=\boldsymbol{b}$有唯一解，则$\boldsymbol{Ax}=\boldsymbol{0}$只有零解。

② 若$\boldsymbol{Ax}=\boldsymbol{b}$有无穷多组解，则$\boldsymbol{Ax}=\boldsymbol{0}$有非零解。

③ 若$\boldsymbol{Ax}=\boldsymbol{0}$只有零解，则$\boldsymbol{Ax}=\boldsymbol{b}$有唯一解。

④ 若$\boldsymbol{Ax}=\boldsymbol{0}$有非零解，则$\boldsymbol{Ax}=\boldsymbol{b}$有无穷多组解。

(A) 只有①正确　　(B) 只有①②正确

(C) 只有①②③正确　　(D) 都正确

30. 分析以下命题，正确的是(　　)。

(A) 设$\boldsymbol{\alpha}_1$，$\boldsymbol{\alpha}_2$是$\boldsymbol{A}_n\boldsymbol{x}=\boldsymbol{0}$的2个不同的解向量，$r(\boldsymbol{A}_n)=n-1$，$\boldsymbol{Ax}=\boldsymbol{0}$的通解是$k(\boldsymbol{\alpha}_1+\boldsymbol{\alpha}_2)$，$k$为任意常数

(B) 设$\boldsymbol{\alpha}_1$，$\boldsymbol{\alpha}_2$，$\boldsymbol{\alpha}_3$是$\boldsymbol{A}_n\boldsymbol{x}=\boldsymbol{b}$的3个线性无关的解向量，$r(\boldsymbol{A}_n)=n-2$，$\boldsymbol{A}_n\boldsymbol{x}=\boldsymbol{b}$的通解是$\frac{1}{3}(\boldsymbol{\alpha}_1+\boldsymbol{\alpha}_2+\boldsymbol{\alpha}_3)+k_1(\boldsymbol{\alpha}_3-\boldsymbol{\alpha}_2)+k_2(\boldsymbol{\alpha}_2-\boldsymbol{\alpha}_3)$，$k_1$，$k_2$为任意常数

(C) 若方程组$\boldsymbol{A}_n\boldsymbol{x}=\boldsymbol{b}$有无穷多解，则$\boldsymbol{b}$为方程组$\boldsymbol{A}^*\boldsymbol{x}=\boldsymbol{0}$的解

(D) 若$\boldsymbol{b}$为方程组$\boldsymbol{A}^*\boldsymbol{x}=\boldsymbol{0}$的解，则方程组$\boldsymbol{A}_n\boldsymbol{x}=\boldsymbol{b}$有无穷多组解

31. (2011，数学一、数学二、数学三)设向量组 $\boldsymbol{\alpha}_1=(1,0,1)^{\mathrm{T}}$，$\boldsymbol{\alpha}_2=(0,1,1)^{\mathrm{T}}$，$\boldsymbol{\alpha}_3=(1,3,5)^{\mathrm{T}}$ 不能由向量组 $\boldsymbol{\beta}_1=(1,1,1)^{\mathrm{T}}$，$\boldsymbol{\beta}_2=(1,2,3)^{\mathrm{T}}$，$\boldsymbol{\beta}_3=(3,4,a)^{\mathrm{T}}$ 线性表示。

(1) 求 a 的值；

(2) 将 $\boldsymbol{\beta}_1$，$\boldsymbol{\beta}_2$，$\boldsymbol{\beta}_3$ 用 $\boldsymbol{\alpha}_1$，$\boldsymbol{\alpha}_2$，$\boldsymbol{\alpha}_3$ 线性表示。

32. (2018，数学一、数学二、数学三). 已知 a 是常数，且矩阵 $\boldsymbol{A}=\begin{bmatrix}1 & 2 & a\\ 1 & 3 & 0\\ 2 & 7 & -a\end{bmatrix}$ 可经初等列变换化为矩阵 $\boldsymbol{B}=\begin{bmatrix}1 & a & 2\\ 0 & 1 & 1\\ -1 & 1 & 1\end{bmatrix}$。

(1) 求 a；

(2) 求满足 $\boldsymbol{AP}=\boldsymbol{B}$ 的可逆矩阵 $\boldsymbol{P}$。

33. 设线性方程组 (1) $\begin{cases}x_1+x_2+(a+2)x_3=3\\ 2x_1+x_2+(a+4)x_3=4\end{cases}$ 和线性方程组 (2) $\begin{cases}x_1+3x_2+(a^2+2)x_3=7\\ -x_1-2x_2+(1-3a)x_3=a-8\end{cases}$ 有公共解，求 a 的值，并求所有的公共解。

34. 求线性方程组 $\begin{cases}x_1-5x_2+2x_3+3x_4=11\\ -3x_1+x_2-4x_3-2x_4=-6\\ -x_1-9x_2+3x_4=15\end{cases}$，满足条件 $x_1=x_2$ 的全部解。

35. (2000，数学三)设 $\boldsymbol{A}$ 为 n 阶实矩阵，$\boldsymbol{A}^{\mathrm{T}}$ 是 $\boldsymbol{A}$ 的转置矩阵，则对于线性方程组①$\boldsymbol{Ax}=\boldsymbol{0}$ 和②$\boldsymbol{A}^{\mathrm{T}}\boldsymbol{Ax}=\boldsymbol{0}$，必有(　　)。

(A) ②的解是①的解，①的解也是②的解

(B) ②的解是①的解，但①的解不是②的解

(C) ①的解不是②的解，②的解也不是①的解

(D) ①的解是②的解，但②的解不是①的解

36. (2003，数学一)设有齐次线性方程组 $\boldsymbol{Ax}=\boldsymbol{0}$ 和 $\boldsymbol{Bx}=\boldsymbol{0}$，其中 $\boldsymbol{A}$，$\boldsymbol{B}$ 均为 $m\times n$ 矩阵，现有 4 个命题：

① 若 $\boldsymbol{Ax}=\boldsymbol{0}$ 的解均是 $\boldsymbol{Bx}=\boldsymbol{0}$ 的解，则秩($\boldsymbol{A}$)≥秩($\boldsymbol{B}$)；

② 若秩($\boldsymbol{A}$)≥秩($\boldsymbol{B}$)，则 $\boldsymbol{Ax}=\boldsymbol{0}$ 的解均是 $\boldsymbol{Bx}=\boldsymbol{0}$ 的解；

③ 若 $\boldsymbol{Ax}=\boldsymbol{0}$ 与 $\boldsymbol{Bx}=\boldsymbol{0}$ 同解，则秩($\boldsymbol{A}$)=秩($\boldsymbol{B}$)；

④ 若秩($\boldsymbol{A}$)=秩($\boldsymbol{B}$)，则 $\boldsymbol{Ax}=\boldsymbol{0}$ 与 $\boldsymbol{Bx}=\boldsymbol{0}$ 同解。

以上命题正确的是(　　)。

(A) ①②　　(B) ①③　　(C) ②④　　(D) ③④

37. 设 $\boldsymbol{A}$ 和 $\boldsymbol{B}$ 都是 $m\times n$ 矩阵，分析方程组 $\boldsymbol{Ax}=\boldsymbol{0}$ 和 $\boldsymbol{Bx}=\boldsymbol{0}$ 的解：

① 方程组 $\boldsymbol{Ax}=\boldsymbol{0}$ 与 $\boldsymbol{Bx}=\boldsymbol{0}$ 同解的充要条件是 $\boldsymbol{A}$ 和 $\boldsymbol{B}$ 的行向量组等价；

② 方程组 $\boldsymbol{Ax}=\boldsymbol{0}$ 与 $\boldsymbol{Bx}=\boldsymbol{0}$ 同解的充要条件是 $\boldsymbol{A}$ 和 $\boldsymbol{B}$ 有相同的行最简形；

③ 方程组 $\boldsymbol{Ax}=\boldsymbol{0}$ 与 $\boldsymbol{Bx}=\boldsymbol{0}$ 同解的必要非充分条件是 $\boldsymbol{A}$ 与 $\boldsymbol{B}$ 等价；

④ 方程组 $\boldsymbol{Ax}=\boldsymbol{0}$ 与 $\boldsymbol{Bx}=\boldsymbol{0}$ 同解的充要条件是 $r(\boldsymbol{A})=r(\boldsymbol{B})=r(\boldsymbol{A}^{\mathrm{T}},\boldsymbol{B}^{\mathrm{T}})$。

以上命题正确的是(　　)。

(A) ①③　　(B) ①④　　(C) ①②③　　(D) ①②③④

38. (仅数学一要求，1998，数学一)设矩阵$\begin{bmatrix} a_1 & b_1 & c_1 \\ a_2 & b_2 & c_2 \\ a_3 & b_3 & c_3 \end{bmatrix}$是满秩的，则直线 l_1：$\frac{x-a_3}{a_1-a_2}=\frac{y-b_3}{b_1-b_2}=\frac{z-c_3}{c_1-c_2}$与直线 l_2：$\frac{x-a_1}{a_2-a_3}=\frac{y-b_1}{b_2-b_3}=\frac{z-c_1}{c_2-c_3}$(　　)。

(A) 相交于一点　　(B) 重合　　(C) 平行但不重合　　(D) 异面

39. (仅数学一要求，1997，数学一)设 $\boldsymbol{\alpha}_1=\begin{bmatrix} a_1 \\ a_2 \\ a_3 \end{bmatrix}$，$\boldsymbol{\alpha}_2=\begin{bmatrix} b_1 \\ b_2 \\ b_3 \end{bmatrix}$，$\boldsymbol{\alpha}_3=\begin{bmatrix} c_1 \\ c_2 \\ c_3 \end{bmatrix}$，则三条直线 $a_1x+b_1y+c_1=0$，$a_2x+b_2y+c_2=0$，$a_3x+b_3y+c_3=0$(其中 $a_i^2+b_i^2\neq 0$，$i=1, 2, 3$) 交于一点的充要条件是(　　)。

(A) $\boldsymbol{\alpha}_1, \boldsymbol{\alpha}_2, \boldsymbol{\alpha}_3$ 线性相关　　(B) $\boldsymbol{\alpha}_1, \boldsymbol{\alpha}_2, \boldsymbol{\alpha}_3$ 线性无关

(C) 秩$(\boldsymbol{\alpha}_1, \boldsymbol{\alpha}_2, \boldsymbol{\alpha}_3)=$秩$(\boldsymbol{\alpha}_1, \boldsymbol{\alpha}_2)$　　(D) $\boldsymbol{\alpha}_1, \boldsymbol{\alpha}_2, \boldsymbol{\alpha}_3$ 线性相关，$\boldsymbol{\alpha}_1, \boldsymbol{\alpha}_2$ 线性无关

40. (仅数学一要求，1995，数学一)设有直线 L：$\begin{cases} x+3y+2z+1=0 \\ 2x-y-10z+3=0 \end{cases}$及平面 π：$4x-2y+z-2=0$，则直线 L(　　)。

(A) 平行于 π　　(B) 在 π 上　　(C) 垂直于 π　　(D) 与 π 斜交

矩阵的特征值和特征向量

5.1 考情分析

5.1.1 2023版考研大纲

1. 考试内容

矩阵的特征值和特征向量的概念、性质，相似变换、相似矩阵的概念及性质，矩阵可相似对角化的充分必要条件及相似对角阵，实对称矩阵的特征值、特征向量及相似对角矩阵。

2. 考试要求

(1) 理解矩阵的特征值和特征向量的概念及性质，会求矩阵的特征值和特征向量。

(2) 理解相似矩阵的概念、性质及矩阵可相似对角化的充分必要条件，掌握将矩阵化为相似对角矩阵的方法。

(3) 掌握实对称矩阵的特征值和特征向量的性质。

5.1.2 特征值和特征向量的特点

特征值、特征向量是线性代数的重要内容，考生在复习过程中，必须综合运用行列式、矩阵、向量及方程组的基本概念和结论，同时特征值、特征向量也是二次型的基础。本章对考生的综合能力要求较高。

5.1.3 考研真题分析

统计2005年至2023年考研数学一、数学二、数学三真题中，与特征值、特征向量相关的题型如下：

(1) 特征值与特征向量：4道。

(2) 相似与相似对角化：20道。

(3) 实对称矩阵：5道。

5.2　特征值与特征向量知识结构网络图

矩阵的特征值与特征向量

- 定义——若 $\boldsymbol{A\alpha}=\lambda\boldsymbol{\alpha}$，$\boldsymbol{\alpha}\neq\boldsymbol{0}$，则称 λ 是矩阵 $\boldsymbol{A}$ 的特征值，$\boldsymbol{\alpha}$ 是矩阵 $\boldsymbol{A}$ 属于特征值 λ 的特征向量
- 求法——求特征值：解特征方程 $|\boldsymbol{A}-\lambda\boldsymbol{E}|=0$。求特征向量：解方程组 $(\boldsymbol{A}-\lambda\boldsymbol{E})\boldsymbol{x}=\boldsymbol{0}$
- 性质——
  - (1) $\sum_{i=1}^{n}\lambda_i=\mathrm{tr}(\boldsymbol{A})$；
  - (2) $\prod_{i=1}^{n}\lambda_i=|\boldsymbol{A}|$；
  - (3) $|\boldsymbol{A}|=0\Leftrightarrow 0$ 是 $\boldsymbol{A}$ 的特征值，$|\boldsymbol{A}|\neq 0\Leftrightarrow 0$ 不是 $\boldsymbol{A}$ 的特征值；
  - (4) 若 λ 是 $\boldsymbol{A}$ 的特征值，则有 $f(\lambda)$ 是 $f(\boldsymbol{A})$ 的特征值，λ^{-1} 是 $\boldsymbol{A}^{-1}$ 的特征值，$\frac{|\boldsymbol{A}|}{\lambda}$ 是 $\boldsymbol{A}^*$ 的特征值 $(\lambda\neq 0)$；
  - (5) 属于不同特征值的特征向量线性无关；
  - (6) 特征值的几何重数不会超过代数重数；
  - (7) $\boldsymbol{A}$ 与 $\boldsymbol{A}^{\mathrm{T}}$ 有相同的特征值；
  - (8) 若 $g(\boldsymbol{A})=\boldsymbol{O}$，则 $\boldsymbol{A}$ 的所有特征值都在方程 $g(\lambda)=0$ 的根中选取
- 实对称矩阵——
  - (1) 特征值都为实数；
  - (2) 属于不同特征值的特征向量正交；
  - (3) 特征值的代数重数等于几何重数

相似矩阵的定义

- 相似矩阵的定义——若 $\boldsymbol{P}^{-1}\boldsymbol{AP}=\boldsymbol{B}$，则称矩阵 $\boldsymbol{A}$ 和 $\boldsymbol{B}$ 相似
- 相似矩阵的性质——若 $\boldsymbol{A}$ 与 $\boldsymbol{B}$ 相似，则有
  - (1) $\boldsymbol{A}$ 与 $\boldsymbol{B}$ 等价；
  - (2) $r(\boldsymbol{A})=r(\boldsymbol{B})$；
  - (3) $\boldsymbol{A}$ 与 $\boldsymbol{B}$ 有相同的特征值；
  - (4) $|\boldsymbol{A}|=|\boldsymbol{B}|$；
  - (5) $\mathrm{tr}(\boldsymbol{A})=\mathrm{tr}(\boldsymbol{B})$；
  - (6) $f(\boldsymbol{A})$ 与 $f(\boldsymbol{B})$ 相似，$\boldsymbol{A}^{-1}$ 与 $\boldsymbol{B}^{-1}$ 相似
- 矩阵对角化的定义——若 n 阶矩阵 $\boldsymbol{A}$ 能与对角矩阵相似，则称矩阵 $\boldsymbol{A}$ 可对角化
- 矩阵可对角化定理——
  - (1) n 阶矩阵 $\boldsymbol{A}$ 可对角化 $\Leftrightarrow\boldsymbol{A}$ 有 n 个线性无关的特征向量；
  - (2) 矩阵 $\boldsymbol{A}$ 可对角化 $\Leftrightarrow\boldsymbol{A}$ 的所有特征值的几何重数等于代数重数；
  - (3) n 阶矩阵 $\boldsymbol{A}$ 有 n 个互不相等的特征值 $\Rightarrow\boldsymbol{A}$ 可对角化；
  - (4) 实对称矩阵 $\boldsymbol{A}$ 必可对角化，且一定存在正交矩阵 $\boldsymbol{Q}$，使 $\boldsymbol{Q}^{-1}\boldsymbol{AQ}=\boldsymbol{\Lambda}$

5.3 基本内容和重要结论

5.3.1 特征值与特征向量的概念

1. 特征值及特征向量的定义

设 $\boldsymbol{A}$ 为 n 阶矩阵，$\boldsymbol{\alpha}$ 为 n 维非零列向量，若有

$$\boldsymbol{A\alpha}=\lambda\boldsymbol{\alpha},\ \boldsymbol{\alpha}\neq\boldsymbol{0}$$

则称 λ 是矩阵 $\boldsymbol{A}$ 的特征值，$\boldsymbol{\alpha}$ 是矩阵 $\boldsymbol{A}$ 属于特征值 λ 的特征向量。

设

$$\boldsymbol{A}=\begin{bmatrix}1&-2&-1\\-1&-1&1\\-2&0&1\end{bmatrix},\quad \begin{bmatrix}1&-2&-1\\-1&-1&1\\-2&0&1\end{bmatrix}\begin{bmatrix}-2\\1\\2\end{bmatrix}=3\begin{bmatrix}-2\\1\\2\end{bmatrix}$$

则 3 是矩阵 $\boldsymbol{A}$ 的一个特征值，$\begin{bmatrix}-2\\1\\2\end{bmatrix}$ 是矩阵 $\boldsymbol{A}$ 的属于 3 的特征向量。

2. 特征值及特征向量的求解

(1) 求特征值(求解 1 元 n 次方程)。

$|\lambda\boldsymbol{E}-\boldsymbol{A}|$ 称为 $\boldsymbol{A}$ 的特征多项式，特征方程为

$$|\lambda\boldsymbol{E}-\boldsymbol{A}|=0\quad 或\quad |\boldsymbol{A}-\lambda\boldsymbol{E}|=0$$

特征方程的根即为 $\boldsymbol{A}$ 的特征值，求解特征值就是求解 1 元 n 次方程。n 阶矩阵 $\boldsymbol{A}$ 一定有 n 个特征值(可能有重根，可能有虚根)。

(2) 求特征向量(求解 n 元 1 次方程组)。

齐次线性方程组 $(\boldsymbol{A}-\lambda\boldsymbol{E})\boldsymbol{x}=\boldsymbol{0}$ 的非零解向量即为 $\boldsymbol{A}$ 的属于 λ 的特征向量。特征向量有以下性质：

① 1 个特征值对应的特征向量一定有无穷多个；

② 1 个特征值对应的特征向量线性无关的至少有 1 个；

③ n 阶矩阵 $\boldsymbol{A}$ 最多有 n 个线性无关的特征向量；

④ 若 $\boldsymbol{\alpha}_1,\boldsymbol{\alpha}_2,\cdots,\boldsymbol{\alpha}_s$ 均是矩阵 $\boldsymbol{A}$ 的属于 λ_0 的特征向量，则非零的线性组合 $k_1\boldsymbol{\alpha}_1+k_2\boldsymbol{\alpha}_2+\cdots+k_s\boldsymbol{\alpha}_s$ 还是 $\boldsymbol{A}$ 的属于 λ_0 的特征向量；

⑤ 若 $\boldsymbol{\alpha}_1,\boldsymbol{\alpha}_2$ 分别是矩阵 $\boldsymbol{A}$ 的属于 λ_1,λ_2 的特征向量，且 $\lambda_1\neq\lambda_2$，则 $k_1\boldsymbol{\alpha}_1+k_2\boldsymbol{\alpha}_2$ $(k_1\neq0,k_2\neq0)$不是 $\boldsymbol{A}$ 的特征向量。

5.3.2 矩阵的特征值和特征向量命题大汇总

(1) n 阶矩阵满足 $\boldsymbol{A\alpha}=\lambda\boldsymbol{\alpha}(\boldsymbol{\alpha}\neq\boldsymbol{0})\Leftrightarrow\boldsymbol{\alpha}$ 是 n 阶矩阵 $\boldsymbol{A}$ 的属于特征值 λ 的特征向量。

(2) $\dfrac{b}{a}$ 是 $\boldsymbol{A}$ 的特征值 $\Leftrightarrow|a\boldsymbol{A}-b\boldsymbol{E}|=0(\ a\neq0\ )$；

λ_0 不是 $\boldsymbol{A}$ 的特征值 $\Leftrightarrow|\boldsymbol{A}-\lambda_0\boldsymbol{E}|\neq0$；

0 是 $\boldsymbol{A}$ 的特征值 $\Leftrightarrow|\boldsymbol{A}|=0$；

0 不是 $\boldsymbol{A}$ 的特征值$\Leftrightarrow |\boldsymbol{A}|\neq 0$。

(3) 若方程组$(\boldsymbol{A}-\lambda_0\boldsymbol{E})\boldsymbol{x}=\boldsymbol{0}$ 有非零解，则 λ_0 是矩阵 $\boldsymbol{A}$ 的特征值，方程组的非零解向量就是矩阵 $\boldsymbol{A}$ 属于 λ_0 的特征向量。

(4) 设 3 阶矩阵 $\boldsymbol{A}=(\boldsymbol{\alpha}_1, \boldsymbol{\alpha}_2, \boldsymbol{\alpha}_3)$，若有 $k_1\boldsymbol{\alpha}_1+k_2\boldsymbol{\alpha}_2+k_3\boldsymbol{\alpha}_3=\boldsymbol{0}$，则非零向量$(k_1, k_2, k_3)^{\mathrm{T}}$ 是矩阵 $\boldsymbol{A}$ 属于特征值 0 的特征向量。

(5) 设 3 阶矩阵 $\boldsymbol{A}=(\boldsymbol{\alpha}_1, \boldsymbol{\alpha}_2, \boldsymbol{\alpha}_3)$，若有 $k_1\boldsymbol{\alpha}_1+k_2\boldsymbol{\alpha}_2+k_3\boldsymbol{\alpha}_3=(k_1, k_2, k_3)^{\mathrm{T}}\neq\boldsymbol{0}$，则 $(k_1, k_2, k_3)^{\mathrm{T}}$ 是矩阵 $\boldsymbol{A}$ 属于特征值 1 的特征向量。

(6) 若 $\boldsymbol{\alpha}$，$\boldsymbol{\beta}$ 均为 n 维非零列向量，则 $\boldsymbol{\alpha}$ 是矩阵 $\boldsymbol{\alpha\beta}^{\mathrm{T}}$ 属于特征值 $\boldsymbol{\beta}^{\mathrm{T}}\boldsymbol{\alpha}$(或 $\boldsymbol{\alpha}^{\mathrm{T}}\boldsymbol{\beta}$)的特征向量。

(7) 若 $\boldsymbol{\alpha}$，$\boldsymbol{\beta}$ 均为 n 维非零列向量，且 $\boldsymbol{\alpha}$ 和 $\boldsymbol{\beta}$ 正交，$\boldsymbol{A}=\boldsymbol{\alpha\alpha}^{\mathrm{T}}+\boldsymbol{\beta\beta}^{\mathrm{T}}$，则 $\boldsymbol{\alpha}$ 和 $\boldsymbol{\beta}$ 都是 $\boldsymbol{A}$ 的特征向量。

(8) 若 $\boldsymbol{\alpha}$，$\boldsymbol{\beta}$ 均为 n 维正交单位列向量，$\boldsymbol{A}=\boldsymbol{\alpha\beta}^{\mathrm{T}}+\boldsymbol{\beta\alpha}^{\mathrm{T}}$，则 $\boldsymbol{\alpha}+\boldsymbol{\beta}$ 是 $\boldsymbol{A}$ 的属于特征值 1 的特征向量，$\boldsymbol{\alpha}-\boldsymbol{\beta}$ 是 $\boldsymbol{A}$ 的属于特征值-1 的特征向量。

(9) 若 $\boldsymbol{A\alpha}=k\boldsymbol{\beta}$，且 $\boldsymbol{A\beta}=k\boldsymbol{\alpha}$，若 $\boldsymbol{\alpha}+\boldsymbol{\beta}\neq\boldsymbol{0}$，且 $\boldsymbol{\alpha}-\boldsymbol{\beta}\neq\boldsymbol{0}$，则 $\boldsymbol{\alpha}+\boldsymbol{\beta}$ 是 $\boldsymbol{A}$ 的属于特征值 k 的特征向量，$\boldsymbol{\alpha}-\boldsymbol{\beta}$ 是 $\boldsymbol{A}$ 的属于特征值$-k$ 的特征向量。

(10) 向量组 $\boldsymbol{A\alpha}$，$\boldsymbol{\alpha}$ 线性相关($\boldsymbol{\alpha}\neq\boldsymbol{0}$)$\Leftrightarrow\boldsymbol{\alpha}$ 是 $\boldsymbol{A}$ 的特征向量。

(11) 三角矩阵和对角矩阵的特征值为矩阵主对角线上元素的值。

(12) n 阶数量矩阵 $k\boldsymbol{E}$ 的特征值都是 k，任意 n 维列向量都是 $k\boldsymbol{E}$ 的特征向量。

(13) n 阶单位矩阵 $\boldsymbol{E}$ 的特征值都是 1，任意 n 维列向量都是 $\boldsymbol{E}$ 的特征向量。

(14) n 阶零矩阵 $\boldsymbol{O}$ 的特征值都是 0，任意 n 维列向量都是 $\boldsymbol{O}$ 的特征向量。

(15) 正交矩阵的特征值的模是 1。正交矩阵的实数特征值为 1 或-1。

(16) 若 n 阶实对称矩阵 $\boldsymbol{A}$ 的列向量两两正交，且长度均为 a，则有 $\boldsymbol{A}^2=a^2\boldsymbol{E}$，于是 $\boldsymbol{A}$ 的特征值在$\{-a, a\}$中选取。

(17) 设 $\boldsymbol{A}$ 为 n 阶“ab”矩阵，则 $\boldsymbol{A}$ 的特征值为 $n-1$ 个 $a-b$ 和 1 个$(n-1)b+a$。

(18) 若 n 阶矩阵的 $\boldsymbol{A}$ 的秩为 1，则 $\boldsymbol{A}$ 的特征值为 $n-1$ 个 0 和 1 个 $\mathrm{tr}(\boldsymbol{A})$。

若 n 阶矩阵的 $\boldsymbol{A}$ 的秩为 1，则一定存在 n 维非零列向量 $\boldsymbol{\alpha}$，$\boldsymbol{\beta}$，使得 $\boldsymbol{A}=\boldsymbol{\alpha\beta}^{\mathrm{T}}$，于是 $\boldsymbol{A}$ 的特征值为 $n-1$ 个 0 和 1 个 $\mathrm{tr}(\boldsymbol{A})=\boldsymbol{\alpha}^{\mathrm{T}}\boldsymbol{\beta}$。

(19) 若 3 阶矩阵 $\boldsymbol{A}$ 的特征值为 λ_1，λ_2，λ_3，则 $\boldsymbol{A}$ 的伴随矩阵 $\boldsymbol{A}^*$ 的特征值为 $\lambda_1\lambda_2$，$\lambda_1\lambda_3$，$\lambda_2\lambda_3$。

(20) 若 $\boldsymbol{\alpha}$ 是矩阵 $\boldsymbol{A}$ 的特征向量，则 $\boldsymbol{\alpha}$ 也是 $\boldsymbol{A}$ 的伴随矩阵 $\boldsymbol{A}^*$ 的特征向量。

(21) 若 $\boldsymbol{\alpha}$ 是矩阵 $\boldsymbol{A}$ 的伴随矩阵 $\boldsymbol{A}^*$ 的特征向量，但 $\boldsymbol{\alpha}$ 不一定是 $\boldsymbol{A}$ 的特征向量。

(22) 若 n 阶矩阵 $\boldsymbol{A}$ 和非零矩阵 $\boldsymbol{B}$ 满足 $\boldsymbol{AB}=\boldsymbol{O}$，则 0 是 $\boldsymbol{A}$ 的特征值，$\boldsymbol{B}$ 的非零列向量都是 $\boldsymbol{A}$ 的属于特征值 0 的特征向量。

(23) 设 $\boldsymbol{A}$ 是 n 阶矩阵，$\boldsymbol{\alpha}_1$，$\boldsymbol{\alpha}_2$，$\boldsymbol{\alpha}_3$ 均是 n 维非零列向量，若 $\boldsymbol{A}(\boldsymbol{\alpha}_1, \boldsymbol{\alpha}_2, \boldsymbol{\alpha}_3)=(a\boldsymbol{\alpha}_1, b\boldsymbol{\alpha}_2, c\boldsymbol{\alpha}_3)$，则 $\boldsymbol{\alpha}_1$，$\boldsymbol{\alpha}_2$，$\boldsymbol{\alpha}_3$ 分别是矩阵 $\boldsymbol{A}$ 的属于特征值 a，b，c 的特征向量。

(24) 若 $\boldsymbol{AP}=\boldsymbol{PB}$，且 $\boldsymbol{P}$ 可逆，则 $\boldsymbol{A}$ 与 $\boldsymbol{B}$ 相似，$\boldsymbol{A}$ 与 $\boldsymbol{B}$ 有相同的特征值。

(25) 若 $\boldsymbol{A}$ 可以相似对角化，且 $r(\boldsymbol{A})=k$，则 $\boldsymbol{A}$ 有 k 个非零特征值。

(26) 若 $\boldsymbol{A}$ 的每行元素之和都是 k，则 k 是 $\boldsymbol{A}$ 的特征值，$(1, 1, \cdots, 1)^{\mathrm{T}}$ 是矩阵 $\boldsymbol{A}$ 的属于特征值 k 的特征向量。

(27) 若 $A(A+2E)(A-3E)=O$，则 A 的特征值在 $\{0, -2, 3\}$ 中选取。

(28) 若 $A^k=O$，则 A 的特征值全是 0。

(29) 若 A 与 B 相似，且 A 有特征值 1，2，3，则 B 的特征值也有 1，2，3。

(30) 若 3 阶实对称矩阵 A 属于 $\lambda=2$ 的特征向量有 $(1, 2, 0)^T$ 和 $(1, 0, 2)^T$，则与它们均正交的向量 $(-2, 1, 1)^T$ 也一定是 A 的特征向量。

(31) 设 3 阶实对称矩阵 A 的特征值为 2，5，5，属于 $\lambda_1=2$ 的特征向量是 $(1, 2, 3)^T$，则方程组 $x_1+2x_2+3x_3=0$ 的非零解向量是 A 的属于 $\lambda_2=\lambda_3=5$ 的特征向量。

(32) 从非齐次线性方程组 $Ax=b$ 的通解中寻找 A 的特征值和特征向量的方法(不一定能找到)。

例如：已知方程组 $Ax=b$ 的通解是 $k(-2, 2, 1)^T+(-6, 3, 0)^T$，且 $b=(6, 3, 6)^T$。

当 $k=-2$ 时，解向量 $x=(-2, -1, -2)^T$ 与 $b=(6, 3, 6)^T$ 线性相关，于是向量 $(-2, -1, -2)^T$ 是矩阵 A 的属于 -3 的特征向量。

5.3.3 特征值的性质及定理

1. 特征值和的性质

n 阶矩阵 A 的所有特征值的和等于矩阵 A 的迹 $\mathrm{tr}(A)$，即

$$\lambda_1+\lambda_2+\cdots+\lambda_n=a_{11}+a_{22}+\cdots+a_{nn}=\mathrm{tr}(A)$$

例如：矩阵 $A=\begin{bmatrix}-10 & 8 & -8\\ -8 & 6 & -8\\ 8 & -8 & 6\end{bmatrix}$ 的特征值为 -2，-2，6，则有

$$-2-2+6=-10+6+6=2$$

2. 特征值积的性质

矩阵 A 的所有特征值的积等于矩阵的行列式，即 $\lambda_1\lambda_2\cdots\lambda_n=|A|$。

例如：矩阵 $A=\begin{bmatrix}-10 & 8 & -8\\ -8 & 6 & -8\\ 8 & -8 & 6\end{bmatrix}$ 的特征值为 -2，-2，6，则有

$$(-2)\times(-2)\times 6=|A|=24$$

3. 零特征值的性质

根据特征值积的性质，有以下零性质：

$|A|=0 \Leftrightarrow 0$ 是矩阵 A 的特征值；

$|A|\neq 0 \Leftrightarrow 0$ 不是矩阵 A 的特征值。

4. $f(\lambda)$ 与 $f(A)$ 定理

若 λ 是矩阵 A 的特征值，且 α 是矩阵 A 属于特征值 λ 的特征向量，则有

$f(\lambda)$ 是矩阵 $f(A)$ 的特征值，α 依然是矩阵 $f(A)$ 属于特征值 $f(\lambda)$ 的特征向量。

例如：若 3 是 A 的特征值，那么矩阵

$$f(A)=A^3+2A^2+10A-E$$

一定有特征值

$$f(3)=3^3+2\times 3^2+10\times 3-1=74$$

表 5.1 给出了几种特殊情况。已知 $\boldsymbol{\alpha}$ 是矩阵 $\boldsymbol{A}$ 属于特征值 λ 的特征向量，则有

(1) $\boldsymbol{\alpha}$ 是矩阵 $k\boldsymbol{A}$ 属于特征值 $k\lambda$ 的特征向量；

(2) $\boldsymbol{\alpha}$ 是矩阵 $\boldsymbol{A}^m$ 属于特征值 λ^m 的特征向量，其中 m 是正整数；

(3) $\boldsymbol{\alpha}$ 是矩阵 $\boldsymbol{A}^{-1}$ 属于特征值 λ^{-1} 的特征向量(设 $\boldsymbol{A}$ 可逆)；

(4) $\boldsymbol{\alpha}$ 是 $\boldsymbol{A}^*$ 属于特征值 $\dfrac{|\boldsymbol{A}|}{\lambda}$ 的特征向量(设 $\lambda\neq0$)；

(5) λ 是 $\boldsymbol{A}$ 的转置矩阵 $\boldsymbol{A}^{\mathrm{T}}$ 的特征值，但 $\boldsymbol{\alpha}$ 一般不是矩阵 $\boldsymbol{A}^{\mathrm{T}}$ 的特征向量；

(6) $\boldsymbol{P}^{-1}\boldsymbol{\alpha}$ 是矩阵 $\boldsymbol{P}^{-1}\boldsymbol{A}\boldsymbol{P}$ 属于特征值 λ 的特征向量。

表 5.1　$f(\lambda)$与 $f(\boldsymbol{A})$定理特例

	已知	结论	特例(1)	特例(2)	特例(3) 设 A 可逆	特例(4) 设 $\lambda\neq0$	特例(5)	特例(6)
矩阵	$\boldsymbol{A}$	$f(\boldsymbol{A})$	$k\boldsymbol{A}$	$\boldsymbol{A}^m$	$\boldsymbol{A}^{-1}$	$\boldsymbol{A}^*$	$\boldsymbol{A}^{\mathrm{T}}$	$\boldsymbol{P}^{-1}\boldsymbol{A}\boldsymbol{P}$
特征值	λ	$f(\lambda)$	$k\lambda$	λ^m	λ^{-1}	$\|\boldsymbol{A}\|\lambda^{-1}$	λ	λ
特征向量	$\boldsymbol{\alpha}$	$\boldsymbol{\alpha}$	$\boldsymbol{\alpha}$	$\boldsymbol{\alpha}$	$\boldsymbol{\alpha}$	$\boldsymbol{\alpha}$		$\boldsymbol{P}^{-1}\boldsymbol{\alpha}$

5. 属于不同特征值的特征向量线性无关定理

(1) 若 $\lambda_1, \lambda_2, \cdots, \lambda_m$ 是矩阵 $\boldsymbol{A}$ 的互不相等的特征值，$\boldsymbol{\alpha}_1, \boldsymbol{\alpha}_2, \cdots, \boldsymbol{\alpha}_m$ 分别是与之对应的特征向量，则 $\boldsymbol{\alpha}_1, \boldsymbol{\alpha}_2, \cdots, \boldsymbol{\alpha}_m$ 线性无关。

(2) 若 $\boldsymbol{\alpha}_1, \boldsymbol{\alpha}_2, \cdots, \boldsymbol{\alpha}_s$ 是矩阵 $\boldsymbol{A}$ 的属于特征值 λ_1 的线性无关的特征向量，$\boldsymbol{\beta}_1, \boldsymbol{\beta}_2, \cdots, \boldsymbol{\beta}_t$ 是矩阵 $\boldsymbol{A}$ 的属于特征值 λ_2 的线性无关的特征向量($\lambda_1\neq\lambda_2$)，则向量组 $\boldsymbol{\alpha}_1, \boldsymbol{\alpha}_2, \cdots, \boldsymbol{\alpha}_s, \boldsymbol{\beta}_1, \boldsymbol{\beta}_2, \cdots, \boldsymbol{\beta}_t$ 线性无关。

6. 特征值的几何重数不会超过代数重数定理

(1) 特征值的代数重数。

若 λ_0 是矩阵 $\boldsymbol{A}$ 的 m 重特征值，则称 m 为特征值 λ_0 的代数重数。

(2) 特征值的几何重数。

若齐次线性方程组 $(\boldsymbol{A}-\lambda_0\boldsymbol{E})\boldsymbol{x}=\boldsymbol{0}$ 基础解系所含解向量的个数是 t，则称 t 为特征值 λ_0 的几何重数。

(3) 定理。

矩阵 $\boldsymbol{A}$ 的所有特征值的几何重数都不会超过其代数重数。

① 若 λ_0 是矩阵 $\boldsymbol{A}$ 的 k 重特征值，那么 $\boldsymbol{A}$ 的属于 λ_0 的线性无关的特征向量最多有 k 个；

② 若 λ_0 是矩阵 $\boldsymbol{A}$ 的 1 重特征值，那么 $\boldsymbol{A}$ 的属于 λ_0 的线性无关的特征向量一定有 1 个；

③ n 阶矩阵 $\boldsymbol{A}$ 有 n 个特征值，$\boldsymbol{A}$ 的线性无关特征向量的个数最多有 n 个。

7. $\boldsymbol{A}$ 与 $\boldsymbol{A}^{\mathrm{T}}$ 有相同的特征值定理

(1) n 阶矩阵 $\boldsymbol{A}$ 与其转置矩阵 $\boldsymbol{A}^{\mathrm{T}}$ 有相同的特征值；

(2) $\boldsymbol{A}$ 与 $\boldsymbol{A}^{\mathrm{T}}$ 的特征向量不一定相同。

8. 矩阵 $\boldsymbol{AB}$ 与 $\boldsymbol{BA}$ 的迹

设 $\boldsymbol{A}$ 和 $\boldsymbol{B}$ 都是 n 阶矩阵，则 $\boldsymbol{AB}$ 与 $\boldsymbol{BA}$ 有相同的特征值，且 $\mathrm{tr}(\boldsymbol{AB})=\mathrm{tr}(\boldsymbol{BA})$。

9. 哈密顿凯莱定理

若 $f(\lambda)$是矩阵 $\boldsymbol{A}$ 的特征多项式，则 $f(\boldsymbol{A})=\boldsymbol{O}$。

10. $g(\boldsymbol{A})=\boldsymbol{O}$ 定理

若 n 阶矩阵 $\boldsymbol{A}$ 满足 $g(\boldsymbol{A})=\boldsymbol{O}$，则 $\boldsymbol{A}$ 的所有特征值都在方程 $g(\lambda)=0$ 的根中选取。

例如：若有 $\boldsymbol{A}(\boldsymbol{A}+2\boldsymbol{E})(\boldsymbol{A}-3\boldsymbol{E})=\boldsymbol{O}$，则 $\boldsymbol{A}$ 的所有特征值只能在$\{0, -2, 3\}$中选取。

注意：若 n 阶矩阵 $\boldsymbol{A}$ 满足 $g(\boldsymbol{A})=\boldsymbol{O}$，但 $g(\lambda)=0$ 并不是矩阵 $\boldsymbol{A}$ 的特征方程，所以 $g(\lambda)=0$ 的根不一定都是 $\boldsymbol{A}$ 的特征值。

5.3.4 实对称矩阵的特征值与特征向量

1. 特征值都是实数

实对称矩阵 $\boldsymbol{A}$ 的所有特征值都是实数，所以对应的特征向量总可以取实向量。

2. 属于不同特征值的特征向量正交

若 $\lambda_1, \lambda_2, \cdots, \lambda_m$ 是实对称矩阵 $\boldsymbol{A}$ 的互不相等的特征值，$\boldsymbol{\alpha}_1, \boldsymbol{\alpha}_2, \cdots, \boldsymbol{\alpha}_m$ 分别是与之对应的特征向量，则 $\boldsymbol{\alpha}_1, \boldsymbol{\alpha}_2, \cdots, \boldsymbol{\alpha}_m$ 两两正交。

3. 矩阵两两正交的特征向量

若 $\boldsymbol{\alpha}_1, \boldsymbol{\alpha}_2, \cdots, \boldsymbol{\alpha}_s$ 是实对称矩阵 $\boldsymbol{A}$ 的属于特征值 λ_1 的线性无关的特征向量，$\boldsymbol{\beta}_1, \boldsymbol{\beta}_2, \cdots, \boldsymbol{\beta}_t$ 是 $\boldsymbol{A}$ 的属于特征值 λ_2 的线性无关的特征向量($\lambda_1\neq\lambda_2$)，根据施密特法则知，矩阵 $\boldsymbol{A}$ 一定可以找到两两正交的特征向量 $\boldsymbol{\xi}_1, \boldsymbol{\xi}_2, \cdots, \boldsymbol{\xi}_{s+t}$。

4. 代数重数等于几何重数

若 $\boldsymbol{A}$ 为实对称矩阵，则 $\boldsymbol{A}$ 的所有特征值的几何重数都等于其代数重数。

5.3.5 相似矩阵的定义及性质

1. 相似矩阵的定义

设 $\boldsymbol{A}, \boldsymbol{B}$ 都为 n 阶矩阵，如果存在可逆矩阵 $\boldsymbol{P}$，使

$$\boldsymbol{P}^{-1}\boldsymbol{A}\boldsymbol{P}=\boldsymbol{B}$$

则称矩阵 $\boldsymbol{A}$ 与 $\boldsymbol{B}$ 相似。

2. 相似矩阵的性质

(1) 相似则等价。

根据矩阵等价和相似的定义，显然有：若 $\boldsymbol{A}$ 与 $\boldsymbol{B}$ 相似，则 $\boldsymbol{A}$ 与 $\boldsymbol{B}$ 等价。相似和等价都具有“传递性”性，即

① 若 $\boldsymbol{A}$ 与 $\boldsymbol{B}$ 相似，且 $\boldsymbol{B}$ 与 $\boldsymbol{C}$ 相似，则 $\boldsymbol{A}$ 与 $\boldsymbol{C}$ 也相似；

② 若 $\boldsymbol{A}$ 与 $\boldsymbol{C}$ 相似，且 $\boldsymbol{B}$ 与 $\boldsymbol{C}$ 相似，则 $\boldsymbol{A}$ 与 $\boldsymbol{B}$ 也相似。

(2) 相似则等秩。

若矩阵 $\boldsymbol{A}$ 与 $\boldsymbol{B}$ 相似，则 $\boldsymbol{A}$ 与 $\boldsymbol{B}$ 等价，所以有 $r(\boldsymbol{A})=r(\boldsymbol{B})$。

(3) 相似则特征值相等。

若矩阵 $\boldsymbol{A}$ 与 $\boldsymbol{B}$ 相似，则 $\boldsymbol{A}$ 与 $\boldsymbol{B}$ 有相同的特征值(相同的特征多项式)。

(4) 相似则行列式相等。

若矩阵 $\boldsymbol{A}$ 与 $\boldsymbol{B}$ 相似，则 $|\boldsymbol{A}|=|\boldsymbol{B}|$。

(5) 相似则迹相等。

若矩阵 $\boldsymbol{A}$ 与 $\boldsymbol{B}$ 相似，则 $\mathrm{tr}(\boldsymbol{A})=\mathrm{tr}(\boldsymbol{B})$。

以上五个性质称为特征值的“五等”性质。

注意：以上“五等”性质都是必要条件。

(6) $f(\boldsymbol{A})$ 与 $f(\boldsymbol{B})$ 的性质。

若矩阵 $\boldsymbol{A}$ 与 $\boldsymbol{B}$ 相似，则 $f(\boldsymbol{A})$ 与 $f(\boldsymbol{B})$ 相似。

例如：若矩阵 $\boldsymbol{A}$ 与 $\boldsymbol{B}$ 相似，则有 $f(\boldsymbol{A})=3\boldsymbol{A}^2-6\boldsymbol{A}+5\boldsymbol{E}$ 与 $f(\boldsymbol{B})=3\boldsymbol{B}^2-6\boldsymbol{B}+5\boldsymbol{E}$ 相似。

表 5.2 给出了一些特例(符号“～”代表相似)。

表 5.2　$f(\boldsymbol{A})$ 与 $f(\boldsymbol{B})$ 相似的特例

已知	结论	特例 1	特例 2(设 $\boldsymbol{A}$，$\boldsymbol{B}$ 都可逆)	特例 3	特例 4	特例 5
$\boldsymbol{A}\sim\boldsymbol{B}$	$f(\boldsymbol{A})\sim f(\boldsymbol{B})$	$\boldsymbol{A}^{\mathrm{T}}\sim\boldsymbol{B}^{\mathrm{T}}$	$\boldsymbol{A}^{-1}\sim\boldsymbol{B}^{-1}$，$\boldsymbol{A}+\boldsymbol{A}^{-1}\sim\boldsymbol{B}+\boldsymbol{B}^{-1}$	$\boldsymbol{A}^*\sim\boldsymbol{B}^*$	$k\boldsymbol{A}\sim k\boldsymbol{B}$	$\boldsymbol{A}^m\sim\boldsymbol{B}^m$

(7) 分块矩阵。

若 $\boldsymbol{A}$ 与 $\boldsymbol{C}$ 相似，$\boldsymbol{B}$ 与 $\boldsymbol{D}$ 相似，则 $\begin{bmatrix}\boldsymbol{A} & \boldsymbol{O}\\ \boldsymbol{O} & \boldsymbol{B}\end{bmatrix}$ 与 $\begin{bmatrix}\boldsymbol{C} & \boldsymbol{O}\\ \boldsymbol{O} & \boldsymbol{D}\end{bmatrix}$ 相似。

(8) 相似矩阵的代数重数和几何重数的性质。

若 $\boldsymbol{A}$ 与 $\boldsymbol{B}$ 相似，则 $\boldsymbol{A}$ 与 $\boldsymbol{B}$ 特征值的代数重数和几何重数都对应相同。

(9) 相似矩阵的相似对角化的性质。

若 $\boldsymbol{A}$ 与 $\boldsymbol{B}$ 相似，则 $\boldsymbol{A}$ 与 $\boldsymbol{B}$ 要么均可以相似对角化，要么均不能相似对角化。

3. 判断两个矩阵 $\boldsymbol{A}$ 与 $\boldsymbol{B}$ 相似的方法

表 5.3 给出了判断矩阵 $\boldsymbol{A}$ 和 $\boldsymbol{B}$ 是否相似的各种情况。

表 5.3　$\boldsymbol{A}$ 与 $\boldsymbol{B}$ 相似与不相似的各种条件

<table>
<tr><td rowspan="3">条件</td><td rowspan="3">A 与 B 的特征值不同</td><td colspan="4">A 与 B 特征值相同(重数也相同)</td></tr>
<tr><td rowspan="2">A 与 B 中，一个可以对角化，一个不能对角化</td><td rowspan="2">A 与 B 都能对角化</td><td colspan="2">A 与 B 都不能对角化</td></tr>
<tr><td>A 与 B 对应特征值的几何重数不同</td><td>A 与 B 对应特征值的几何重数都相同，且 A、B 都是 2 阶或 3 阶矩阵</td></tr>
<tr><td>结果</td><td>A 与 B 不相似</td><td>A 与 B 不相似</td><td>A 与 B 相似</td><td>A 与 B 不相似</td><td>A 与 B 相似</td></tr>
</table>

5.3.6　矩阵的相似对角化

1. 矩阵相似对角化的定义

对于 n 阶矩阵 $\boldsymbol{A}$，寻求可逆矩阵 $\boldsymbol{P}$，使得 $\boldsymbol{P}^{-1}\boldsymbol{A}\boldsymbol{P}=\boldsymbol{\Lambda}$ 为对角阵，称为把矩阵 $\boldsymbol{A}$ 相似对角化。

有的矩阵可以相似对角化，有的矩阵不能相似对角化。

2. 矩阵相似对角化的过程

第一步，求出 n 阶矩阵 $\boldsymbol{A}$ 的 n 个特征值 $\lambda_1, \lambda_2, \cdots, \lambda_n$。

第二步，求出 n 个特征值 $\lambda_1, \lambda_2, \cdots, \lambda_n$ 对应的 n 个特征向量 $\boldsymbol{\alpha}_1, \boldsymbol{\alpha}_2, \cdots, \boldsymbol{\alpha}_n$。于是有

$$\boldsymbol{A\alpha}_1=\lambda_1\boldsymbol{\alpha}_1, \boldsymbol{A\alpha}_2=\lambda_2\boldsymbol{\alpha}_2, \cdots, \boldsymbol{A\alpha}_n=\lambda_n\boldsymbol{\alpha}_n,$$

$$(\boldsymbol{A\alpha}_1, \boldsymbol{A\alpha}_2, \cdots, \boldsymbol{A\alpha}_n)=(\lambda_1\boldsymbol{\alpha}_1, \lambda_2\boldsymbol{\alpha}_2, \cdots, \lambda_n\boldsymbol{\alpha}_n),$$

$$\boldsymbol{A}(\boldsymbol{\alpha}_1, \boldsymbol{\alpha}_2, \cdots, \boldsymbol{\alpha}_n)=(\boldsymbol{\alpha}_1, \boldsymbol{\alpha}_2, \cdots, \boldsymbol{\alpha}_n)\begin{bmatrix}\lambda_1 & & & \\ & \lambda_2 & & \\ & & \ddots & \\ & & & \lambda_n\end{bmatrix}$$

令 $\boldsymbol{P}=(\boldsymbol{\alpha}_1, \boldsymbol{\alpha}_2, \cdots, \boldsymbol{\alpha}_n)$，$\boldsymbol{\Lambda}=\begin{bmatrix}\lambda_1 & & & \\ & \lambda_2 & & \\ & & \ddots & \\ & & & \lambda_n\end{bmatrix}$，上式化简为

$$\boldsymbol{AP}=\boldsymbol{P\Lambda}$$

第三步，分析矩阵 $\boldsymbol{P}=(\boldsymbol{\alpha}_1, \boldsymbol{\alpha}_2, \cdots, \boldsymbol{\alpha}_n)$，若构成矩阵 $\boldsymbol{P}$ 的列向量组 $\boldsymbol{\alpha}_1, \boldsymbol{\alpha}_2, \cdots, \boldsymbol{\alpha}_n$ 为线性无关的特征向量，则 $\boldsymbol{P}$ 为可逆矩阵，于是有

$$\boldsymbol{P}^{-1}\boldsymbol{AP}=\boldsymbol{\Lambda}$$

即 $\boldsymbol{A}$ 可以相似对角化；否则，若矩阵 $\boldsymbol{A}$ 没有 n 个线性无关的特征向量，那么，矩阵 $\boldsymbol{A}$ 就不能相似对角化。

3. 矩阵相似对角化定理

(1) 充分必要条件定理 1。

n 阶矩阵 $\boldsymbol{A}$ 可以相似对角化的充分必要条件是：$\boldsymbol{A}$ 有 n 个线性无关的特征向量。

(2) 充分必要条件定理 2。

n 阶矩阵 $\boldsymbol{A}$ 可以相似对角化的充分必要条件是：$\boldsymbol{A}$ 的每一个特征值的几何重数都等于其代数重数。

(3) 充分条件定理 1。

若 n 阶矩阵 $\boldsymbol{A}$ 有 n 个互不相等的特征值，则 $\boldsymbol{A}$ 可以相似对角化。

(4) 充分条件定理 2(实对称矩阵定理)

n 阶实对称矩阵 $\boldsymbol{A}$ 一定可以对角化，且一定存在正交矩阵 $\boldsymbol{Q}$，使得

$$\boldsymbol{Q}^{-1}\boldsymbol{AQ}=\boldsymbol{Q}^{\mathrm{T}}\boldsymbol{AQ}=\begin{bmatrix}\lambda_1 & & & \\ & \lambda_2 & & \\ & & \ddots & \\ & & & \lambda_n\end{bmatrix}$$

其中 $\lambda_1, \lambda_2, \cdots, \lambda_n$ 为 $\boldsymbol{A}$ 的特征值，矩阵 $\boldsymbol{Q}$ 的列向量分别为矩阵 $\boldsymbol{A}$ 属于特征值 $\lambda_1, \lambda_2, \cdots, \lambda_n$ 的两两正交的单位特征向量。

实对称矩阵相似对角化的过程如下：

第一步，求出 n 阶矩阵 $\boldsymbol{A}$ 的 n 个特征值 $\lambda_1, \lambda_2, \cdots, \lambda_n$。

第二步，求出 n 个特征值 $\lambda_1, \lambda_2, \cdots, \lambda_n$ 对应的 n 个特征向量 $\boldsymbol{\alpha}_1, \boldsymbol{\alpha}_2, \cdots, \boldsymbol{\alpha}_n$。

第三步，把特征向量正交化：$\boldsymbol{\xi}_1, \boldsymbol{\xi}_2, \cdots, \boldsymbol{\xi}_n$。

第四步，把特征向量单位化：$\boldsymbol{q}_1, \boldsymbol{q}_2, \cdots, \boldsymbol{q}_n$。

第五步，写出正交矩阵和对应的对角矩阵：$\boldsymbol{Q}=(\boldsymbol{q}_1, \boldsymbol{q}_2, \cdots, \boldsymbol{q}_n)$，

$$\boldsymbol{Q}^{-1}\boldsymbol{A}\boldsymbol{Q}=\boldsymbol{Q}^{\mathrm{T}}\boldsymbol{A}\boldsymbol{Q}=\begin{bmatrix}\lambda_1 & & & \\ & \lambda_2 & & \\ & & \ddots & \\ & & & \lambda_n\end{bmatrix}$$

(5) 充分条件定理3。

若 $(\boldsymbol{A}-k_1\boldsymbol{E})(\boldsymbol{A}-k_2\boldsymbol{E})=\boldsymbol{O}(k_1\neq k_2)$，则矩阵 $\boldsymbol{A}$ 可以相似对角化(参见例5.5)。

(6) 充分条件定理4。

若 $r(\boldsymbol{A})=1$，且 $\mathrm{tr}(\boldsymbol{A})\neq 0$，则 $\boldsymbol{A}$ 可以相似对角化。

(7) 充分条件定理5。

若 $\boldsymbol{\alpha}, \boldsymbol{\beta}$ 均为 n 维列向量，$\boldsymbol{A}=\boldsymbol{\alpha}\boldsymbol{\beta}^{\mathrm{T}}$，且 $\boldsymbol{\alpha}^{\mathrm{T}}\boldsymbol{\beta}\neq 0$，则 $\boldsymbol{A}$ 可以相似对角化。

(8) 充分条件定理6。

若 $\boldsymbol{A}$ 是二阶矩阵，且 $|\boldsymbol{A}|<0$，则 $\boldsymbol{A}$ 可以相似对角化(参见例5.17)。

(9) 必要条件。

若 $\boldsymbol{A}$ 可以相似对角化，则 $\boldsymbol{A}$ 的秩等于 $\boldsymbol{A}$ 的非零特征值的个数。

(10) 不能相似对角化的特殊矩阵。

① 若 $\boldsymbol{A}$ 为非零三角矩阵，且主对角线元素全为0，则 $\boldsymbol{A}$ 不能相似对角化；

② 若 $r(\boldsymbol{A})=1$，且 $\mathrm{tr}(\boldsymbol{A})=0$，则 $\boldsymbol{A}$ 不可以相似对角化；

③ 若 $\boldsymbol{\alpha}, \boldsymbol{\beta}$ 均为 n 维非零列向量，$\boldsymbol{A}=\boldsymbol{\alpha}\boldsymbol{\beta}^{\mathrm{T}}$，且 $\boldsymbol{\alpha}^{\mathrm{T}}\boldsymbol{\beta}=0$，则 $\boldsymbol{A}$ 不能相似对角化；

④ 若 n 阶非零矩阵 $\boldsymbol{A}$ 满足 $\boldsymbol{A}^k=\boldsymbol{O}$($k$ 为正整数)，则 $\boldsymbol{A}$ 不可以相似对角化；

⑤ 若 $\boldsymbol{A}$ 的所有特征值均为 k，且 $\boldsymbol{A}\neq k\boldsymbol{E}$，则 $\boldsymbol{A}$ 不能相似对角化。

5.4　典型例题分析

【例5.1】　(2023，数学二、数学三)设矩阵 $\boldsymbol{A}$ 满足：对任意 x_1, x_2, x_3 均有

$$\boldsymbol{A}\begin{bmatrix}x_1\\x_2\\x_3\end{bmatrix}=\begin{bmatrix}x_1+x_2+x_3\\2x_1-x_2+x_3\\x_2-x_3\end{bmatrix}。$$

(1) 求 $\boldsymbol{A}$；

(2) 求可逆矩阵 $\boldsymbol{P}$ 与对角矩阵 $\boldsymbol{\Lambda}$，使得 $\boldsymbol{P}^{-1}\boldsymbol{A}\boldsymbol{P}=\boldsymbol{\Lambda}$。

【思路】　利用矩阵乘法，把已知矩阵等式化简为方程组的形式。

【解】　(1) 对已知矩阵等式进行化简：

$$\boldsymbol{A}\begin{bmatrix}x_1\\x_2\\x_3\end{bmatrix}=\begin{bmatrix}1 & 1 & 1\\2 & -1 & 1\\0 & 1 & -1\end{bmatrix}\begin{bmatrix}x_1\\x_2\\x_3\end{bmatrix}$$

记

$$B=\begin{bmatrix}1 & 1 & 1\\ 2 & -1 & 1\\ 0 & 1 & -1\end{bmatrix}$$

则有

$$(A-B)\begin{bmatrix}x_1\\ x_2\\ x_3\end{bmatrix}=\begin{bmatrix}0\\ 0\\ 0\end{bmatrix}$$

已知对任意 x_1，x_2，x_3 以上等式均成立，则 $A-B=O$，于是

$$A=B=\begin{bmatrix}1 & 1 & 1\\ 2 & -1 & 1\\ 0 & 1 & -1\end{bmatrix}$$

(2) 求解 A 的特征方程 $|A-\lambda E|=0$，有

$$\begin{vmatrix}1-\lambda & 1 & 1\\ 2 & -1-\lambda & 1\\ 0 & 1 & -1-\lambda\end{vmatrix}\xlongequal{c_1-2c_3}\begin{vmatrix}-1-\lambda & 1 & 1\\ 0 & -1-\lambda & 1\\ 2+2\lambda & 1 & -1-\lambda\end{vmatrix}\xlongequal{r_3+2r_1}$$

$$\begin{vmatrix}-1-\lambda & 1 & 1\\ 0 & -1-\lambda & 1\\ 0 & 3 & 1-\lambda\end{vmatrix}\xlongequal{\text{按}c_1\text{展开}}(-1-\lambda)(\lambda+2)(\lambda-2)=0$$

得 $\lambda_1=-1$，$\lambda_2=-2$，$\lambda_3=2$。

当 $\lambda_1=-1$ 时，解方程组 $(A+E)x=0$，得基础解系为 $(-1,0,2)^T$。

当 $\lambda_2=-2$ 时，解方程组 $(A+2E)x=0$，得基础解系为 $(0,-1,1)^T$。

当 $\lambda_3=2$ 时，解方程组 $(A-2E)x=0$，得基础解系为 $(4,3,1)^T$。

令 $P=\begin{bmatrix}-1 & 0 & 4\\ 0 & -1 & 3\\ 2 & 1 & 1\end{bmatrix}$，则有 $P^{-1}AP=\Lambda$，其中 $\Lambda=\begin{bmatrix}-1 & & \\ & -2 & \\ & & 2\end{bmatrix}$。

【评注】 本题考查了以下知识点：

(1) 把一个向量拆分为一个矩阵与一个向量的乘积：

$$\begin{bmatrix}x_1+x_2+x_3\\ 2x_1-x_2+x_3\\ x_2-x_3\end{bmatrix}=\begin{bmatrix}1 & 1 & 1\\ 2 & -1 & 1\\ 0 & 1 & -1\end{bmatrix}\begin{bmatrix}x_1\\ x_2\\ x_3\end{bmatrix}$$

(2) 若对任意向量 x，方程组 $Ax=0$ 均成立，则 $A=O$。

【秘籍】 在求解特征方程 $|A-\lambda E|=0$ 时，想方设法通过初等变换把行列式其中一行(列)化出两个 0，于是按这行(列)展开，从而快速求得所有特征值。

【例 5.2】 已知 A 是 3 阶矩阵，非齐次线性方程组 $Ax=b$ 的通解为 $2b+k_1\xi_1+k_2\xi_2$，k_1，k_2 为任意常数。求 A 的特征值和特征向量。

【思路】 根据 $Ax=b$ 的通解，深度挖掘相关信息。

【解】 从非齐次线性方程组 $Ax=b$ 的通解 $2b+k_1\xi_1+k_2\xi_2$ 中，可以得出以下信息：

(1) 因为 A 为 3 阶矩阵，通解中有两个参数，所以 $r(A)=3-2=1$。

(2) $\boldsymbol{\xi}_1$，$\boldsymbol{\xi}_2$ 是 $\boldsymbol{Ax}=\boldsymbol{0}$ 的基础解系，则 $\boldsymbol{\xi}_1$，$\boldsymbol{\xi}_2$ 是矩阵 $\boldsymbol{A}$ 的属于特征值 0 的线性无关的特征向量，于是 0 是矩阵 $\boldsymbol{A}$ 的至少二重特征值。

(3) $\boldsymbol{A}(2\boldsymbol{b})=\boldsymbol{b}$，则有 $\boldsymbol{Ab}=\dfrac{1}{2}\boldsymbol{b}$，于是 $\boldsymbol{b}$ 是矩阵 $\boldsymbol{A}$ 属于特征值 0.5 的特征向量。

综上分析得，3 阶矩阵 $\boldsymbol{A}$ 的特征值分别为 0，0，$\dfrac{1}{2}$。

矩阵 $\boldsymbol{A}$ 属于特征值 0 的特征向量为 $c_1\boldsymbol{\xi}_1+c_2\boldsymbol{\xi}_2$，$c_1$，$c_2$ 为不同时为零的任意常数。

矩阵 $\boldsymbol{A}$ 属于特征值 $\dfrac{1}{2}$ 的特征向量为 $c\boldsymbol{b}$，c 为非零的任意常数。

【评注】 本题考查了以下知识点：

(1) 从非齐次线性方程组的通解中可以挖掘出大量信息，参见第 4 章 4.3.8 小节内容。

(2) 方程组 $\boldsymbol{Ax}=\boldsymbol{0}$ 的非零解向量就是矩阵 $\boldsymbol{A}$ 的属于特征值 0 的特征向量。

(3) 矩阵 $\boldsymbol{A}$ 的特征值的几何重数不会超过代数重数。

【例 5.3】 (2021，数学二、数学三)设矩阵 $\boldsymbol{A}=\begin{bmatrix}2&1&0\\1&2&0\\1&a&b\end{bmatrix}$ 仅有两个不同的特征值。若 $\boldsymbol{A}$ 相似于对角矩阵，求 a，b 的值，并求可逆矩阵 $\boldsymbol{P}$，使 $\boldsymbol{P}^{-1}\boldsymbol{AP}$ 为对角矩阵。

【思路】 根据特征方程确定参数 a，b 的值。

【解】 求解矩阵 $\boldsymbol{A}$ 的特征方程：

$$|\boldsymbol{A}-\lambda\boldsymbol{E}|=\begin{vmatrix}2-\lambda&1&0\\1&2-\lambda&0\\1&a&b-\lambda\end{vmatrix}\xlongequal{\text{按}c_3\text{展开}}(b-\lambda)(\lambda-1)(\lambda-3)=0$$

解得 $\lambda=1$ 或 $\lambda=3$ 或 $\lambda=b$，因为 $\boldsymbol{A}$ 仅有两个不同的特征值，所以分两种情况进行讨论。

(1) $b=1$，即 $\lambda_1=\lambda_2=1$，$\lambda_3=3$。

当 $\lambda_1=\lambda_2=1$ 时，求解方程组 $(\boldsymbol{A}-\boldsymbol{E})\boldsymbol{x}=\boldsymbol{0}$，其系数矩阵为

$$\boldsymbol{A}-\boldsymbol{E}=\begin{bmatrix}1&1&0\\1&1&0\\1&a&0\end{bmatrix}$$

因为矩阵 $\boldsymbol{A}$ 可以相似对角化，所以 $r(\boldsymbol{A}-\boldsymbol{E})=1$，于是得 $a=1$，进而求得方程组 $(\boldsymbol{A}-\boldsymbol{E})\boldsymbol{x}=\boldsymbol{0}$ 的基础解系，即矩阵 $\boldsymbol{A}$ 属于 1 的线性无关的特征向量为

$$\boldsymbol{p}_1=(-1,\ 1,\ 0)^{\mathrm{T}},\ \boldsymbol{p}_2=(0,\ 0,\ 1)^{\mathrm{T}}$$

当 $\lambda_3=3$ 时，求解方程组 $(\boldsymbol{A}-3\boldsymbol{E})\boldsymbol{x}=\boldsymbol{0}$，对其系数矩阵进行初等行变换：

$$\boldsymbol{A}-3\boldsymbol{E}=\begin{bmatrix}-1&1&0\\1&-1&0\\1&1&-2\end{bmatrix}\to\begin{bmatrix}1&0&-1\\0&1&-1\\0&0&0\end{bmatrix}$$

得方程组 $(\boldsymbol{A}-3\boldsymbol{E})\boldsymbol{x}=\boldsymbol{0}$ 的基础解系，即矩阵 $\boldsymbol{A}$ 属于 3 的特征向量为

$$\boldsymbol{p}_3=(1,\ 1,\ 1)^{\mathrm{T}}$$

于是可以得到可逆矩阵

$$\boldsymbol{P}=[\boldsymbol{p}_1,\ \boldsymbol{p}_2,\ \boldsymbol{p}_3]=\begin{bmatrix}-1&0&1\\1&0&1\\0&1&1\end{bmatrix}$$

有

$$P^{-1}AP=\Lambda=\begin{bmatrix}1&&\\&1&\\&&3\end{bmatrix}$$

(2) $b=3$，即 $\lambda_1=\lambda_2=3$，$\lambda_3=1$。

当 $\lambda_1=\lambda_2=3$ 时，求解方程组 $(\boldsymbol{A}-3\boldsymbol{E})\boldsymbol{x}=\boldsymbol{0}$，其系数矩阵为

$$\boldsymbol{A}-3\boldsymbol{E}=\begin{bmatrix}-1&1&0\\1&-1&0\\1&a&0\end{bmatrix}$$

因为矩阵 $\boldsymbol{A}$ 可以相似对角化，所以 $r(\boldsymbol{A}-3\boldsymbol{E})=1$，于是得 $a=-1$，进而求得方程组 $(\boldsymbol{A}-3\boldsymbol{E})\boldsymbol{x}=\boldsymbol{0}$ 的基础解系，即矩阵 $\boldsymbol{A}$ 属于 3 的线性无关的特征向量为

$$\boldsymbol{p}_1=(1,\ 1,\ 0)^{\mathrm{T}},\ \boldsymbol{p}_2=(0,\ 0,\ 1)^{\mathrm{T}}$$

当 $\lambda_3=1$ 时，求解方程组 $(\boldsymbol{A}-\boldsymbol{E})\boldsymbol{x}=\boldsymbol{0}$，对其系数矩阵进行初等行变换：

$$\boldsymbol{A}-\boldsymbol{E}=\begin{bmatrix}1&1&0\\1&1&0\\1&-1&2\end{bmatrix}\to\begin{bmatrix}1&0&1\\0&1&-1\\0&0&0\end{bmatrix}$$

得方程组 $(\boldsymbol{A}-\boldsymbol{E})\boldsymbol{x}=\boldsymbol{0}$ 的基础解系，即矩阵 $\boldsymbol{A}$ 属于 1 的特征向量为

$$\boldsymbol{p}_3=(-1,\ 1,\ 1)^{\mathrm{T}}$$

于是可以得到可逆矩阵

$$\boldsymbol{P}=[\boldsymbol{p}_1,\ \boldsymbol{p}_2,\ \boldsymbol{p}_3]=\begin{bmatrix}1&0&-1\\1&0&1\\0&1&1\end{bmatrix}$$

有

$$P^{-1}AP=\Lambda=\begin{bmatrix}3&&\\&3&\\&&1\end{bmatrix}$$

【评注】 本题是一道常规题目，需要分别讨论两种情况。

【例 5.4】 (2020，数学二、数学三)设 $\boldsymbol{A}$ 为 3 阶矩阵，$\boldsymbol{\alpha}_1$，$\boldsymbol{\alpha}_2$ 为 $\boldsymbol{A}$ 的属于特征值 1 的线性无关的特征向量，$\boldsymbol{\alpha}_3$ 为 $\boldsymbol{A}$ 的属于特征值 -1 的特征向量，则满足 $\boldsymbol{P}^{-1}\boldsymbol{A}\boldsymbol{P}=\begin{bmatrix}1&0&0\\0&-1&0\\0&0&1\end{bmatrix}$ 的可逆矩阵 $\boldsymbol{P}$ 可为(　　)。

(A) $(\boldsymbol{\alpha}_1+\boldsymbol{\alpha}_3,\ \boldsymbol{\alpha}_2,\ -\boldsymbol{\alpha}_3)$　　(B) $(\boldsymbol{\alpha}_1+\boldsymbol{\alpha}_2,\ \boldsymbol{\alpha}_2,\ -\boldsymbol{\alpha}_3)$

(C) $(\boldsymbol{\alpha}_1+\boldsymbol{\alpha}_3,\ -\boldsymbol{\alpha}_3,\ \boldsymbol{\alpha}_2)$　　(D) $(\boldsymbol{\alpha}_1+\boldsymbol{\alpha}_2,\ -\boldsymbol{\alpha}_3,\ \boldsymbol{\alpha}_2)$

【思路】 根据对角矩阵主对角线上的元素来确定矩阵 $\boldsymbol{P}$ 的三列。

【解】 因为对角矩阵主对角线上的元素为 1，-1，1，所以矩阵 $\boldsymbol{P}$ 的第 1，2，3 列分别是矩阵 $\boldsymbol{A}$ 的属于特征值 1，-1，1 的线性无关的特征向量。

因为 $\boldsymbol{\alpha}_1$，$\boldsymbol{\alpha}_2$ 为 $\boldsymbol{A}$ 的属于特征值 1 的线性无关的特征向量，所以 $\boldsymbol{\alpha}_1+\boldsymbol{\alpha}_2$ 依然是 $\boldsymbol{A}$ 的属于特征值 1 的特征向量。

因为 $\boldsymbol{\alpha}_3$ 为 $\boldsymbol{A}$ 的属于特征值 -1 的特征向量，所以 $-\boldsymbol{\alpha}_3$ 也是 $\boldsymbol{A}$ 的属于特征值 -1 的特征向量。于是选项 D 正确。

【评注】 本题考查了以下知识点：

(1) 矩阵 $\boldsymbol{A}$ 相似对角化的过程，参见本章第 5.3.6 小节内容。

(2) 若 $\boldsymbol{\alpha}_1$，$\boldsymbol{\alpha}_2$ 是 $\boldsymbol{A}$ 的属于特征值 λ_0 的特征向量，则非零向量 $k_1\boldsymbol{\alpha}_1+k_2\boldsymbol{\alpha}_2$ 依然是 $\boldsymbol{A}$ 的属于特征值 λ_0 的特征向量。

(3) 若 $\boldsymbol{\alpha}_1$ 是 $\boldsymbol{A}$ 的属于特征值 λ_1 的特征向量，$\boldsymbol{\alpha}_2$ 是 $\boldsymbol{A}$ 的属于特征值 λ_2 的特征向量，且 $\lambda_1\neq\lambda_2$，则 $\boldsymbol{\alpha}_1+\boldsymbol{\alpha}_2$ 不是 $\boldsymbol{A}$ 的特征向量。

【例 5.5】 设 $\boldsymbol{A}=(a_{ij})$ 为 n 阶矩阵，且满足 $\boldsymbol{A}^2=2\boldsymbol{A}$。

(1) 证明：矩阵 $\boldsymbol{A}$ 可以相似对角化；

(2) 设 A_{ij} 是 a_{ij} 的代数余子式，$\boldsymbol{A}$ 的秩为 $n-1$，求 $A_{11}+A_{22}+\cdots+A_{nn}$ 的值。

【思路】 (1) 从 $\boldsymbol{A}^2=2\boldsymbol{A}$ 出发，讨论矩阵 $\boldsymbol{A}$ 和 $\boldsymbol{A}-2\boldsymbol{E}$ 的秩，进而证明 $\boldsymbol{A}$ 有 n 个线性无关的特征向量。

(2) 通过计算伴随矩阵 $\boldsymbol{A}^*$ 的特征值来确定 $A_{11}+A_{22}+\cdots+A_{nn}$ 的值。

【证明】 (1) 因为 $\boldsymbol{A}^2=2\boldsymbol{A}$，则有 $\boldsymbol{A}(\boldsymbol{A}-2\boldsymbol{E})=\boldsymbol{O}$，于是有

$$r(\boldsymbol{A})+r(\boldsymbol{A}-2\boldsymbol{E})\leqslant n$$

另一方面，

$$r(\boldsymbol{A})+r(\boldsymbol{A}-2\boldsymbol{E})=r(\boldsymbol{A})+r(2\boldsymbol{E}-\boldsymbol{A})\geqslant r(\boldsymbol{A}+2\boldsymbol{E}-\boldsymbol{A})=r(2\boldsymbol{E})=n$$

综上分析得

$$r(\boldsymbol{A})+r(\boldsymbol{A}-2\boldsymbol{E})=n$$

设 $r(\boldsymbol{A})=r$，$r(\boldsymbol{A}-2\boldsymbol{E})=n-r$，则方程组 $\boldsymbol{Ax}=\boldsymbol{0}$ 有 $n-r$ 个线性无关的解向量，即矩阵 $\boldsymbol{A}$ 属于特征值 0 的线性无关的特征向量有 $n-r$ 个；方程组 $(\boldsymbol{A}-2\boldsymbol{E})\boldsymbol{x}=\boldsymbol{0}$ 有 $n-(n-r)=r$ 个线性无关的解向量，即矩阵 $\boldsymbol{A}$ 属于特征值 2 的线性无关的特征向量有 r 个。于是矩阵 $\boldsymbol{A}$ 有 $n-r+r=n$ 个线性无关的特征向量，故 $\boldsymbol{A}$ 可以相似对角化。

(2) 因为 $\boldsymbol{A}$ 的秩为 $n-1$，所以方程组 $\boldsymbol{Ax}=\boldsymbol{0}$ 有 $n-(n-1)=1$ 个线性无关的解向量，设 $\boldsymbol{p}_1$ 是 $\boldsymbol{A}$ 的属于 0 的特征向量，根据(1)证明结果知，$r(\boldsymbol{A}-2\boldsymbol{E})=n-(n-1)=1$，所以方程组 $(\boldsymbol{A}-2\boldsymbol{E})\boldsymbol{x}=\boldsymbol{0}$ 有 $n-1$ 个线性无关的解向量。设 $\boldsymbol{p}_2$，$\boldsymbol{p}_3$，$\cdots$，$\boldsymbol{p}_n$ 是 $\boldsymbol{A}$ 的属于 2 的线性无关的特征向量，令

$$\boldsymbol{P}=(\boldsymbol{p}_1, \boldsymbol{p}_2, \boldsymbol{p}_3, \cdots, \boldsymbol{p}_n)$$

则有

$$\boldsymbol{P}^{-1}\boldsymbol{AP}=\boldsymbol{\Lambda}=\begin{bmatrix}0 & & & \\ & 2 & & \\ & & \ddots & \\ & & & 2\end{bmatrix}$$

对以上等式两端取伴随运算，有

$$(\boldsymbol{P}^{-1}\boldsymbol{AP})^*=\boldsymbol{\Lambda}^*, \quad \boldsymbol{P}^*\boldsymbol{A}^*(\boldsymbol{P}^*)^{-1}=\boldsymbol{\Lambda}^*=\begin{bmatrix}2^{n-1} & & & \\ & 0 & & \\ & & \ddots & \\ & & & 0\end{bmatrix}$$

显然 $\boldsymbol{P}^*$ 也可逆，则上式说明矩阵 $\boldsymbol{A}^*$ 与 $\boldsymbol{\Lambda}^*$ 相似，于是 $\mathrm{tr}(\boldsymbol{A}^*)=\mathrm{tr}(\boldsymbol{\Lambda}^*)=2^{n-1}$，故

$$A_{11}+A_{22}+\cdots+A_{nn}=\mathrm{tr}(\boldsymbol{A}^*)=2^{n-1}$$

【评注】 本题考查了以下知识点：

(1) n 阶矩阵 $\boldsymbol{A}$ 和 $\boldsymbol{B}$，满足 $\boldsymbol{AB}=\boldsymbol{O}$，则 $r(\boldsymbol{A})+r(\boldsymbol{B})\leqslant n$。

(2) $r(\boldsymbol{A})+r(\boldsymbol{B})\geqslant r(\boldsymbol{A}+\boldsymbol{B})$。

(3) $r(k\boldsymbol{A})=r(\boldsymbol{A})(k\neq 0)$。

(4) 设 $\boldsymbol{A}$ 为 n 阶矩阵，方程组 $\boldsymbol{Ax}=\boldsymbol{0}$ 的基础解系含有 $n-r(\boldsymbol{A})$ 个线性无关的解向量。

(5) 方程组 $(\boldsymbol{A}-k\boldsymbol{E})\boldsymbol{x}=\boldsymbol{0}$ 的非零解向量就是矩阵 $\boldsymbol{A}$ 属于特征值 k 的特征向量。

(6) n 阶矩阵 $\boldsymbol{A}$ 可以相似对角化的充要条件是 $\boldsymbol{A}$ 有 n 个线性无关的特征向量。

(7) 若 $\boldsymbol{P}^{-1}\boldsymbol{AP}=\boldsymbol{B}$，则矩阵 $\boldsymbol{A}$ 与 $\boldsymbol{B}$ 相似。

(8) 若 $\boldsymbol{A}$ 与 $\boldsymbol{B}$ 相似，则 $\mathrm{tr}(\boldsymbol{A})=\mathrm{tr}(\boldsymbol{B})$。

(9) $\boldsymbol{A}$ 的伴随矩阵 $\boldsymbol{A}^*$ 是由 $|\boldsymbol{A}|$ 的所有元素的代数余子式构造而成的，所以有

$$A_{11}+A_{22}+\cdots+A_{nn}=\mathrm{tr}(\boldsymbol{A}^*)$$

【秘籍】 (1) 若 n 阶矩阵 $\boldsymbol{A}$ 满足 $(\boldsymbol{A}-a\boldsymbol{E})(\boldsymbol{A}-b\boldsymbol{E})=\boldsymbol{O}$，$a\neq b$，则有

① 矩阵 $\boldsymbol{A}$ 的特征值在 $\{a, b\}$ 中选取；

② $r(\boldsymbol{A}-a\boldsymbol{E})+r(\boldsymbol{A}-b\boldsymbol{E})=n$；

③ 矩阵 $\boldsymbol{A}$ 可以相似对角化。

(2) 若 $\boldsymbol{A}$ 可以相似对角化，且 $\boldsymbol{A}$ 的特征值为 $\lambda_1, \lambda_2, \cdots, \lambda_{n-1}, 0$，则 $\boldsymbol{A}$ 的伴随矩阵 $\boldsymbol{A}^*$ 的特征值为 $0, \cdots, 0, \lambda_1\lambda_2\cdots\lambda_{n-1}$。

【例 5.6】 (2003，数学一)设矩阵 $\boldsymbol{A}=\begin{bmatrix}3&2&2\\2&3&2\\2&2&3\end{bmatrix}$，$\boldsymbol{P}=\begin{bmatrix}0&1&0\\1&0&1\\0&0&1\end{bmatrix}$，$\boldsymbol{B}=\boldsymbol{P}^{-1}\boldsymbol{A}^*\boldsymbol{P}$，求 $\boldsymbol{B}+2\boldsymbol{E}$ 的特征值与特征向量，其中 $\boldsymbol{A}^*$ 是 $\boldsymbol{A}$ 的伴随矩阵，$\boldsymbol{E}$ 为单位矩阵。

【思路】 先后计算矩阵 $\boldsymbol{A}$，$\boldsymbol{A}^*$，$\boldsymbol{B}$ 和 $\boldsymbol{B}+2\boldsymbol{E}$ 的特征值和特征向量。

【解】 第一步，计算矩阵 $\boldsymbol{A}$ 的特征值和特征向量。

求解特征方程 $|\boldsymbol{A}-\lambda\boldsymbol{E}|=0$，解得 $\lambda_1=\lambda_2=1$，$\lambda_3=7$。

当 $\lambda_1=\lambda_2=1$ 时，解方程组 $(\boldsymbol{A}-\boldsymbol{E})\boldsymbol{x}=\boldsymbol{0}$，得 $\boldsymbol{\alpha}_1=(-1, 1, 0)^{\mathrm{T}}$，$\boldsymbol{\alpha}_2=(-1, 0, 1)^{\mathrm{T}}$。

当 $\lambda_3=7$ 时，解方程组 $(\boldsymbol{A}-7\boldsymbol{E})\boldsymbol{x}=\boldsymbol{0}$，得 $\boldsymbol{\alpha}_3=(1, 1, 1)^{\mathrm{T}}$。

第二步，计算 $\boldsymbol{A}$ 的伴随矩阵 $\boldsymbol{A}^*$ 的特征值与特征向量。

设 $\boldsymbol{\alpha}$ 是矩阵 $\boldsymbol{A}$ 属于非零特征值 λ 的特征向量，则有

$$\boldsymbol{A\alpha}=\lambda\boldsymbol{\alpha}$$

对等式两端左乘 $\boldsymbol{A}^*$，有 $\boldsymbol{A}^*\boldsymbol{A\alpha}=\lambda\boldsymbol{A}^*\boldsymbol{\alpha}$，因为 $\lambda\neq 0$，则有

$$\boldsymbol{A}^*\boldsymbol{\alpha}=\frac{|\boldsymbol{A}|}{\lambda}\boldsymbol{\alpha}$$

而 $|\boldsymbol{A}|=\lambda_1\lambda_2\lambda_3=7$，所以 $\boldsymbol{A}^*$ 的特征值为 $\frac{|\boldsymbol{A}|}{\lambda_1}=7$，$\frac{|\boldsymbol{A}|}{\lambda_2}=7$，$\frac{|\boldsymbol{A}|}{\lambda_3}=1$，对应的特征向量依然是 $\boldsymbol{\alpha}_1, \boldsymbol{\alpha}_2, \boldsymbol{\alpha}_3$。

第三步，计算 $\boldsymbol{B}$ 的特征值与特征向量。

因为 $\boldsymbol{B}$ 与 $\boldsymbol{A}^*$ 相似，所以 $\boldsymbol{B}$ 的特征值也是 7，7，1。对等式 $\boldsymbol{B}=\boldsymbol{P}^{-1}\boldsymbol{A}^*\boldsymbol{P}$ 两端左乘

$\boldsymbol{P}^{-1}\boldsymbol{\alpha}_1$，有

$$\boldsymbol{B}\boldsymbol{P}^{-1}\boldsymbol{\alpha}_1=\boldsymbol{P}^{-1}\boldsymbol{A}^*\boldsymbol{P}\boldsymbol{P}^{-1}\boldsymbol{\alpha}_1,$$
$$\boldsymbol{B}\boldsymbol{P}^{-1}\boldsymbol{\alpha}_1=\boldsymbol{P}^{-1}\boldsymbol{A}^*\boldsymbol{\alpha}_1,$$
$$\boldsymbol{B}\boldsymbol{P}^{-1}\boldsymbol{\alpha}_1=7\boldsymbol{P}^{-1}\boldsymbol{\alpha}_1$$

于是 $\boldsymbol{P}^{-1}\boldsymbol{\alpha}_1$ 是矩阵 $\boldsymbol{B}$ 属于特征值 7 的特征向量。同理可得，矩阵 $\boldsymbol{B}$ 属于特征值 7，7，1 的特征向量分别是 $\boldsymbol{P}^{-1}\boldsymbol{\alpha}_1$，$\boldsymbol{P}^{-1}\boldsymbol{\alpha}_2$，$\boldsymbol{P}^{-1}\boldsymbol{\alpha}_3$。

第四步，计算矩阵 $\boldsymbol{B}+2\boldsymbol{E}$ 的特征值与特征向量。

因为 $\boldsymbol{B}$ 的特征值是 7，7，1，对应的特征向量是 $\boldsymbol{P}^{-1}\boldsymbol{\alpha}_1$，$\boldsymbol{P}^{-1}\boldsymbol{\alpha}_2$，$\boldsymbol{P}^{-1}\boldsymbol{\alpha}_3$，所以 $\boldsymbol{B}+2\boldsymbol{E}$ 的特征值为 $7+2=9$，$7+2=9$，$1+2=3$，对应的特征向量依然是 $\boldsymbol{P}^{-1}\boldsymbol{\alpha}_1$，$\boldsymbol{P}^{-1}\boldsymbol{\alpha}_2$，$\boldsymbol{P}^{-1}\boldsymbol{\alpha}_3$。

对分块矩阵$(\boldsymbol{P},\boldsymbol{\alpha}_1,\boldsymbol{\alpha}_2,\boldsymbol{\alpha}_3)$进行初等行变换：

$$(\boldsymbol{P},\boldsymbol{\alpha}_1,\boldsymbol{\alpha}_2,\boldsymbol{\alpha}_3)=\begin{bmatrix}0&1&0&-1&-1&1\\1&0&1&1&0&1\\0&0&1&0&1&1\end{bmatrix}\xrightarrow{\text{初等行变换}}\begin{bmatrix}1&0&0&1&-1&0\\0&1&0&-1&-1&1\\0&0&1&0&1&1\end{bmatrix}$$

于是矩阵 $\boldsymbol{B}+2\boldsymbol{E}$ 属于特征值 9 的特征向量为 $k_1(1,-1,0)^{\mathrm{T}}+k_2(-1,-1,1)^{\mathrm{T}}$，$k_1$，$k_2$ 不同时为零；矩阵 $\boldsymbol{B}+2\boldsymbol{E}$ 属于特征值 3 的特征向量为 $k_3(0,1,1)^{\mathrm{T}}$，$k_3\neq0$。

【评注】 本题可以用最朴实的方法，即直接算出矩阵 $\boldsymbol{B}+2\boldsymbol{E}$，然后计算它的特征值和特征向量。

本题考查了以下知识点：

(1) n 阶“ab”矩阵的特征值为 $n-1$ 个 $a-b$ 和 1 个$(n-1)b+a$。

(2) 若 $\boldsymbol{\alpha}$ 是矩阵 $\boldsymbol{A}$ 属于非零特征值 λ 的特征向量，则 $\boldsymbol{\alpha}$ 是伴随矩阵 $\boldsymbol{A}^*$ 属于特征值 $\dfrac{|\boldsymbol{A}|}{\lambda}$ $(\lambda\neq0)$的特征向量。

(3) $\boldsymbol{A}^*\boldsymbol{A}=|\boldsymbol{A}|\boldsymbol{E}$。

(4) 设 λ_1，λ_2，λ_3 是三阶矩阵 $\boldsymbol{A}$ 的特征值，则 $|\boldsymbol{A}|=\lambda_1\lambda_2\lambda_3$。

(5) 若 $\boldsymbol{P}^{-1}\boldsymbol{A}\boldsymbol{P}=\boldsymbol{B}$，则矩阵 $\boldsymbol{A}$ 与 $\boldsymbol{B}$ 相似。

(6) 若 $\boldsymbol{A}$ 与 $\boldsymbol{B}$ 相似，则 $\boldsymbol{A}$ 与 $\boldsymbol{B}$ 有相同的特征值。

(7) 若 $\boldsymbol{\alpha}$ 是矩阵 $\boldsymbol{A}$ 属于特征值 $\boldsymbol{\lambda}$ 的特征向量，且 $\boldsymbol{P}^{-1}\boldsymbol{A}\boldsymbol{P}=\boldsymbol{B}$，则 $\boldsymbol{P}^{-1}\boldsymbol{\alpha}$ 是矩阵 $\boldsymbol{B}$ 属于特征值 λ 的特征向量。

(8) 若 $\boldsymbol{\alpha}$ 是矩阵 $\boldsymbol{A}$ 属于特征值 λ 的特征向量，则 $\boldsymbol{\alpha}$ 是矩阵 $f(\boldsymbol{A})$ 属于特征值 $f(\lambda)$ 的特征向量。

(9) 若 $\boldsymbol{P}$ 为可逆矩阵，则有

$$(\boldsymbol{P},\boldsymbol{\alpha}_1,\boldsymbol{\alpha}_2,\boldsymbol{\alpha}_3)\xrightarrow{\text{初等行变换}}(\boldsymbol{E},\boldsymbol{P}^{-1}\boldsymbol{\alpha}_1,\boldsymbol{P}^{-1}\boldsymbol{\alpha}_2,\boldsymbol{P}^{-1}\boldsymbol{\alpha}_3)$$

【例 5.7】 (1998，数学三)设向量 $\boldsymbol{\alpha}=(a_1,a_2,\cdots,a_n)^{\mathrm{T}}$，$\boldsymbol{\beta}=(b_1,b_2,\cdots,b_n)^{\mathrm{T}}$ 都是非零向量，且满足条件 $\boldsymbol{\alpha}^{\mathrm{T}}\boldsymbol{\beta}=0$，记 n 阶矩阵 $\boldsymbol{A}=\boldsymbol{\alpha}\boldsymbol{\beta}^{\mathrm{T}}$。求：

(1) $\boldsymbol{A}^2$；(2) 矩阵 $\boldsymbol{A}$ 的特征值和特征向量；(3) 证明 $\boldsymbol{A}$ 不能相似对角化。

【思路】 通过分析 $\boldsymbol{A}$ 的线性无关的特征向量的个数来证明(3)。

【解】 (1) $\boldsymbol{A}^2=\boldsymbol{\alpha}(\boldsymbol{\beta}^{\mathrm{T}}\boldsymbol{\alpha})\boldsymbol{\beta}^{\mathrm{T}}=\boldsymbol{\alpha}(\boldsymbol{\alpha}^{\mathrm{T}}\boldsymbol{\beta})\boldsymbol{\beta}^{\mathrm{T}}=\boldsymbol{O}$。

(2) 因为 $r(\boldsymbol{A})=r(\boldsymbol{\alpha}\boldsymbol{\beta}^{\mathrm{T}})\leqslant r(\boldsymbol{\alpha})=1$，而 $\boldsymbol{\alpha}$，$\boldsymbol{\beta}$ 都是非零向量，所以 $\boldsymbol{A}\neq\boldsymbol{O}$，则 $r(\boldsymbol{A})=1$。故方程组 $\boldsymbol{A}\boldsymbol{x}=\boldsymbol{0}$ 的基础解系含有 $n-r(\boldsymbol{A})=n-1$ 个解向量，即矩阵 $\boldsymbol{A}$ 属于特征值 0 的线性无

关的特征向量共有 $n-1$ 个，于是 0 至少是矩阵 $\boldsymbol{A}$ 的 $n-1$ 重特征值。设 $\boldsymbol{A}$ 的第 n 个特征值为 λ_n，则有

$$0+0+\cdots+0+\lambda_n=\operatorname{tr}(\boldsymbol{A})=\boldsymbol{\alpha}^{\mathrm{T}}\boldsymbol{\beta}=0$$

得 $\lambda_n=0$，即矩阵 $\boldsymbol{A}$ 的所有特征值均是 0。

对矩阵 $\boldsymbol{A}$ 进行初等行变换：

$$\boldsymbol{A}=\boldsymbol{\alpha}\boldsymbol{\beta}^{\mathrm{T}}\xrightarrow{\text{初等行变换}}\begin{bmatrix} b_1 & b_2 & \cdots & b_n \\ 0 & 0 & \cdots & 0 \\ \vdots & \vdots & & \vdots \\ 0 & 0 & \cdots & 0 \end{bmatrix}$$

于是矩阵 $\boldsymbol{A}$ 属于 0 的特征向量为

$$k_1(b_2,-b_1,0,\cdots,0)^{\mathrm{T}}+k_2(b_3,0,-b_1,\cdots,0)^{\mathrm{T}}+\cdots+k_{n-1}(b_n,0,\cdots,0,-b_1)^{\mathrm{T}}$$

其中 $k_1,k_2,\cdots,k_{n-1}$ 不同时为零。

(3) 因为矩阵 $\boldsymbol{A}$ 的所有特征值均为 0，而属于 0 的线性无关的特征向量只有 $n-1$ 个，于是 n 阶矩阵 $\boldsymbol{A}$ 没有 n 个线性无关的特征向量，所以矩阵 $\boldsymbol{A}$ 不能相似对角化。

【评注】 本题考查了以下知识点：

(1) 若 $\boldsymbol{\alpha},\boldsymbol{\beta}$ 均是 n 维列向量，则 $\boldsymbol{\alpha}^{\mathrm{T}}\boldsymbol{\beta}=\boldsymbol{\beta}^{\mathrm{T}}\boldsymbol{\alpha}$。

(2) $r(\boldsymbol{AB})\leqslant r(\boldsymbol{A})$。

(3) $\boldsymbol{A}\neq\boldsymbol{O}\Leftrightarrow r(\boldsymbol{A})\neq 0$。

(4) 设 $\boldsymbol{A}$ 为 n 阶矩阵，则方程组 $\boldsymbol{Ax}=\boldsymbol{0}$ 的基础解系含有 $n-r(\boldsymbol{A})$ 个解向量。

(5) 方程组 $\boldsymbol{Ax}=\boldsymbol{0}$ 的非零解向量是矩阵 $\boldsymbol{A}$ 属于特征值 0 的特征向量。

(6) 设 n 阶矩阵 $\boldsymbol{A}$ 的特征值为 $\lambda_1,\lambda_2,\cdots,\lambda_n$，则

$$\lambda_1+\lambda_2+\cdots+\lambda_n=a_{11}+a_{22}+\cdots+a_{nn}=\operatorname{tr}(\boldsymbol{A})$$

(7) 若 $\boldsymbol{\alpha},\boldsymbol{\beta}$ 均是 n 维列向量，且 $\boldsymbol{A}=\boldsymbol{\alpha}\boldsymbol{\beta}^{\mathrm{T}}$，则 $\operatorname{tr}(\boldsymbol{A})=\boldsymbol{\alpha}^{\mathrm{T}}\boldsymbol{\beta}=\boldsymbol{\beta}^{\mathrm{T}}\boldsymbol{\alpha}$。

(8) 若 $\boldsymbol{\alpha},\boldsymbol{\beta}$ 均是 n 维列向量，且 $\boldsymbol{A}=\boldsymbol{\alpha}\boldsymbol{\beta}^{\mathrm{T}}$，则矩阵 $\boldsymbol{A}$ 的特征值为 $n-1$ 个 0 和 1 个 $\operatorname{tr}(\boldsymbol{A})=\boldsymbol{\alpha}^{\mathrm{T}}\boldsymbol{\beta}$。

(9) 若 $\boldsymbol{\alpha},\boldsymbol{\beta}$ 均是 n 维非零列向量，且 $\boldsymbol{A}=\boldsymbol{\alpha}\boldsymbol{\beta}^{\mathrm{T}}$，则 A 的经过初等行变换化为行阶梯形的第一行就是 $\boldsymbol{\beta}^{\mathrm{T}}$。

(10) n 阶矩阵 $\boldsymbol{A}$ 可以相似对角化的充要条件是 $\boldsymbol{A}$ 有 n 个线性无关的特征向量。

【秘籍】 若 $\boldsymbol{\alpha},\boldsymbol{\beta}$ 均是 n 维非零列向量，且 $\boldsymbol{A}=\boldsymbol{\alpha}\boldsymbol{\beta}^{\mathrm{T}}$，则

(1) 当 $\boldsymbol{\alpha}^{\mathrm{T}}\boldsymbol{\beta}\neq 0$ 时，矩阵 $\boldsymbol{A}$ 可以相似对角化；

(2) 当 $\boldsymbol{\alpha}^{\mathrm{T}}\boldsymbol{\beta}=0$ 时，矩阵 $\boldsymbol{A}$ 不能相似对角化。

【例 5.8】 设 $\boldsymbol{A}$ 为 3 阶矩阵，$\boldsymbol{\alpha}_1,\boldsymbol{\alpha}_2$ 为矩阵 $\boldsymbol{A}$ 的分别属于 1，-1 的特征向量，向量 $\boldsymbol{\alpha}_3$ 满足 $\boldsymbol{A}\boldsymbol{\alpha}_3=\boldsymbol{\alpha}_2-\boldsymbol{\alpha}_3$。

(1) 证明向量组 $\boldsymbol{\alpha}_1,\boldsymbol{\alpha}_2,\boldsymbol{\alpha}_3$ 线性无关；

(2) 证明矩阵 $\boldsymbol{A}$ 不能相似对角化。

【思路】 用定义证明 $\boldsymbol{\alpha}_1,\boldsymbol{\alpha}_2,\boldsymbol{\alpha}_3$ 线性无关；构造相似变换 $\boldsymbol{P}^{-1}\boldsymbol{AP}=\boldsymbol{B}$，通过矩阵 $\boldsymbol{B}$ 证明 $\boldsymbol{A}$ 不能相似对角化。

证明 (1) 用定义法证明，设

$$k_1\boldsymbol{\alpha}_1+k_2\boldsymbol{\alpha}_2+k_3\boldsymbol{\alpha}_3=\boldsymbol{0} \qquad ①$$

根据已知条件有

$$\boldsymbol{A\alpha}_1=\boldsymbol{\alpha}_1,\ \boldsymbol{A\alpha}_2=-\boldsymbol{\alpha}_2,\ \boldsymbol{A\alpha}_3=\boldsymbol{\alpha}_2-\boldsymbol{\alpha}_3$$

用矩阵 $\boldsymbol{A}$ 左乘等式①两端，有

$$k_1\boldsymbol{\alpha}_1-k_2\boldsymbol{\alpha}_2+k_3\boldsymbol{\alpha}_2-k_3\boldsymbol{\alpha}_3=\boldsymbol{0} \qquad ②$$

式①＋式②得

$$2k_1\boldsymbol{\alpha}_1+k_3\boldsymbol{\alpha}_2=\boldsymbol{0}$$

因为 $\boldsymbol{\alpha}_1$，$\boldsymbol{\alpha}_2$ 是矩阵 $\boldsymbol{A}$ 属于不同特征值的特征向量，所以 $\boldsymbol{\alpha}_1$，$\boldsymbol{\alpha}_2$ 线性无关，则有 $k_1=k_3=0$，代入①式，得

$$k_2\boldsymbol{\alpha}_2=\boldsymbol{0}$$

因为特征向量 $\boldsymbol{\alpha}_2\neq\boldsymbol{0}$，所以 $k_2=0$，于是向量组 $\boldsymbol{\alpha}_1$，$\boldsymbol{\alpha}_2$，$\boldsymbol{\alpha}_3$ 线性无关。

(2) 把向量等式 $\boldsymbol{A\alpha}_1=\boldsymbol{\alpha}_1$，$\boldsymbol{A\alpha}_2=-\boldsymbol{\alpha}_2$，$\boldsymbol{A\alpha}_3=\boldsymbol{\alpha}_2-\boldsymbol{\alpha}_3$ 合并成一个矩阵等式：

$$(\boldsymbol{A\alpha}_1,\ \boldsymbol{A\alpha}_2,\ \boldsymbol{A\alpha}_3)=(\boldsymbol{\alpha}_1,\ -\boldsymbol{\alpha}_2,\ \boldsymbol{\alpha}_2-\boldsymbol{\alpha}_3),$$

$$\boldsymbol{A}(\boldsymbol{\alpha}_1,\ \boldsymbol{\alpha}_2,\ \boldsymbol{\alpha}_3)=(\boldsymbol{\alpha}_1,\ \boldsymbol{\alpha}_2,\ \boldsymbol{\alpha}_3)\begin{bmatrix}1&0&0\\0&-1&1\\0&0&-1\end{bmatrix}$$

令 $\boldsymbol{P}=(\boldsymbol{\alpha}_1,\ \boldsymbol{\alpha}_2,\ \boldsymbol{\alpha}_3)$，因为 $\boldsymbol{\alpha}_1$，$\boldsymbol{\alpha}_2$，$\boldsymbol{\alpha}_3$ 线性无关，所以矩阵 $\boldsymbol{P}$ 为可逆矩阵，用 $\boldsymbol{P}^{-1}$ 左乘以上等式两端，有

$$\boldsymbol{P}^{-1}\boldsymbol{AP}=\begin{bmatrix}1&0&0\\0&-1&1\\0&0&-1\end{bmatrix}=\boldsymbol{B}$$

显然矩阵 $\boldsymbol{B}$ 的特征值为 $\lambda_1=1$，$\lambda_2=\lambda_3=-1$，当 $\lambda_2=\lambda_3=-1$ 时，矩阵 $r(\boldsymbol{B}+\boldsymbol{E})=2$，所以方程组 $(\boldsymbol{B}+\boldsymbol{E})\boldsymbol{x}=\boldsymbol{0}$ 只有 $3-2=1$ 个线性无关的解向量，即矩阵 $\boldsymbol{B}$ 属于 $\lambda_2=\lambda_3=-1$ 的线性无关的特征向量只有1个，于是矩阵 $\boldsymbol{B}$ 不能相似对角化，又因为矩阵 $\boldsymbol{A}$ 与 $\boldsymbol{B}$ 相似，所以矩阵 $\boldsymbol{A}$ 也不能相似对角化。

【评注】 本题考查了以下知识点：

(1) 矩阵 $\boldsymbol{A}$ 属于不同特征值的特征向量线性无关。

(2) 设3阶矩阵 $\boldsymbol{P}=(\boldsymbol{\alpha}_1,\ \boldsymbol{\alpha}_2,\ \boldsymbol{\alpha}_3)$，且向量组 $\boldsymbol{\alpha}_1$，$\boldsymbol{\alpha}_2$，$\boldsymbol{\alpha}_3$ 线性无关，则矩阵 $\boldsymbol{P}$ 可逆。

(3) 三角矩阵 $\boldsymbol{A}$ 的特征值为 $\boldsymbol{A}$ 的主对角线上元素的值。

(4) 若矩阵 $\boldsymbol{A}$ 的某一个特征值的几何重数小于代数重数，则 $\boldsymbol{A}$ 不能相似对角化。

(5) 若矩阵 $\boldsymbol{A}$ 与 $\boldsymbol{B}$ 相似，且 $\boldsymbol{B}$ 不能相似对角化，则 $\boldsymbol{A}$ 也不能相似对角化。

【例5.9】 (2014，数学一、数学二、数学三)证明 n 阶矩阵 $\begin{bmatrix}1&1&\cdots&1\\1&1&\cdots&1\\\vdots&\vdots&&\vdots\\1&1&\cdots&1\end{bmatrix}$ 与 $\begin{bmatrix}0&\cdots&0&1\\0&\cdots&0&2\\\vdots&&\vdots&\vdots\\0&\cdots&0&n\end{bmatrix}$ 相似。

【思路】 分别计算两个矩阵的特征值，并证明两个矩阵都可以相似对角化。

【解】 设 $A=\begin{bmatrix}1 & 1 & \cdots & 1\\ 1 & 1 & \cdots & 1\\ \vdots & \vdots & & \vdots\\ 1 & 1 & \cdots & 1\end{bmatrix}$，$B=\begin{bmatrix}0 & \cdots & 0 & 1\\ 0 & \cdots & 0 & 2\\ \vdots & & \vdots & \vdots\\ 0 & \cdots & 0 & n\end{bmatrix}$。

因为 $r(A)=1$，所以方程组 $Ax=0$ 的基础解系含有 $n-1$ 个解向量，即矩阵 A 的属于特征值 0 的线性无关的特征向量有 $n-1$ 个，于是 0 是矩阵 A 的至少 $n-1$ 重特征值，设 A 的第 n 个特征值为 λ_n，则有

$$0+0+\cdots+0+\lambda_n=\operatorname{tr}(A)=n$$

得 $\lambda_n=n$，故实对称矩阵 A 与以下对角矩阵相似：

$$\Lambda=\begin{bmatrix}0 & & & \\ & \ddots & & \\ & & 0 & \\ & & & n\end{bmatrix}$$

因为矩阵 B 为上三角矩阵，所以 B 的特征值为其主对角线上的元素：$n-1$ 个 0 和 1 个 n。

当 $\lambda_1=\lambda_2=\cdots=\lambda_{n-1}=0$ 时，解方程组 $Bx=0$，因为 $r(B)=1$，所以 $Bx=0$ 的基础解系含有 $n-1$ 个解向量，即矩阵 B 属于 0 的线性无关的特征向量有 $n-1$ 个，于是矩阵 B 也能相似对角化，且 B 也与对角阵 Λ 相似，根据相似的传递性，得矩阵 A 与 B 相似。

【评注】 本题考查了以下知识点：

(1) 实对称矩阵一定可以相似对角化。

(2) 三角矩阵的特征值为其主对角线上元素的值。

(3) 设 A 为 n 阶矩阵，方程组 $Ax=0$ 的基础解系含有 $n-r(A)$ 个解向量。

(4) $Ax=0$ 的非零解向量是矩阵 A 的属于特征值 0 的特征向量。

(5) n 阶矩阵 A 可以相似对角化的充要条件是 A 有 n 个线性无关的特征向量。

(6) 若矩阵 A 与 C 相似，B 与 C 相似，则 A 与 B 也相似。

【例 5.10】 (2017，数学一、数学二、数学三) 已知矩阵 $A=\begin{bmatrix}2 & 0 & 0\\ 0 & 2 & 1\\ 0 & 0 & 1\end{bmatrix}$，$B=\begin{bmatrix}2 & 1 & 0\\ 0 & 2 & 0\\ 0 & 0 & 1\end{bmatrix}$，$C=\begin{bmatrix}1 & 0 & 0\\ 0 & 2 & 0\\ 0 & 0 & 2\end{bmatrix}$，则(　　)。

(A) A 与 C 相似，B 与 C 相似　　(B) A 与 C 相似，B 与 C 不相似

(C) A 与 C 不相似，B 与 C 相似　　(D) A 与 C 不相似，B 与 C 不相似

【思路】 计算矩阵 A 和 B 的特征值，再分析是否能相似对角化。

【解】 矩阵 A 和 B 都是三角矩阵，且主对角线上的元素都是 2，2，1，于是矩阵 A 和 B 的特征值都是 2，2，1。

因为 $r(A-2E)=1$，所以方程组 $(A-2E)x=0$ 的基础解系含有 $3-1=2$ 个解向量，即矩阵 A 属于 2 的线性无关的特征向量有 2 个，于是 A 可以相似对角化，所以 A 与 C 相似。

因为 $r(B-2E)=2$，所以方程组 $(B-2E)x=0$ 的基础解系含有 $3-2=1$ 个解向量，即

矩阵 $\boldsymbol{B}$ 属于 2 的线性无关的特征向量只有 1 个，于是 $\boldsymbol{B}$ 不能相似对角化，所以 $\boldsymbol{B}$ 与 $\boldsymbol{C}$ 不相似。

故选项 B 正确。

【评注】 本题考查了以下知识点：

(1) 三角矩阵的特征值为其主对角线上元素的值。

(2) 设 $\boldsymbol{A}$ 为 n 阶矩阵，方程组 $\boldsymbol{Ax}=\boldsymbol{0}$ 的基础解系含有 $n-r(\boldsymbol{A})$ 个解向量。

(3) 方程组 $(\boldsymbol{A}-k\boldsymbol{E})\boldsymbol{x}=\boldsymbol{0}$ 的非零解向量是矩阵 $\boldsymbol{A}$ 的属于特征值 k 的特征向量。

(4) n 阶矩阵 $\boldsymbol{A}$ 可以相似对角化的充要条件是 $\boldsymbol{A}$ 有 n 个线性无关的特征向量。

【例 5.11】 (2001，数学一)已知三阶矩阵 $\boldsymbol{A}$ 与三维列向量 $\boldsymbol{x}$，使向量组 $\boldsymbol{x}$，$\boldsymbol{Ax}$，$\boldsymbol{A}^2\boldsymbol{x}$ 线性无关，且满足 $\boldsymbol{A}^3\boldsymbol{x}=3\boldsymbol{Ax}-2\boldsymbol{A}^2\boldsymbol{x}$。

(1) 记 $\boldsymbol{P}=(\boldsymbol{x},\ \boldsymbol{Ax},\ \boldsymbol{A}^2\boldsymbol{x})$，求三阶矩阵 $\boldsymbol{B}$，使 $\boldsymbol{A}=\boldsymbol{PBP}^{-1}$；

(2) 计算行列式 $|\boldsymbol{A}+\boldsymbol{E}|$。

【思路】 构建向量组 $\boldsymbol{x}$，$\boldsymbol{Ax}$，$\boldsymbol{A}^2\boldsymbol{x}$ 和 $\boldsymbol{Ax}$，$\boldsymbol{A}^2\boldsymbol{x}$，$\boldsymbol{A}^3\boldsymbol{x}$ 的矩阵等式。

【解】 (1) 根据已知有

$$\begin{aligned}\boldsymbol{AP}&=\boldsymbol{A}(\boldsymbol{x},\ \boldsymbol{Ax},\ \boldsymbol{A}^2\boldsymbol{x})=(\boldsymbol{Ax},\ \boldsymbol{A}^2\boldsymbol{x},\ \boldsymbol{A}^3\boldsymbol{x})\\&=(\boldsymbol{x},\ \boldsymbol{Ax},\ \boldsymbol{A}^2\boldsymbol{x})\begin{bmatrix}0&0&0\\1&0&3\\0&1&-2\end{bmatrix}\end{aligned}$$

因为向量组 $\boldsymbol{x}$，$\boldsymbol{Ax}$，$\boldsymbol{A}^2\boldsymbol{x}$ 线性无关，所以 $\boldsymbol{P}$ 为可逆矩阵，用 $\boldsymbol{P}^{-1}$ 左乘以上等式两端，得

$$\boldsymbol{P}^{-1}\boldsymbol{AP}=\begin{bmatrix}0&0&0\\1&0&3\\0&1&-2\end{bmatrix}$$

因为 $\boldsymbol{A}=\boldsymbol{PBP}^{-1}$，于是有

$$\boldsymbol{B}=\boldsymbol{P}^{-1}\boldsymbol{AP}=\begin{bmatrix}0&0&0\\1&0&3\\0&1&-2\end{bmatrix}$$

(2) $|\boldsymbol{A}+\boldsymbol{E}|=|\boldsymbol{PBP}^{-1}+\boldsymbol{PEP}^{-1}|=|\boldsymbol{P}(\boldsymbol{B}+\boldsymbol{E})\boldsymbol{P}^{-1}|=|\boldsymbol{P}|\,|\boldsymbol{B}+\boldsymbol{E}|\,|\boldsymbol{P}^{-1}|=|\boldsymbol{B}+\boldsymbol{E}|=-4$

【评注】 本题考查了以下知识点：

(1) 3 个 3 维列向量 $\boldsymbol{\alpha}_1$，$\boldsymbol{\alpha}_2$，$\boldsymbol{\alpha}_3$ 线性无关 $\Leftrightarrow$ 3 阶矩阵 $\boldsymbol{A}=(\boldsymbol{\alpha}_1,\ \boldsymbol{\alpha}_2,\ \boldsymbol{\alpha}_3)$ 可逆。

(2) 若 $\boldsymbol{A}$ 与 $\boldsymbol{B}$ 相似，则 $f(\boldsymbol{A})$ 与 $f(\boldsymbol{B})$ 相似。

(3) 若 $\boldsymbol{A}$ 与 $\boldsymbol{B}$ 相似，则 $|\boldsymbol{A}|=|\boldsymbol{B}|$。

【秘籍】 (1) 单位矩阵 $\boldsymbol{E}$ 就像一个“变色龙”，它可以根据周围的情况来变化自己，从而达到化简的目的。

(2) 构建两个向量组之间的矩阵等式关系，是求解该题的关键。

【例 5.12】 (2004，数学一)设矩阵 $\boldsymbol{A}=\begin{bmatrix}1&2&-3\\-1&4&-3\\1&a&5\end{bmatrix}$ 的特征方程有一个二重根，求 a 的值，并讨论 $\boldsymbol{A}$ 是否可以对角化。

【思路】 求解特征方程，分别讨论两种不同的情况。

【解】 计算特征多项式：

$$|\boldsymbol{A}-\lambda\boldsymbol{E}|=\begin{vmatrix}1-\lambda & 2 & -3\\ -1 & 4-\lambda & -3\\ 1 & a & 5-\lambda\end{vmatrix}\xlongequal{r_1-r_2}\begin{vmatrix}2-\lambda & \lambda-2 & 0\\ -1 & 4-\lambda & -3\\ 1 & a & 5-\lambda\end{vmatrix}$$

$$\xlongequal{c_2+c_1}\begin{vmatrix}2-\lambda & 0 & 0\\ -1 & 3-\lambda & -3\\ 1 & a+1 & 5-\lambda\end{vmatrix}\xlongequal{按r_1展开}(2-\lambda)(\lambda^2-8\lambda+18+3a)$$

于是得，当 $a=-2$ 时，$\lambda_1=\lambda_2=2$，$\lambda_3=6$；当 $a=-\frac{2}{3}$ 时，$\lambda_1=2$，$\lambda_2=\lambda_3=4$。

第一种情况，当 $a=-2$ 时，讨论矩阵 $\boldsymbol{A}$ 属于 $\lambda_1=\lambda_2=2$ 的特征向量。因为 $r(\boldsymbol{A}-2\boldsymbol{E})=1$，所以方程组 $(\boldsymbol{A}-2\boldsymbol{E})\boldsymbol{x}=\boldsymbol{0}$ 有 $3-1=2$ 个线性无关的解向量，即矩阵 $\boldsymbol{A}$ 属于 $\lambda_1=\lambda_2=2$ 的线性无关的特征向量有 2 个，于是矩阵 $\boldsymbol{A}$ 可以相似对角化。

第二种情况，当 $a=-\frac{2}{3}$ 时，讨论矩阵 $\boldsymbol{A}$ 属于 $\lambda_2=\lambda_3=4$ 的特征向量。因为 $r(\boldsymbol{A}-4\boldsymbol{E})=2$，所以方程组 $(\boldsymbol{A}-4\boldsymbol{E})\boldsymbol{x}=\boldsymbol{0}$ 只有 $3-2=1$ 个线性无关的解向量，即矩阵 $\boldsymbol{A}$ 属于 $\lambda_2=\lambda_3=4$ 的线性无关的特征向量只有 1 个，于是矩阵 $\boldsymbol{A}$ 不能相似对角化。

【评注】 本题考查了以下知识点：

(1) 矩阵 $\boldsymbol{A}$ 可以相似对角化的充要条件是 $\boldsymbol{A}$ 的所有特征值的几何重数与代数重数都对应相等。

(2) 若 λ_0 是 $\boldsymbol{A}$ 的一重特征值，则矩阵 $\boldsymbol{A}$ 属于 λ_0 的线性无关的特征向量刚好有一个。

【例 5.13】 (2016，数学一、数学二、数学三)已知矩阵 $\boldsymbol{A}=\begin{bmatrix}0 & -1 & 1\\ 2 & -3 & 0\\ 0 & 0 & 0\end{bmatrix}$。

(1) 求 $\boldsymbol{A}^{99}$；

(2) 设三阶矩阵 $\boldsymbol{B}=(\boldsymbol{\alpha}_1,\boldsymbol{\alpha}_2,\boldsymbol{\alpha}_3)$ 满足 $\boldsymbol{B}^2=\boldsymbol{B}\boldsymbol{A}$，记 $\boldsymbol{B}^{100}=(\boldsymbol{\beta}_1,\boldsymbol{\beta}_2,\boldsymbol{\beta}_3)$，将 $\boldsymbol{\beta}_1,\boldsymbol{\beta}_2,\boldsymbol{\beta}_3$ 分别表示为 $\boldsymbol{\alpha}_1,\boldsymbol{\alpha}_2,\boldsymbol{\alpha}_3$ 的线性组合。

【思路】 用相似对角化思路求 $\boldsymbol{A}$ 的高次幂；推导出 $\boldsymbol{B}^{100}$ 与 $\boldsymbol{A}^{99}$ 的矩阵等式关系。

【解】 (1) 求矩阵 $\boldsymbol{A}$ 的特征多项式：

$$|\boldsymbol{A}-\lambda\boldsymbol{E}|=\begin{vmatrix}-\lambda & -1 & 1\\ 2 & -3-\lambda & 0\\ 0 & 0 & -\lambda\end{vmatrix}=-\lambda(\lambda+1)(\lambda+2)$$

于是矩阵 $\boldsymbol{A}$ 的特征值为 $\lambda_1=0$，$\lambda_2=-1$，$\lambda_3=-2$。

当 $\lambda_1=0$ 时，解方程组 $\boldsymbol{A}\boldsymbol{x}=\boldsymbol{0}$，得 $\boldsymbol{p}_1=(3,2,2)^{\mathrm{T}}$。

当 $\lambda_2=-1$ 时，解方程组 $(\boldsymbol{A}+\boldsymbol{E})\boldsymbol{x}=\boldsymbol{0}$，得 $\boldsymbol{p}_2=(1,1,0)^{\mathrm{T}}$。

当 $\lambda_3=-2$ 时，解方程组 $(\boldsymbol{A}+2\boldsymbol{E})\boldsymbol{x}=\boldsymbol{0}$，得 $\boldsymbol{p}_3=(1,2,0)^{\mathrm{T}}$。

令

$$\boldsymbol{P}=(\boldsymbol{p}_1,\boldsymbol{p}_2,\boldsymbol{p}_3)=\begin{bmatrix}3 & 1 & 1\\ 2 & 1 & 2\\ 2 & 0 & 0\end{bmatrix}$$

则有

$$P^{-1}AP=\Lambda=\begin{bmatrix}0 & & \\ & -1 & \\ & & -2\end{bmatrix},\ A=P\Lambda P^{-1}$$

于是

$$A^{99}=P\Lambda^{99}P^{-1}=\begin{bmatrix}3 & 1 & 1\\ 2 & 1 & 2\\ 2 & 0 & 0\end{bmatrix}\begin{bmatrix}0 & & \\ & (-1)^{99} & \\ & & (-2)^{99}\end{bmatrix}\begin{bmatrix}3 & 1 & 1\\ 2 & 1 & 2\\ 2 & 0 & 0\end{bmatrix}^{-1}$$

$$=\begin{bmatrix}2^{99}-2 & 1-2^{99} & 2-2^{98}\\ 2^{100}-2 & 1-2^{100} & 2-2^{99}\\ 0 & 0 & 0\end{bmatrix}$$

(2) 因为 $B^2=BA$，用矩阵 B 左乘等式两端，有

$$B^3=B^2A=(BA)A=BA^2$$

归纳得

$$B^{100}=BA^{99}$$

则有

$$(\beta_1,\beta_2,\beta_3)=(\alpha_1,\alpha_2,\alpha_3)\begin{bmatrix}2^{99}-2 & 1-2^{99} & 2-2^{98}\\ 2^{100}-2 & 1-2^{100} & 2-2^{99}\\ 0 & 0 & 0\end{bmatrix}$$

于是

$\beta_1=(2^{99}-2)\alpha_1+(2^{100}-2)\alpha_2$，$\beta_2=(1-2^{99})\alpha_1+(1-2^{100})\alpha_2$，$\beta_3=(2-2^{98})\alpha_1+(2-2^{99})\alpha_2$

【评注】 本题考查了以下知识点：

(1) 通过相似对角化思路求矩阵 A 的高次幂。

(2) 若 $A=PBP^{-1}$，则 $A^n=PB^nP^{-1}$。

【例 5.14】 (2019，数学一、数学二、数学三)已知矩阵 $A=\begin{bmatrix}-2 & -2 & 1\\ 2 & x & -2\\ 0 & 0 & -2\end{bmatrix}$ 与 $B=\begin{bmatrix}2 & 1 & 0\\ 0 & -1 & 0\\ 0 & 0 & y\end{bmatrix}$ 相似。

(1) 求 x，y 的值；(2) 求可逆矩阵 P 使得 $P^{-1}AP=B$。

【思路】 利用 A 和 B 的行列式和迹对应相等确定参数 x，y 的值。根据 A 和 B 相似于同一个对角阵，找出 A 和 B 的相似关系。

【解】 (1) 因为 A 与 B 相似，所以有 $|A|=|B|$，且 $\mathrm{tr}(A)=\mathrm{tr}(B)$，即

$$\begin{cases}4x-8=-2y\\ x-4=y+1\end{cases}$$

解得 $x=3$，$y=-2$。

(2) 分别对 A 和 B 相似对角化。

显然三角矩阵 B 的特征值是 $\lambda_1=2$，$\lambda_2=-1$，$\lambda_3=-2$。因为 A 与 B 相似，所以 A 和 B

有相同的特征值。

计算 $\boldsymbol{A}$ 的特征向量：

当 $\lambda_1=2$ 时，解方程组 $(\boldsymbol{A}-2\boldsymbol{E})\boldsymbol{x}=\boldsymbol{0}$，得 $\boldsymbol{\alpha}_1=(-1, 2, 0)^{\mathrm{T}}$。

当 $\lambda_2=-1$ 时，解方程组 $(\boldsymbol{A}+\boldsymbol{E})\boldsymbol{x}=\boldsymbol{0}$，得 $\boldsymbol{\alpha}_2=(-2, 1, 0)^{\mathrm{T}}$。

当 $\lambda_3=-2$ 时，解方程组 $(\boldsymbol{A}+2\boldsymbol{E})\boldsymbol{x}=\boldsymbol{0}$，得 $\boldsymbol{\alpha}_3=(-1, 2, 4)^{\mathrm{T}}$。

令

$$\boldsymbol{P}_1=(\boldsymbol{\alpha}_1, \boldsymbol{\alpha}_2, \boldsymbol{\alpha}_3)=\begin{bmatrix}-1 & -2 & -1\\ 2 & 1 & 2\\ 0 & 0 & 4\end{bmatrix}$$

则有

$$\boldsymbol{P}_1^{-1}\boldsymbol{A}\boldsymbol{P}_1=\boldsymbol{\Lambda}=\begin{bmatrix}2 & & \\ & -1 & \\ & & -2\end{bmatrix} \qquad ①$$

计算 $\boldsymbol{B}$ 的特征向量：

当 $\lambda_1=2$ 时，解方程组 $(\boldsymbol{B}-2\boldsymbol{E})\boldsymbol{x}=\boldsymbol{0}$，得 $\boldsymbol{\beta}_1=(1, 0, 0)^{\mathrm{T}}$。

当 $\lambda_2=-1$ 时，解方程组 $(\boldsymbol{B}+\boldsymbol{E})\boldsymbol{x}=\boldsymbol{0}$，得 $\boldsymbol{\beta}_2=(-1, 3, 0)^{\mathrm{T}}$。

当 $\lambda_3=-2$ 时，解方程组 $(\boldsymbol{B}+2\boldsymbol{E})\boldsymbol{x}=\boldsymbol{0}$，得 $\boldsymbol{\beta}_3=(0, 0, 1)^{\mathrm{T}}$。

令

$$\boldsymbol{P}_2=(\boldsymbol{\beta}_1, \boldsymbol{\beta}_2, \boldsymbol{\beta}_3)=\begin{bmatrix}1 & -1 & 0\\ 0 & 3 & 0\\ 0 & 0 & 1\end{bmatrix}$$

则有

$$\boldsymbol{P}_2^{-1}\boldsymbol{B}\boldsymbol{P}_2=\boldsymbol{\Lambda}=\begin{bmatrix}2 & & \\ & -1 & \\ & & -2\end{bmatrix} \qquad ②$$

由①式和②式得

$$\boldsymbol{P}_1^{-1}\boldsymbol{A}\boldsymbol{P}_1=\boldsymbol{P}_2^{-1}\boldsymbol{B}\boldsymbol{P}_2$$

用 $\boldsymbol{P}_2$ 左乘以上等式两端，用 $\boldsymbol{P}_2^{-1}$ 右乘以上等式两端，有

$$\boldsymbol{P}_2\boldsymbol{P}_1^{-1}\boldsymbol{A}\boldsymbol{P}_1\boldsymbol{P}_2^{-1}=\boldsymbol{B}$$

令 $\boldsymbol{P}=\boldsymbol{P}_1\boldsymbol{P}_2^{-1}$，则有

$$\boldsymbol{P}^{-1}\boldsymbol{A}\boldsymbol{P}=\boldsymbol{B}$$

于是

$$\boldsymbol{P}=\boldsymbol{P}_1\boldsymbol{P}_2^{-1}=\begin{bmatrix}-1 & -2 & -1\\ 2 & 1 & 2\\ 0 & 0 & 4\end{bmatrix}\begin{bmatrix}1 & -1 & 0\\ 0 & 3 & 0\\ 0 & 0 & 1\end{bmatrix}^{-1}=\begin{bmatrix}-1 & -1 & -1\\ 2 & 1 & 2\\ 0 & 0 & 4\end{bmatrix}$$

【评注】 本题考查了以下知识点：

(1) 若矩阵 $\boldsymbol{A}$ 和 $\boldsymbol{B}$ 相似，则 $|\boldsymbol{A}|=|\boldsymbol{B}|$。

(2) 若矩阵 $\boldsymbol{A}$ 和 $\boldsymbol{B}$ 相似，则 $\mathrm{tr}(\boldsymbol{A})=\mathrm{tr}(\boldsymbol{B})$。

(3) 若矩阵 $\boldsymbol{A}$ 和 $\boldsymbol{B}$ 相似，则 $\boldsymbol{A}$ 与 $\boldsymbol{B}$ 有相同的特征值。

【秘籍】 已知矩阵 $\boldsymbol{A}$ 和 $\boldsymbol{B}$ 都能相似对角化，且满足 $\boldsymbol{P}^{-1}\boldsymbol{AP}=\boldsymbol{B}$，求矩阵 $\boldsymbol{P}$。

通用方法：分别把 $\boldsymbol{A}$ 和 $\boldsymbol{B}$ 相似对角化，因为 $\boldsymbol{A}$ 和 $\boldsymbol{B}$ 相似，所以它们与同一个对角矩阵 $\boldsymbol{\Lambda}$ 相似。然后根据"桥梁"$\boldsymbol{\Lambda}$ 可以得到 $\boldsymbol{A}$ 和 $\boldsymbol{B}$ 的关系等式，从而求得矩阵 $\boldsymbol{P}$。

【例 5.15】 (2005，数学四)设 $\boldsymbol{A}$ 为三阶矩阵，$\boldsymbol{\alpha}_1$，$\boldsymbol{\alpha}_2$，$\boldsymbol{\alpha}_3$ 是线性无关的三维列向量，且满足 $\boldsymbol{A\alpha}_1=\boldsymbol{\alpha}_1+\boldsymbol{\alpha}_2+\boldsymbol{\alpha}_3$，$\boldsymbol{A\alpha}_2=2\boldsymbol{\alpha}_2+\boldsymbol{\alpha}_3$，$\boldsymbol{A\alpha}_3=2\boldsymbol{\alpha}_2+3\boldsymbol{\alpha}_3$。

(1) 求矩阵 $\boldsymbol{B}$，使得 $\boldsymbol{A}(\boldsymbol{\alpha}_1,\boldsymbol{\alpha}_2,\boldsymbol{\alpha}_3)=(\boldsymbol{\alpha}_1,\boldsymbol{\alpha}_2,\boldsymbol{\alpha}_3)\boldsymbol{B}$；

(2) 求矩阵 $\boldsymbol{A}$ 的特征值；

(3) 求可逆矩阵 $\boldsymbol{P}$，使得 $\boldsymbol{P}^{-1}\boldsymbol{AP}$ 为对角矩阵。

【思路】 写出向量组 $\boldsymbol{\alpha}_1$，$\boldsymbol{\alpha}_2$，$\boldsymbol{\alpha}_3$ 与 $\boldsymbol{A\alpha}_1$，$\boldsymbol{A\alpha}_2$，$\boldsymbol{A\alpha}_3$ 的矩阵等式关系。

【解】 (1) 根据已知条件，写出向量组 $\boldsymbol{\alpha}_1$，$\boldsymbol{\alpha}_2$，$\boldsymbol{\alpha}_3$ 与 $\boldsymbol{A\alpha}_1$，$\boldsymbol{A\alpha}_2$，$\boldsymbol{A\alpha}_3$ 的矩阵等式关系：

$$\boldsymbol{A}(\boldsymbol{\alpha}_1,\boldsymbol{\alpha}_2,\boldsymbol{\alpha}_3)=(\boldsymbol{A\alpha}_1,\boldsymbol{A\alpha}_2,\boldsymbol{A\alpha}_3)=(\boldsymbol{\alpha}_1,\boldsymbol{\alpha}_2,\boldsymbol{\alpha}_3)\begin{bmatrix}1&0&0\\1&2&2\\1&1&3\end{bmatrix}$$

于是

$$\boldsymbol{B}=\begin{bmatrix}1&0&0\\1&2&2\\1&1&3\end{bmatrix}$$

(2) 令 $\boldsymbol{W}=(\boldsymbol{\alpha}_1,\boldsymbol{\alpha}_2,\boldsymbol{\alpha}_3)$，因为 $\boldsymbol{\alpha}_1$，$\boldsymbol{\alpha}_2$，$\boldsymbol{\alpha}_3$ 线性无关，所以 $\boldsymbol{W}$ 为可逆矩阵，则有

$$\boldsymbol{W}^{-1}\boldsymbol{AW}=\boldsymbol{B}=\begin{bmatrix}1&0&0\\1&2&2\\1&1&3\end{bmatrix} \tag{①}$$

即矩阵 $\boldsymbol{A}$ 与 $\boldsymbol{B}$ 相似，于是 $\boldsymbol{A}$ 与 $\boldsymbol{B}$ 有相同的特征值，计算矩阵 $\boldsymbol{B}$ 的特征多项式：

$$|\boldsymbol{B}-\lambda\boldsymbol{E}|=\begin{vmatrix}1-\lambda&0&0\\1&2-\lambda&2\\1&1&3-\lambda\end{vmatrix}=(1-\lambda)^2(4-\lambda)$$

得矩阵 $\boldsymbol{A}$ 和 $\boldsymbol{B}$ 的特征值均为 $\lambda_1=\lambda_2=1$，$\lambda_3=4$。

(3) 对矩阵 $\boldsymbol{B}$ 进行相似对角化。

当 $\lambda_1=\lambda_2=1$ 时，解方程组 $(\boldsymbol{B}-\boldsymbol{E})\boldsymbol{x}=\boldsymbol{0}$，得 $\boldsymbol{q}_1=(-1,1,0)^{\mathrm{T}}$，$\boldsymbol{q}_2=(-2,0,1)^{\mathrm{T}}$。

当 $\lambda_3=4$ 时，解方程组 $(\boldsymbol{B}-4\boldsymbol{E})\boldsymbol{x}=\boldsymbol{0}$，得 $\boldsymbol{q}_3=(0,1,1)^{\mathrm{T}}$。

令

$$\boldsymbol{Q}=(\boldsymbol{q}_1,\boldsymbol{q}_2,\boldsymbol{q}_3)=\begin{bmatrix}-1&-2&0\\1&0&1\\0&1&1\end{bmatrix}$$

则有

$$\boldsymbol{Q}^{-1}\boldsymbol{BQ}=\boldsymbol{\Lambda}=\begin{bmatrix}1&&\\&1&\\&&4\end{bmatrix}$$

$$\boldsymbol{B}=\boldsymbol{Q\Lambda Q}^{-1} \tag{②}$$

由①式、②式得

$$W^{-1}AW=Q\Lambda Q^{-1}$$

用Q^{-1}左乘上式两端，用Q右乘上式两端，得

$$Q^{-1}W^{-1}AWQ=\Lambda$$

令$P=WQ$，则有

$$P^{-1}AP=\Lambda=\begin{bmatrix}1 & & \\ & 1 & \\ & & 4\end{bmatrix}$$

于是

$$P=WQ=(\alpha_1,\alpha_2,\alpha_3)\begin{bmatrix}-1 & -2 & 0\\ 1 & 0 & 1\\ 0 & 1 & 1\end{bmatrix}$$
$$=(-\alpha_1+\alpha_2,-2\alpha_1+\alpha_3,\alpha_2+\alpha_3)$$

【评注】 本题考查了以下知识点：

(1) 3个3维列向量α_1，α_2，α_3线性无关$\Leftrightarrow$3阶矩阵$A=(\alpha_1,\alpha_2,\alpha_3)$可逆。

(2) 若矩阵A和B相似，则A与B有相同的特征值。

(3) 相似具有传递性：若A与B相似，且B与Λ相似，则A与Λ也相似。

【秘籍】 很多考生没有做出第(3)问，其实本题第(3)问的答案并不是一个具体矩阵。

【例5.16】 设α，β都是n维实列向量，且$\alpha^T\beta=1$。A，B都是n阶非零矩阵，且满足$A^k=O$，k为大于1的整数，$B^2+B-2E=O$。以下选项(　　)中的矩阵不能相似对角化。

(A) $\alpha\beta^T+\beta\alpha^T$　　(B) $\alpha\beta^T$　　(C) A　　(D) B

【思路】 根据矩阵相似对角化的充分条件和充要条件进行逐个分析。

【解】 分析选项A。因为

$$(\alpha\beta^T+\beta\alpha^T)^T=(\alpha\beta^T)^T+(\beta\alpha^T)^T=(\beta^T)^T\alpha^T+(\alpha^T)^T\beta^T=\beta\alpha^T+\alpha\beta^T$$

所以矩阵$\alpha\beta^T+\beta\alpha^T$为实对称矩阵，于是$\alpha\beta^T+\beta\alpha^T$可以相似对角化。

分析选项B。因为$r(\alpha\beta^T)\leqslant r(\alpha)=1$，而$\alpha^T\beta=1$，所以$\alpha\beta^T\neq O$，于是$r(\alpha\beta^T)=1$。

讨论方程组$(\alpha\beta^T)x=0$，知矩阵$\alpha\beta^T$属于特征值0的线性无关的特征向量有$n-1$个，故0是矩阵A的至少$n-1$重特征值，设第n个特征值为λ_n，则有

$$0+\cdots+0+\lambda_n=\mathrm{tr}(\alpha\beta^T)=\alpha^T\beta=1$$

得$\lambda_n=1$。

于是矩阵$\alpha\beta^T$有n个线性无关的特征向量，所以它也可以相似对角化。

分析选项C。设λ是矩阵A的一个特征向量，则有

$$A\alpha=\lambda\alpha$$

用矩阵A左乘以上等式两端，有

$$A^2\alpha=\lambda^2\alpha$$

同理可得

$$A^k\alpha=\lambda^k\alpha$$

因为$A^k=O$，所以有

$$\lambda^k\alpha=0$$

又因为$\alpha\neq 0$，于是得$\lambda=0$，即矩阵A的所有特征值均为0，那么A的属于0的特征向

量就是 $\boldsymbol{A}$ 的所有特征向量。

然而 $\boldsymbol{A}$ 是非零矩阵，则 $r(\boldsymbol{A})>0$，故方程组 $\boldsymbol{Ax}=\boldsymbol{0}$ 没有 n 个线性无关的解向量，即矩阵 $\boldsymbol{A}$ 没有 n 个线性无关的特征向量，所有 $\boldsymbol{A}$ 不能相似对角化。

分析选项 D。根据例 5.5(1)的证明方法，可以证明矩阵 $\boldsymbol{B}$ 也可以相似对角化。

【评注】 本题考查了以下知识点：

(1) n 阶矩阵可以相似对角化的充要条件是 $\boldsymbol{A}$ 有 n 个线性无关的特征向量。

(2) 实对称矩阵一定可以相似对角化。

(3) 矩阵 $\boldsymbol{A}$ 特征值的几何重数不会超过代数重数。

(4) 若 n 阶矩阵 $\boldsymbol{A}$ 的秩为 1，则 $\boldsymbol{A}$ 的特征值为 $n-1$ 个 0 和 1 个 $\mathrm{tr}(\boldsymbol{A})$。

(5) 设 $\boldsymbol{\alpha}$，$\boldsymbol{\beta}$ 均为 n 维列向量，则矩阵 $\boldsymbol{\alpha\beta}^{\mathrm{T}}$ 的迹 $\mathrm{tr}(\boldsymbol{\alpha\beta}^{\mathrm{T}})=\boldsymbol{\alpha}^{\mathrm{T}}\boldsymbol{\beta}$。

(6) $r(\boldsymbol{AB})\leqslant r(\boldsymbol{A})$。

(7) $\boldsymbol{A}\neq\boldsymbol{O}\Leftrightarrow r(\boldsymbol{A})\neq 0$。

(8) 若 n 阶矩阵 $\boldsymbol{A}$ 满足 $f(\boldsymbol{A})=\boldsymbol{O}$，则 $\boldsymbol{A}$ 的所有特征值均在方程 $f(x)=0$ 的根中选取。

【秘籍】 (1) 若非零矩阵 $\boldsymbol{A}$ 满足 $\boldsymbol{A}^k=\boldsymbol{O}$，则 $\boldsymbol{A}$ 不能相似对角化。

(2) 设 $\boldsymbol{\alpha}$，$\boldsymbol{\beta}$ 均为 n 维列向量，且 $\boldsymbol{A}=\boldsymbol{\alpha\beta}^{\mathrm{T}}$，有

① 若 $\boldsymbol{\alpha}^{\mathrm{T}}\boldsymbol{\beta}=0$，则 $\boldsymbol{A}$ 不能相似对角化；

② 若 $\boldsymbol{\alpha}^{\mathrm{T}}\boldsymbol{\beta}\neq 0$，则 $\boldsymbol{A}$ 可以相似对角化。

(3) 若 n 阶矩阵 $\boldsymbol{A}$ 满足 $(\boldsymbol{A}-a\boldsymbol{E})(\boldsymbol{A}-b\boldsymbol{E})=\boldsymbol{O}$，$a\neq b$，则矩阵 $\boldsymbol{A}$ 可以相似对角化。

【例 5.17】 分析以下命题，错误的是(　　)。

(A) 若 2 阶矩阵 $\boldsymbol{A}$ 的行列式 $|\boldsymbol{A}|<0$，则 $\boldsymbol{A}$ 可以相似对角化

(B) 若 n 阶矩阵 $\boldsymbol{A}$ 的秩 $r(\boldsymbol{A})=1$，且 $\boldsymbol{A}$ 的迹 $\mathrm{tr}(\boldsymbol{A})=0$，则 $\boldsymbol{A}$ 不可以相似对角化

(C) 设 $\boldsymbol{\alpha}$，$\boldsymbol{\beta}$ 均为 n 维非零列向量，$\boldsymbol{A}=\boldsymbol{\alpha\beta}^{\mathrm{T}}$，且 $\boldsymbol{\alpha}^{\mathrm{T}}\boldsymbol{\beta}=0$，则 $\boldsymbol{A}$ 不可以相似对角化

(D) 若 $\boldsymbol{A}$ 为 n 阶非零三角矩阵，且 $\boldsymbol{A}$ 的主对角线元素全为 0，则 $\boldsymbol{A}$ 能相似对角化

【思路】 根据矩阵相似对角化的充分条件和充要条件逐个进行分析。

【解】 分析选项 A。设 λ_1，λ_2 为 2 阶矩阵 $\boldsymbol{A}$ 的特征值，则有

$$\lambda_1\lambda_2=|\boldsymbol{A}|<0$$

即 λ_1 与 λ_2 异号，则 $\lambda_1\neq\lambda_2$，2 阶矩阵 $\boldsymbol{A}$ 有两个互不相同的特征值，于是矩阵 $\boldsymbol{A}$ 可以相似对角化。

分析选项 B。因为矩阵 $\boldsymbol{A}$ 的秩为 1，所以 $\boldsymbol{A}$ 的特征值为 $n-1$ 个 0 和 1 个 $\mathrm{tr}(\boldsymbol{A})=0$，即 $\boldsymbol{A}$ 的所有特征值都是 0，而方程组 $\boldsymbol{Ax}=\boldsymbol{0}$ 有 $n-1$ 个线性无关的解向量，即矩阵 $\boldsymbol{A}$ 属于 0 的线性无关的特征向量有 $n-1$ 个，所以矩阵 $\boldsymbol{A}$ 总共只能找到 $n-1$ 个线性无关的特征向量，于是矩阵 $\boldsymbol{A}$ 不能相似对角化。

分析选项 C。因为 $\boldsymbol{A}=\boldsymbol{\alpha\beta}^{\mathrm{T}}$，所以 $r(\boldsymbol{A})=r(\boldsymbol{\alpha\beta}^{\mathrm{T}})\leqslant r(\boldsymbol{\alpha})=1$，又因为 $\boldsymbol{\alpha}$，$\boldsymbol{\beta}$ 均为 n 维非零列向量，所以 $\boldsymbol{A}\neq\boldsymbol{O}$，于是 $r(\boldsymbol{A})=1$，而矩阵 $\boldsymbol{\alpha\beta}^{\mathrm{T}}$ 的迹 $\mathrm{tr}(\boldsymbol{\alpha\beta}^{\mathrm{T}})=\boldsymbol{\alpha}^{\mathrm{T}}\boldsymbol{\beta}=0$，根据选项 B 的证明，可得 $\boldsymbol{A}$ 不可以相似对角化。

分析选项 D。因为 $\boldsymbol{A}$ 为三角矩阵，所以 $\boldsymbol{A}$ 的特征值为其主对角线上的元素，于是 $\boldsymbol{A}$ 的所有特征值均为 0。求矩阵 $\boldsymbol{A}$ 属于 0 的特征向量，就是求解方程组 $\boldsymbol{Ax}=\boldsymbol{0}$。又因为 $\boldsymbol{A}$ 为非零矩阵，所以方程组 $\boldsymbol{Ax}=\boldsymbol{0}$ 线性无关的解向量少于 n 个，即矩阵 $\boldsymbol{A}$ 属于 0 的线性无关的特征向量也少于 n 个，于是 n 阶矩阵 $\boldsymbol{A}$ 不能相似对角化。故选项 D 错误。

【评注】 该题考查了以下知识点：

(1) n 阶矩阵 $\boldsymbol{A}$ 的行列式等于其 n 个特征值的乘积。

(2) 若 n 阶矩阵 $\boldsymbol{A}$ 有 n 个互不相同的特征值，则 $\boldsymbol{A}$ 可以相似对角化。

(3) 若 n 阶矩阵 $\boldsymbol{A}$ 的秩为 1，则 $\boldsymbol{A}$ 的特征值为 $n-1$ 个 0 和 1 个 $\operatorname{tr}(\boldsymbol{A})$。

(4) 设 $\boldsymbol{\alpha}, \boldsymbol{\beta}$ 均为 n 维列向量，则矩阵 $\boldsymbol{\alpha}\boldsymbol{\beta}^{\mathrm{T}}$ 的迹 $\operatorname{tr}(\boldsymbol{\alpha}\boldsymbol{\beta}^{\mathrm{T}})=\boldsymbol{\alpha}^{\mathrm{T}}\boldsymbol{\beta}$。

(5) $r(\boldsymbol{AB})\leqslant r(\boldsymbol{A})$。

(6) $\boldsymbol{A}\neq\boldsymbol{O}\Leftrightarrow r(\boldsymbol{A})\neq 0$。

(7) 三角矩阵的特征值为它主对角线上元素的值。

【秘籍】 (1) 行列式为负数的 2 阶矩阵可以相似对角化。

(2) 已知 n 阶矩阵 $\boldsymbol{A}$ 的秩为 1，有

① 若 $\operatorname{tr}(\boldsymbol{A})=0$，则 $\boldsymbol{A}$ 不能相似对角化；

② 若 $\operatorname{tr}(\boldsymbol{A})\neq 0$，则 $\boldsymbol{A}$ 可以相似对角化。

(3) 主对角线元素均为 0 的非零三角矩阵不能相似对角化。

【例 5.18】 (2020，数学一、数学二、数学三)设 $\boldsymbol{A}$ 为二阶矩阵，$\boldsymbol{P}=(\boldsymbol{\alpha}, \boldsymbol{A\alpha})$，其中 $\boldsymbol{\alpha}$ 是非零向量且不是 $\boldsymbol{A}$ 的特征向量。

(1) 证明 $\boldsymbol{P}$ 为可逆矩阵；

(2) 若 $\boldsymbol{A}^2\boldsymbol{\alpha}+\boldsymbol{A\alpha}-6\boldsymbol{\alpha}=\boldsymbol{0}$，求 $\boldsymbol{P}^{-1}\boldsymbol{AP}$，并判断 $\boldsymbol{A}$ 是否能相似对角化。

【思路】 构造向量组 $\boldsymbol{\alpha}, \boldsymbol{A\alpha}$ 与 $\boldsymbol{A\alpha}, \boldsymbol{A}^2\boldsymbol{\alpha}$ 的矩阵等式关系。

【解】 (1) 因为 $\boldsymbol{\alpha}\neq\boldsymbol{0}$，且 $\boldsymbol{\alpha}$ 不是 $\boldsymbol{A}$ 的特征向量，即 $\boldsymbol{A\alpha}\neq\lambda\boldsymbol{\alpha}$，所以向量组 $\boldsymbol{\alpha}, \boldsymbol{A\alpha}$ 线性无关，于是矩阵 $\boldsymbol{P}=(\boldsymbol{\alpha}, \boldsymbol{A\alpha})$为可逆矩阵。

(2) 因为 $\boldsymbol{A}^2\boldsymbol{\alpha}+\boldsymbol{A\alpha}-6\boldsymbol{\alpha}=\boldsymbol{0}$，即

$$\boldsymbol{A}^2\boldsymbol{\alpha}=6\boldsymbol{\alpha}-\boldsymbol{A\alpha}$$

构造向量组 $\boldsymbol{\alpha}, \boldsymbol{A\alpha}$ 与 $\boldsymbol{A\alpha}, \boldsymbol{A}^2\boldsymbol{\alpha}$ 的矩阵等式关系：

$$\boldsymbol{AP}=\boldsymbol{A}(\boldsymbol{\alpha}, \boldsymbol{A\alpha})=(\boldsymbol{A\alpha}, \boldsymbol{A}^2\boldsymbol{\alpha})=(\boldsymbol{\alpha}, \boldsymbol{A\alpha})\begin{bmatrix}0 & 6\\1 & -1\end{bmatrix}$$

因为 $\boldsymbol{P}$ 可逆，用 $\boldsymbol{P}^{-1}$左乘以上等式两端，有

$$\boldsymbol{P}^{-1}\boldsymbol{AP}=\begin{bmatrix}0 & 6\\1 & -1\end{bmatrix}$$

记 $\boldsymbol{B}=\begin{bmatrix}0 & 6\\1 & -1\end{bmatrix}$，求解特征方程 $|\boldsymbol{B}-\lambda\boldsymbol{E}|=0$，得矩阵 $\boldsymbol{B}$ 的特征值为 2 和 -3，因为矩阵 $\boldsymbol{A}$ 与 $\boldsymbol{B}$ 相似，所以矩阵 $\boldsymbol{A}$ 有两个互不相同的特征值，于是 $\boldsymbol{A}$ 可以相似对角化。

【评注】 本题考查了以下知识点：

(1) 分块矩阵运算公式：$\boldsymbol{A}(\boldsymbol{\alpha}, \boldsymbol{A\alpha})=(\boldsymbol{A\alpha}, \boldsymbol{A}^2\boldsymbol{\alpha})$。

(2) 若 $\boldsymbol{\alpha}, \boldsymbol{\beta}$ 均为 n 维非零向量，有

① $\boldsymbol{\alpha}=k\boldsymbol{\beta}\Leftrightarrow\boldsymbol{\alpha}, \boldsymbol{\beta}$ 线性相关；

② $\boldsymbol{\alpha}\neq k\boldsymbol{\beta}\Leftrightarrow\boldsymbol{\alpha}, \boldsymbol{\beta}$ 线性无关。

(3) 设 $\boldsymbol{A}=(\boldsymbol{\alpha}, \boldsymbol{\beta})$为 2 阶矩阵，有

① $\boldsymbol{A}$ 是不可逆矩阵 $\Leftrightarrow\boldsymbol{\alpha}, \boldsymbol{\beta}$ 线性相关。

② $\boldsymbol{A}$ 是可逆矩阵 $\Leftrightarrow\boldsymbol{\alpha}, \boldsymbol{\beta}$ 线性无关。

(4) 若 $\boldsymbol{A}$ 与 $\boldsymbol{B}$ 相似，则 $\boldsymbol{A}$ 与 $\boldsymbol{B}$ 有相同的特征值。

(5) 若 n 阶矩阵 $\boldsymbol{A}$ 有 n 个互不相同的特征值，则 $\boldsymbol{A}$ 可以相似对角化。

【秘籍】 把等式 $\boldsymbol{A}^2\boldsymbol{\alpha}+\boldsymbol{A}\boldsymbol{\alpha}-6\boldsymbol{\alpha}=\boldsymbol{0}$ 理解为：向量 $\boldsymbol{A}^2\boldsymbol{\alpha}$ 可以由向量组 $\boldsymbol{A}\boldsymbol{\alpha}$，$\boldsymbol{\alpha}$ 线性表示，从而得到矩阵等式：

$$(\boldsymbol{A}\boldsymbol{\alpha},\ \boldsymbol{A}^2\boldsymbol{\alpha})=(\boldsymbol{\alpha},\ \boldsymbol{A}\boldsymbol{\alpha})\begin{bmatrix}0 & 6\\1 & -1\end{bmatrix}$$

【例 5.19】 (2006，数学一、数学二、数学三)设三阶实对称矩阵 $\boldsymbol{A}$ 的各行元素之和均为 3，向量 $\boldsymbol{\alpha}_1=(-1,\ 2,\ -1)^{\mathrm{T}}$，$\boldsymbol{\alpha}_2=(0,\ -1,\ 1)^{\mathrm{T}}$ 是线性方程组 $\boldsymbol{A}\boldsymbol{x}=\boldsymbol{0}$ 的两个解。

(1) 求 $\boldsymbol{A}$ 的特征值与特征向量；

(2) 求正交矩阵 $\boldsymbol{Q}$ 和对角矩阵 $\boldsymbol{\Lambda}$，使得 $\boldsymbol{Q}^{\mathrm{T}}\boldsymbol{A}\boldsymbol{Q}=\boldsymbol{\Lambda}$。

【思路】 根据已知条件确定矩阵 $\boldsymbol{A}$ 的所有特征值与特征向量。

【解】 (1) 因为矩阵 $\boldsymbol{A}$ 的各行元素之和均为 3，即有矩阵等式

$$\boldsymbol{A}\begin{bmatrix}1\\1\\1\end{bmatrix}=3\times\begin{bmatrix}1\\1\\1\end{bmatrix}$$

所以 3 是矩阵 $\boldsymbol{A}$ 的特征值，$k(1,\ 1,\ 1)^{\mathrm{T}}$ 是对应的特征向量，$k\neq 0$。

又因为 $\boldsymbol{\alpha}_1$ 和 $\boldsymbol{\alpha}_2$ 都是线性方程组 $\boldsymbol{A}\boldsymbol{x}=\boldsymbol{0}$ 的解，所以 $\boldsymbol{\alpha}_1$ 和 $\boldsymbol{\alpha}_2$ 是矩阵 $\boldsymbol{A}$ 的属于特征值 0 的特征向量。因为 $\boldsymbol{\alpha}_1$，$\boldsymbol{\alpha}_2$ 线性无关，于是矩阵 $\boldsymbol{A}$ 属于 0 的所有特征向量为 $k_1\boldsymbol{\alpha}_1+k_2\boldsymbol{\alpha}_2=k_1(-1,\ 2,\ -1)^{\mathrm{T}}+k_2(0,\ -1,\ 1)^{\mathrm{T}}$，其中 k_1，k_2 不同时为 0。

(2) 用施密特正交化法把向量 $\boldsymbol{\alpha}_1$，$\boldsymbol{\alpha}_2$ 正交化。

令 $\boldsymbol{\beta}_1=\boldsymbol{\alpha}_1=(-1,\ 2,\ -1)^{\mathrm{T}}$，令 $\boldsymbol{\beta}_2=\boldsymbol{\alpha}_2+k\boldsymbol{\beta}_1=(0,\ -1,\ 1)^{\mathrm{T}}+k(-1,\ 2,\ -1)^{\mathrm{T}}=(-k,\ 2k-1,\ -k+1)^{\mathrm{T}}$，要求 $\boldsymbol{\beta}_1$ 与 $\boldsymbol{\beta}_2$ 正交，则有 $\boldsymbol{\beta}_1^{\mathrm{T}}\boldsymbol{\beta}_2=0$，则有

$$(-1)\times(-k)+2\times(2k-1)+(-1)\times(-k+1)=0$$

解得 $k=\dfrac{1}{2}$，代入 $\boldsymbol{\beta}_2$，得 $\boldsymbol{\beta}_2=\left(-\dfrac{1}{2},\ 0,\ \dfrac{1}{2}\right)^{\mathrm{T}}$。

对两两正交的特征向量 $\boldsymbol{\beta}_1$，$\boldsymbol{\beta}_2$ 和 $(1,\ 1,\ 1)^{\mathrm{T}}$ 单位化，构造正交矩阵：

$$\boldsymbol{Q}=\begin{bmatrix}-\dfrac{1}{\sqrt{6}} & -\dfrac{1}{\sqrt{2}} & \dfrac{1}{\sqrt{3}}\\ \dfrac{2}{\sqrt{6}} & 0 & \dfrac{1}{\sqrt{3}}\\ -\dfrac{1}{\sqrt{6}} & \dfrac{1}{\sqrt{2}} & \dfrac{1}{\sqrt{3}}\end{bmatrix}$$

则有

$$\boldsymbol{Q}^{\mathrm{T}}\boldsymbol{A}\boldsymbol{Q}=\boldsymbol{\Lambda}=\begin{bmatrix}0 & & \\ & 0 & \\ & & 3\end{bmatrix}$$

【评注】 本题考查了以下知识点：

(1) 若 n 阶矩阵 $\boldsymbol{A}$ 的每一行元素之和均为 k，则有

① k 是 $\boldsymbol{A}$ 的特征值；

② $(1, 1, \cdots, 1)^T$ 是 $\boldsymbol{A}$ 的属于 k 的特征向量。

(2) 设 $\boldsymbol{A}$ 为 n 阶矩阵，若 $\boldsymbol{Ax}=\boldsymbol{0}$ 有非零解向量，则 0 是矩阵 $\boldsymbol{A}$ 的特征值。

(3) 设 $\boldsymbol{A}$ 为 n 阶矩阵，若 $\boldsymbol{\alpha}$ 是 $\boldsymbol{Ax}=\boldsymbol{0}$ 的非零解向量，则 $\boldsymbol{\alpha}$ 是矩阵 $\boldsymbol{A}$ 属于特征值 0 的特征向量。

(4) 设 $\boldsymbol{A}$ 为 n 阶矩阵，若方程组 $\boldsymbol{Ax}=\boldsymbol{0}$ 有 k 个线性无关的非零解向量，则 0 是矩阵 $\boldsymbol{A}$ 的至少 k 重特征值。

(5) 施密特正交化法，参见第 3 章 3.3.19 小节内容。

【例 5.20】 (2007，数学一、数学二、数学三)设 3 阶实对称矩阵 $\boldsymbol{A}$ 的特征值为 1，2，-2，且 $\boldsymbol{\alpha}_1=(1, -1, 1)^T$ 是 $\boldsymbol{A}$ 的属于特征值 1 的一个特征向量，记 $\boldsymbol{B}=\boldsymbol{A}^5-4\boldsymbol{A}^3+\boldsymbol{E}$，其中 $\boldsymbol{E}$ 为单位矩阵。

(1) 验证 $\boldsymbol{\alpha}_1$ 是矩阵 $\boldsymbol{B}$ 的一个特征向量，并求 $\boldsymbol{B}$ 的全部特征值和特征向量；

(2) 求矩阵 $\boldsymbol{B}$。

【思路】 首先求出矩阵 $\boldsymbol{B}$ 的 2 重特征值，然后利用实对称矩阵属于不同特征值的特征向量正交求出 $\boldsymbol{B}$ 的所有特征向量，最后根据相似对角化反求矩阵 $\boldsymbol{B}$。

【解】 (1) 由 $\boldsymbol{A\alpha}=\lambda\boldsymbol{\alpha}$ 知 $\boldsymbol{A}^n\boldsymbol{\alpha}=\lambda^n\boldsymbol{\alpha}$ 可得

$$\begin{aligned}\boldsymbol{B\alpha}_1 &=(\boldsymbol{A}^5-4\boldsymbol{A}^3+\boldsymbol{E})\boldsymbol{\alpha}_1\\&=\boldsymbol{A}^5\boldsymbol{\alpha}_1-4\boldsymbol{A}^3\boldsymbol{\alpha}_1+\boldsymbol{E\alpha}_1\\&=\lambda_1^5\boldsymbol{\alpha}_1-4\lambda_1^3\boldsymbol{\alpha}_1+\boldsymbol{\alpha}_1\\&=-2\boldsymbol{\alpha}_1\end{aligned}$$

于是 $\boldsymbol{\alpha}_1$ 是矩阵 $\boldsymbol{B}$ 属于特征值-2 的特征向量。

设 $\boldsymbol{\alpha}_2$，$\boldsymbol{\alpha}_3$ 分别是矩阵 $\boldsymbol{A}$ 属于特征值 $\lambda_2=2$ 和 $\lambda_3=-2$ 的特征向量，则有

$$\boldsymbol{A\alpha}_2=2\boldsymbol{\alpha}_2,\ \boldsymbol{A\alpha}_3=-2\boldsymbol{\alpha}_3$$

类似有

$$\boldsymbol{B\alpha}_2=\lambda_2^5\boldsymbol{\alpha}_2-4\lambda_2^3\boldsymbol{\alpha}_2+\boldsymbol{\alpha}_2=\boldsymbol{\alpha}_2,\ \boldsymbol{B\alpha}_3=\lambda_3^5\boldsymbol{\alpha}_3-4\lambda_3^3\boldsymbol{\alpha}_3+\boldsymbol{\alpha}_3=\boldsymbol{\alpha}_3$$

所以 $\boldsymbol{\alpha}_2$，$\boldsymbol{\alpha}_3$ 是矩阵 $\boldsymbol{B}$ 属于特征值 1 的特征向量，又因为 $\boldsymbol{\alpha}_2$，$\boldsymbol{\alpha}_3$ 是矩阵 $\boldsymbol{A}$ 属于不同特征值的特征向量，所以线性无关，于是 1 是 $\boldsymbol{B}$ 的 2 重特征值。所以矩阵 $\boldsymbol{B}$ 的所有特征值为-2，1，1。

因为 $\boldsymbol{A}$ 为实对称矩阵，所以 $\boldsymbol{B}$ 也是实对称矩阵。设矩阵 $\boldsymbol{B}$ 属于特征值 1 的特征向量为 $(x_1, x_2, x_3)^T$，根据实对称矩阵属于不同特征值的特征向量正交，则有

$$(1, -1, 1)\begin{bmatrix}x_1\\x_2\\x_3\end{bmatrix}=0$$

解方程组，得基础解系为$(1, 1, 0)^T$，$(-1, 0, 1)^T$。

于是，矩阵 $\boldsymbol{B}$ 属于 1 的特征向量为 $k_2(1, 1, 0)^T+k_3(-1, 0, 1)^T$，$k_2$，$k_3$ 为不同时为零的任意常数；矩阵 $\boldsymbol{B}$ 属于-2 的特征向量为 $k_1\boldsymbol{\alpha}_1=k_1(1, -1, 1)^T$，$k_1$ 为不为零的任意常数。

(2) 根据第(1)问的计算结果，用矩阵 $\boldsymbol{B}$ 的 3 个线性无关的特征向量构造可逆矩阵：

$$\boldsymbol{P}=\begin{bmatrix}1&1&-1\\-1&1&0\\1&0&1\end{bmatrix}$$

则有

$$P^{-1}BP=\Lambda=\begin{bmatrix}-2 & & \\ & 1 & \\ & & 1\end{bmatrix}$$

于是

$$B=P\Lambda P^{-1}=\begin{bmatrix}0 & 1 & -1\\ 1 & 0 & 1\\ -1 & 1 & 0\end{bmatrix}$$

【评注】 本题考查了以下知识点:

(1) 若 λ 是 A 的特征值，则 $f(\lambda)$是 $f(A)$的特征值。

(2) 若 α 是 A 的特征向量，则 α 也是 $f(A)$的特征向量。

(3) 属于实对称矩阵的不同特征值的特征向量正交。

(4) 实对称矩阵特征值的几何重数等于代数重数。

(5) 若 A 为实对称矩阵,则 $f(A)$也为实对称矩阵。

【秘籍】 已知 3 阶实对称矩阵 A 的 3 个特征值 λ_1，λ_2，λ_3 及 λ_1 对应的一个特征向量 α_1，一般情况不能反求出矩阵 $f(A)$，但本题是一个特例，刚好有 $f(\lambda_2)=f(\lambda_3)$，于是只要求得与 α_1 正交的任意两个线性无关的向量，即是 $f(A)$属于 $f(\lambda_2)=f(\lambda_3)$的特征向量。

【例 5.21】 (2011，数学一、数学二、数学三)A 为三阶实对称矩阵，A 的秩为 2，即 $r(A)=2$，且 $A\begin{bmatrix}1 & 1\\ 0 & 0\\ -1 & 1\end{bmatrix}=\begin{bmatrix}-1 & 1\\ 0 & 0\\ 1 & 1\end{bmatrix}$。求:

(1) A 的特征值与特征向量;

(2) 矩阵 A。

【思路】 根据矩阵等式 $A\begin{bmatrix}1 & 1\\ 0 & 0\\ -1 & 1\end{bmatrix}=\begin{bmatrix}-1 & 1\\ 0 & 0\\ 1 & 1\end{bmatrix}$，得矩阵 A 的 2 个特征值和对应的特征向量。

【解】 (1) 由于 $A\begin{bmatrix}1 & 1\\ 0 & 0\\ -1 & 1\end{bmatrix}=\begin{bmatrix}-1 & 1\\ 0 & 0\\ 1 & 1\end{bmatrix}$，则有

$$A\begin{bmatrix}1\\ 0\\ -1\end{bmatrix}=(-1)\times\begin{bmatrix}1\\ 0\\ -1\end{bmatrix},\ A\begin{bmatrix}1\\ 0\\ 1\end{bmatrix}=1\times\begin{bmatrix}1\\ 0\\ 1\end{bmatrix}$$

于是 A 的特征值为-1 和 1，其对应的特征向量分别为$(1,0,-1)^T$，$(1,0,1)^T$。

又因为 $r(A)=2<3$，所以 0 是矩阵 A 的特征值。设矩阵 A 的属于 0 的特征向量为 $(x_1,x_2,x_3)^T$，由于 A 为实对称矩阵，所以向量$(x_1,x_2,x_3)^T$ 一定与向量$(1,0,-1)^T$，$(1,0,1)^T$ 均正交，故有

$$\begin{bmatrix}1 & 0 & -1\\ 1 & 0 & 1\end{bmatrix}\begin{bmatrix}x_1\\ x_2\\ x_3\end{bmatrix}=\begin{bmatrix}0\\ 0\end{bmatrix}$$

该方程组的基础解系为$(0,1,0)^T$。

综上得，矩阵A的所有特征值分别为-1，1，0，其对应的特征向量分别为$k_1(1,0,-1)^T$，$k_2(1,0,1)^T$，$k_3(0,1,0)^T$，其中k_1，k_2，k_3为任意非零常数。

(2) 根据(1)的结论：矩阵A的属于0的特征向量为$\begin{bmatrix}0\\1\\0\end{bmatrix}$，则有$A\begin{bmatrix}0\\1\\0\end{bmatrix}=\begin{bmatrix}0\\0\\0\end{bmatrix}$，再根据已知条件$A\begin{bmatrix}1&1\\0&0\\-1&1\end{bmatrix}=\begin{bmatrix}-1&1\\0&0\\1&1\end{bmatrix}$，有

$$A\begin{bmatrix}1&1&0\\0&0&1\\-1&1&0\end{bmatrix}=\begin{bmatrix}-1&1&0\\0&0&0\\1&1&0\end{bmatrix}$$

于是

$$A=\begin{bmatrix}-1&1&0\\0&0&0\\1&1&0\end{bmatrix}\begin{bmatrix}1&1&0\\0&0&1\\-1&1&0\end{bmatrix}^{-1}=\begin{bmatrix}0&0&1\\0&0&0\\1&0&0\end{bmatrix}$$

【评注】 本题考查了以下知识点：

(1) $A\begin{bmatrix}1\\0\\-1\end{bmatrix}=\begin{bmatrix}-1\\0\\1\end{bmatrix}\Leftrightarrow -1$是矩阵$A$的特征值，其对应的特征向量是$\begin{bmatrix}1\\0\\-1\end{bmatrix}$。

(2) $r(A_n)<n\Leftrightarrow 0$一定是矩阵$A$的特征值。

(3) 实对称矩阵的属于不同特征值的特征向量必正交。

【秘籍】 挖掘矩阵等式所蕴含的线性代数内涵是学好线性代数的关键。

【例 5.22】 (2001，数学三)设矩阵$A=\begin{bmatrix}1&1&a\\1&a&1\\a&1&1\end{bmatrix}$，$\beta=\begin{bmatrix}1\\1\\-2\end{bmatrix}$，已知线性方程组$Ax=\beta$有解但不唯一，试求：

(1) a的值；

(2) 正交矩阵Q，使得Q^TAQ为对角矩阵。

【思路】 从$|A|=0$出发，根据方程组$Ax=\beta$有多解，确定a的取值。

【解】 (1) 计算矩阵A的行列式：

$$|A|=\begin{vmatrix}1&1&a\\1&a&1\\a&1&1\end{vmatrix}=-(a+2)(a-1)^2$$

当$a\neq-2$且$a\neq1$时，$|A|\neq0$，方程组$Ax=\beta$有唯一解，不合题意。

当$a=1$时，$r(A)=1$，$r(A,\beta)=2$，方程组$Ax=\beta$无解，不合题意。

当$a=-2$时，$r(A)=r(A,\beta)=2<3$，方程组$Ax=\beta$有无穷多解，于是$a=-2$。

(2) 求解矩阵A的特征值方程：

$$|\boldsymbol{A}-\lambda\boldsymbol{E}|=\begin{vmatrix}1-\lambda & 1 & -2\\ 1 & -2-\lambda & 1\\ -2 & 1 & 1-\lambda\end{vmatrix}=0$$

解得 $\lambda_1=0$，$\lambda_2=3$，$\lambda_3=-3$。

当 $\lambda_1=0$ 时，解方程组 $\boldsymbol{Ax}=\boldsymbol{0}$，得基础解系为 $\boldsymbol{p}_1=(1, 1, 1)^{\mathrm{T}}$，即为 $\boldsymbol{A}$ 属于 0 的特征向量。

当 $\lambda_2=3$ 时，解方程组 $(\boldsymbol{A}-3\boldsymbol{E})\boldsymbol{x}=\boldsymbol{0}$，得基础解系为 $\boldsymbol{p}_2=(-1, 0, 1)^{\mathrm{T}}$，即为 $\boldsymbol{A}$ 属于 3 的特征向量。

当 $\lambda_3=-3$ 时，解方程组 $(\boldsymbol{A}+3\boldsymbol{E})\boldsymbol{x}=\boldsymbol{0}$，得基础解系为 $\boldsymbol{p}_3=(1, -2, 1)^{\mathrm{T}}$，即为 $\boldsymbol{A}$ 属于 -3 的特征向量。

将 $\boldsymbol{p}_1$，$\boldsymbol{p}_2$，$\boldsymbol{p}_3$ 单位化后，构造正交矩阵：

$$\boldsymbol{Q}=\left[\frac{\boldsymbol{p}_1}{\|\boldsymbol{p}_1\|}, \frac{\boldsymbol{p}_2}{\|\boldsymbol{p}_2\|}, \frac{\boldsymbol{p}_3}{\|\boldsymbol{p}_3\|}\right]=\begin{bmatrix}\frac{1}{\sqrt{3}} & -\frac{1}{\sqrt{2}} & \frac{1}{\sqrt{6}}\\ \frac{1}{\sqrt{3}} & 0 & -\frac{2}{\sqrt{6}}\\ \frac{1}{\sqrt{3}} & \frac{1}{\sqrt{2}} & \frac{1}{\sqrt{6}}\end{bmatrix}$$

则有

$$\boldsymbol{Q}^{\mathrm{T}}\boldsymbol{AQ}=\boldsymbol{\Lambda}=\begin{bmatrix}0 & & \\ & 3 & \\ & & -3\end{bmatrix}$$

【评注】 本题考查了以下知识点：

(1) 设 $\boldsymbol{A}$ 为 n 阶矩阵，

① 若 $|\boldsymbol{A}|\neq 0$，则方程组 $\boldsymbol{Ax}=\boldsymbol{b}$ 有唯一解；

② 若 $r(\boldsymbol{A})\neq r(\boldsymbol{A}, \boldsymbol{b})$，则方程组 $\boldsymbol{Ax}=\boldsymbol{b}$ 无解；

③ 若 $r(\boldsymbol{A})=r(\boldsymbol{A}, \boldsymbol{b})<n$，则方程组 $\boldsymbol{Ax}=\boldsymbol{b}$ 有无穷多解。

(2) 用正交矩阵把实对称矩阵相似对角化的过程，参见本章第 5.3.6 小节内容。

【例 5.23】 (2010，数学二、数学三)设 $\boldsymbol{A}=\begin{bmatrix}0 & -1 & 4\\ -1 & 3 & a\\ 4 & a & 0\end{bmatrix}$，正交矩阵 $\boldsymbol{Q}$ 使得 $\boldsymbol{Q}^{\mathrm{T}}\boldsymbol{AQ}$ 为对角矩阵。若 $\boldsymbol{Q}$ 的第 1 列为 $\frac{1}{\sqrt{6}}(1, 2, 1)^{\mathrm{T}}$，求 a，$\boldsymbol{Q}$。

【思路】 根据已知条件知 $\boldsymbol{Q}$ 的第 1 列即为矩阵 $\boldsymbol{A}$ 的特征向量，从而确定 a，再进一步求 $\boldsymbol{Q}$。

【解】 由于正交矩阵 $\boldsymbol{Q}$ 使得 $\boldsymbol{Q}^{\mathrm{T}}\boldsymbol{AQ}$ 为对角矩阵，于是 $\boldsymbol{Q}$ 的第 1 列 $\frac{1}{\sqrt{6}}(1, 2, 1)^{\mathrm{T}}$ 即为矩阵 $\boldsymbol{A}$ 的特征向量，设对应特征值为 λ_1，则有

$$\begin{bmatrix}0 & -1 & 4\\ -1 & 3 & a\\ 4 & a & 0\end{bmatrix}\begin{bmatrix}1\\ 2\\ 1\end{bmatrix}=\lambda_1\begin{bmatrix}1\\ 2\\ 1\end{bmatrix}$$

故有

$$\begin{cases}0-2+4=\lambda_1\\-1+6+a=2\lambda_1\\4+2a+0=\lambda_1\end{cases}$$

解得 $a=-1$，$\lambda_1=2$。

根据特征方程 $|\boldsymbol{A}-\lambda\boldsymbol{E}|=0$ 进一步求出矩阵 $\boldsymbol{A}$ 的所有特征值为 $\lambda_1=2$，$\lambda_2=5$，$\lambda_3=-4$。

当 $\lambda_2=5$ 时，解方程组 $(\boldsymbol{A}-5\boldsymbol{E})\boldsymbol{x}=\boldsymbol{0}$ 得到属于 $\lambda_2=5$ 的特征向量为 $\boldsymbol{p}_2=(1,\ -1,\ 1)^{\mathrm{T}}$。

当 $\lambda_3=-4$ 时，解方程组 $(\boldsymbol{A}+4\boldsymbol{E})\boldsymbol{x}=\boldsymbol{0}$ 得到属于 $\lambda_3=-4$ 的特征向量为 $\boldsymbol{p}_3=(-1,\ 0,\ 1)^{\mathrm{T}}$。

将 $\boldsymbol{p}_2$，$\boldsymbol{p}_3$ 单位化后分别为 $\boldsymbol{q}_2=\dfrac{1}{\sqrt{3}}(1,\ -1,\ 1)^{\mathrm{T}}$，$\boldsymbol{q}_3=\dfrac{1}{\sqrt{2}}(-1,\ 0,\ 1)^{\mathrm{T}}$，令 $\boldsymbol{q}_1=\dfrac{1}{\sqrt{6}}(1,\ 2,\ 1)^{\mathrm{T}}$，于是

$$\boldsymbol{Q}=(\boldsymbol{q}_1,\ \boldsymbol{q}_2,\ \boldsymbol{q}_3)=\begin{bmatrix}\frac{1}{\sqrt{6}} & \frac{1}{\sqrt{3}} & -\frac{1}{\sqrt{2}}\\ \frac{2}{\sqrt{6}} & -\frac{1}{\sqrt{3}} & 0\\ \frac{1}{\sqrt{6}} & \frac{1}{\sqrt{3}} & \frac{1}{\sqrt{2}}\end{bmatrix}$$

则有

$$\boldsymbol{Q}^{\mathrm{T}}\boldsymbol{A}\boldsymbol{Q}=\boldsymbol{\Lambda}=\begin{bmatrix}2 & & \\ & 5 & \\ & & -4\end{bmatrix}$$

【评注】 本题考查了以下知识点：

(1) 正交矩阵 $\boldsymbol{Q}$ 使得 $\boldsymbol{Q}^{\mathrm{T}}\boldsymbol{A}\boldsymbol{Q}$ 为对角矩阵 $\Rightarrow \boldsymbol{Q}$ 的所有列向量是矩阵 $\boldsymbol{A}$ 的特征向量。

(2) $\boldsymbol{p}_1$ 是矩阵 $\boldsymbol{A}$ 的特征向量 $\Leftrightarrow \boldsymbol{A}\boldsymbol{p}_1=\lambda_1\boldsymbol{p}_1(\boldsymbol{p}_1\neq\boldsymbol{0})$。

【秘籍】 有部分考生在求 $\boldsymbol{p}_2$，$\boldsymbol{p}_3$ 时，根据 $\boldsymbol{p}_2$，$\boldsymbol{p}_3$ 与已知向量 $\dfrac{1}{\sqrt{6}}(1,\ 2,\ 1)^{\mathrm{T}}$ 正交，求解方程组 $x_1+2x_2+x_3=0$ 来确定 $\boldsymbol{p}_2$，$\boldsymbol{p}_3$。这种方法是错误的。只有当矩阵 $\boldsymbol{A}$ 的特征向量 $\boldsymbol{p}_2$，$\boldsymbol{p}_3$ 属于同一个特征值时，以上方法才正确，如例 5.20 的矩阵 $\boldsymbol{B}$。

计算抽象的三阶实对称矩阵的特征向量有以下四种情况：

(1) 已知矩阵 $\boldsymbol{A}$ 的特征值 λ_1，λ_2，λ_3 各不相同，$\boldsymbol{A}$ 的属于 λ_1，λ_2 的特征向量分别为 $\boldsymbol{p}_1$，$\boldsymbol{p}_2$，求属于 λ_3 的特征向量 $\boldsymbol{p}_3$，参见例 5.21。

(2) 已知 $\boldsymbol{A}$ 的属于 1 重特征值 λ_1 的特征向量 $\boldsymbol{p}_1$，求 $\boldsymbol{A}$ 的属于 2 重特征值 $\lambda_2=\lambda_3$ 的线性无关的特征向量 $\boldsymbol{p}_2$，$\boldsymbol{p}_3$，参见例 5.20 的矩阵 $\boldsymbol{B}$。

(3) 已知 $\boldsymbol{A}$ 的属于 2 重特征值 $\lambda_1=\lambda_2$ 的线性无关的特征向量 $\boldsymbol{p}_1$，$\boldsymbol{p}_2$，求 $\boldsymbol{A}$ 的属于 1 重特征值 λ_3 的特征向量 $\boldsymbol{p}_3$，方法与例 5.21 类似。

(4) 已知 $\boldsymbol{A}$ 有 3 重特征值 $\lambda_1=\lambda_2=\lambda_3$，则 $\boldsymbol{A}=\lambda_1\boldsymbol{E}$，$\boldsymbol{A}$ 的属于 λ_1 的特征向量为基本单位向量 $\boldsymbol{e}_1$，$\boldsymbol{e}_2$，$\boldsymbol{e}_3$。

【例 5.24】 设 $\boldsymbol{A}=\begin{bmatrix}0&0&3\\0&3&0\\3&0&0\end{bmatrix}$，$\boldsymbol{B}=\begin{bmatrix}1&-2&-2\\-2&1&-2\\-2&-2&1\end{bmatrix}$，证明 $\boldsymbol{A}$ 与 $\boldsymbol{B}$ 相似，求可逆矩阵 $\boldsymbol{P}$，使得 $\boldsymbol{P}^{-1}\boldsymbol{AP}=\boldsymbol{B}$。

【思路】 分别证明 $\boldsymbol{A}$ 和 $\boldsymbol{B}$ 都与同一个对角阵 $\boldsymbol{\Lambda}$ 相似，以 $\boldsymbol{\Lambda}$ 为桥梁建立 $\boldsymbol{A}$ 与 $\boldsymbol{B}$ 的等式关系。

【解】 分别求解矩阵 $\boldsymbol{A}$ 和 $\boldsymbol{B}$ 的特征方程 $|\boldsymbol{A}-\lambda\boldsymbol{E}|=0$ 和 $|\boldsymbol{B}-\lambda\boldsymbol{E}|=0$，解得它们的特征值都是 $\lambda_1=\lambda_2=3$，$\lambda_3=-3$，令

$$\boldsymbol{\Lambda}=\begin{bmatrix}3&&\\&3&\\&&-3\end{bmatrix}$$

因为矩阵 $\boldsymbol{A}$ 和 $\boldsymbol{B}$ 都是实对称矩阵，所有它们都与对角矩阵 $\boldsymbol{\Lambda}$ 相似，根据相似的传递性，可以得到矩阵 $\boldsymbol{A}$ 与 $\boldsymbol{B}$ 相似。

计算矩阵 $\boldsymbol{A}$ 的特征向量。

当 $\lambda_1=\lambda_2=3$ 时，解方程组 $(\boldsymbol{A}-3\boldsymbol{E})\boldsymbol{x}=\boldsymbol{0}$，得基础解系为 $\boldsymbol{\xi}_1=(0,1,0)^{\mathrm{T}}$，$\boldsymbol{\xi}_2=(1,0,1)^{\mathrm{T}}$，即为矩阵 $\boldsymbol{A}$ 的属于 3 的特征向量。

当 $\lambda_3=-3$ 时，解方程组 $(\boldsymbol{A}+3\boldsymbol{E})\boldsymbol{x}=\boldsymbol{0}$，得基础解系为 $\boldsymbol{\xi}_3=(1,0,-1)^{\mathrm{T}}$，即为矩阵 $\boldsymbol{A}$ 的属于 -3 的特征向量。

计算矩阵 $\boldsymbol{B}$ 的特征向量。

当 $\lambda_1=\lambda_2=3$ 时，解方程组 $(\boldsymbol{B}-3\boldsymbol{E})\boldsymbol{x}=\boldsymbol{0}$，得基础解系为 $\boldsymbol{\eta}_1=(-1,1,0)^{\mathrm{T}}$，$\boldsymbol{\eta}_2=(-1,0,1)^{\mathrm{T}}$，即为矩阵 $\boldsymbol{B}$ 的属于 3 的特征向量。

当 $\lambda_3=-3$ 时，解方程组 $(\boldsymbol{B}+3\boldsymbol{E})\boldsymbol{x}=\boldsymbol{0}$，得基础解系为 $\boldsymbol{\eta}_3=(1,1,1)^{\mathrm{T}}$，即为矩阵 $\boldsymbol{B}$ 的属于 -3 的特征向量。

令

$$\boldsymbol{P}_1=(\boldsymbol{\xi}_1,\boldsymbol{\xi}_2,\boldsymbol{\xi}_3)=\begin{bmatrix}0&1&1\\1&0&0\\0&1&-1\end{bmatrix},\ \boldsymbol{P}_2=(\boldsymbol{\eta}_1,\boldsymbol{\eta}_2,\boldsymbol{\eta}_3)=\begin{bmatrix}-1&-1&1\\1&0&1\\0&1&1\end{bmatrix}$$

则有

$$\boldsymbol{P}_1^{-1}\boldsymbol{AP}_1=\boldsymbol{P}_2^{-1}\boldsymbol{BP}_2=\boldsymbol{\Lambda}$$

于是有

$$\boldsymbol{P}_2\boldsymbol{P}_1^{-1}\boldsymbol{AP}_1\boldsymbol{P}_2^{-1}=\boldsymbol{B}$$

令 $\boldsymbol{P}=\boldsymbol{P}_1\boldsymbol{P}_2^{-1}$，则有 $\boldsymbol{P}^{-1}\boldsymbol{AP}=\boldsymbol{B}$，故

$$\boldsymbol{P}=\boldsymbol{P}_1\boldsymbol{P}_2^{-1}=\begin{bmatrix}0&0&1\\-\frac{1}{3}&\frac{2}{3}&-\frac{1}{3}\\-\frac{2}{3}&-\frac{2}{3}&\frac{1}{3}\end{bmatrix}$$

【评注】 本题考查了以下知识点：

(1) 相似的传递性：若 $\boldsymbol{A}$ 与 $\boldsymbol{C}$ 相似，且 $\boldsymbol{B}$ 也与 $\boldsymbol{C}$ 相似，则 $\boldsymbol{A}$ 与 $\boldsymbol{B}$ 相似。

（2）实对称矩阵一定可以相似对角化。

（3）矩阵相似对角化过程，参见本章第 5.3.6 小节内容。

5.5 习题演练

1.（2023，数学一）下列矩阵中不能相似于对角阵的是（　　）。

(A) $\begin{bmatrix}1&1&a\\0&2&2\\0&0&3\end{bmatrix}$　(B) $\begin{bmatrix}1&1&a\\1&2&0\\a&0&3\end{bmatrix}$　(C) $\begin{bmatrix}1&1&a\\0&2&0\\0&0&2\end{bmatrix}$　(D) $\begin{bmatrix}1&1&a\\0&2&2\\0&0&2\end{bmatrix}$

2. 已知 n 阶矩阵 $\boldsymbol{A}=\begin{bmatrix}2&5&5&\cdots&5\\5&2&5&\cdots&5\\5&5&2&\cdots&5\\\vdots&\vdots&\vdots&&\vdots\\5&5&5&\cdots&2\end{bmatrix}$，求 $\boldsymbol{A}$ 的特征值和特征向量。

3.（2022，数学一）下列是 $\boldsymbol{A}_{3\times3}$ 可对角化的充分而非必要条件是（　　）

(A) $\boldsymbol{A}$ 有 3 个不同的特征值　(B) $\boldsymbol{A}$ 有 3 个无关的特征向量

(C) $\boldsymbol{A}$ 有 3 个两两无关的特征向量　(D) $\boldsymbol{A}$ 不同的特征值对应的特征向量正交

4.（2008，数学一）设 $\boldsymbol{A}$ 为二阶矩阵，$\boldsymbol{\alpha}_1$，$\boldsymbol{\alpha}_2$ 为线性无关的二维列向量，$\boldsymbol{A\alpha}_1=\boldsymbol{0}$，$\boldsymbol{A\alpha}_2=2\boldsymbol{\alpha}_1+\boldsymbol{\alpha}_2$，则 $\boldsymbol{A}$ 的非零特征值为________。

5.（1993，数学四）设 $\lambda=2$ 是非奇异矩阵 $\boldsymbol{A}$ 的一个特征值，则矩阵 $\left(\frac{1}{3}\boldsymbol{A}^2\right)^{-1}$ 有一个特征值等于（　　）。

(A) $\frac{4}{3}$　(B) $\frac{3}{4}$　(C) $\frac{1}{2}$　(D) $\frac{1}{4}$

6.（2002，数学二）矩阵 $\begin{bmatrix}0&-2&-2\\2&2&-2\\-2&-2&2\end{bmatrix}$ 的非零特征值是________。

7.（2018，数学二）设 $\boldsymbol{A}$ 为 3 阶矩阵，$\boldsymbol{\alpha}_1$，$\boldsymbol{\alpha}_2$，$\boldsymbol{\alpha}_3$ 为线性无关的向量组。若 $\boldsymbol{A\alpha}_1=2\boldsymbol{\alpha}_1+\boldsymbol{\alpha}_2+\boldsymbol{\alpha}_3$，$\boldsymbol{A\alpha}_2=\boldsymbol{\alpha}_2+2\boldsymbol{\alpha}_3$，$\boldsymbol{A\alpha}_3=-\boldsymbol{\alpha}_2+\boldsymbol{\alpha}_3$，则 $\boldsymbol{A}$ 的实特征值为____________。

8.（2017，数学二）设 $\boldsymbol{A}$ 为三阶矩阵，$\boldsymbol{P}=[\boldsymbol{\alpha}_1,\boldsymbol{\alpha}_2,\boldsymbol{\alpha}_3]$ 为可逆矩阵，使得 $\boldsymbol{P}^{-1}\boldsymbol{AP}=\begin{bmatrix}0&0&0\\0&1&0\\0&0&2\end{bmatrix}$，则 $\boldsymbol{A}(\boldsymbol{\alpha}_1+\boldsymbol{\alpha}_2+\boldsymbol{\alpha}_3)=$（　　）。

(A) $\boldsymbol{\alpha}_1+\boldsymbol{\alpha}_2$　(B) $\boldsymbol{\alpha}_2+2\boldsymbol{\alpha}_3$　(C) $\boldsymbol{\alpha}_2+\boldsymbol{\alpha}_3$　(D) $\boldsymbol{\alpha}_1+2\boldsymbol{\alpha}_2$

9.（2016，数学一、数学二、数学三）设 $\boldsymbol{A}$，$\boldsymbol{B}$ 是可逆矩阵，且 $\boldsymbol{A}$ 与 $\boldsymbol{B}$ 相似，则下列结论错误的是（　　）。

(A) $\boldsymbol{A}^{\mathrm{T}}$ 与 $\boldsymbol{B}^{\mathrm{T}}$ 相似　(B) $\boldsymbol{A}^{-1}$ 与 $\boldsymbol{B}^{-1}$ 相似

(C) $\boldsymbol{A}+\boldsymbol{A}^{\mathrm{T}}$ 与 $\boldsymbol{B}+\boldsymbol{B}^{\mathrm{T}}$ 相似　(D) $\boldsymbol{A}+\boldsymbol{A}^{-1}$ 与 $\boldsymbol{B}+\boldsymbol{B}^{-1}$ 相似

10. (2018, 数学一、数学二、数学三)下列矩阵中，与矩阵$\begin{bmatrix}1&1&0\\0&1&1\\0&0&1\end{bmatrix}$相似的为(　　)。

(A) $\begin{bmatrix}1&1&-1\\0&1&1\\0&0&1\end{bmatrix}$　(B) $\begin{bmatrix}1&0&-1\\0&1&1\\0&0&1\end{bmatrix}$　(C) $\begin{bmatrix}1&1&-1\\0&1&0\\0&0&1\end{bmatrix}$　(D) $\begin{bmatrix}1&0&-1\\0&1&0\\0&0&1\end{bmatrix}$

11. (2009, 数学三)设$\boldsymbol{\alpha}=(1, 1, 1)^{\mathrm{T}}$，$\boldsymbol{\beta}=(1, 0, k)^{\mathrm{T}}$，若矩阵$\boldsymbol{\alpha}\boldsymbol{\beta}^{\mathrm{T}}$相似于$\begin{bmatrix}3&0&0\\0&0&0\\0&0&0\end{bmatrix}$，则$k=$________。

12. (1997, 数学一)已知$\boldsymbol{\xi}=\begin{bmatrix}1\\1\\-1\end{bmatrix}$是矩阵$\boldsymbol{A}=\begin{bmatrix}2&-1&2\\5&a&3\\-1&b&-2\end{bmatrix}$的一个特征向量。

(1) 试确定参数a，b及特征向量$\boldsymbol{\xi}$所对应的特征值；

(2) 问$\boldsymbol{A}$能否相似于对角矩阵？说明理由。

13. (2015, 数学一)设矩阵$\boldsymbol{A}=\begin{bmatrix}0&2&-3\\-1&3&-3\\1&-2&a\end{bmatrix}$相似于矩阵$\boldsymbol{B}=\begin{bmatrix}1&-2&0\\0&b&0\\0&3&1\end{bmatrix}$。

(1) 求a，b的值；

(2) 求可逆矩阵$\boldsymbol{P}$，使得$\boldsymbol{P}^{-1}\boldsymbol{A}\boldsymbol{P}$为对角阵。

14. (1992, 数学三)设矩阵$\boldsymbol{A}$与$\boldsymbol{B}$相似，其中$\boldsymbol{A}=\begin{bmatrix}-2&0&0\\2&x&2\\3&1&1\end{bmatrix}$，$\boldsymbol{B}=\begin{bmatrix}-1&0&0\\0&2&0\\0&0&y\end{bmatrix}$。

(1) 求x，y的值；

(2) 求可逆矩阵$\boldsymbol{P}$使得$\boldsymbol{P}^{-1}\boldsymbol{A}\boldsymbol{P}=\boldsymbol{B}$。

15. (1999, 数学四)设矩阵$\boldsymbol{A}=\begin{bmatrix}3&2&-2\\-k&-1&k\\4&2&-3\end{bmatrix}$，问当$k$为何值时，存在可逆矩阵$\boldsymbol{P}$，使得$\boldsymbol{P}^{-1}\boldsymbol{A}\boldsymbol{P}=\boldsymbol{B}$为对角矩阵？并求出$\boldsymbol{P}$和相应的对角矩阵。

16. (2008, 数学二、数学三)设$\boldsymbol{A}$为3阶矩阵，$\boldsymbol{\alpha}_1$，$\boldsymbol{\alpha}_2$为$\boldsymbol{A}$的分别属于特征值-1，1的特征向量，向量$\boldsymbol{\alpha}_3$满足$\boldsymbol{A}\boldsymbol{\alpha}_3=\boldsymbol{\alpha}_2+\boldsymbol{\alpha}_3$。

(1) 证明$\boldsymbol{\alpha}_1$，$\boldsymbol{\alpha}_2$，$\boldsymbol{\alpha}_3$线性无关；

(2) 令$\boldsymbol{P}=(\boldsymbol{\alpha}_1, \boldsymbol{\alpha}_2, \boldsymbol{\alpha}_3)$，求$\boldsymbol{P}^{-1}\boldsymbol{A}\boldsymbol{P}$。

17. (2003, 数学四)设矩阵$\boldsymbol{B}=\begin{bmatrix}0&0&1\\0&1&0\\1&0&0\end{bmatrix}$，已知矩阵$\boldsymbol{A}$相似于$\boldsymbol{B}$，则秩$(\boldsymbol{A}-2\boldsymbol{E})$与秩$(\boldsymbol{A}-\boldsymbol{E})$之和等于(　　)。

(A) 2　(B) 3　(C) 4　(D) 5

18. 设$\boldsymbol{A}$是3阶矩阵，$\boldsymbol{A}^2+\boldsymbol{A}-2\boldsymbol{E}=\boldsymbol{O}$，且$|\boldsymbol{A}|=-8$，求$|\boldsymbol{A}^*-2\boldsymbol{E}|=$________。

19. (2018，数学一)设二阶矩阵 $\boldsymbol{A}$ 有两个不同的特征值，$\boldsymbol{\alpha}_1$，$\boldsymbol{\alpha}_2$ 是 $\boldsymbol{A}$ 的线性无关的特征向量，且满足 $\boldsymbol{A}^2(\boldsymbol{\alpha}_1+\boldsymbol{\alpha}_2)=\boldsymbol{\alpha}_1+\boldsymbol{\alpha}_2$，则 $|\boldsymbol{A}|=$________。

20. (2010，数学一、数学二、数学三)设 $\boldsymbol{A}$ 为 4 阶实对称矩阵，且 $\boldsymbol{A}^2+\boldsymbol{A}=\boldsymbol{O}$。若 $\boldsymbol{A}$ 的秩为 3，则 $\boldsymbol{A}$ 相似于(　　)。

(A) $\begin{bmatrix}1&&&\\&1&&\\&&1&\\&&&0\end{bmatrix}$　(B) $\begin{bmatrix}1&&&\\&1&&\\&&-1&\\&&&0\end{bmatrix}$　(C) $\begin{bmatrix}1&&&\\&-1&&\\&&-1&\\&&&0\end{bmatrix}$　(D) $\begin{bmatrix}-1&&&\\&-1&&\\&&-1&\\&&&0\end{bmatrix}$

21. (2013，数学一)矩阵 $\begin{bmatrix}1&a&1\\a&b&a\\1&a&1\end{bmatrix}$ 与 $\begin{bmatrix}2&0&0\\0&b&0\\0&0&0\end{bmatrix}$ 相似的充分必要条件为(　　)。

(A) $a=0$，$b=2$　　(B) $a=0$，b 为任意常数

(C) $a=2$，$b=0$　　(D) $a=2$，b 为任意常数

22. (2002，数学四)设实对称矩阵 $\boldsymbol{A}=\begin{bmatrix}a&1&1\\1&a&-1\\1&-1&a\end{bmatrix}$，求可逆矩阵 $\boldsymbol{P}$，使 $\boldsymbol{P}^{-1}\boldsymbol{A}\boldsymbol{P}$ 为对角矩阵，并计算行列式 $|\boldsymbol{A}-\boldsymbol{E}|$ 的值。

23. 设 $\boldsymbol{A}$ 为 3 阶实对称矩阵，$\boldsymbol{A}$ 的每一行元素之和都是 5。矩阵 $\boldsymbol{A}-2\boldsymbol{E}$ 的秩 $r(\boldsymbol{A}-2\boldsymbol{E})=1$，其中 $\boldsymbol{E}$ 为 3 阶单位矩阵，以下哪一个向量不是矩阵 $\boldsymbol{A}$ 的特征向量(　　)。

(A) $(-1,-1,-1)^{\mathrm{T}}$　　(B) $(1,1,-2)^{\mathrm{T}}$

(C) $(0,1,1)^{\mathrm{T}}$　　(D) $(-1,2,-1)^{\mathrm{T}}$

24. 设 $\boldsymbol{\alpha}_1$，$\boldsymbol{\alpha}_2$，$\boldsymbol{\alpha}_3$ 为 3 阶实对称矩阵 $\boldsymbol{A}$ 的 3 个列向量，且有 $2\boldsymbol{\alpha}_1=\boldsymbol{\alpha}_2-\boldsymbol{\alpha}_3$。已知矩阵 $\boldsymbol{A}$ 的特征值分别为 $\lambda_1=0$，$\lambda_2=2$，$\lambda_3=-1$。记 $\boldsymbol{B}=3\boldsymbol{A}^4-5\boldsymbol{A}^3+\boldsymbol{E}$，其中 $\boldsymbol{E}$ 为 3 阶单位矩阵。以下哪一个向量不是矩阵 $\boldsymbol{B}$ 的特征向量(　　)。

(A) $(-2,1,-1)^{\mathrm{T}}$　(B) $(1,1,-1)^{\mathrm{T}}$　(C) $(0,1,1)^{\mathrm{T}}$　(D) $(1,-1,2)^{\mathrm{T}}$

25. 设 $\boldsymbol{A}$ 为 3 阶实对称矩阵，$\boldsymbol{\alpha}_1$ 是 $\boldsymbol{A}$ 的属于特征值 $\lambda_1=1$ 的特征向量，$\boldsymbol{\alpha}_2$，$\boldsymbol{\alpha}_3$ 是 $\boldsymbol{A}$ 的属于特征值 $\lambda_2=\lambda_3=-2$ 的线性无关的特征向量。若 $\boldsymbol{P}^{-1}\boldsymbol{A}\boldsymbol{P}=\begin{bmatrix}-2&&\\&1&\\&&-2\end{bmatrix}$，则 $\boldsymbol{P}$ 可以是(　　)。

(A) $[\boldsymbol{\alpha}_2,\boldsymbol{\alpha}_1,\boldsymbol{\alpha}_2]$　　(B) $[\boldsymbol{\alpha}_2+\boldsymbol{\alpha}_1,\boldsymbol{\alpha}_1+\boldsymbol{\alpha}_3,\boldsymbol{\alpha}_2+\boldsymbol{\alpha}_3]$

(C) $[\boldsymbol{\alpha}_2-\boldsymbol{\alpha}_3,-\boldsymbol{\alpha}_1,\boldsymbol{\alpha}_3-\boldsymbol{\alpha}_2]$　　(D) $[\boldsymbol{\alpha}_2-\boldsymbol{\alpha}_3,3\boldsymbol{\alpha}_1,\boldsymbol{\alpha}_3+\boldsymbol{\alpha}_2]$

26. 设 $\boldsymbol{A}$ 为 n 阶矩阵，且 $\boldsymbol{A}^2=2\boldsymbol{A}$，$r(\boldsymbol{A})=r(0<r<n)$，则行列式 $|\boldsymbol{A}-3\boldsymbol{E}|=$________。

27. (2022，数学二、数学三)设 $\boldsymbol{A}$ 为三阶矩阵，$\boldsymbol{\Lambda}=\begin{bmatrix}1&0&0\\0&-1&0\\0&0&0\end{bmatrix}$，则 $\boldsymbol{A}$ 的特征值为 1，-1，0 的充分必要条件是(　　)。

(A) 存在可逆矩阵 $\boldsymbol{P}$，$\boldsymbol{Q}$，使得 $\boldsymbol{A}=\boldsymbol{P}\boldsymbol{\Lambda}\boldsymbol{Q}$。　　(B) 存在可逆矩阵 $\boldsymbol{P}$，使得 $\boldsymbol{A}=\boldsymbol{P}\boldsymbol{\Lambda}\boldsymbol{P}^{-1}$。

(C) 存在正交矩阵 $\boldsymbol{Q}$，使得 $\boldsymbol{A}=\boldsymbol{Q}\boldsymbol{\Lambda}\boldsymbol{Q}^{-1}$。　　(D) 存在可逆矩阵 $\boldsymbol{P}$，使得 $\boldsymbol{A}=\boldsymbol{P}\boldsymbol{\Lambda}\boldsymbol{P}^{\mathrm{T}}$。

二 次 型

6.1 考情分析

6.1.1 2023版考研大纲

1. 考试内容

二次型及其矩阵表示，合同变换与合同矩阵，二次型的秩，惯性定理，二次型的标准形和规范形，用正交变换和配方法化二次型为标准形，二次型及其矩阵的正定性。

2. 考试要求

(1) 掌握二次型及其矩阵表示，了解二次型秩的概念，了解合同变换与合同矩阵的概念，了解二次型的标准形、规范形的概念及其惯性定理。

(2) 掌握用正交变换化二次型为标准形的方法，会用配方法化二次型为标准形。

(3) 理解正定二次型、正定矩阵的概念，并掌握其判别法。

6.1.2 二次型的特点

二次型实质上是实对称矩阵特征值与特征向量的应用，这一章和矩阵的特征值与特征向量一章紧密相关。二次型是考研的重点内容。

6.1.3 考研真题分析

统计2005年至2023年考研数学一、数学二、数学三真题中，与二次型相关的题型如下：

(1) 求标准形，求规范形(或已知标准形、规范形，求参数)：8道。

(2) 求惯性指数(或已知惯性指数，求参数)：3道。

(3) 求正交矩阵 $\boldsymbol{Q}$(或求正交变换 $\boldsymbol{x}=\boldsymbol{Q}\boldsymbol{y}$)：6道。

(4) 配方法：3道。

(5) 反求二次型矩阵：1道。

(6) 证明正定：3道。

(7) 判断合同：2道。

(8) 二次曲面的几何意义(仅数学一要求)：1道。

6.2 二次型知识结构网络图

二次型
- 二次型的定义—关于变量 $x_1, x_2, \cdots, x_n$ 的二次齐次多项式，如 $f(x_1, x_2, x_3)=2x_1^2+3x_2^2-x_3^2+6x_1x_2-4x_2x_3$
- 二次型的矩阵及秩—$f=\boldsymbol{x}^T\boldsymbol{A}\boldsymbol{x}$，$\boldsymbol{A}^T=\boldsymbol{A}$，$\boldsymbol{A}$ 与 f 一一对应。二次型 f 的秩即为其矩阵 $\boldsymbol{A}$ 的秩
- 矩阵的合同—若存在可逆矩阵 $\boldsymbol{C}$，使得 $\boldsymbol{C}^T\boldsymbol{A}\boldsymbol{C}=\boldsymbol{B}$，则称矩阵 $\boldsymbol{A}$ 与 $\boldsymbol{B}$ 合同
- 二次型的标准形—只含有平方项的二次型称为二次型的标准形
- 化二次型为标准形的方法—(1) 正交变换法；(2) 配方法
- 惯性定理—一个二次型的标准形不是唯一的，但其正(负)惯性指数是唯一确定的
- 正定的定义及性质—
  - (1) 若对任意非零列向量 $\boldsymbol{x}$，都有 $f=\boldsymbol{x}^T\boldsymbol{A}\boldsymbol{x}>0$，则称二次型 f 正定，$\boldsymbol{A}$ 正定；
  - (2) $\boldsymbol{A}_n$ 正定 $\Leftrightarrow f=\boldsymbol{x}^T\boldsymbol{A}\boldsymbol{x}$ 的正惯性指数为 n；
  - (3) $\boldsymbol{A}$ 正定 $\Leftrightarrow \boldsymbol{A}$ 的各级顺序主子式全大于零；
  - (4) $\boldsymbol{A}$ 正定 $\Leftrightarrow \boldsymbol{A}$ 的所有特征值全大于零；
  - (5) $\boldsymbol{A}$ 正定 $\Leftrightarrow \boldsymbol{A}$ 与同阶单位矩阵 $\boldsymbol{E}$ 合同；
  - (6) $\boldsymbol{A}$ 正定 $\Leftrightarrow k\boldsymbol{A}(k\neq 0)$ 正定；
  - (7) $\boldsymbol{A}$ 正定 $\Leftrightarrow \boldsymbol{A}^{-1}$ 正定(设 $\boldsymbol{A}$ 可逆)；
  - (8) $\boldsymbol{A}_n$ 正定 $\Rightarrow r(\boldsymbol{A})=n$，$|\boldsymbol{A}|\neq 0$，$a_{ii}>0$，矩阵 $\boldsymbol{A}^*$，$\boldsymbol{A}^m$(m 为正整数)都正定
- 等价、相似与合同的判定与关系—(1) 定义；(2) 判定；(3) 关系

6.3 基本内容和重要结论

6.3.1 二次型的概念

1. 二次型的定义

含有 n 个变量 $x_1, x_2, \cdots, x_n$ 的二次齐次多项式称为 n 元二次型，简称二次型。

例如 $f(x_1, x_2, x_3)=x_1^2+2x_2^2-5x_3^2+4x_1x_2-6x_1x_3+7x_2x_3$ 是一个 3 元二次型。

2. 二次型的矩阵及秩

例如：二次型 $f(x_1, x_2, x_3)=x_1^2+2x_2^2-5x_3^2+4x_1x_2-6x_1x_3+7x_2x_3$ 可以利用对称矩阵描述为

$$f(x_1, x_2, x_3)=(x_1, x_2, x_3)\begin{bmatrix}1 & 2 & -3\\ 2 & 2 & 3.5\\ -3 & 3.5 & -5\end{bmatrix}\begin{bmatrix}x_1\\ x_2\\ x_3\end{bmatrix}=\boldsymbol{x}^T\boldsymbol{A}\boldsymbol{x}$$

其中对称矩阵 $\boldsymbol{A}$ 称为二次型 f 的矩阵，$\boldsymbol{A}$ 的秩称为二次型 f 的秩。

一个实二次型和一个实对称矩阵是一一对应的；研究一个实二次型，就是研究其对应的实对称矩阵。

6.3.2 矩阵的合同

1. 合同矩阵的定义

设 $\boldsymbol{A}$，$\boldsymbol{B}$ 为 n 阶矩阵，若存在可逆矩阵 $\boldsymbol{C}$，使得 $\boldsymbol{C}^{\mathrm{T}}\boldsymbol{AC}=\boldsymbol{B}$，则称矩阵 $\boldsymbol{A}$ 与 $\boldsymbol{B}$ 合同。

合同具有传递性：

若 $\boldsymbol{A}$ 与 $\boldsymbol{B}$ 合同，且 $\boldsymbol{B}$ 与 $\boldsymbol{C}$ 合同，则 $\boldsymbol{A}$ 与 $\boldsymbol{C}$ 也合同。

2. 定理

(1) 若 $\boldsymbol{A}$ 与 $\boldsymbol{B}$ 合同，则 $\boldsymbol{A}$ 与 $\boldsymbol{B}$ 等价，且 $r(\boldsymbol{A})=r(\boldsymbol{B})$。

若存在可逆矩阵 $\boldsymbol{C}$，使得 $\boldsymbol{C}^{\mathrm{T}}\boldsymbol{AC}=\boldsymbol{B}$，显然根据矩阵等价的定义知，矩阵 $\boldsymbol{A}$ 与 $\boldsymbol{B}$ 也等价，等价则等秩。

(2) 若 $\boldsymbol{A}$ 与 $\boldsymbol{B}$ 合同，且 $\boldsymbol{A}$ 为对称矩阵，则 $\boldsymbol{B}$ 也为对称矩阵。

因为存在可逆矩阵 $\boldsymbol{C}$，使得 $\boldsymbol{C}^{\mathrm{T}}\boldsymbol{AC}=\boldsymbol{B}$，且 $\boldsymbol{A}^{\mathrm{T}}=\boldsymbol{A}$，于是有

$$\boldsymbol{B}^{\mathrm{T}}=(\boldsymbol{C}^{\mathrm{T}}\boldsymbol{AC})^{\mathrm{T}}=\boldsymbol{C}^{\mathrm{T}}\boldsymbol{A}^{\mathrm{T}}(\boldsymbol{C}^{\mathrm{T}})^{\mathrm{T}}=\boldsymbol{C}^{\mathrm{T}}\boldsymbol{AC}=\boldsymbol{B}$$

6.3.3 二次型的标准形及规范形

1. 定义

只含有平方项的二次型称为二次型的标准形。显然二次型的标准形的矩阵是对角矩阵。

例如：$f(x_1, x_2, x_3)=5x_1^2-3x_2^2+7x_3^2$ 就是一个二次型的标准形，其对应矩阵对角阵为

$$\boldsymbol{A}=\begin{bmatrix}5 & & \\ & -3 & \\ & & 7\end{bmatrix}$$

在二次型的标准形中，若平方项的系数为 1，-1 或 0，则称其为二次型的规范形。例如：

$$f(y_1, y_2, y_3)=y_1^2+y_2^2-y_3^2$$

是一个二次型的规范形，其对应矩阵为对角阵，即

$$\boldsymbol{A}=\begin{bmatrix}1 & & \\ & 1 & \\ & & -1\end{bmatrix}$$

注意：规范形中平方项系数的顺序是：先 1，后 -1，最后 0。

2. 化二次型为标准形

对于给定的二次型 $f(x_1, x_2, \cdots, x_n)=\boldsymbol{x}^{\mathrm{T}}\boldsymbol{Ax}$，确定一个可逆的线性变换：

$$\begin{cases}x_1=c_{11}y_1+c_{12}y_2+\cdots+c_{1n}y_n\\ x_2=c_{21}y_1+c_{22}y_2+\cdots+c_{2n}y_n\\ \qquad\vdots\\ x_n=c_{n1}y_1+c_{n2}y_2+\cdots+c_{nn}y_n\end{cases},\ \boldsymbol{x}=\boldsymbol{Cy},\ |\boldsymbol{C}|\neq 0$$

则有

$$f(x_1, x_2, \cdots, x_n)=\boldsymbol{x}^{\mathrm{T}}\boldsymbol{A}\boldsymbol{x}=(\boldsymbol{C}\boldsymbol{y})^{\mathrm{T}}\boldsymbol{A}(\boldsymbol{C}\boldsymbol{y})=\boldsymbol{y}^{\mathrm{T}}(\boldsymbol{C}^{\mathrm{T}}\boldsymbol{A}\boldsymbol{C})\boldsymbol{y}。$$

若 $\boldsymbol{C}^{\mathrm{T}}\boldsymbol{A}\boldsymbol{C}$ 为对角矩阵，则二次型 $f(x_1, x_2, \cdots, x_n)$ 就化为了关于变量 $y_1, y_2, \cdots, y_n$ 的标准形。

化二次型为标准形的方法有正交变换法和配方法等。

注意：由不同的标准化方法得到的标准形的形式不同。

6.3.4 正交变换法化二次型为标准形

1. 正交变换的定义

设 $\boldsymbol{Q}$ 是 n 阶正交矩阵，则称线性变换 $\boldsymbol{x}=\boldsymbol{Q}\boldsymbol{y}$ 为正交变换。

2. 定理

对于任意实二次型 $f(x_1, x_2, \cdots, x_n)=\boldsymbol{x}^{\mathrm{T}}\boldsymbol{A}\boldsymbol{x}$，总可以找到正交变换 $\boldsymbol{x}=\boldsymbol{Q}\boldsymbol{y}$，使得

$$f(x_1, x_2, \cdots, x_n)=\boldsymbol{x}^{\mathrm{T}}\boldsymbol{A}\boldsymbol{x}=(\boldsymbol{Q}\boldsymbol{y})^{\mathrm{T}}\boldsymbol{A}(\boldsymbol{Q}\boldsymbol{y})=\boldsymbol{y}^{\mathrm{T}}(\boldsymbol{Q}^{\mathrm{T}}\boldsymbol{A}\boldsymbol{Q})\boldsymbol{y}=\boldsymbol{y}^{\mathrm{T}}\boldsymbol{\Lambda}\boldsymbol{y}=\lambda_1 y_1^2+\lambda_2 y_2^2+\cdots+\lambda_n y_n^2$$

其中

$$\boldsymbol{Q}^{\mathrm{T}}\boldsymbol{A}\boldsymbol{Q}=\boldsymbol{\Lambda}=\begin{bmatrix}\lambda_1 & & & \\ & \lambda_2 & & \\ & & \ddots & \\ & & & \lambda_n\end{bmatrix}$$

$\lambda_i(i=1, 2, \cdots, n)$为矩阵 $\boldsymbol{A}$ 的特征值。正交矩阵 $\boldsymbol{Q}$ 的列向量分别为矩阵 $\boldsymbol{A}$ 的属于特征值 $\lambda_1, \lambda_2, \cdots, \lambda_n$ 的两两正交的单位特征向量。

6.3.5 配方法化二次型为标准形

用正交变换法化二次型为标准形，具有不改变其几何形状的优点。而在研究二次型的正定性时，还可以利用配方法快速得到标准形。配方法就是利用代数公式，将二次型配成完全平方式的方法。

6.3.6 惯性定理

1. 正(负)惯性指数

实二次型的标准形中正平方项的项数称为二次型的正惯性指数，负平方项的项数称为二次型的负惯性指数。

例如：标准二次型 $f(x_1, x_2, x_3)=x_1{}^2-5x_2{}^2-7x_3{}^2$ 的正惯性指数为 1，负惯性指数为 2。

2. 惯性定理

对于一个二次型 $f(x_1, x_2, \cdots, x_n)=\boldsymbol{x}^{\mathrm{T}}\boldsymbol{A}\boldsymbol{x}$，无论用怎样的可逆线性变换使它化为标准形，其中正平方项的个数(正惯性指数)和负平方项的个数(负惯性指数)都是唯一确定的。

例如：甲乙两个同学对同一个二次型进行标准化，甲同学的结果是

$$f(x_1, x_2, x_3)=y_1^2-y_2^2+3y_3^2$$

乙同学的结果是

$$f(x_1, x_2, x_3)=2z_1^2+5z_2^2+7z_3^2$$

显然它们的正负惯性指数不相等，那么根据惯性定理可以断定甲乙两个同学至少有一个答案是错误的。

6.3.7 正定

1. 正定的定义

设 $f(x_1, x_2, \cdots, x_n)=\boldsymbol{x}^{\mathrm{T}}\boldsymbol{A}\boldsymbol{x}$ 是 n 元实二次型，若对任意非零 n 维列向量 $\boldsymbol{x}$，都有 $f(x_1, x_2, \cdots, x_n)>0$，则称 $f(x_1, x_2, \cdots, x_n)$ 为正定二次型，称对称矩阵 $\boldsymbol{A}$ 为正定矩阵。

例如：$f(x_1, x_2, x_3)=x_1^2+2x_2^2+7x_3^2$ 就是正定二次型。

2. 正定矩阵的性质

设 $\boldsymbol{A}$ 为 n 阶实对称矩阵，正定的定义与性质如下：

(1) $\boldsymbol{A}$ 正定 $\Leftrightarrow$ 对任意 n 维非零列向量 $\boldsymbol{x}$，都有 $\boldsymbol{x}^{\mathrm{T}}\boldsymbol{A}\boldsymbol{x}>0$。

(2) $\boldsymbol{A}$ 正定 $\Leftrightarrow \boldsymbol{A}$ 的二次型的标准形的系数全为正(正惯性指数为 n)。

(3) $\boldsymbol{A}$ 正定 $\Leftrightarrow \boldsymbol{A}$ 的各阶顺序主子式全大于零。

(4) $\boldsymbol{A}$ 正定 $\Leftrightarrow \boldsymbol{A}$ 的所有特征值全大于零。

(5) $\boldsymbol{A}$ 正定 $\Leftrightarrow \boldsymbol{A}$ 与 n 阶单位矩阵 $\boldsymbol{E}$ 合同($\boldsymbol{A}=\boldsymbol{P}^{\mathrm{T}}\boldsymbol{P}$，其中 $\boldsymbol{P}$ 为可逆矩阵)。

(6) $\boldsymbol{A}$ 正定 $\Leftrightarrow k\boldsymbol{A}$($k$ 为正数)正定。

(7) $\boldsymbol{A}$ 正定 $\Leftrightarrow \boldsymbol{A}^{-1}$ 正定。

(8) $\boldsymbol{A}$ 正定 $\Rightarrow \boldsymbol{A}^*$ 正定。

(9) $\boldsymbol{A}$ 正定 $\Rightarrow \boldsymbol{A}^m$($m$ 为正整数)正定。

(10) $\boldsymbol{A}$ 正定 $\Rightarrow r(\boldsymbol{A})=n$(正定矩阵必为可逆矩阵)。

(11) $\boldsymbol{A}$ 正定 $\Rightarrow$ 矩阵 $\boldsymbol{A}$ 的主对角线元素全为正数。

(12) $\boldsymbol{A}$ 正定 $\Rightarrow |\boldsymbol{A}|>0$。

(13) 设 $\boldsymbol{B}$ 为 $m\times n$ 矩阵，且 $r(\boldsymbol{B})=n$，则 $\boldsymbol{B}^{\mathrm{T}}\boldsymbol{B}$ 正定。

(14) 设 $\boldsymbol{A}$ 和 $\boldsymbol{B}$ 都是 n 阶正定矩阵，则 $\boldsymbol{A}+\boldsymbol{B}$ 也是正定矩阵。

注：$\boldsymbol{A}$ 和 $\boldsymbol{B}$ 都是正定矩阵 $\not\Rightarrow \boldsymbol{AB}$(或 $\boldsymbol{BA}$)是正定矩阵。

6.3.8 等价、相似与合同的判定与关系

1. 定义

(1) 等价：若存在可逆矩阵 $\boldsymbol{P}$ 和 $\boldsymbol{Q}$，使得 $\boldsymbol{PAQ}=\boldsymbol{B}$，则称矩阵 $\boldsymbol{A}$ 与 $\boldsymbol{B}$ 等价。

(2) 相似：若存在可逆矩阵 $\boldsymbol{P}$，使得 $\boldsymbol{P}^{-1}\boldsymbol{AP}=\boldsymbol{B}$，则称矩阵 $\boldsymbol{A}$ 与 $\boldsymbol{B}$ 相似。

(3) 合同：若存在可逆矩阵 $\boldsymbol{P}$，使得 $\boldsymbol{P}^{\mathrm{T}}\boldsymbol{AP}=\boldsymbol{B}$，则称 $\boldsymbol{A}$ 与 $\boldsymbol{B}$ 合同。

2. 判定定理

(1) 设矩阵 $\boldsymbol{A}$ 与 $\boldsymbol{B}$ 同型，则有

$\boldsymbol{A}$ 与 $\boldsymbol{B}$ 等价 $\Leftrightarrow r(\boldsymbol{A})=r(\boldsymbol{B})$。

(2) 设 $\boldsymbol{A}$ 与 $\boldsymbol{B}$ 均为 2 阶或 3 阶矩阵，则有

$\boldsymbol{A}$ 与 $\boldsymbol{B}$ 相似 $\Leftrightarrow$ $\boldsymbol{A}$ 与 $\boldsymbol{B}$ 有相同的特征值，且所有特征值的代数重数和几何重数均对应相等。

(3) $\boldsymbol{A}$ 与 $\boldsymbol{B}$ 有相同的特征值，且都可以对角化 $\Rightarrow$ $\boldsymbol{A}$ 与 $\boldsymbol{B}$ 相似。

(4) 设 $\boldsymbol{A}$，$\boldsymbol{B}$ 均为 n 阶实对称矩阵，则有

$\boldsymbol{A}$ 与 $\boldsymbol{B}$ 合同 $\Leftrightarrow$ $\boldsymbol{A}$ 的二次型与 $\boldsymbol{B}$ 的二次型有相同的正、负惯性指数。

$\boldsymbol{A}$ 与 $\boldsymbol{B}$ 合同 $\Leftrightarrow$ $\boldsymbol{A}$ 与 $\boldsymbol{B}$ 正特征值的个数、负特征值的个数对应相等。

3. 相互关系

矩阵等价、相似与合同之间的关系如图 6.1 所示。

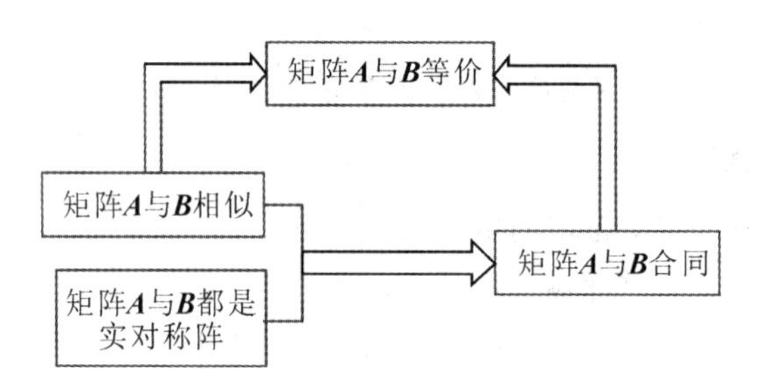

图 6.1　矩阵等价、相似与合同之间的关系

(1) 矩阵相似则等价。

(2) 矩阵合同则等价。

(3) 矩阵相似不一定合同。

(4) 矩阵合同不一定相似。

(5) 若矩阵 $\boldsymbol{A}$ 与 $\boldsymbol{B}$ 都是实对称阵，且 $\boldsymbol{A}$ 与 $\boldsymbol{B}$ 相似，则 $\boldsymbol{A}$ 与 $\boldsymbol{B}$ 合同。

6.3.9　二次型的几何意义(仅数学一要求)

二次曲面 $f(x_1, x_2, x_3)=a(a>0)$ 的形状可以根据二次型 $f(x_1, x_2, x_3)$ 的矩阵 $\boldsymbol{A}$ 的特征值来确定，表 6.1 和表 6.2 分别给出了不同特征值对应的二次曲面类型。

表 6.1　不同特征值对应的二次曲面类型($a>0$ 的情况)

二次型 $f(x_1, x_2, x_3)$ 的矩阵的特征值 $\lambda_1, \lambda_2, \lambda_3$ 的正负	二次曲面 $f(x_1, x_2, x_3)=a(a>0)$ 的形状
3 正(都相等)	椭球面(球面)
2 正 1 负	单叶双曲面
2 正 1 零(正的相等)	椭圆柱面(圆柱面)
1 正 2 负	双叶双曲面
1 正 1 负 1 零	双曲柱面
1 正 2 零	一对平行平面

表 6.2 不同特征值对应的二次曲面类型($a=0$ 的情况)

二次型 $f(x_1, x_2, x_3)$的矩阵的特征值 $\lambda_1, \lambda_2, \lambda_3$ 的正负	二次曲面 $f(x_1, x_2, x_3)=0$ 的形状
2 正 1 负或 1 正 2 负(有两个特征值相等)	二次锥面(圆锥面)
3 正或 3 负	点
2 正 1 零或 2 负 1 零	直线
1 正 1 负 1 零	一对相交平面
1 正 2 零或 1 负 2 零	一对重合平面

6.4 典型例题分析

【例 6.1】 (2023, 数学二、数学三)二次型 $f(x_1, x_2, x_3)=(x_1+x_2)^2+(x_1+x_3)^2-4(x_2-x_3)^2$ 的规范形为( )。

(A) $y_1^2+y_2^2$ (B) $y_1^2-y_2^2$ (C) $y_1^2+y_2^2-4y_3^2$ (D) $y_1^2+y_2^2-y_3^2$

【思路】 把二次型化简为一般形式, 写出二次型的矩阵 $\boldsymbol{A}$, 再计算 $\boldsymbol{A}$ 的特征值。

【解】 把二次型化简成一般形式:

$$f(x_1, x_2, x_3)=2x_1^2-3x_2^2-3x_3^2+2x_1x_2+2x_1x_3+8x_2x_3$$

于是二次型的矩阵为

$$\boldsymbol{A}=\begin{bmatrix} 2 & 1 & 1 \\ 1 & -3 & 4 \\ 1 & 4 & -3 \end{bmatrix}$$

计算特征多项式:

$$|\boldsymbol{A}-\lambda\boldsymbol{E}|=\begin{vmatrix} 2-\lambda & 1 & 1 \\ 1 & -3-\lambda & 4 \\ 1 & 4 & -3-\lambda \end{vmatrix} \xlongequal{c_3-c_2} \begin{vmatrix} 2-\lambda & 1 & 0 \\ 1 & -3-\lambda & \lambda+7 \\ 1 & 4 & -7-\lambda \end{vmatrix}$$

$$\xlongequal{r_2+r_3} \begin{vmatrix} 2-\lambda & 1 & 0 \\ 2 & 1-\lambda & 0 \\ 1 & 4 & -7-\lambda \end{vmatrix} \xlongequal{\text{按}c_3\text{展开}} -\lambda(\lambda+7)(\lambda-3)$$

故 $\boldsymbol{A}$ 的特征值为 0, -7, 3, 一个正、一个负、一个零, 根据惯性定理可得选项 B 正确。

【评注】 本题考查了以下知识点:

(1) 若二次型的矩阵 $\boldsymbol{A}$ 的特征值为一个正、一个负、一个零, 则二次型的规范形为 $y_1^2-y_2^2$。

(2) 本题也可以用配方法化二次型 $f=2x_1^2-3x_2^2-3x_3^2+2x_1x_2+2x_1x_3+8x_2x_3$ 为标准形。

【秘籍】 很多同学的一种快速做法是, 令

$$\begin{cases} y_1=x_1+x_2 \\ y_2=x_1+x_3 \\ y_3=2(x_2-x_3) \end{cases}, \quad \begin{bmatrix} y_1 \\ y_2 \\ y_3 \end{bmatrix}=\begin{bmatrix} 1 & 1 & 0 \\ 1 & 0 & 1 \\ 0 & 2 & -2 \end{bmatrix}\begin{bmatrix} x_1 \\ x_2 \\ x_3 \end{bmatrix}, \ \boldsymbol{y}=\boldsymbol{P}\boldsymbol{x}$$

则二次型化为规范形 $f=y_1{}^2+y_2{}^2-y_3{}^2$。但是以上线性变换的矩阵 $\boldsymbol{P}$ 是不可逆矩阵，所以这种做法是错误的。在用配方法化二次型为标准形时，一定要确保线性变换是可逆变换。

【例 6.2】 (2019，数学一、数学二、数学三)设 $\boldsymbol{A}$ 是 3 阶实对称矩阵，$\boldsymbol{E}$ 是 3 阶单位矩阵，若 $\boldsymbol{A}^2+\boldsymbol{A}=2\boldsymbol{E}$，且 $|\boldsymbol{A}|=4$，则二次型 $\boldsymbol{x}^{\mathrm{T}}\boldsymbol{A}\boldsymbol{x}$ 的规范形为(　　)。

(A) $y_1^2+y_2^2+y_3^2$　　(B) $y_1^2+y_2^2-y_3^2$

(C) $y_1^2-y_2^2-y_3^2$　　(D) $-y_1^2-y_2^2-y_3^2$

【思路】 从矩阵等式出发求出矩阵 $\boldsymbol{A}$ 的特征值，从而确定规范形。

【解】 设 λ 是矩阵 $\boldsymbol{A}$ 的任意特征值，则存在非零 3 维列向量 $\boldsymbol{\alpha}$ 使得 $\boldsymbol{A\alpha}=\lambda\boldsymbol{\alpha}$。用 $\boldsymbol{\alpha}$ 右乘等式 $\boldsymbol{A}^2+\boldsymbol{A}=2\boldsymbol{E}$ 两端，有

$$\boldsymbol{A}^2\boldsymbol{\alpha}+\boldsymbol{A\alpha}=2\boldsymbol{E\alpha},\ \lambda^2\boldsymbol{\alpha}+\lambda\boldsymbol{\alpha}=2\boldsymbol{\alpha},\ (\lambda+2)(\lambda-1)\boldsymbol{\alpha}=\boldsymbol{0}$$

因为 $\boldsymbol{\alpha}\neq\boldsymbol{0}$，所以有

$$(\lambda+2)(\lambda-1)=0,\ \lambda=-2\ 或\ \lambda=1$$

于是矩阵 $\boldsymbol{A}$ 的特征值只能在 -2 和 1 中选取。又根据 $|\boldsymbol{A}|=\lambda_1\lambda_2\lambda_3$，而 $|\boldsymbol{A}|=4$，枚举分析可得矩阵 $\boldsymbol{A}$ 的特征值为 -2，-2，1。于是二次型 $\boldsymbol{x}^{\mathrm{T}}\boldsymbol{A}\boldsymbol{x}$ 的规范形为 $y_1^2-y_2^2-y_3^2$，选项 C 正确。

【评注】 本题考查了以下知识点：

(1) 若 $f(\boldsymbol{A})=\boldsymbol{O}$，则 $\boldsymbol{A}$ 的所有特征值在方程 $f(x)=0$ 的根中选择。

(2) 设 $\boldsymbol{A}$ 为 3 阶矩阵，则 $|\boldsymbol{A}|=\lambda_1\lambda_2\lambda_3$。

(3) 若实对称矩阵 $\boldsymbol{A}$ 的特征值为一正两负，则二次型 $\boldsymbol{x}^{\mathrm{T}}\boldsymbol{A}\boldsymbol{x}$ 的规范形为 $y_1^2-y_2^2-y_3^2$。

【例 6.3】 (2015，数学一、数学二、数学三)设二次型 $f(x_1, x_2, x_3)$ 在正交变换 $\boldsymbol{x}=\boldsymbol{P}\boldsymbol{y}$ 下的标准形为 $2y_1^2+y_2^2-y_3^2$，其中 $\boldsymbol{P}=(\boldsymbol{e}_1, \boldsymbol{e}_2, \boldsymbol{e}_3)$。若 $\boldsymbol{Q}=(\boldsymbol{e}_1, -\boldsymbol{e}_3, \boldsymbol{e}_2)$，则 $f(x_1, x_2, x_3)$ 在正交变换 $\boldsymbol{x}=\boldsymbol{Q}\boldsymbol{y}$ 下的标准形为(　　)。

(A) $2y_1^2-y_2^2+y_3^2$　　(B) $2y_1^2+y_2^2-y_3^2$

(C) $2y_1^2-y_2^2-y_3^2$　　(D) $2y_1^2+y_2^2+y_3^2$

【思路】 根据特征值与特征向量的位置要相对应，找出正确选项。

【解】 根据已知条件知，矩阵 $\boldsymbol{P}$ 的 3 个列向量 $\boldsymbol{e}_1$，$\boldsymbol{e}_2$，$\boldsymbol{e}_3$ 分别为二次型矩阵 $\boldsymbol{A}$ 的特征值 2，1，-1 所对应的特征向量，那么矩阵 $\boldsymbol{Q}$ 的 3 个列向量 $\boldsymbol{e}_1$，$-\boldsymbol{e}_3$，$\boldsymbol{e}_2$ 分别对应二次型矩阵 $\boldsymbol{A}$ 的特征值 2，-1，1，于是选项 A 正确。

【评注】 本题考查了以下知识点：

(1) 相似对角化的过程，参见第 5 章 5.3.6 小节内容。

(2) 若 $\boldsymbol{\alpha}$ 是矩阵 $\boldsymbol{A}$ 属于 λ 的特征向量，则 $k\boldsymbol{\alpha}(k\neq 0)$ 依然是矩阵 $\boldsymbol{A}$ 属于 λ 的特征向量。

【例 6.4】 (2013，数学一、数学二、数学三)设二次型 $f(x_1, x_2, x_3)=2(a_1x_1+a_2x_2+a_3x_3)^2+(b_1x_1+b_2x_2+b_3x_3)^2$，记 $\boldsymbol{\alpha}=\begin{bmatrix}a_1\\a_2\\a_3\end{bmatrix}$，$\boldsymbol{\beta}=\begin{bmatrix}b_1\\b_2\\b_3\end{bmatrix}$。

(1) 证明二次型 f 对应的矩阵为 $2\boldsymbol{\alpha}\boldsymbol{\alpha}^{\mathrm{T}}+\boldsymbol{\beta}\boldsymbol{\beta}^{\mathrm{T}}$；

(2) 若 $\boldsymbol{\alpha}$，$\boldsymbol{\beta}$ 正交且均为单位向量，证明 f 在正交变换下的标准形为 $2y_1^2+y_2^2$。

【思路】 用向量内积的形式来表示已知的二次型，根据特征值、特征向量的定义证明。

【解】 (1) 令 $\boldsymbol{x}=(x_1, x_2, x_3)^{\mathrm{T}}$，用向量 $\boldsymbol{\alpha}$，$\boldsymbol{\beta}$，$\boldsymbol{x}$ 来表示二次型：

$$f(x_1, x_2, x_3)=2(\boldsymbol{x}^{\mathrm{T}}\boldsymbol{\alpha})(\boldsymbol{\alpha}^{\mathrm{T}}\boldsymbol{x})+(\boldsymbol{x}^{\mathrm{T}}\boldsymbol{\beta})(\boldsymbol{\beta}^{\mathrm{T}}\boldsymbol{x})=\boldsymbol{x}^{\mathrm{T}}(2\boldsymbol{\alpha}\boldsymbol{\alpha}^{\mathrm{T}}+\boldsymbol{\beta}\boldsymbol{\beta}^{\mathrm{T}})\boldsymbol{x}$$

设 $\boldsymbol{A}=2\boldsymbol{\alpha}\boldsymbol{\alpha}^{\mathrm{T}}+\boldsymbol{\beta}\boldsymbol{\beta}^{\mathrm{T}}$，而

$$\boldsymbol{A}^{\mathrm{T}}=(2\boldsymbol{\alpha}\boldsymbol{\alpha}^{\mathrm{T}}+\boldsymbol{\beta}\boldsymbol{\beta}^{\mathrm{T}})^{\mathrm{T}}=(2\boldsymbol{\alpha}\boldsymbol{\alpha}^{\mathrm{T}})^{\mathrm{T}}+(\boldsymbol{\beta}\boldsymbol{\beta}^{\mathrm{T}})^{\mathrm{T}}=2\boldsymbol{\alpha}\boldsymbol{\alpha}^{\mathrm{T}}+\boldsymbol{\beta}\boldsymbol{\beta}^{\mathrm{T}}=\boldsymbol{A}$$

所以矩阵 $\boldsymbol{A}=2\boldsymbol{\alpha}\boldsymbol{\alpha}^{\mathrm{T}}+\boldsymbol{\beta}\boldsymbol{\beta}^{\mathrm{T}}$ 为对称矩阵，于是二次型 f 对应的矩阵为 $2\boldsymbol{\alpha}\boldsymbol{\alpha}^{\mathrm{T}}+\boldsymbol{\beta}\boldsymbol{\beta}^{\mathrm{T}}$。

(2) 因为 $\boldsymbol{\alpha}$，$\boldsymbol{\beta}$ 正交且均为单位向量，则有

$$\boldsymbol{\alpha}^{\mathrm{T}}\boldsymbol{\beta}=\boldsymbol{\beta}^{\mathrm{T}}\boldsymbol{\alpha}=0,\ \boldsymbol{\alpha}^{\mathrm{T}}\boldsymbol{\alpha}=\boldsymbol{\beta}^{\mathrm{T}}\boldsymbol{\beta}=1$$

用向量 $\boldsymbol{\alpha}$ 右乘二次型矩阵 $\boldsymbol{A}=2\boldsymbol{\alpha}\boldsymbol{\alpha}^{\mathrm{T}}+\boldsymbol{\beta}\boldsymbol{\beta}^{\mathrm{T}}$，有

$$\boldsymbol{A}\boldsymbol{\alpha}=(2\boldsymbol{\alpha}\boldsymbol{\alpha}^{\mathrm{T}}+\boldsymbol{\beta}\boldsymbol{\beta}^{\mathrm{T}})\boldsymbol{\alpha}=2\boldsymbol{\alpha}\boldsymbol{\alpha}^{\mathrm{T}}\boldsymbol{\alpha}+\boldsymbol{\beta}\boldsymbol{\beta}^{\mathrm{T}}\boldsymbol{\alpha}=2\boldsymbol{\alpha}$$

于是 2 是二次型矩阵 $\boldsymbol{A}$ 的一个特征值。

用向量 $\boldsymbol{\beta}$ 右乘矩阵 $2\boldsymbol{\alpha}\boldsymbol{\alpha}^{\mathrm{T}}+\boldsymbol{\beta}\boldsymbol{\beta}^{\mathrm{T}}$，有

$$\boldsymbol{A}\boldsymbol{\beta}=(2\boldsymbol{\alpha}\boldsymbol{\alpha}^{\mathrm{T}}+\boldsymbol{\beta}\boldsymbol{\beta}^{\mathrm{T}})\boldsymbol{\beta}=2\boldsymbol{\alpha}\boldsymbol{\alpha}^{\mathrm{T}}\boldsymbol{\beta}+\boldsymbol{\beta}\boldsymbol{\beta}^{\mathrm{T}}\boldsymbol{\beta}=\boldsymbol{\beta}$$

于是 1 也是二次型矩阵 $\boldsymbol{A}$ 的一个特征值。

又因为

$$r(\boldsymbol{A})=r(2\boldsymbol{\alpha}\boldsymbol{\alpha}^{\mathrm{T}}+\boldsymbol{\beta}\boldsymbol{\beta}^{\mathrm{T}})\leqslant r(2\boldsymbol{\alpha}\boldsymbol{\alpha}^{\mathrm{T}})+r(\boldsymbol{\beta}\boldsymbol{\beta}^{\mathrm{T}})\leqslant r(\boldsymbol{\alpha})+r(\boldsymbol{\beta})=2<3$$

所以 $|\boldsymbol{A}|=0$，故 0 是二次型矩阵 $\boldsymbol{A}$ 的特征值，于是 f 在正交变换下的标准形为 $2y_1^2+y_2^2$。

【评注】 本题考查了以下知识点：

(1) 可以用向量的内积 $\boldsymbol{\alpha}^{\mathrm{T}}\boldsymbol{x}$ 或 $\boldsymbol{x}^{\mathrm{T}}\boldsymbol{\alpha}$ 来表示 $a_1x_1+a_2x_2+a_3x_3$，其中 $\boldsymbol{x}=(x_1, x_2, x_3)^{\mathrm{T}}$，$\boldsymbol{\alpha}=(a_1, a_2, a_3)^{\mathrm{T}}$。

(2) 若列向量 $\boldsymbol{\alpha}$ 与 $\boldsymbol{\beta}$ 正交，则有 $\boldsymbol{\alpha}^{\mathrm{T}}\boldsymbol{\beta}=\boldsymbol{\beta}^{\mathrm{T}}\boldsymbol{\alpha}=0$。

(3) 若列向量 $\boldsymbol{\alpha}$ 是单位向量，则有 $\boldsymbol{\alpha}^{\mathrm{T}}\boldsymbol{\alpha}=1$。

(4) 若 $\boldsymbol{A}\boldsymbol{\alpha}=\lambda\boldsymbol{\alpha}$，且 $\boldsymbol{\alpha}\neq\boldsymbol{0}$，则 λ 是 $\boldsymbol{A}$ 的特征值。

(5) $r(\boldsymbol{A}+\boldsymbol{B})\leqslant r(\boldsymbol{A})+r(\boldsymbol{B})$。

(6) $r(\boldsymbol{AB})\leqslant r(\boldsymbol{A})$，$r(\boldsymbol{AB})\leqslant r(\boldsymbol{B})$。

(7) $r(\boldsymbol{A}_n)<n\Leftrightarrow|\boldsymbol{A}_n|=0$。

(8) $|\boldsymbol{A}_n|=0\Leftrightarrow 0$ 是矩阵 $\boldsymbol{A}_n$ 的特征值。

(9) 若二次型的矩阵 $\boldsymbol{A}_3$ 的特征值为 λ_1，λ_2，λ_3，则二次型 $\boldsymbol{x}^{\mathrm{T}}\boldsymbol{A}\boldsymbol{x}$ 总可以经过正交变换化为标准形 $\lambda_1y_1^2+\lambda_2y_2^2+\lambda_3y_3^2$。

【例 6.5】 (2011，数学一)若二次曲面方程 $x^2+3y^2+z^2+2axy+2xz+2yz=4$ 经正交变换化为 $y_1{}^2+4z_1{}^2=4$，则 $a=$__________。

【思路】 根据二次型的矩阵与标准形的矩阵相似，确定参数 a 的值。

【解】 分别写出二次曲面对应的二次型与标准形的矩阵：

$$\boldsymbol{A}=\begin{bmatrix}1 & a & 1\\ a & 3 & 1\\ 1 & 1 & 1\end{bmatrix},\ \boldsymbol{\Lambda}=\begin{bmatrix}0 & & \\ & 1 & \\ & & 4\end{bmatrix}$$

因为是正交变换，所以矩阵 $\boldsymbol{A}$ 与 $\boldsymbol{\Lambda}$ 相似，则有 $|\boldsymbol{A}|=|\boldsymbol{\Lambda}|=0$，而

$$|\boldsymbol{A}|=\begin{vmatrix}1 & a & 1\\ a & 3 & 1\\ 1 & 1 & 1\end{vmatrix}=-(a-1)^2=0$$

于是 $a=1$。

【评注】 本题考查了以下知识点：

(1) 二次型 $f=\boldsymbol{x}^{\mathrm{T}}\boldsymbol{A}\boldsymbol{x}$ 经过正交变换化为标准形 $f=\boldsymbol{y}^{\mathrm{T}}\boldsymbol{\Lambda}\boldsymbol{y}$，则有矩阵 $\boldsymbol{A}$ 与 $\boldsymbol{\Lambda}$ 相似。

(2) 若 $\boldsymbol{A}$ 与 $\boldsymbol{B}$ 相似，则 $|\boldsymbol{A}|=|\boldsymbol{B}|$。

【例 6.6】 (2011，数学三)设二次型 $f(x_1, x_2, x_3)=\boldsymbol{x}^{\mathrm{T}}\boldsymbol{A}\boldsymbol{x}$ 的秩为 1，$\boldsymbol{A}$ 的各行元素之和为 3，则 f 在正交变换 $\boldsymbol{x}=\boldsymbol{Q}\boldsymbol{y}$ 下的标准形为____________。

【思路】 根据已知条件，确定矩阵 $\boldsymbol{A}$ 的特征值。

【解】 因为二次型 f 的秩为 1，所以 $r(\boldsymbol{A})=1$，则方程组 $\boldsymbol{A}\boldsymbol{x}=\boldsymbol{0}$ 有 $3-1=2$ 个线性无关的解向量，又因为 $\boldsymbol{A}$ 为实对称矩阵，$\boldsymbol{A}$ 的特征值的代数重数等于几何重数，所以 0 是矩阵 $\boldsymbol{A}$ 的 2 重特征值。

已知 $\boldsymbol{A}$ 的各行元素之和为 3，所以有

$$\boldsymbol{A}\begin{bmatrix}1\\1\\1\end{bmatrix}=\begin{bmatrix}3\\3\\3\end{bmatrix}=3\times\begin{bmatrix}1\\1\\1\end{bmatrix}$$

即 3 是矩阵 $\boldsymbol{A}$ 的特征值。于是 f 在正交变换 $\boldsymbol{x}=\boldsymbol{Q}\boldsymbol{y}$ 下的标准形为 $3y_1^2$。

【评注】 本题考查了以下知识点：

(1) 二次型 $f(x_1, x_2, x_3)=\boldsymbol{x}^{\mathrm{T}}\boldsymbol{A}\boldsymbol{x}$ 的秩就等于二次型矩阵 $\boldsymbol{A}$ 的秩。

(2) 设 $\boldsymbol{A}$ 为 n 阶矩阵，则方程组 $\boldsymbol{A}\boldsymbol{x}=\boldsymbol{0}$ 的基础解系含有 $n-r(\boldsymbol{A})$ 个线性无关的解向量。

(3) 设 $\boldsymbol{A}$ 为 n 阶矩阵，则方程组 $\boldsymbol{A}\boldsymbol{x}=\boldsymbol{0}$ 的非零解向量是矩阵 $\boldsymbol{A}$ 的属于 0 的特征向量。

(4) 若 $\boldsymbol{A}$ 为实对称矩阵，则 $\boldsymbol{A}$ 的特征值的几何重数等于代数重数。

(5) 若 n 阶矩阵 $\boldsymbol{A}$ 的秩为 1，则 $\boldsymbol{A}$ 的特征值为 $n-1$ 个 0 和 1 个 $\mathrm{tr}(\boldsymbol{A})$。

(6) $\boldsymbol{A}$ 的各行元素之和为 k，则 k 是 $\boldsymbol{A}$ 的特征值，$(1, 1, 1)^{\mathrm{T}}$ 是对应的特征向量。

(7) 若二次型的矩阵 $\boldsymbol{A}_3$ 的特征值为 λ_1，λ_2，λ_3，则二次型 $\boldsymbol{x}^{\mathrm{T}}\boldsymbol{A}\boldsymbol{x}$ 总可以经过正交变换化为标准形 $\lambda_1 y_1^2+\lambda_2 y_2^2+\lambda_3 y_3^2$。

【例 6.7】 (2009，数学一、数学二、数学三)设二次型 $f(x_1, x_2, x_3)=ax_1^2+ax_2^2+(a-1)x_3^2+2x_1x_3-2x_2x_3$。

(1) 求二次型 f 的矩阵的所有特征值；

(2) 若二次型 f 的规范形为 ${y_1}^2+{y_2}^2$，求 a 的值。

【思路】 把二次型的矩阵写为 $\boldsymbol{A}=a\boldsymbol{E}+\boldsymbol{B}$ 的形式，先计算 $\boldsymbol{B}$ 的特征值，从而得到 $\boldsymbol{A}$ 的特征值。

【解】 (1) 写出二次型的矩阵：

$$\boldsymbol{A}=\begin{bmatrix}a & 0 & 1\\0 & a & -1\\1 & -1 & a-1\end{bmatrix}$$

因为参数 a 都出现在 $\boldsymbol{A}$ 的主对角线上，于是有

$$\boldsymbol{A}=\begin{bmatrix}a & 0 & 1\\0 & a & -1\\1 & -1 & a-1\end{bmatrix}=\begin{bmatrix}a & & \\ & a & \\ & & a\end{bmatrix}+\begin{bmatrix}0 & 0 & 1\\0 & 0 & -1\\1 & -1 & -1\end{bmatrix}=a\boldsymbol{E}+\boldsymbol{B}$$

其中

$$\boldsymbol{B}=\begin{bmatrix}0 & 0 & 1\\0 & 0 & -1\\1 & -1 & -1\end{bmatrix}$$

求解矩阵 $\boldsymbol{B}$ 的特征方程 $|\boldsymbol{B}-\lambda\boldsymbol{E}|=0$，解得 $\boldsymbol{B}$ 的特征值为 -2，0，1，于是矩阵 $\boldsymbol{A}=a\boldsymbol{E}+\boldsymbol{B}$ 的特征值为 $a-2$，a，$a+1$。

(2) 因为二次型 f 的规范形为 ${y_1}^2+{y_2}^2$，根据惯性定理有

$$a-2=0,\ a>0,\ a+1>0$$

于是 $a=2$。

【评注】 本题考查了以下知识点：

(1) 若 λ 是 $\boldsymbol{A}$ 的特征值，则 $f(\lambda)$ 就是 $f(\boldsymbol{A})$ 的特征值。

(2) 若三元二次型 f 的规范形为 $y_1^2+y_2^2$，根据惯性定理可得二次型矩阵 $\boldsymbol{A}$ 的特征值为两个正一个零。

【秘籍】 在求带有参数 a 的矩阵 $\boldsymbol{A}$ 的特征值的题目时，若参数 a 只出现在 $\boldsymbol{A}$ 的主对角线上，则可以把 $\boldsymbol{A}$ 拆分为 $\boldsymbol{A}=a\boldsymbol{E}+\boldsymbol{B}$ 的形式，先计算没有参数的矩阵 $\boldsymbol{B}$ 的特征值，然后计算 $\boldsymbol{A}$ 的特征值。

【例 6.8】 (2021，数学一、数学二、数学三)二次型 $f(x_1,x_2,x_3)=(x_1+x_2)^2+(x_2+x_3)^2-(x_3-x_1)^2$ 的正惯性指数与负惯性指数依次为( )。

(A) 2，0　　(B) 1，1　　(C) 2，1　　(D) 1，2

【思路】 把二次型化简为一般形式，写出二次型的矩阵 $\boldsymbol{A}$，再计算 $\boldsymbol{A}$ 的特征值。

【解】 对二次型进行化简，得

$$f(x_1,x_2,x_3)=2x_2^2+2x_1x_2+2x_1x_3+2x_2x_3$$

于是二次型的矩阵为

$$\boldsymbol{A}=\begin{bmatrix}0&1&1\\1&2&1\\1&1&0\end{bmatrix}$$

计算特征多项式

$$|\boldsymbol{A}-\lambda\boldsymbol{E}|=\begin{vmatrix}-\lambda&1&1\\1&2-\lambda&1\\1&1&-\lambda\end{vmatrix}\xlongequal{c_3-c_1}\begin{vmatrix}-\lambda&1&1+\lambda\\1&2-\lambda&0\\1&1&-1-\lambda\end{vmatrix}$$

$$\xlongequal{r_1-r_3}\begin{vmatrix}1-\lambda&2&0\\1&2-\lambda&0\\1&1&-1-\lambda\end{vmatrix}\xlongequal{\text{按}c_3\text{展开}}-\lambda(\lambda+1)(\lambda-3)$$

故 $\boldsymbol{A}$ 的特征值为 0，-1，3，于是二次型的正惯性指数与负惯性指数依次为 1，1，选项 B 正确。

【评注】 本题考查了以下知识点：

(1) 二次型的矩阵 $\boldsymbol{A}$ 的正(负)特征值的个数等于二次型正(负)惯性指数。

(2) 本题也可以用配方法化二次型 $f(x_1,x_2,x_3)=2x_2^2+2x_1x_2+2x_1x_3+2x_2x_3$ 为标准形。

【秘籍】 很多同学的一种快速做法是，令

$$\begin{cases}y_1=x_1+x_2\\y_2=x_2+x_3,\\y_3=x_3-x_1\end{cases}\quad\begin{bmatrix}y_1\\y_2\\y_3\end{bmatrix}=\begin{bmatrix}1&1&0\\0&1&1\\-1&0&1\end{bmatrix}\begin{bmatrix}x_1\\x_2\\x_3\end{bmatrix},\ \boldsymbol{y}=\boldsymbol{P}\boldsymbol{x}$$

则二次型化为规范形 $f=y_1^2+y_2^2-y_3^2$，于是正、负惯性指数分别为 2，1。

但是以上线性变换的矩阵 $\boldsymbol{P}$ 是不可逆矩阵，所以以上做法是错误的。在用配方法化二次型为标准形时，一定要确保线性变换是可逆变换。

【例 6.9】 (2016，数学二、数学三)设二次型 $f(x_1,x_2,x_3)=a(x_1^2+x_2^2+x_3^2)+2x_1x_2+2x_1x_3+2x_2x_3$ 的正、负惯性指数分别为 1，2，则(　　)。

(A) $a>1$　　(B) $a<-2$　　(C) $-2<a<1$　　(D) $a=1$ 或 $a=-2$

【思路】 求出二次型矩阵的特征值，根据惯性定理确定选项。

【解】 写出二次型的矩阵：

$$\boldsymbol{A}=\begin{bmatrix}a&1&1\\1&a&1\\1&1&a\end{bmatrix}$$

求解特征方程 $|\boldsymbol{A}-\lambda\boldsymbol{E}|=0$，解得特征值为 $\lambda_1=\lambda_2=a-1$，$\lambda_3=a+2$。

因为二次型的正、负惯性指数分别为 1，2，所以

$$a-1<0 \text{ 且 } a+2>0$$

于是 $-2<a<1$，选项 C 正确。

【评注】 本题考查了以下知识点：

(1) n 阶"ab"矩阵的特征值为 $n-1$ 个 $a-b$ 和 1 个 $(n-1)b+a$。

(2) 二次型的矩阵 $\boldsymbol{A}$ 的正(负)特征值的个数等于二次型的正(负)惯性指数。

【秘籍】 本题也可以采用例 6.7 的方法，把矩阵 $\boldsymbol{A}$ 拆分成

$$\boldsymbol{A}=\begin{bmatrix}a&1&1\\1&a&1\\1&1&a\end{bmatrix}=(a-1)\begin{bmatrix}1&&\\&1&\\&&1\end{bmatrix}+\begin{bmatrix}1&1&1\\1&1&1\\1&1&1\end{bmatrix}=(a-1)\boldsymbol{E}+\boldsymbol{B}$$

因为 $\boldsymbol{B}$ 的秩为 1，所以 $\boldsymbol{B}$ 的特征值为 0，0，$\operatorname{tr}(\boldsymbol{B})=3$，于是 $\boldsymbol{A}$ 的特征值为 $a-1$，$a-1$，$a+2$。

【例 6.10】 (2022，数学一)设二次型 $f(x_1,x_2,x_3)=\sum_{i=1}^{3}\sum_{j=1}^{3}ijx_ix_j$。

(1) 求二次型的矩阵；

(2) 求正交矩阵 $\boldsymbol{Q}$，使得二次型经正交变换 $\boldsymbol{x}=\boldsymbol{Q}\boldsymbol{y}$ 化为标准形；

(3) 求 $f(x_1,x_2,x_3)=0$ 的解。

【思路】 先写出二次型的矩阵 $\boldsymbol{A}$，再求其特征值，最后求正交矩阵 $\boldsymbol{Q}$。

【解】 (1) 把求和符号拆开，写出具体的二次型：

$$\begin{aligned}f(x_1,x_2,x_3)&=\sum_{i=1}^{3}(ix_ix_1+2ix_ix_2+3ix_ix_3)\\&=(x_1x_1+2x_1x_2+3x_1x_3)+(2x_2x_1+4x_2x_2+6x_2x_3)+\\&\quad(3x_3x_1+6x_3x_2+9x_3x_3)\\&=x_1^2+4x_2^2+9x_3^2+4x_1x_2+6x_1x_3+12x_2x_3\\&=\boldsymbol{x}^{\mathrm{T}}\boldsymbol{A}\boldsymbol{x}\end{aligned}$$

于是二次型的矩阵为

$$A=\begin{bmatrix}1&2&3\\2&4&6\\3&6&9\end{bmatrix}$$

(2) 因为矩阵 $\boldsymbol{A}$ 的秩为 1，于是 $\boldsymbol{A}$ 的特征值为 $\lambda_1=\lambda_2=0$，$\lambda_3=\mathrm{tr}(\boldsymbol{A})=14$。

当 $\lambda_1=\lambda_2=0$ 时，求解方程组 $\boldsymbol{Ax}=\boldsymbol{0}$，对系数矩阵进行初等行变换，化为行最简形：

$$\boldsymbol{A}=\begin{bmatrix}1&2&3\\2&4&6\\3&6&9\end{bmatrix}\to\begin{bmatrix}1&2&3\\0&0&0\\0&0&0\end{bmatrix}$$

解得 $\boldsymbol{p}_1=(-2,1,0)^{\mathrm{T}}$，构造与 $\boldsymbol{p}_1$ 正交的向量 $\boldsymbol{p}_2=(a,2a,b)^{\mathrm{T}}$，把 $\boldsymbol{p}_2$ 代入以上方程，得

$$a+4a+3b=0,\ 5a=-3b$$

令 $a=-3$，$b=5$，则 $\boldsymbol{p}_2=(-3,-6,5)^{\mathrm{T}}$，于是 $\boldsymbol{p}_1$，$\boldsymbol{p}_2$ 为矩阵 $\boldsymbol{A}$ 的属于 $\lambda_1=\lambda_2=0$ 的正交特征向量。

当 $\lambda_3=14$ 时，求解方程组 $(\boldsymbol{A}-14\boldsymbol{E})\boldsymbol{x}=\boldsymbol{0}$，解得 $\boldsymbol{p}_3=(1,2,3)^{\mathrm{T}}$。

对 $\boldsymbol{p}_1$，$\boldsymbol{p}_2$，$\boldsymbol{p}_3$ 进行单位化：

$$\boldsymbol{q}_1=\frac{\boldsymbol{p}_1}{\|\boldsymbol{p}_1\|},\ \boldsymbol{q}_2=\frac{\boldsymbol{p}_2}{\|\boldsymbol{p}_2\|},\ \boldsymbol{q}_3=\frac{\boldsymbol{p}_3}{\|\boldsymbol{p}_3\|}$$

构造正交矩阵

$$\boldsymbol{Q}=(\boldsymbol{q}_1,\boldsymbol{q}_2,\boldsymbol{q}_3)=\begin{bmatrix}-\dfrac{2}{\sqrt{5}}&-\dfrac{3}{\sqrt{70}}&\dfrac{1}{\sqrt{14}}\\\dfrac{1}{\sqrt{5}}&-\dfrac{6}{\sqrt{70}}&\dfrac{2}{\sqrt{14}}\\0&\dfrac{5}{\sqrt{70}}&\dfrac{3}{\sqrt{14}}\end{bmatrix}$$

于是二次型经正交变换 $\boldsymbol{x}=\boldsymbol{Qy}$ 化为标准形 $f(y_1,y_2,y_3)=14y_3^2$。

(3) 因为 $f(x_1,x_2,x_3)=0$，则 $f(y_1,y_2,y_3)=14{y_3}^2=0$，所以 $y_3=0$，而 y_1，y_2 为任意常数，代入正交变换，得

$$\boldsymbol{x}=\boldsymbol{Qy}=(\boldsymbol{q}_1,\boldsymbol{q}_2,\boldsymbol{q}_3)\begin{bmatrix}y_1\\y_2\\y_3\end{bmatrix}=y_1\boldsymbol{q}_1+y_2\boldsymbol{q}_2$$

于是 $f(x_1,x_2,x_3)=0$ 的解为 $k_1(-2,1,0)^{\mathrm{T}}+k_2(-3,-6,5)^{\mathrm{T}}$，$k_1$，$k_2$ 为任意常数。

【评注】 本题考查了以下知识点：

(1) 若 n 阶矩阵 $\boldsymbol{A}$ 的秩为 1，则 $\boldsymbol{A}$ 的特征值为 $n-1$ 个 0 和 1 个 $\mathrm{tr}(\boldsymbol{A})$。

(2) 用正交矩阵把实对称矩阵相似对角化的过程，参见第 5 章 5.3.6 小节内容。

(3) 本题在构造正交特征向量 $\boldsymbol{p}_1$，$\boldsymbol{p}_2$ 时，避开了施密特法。

【秘籍】 设 $\boldsymbol{A}$ 为 3 阶实对称矩阵，$\boldsymbol{A}$ 的特征值为 $\lambda_1=\lambda_2=a$，$\lambda_3=b(a\neq b)$，则矩阵 $\boldsymbol{A}-a\boldsymbol{E}$ 的任意非零行向量的转置都是矩阵 $\boldsymbol{A}$ 的属于特征值 $\lambda_3=b$ 的特征向量。

【例 6.11】 (2022，数学二、数学三)已知二次型 $f(x_1,x_2,x_3)=3{x_1}^2+4{x_2}^2+3{x_3}^2+2x_1x_3$。

(1) 求正交变换 $\boldsymbol{x}=\boldsymbol{Qy}$，使得 $f(x_1,x_2,x_3)$ 化为标准形；

(2) 证明 $\min\limits_{\boldsymbol{x}\neq\boldsymbol{0}}\dfrac{f(\boldsymbol{x})}{\boldsymbol{x}^{\mathrm{T}}\boldsymbol{x}}=2$。

【思路】 用二次型的标准形来证明最小值。

【解】 (1) 写出二次型的矩阵：

$$A=\begin{bmatrix}3&0&1\\0&4&0\\1&0&3\end{bmatrix}$$

求解特征方程 $|A-\lambda E|=0$，解得特征值为 $\lambda_1=\lambda_2=4$，$\lambda_3=2$。

当 $\lambda_1=\lambda_2=4$ 时，求解方程组 $(A-4E)x=0$，解得矩阵 A 的属于 4 的正交的特征向量为 $p_1=(0, 1, 0)^T$，$p_2=(1, 0, 1)^T$。

当 $\lambda_3=2$ 时，求解方程组 $(A-2E)x=0$，解得矩阵 A 的属于 2 的特征向量为 $p_3=(1, 0, -1)^T$。

将正交向量组 p_1，p_2，p_3 单位化，并构造正交矩阵：

$$Q=\left(\frac{p_1}{\|p_1\|}, \frac{p_2}{\|p_2\|}, \frac{p_3}{\|p_3\|}\right)=\begin{bmatrix}0&\frac{1}{\sqrt{2}}&\frac{1}{\sqrt{2}}\\1&0&0\\0&\frac{1}{\sqrt{2}}&-\frac{1}{\sqrt{2}}\end{bmatrix}$$

通过正交变换 $x=Qy$，使得二次型 $f(x_1, x_2, x_3)$ 化为标准形 $4y_1^2+4y_2^2+2y_3^2$。

(2) 把正交变换 $x=Qy$ 代入 $\frac{f(x)}{x^Tx}$，有

$$\frac{f(x)}{x^Tx}=\frac{x^TAx}{x^Tx}=\frac{(Qy)^TA(Qy)}{(Qy)^T(Qy)}=\frac{y^T(Q^TAQ)y}{y^TQ^TQy}=\frac{y^T\Lambda y}{y^Ty}$$
$$=\frac{4y_1^2+4y_2^2+2y_3^2}{y_1^2+y_2^2+y_3^2}=2+\frac{2y_1^2+2y_2^2}{y_1^2+y_2^2+y_3^2}\geqslant 2$$

当 $y_1=0$，$y_2=0$，$y_3\neq 0$ 时，$\frac{f(x)}{x^Tx}=2$，所以 $\min\limits_{x\neq 0}\frac{f(x)}{x^Tx}=2$。

【评注】 本题考查了以下知识点：

(1) 用正交矩阵把实对称矩阵相似对角化的过程，参见第 5 章 5.3.6 小节内容。

(2) 正交变换不改变向量的长度。若有正交变换 $x=Qy$，则 $x^Tx=y^Ty$。

【秘籍】 设二次型 $f=x^TAx$ 的矩阵 A 的特征值为 $\lambda_1\leqslant\lambda_2\leqslant\cdots\leqslant\lambda_n$，则当 $x^Tx=1$ 时，二次型 $f=x^TAx$ 的极小值为 λ_1，极大值为 λ_n。

【例 6.12】 (2020，数学一、数学三)设二次型 $f(x_1, x_2)=x_1^2-4x_1x_2+4x_2^2$ 经正交变换 $\begin{bmatrix}x_1\\x_2\end{bmatrix}=Q\begin{bmatrix}y_1\\y_2\end{bmatrix}$ 化为二次型 $g(y_1, y_2)=ay_1^2+4y_1y_2+by_2^2$，其中 $a\geqslant b$。

(1) 求 a, b 的值，

(2) 求正交矩阵 Q。

【思路】 根据二次型 f 和 g 的矩阵 A 和 B 相似，确定参数 a 和 b；利用矩阵 A 和 B 都与同一个对角阵 Λ 相似，求得正交矩阵 Q。

【解】 (1) 写出二次型 f 和 g 的矩阵：

$$A=\begin{bmatrix}1&-2\\-2&4\end{bmatrix}, B=\begin{bmatrix}a&2\\2&b\end{bmatrix}$$

因为二次型 f 经过正交变换 $x=Qy$ 化为 g，所以有

$$f=\boldsymbol{x}^{\mathrm{T}}\boldsymbol{A}\boldsymbol{x}=(\boldsymbol{Q}\boldsymbol{y})^{\mathrm{T}}\boldsymbol{A}(\boldsymbol{Q}\boldsymbol{y})=\boldsymbol{y}^{\mathrm{T}}(\boldsymbol{Q}^{\mathrm{T}}\boldsymbol{A}\boldsymbol{Q})\boldsymbol{y}=\boldsymbol{y}^{\mathrm{T}}(\boldsymbol{B})\boldsymbol{y}$$

于是矩阵 $\boldsymbol{A}$ 与 $\boldsymbol{B}$ 相似，则有

$$|\boldsymbol{A}|=|\boldsymbol{B}|,\ \mathrm{tr}(\boldsymbol{A})=\mathrm{tr}(\boldsymbol{B})$$

又因为 $a\geqslant b$，最后解得 $a=4$，$b=1$。

(2) 求解矩阵 $\boldsymbol{A}$ 的特征方程 $|\boldsymbol{A}-\lambda\boldsymbol{E}|=0$，解得矩阵 $\boldsymbol{A}$ 的特征值为 $\lambda_1=0$，$\lambda_2=5$。

当 $\lambda_1=0$ 时，求解方程组 $\boldsymbol{A}\boldsymbol{x}=\boldsymbol{0}$，解得矩阵 $\boldsymbol{A}$ 的属于 $\lambda_1=0$ 的特征向量为 $(2,1)^{\mathrm{T}}$。

当 $\lambda_2=5$ 时，求解方程组 $(\boldsymbol{A}-5\boldsymbol{E})\boldsymbol{x}=\boldsymbol{0}$，解得矩阵 $\boldsymbol{A}$ 的属于 $\lambda_2=5$ 的特征向量为 $(-1,2)^{\mathrm{T}}$。

将特征向量单位化后，构造正交矩阵：

$$\boldsymbol{Q}_1=\begin{bmatrix}\frac{2}{\sqrt{5}} & -\frac{1}{\sqrt{5}}\\ \frac{1}{\sqrt{5}} & \frac{2}{\sqrt{5}}\end{bmatrix}$$

于是有

$$\boldsymbol{Q}_1{}^{\mathrm{T}}\boldsymbol{A}\boldsymbol{Q}_1=\boldsymbol{\Lambda}=\begin{bmatrix}0 & \\ & 5\end{bmatrix} \quad ①$$

因为矩阵 $\boldsymbol{B}$ 与 $\boldsymbol{A}$ 相似，所以 $\boldsymbol{B}$ 的特征值也是 $\lambda_1=0$，$\lambda_2=5$。

当 $\lambda_1=0$ 时，求解方程组 $\boldsymbol{B}\boldsymbol{x}=\boldsymbol{0}$，解得矩阵 $\boldsymbol{B}$ 的属于 $\lambda_1=0$ 的特征向量为 $(-1,2)^{\mathrm{T}}$。

当 $\lambda_2=5$ 时，求解方程组 $(\boldsymbol{B}-5\boldsymbol{E})\boldsymbol{x}=\boldsymbol{0}$，解得矩阵 $\boldsymbol{B}$ 的属于 $\lambda_2=5$ 的特征向量为 $(2,1)^{\mathrm{T}}$。

将特征向量单位化后，构造正交矩阵：

$$\boldsymbol{Q}_2=\begin{bmatrix}-\frac{1}{\sqrt{5}} & \frac{2}{\sqrt{5}}\\ \frac{2}{\sqrt{5}} & \frac{1}{\sqrt{5}}\end{bmatrix}$$

于是有

$$\boldsymbol{Q}_2^{\mathrm{T}}\boldsymbol{B}\boldsymbol{Q}_2=\boldsymbol{\Lambda}=\begin{bmatrix}0 & \\ & 5\end{bmatrix} \quad ②$$

联立①式、②式得

$$\boldsymbol{Q}_1{}^{\mathrm{T}}\boldsymbol{A}\boldsymbol{Q}_1=\boldsymbol{Q}_2{}^{\mathrm{T}}\boldsymbol{B}\boldsymbol{Q}_2=\boldsymbol{\Lambda},\ \boldsymbol{Q}_2\boldsymbol{Q}_1{}^{\mathrm{T}}\boldsymbol{A}\boldsymbol{Q}_1\boldsymbol{Q}_2{}^{\mathrm{T}}=\boldsymbol{B}$$

因为 $\boldsymbol{Q}_1$，$\boldsymbol{Q}_2$ 都是正交矩阵，所以 $\boldsymbol{Q}_1\boldsymbol{Q}_2^{\mathrm{T}}$ 也是正交矩阵，于是令 $\boldsymbol{Q}=\boldsymbol{Q}_1\boldsymbol{Q}_2^{\mathrm{T}}$，则有

$$\boldsymbol{Q}^{\mathrm{T}}\boldsymbol{A}\boldsymbol{Q}=\boldsymbol{B}$$

$$\boldsymbol{Q}=\boldsymbol{Q}_1\boldsymbol{Q}_2{}^{\mathrm{T}}=\begin{bmatrix}-\frac{4}{5} & \frac{3}{5}\\ \frac{3}{5} & \frac{4}{5}\end{bmatrix}$$

【评注】 本题考查了以下知识点：

(1) 若二次型 f 经过正交变换化为二次型 g，则 f 和 g 的矩阵 $\boldsymbol{A}$ 与 $\boldsymbol{B}$ 相似。

(2) 若矩阵 $\boldsymbol{A}$ 与 $\boldsymbol{B}$ 相似，则 $|\boldsymbol{A}|=|\boldsymbol{B}|$。

(3) 若矩阵 $\boldsymbol{A}$ 与 $\boldsymbol{B}$ 相似，则 $\mathrm{tr}(\boldsymbol{A})=\mathrm{tr}(\boldsymbol{B})$。

(4) 若矩阵 $\boldsymbol{A}$ 与 $\boldsymbol{B}$ 相似，则 $\boldsymbol{A}$ 与 $\boldsymbol{B}$ 有相同的特征值。

(5) 用正交矩阵把实对称矩阵相似对角化的过程，参见第 5 章 5.3.6 小节内容。

(6) 若 $\boldsymbol{Q}$ 是正交矩阵，则 $\boldsymbol{Q}^{\mathrm{T}}$ 也是正交矩阵。

(7) 若 $\boldsymbol{P}$ 和 $\boldsymbol{Q}$ 都是 n 阶正交矩阵，则 $\boldsymbol{PQ}$ 和 $\boldsymbol{QP}$ 也是 n 阶正交矩阵。

【秘籍】 已知二次型 $f=\boldsymbol{x}^{\mathrm{T}}\boldsymbol{A}\boldsymbol{x}$ 经过正交变换化为二次型 $g=\boldsymbol{y}^{\mathrm{T}}\boldsymbol{B}\boldsymbol{y}$，求正交变换 $\boldsymbol{x}=\boldsymbol{Q}\boldsymbol{y}$。

通用方法：分别用正交矩阵 $\boldsymbol{Q}_1$，$\boldsymbol{Q}_2$ 把矩阵 $\boldsymbol{A}$ 和 $\boldsymbol{B}$ 相似对角化为同一个对角矩阵 $\boldsymbol{\Lambda}$，然后根据“桥梁”$\boldsymbol{\Lambda}$ 可以得到矩阵 $\boldsymbol{A}$ 和 $\boldsymbol{B}$ 的关系等式，从而求得正交矩阵 $\boldsymbol{Q}$。

【例 6.13】 (2012，数学一、数学二、数学三) 已知 $\boldsymbol{A}=\begin{bmatrix}1&0&1\\0&1&1\\-1&0&a\\0&a&-1\end{bmatrix}$，二次型 $f(x_1,x_2,x_3)=\boldsymbol{x}^{\mathrm{T}}(\boldsymbol{A}^{\mathrm{T}}\boldsymbol{A})\boldsymbol{x}$ 的秩是 2。

(1) 求实数 a 的值；

(2) 求正交变换 $\boldsymbol{x}=\boldsymbol{Q}\boldsymbol{y}$，将 f 化为标准形。

【思路】 根据二次型 f 的秩为 2 确定参数 a，再进一步求正交矩阵 $\boldsymbol{Q}$。

【解】 (1) 因为二次型 f 的秩为 2，则二次型的矩阵 $\boldsymbol{A}^{\mathrm{T}}\boldsymbol{A}$ 的秩也为 2，根据公式 $r(\boldsymbol{A}^{\mathrm{T}}\boldsymbol{A})=r(\boldsymbol{A})$，得到 $r(\boldsymbol{A})=2$，于是矩阵 $\boldsymbol{A}$ 的前三行构成的 3 阶子式一定等于 0，则有

$$\begin{vmatrix}1&0&1\\0&1&1\\-1&0&a\end{vmatrix}=1+a=0$$

解得 $a=-1$。

(2) 当 $a=-1$ 时，求得二次型的矩阵：

$$\boldsymbol{B}=\boldsymbol{A}^{\mathrm{T}}\boldsymbol{A}=\begin{bmatrix}2&0&2\\0&2&2\\2&2&4\end{bmatrix}$$

解特征方程 $|\boldsymbol{B}-\lambda\boldsymbol{E}|=0$，得矩阵 $\boldsymbol{B}$ 的特征值分别为 $\lambda_1=0$，$\lambda_2=2$，$\lambda_3=6$。

当 $\lambda_1=0$ 时，求解方程组 $\boldsymbol{B}\boldsymbol{x}=\boldsymbol{0}$，解得矩阵 $\boldsymbol{B}$ 的属于特征值 0 的特征向量为 $(-1,-1,1)^{\mathrm{T}}$。

当 $\lambda_2=2$ 时，求解方程组 $(\boldsymbol{B}-2\boldsymbol{E})\boldsymbol{x}=\boldsymbol{0}$，解得矩阵 $\boldsymbol{B}$ 的属于特征值 2 的特征向量为 $(-1,1,0)^{\mathrm{T}}$。

当 $\lambda_3=6$ 时，求解方程组 $(\boldsymbol{B}-6\boldsymbol{E})\boldsymbol{x}=\boldsymbol{0}$，解得矩阵 $\boldsymbol{B}$ 的属于特征值 6 的特征向量为 $(1,1,2)^{\mathrm{T}}$。

将矩阵 $\boldsymbol{B}$ 两两正交的特征向量单位化后，构造正交矩阵：

$$\boldsymbol{Q}=\begin{bmatrix}-\frac{1}{\sqrt{3}}&-\frac{1}{\sqrt{2}}&\frac{1}{\sqrt{6}}\\-\frac{1}{\sqrt{3}}&\frac{1}{\sqrt{2}}&\frac{1}{\sqrt{6}}\\\frac{1}{\sqrt{3}}&0&\frac{2}{\sqrt{6}}\end{bmatrix}$$

则有 $\boldsymbol{Q}^{\mathrm{T}}\boldsymbol{B}\boldsymbol{Q}=\boldsymbol{\Lambda}$，令 $\boldsymbol{x}=\boldsymbol{Q}\boldsymbol{y}$，则

$$f=\boldsymbol{x}^{\mathrm{T}}\boldsymbol{B}\boldsymbol{x}=(\boldsymbol{Q}\boldsymbol{y})^{\mathrm{T}}\boldsymbol{B}(\boldsymbol{Q}\boldsymbol{y})=\boldsymbol{y}^{\mathrm{T}}(\boldsymbol{Q}^{\mathrm{T}}\boldsymbol{B}\boldsymbol{Q})\boldsymbol{y}=\boldsymbol{y}^{\mathrm{T}}\boldsymbol{\Lambda}\boldsymbol{y}=2y_2^2+6y_3^2$$

【评注】 本题考查了以下知识点：

(1) $r(\boldsymbol{A}^{\mathrm{T}}\boldsymbol{A})=r(\boldsymbol{A})$。

(2) 若 $r(\boldsymbol{A})=2$，则 $\boldsymbol{A}$ 的任意一个 3 阶子式都为零。

(3) 用正交矩阵把实对称矩阵相似对角化的过程，参见第 5 章 5.3.6 小节内容。

【例 6.14】 (2020，数学二)设二次型 $f(x_1, x_2, x_3)=x_1{}^2+x_2{}^2+x_3{}^2+2ax_1x_2+2ax_1x_3+2ax_2x_3$ 经可逆变换 $\begin{bmatrix}x_1\\x_2\\x_3\end{bmatrix}=\boldsymbol{P}\begin{bmatrix}y_1\\y_2\\y_3\end{bmatrix}$，得 $g(y_1, y_2, y_3)=y_1{}^2+y_2{}^2+4y_3{}^2+2y_1y_2$。

(1) 求 a 的值，

(2) 求可逆矩阵 $\boldsymbol{P}$。

【思路】 根据二次型 f 和 g 的秩相等，确定参数 a；用配方法把二次型 f 和 g 都化为相同的规范形，从而求得可逆矩阵 $\boldsymbol{P}$。

【解】 (1) 写出二次型 f 和 g 的矩阵：

$$\boldsymbol{A}=\begin{bmatrix}1&a&a\\a&1&a\\a&a&1\end{bmatrix},\ \boldsymbol{B}=\begin{bmatrix}1&1&0\\1&1&0\\0&0&4\end{bmatrix}$$

因为二次型 f 经过可逆变换 $\boldsymbol{x}=\boldsymbol{P}\boldsymbol{y}$ 化为 g，则有

$$f=\boldsymbol{x}^{\mathrm{T}}\boldsymbol{A}\boldsymbol{x}=(\boldsymbol{P}\boldsymbol{y})^{\mathrm{T}}\boldsymbol{A}(\boldsymbol{P}\boldsymbol{y})=\boldsymbol{y}^{\mathrm{T}}(\boldsymbol{P}^{\mathrm{T}}\boldsymbol{A}\boldsymbol{P})\boldsymbol{y}=\boldsymbol{y}^{\mathrm{T}}\boldsymbol{B}\boldsymbol{y}=g$$

$$\boldsymbol{P}^{\mathrm{T}}\boldsymbol{A}\boldsymbol{P}=\boldsymbol{B}$$

所以矩阵 $\boldsymbol{A}$ 与 $\boldsymbol{B}$ 的秩相等，而矩阵 $\boldsymbol{B}$ 的秩为 2，所以 $r(\boldsymbol{A})=r(\boldsymbol{B})=2$。

计算 $|\boldsymbol{A}|=(1-a)^2(2a+1)=0$。当 $a=1$ 时，$r(\boldsymbol{A})=1$；当 $a=-\dfrac{1}{2}$ 时，$r(\boldsymbol{A})=2$。于是 $a=-\dfrac{1}{2}$。

(2) 用配方法把二次型 f 化为规范形：

$$\begin{aligned}f&=x_1^2+x_2^2+x_3^2-x_1x_2-x_1x_3-x_2x_3\\&=\left(x_1-\frac{1}{2}x_2-\frac{1}{2}x_3\right)^2+\frac{3}{4}(x_2{}^2-2x_2x_3)+\frac{3}{4}x_3{}^2\\&=\left(x_1-\frac{1}{2}x_2-\frac{1}{2}x_3\right)^2+\frac{3}{4}(x_2-x_3)^2\end{aligned}$$

令

$$\begin{cases}z_1=x_1-\dfrac{1}{2}x_2-\dfrac{1}{2}x_3\\z_2=\dfrac{\sqrt{3}}{2}(x_2-x_3)\\z_3=x_3\end{cases}$$

$$\begin{bmatrix}z_1\\z_2\\z_3\end{bmatrix}=\begin{bmatrix}1&-\dfrac{1}{2}&-\dfrac{1}{2}\\0&\dfrac{\sqrt{3}}{2}&-\dfrac{\sqrt{3}}{2}\\0&0&1\end{bmatrix}\begin{bmatrix}x_1\\x_2\\x_3\end{bmatrix}$$

设

$$P_1=\begin{bmatrix}1 & -\frac{1}{2} & -\frac{1}{2}\\ 0 & \frac{\sqrt{3}}{2} & -\frac{\sqrt{3}}{2}\\ 0 & 0 & 1\end{bmatrix}$$

则有可逆变换

$$z=P_1x \qquad ①$$

于是把二次型 f 化为规范形 $z_1^2+z_2^2$。

用配方法把二次型 g 化为规范形：

$$\begin{aligned}g&=y_1{}^2+y_2{}^2+4y_3{}^2+2y_1y_2\\&=(y_1+y_2)^2+4y_3{}^2\end{aligned}$$

令

$$\begin{cases}z_1=y_1+y_2\\ z_2=2y_3\\ z_3=y_2\end{cases}$$

$$\begin{bmatrix}z_1\\ z_2\\ z_3\end{bmatrix}=\begin{bmatrix}1 & 1 & 0\\ 0 & 0 & 2\\ 0 & 1 & 0\end{bmatrix}\begin{bmatrix}y_1\\ y_2\\ y_3\end{bmatrix}$$

设

$$P_2=\begin{bmatrix}1 & 1 & 0\\ 0 & 0 & 2\\ 0 & 1 & 0\end{bmatrix}$$

则有可逆变换

$$z=P_2y \qquad ②$$

于是把二次型 g 化为规范形 $z_1{}^2+z_2{}^2$。

因为可逆变换①和②把二次型 f 和 g 变为相同的规范形，所以有

$$z=P_1x=P_2y$$

$$x=P_1^{-1}P_2y$$

于是

$$P=P_1^{-1}P_2=\begin{bmatrix}1 & 2 & \frac{2}{\sqrt{3}}\\ 0 & 1 & \frac{4}{\sqrt{3}}\\ 0 & 1 & 0\end{bmatrix}$$

【评注】 本题考查了以下知识点：

(1) 二次型 f 经过可逆变换化为 g，则二次型 f 和 g 的矩阵等价，且秩也相等。

(2) n 阶"ab"矩阵的行列式 $|A|=(a-b)^{n-1}[(n-1)b+a]$。

(3) 用配方法化二次型为规范形的可逆矩阵是不唯一的，于是本题的答案是不唯一的。

【秘籍】 已知二次型 $f=\boldsymbol{x}^{\mathrm{T}}\boldsymbol{A}\boldsymbol{x}$ 经过可逆变换化为二次型 $g=\boldsymbol{y}^{\mathrm{T}}\boldsymbol{B}\boldsymbol{y}$，求可逆变换 $\boldsymbol{x}=\boldsymbol{P}\boldsymbol{y}$。

通用方法：用配方法分别把二次型 $f=\boldsymbol{x}^{\mathrm{T}}\boldsymbol{A}\boldsymbol{x}$ 和 $g=\boldsymbol{y}^{\mathrm{T}}\boldsymbol{B}\boldsymbol{y}$ 化为相同的规范形 $\boldsymbol{z}^{\mathrm{T}}\boldsymbol{\Lambda}\boldsymbol{z}$，然后根据"桥梁"$\boldsymbol{z}$，可以得到 $\boldsymbol{x}$ 与 $\boldsymbol{y}$ 的关系等式，从而求得可逆变换。

【例 6.15】 (2018，数学一、数学二、数学三)设实二次型 $f(x_1, x_2, x_3)=(x_1-x_2+x_3)^2+(x_2+x_3)^2+(x_1+ax_3)^2$，其中 a 是参数。

(1) 求 $f(x_1, x_2, x_3)=0$ 的解；

(2) 求 $f(x_1, x_2, x_3)$的规范形。

【思路】 讨论参数 a 的不同取值，分别给出两种不同的解。

【解】 (1) 因为二次型是三项的平方和，所以求 $f(x_1, x_2, x_3)=0$ 的解就是求方程组①的解

$$\begin{cases} x_1-x_2+x_3=0 \\ x_2+x_3=0 \\ x_1+ax_3=0 \end{cases} \tag{①}$$

由于方程组系数矩阵的行列式

$$\begin{vmatrix} 1 & -1 & 1 \\ 0 & 1 & 1 \\ 1 & 0 & a \end{vmatrix}=a-2$$

当 $a\neq2$ 时，方程组①只有零解，即 $f(x_1, x_2, x_3)=0$ 的解为 $\boldsymbol{x}=\boldsymbol{0}$。

当 $a=2$ 时，对方程组①的系数矩阵进行初等行变换得

$$\begin{bmatrix} 1 & -1 & 1 \\ 0 & 1 & 1 \\ 1 & 0 & 2 \end{bmatrix}\rightarrow\begin{bmatrix} 1 & 0 & 2 \\ 0 & 1 & 1 \\ 0 & 0 & 0 \end{bmatrix}$$

于是，$f(x_1, x_2, x_3)=0$ 的解为 $\boldsymbol{x}=k(-2, -1, 1)^{\mathrm{T}}$，$k$ 为任意常数。

(2) 当 $a\neq2$ 时，针对二次型 $f(x_1, x_2, x_3)=(x_1-x_2+x_3{}^2+(x_2+x_3)^2+(x_1+ax_3)^2$，令

$$\begin{cases} y_1=x_1-x_2+x_3 \\ y_2=x_2+x_3 \\ y_3=x_1+ax_3 \end{cases} \tag{②}$$

因为行列式

$$\begin{vmatrix} 1 & -1 & 1 \\ 0 & 1 & 1 \\ 1 & 0 & a \end{vmatrix}\neq0$$

所以线性变换②为可逆变换，于是二次型 $f(x_1, x_2, x_3)$的规范形为 $y_1^2+y_2^2+y_3^2$。

当 $a=2$ 时，用配方法化二次型为规范形：

$$\begin{aligned} f&=(x_1-x_2+x_3)^2+(x_2+x_3)^2+(x_1+2x_3)^2 \\ &=2x_1^2+2x_2^2+6x_3^2-2x_1x_2+6x_1x_3 \\ &=2\left(x_1-\frac{1}{2}x_2+\frac{3}{2}x_3\right)^2+\frac{3}{2}(x_2+x_3)^2 \end{aligned}$$

令

$$\begin{cases} z_1=\sqrt{2}\left(x_1-\dfrac{1}{2}x_2+\dfrac{3}{2}x_3\right) \\ z_2=\sqrt{\dfrac{3}{2}}(x_2+x_3) \\ z_3=x_3 \end{cases}$$

则二次型 $f(x_1, x_2, x_3)$ 的规范形为 $z_1^2+z_2^2$。

【评注】 本题考查了以下知识点：

(1) 设 $\boldsymbol{A}$ 为 n 阶矩阵，则 $\boldsymbol{Ax}=\boldsymbol{0}$ 只有零解的充要条件是 $|\boldsymbol{A}|\neq 0$。

(2) 设 $\boldsymbol{A}$ 为 n 阶矩阵，则 $\boldsymbol{Ax}=\boldsymbol{0}$ 有非零解的充要条件是 $|\boldsymbol{A}|=0$。

(3) 只有当线性变换 $\boldsymbol{x}=\boldsymbol{Py}$ 为可逆变换时，由配方法写出的答案才正确。

【秘籍】 求解二次型 $f(x_1, x_2, x_3)=0$ 的解，有以下四种情况：

(1) 若二次型 f 经过可逆变换 $\boldsymbol{x}=\boldsymbol{Py}$ 化为规范形 $y_1^2+y_2^2+y_3^2$，则 $f(x_1, x_2, x_3)=0$ 只有零解。参见本题(1)第一种情况。

(2) 若二次型 f 经过可逆变换 $\boldsymbol{x}=\boldsymbol{Py}$ 化为规范形 $y_1^2+y_2^2$，则 $f(x_1, x_2, x_3)=0$ 的解为

$$\boldsymbol{x}=\boldsymbol{Py}=(\boldsymbol{p}_1, \boldsymbol{p}_2, \boldsymbol{p}_3)\begin{bmatrix}0\\0\\y_3\end{bmatrix}=y_3\boldsymbol{p}_3$$

其中 y_3 为任意常数。参见本题(1)第二种情况。

(3) 若二次型 f 经过可逆变换 $\boldsymbol{x}=\boldsymbol{Py}$ 化为规范形 y_1^2，则 $f(x_1, x_2, x_3)=0$ 的解为

$$\boldsymbol{x}=\boldsymbol{Py}=(\boldsymbol{p}_1, \boldsymbol{p}_2, \boldsymbol{p}_3)\begin{bmatrix}0\\y_2\\y_3\end{bmatrix}=y_2\boldsymbol{p}_2+y_3\boldsymbol{p}_3$$

其中 y_2，y_3 为任意常数。参见例 6.10。

(4) 若二次型 f 经过可逆变换 $\boldsymbol{x}=\boldsymbol{Py}$ 化为规范形 $y_1^2-y_2^2$，则 $f(x_1, x_2, x_3)=0$ 的解有两种情况：

① 当 $y_1=y_2$ 时，有

$$\boldsymbol{x}=\boldsymbol{Py}=(\boldsymbol{p}_1, \boldsymbol{p}_2, \boldsymbol{p}_3)\begin{bmatrix}y_1\\y_1\\y_3\end{bmatrix}=y_1(\boldsymbol{p}_1+\boldsymbol{p}_2)+y_3\boldsymbol{p}_3$$

其中 y_1，y_3 为任意常数；

② 当 $y_1=-y_2$ 时，有

$$\boldsymbol{x}=\boldsymbol{Py}=(\boldsymbol{p}_1, \boldsymbol{p}_2, \boldsymbol{p}_3)\begin{bmatrix}y_1\\-y_1\\y_3\end{bmatrix}=y_1(\boldsymbol{p}_1-\boldsymbol{p}_2)+y_3\boldsymbol{p}_3$$

其中 y_1，y_3 为任意常数。

【例 6.16】 (2014，数学一、数学二、数学三)设二次型 $f(x_1, x_2, x_3)=x_1{}^2-x_2{}^2+2ax_1x_3+4x_2x_3$ 的负惯性指数为 1，则 a 的取值范围是____________。

【思路】 用配方法解题。

【解】 因为求解二次型矩阵 $\boldsymbol{A}$ 的特征方程比较烦琐，所以用配方法化二次型为标准形：

$$\begin{aligned} f &= x_1^2 - x_2^2 + 2ax_1x_3 + 4x_2x_3 \\ &= (x_1 + ax_3)^2 - a^2x_3^2 - x_2^2 + 4x_2x_3 \\ &= (x_1 + ax_3)^2 - (x_2 - 2x_3)^2 + (4 - a^2)x_3^2 \end{aligned}$$

因为二次型的负惯性指数为1，所以 x_3^2 的系数要满足

$$4 - a^2 \geqslant 0$$

于是 $-2 \leqslant a \leqslant 2$。

【评注】 本题考查了以下知识点：

(1) 若二次型的负惯性指数为1，则在二次型标准形平方项中，系数为负的只有1项。

(2) 化二次型为标准形的方法有正交变换法和配方法，但有时二次型的矩阵的特征值并不容易获得，所以配方法就显得比较简单。

【例 6.17】 (2010，数学一)二次型 $f(x_1, x_2, x_3) = \boldsymbol{x}^{\mathrm{T}}\boldsymbol{A}\boldsymbol{x}$ 在正交变换 $\boldsymbol{x} = \boldsymbol{Q}\boldsymbol{y}$ 下的规范形为 $y_1^2 + y_2^2$，且 $\boldsymbol{Q}$ 的第3列为 $\left(\dfrac{\sqrt{2}}{2}, 0, \dfrac{\sqrt{2}}{2}\right)^{\mathrm{T}}$。

(1) 求矩阵 $\boldsymbol{A}$；

(2) 证明 $\boldsymbol{A} + \boldsymbol{E}$ 为正定矩阵，其中 $\boldsymbol{E}$ 为三阶单位矩阵。

【思路】 根据向量 $\left(\dfrac{\sqrt{2}}{2}, 0, \dfrac{\sqrt{2}}{2}\right)^{\mathrm{T}}$ 是矩阵 $\boldsymbol{A}$ 的属于0的特征向量，可以求得矩阵 $\boldsymbol{A}$ 的所有特征向量，进而反求矩阵 $\boldsymbol{A}$。

【解】 (1) 因为二次型在正交变换 $\boldsymbol{x} = \boldsymbol{Q}\boldsymbol{y}$ 下的规范形为 $y_1^2 + y_2^2$，所以矩阵 $\boldsymbol{A}$ 的特征值为1，1，0。又因为 $\boldsymbol{Q}$ 的第3列为 $\left(\dfrac{\sqrt{2}}{2}, 0, \dfrac{\sqrt{2}}{2}\right)^{\mathrm{T}}$，所以矩阵 $\boldsymbol{A}$ 的属于特征值0的特征向量为 $\left(\dfrac{\sqrt{2}}{2}, 0, \dfrac{\sqrt{2}}{2}\right)^{\mathrm{T}} = \dfrac{\sqrt{2}}{2}(1, 0, 1)^{\mathrm{T}}$。

设矩阵 $\boldsymbol{A}$ 的属于1的特征向量为 $(x_1, x_2, x_3)^{\mathrm{T}}$，根据实对称矩阵 $\boldsymbol{A}$ 的属于不同特征值的特征向量正交，则有方程组

$$(1, 0, 1)\begin{bmatrix} x_1 \\ x_2 \\ x_3 \end{bmatrix} = 0$$

解方程组得矩阵 $\boldsymbol{A}$ 的属于1的线性无关的特征向量为 $(0, 1, 0)^{\mathrm{T}}$，$(-1, 0, 1)^{\mathrm{T}}$。

用矩阵 $\boldsymbol{A}$ 的线性无关的特征向量构造可逆矩阵：

$$\boldsymbol{P} = \begin{bmatrix} 0 & -1 & 1 \\ 1 & 0 & 0 \\ 0 & 1 & 1 \end{bmatrix}$$

则有

$$\boldsymbol{P}^{-1}\boldsymbol{A}\boldsymbol{P} = \boldsymbol{\Lambda} = \begin{bmatrix} 1 & & \\ & 1 & \\ & & 0 \end{bmatrix}$$

于是

$$A=P\Lambda P^{-1}=\frac{1}{2}\times\begin{bmatrix}1&0&-1\\0&2&0\\-1&0&1\end{bmatrix}$$

(2) 证明：因为矩阵 A 为实对称矩阵，则有

$$(A+E)^{T}=A^{T}+E^{T}=A+E$$

所以矩阵 $A+E$ 也为实对称矩阵。又因为矩阵 A 的特征值为 1，1，0，所以矩阵 $A+E$ 的特征值为 $1+1=2$，$1+1=2$，$0+1=1$，于是矩阵 $A+E$ 为正定矩阵。

【评注】 本题考查了以下知识点：

(1) 矩阵 A 相似对角化过程，参见第 5 章 5.3.6 小节内容。

(2) 实对称矩阵 A 的属于不同特征值的特征向量正交。

(3) 实对称矩阵的特征值的代数重数等于几何重数。

(4) 若 λ 是 A 的特征值，则 $f(\lambda)$ 是 $f(A)$ 的特征值。

(5) 若实对称矩阵 A 的所有特征值均为正数，则 A 为正定矩阵。

【秘籍】 反求矩阵 A 的题目，也可以求出正交矩阵 Q，用公式 $A=Q\Lambda Q^{T}$，求得矩阵 A。两种方法各有优缺点，同学们熟练掌握一种即可。

【例 6.18】 (2008，数学二、数学三) 设 $A=\begin{bmatrix}1&2\\2&1\end{bmatrix}$，则在实数域上与 A 合同的矩阵为(　　)。

(A) $\begin{bmatrix}-2&1\\1&-2\end{bmatrix}$　　(B) $\begin{bmatrix}2&-1\\-1&2\end{bmatrix}$

(C) $\begin{bmatrix}2&1\\1&2\end{bmatrix}$　　(D) $\begin{bmatrix}1&-2\\-2&1\end{bmatrix}$

【思路】 求出所有选项中矩阵的特征值，根据特征值的正负选择答案。

【解】 计算矩阵 A 的特征值为 -1，3，再分别计算四个选项中矩阵的特征值分别如下：A 为 -1，-3；B 为 1，3；C 为 1，3；D 为 -1，3。因为两个对称矩阵合同的充分必要条件是它们有相同的正负惯性指数，故选项 D 正确。

【评注】 本题考查了以下知识点：

设 A，B 都为实对称矩阵，则有

A 与 B 合同 $\Leftrightarrow$ A 与 B 正特征值的个数相等，且负特征值的个数也相等。

【秘籍】 (1) 二阶"ab"矩阵的特征值为 $a+b$，$a-b$。

(2) 本题可以根据 $|A|=\lambda_1\lambda_2=-3$，知矩阵 A 的两个特征值为一正一负。而四个选项中矩阵的行列式为：A 为 3，B 为 3，C 为 3，D 为 -3。故选项 D 正确。

【例 6.19】 设 α，β 都是 3 维单位列向量，且相互正交，$A=\alpha\alpha^{T}-3\beta\beta^{T}$，则与矩阵 A 不合同的矩阵是(　　)。

(A) $-2\alpha\alpha^{T}+\beta\beta^{T}$　　(B) $\begin{bmatrix}3&0&0\\0&0&0\\0&0&-1\end{bmatrix}$

(C) $\begin{bmatrix}1&0&3\\0&0&0\\3&0&1\end{bmatrix}$ (D) $\begin{bmatrix}4&-2&-2\\-2&4&-2\\-2&-2&4\end{bmatrix}$

【思路】 首先确定矩阵 $\boldsymbol{A}$ 的所有特征值，然后逐一分析各选项矩阵的特征值。

【解】 因为 $\boldsymbol{\alpha}$，$\boldsymbol{\beta}$ 都是单位列向量，且相互正交，所以有

$$\boldsymbol{\alpha}^{\mathrm{T}}\boldsymbol{\alpha}=\boldsymbol{\beta}^{\mathrm{T}}\boldsymbol{\beta}=1$$

$$\boldsymbol{\alpha}^{\mathrm{T}}\boldsymbol{\beta}=\boldsymbol{\beta}^{\mathrm{T}}\boldsymbol{\alpha}=0$$

分别用 $\boldsymbol{\alpha}$，$\boldsymbol{\beta}$ 右乘等式 $\boldsymbol{A}=\boldsymbol{\alpha}\boldsymbol{\alpha}^{\mathrm{T}}-3\boldsymbol{\beta}\boldsymbol{\beta}^{\mathrm{T}}$ 两端，有

$$\boldsymbol{A}\boldsymbol{\alpha}=\boldsymbol{\alpha}\boldsymbol{\alpha}^{\mathrm{T}}\boldsymbol{\alpha}-3\boldsymbol{\beta}\boldsymbol{\beta}^{\mathrm{T}}\boldsymbol{\alpha}$$

$$\boldsymbol{A}\boldsymbol{\alpha}=\boldsymbol{\alpha}$$

$$\boldsymbol{A}\boldsymbol{\beta}=\boldsymbol{\alpha}\boldsymbol{\alpha}^{\mathrm{T}}\boldsymbol{\beta}-3\boldsymbol{\beta}\boldsymbol{\beta}^{\mathrm{T}}\boldsymbol{\beta}$$

$$\boldsymbol{A}\boldsymbol{\beta}=-3\boldsymbol{\beta}$$

于是矩阵 $\boldsymbol{A}$ 有特征值 1 和 -3，对应的特征向量分别是 $\boldsymbol{\alpha}$ 和 $\boldsymbol{\beta}$。又因为

$$r(\boldsymbol{A})=r(\boldsymbol{\alpha}\boldsymbol{\alpha}^{\mathrm{T}}-3\boldsymbol{\beta}\boldsymbol{\beta}^{\mathrm{T}})\leqslant r(\boldsymbol{\alpha}\boldsymbol{\alpha}^{\mathrm{T}})+r(-3\boldsymbol{\beta}\boldsymbol{\beta}^{\mathrm{T}})\leqslant r(\boldsymbol{\alpha})+r(\boldsymbol{\beta})=2<3$$

所以 $|\boldsymbol{A}|=0$，于是 0 是矩阵 $\boldsymbol{A}$ 的特征值。综上可得，矩阵 $\boldsymbol{A}$ 的特征值为 1，-3，0。

同理可证选项 A 的矩阵 $-2\boldsymbol{\alpha}\boldsymbol{\alpha}^{\mathrm{T}}+\boldsymbol{\beta}\boldsymbol{\beta}^{\mathrm{T}}$ 的特征值为 -2，1，0。分别计算其余选项中矩阵的特征值：B 为 3，0，-1；C 为 4，0，-2；D 为 6，6，0。只有选项 D 与矩阵 $\boldsymbol{A}$ 的特征值正、负个数不一致，故选项 D 的矩阵与 $\boldsymbol{A}$ 不合同。

【评注】 本题考查了以下知识点：

(1) 若 $\boldsymbol{\alpha}$ 为单位列向量，则有 $\boldsymbol{\alpha}^{\mathrm{T}}\boldsymbol{\alpha}=1$。

(2) 若 n 维列向量 $\boldsymbol{\alpha}$ 与 $\boldsymbol{\beta}$ 正交，则有 $\boldsymbol{\alpha}^{\mathrm{T}}\boldsymbol{\beta}=\boldsymbol{\beta}^{\mathrm{T}}\boldsymbol{\alpha}=0$。

(3) 若 $\boldsymbol{A}\boldsymbol{\alpha}=k\boldsymbol{\alpha}$，$\boldsymbol{\alpha}\neq\boldsymbol{0}$，则 k 是 $\boldsymbol{A}$ 的特征值，$\boldsymbol{\alpha}$ 是对应的特征向量。

(4) 对角矩阵(或三角矩阵)的特征值为对角线上的元素。

(5) n 阶“ab”矩阵的特征值为 $n-1$ 个 $a-b$，1 个 $(n-1)b+a$。

(6) 设 $\boldsymbol{A}$，$\boldsymbol{B}$ 均为 n 阶实对称矩阵，若 $\boldsymbol{A}$ 与 $\boldsymbol{B}$ 的正、负特征值的个数都对应相同，则 $\boldsymbol{A}$ 与 $\boldsymbol{B}$ 合同。

(7) $r(\boldsymbol{A}+\boldsymbol{B})\leqslant r(\boldsymbol{A})+r(\boldsymbol{B})$。

(8) $r(k\boldsymbol{A})=r(\boldsymbol{A})$，$k\neq0$。

(9) $r(\boldsymbol{AB})\leqslant r(\boldsymbol{A})$，$r(\boldsymbol{AB})\leqslant r(\boldsymbol{B})$。

(10) 若 $\boldsymbol{\alpha}$ 为非零向量，则 $r(\boldsymbol{\alpha})=1$。

(11) 若 $\boldsymbol{A}$ 为 n 阶矩阵，则有 $r(\boldsymbol{A})<n\Leftrightarrow|\boldsymbol{A}|=0$。

(12) 若 $|\boldsymbol{A}|=0$，则 0 是矩阵 $\boldsymbol{A}$ 的特征值。

【例 6.20】 (仅数学一要求，2008，数学一)设 $\boldsymbol{A}$ 为三阶实对称矩阵，如果二次曲面方程 $(x,y,z)\boldsymbol{A}\begin{bmatrix}x\\y\\z\end{bmatrix}=1$ 在正交变换下的标准方程的图形如图 6.2 所示，则 $\boldsymbol{A}$ 的正特征值的个数为( )。

(A) 0 (B) 1 (C) 2 (D) 3

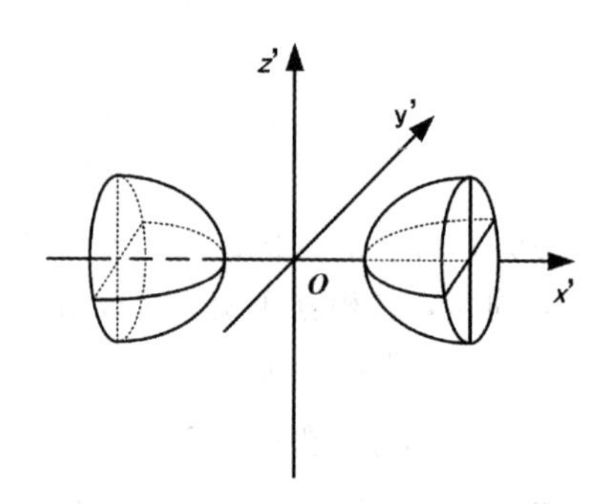

图 6.2　例 6.20 图

【思路】 根据图形判断二次曲面类型，再根据对应的二次曲面方程确定二次型的正负惯性指数。

【解】 图中画出的是双叶双曲面，其标准方程为

$$\frac{x'^2}{a^2}-\frac{y'^2}{b^2}-\frac{z'^2}{c^2}=1$$

由惯性定理知，二次型的正惯性指数为 1，负惯性指数为 2，故矩阵 $\boldsymbol{A}$ 的正特征值的个数为 1，故选项 B 正确。

【评注】 本题考查了以下知识点：

(1) 正交变换保持向量的内积、长度和夹角不变，即保持几何图形的大小和形状不变。

(2) 二次曲面的类型由二次型矩阵的特征值来确定，参见本章第 6.3.9 小节内容。

6.5　习题演练

1. (2011，数学二)二次型 $f(x_1, x_2, x_3)=x_1^2+3x_2^2+x_3^2+2x_1x_2+2x_1x_3+2x_2x_3$，则 f 的正惯性指数为________。

2. (2004，数学三)二次型 $f(x_1, x_2, x_3)=(x_1+x_2)^2+(x_2-x_3)^2+(x_3+x_1)^2$ 的秩为________。

3. (1998，数学一)已知二次曲面方程 $x^2+ay^2+z^2+2bxy+2xz+2yz=4$ 可以经过正交变换 $\begin{bmatrix}x\\y\\z\end{bmatrix}=\boldsymbol{P}\begin{bmatrix}\xi\\\eta\\\zeta\end{bmatrix}$ 化为椭圆柱面方程 $\eta^2+4\zeta^2=4$，求 a，b 的值和正交矩阵 $\boldsymbol{P}$。

4. (2017，数学一、数学二、数学三)设二次型 $f(x_1, x_2, x_3)=2x_1^2-x_2^2+ax_3^2+2x_1x_2-8x_1x_3+2x_2x_3$ 在正交变换 $\boldsymbol{x}=\boldsymbol{Q}\boldsymbol{y}$ 下的标准形为 $\lambda_1y_1^2+\lambda_2y_2^2$，求 a 的值及一个正交矩阵 $\boldsymbol{Q}$。

5. (2003，数学三)设二次型 $f(x_1, x_2, x_3)=\boldsymbol{x}^{\mathrm{T}}\boldsymbol{A}\boldsymbol{x}=ax_1^2+2x_2^2-2x_3^2+2bx_1x_3\ (b>0)$，其中二次型的矩阵 $\boldsymbol{A}$ 的特征值之和为 1，特征值之积为 -12。

(1) 求 a，b 的值；

(2) 利用正交变换将二次型 f 化为标准形，并写出所用的正交变换和对应的正交矩阵。

6. (1997，数学三)若二次型 $f(x_1, x_2, x_3)=2x_1^2+x_2^2+x_3^2+2x_1x_2+tx_2x_3$ 是正定的，则 t 的取值范围是____________。

7. (1996，数学三)设 $\boldsymbol{A}$ 为 m 阶实对称矩阵且正定，$\boldsymbol{B}$ 为 $m\times n$ 实矩阵，$\boldsymbol{B}^{\mathrm{T}}$ 为 $\boldsymbol{B}$ 的转置

矩阵，试证：$\boldsymbol{B}^{\mathrm{T}}\boldsymbol{AB}$ 为正定矩阵的充分必要条件是 $\boldsymbol{B}$ 的秩 $r(\boldsymbol{B})=n$。

8. (1999，数学三)设 $\boldsymbol{A}$ 为 $m\times n$ 实矩阵，$\boldsymbol{E}$ 为 n 阶单位矩阵，已知矩阵 $\boldsymbol{B}=\lambda\boldsymbol{E}+\boldsymbol{A}^{\mathrm{T}}\boldsymbol{A}$，试证：当 $\lambda>0$ 时，矩阵 $\boldsymbol{B}$ 为正定矩阵。

9. (2000，数学三)设有 n 元实二次型

$$f(x_1, x_2, \cdots, x_n)=(x_1+a_1x_2)^2+(x_2+a_2x_3)^2+\cdots+(x_{n-1}+a_{n-1}x_n)^2+(x_n+a_nx_1)^2$$

其中 $a_i(i=1, 2, \cdots, n)$为实数，试问：当 $a_1, a_2, \cdots, a_n$ 满足何种条件时，二次型 $f(x_1, x_2, \cdots, x_n)$ 为正定二次型。

10. (2005，数学三)设 $\boldsymbol{D}=\begin{bmatrix}\boldsymbol{A} & \boldsymbol{C}\\ \boldsymbol{C}^{\mathrm{T}} & \boldsymbol{B}\end{bmatrix}$为正定矩阵，其中 $\boldsymbol{A}$，$\boldsymbol{B}$ 分别为 m 阶、n 阶矩阵，$\boldsymbol{C}$ 为 $m\times n$ 矩阵。

(1) 计算 $\boldsymbol{P}^{\mathrm{T}}\boldsymbol{DP}$，其中 $\boldsymbol{P}=\begin{bmatrix}\boldsymbol{E}_m & -\boldsymbol{A}^{-1}\boldsymbol{C}\\ \boldsymbol{O} & \boldsymbol{E}_n\end{bmatrix}$；

(2) 利用(1)的结果判断矩阵 $\boldsymbol{B}-\boldsymbol{C}^{\mathrm{T}}\boldsymbol{A}^{-1}\boldsymbol{C}$ 是否为正定矩阵，并证明你的结论。

11. (2023，数学一)设二次型 $f(x_1, x_2, x_3)=x_1^2+2x_2^2+2x_3^2+2x_1x_2-2x_1x_3$，$g(y_1, y_2, y_3)=y_1^2+y_2^2+y_3^2+2y_2y_3$。

(1) 求可逆变换 $\boldsymbol{x}=\boldsymbol{Py}$，将 $f(x_1, x_2, x_3)$化为 $g(y_1, y_2, y_3)$。

(2) 是否存在正交变换 $\boldsymbol{x}=\boldsymbol{Qy}$，将 $f(x_1, x_2, x_3)$化为 $g(y_1, y_2, y_3)$。

12. (1996，数学三)设矩阵 $\boldsymbol{A}=\begin{bmatrix}0 & 1 & 0 & 0\\ 1 & 0 & 0 & 0\\ 0 & 0 & y & 1\\ 0 & 0 & 1 & 2\end{bmatrix}$。

(1) 已知 $\boldsymbol{A}$ 的一个特征值为 3，试求 y；

(2) 求可逆矩阵 $\boldsymbol{P}$，使$(\boldsymbol{AP})^{\mathrm{T}}(\boldsymbol{AP})$为对角矩阵。

13. (2021，数学一)已知 $\boldsymbol{A}=\begin{bmatrix}a & 1 & -1\\ 1 & a & -1\\ -1 & -1 & a\end{bmatrix}$。

(1) 求正交矩阵 $\boldsymbol{P}$，使得 $\boldsymbol{P}^{\mathrm{T}}\boldsymbol{AP}$ 为对角矩阵；

(2) 求正定矩阵 $\boldsymbol{C}$，使得 $\boldsymbol{C}^2=(a+3)\boldsymbol{E}-\boldsymbol{A}$。

14. (2007，数学一、数学二、数学三)设 $\boldsymbol{A}=\begin{bmatrix}2 & -1 & -1\\ -1 & 2 & -1\\ -1 & -1 & 2\end{bmatrix}$，$\boldsymbol{B}=\begin{bmatrix}1 & 0 & 0\\ 0 & 1 & 0\\ 0 & 0 & 0\end{bmatrix}$，则 $\boldsymbol{A}$ 与 $\boldsymbol{B}$(　　)。

(A) 合同，且相似　　(B) 合同，但不相似

(C) 不合同，但相似　　(D) 既不合同，也不相似

15. (仅数学一要求，1996，数学一)设二次型 $f(x_1, x_2, x_3)=x_1^2+x_2^2+x_3^2+4x_1x_2+4x_1x_3+4x_2x_3$，则 $f(x_1, x_2, x_3)=2$ 在空间直角坐标下表示的二次曲面为(　　)。

(A) 单叶双曲面　　(B) 双叶双曲面

(C) 椭球面　　(D) 柱面

16. (仅数学一要求)设 3 阶实对称矩阵 $\boldsymbol{A}=(\boldsymbol{\alpha}_1, \boldsymbol{\alpha}_2, \boldsymbol{\alpha}_3)$，且 $2\boldsymbol{\alpha}_1-\boldsymbol{\alpha}_2=\boldsymbol{\alpha}_3$。设

$\boldsymbol{x}=(x_1, x_2, x_3)^{\mathrm{T}}$，二次曲面 $\boldsymbol{x}^{\mathrm{T}}\boldsymbol{A}\boldsymbol{x}=1$ 在空间直角坐标下表示一个圆柱面。

(1) 证明：矩阵 $\boldsymbol{A}$ 的每一行元素之和都是 $k(k>0)$；

(2) 当 $k=2$ 时，设 $\boldsymbol{A}^*$ 是矩阵 $\boldsymbol{A}$ 的伴随矩阵。求正交变换 $\boldsymbol{x}=\boldsymbol{Q}\boldsymbol{y}$，把二次型 $f(x_1, x_2, x_3)=\boldsymbol{x}^{\mathrm{T}}\boldsymbol{A}^*\boldsymbol{x}$ 化为标准形，并写出标准形。

附录A　参考答案

第 1 章

1. -60。　2. $a^2(a^2-4)$。　3. B。

4. $\lambda^4+\lambda^3+2\lambda^2+3\lambda+4$。　5. $(-1)^{n-1}\times(n-1)$。　6. 40。

7. 2。

8. 当 n 为奇数时，$|\boldsymbol{B}|=2006$；当 n 为偶数时，$|\boldsymbol{B}|=0$。

9. 4。　10. 27。　11. -48。　12. 3。

13. 6。　14. $\frac{\sqrt{3}}{3}$。　15. $\boldsymbol{x}=(1, 0, \cdots, 0)^{\mathrm{T}}$。　16. -4。

17. $\frac{-7}{60}$。　18. 略。　19. 略。　20. A。

21. -7。　22. -1。　23. 3。　24. 4。

25. -4。　26. 2。　27. 0。　28. 略。

第 2 章

1. $3^{n-1}\times\begin{bmatrix}1 & \frac{1}{2} & \frac{1}{3}\\ 2 & 1 & \frac{2}{3}\\ 3 & \frac{3}{2} & 1\end{bmatrix}$。　2. $\begin{bmatrix}3 & & \\ & 3 & \\ & & -1\end{bmatrix}$。

3. $\begin{bmatrix}1 & & \\ & 1 & \\ & & 0\end{bmatrix}$。　4. $\begin{bmatrix}1 & & \\ & 1 & \\ & & 1\end{bmatrix}$。

5. -1。　6. C。　7. B。　8. 3。　9. D。

10. $\frac{1}{10}\times\begin{bmatrix}1 & 0 & 0\\ 2 & 2 & 0\\ 3 & 4 & 5\end{bmatrix}$。

11. B。　12. D。　13. -1。　14. C。

15. $\begin{bmatrix}6 & 0 & 0 & 0\\ 0 & 6 & 0 & 0\\ 6 & 0 & 6 & 0\\ 0 & 3 & 0 & -1\end{bmatrix}$。

16. $\begin{bmatrix} 1 & 0 & 0 & 0 \\ -2 & 1 & 0 & 0 \\ 1 & -2 & 1 & 0 \\ 0 & 1 & -2 & 1 \end{bmatrix}$。

17. $\begin{bmatrix} 1 & 2 & 5 \\ 0 & 1 & 2 \\ 0 & 0 & 1 \end{bmatrix}$。

18. B。 19. D。 20. A。 21. D。 22. C。
23. -3。 24. 2。 25. B。 26. 1。 27. A。
28. 2。 29. 3。 30. D。

第 3 章

1. $\frac{11}{9}$。
2. B。
3. 当 $a\neq-1$ 时，等价；当 $a=-1$ 时，不等价。
4. B。
5. A。
6. $a=1$。
7. A。
8. A。
9. $\frac{1}{2}$。
10. 当 n 为奇数时，线性无关；当 n 为偶数时，线性相关。
11. 2。
12. 当 $a=0$ 或 $a=-10$ 时，向量组线性相关。
    当 $a=0$ 时，$\boldsymbol{\alpha}_1$ 为一个极大线性无关组，$\boldsymbol{\alpha}_2=2\boldsymbol{\alpha}_1$，$\boldsymbol{\alpha}_3=3\boldsymbol{\alpha}_1$，$\boldsymbol{\alpha}_4=4\boldsymbol{\alpha}_1$；
    当 $a=-10$ 时，$\boldsymbol{\alpha}_1$，$\boldsymbol{\alpha}_2$，$\boldsymbol{\alpha}_3$ 为一个极大线性无关组，$\boldsymbol{\alpha}_4=-\boldsymbol{\alpha}_1-\boldsymbol{\alpha}_2-\boldsymbol{\alpha}_3$。
13. $a=15$，$b=5$。
14. 略。
15. D。
16. D。
17. A。
18. 6。
19. $\boldsymbol{\xi}=\begin{bmatrix} 5k \\ 7k \end{bmatrix}$，$k$ 为任意常数。
20. $(1, -4, 3)^{\mathrm{T}}$。
21. A。

第 4 章

1. 8。

2. 1。

3. (1) $\lambda=-1$，$a=-2$；

   (2) $k(1, 0, 1)^T+(1.5, -0.5, 0)^T$，$k$ 为任意常数。

4. $a=-1$，$b=0$，$C=\begin{bmatrix} k_1+k_2+1 & -k_1 \\ k_1 & k_2 \end{bmatrix}$，$k_1$，$k_2$ 为任意常数。

5. D。

6. D。

7. 当 $a=0$ 时，通解为 $k_1(-1, 1, 0, \cdots, 0)^T+k_2(-1, 0, 1, \cdots, 0)^T+\cdots+k_{n-1}(-1, 0, 0, \cdots, 1)^T$，$k_1$，$k_2$，…，$k_{n-1}$ 为任意常数；

   当 $a=-\frac{1}{2}(n+1)n$ 时，通解为 $k(1, 2, \cdots, n)^T$，k 为任意常数。

8. (1) 略；

   (2) $a=2$，$b=-3$，通解为 $k_1(-2, 1, 1, 0)^T+k_2(4, -5, 0, 1)^T+(2, -3, 0, 0)^T$，$k_1$，$k_2$ 为任意常数。

9. -1。

10. 1。

11. 通解为 $k(1, 2, 1)^T+(\frac{1}{2}, 1, 0)^T$，$k$ 为任意常数。

12. $k(1, -2, 1)^T$，k 为任意常数。

13. D。　　14. A。　　15. D　　16. C。

17. D。　　18. A。　　19. B。

20. $k(1, 1, \cdots, 1)^T$，k 为任意常数。

21. 通解为 $k(1, -2, 1, 0)^T+(1, 1, 1, 1)^T$，$k$ 为任意常数。

22. $k(-13, -6, 1, 8)^T+\left(\frac{1}{4}, \frac{1}{2}, \frac{3}{4}, 1\right)^T$，$k$ 为任意常数。

23. $k(1, 2, 3)^T+(1, 3, 0)^T$，k 为任意常数。

24. $c(3, -1, 1, -2)^T+(2, -1, 0, 3)^T$，$c$ 为任意常数。

25. $\boldsymbol{A}=\begin{bmatrix} 3 & 3 & 6 \\ -2 & -2 & -4 \\ 1 & 1 & 2 \end{bmatrix}$

26. $(1, 0, 0)^T$。

27. $(0, -1, 0)^T$。

28. D。

29. B。

30. C。

31. (1) $a=5$；(2) $\boldsymbol{\beta}_1=2\boldsymbol{\alpha}_1+4\boldsymbol{\alpha}_2-\boldsymbol{\alpha}_3$，$\boldsymbol{\beta}_2=\boldsymbol{\alpha}_1+2\boldsymbol{\alpha}_2$，$\boldsymbol{\beta}_3=5\boldsymbol{\alpha}_1+10\boldsymbol{\alpha}_2-2\boldsymbol{\alpha}_3$。

32. (1) $a=2$；(2) $\boldsymbol{P}=\begin{bmatrix} 3-6k_1 & 4-6k_2 & 4-6k_3 \\ -1+2k_1 & -1+2k_2 & -1+2k_3 \\ k_1 & k_2 & k_3 \end{bmatrix}$，$k_2\neq k_3$。

33. 当 $a=0$ 时，有唯一解$(3, 2, -1)^{\mathrm{T}}$；当 $a=3$ 时，通解为 $k(-2, -3, 1)^{\mathrm{T}}+(1, 2, 0)^{\mathrm{T}}$，$k$ 为任意常数。

34. $x_1=-1.2$，$x_2=-1.2$，$x_3=1.6$，$x_4=1$。

35. A。　36. B。　37. D。

38. A。　39. D。　40. C。

第 5 章

1. D。

2. $\lambda_1=\lambda_2=\cdots=\lambda_{n-1}=-3$，$\lambda_n=5n-3$。

当 $\lambda_1=\lambda_2=\cdots=\lambda_{n-1}=-3$ 时，特征向量为 $k_1(-1, 1, 0, \cdots, 0)^{\mathrm{T}}+k_2(-1, 0, 1, \cdots, 0)^{\mathrm{T}}+\cdots+k_{n-1}(-1, 0, 0, \cdots, 1)^{\mathrm{T}}$，其中 k_1，k_2，…，k_{n-1} 为不同时为零的任意常数。

当 $\lambda_n=5n-3$ 时，特征向量为 $k(1, 1, \cdots, 1)^{\mathrm{T}}$，其中 k 为非零的任意常数。

3. A。　4. 1。　5. B。　6. 4。　7. 2。

8. B。　9. C。　10. A。　11. 2。

12. (1) $a=-3$，$b=0$，$\lambda=-1$；　(2) 不能相似对角化。

13. (1) $a=4$，$b=5$；　(2) $\boldsymbol{P}=\begin{bmatrix} 2 & -3 & -1 \\ 1 & 0 & -1 \\ 0 & 1 & 1 \end{bmatrix}$。

14. (1) $x=0$，$y=-2$；　(2) $\boldsymbol{P}=\begin{bmatrix} 0 & 0 & -1 \\ -2 & 1 & 0 \\ 1 & 1 & 1 \end{bmatrix}$。

15. $k=0$；　$\boldsymbol{P}=\begin{bmatrix} -1 & 1 & 1 \\ 2 & 0 & 0 \\ 0 & 2 & 1 \end{bmatrix}$，$\boldsymbol{B}=\begin{bmatrix} -1 & & \\ & -1 & \\ & & 1 \end{bmatrix}$。

16. (1) 略；　(2) $\begin{bmatrix} -1 & 0 & 0 \\ 0 & 1 & 1 \\ 0 & 0 & 1 \end{bmatrix}$。

17. C。　18. 8。　19. -1。　20. D。　21. B。

22. $\boldsymbol{P}=\begin{bmatrix} 1 & 1 & 1 \\ 1 & 0 & -1 \\ 0 & 1 & -1 \end{bmatrix}$，$a^2(a-3)$。

23. C。　24. D。　25. D。

26. $(-3)^{n-r}\times(-1)^r$。　27. B。

第 6 章

1. 2。

2. 2。

3. $a=3$，$b=1$，$\boldsymbol{P}=\begin{bmatrix} -\frac{1}{\sqrt{2}} & \frac{1}{\sqrt{3}} & \frac{1}{\sqrt{6}} \\ 0 & -\frac{1}{\sqrt{3}} & \frac{2}{\sqrt{6}} \\ \frac{1}{\sqrt{2}} & \frac{1}{\sqrt{3}} & \frac{1}{\sqrt{6}} \end{bmatrix}$。

4. $a=2$，$\boldsymbol{Q}=\begin{bmatrix} \frac{1}{\sqrt{3}} & -\frac{1}{\sqrt{2}} & \frac{1}{\sqrt{6}} \\ -\frac{1}{\sqrt{3}} & 0 & \frac{2}{\sqrt{6}} \\ \frac{1}{\sqrt{3}} & \frac{1}{\sqrt{2}} & \frac{1}{\sqrt{6}} \end{bmatrix}$。

5. (1) $a=1$，$b=2$；(2) $\boldsymbol{Q}=\begin{bmatrix} 0 & \frac{2}{\sqrt{5}} & \frac{1}{\sqrt{5}} \\ 1 & 0 & 0 \\ 0 & \frac{1}{\sqrt{5}} & -\frac{2}{\sqrt{5}} \end{bmatrix}$。

6. $-\sqrt{2}<t<\sqrt{2}$。

7. 略。

8. 略。

9. 当 n 为偶数时，$a_1a_2\cdots a_n\neq1$；当 n 为奇数时，$a_1a_2\cdots a_n\neq-1$。

10. (1) $\boldsymbol{P}^{\mathrm{T}}\boldsymbol{D}\boldsymbol{P}=\begin{bmatrix} \boldsymbol{A} & \boldsymbol{O} \\ \boldsymbol{O} & \boldsymbol{B}-\boldsymbol{C}^{\mathrm{T}}\boldsymbol{A}^{-1}\boldsymbol{C} \end{bmatrix}$；　(2) 是正定矩阵。

11. (1) $\boldsymbol{P}=\begin{bmatrix} 1 & -1 & 1 \\ 0 & 1 & 0 \\ 0 & 0 & 1 \end{bmatrix}$；　(2) 不存在。

12. (1) $y=2$；

　(2) $\boldsymbol{P}=\begin{bmatrix} 1 & 0 & 0 & 0 \\ 0 & 1 & 0 & 0 \\ 0 & 0 & -\frac{1}{\sqrt{2}} & \frac{1}{\sqrt{2}} \\ 0 & 0 & \frac{1}{\sqrt{2}} & \frac{1}{\sqrt{2}} \end{bmatrix}$。

13. (1) $\boldsymbol{P}=\begin{bmatrix} -\frac{1}{\sqrt{2}} & \frac{1}{\sqrt{6}} & \frac{1}{\sqrt{3}} \\ \frac{1}{\sqrt{2}} & \frac{1}{\sqrt{6}} & \frac{1}{\sqrt{3}} \\ 0 & \frac{2}{\sqrt{6}} & -\frac{1}{\sqrt{3}} \end{bmatrix}$;

(2) $\boldsymbol{C}=\frac{1}{3}\begin{bmatrix} 5 & -1 & 1 \\ -1 & 5 & 1 \\ 1 & 1 & 5 \end{bmatrix}$。

14. B。

15. B。

16. (1) 略； (2) $\boldsymbol{Q}=\begin{bmatrix} \frac{2}{\sqrt{6}} & \frac{1}{\sqrt{3}} & 0 \\ -\frac{1}{\sqrt{6}} & \frac{1}{\sqrt{3}} & -\frac{1}{\sqrt{2}} \\ -\frac{1}{\sqrt{6}} & \frac{1}{\sqrt{3}} & \frac{1}{\sqrt{2}} \end{bmatrix}$，$f=4y_1^2$。

附录 B　最新例题讲解

2024 年研究生入学考试的数学试题难度与往年相比有明显提升，计算量也大幅增加，对考生的数学基础、解题技巧及基本运算能力提出了更高的要求。

【真题 1】 (2024，数学一)在空间直角坐标系 $O-xyz$ 中，三张平面 π_i：$a_ix+b_iy+c_iz=d_i(i=1,2,3)$的位置关系如图所示，记 $\boldsymbol{\alpha}_i=(a_i,b_i,c_i)$，$\boldsymbol{\beta}_i=(a_i,b_i,c_i,d_i)$，若 $r\begin{pmatrix}\boldsymbol{\alpha}_1\\\boldsymbol{\alpha}_2\\\boldsymbol{\alpha}_3\end{pmatrix}=m$，$r\begin{pmatrix}\boldsymbol{\beta}_1\\\boldsymbol{\beta}_2\\\boldsymbol{\beta}_3\end{pmatrix}=n$，则(　　)。

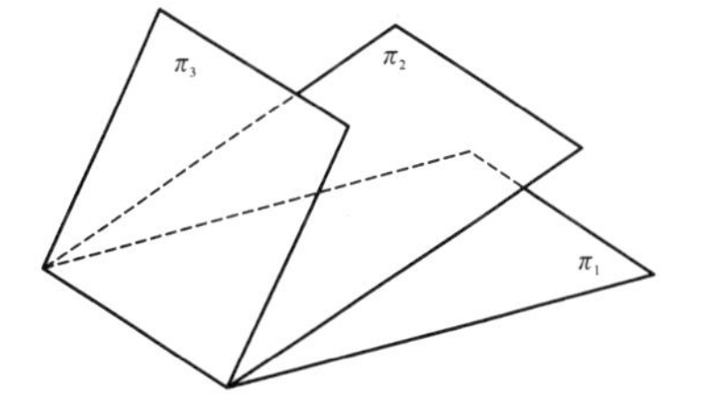

(A) $m=1,n=2$　(B) $m=n=2$　(C) $m=2,n=3$　(D) $m=n=3$

【思路】 根据平面几何图形判断非齐次线性方程组解的情况，进一步解题。

【解】 分析以下非齐次线性方程组：

$$\begin{cases}a_1x+b_1y+c_1z=d_1\\a_2x+b_2y+c_2z=d_2\\a_3x+b_3y+c_3z=d_3\end{cases} \quad ①$$

根据三张平面的几何关系图，可以得到三个平面相交于同一条直线，故方程组①有无穷多解，且系数矩阵的秩为 2，于是有

$$r\begin{pmatrix}\boldsymbol{\alpha}_1\\\boldsymbol{\alpha}_2\\\boldsymbol{\alpha}_3\end{pmatrix}=r\begin{pmatrix}\boldsymbol{\beta}_1\\\boldsymbol{\beta}_2\\\boldsymbol{\beta}_3\end{pmatrix}=2$$

故选项(B)正确。

【评注】 本题考查了以下知识点：

(1) $\boldsymbol{Ax}=\boldsymbol{b}$ 有唯一解 $\Leftrightarrow r(\boldsymbol{A})=r(\boldsymbol{A},\boldsymbol{b})=\boldsymbol{A}$ 的列数。

(2) $\boldsymbol{Ax}=\boldsymbol{b}$ 有无穷多解 $\Leftrightarrow r(\boldsymbol{A})=r(\boldsymbol{A},\boldsymbol{b})<\boldsymbol{A}$ 的列数。

(3) $\boldsymbol{Ax}=\boldsymbol{b}$ 无解 $\Leftrightarrow r(\boldsymbol{A})\neq r(\boldsymbol{A},\boldsymbol{b})$。

【秘籍】 三元非齐次线性方程组①有解和无解的几何图形如下：

(1) 当方程组①有解时，方程组系数矩阵 $\boldsymbol{A}$ 和增广矩阵$(\boldsymbol{A},\boldsymbol{b})$的秩与其几何图形对应如下：

$r(\boldsymbol{A})=r(\boldsymbol{A},\boldsymbol{b})=3$

$r(\boldsymbol{A})=r(\boldsymbol{A},\boldsymbol{b})=2$

$r(\boldsymbol{A})=r(\boldsymbol{A},\boldsymbol{b})=2$

$r(\boldsymbol{A})=r(\boldsymbol{A},\boldsymbol{b})=1$

(2) 当方程组①无解时，方程组系数矩阵 $\boldsymbol{A}$ 和增广矩阵$(\boldsymbol{A},\boldsymbol{b})$的秩与其几何图形对应如下：

$r(\boldsymbol{A})=2$，$r(\boldsymbol{A},\boldsymbol{b})=3$

$r(\boldsymbol{A})=2$，$r(\boldsymbol{A},\boldsymbol{b})=3$

$r(\boldsymbol{A})=1$，$r(\boldsymbol{A},\boldsymbol{b})=2$

$r(\boldsymbol{A})=1$，$r(\boldsymbol{A},\boldsymbol{b})=2$

【真题 2】 (2024，数学一)设向量 $\boldsymbol{\alpha}_1=\begin{pmatrix}a\\1\\-1\\1\end{pmatrix}$，$\boldsymbol{\alpha}_2=\begin{pmatrix}1\\1\\b\\a\end{pmatrix}$，$\boldsymbol{\alpha}_3=\begin{pmatrix}1\\a\\-1\\1\end{pmatrix}$，若 $\boldsymbol{\alpha}_1$，$\boldsymbol{\alpha}_2$，$\boldsymbol{\alpha}_3$ 线性相关，且其中任意两个向量均线性无关，则(　　)。

(A) $a=1$，$b\neq-1$　　　　(B) $a=1$，$b=-1$

(C) $a\neq-2$，$b=2$　　　　(D) $a=-2$，$b=2$

【思路】 通过行列式为零来确定参数。

【解】 因为参数 b 只出现在 $\boldsymbol{\alpha}_2$ 的第 3 个元素中，于是分析 $\boldsymbol{\alpha}_1$，$\boldsymbol{\alpha}_2$，$\boldsymbol{\alpha}_3$ 的第 1、2、4 行构成的行列式，又因为 $\boldsymbol{\alpha}_1$，$\boldsymbol{\alpha}_2$，$\boldsymbol{\alpha}_3$ 线性相关，于是有

$$\begin{vmatrix}a&1&1\\1&1&a\\1&a&1\end{vmatrix}=-(a+2)(a-1)^2=0$$

解得 $a=1$ 或 $a=-2$。

若 $a=1$，则 $\boldsymbol{\alpha}_1=\boldsymbol{\alpha}_3$，不满足 $\boldsymbol{\alpha}_1$，$\boldsymbol{\alpha}_2$，$\boldsymbol{\alpha}_3$ 中任意两个向量均线性无关，故 $a=-2$。再分析 $\boldsymbol{\alpha}_1$，$\boldsymbol{\alpha}_2$，$\boldsymbol{\alpha}_3$ 的第 1、2、3 行构成的行列式，同理有

$$\begin{vmatrix}-2&1&1\\1&1&-2\\-1&b&-1\end{vmatrix}=6-3b=0$$

解得 $b=2$。故选项(D)正确。

【评注】 本题考查了以下知识点：

(1)"长"相关，则"短"相关，参见第3章3.3.7小节的内容。

(2) 3个3维列向量线性相关的充要条件是它们构成的行列式为零。

【秘籍】 本题可以根据逆向思维解题。根据4个选项中 a 的值(完全不考虑参数 b)就可以快速选出(D)。

(1) 因为当 $a=1$ 时，$\boldsymbol{\alpha}_1=\boldsymbol{\alpha}_3$，所以排除选项(A)和(B)。

(2) 计算 $\boldsymbol{\alpha}_1$，$\boldsymbol{\alpha}_2$，$\boldsymbol{\alpha}_3$ 的第1、2、4行构成的行列式(避开参数 b)，排除选项(C)。

【真题3】 (2024，数学一)设 $\boldsymbol{A}$ 是秩为2的3阶矩阵，$\boldsymbol{\alpha}$ 是满足 $\boldsymbol{A\alpha}=\boldsymbol{0}$ 的非零向量，若对满足 $\boldsymbol{\beta}^{\mathrm{T}}\boldsymbol{\alpha}=0$ 的3维列向量 $\boldsymbol{\beta}$，均有 $\boldsymbol{A\beta}=\boldsymbol{\beta}$，则(　　)。

(A) $\boldsymbol{A}^3$ 的迹为2　　(B) $\boldsymbol{A}^3$ 的迹为5　　(C) $\boldsymbol{A}^2$ 的迹为8　　(D) $\boldsymbol{A}^2$ 的迹为9

【思路】 分析矩阵 $\boldsymbol{A}$ 的特征值和特征向量，进而得到 $\boldsymbol{A}^3$ 的特征值。

【解】 因为 $\boldsymbol{\alpha}$ 是满足 $\boldsymbol{A\alpha}=\boldsymbol{0}$ 的非零向量，所以 $\boldsymbol{\alpha}$ 是矩阵 $\boldsymbol{A}$ 属于特征值0的特征向量。

齐次线性方程组 $\boldsymbol{\alpha}^{\mathrm{T}}\boldsymbol{x}=0$ 的基础解系含有 $3-r(\boldsymbol{\alpha}^{\mathrm{T}})=2$ 个线性无关的解向量，设 $\boldsymbol{\beta}_1$，$\boldsymbol{\beta}_2$ 是方程组 $\boldsymbol{\alpha}^{\mathrm{T}}\boldsymbol{x}=0$ 的基础解系。根据题意知 $\boldsymbol{A\beta}_1=\boldsymbol{\beta}_1$，$\boldsymbol{A\beta}_2=\boldsymbol{\beta}_2$。故1是矩阵 $\boldsymbol{A}$ 的至少2重特征值。

综上可知，矩阵 $\boldsymbol{A}$ 的特征值为0、1、1，于是 $\boldsymbol{A}^3$ 的特征值为 0^3、1^3、1^3，故 $\mathrm{tr}(\boldsymbol{A}^3)=0+1+1=2$，选项(A)正确。

【评注】 本题考查了以下知识点：

(1) $\boldsymbol{A\alpha}=k\boldsymbol{\alpha}$，$\boldsymbol{\alpha}\neq\boldsymbol{0}\Leftrightarrow\boldsymbol{\alpha}$ 是矩阵 $\boldsymbol{A}$ 属于特征值 k 的特征向量。

(2) $\boldsymbol{Ax}=\boldsymbol{0}$ 的基础解系含有：$\boldsymbol{A}$ 列数 $-r(\boldsymbol{A})$ 个线性无关的解向量。

(3) $\boldsymbol{A}$ 的特征值的几何重数≤代数重数。

(4) 若 λ 是 $\boldsymbol{A}$ 的特征值，则 $f(\lambda)$ 是 $f(\boldsymbol{A})$ 的特征值。

(5) 若3阶矩阵 $\boldsymbol{A}$ 的特征值为 $\lambda_1,\lambda_2,\lambda_3$，则 $\mathrm{tr}(\boldsymbol{A})=\lambda_1+\lambda_2+\lambda_3$。

【秘籍】 根据实对称矩阵属于不同特征值的特征向量正交的知识点，可以快速获取答案。

已知 $\boldsymbol{\alpha}$ 是矩阵 $\boldsymbol{A}$ 属于特征值0的特征向量，而"满足 $\boldsymbol{\beta}^{\mathrm{T}}\boldsymbol{\alpha}=0$ 的3维列向量 $\boldsymbol{\beta}$，均有 $\boldsymbol{A\beta}=\boldsymbol{\beta}$"，即可以得到：与 $\boldsymbol{\alpha}$ 正交的所有非零向量均是矩阵 $\boldsymbol{A}$ 属于特征值1的特征向量，显然 $\boldsymbol{A}$ 为实对称矩阵，其特征值为0、1、1。

【真题4】 (2024，数学一)设实矩阵 $\boldsymbol{A}=\begin{bmatrix}a+1 & a\\ a & a\end{bmatrix}$，若对任意向量 $\boldsymbol{\alpha}=\begin{pmatrix}x_1\\ x_2\end{pmatrix}$，$\boldsymbol{\beta}=\begin{pmatrix}y_1\\ y_2\end{pmatrix}$，$(\boldsymbol{\alpha}^{\mathrm{T}}\boldsymbol{A\beta})^2\leqslant\boldsymbol{\alpha}^{\mathrm{T}}\boldsymbol{A\alpha}\cdot\boldsymbol{\beta}^{\mathrm{T}}\boldsymbol{A\beta}$ 都成立，则 a 的取值范围是________。

【思路】 通过矩阵恒等变形解题。

【解】 因为 $(\boldsymbol{\alpha}^{\mathrm{T}}\boldsymbol{A\beta})^2\leqslant\boldsymbol{\alpha}^{\mathrm{T}}\boldsymbol{A\alpha}\cdot\boldsymbol{\beta}^{\mathrm{T}}\boldsymbol{A\beta}$，则有

$$\boldsymbol{\alpha}^{\mathrm{T}}\boldsymbol{A\beta\alpha}^{\mathrm{T}}\boldsymbol{A\beta}-\boldsymbol{\alpha}^{\mathrm{T}}\boldsymbol{A\alpha\beta}^{\mathrm{T}}\boldsymbol{A\beta}\leqslant 0$$

$$\boldsymbol{\alpha}^{\mathrm{T}}\boldsymbol{A}(\boldsymbol{\beta\alpha}^{\mathrm{T}}-\boldsymbol{\alpha\beta}^{\mathrm{T}})\boldsymbol{A\beta}\leqslant 0$$

$$(x_1,\ x_2)\begin{bmatrix}a+1 & a\\ a & a\end{bmatrix}\left((x_1y_2-x_2y_1)\begin{bmatrix}0 & -1\\ 1 & 0\end{bmatrix}\right)\begin{bmatrix}a+1 & a\\ a & a\end{bmatrix}\begin{bmatrix}y_1\\ y_2\end{bmatrix}\leqslant 0$$

$$(x_1,\ x_2)(x_1y_2-x_2y_1)\begin{bmatrix}0 & -a\\ a & 0\end{bmatrix}\begin{bmatrix}y_1\\ y_2\end{bmatrix}\leqslant 0$$

$$-a(x_1y_2-x_2y_1)^2\leqslant 0$$

于是得 $a\geqslant 0$。

【评注】 考生需要熟练掌握矩阵乘法的运算规则，本题运算量较大。

【秘籍】 本题可以通过逆向思维快速解题。假设矩阵 $\boldsymbol{A}$ 为半正定矩阵，则一定存在对称矩阵 $\boldsymbol{B}$，使得 $\boldsymbol{A}=\boldsymbol{B}^2$，令 $\boldsymbol{\xi}=\boldsymbol{B\alpha}$，$\boldsymbol{\eta}=\boldsymbol{B\beta}$，则已知不等式的左端和右端分别可以化简为

$$(\boldsymbol{\alpha}^{\mathrm{T}}\boldsymbol{A\beta})^2=[(\boldsymbol{B\alpha})^{\mathrm{T}}(\boldsymbol{B\beta})]^2=(\boldsymbol{\xi}^{\mathrm{T}}\boldsymbol{\eta})^2$$

$$\boldsymbol{\alpha}^{\mathrm{T}}\boldsymbol{A\alpha}\cdot\boldsymbol{\beta}^{\mathrm{T}}\boldsymbol{A\beta}=(\boldsymbol{B\alpha})^{\mathrm{T}}(\boldsymbol{B\alpha})\cdot(\boldsymbol{B\beta})^{\mathrm{T}}(\boldsymbol{B\beta})=\|\boldsymbol{B\alpha}\|^2\cdot\|\boldsymbol{B\beta}\|^2=\|\boldsymbol{\xi}\|^2\cdot\|\boldsymbol{\eta}\|^2$$

根据向量 $\boldsymbol{\xi}$，$\boldsymbol{\eta}$ 的夹角公式知

$$\cos\theta=\frac{\boldsymbol{\xi}^{\mathrm{T}}\boldsymbol{\eta}}{\|\boldsymbol{\xi}\|\cdot\|\boldsymbol{\eta}\|}\leqslant 1$$

所以当 $\boldsymbol{A}$ 为半正定矩阵时，$(\boldsymbol{\alpha}^{\mathrm{T}}\boldsymbol{A\beta})^2\leqslant\boldsymbol{\alpha}^{\mathrm{T}}\boldsymbol{A\alpha}\cdot\boldsymbol{\beta}^{\mathrm{T}}\boldsymbol{A\beta}$ 成立。当 $\boldsymbol{A}$ 的各阶主子式均大于等于零时，$\boldsymbol{A}$ 即为半正定矩阵，于是解得 $a\geqslant 0$。

【真题 5】 (2024，数学一)已知数列 $\{x_n\}$，$\{y_n\}$，$\{z_n\}$ 满足 $x_0=-1$，$y_0=0$，$z_0=2$，且 $\begin{cases}x_n=-2x_{n-1}+2z_{n-1}\\ y_n=-2y_{n-1}-2z_{n-1}\\ z_n=-6x_{n-1}-3y_{n-1}+3z_{n-1}\end{cases}$，记 $\boldsymbol{\alpha}_n=\begin{bmatrix}x_n\\ y_n\\ z_n\end{bmatrix}$，写出满足 $\boldsymbol{\alpha}_n=\boldsymbol{A\alpha}_{n-1}$ 的矩阵 $\boldsymbol{A}$，并求 $\boldsymbol{A}^n$ 及 x_n，y_n，z_n。

【思路】 通过相似对角化求矩阵 $\boldsymbol{A}$ 的高次幂。

【解】 根据已知条件写出满足 $\boldsymbol{\alpha}_n=\boldsymbol{A\alpha}_{n-1}$ 的矩阵 $\boldsymbol{A}$：

$$\boldsymbol{A}=\begin{bmatrix}-2&0&2\\ 0&-2&-2\\ -6&-3&3\end{bmatrix}$$

解特征方程 $|\boldsymbol{A}-\lambda\boldsymbol{E}|=0$。

$$\begin{vmatrix}-2-\lambda&0&2\\ 0&-2-\lambda&-2\\ -6&-3&3-\lambda\end{vmatrix}\xlongequal{r_2+r_1}\begin{vmatrix}-2-\lambda&0&2\\ -2-\lambda&-2-\lambda&0\\ -6&-3&3-\lambda\end{vmatrix}$$

$$\xlongequal{c_1-c_2}\begin{vmatrix}-2-\lambda&0&2\\ 0&-2-\lambda&0\\ -3&-3&3-\lambda\end{vmatrix}$$

$$\xlongequal{\text{按 } r_2 \text{ 展开}}\lambda(1-\lambda)(\lambda+2)$$

解得 $\boldsymbol{A}$ 的特征值为 $\lambda_1=0$，$\lambda_2=1$，$\lambda_3=-2$。

当 $\lambda_1=0$ 时，解方程组 $(\boldsymbol{A}-0\boldsymbol{E})\boldsymbol{x}=\boldsymbol{0}$，得特征向量 $\boldsymbol{p}_1=(1,-1,1)^{\mathrm{T}}$。

当 $\lambda_2=1$ 时，解方程组 $(\boldsymbol{A}-1\boldsymbol{E})\boldsymbol{x}=\boldsymbol{0}$，得特征向量 $\boldsymbol{p}_2=(2,-2,3)^{\mathrm{T}}$。

当 $\lambda_3=-2$ 时，解方程组 $(\boldsymbol{A}+2\boldsymbol{E})\boldsymbol{x}=\boldsymbol{0}$，得特征向量 $\boldsymbol{p}_3=(-1,2,0)^{\mathrm{T}}$。

令 $\boldsymbol{P}=(\boldsymbol{p}_1,\boldsymbol{p}_2,\boldsymbol{p}_3)=\begin{bmatrix}1&2&-1\\ -1&-2&2\\ 1&3&0\end{bmatrix}$，于是有 $\boldsymbol{P}^{-1}\boldsymbol{AP}=\boldsymbol{\Lambda}=\begin{bmatrix}0&&\\ &1&\\ &&-2\end{bmatrix}$，$\boldsymbol{A}=\boldsymbol{P\Lambda P}^{-1}$，故

$$\boldsymbol{A}^n=\boldsymbol{P}\boldsymbol{\Lambda}^n\boldsymbol{P}^{-1}=\begin{bmatrix}1&2&-1\\-1&-2&2\\1&3&0\end{bmatrix}\begin{bmatrix}0&&\\&1&\\&&-2\end{bmatrix}^n\begin{bmatrix}1&2&-1\\-1&-2&2\\1&3&0\end{bmatrix}^{-1}$$

$$=\begin{bmatrix}-4+(-1)^{n+1}2^n&-2+(-1)^{n+1}2^n&2\\4+(-1)^n2^{n+1}&2+(-1)^n2^{n+1}&-2\\-6&-3&3\end{bmatrix}$$

由于 $\boldsymbol{\alpha}_n=\boldsymbol{A}\boldsymbol{\alpha}_{n-1}$，得

$$\boldsymbol{\alpha}_n=\boldsymbol{A}^n\boldsymbol{\alpha}_0=\begin{bmatrix}-4+(-1)^{n+1}2^n&-2+(-1)^{n+1}2^n&2\\4+(-1)^n2^{n+1}&2+(-1)^n2^{n+1}&-2\\-6&-3&3\end{bmatrix}\begin{bmatrix}-1\\0\\2\end{bmatrix}=\begin{bmatrix}8+(-2)^n\\-8+(-2)^{n+1}\\12\end{bmatrix}$$

得 $x_n=8+(-2)^n$，$y_n=-8+(-2)^{n+1}$，$z_n=12$。

【评注】 本题是一道经典的通过相似对角化来求矩阵高次幂的问题，运算量偏大。所以同学们一定要加强运算能力的训练。

【真题 6】 （2024，数学二、数学三）设 $\boldsymbol{A}$ 为 3 阶矩阵，$\boldsymbol{P}=\begin{bmatrix}1&0&0\\0&1&0\\1&0&1\end{bmatrix}$。若 $\boldsymbol{P}^{\mathrm{T}}\boldsymbol{A}\boldsymbol{P}^2=\begin{bmatrix}a+2c&0&c\\0&b&0\\2c&0&c\end{bmatrix}$，则 $\boldsymbol{A}=$（　　）。

(A) $\begin{bmatrix}c&0&0\\0&a&0\\0&0&b\end{bmatrix}$　　(B) $\begin{bmatrix}b&0&0\\0&c&0\\0&0&a\end{bmatrix}$

(C) $\begin{bmatrix}a&0&0\\0&b&0\\0&0&c\end{bmatrix}$　　(D) $\begin{bmatrix}c&0&0\\0&b&0\\0&0&a\end{bmatrix}$

【思路】 根据初等变换定理解题。

【解】 首先计算

$$(\boldsymbol{P}^{\mathrm{T}})^{-1}=\begin{bmatrix}1&0&1\\0&1&0\\0&0&1\end{bmatrix}^{-1}=\begin{bmatrix}1&0&-1\\0&1&0\\0&0&1\end{bmatrix}$$

$$(\boldsymbol{P}^2)^{-1}=\begin{bmatrix}1&0&0\\0&1&0\\2&0&1\end{bmatrix}^{-1}=\begin{bmatrix}1&0&0\\0&1&0\\-2&0&1\end{bmatrix}$$

根据已知的矩阵等式，可以得到

$$\boldsymbol{A}=(\boldsymbol{P}^{\mathrm{T}})^{-1}\begin{bmatrix}a+2c&0&c\\0&b&0\\2c&0&c\end{bmatrix}(\boldsymbol{P}^2)^{-1}$$

$$=\begin{bmatrix}1&0&-1\\0&1&0\\0&0&1\end{bmatrix}\begin{bmatrix}a+2c&0&c\\0&b&0\\2c&0&c\end{bmatrix}\begin{bmatrix}1&0&0\\0&1&0\\-2&0&1\end{bmatrix}$$

$$=\begin{bmatrix}a&0&0\\0&b&0\\0&0&c\end{bmatrix}$$

选项(C)正确。

【评注】 本题考查了以下知识点：

(1) 初等矩阵的逆矩阵依然是初等矩阵，以下是三个具体例子：

$$\begin{bmatrix}1&0&0\\0&0&1\\0&1&0\end{bmatrix}^{-1}=\begin{bmatrix}1&0&0\\0&0&1\\0&1&0\end{bmatrix}$$

$$\begin{bmatrix}1&0&0\\0&1&0\\0&0&7\end{bmatrix}^{-1}=\begin{bmatrix}1&0&0\\0&1&0\\0&0&1/7\end{bmatrix}$$

$$\begin{bmatrix}1&0&0\\0&1&0\\0&5&1\end{bmatrix}^{-1}=\begin{bmatrix}1&0&0\\0&1&0\\0&-5&1\end{bmatrix}$$

(2) 初等矩阵的幂依然是初等矩阵，以下是四个具体例子：

$$\begin{bmatrix}1&0&0\\0&0&1\\0&1&0\end{bmatrix}^{2n+1}=\begin{bmatrix}1&0&0\\0&0&1\\0&1&0\end{bmatrix},\ \begin{bmatrix}1&0&0\\0&0&1\\0&1&0\end{bmatrix}^{2n}=\begin{bmatrix}1&0&0\\0&1&0\\0&0&1\end{bmatrix},$$

$$\begin{bmatrix}1&0&0\\0&1&0\\0&0&7\end{bmatrix}^{n}=\begin{bmatrix}1&0&0\\0&1&0\\0&0&7^n\end{bmatrix},\ \begin{bmatrix}1&0&0\\0&1&0\\0&5&1\end{bmatrix}^{n}=\begin{bmatrix}1&0&0\\0&1&0\\0&5n&1\end{bmatrix}$$

(3) 初等矩阵定理，参见第 2 章 2.2.11 小节的内容。

【真题 7】 (2024，数学二)设 $\boldsymbol{A}$ 为 4 阶矩阵，$\boldsymbol{A}^*$ 为 $\boldsymbol{A}$ 的伴随矩阵，若 $\boldsymbol{A}(\boldsymbol{A}-\boldsymbol{A}^*)=\boldsymbol{O}$，且 $\boldsymbol{A}\neq\boldsymbol{A}^*$，则 $r(\boldsymbol{A})$ 取值为(　　)。

(A) 0 或 1　　(B) 1 或 3　　(C) 2 或 3　　(D) 1 或 2

【思路】 根据矩阵等式 $\boldsymbol{A}(\boldsymbol{A}-\boldsymbol{A}^*)=\boldsymbol{O}$，讨论矩阵 $\boldsymbol{A}$ 的秩。

【解】 因为 $\boldsymbol{A}(\boldsymbol{A}-\boldsymbol{A}^*)=\boldsymbol{O}$，所以 $r(\boldsymbol{A})+r(\boldsymbol{A}-\boldsymbol{A}^*)\leqslant 4$。

假设 $r(\boldsymbol{A})=4$，则有 $r(\boldsymbol{A}-\boldsymbol{A}^*)=0$，于是 $\boldsymbol{A}=\boldsymbol{A}^*$，与已知条件矛盾，故 $r(\boldsymbol{A})<4$，$|\boldsymbol{A}|=0$。

因为 $\boldsymbol{A}(\boldsymbol{A}-\boldsymbol{A}^*)=\boldsymbol{O}$，则有 $\boldsymbol{A}^2=\boldsymbol{A}\boldsymbol{A}^*=|\boldsymbol{A}|\boldsymbol{E}=\boldsymbol{O}$，故 $r(\boldsymbol{A})+r(\boldsymbol{A})\leqslant 4$，$r(\boldsymbol{A})\leqslant 2$。

假设 $r(\boldsymbol{A})=0$，则 $\boldsymbol{A}=\boldsymbol{A}^*=\boldsymbol{O}$，与已知条件矛盾，故 $r(\boldsymbol{A})$ 的取值为 1 或 2，选项(D)正确。

【评注】 本题考查了以下知识点：

(1) 若 $\boldsymbol{A}_{m\times n}\boldsymbol{B}_{n\times s}=\boldsymbol{O}$，则 $r(\boldsymbol{A})+r(\boldsymbol{B})\leqslant n$。

(2) $r(\boldsymbol{A})=0 \Leftrightarrow \boldsymbol{A}=\boldsymbol{O}$。

(3) $r(\boldsymbol{A}_n)<n \Leftrightarrow |\boldsymbol{A}_n|=0$。

(4) $\boldsymbol{A}\boldsymbol{A}^*=\boldsymbol{A}^*\boldsymbol{A}=|\boldsymbol{A}|\boldsymbol{E}$。

(5) $r(\boldsymbol{A}_n^*)=\begin{cases}n, & r(\boldsymbol{A}_n)=n\\ 1, & r(\boldsymbol{A}_n)=n-1\\ 0, & r(\boldsymbol{A}_n)<n-1\end{cases}$。

【真题 8】 (2024，数学二)设 $\boldsymbol{A}$，$\boldsymbol{B}$ 为 2 阶矩阵，且 $\boldsymbol{AB}=\boldsymbol{BA}$，则“$\boldsymbol{A}$ 有两个不相等的特征值”是“$\boldsymbol{B}$ 可以对角化”的(　　)。

(A) 充分必要条件　　(B) 充分不必要条件

(C) 必要不充分条件　　(D) 既不充分也不必要条件

【思路】 从 $\boldsymbol{AB}=\boldsymbol{BA}$ 出发，讨论 $\boldsymbol{A}$ 与 $\boldsymbol{B}$ 的特征向量的关系。

【解】 假设 $\boldsymbol{A}$ 的两个不相等的特征值为 λ_1，λ_2，对应的特征向量为 $\boldsymbol{\alpha}_1$，$\boldsymbol{\alpha}_2$，则有

$$\boldsymbol{A\alpha}_1=\lambda_1\boldsymbol{\alpha}_1 \quad ①$$

用矩阵 $\boldsymbol{B}$ 左乘矩阵等式①两端，得 $\boldsymbol{BA\alpha}_1=\lambda_1\boldsymbol{B\alpha}_1$，因为 $\boldsymbol{AB}=\boldsymbol{BA}$，则有

$$\boldsymbol{A}(\boldsymbol{B\alpha}_1)=\lambda_1(\boldsymbol{B\alpha}_1) \quad ②$$

当 $\boldsymbol{B\alpha}_1=\boldsymbol{0}$ 时，向量 $\boldsymbol{\alpha}_1$ 是矩阵 $\boldsymbol{B}$ 属于特征值 0 的特征向量。当 $\boldsymbol{B\alpha}_1\neq\boldsymbol{0}$ 时，根据②式得，$\boldsymbol{B\alpha}_1$ 也是矩阵 $\boldsymbol{A}$ 属于特征值 λ_1 的特征向量，又因为 λ_1 是 $\boldsymbol{A}$ 的一个单根，所以 $\boldsymbol{\alpha}_1$，$\boldsymbol{B\alpha}_1$ 线性相关，则有 $\boldsymbol{B\alpha}_1=k_1\boldsymbol{\alpha}_1$，故 $\boldsymbol{\alpha}_1$ 依然是矩阵 $\boldsymbol{B}$ 属于特征值 k_1 的特征向量。

综上所述，$\boldsymbol{\alpha}_1$ 也是矩阵 $\boldsymbol{B}$ 的特征向量，同理可以证明 $\boldsymbol{\alpha}_2$ 也是矩阵 $\boldsymbol{B}$ 的特征向量。又因为 $\lambda_1\neq\lambda_2$，所以 $\boldsymbol{\alpha}_1$，$\boldsymbol{\alpha}_2$ 线性无关，于是 2 阶矩阵 $\boldsymbol{B}$ 存在 2 个线性无关的特征向量 $\boldsymbol{\alpha}_1$，$\boldsymbol{\alpha}_2$，故 $\boldsymbol{B}$ 可以相似对角化。

另一方面，假设 $\boldsymbol{A}=\boldsymbol{B}=\boldsymbol{E}$，满足 $\boldsymbol{AB}=\boldsymbol{BA}$，且 $\boldsymbol{B}$ 可以相似对角化，但不能得出“$\boldsymbol{A}$ 有两个不相等的特征值”。故选项(B)正确。

【评注】 本题考查了以下知识点：

(1) 矩阵 $\boldsymbol{A}$ 的特征值的几何重数≤代数重数。

(2) 若 $\boldsymbol{\alpha}$，$\boldsymbol{\beta}$ 线性相关，且 $\boldsymbol{\alpha}\neq\boldsymbol{0}$，则有 $\boldsymbol{\beta}=k\boldsymbol{\alpha}$。

(3) 矩阵 $\boldsymbol{A}$ 的属于不同特征值的特征向量构成的向量组线性无关。

(4) n 阶矩阵 $\boldsymbol{A}$ 可以相似对角化的充要条件是 $\boldsymbol{A}$ 有 n 个线性无关的特征向量。

【秘籍】 设 n 阶矩阵 $\boldsymbol{A}$ 有 n 个互不相等的特征值，且满足 $\boldsymbol{AB}=\boldsymbol{BA}$，则 $\boldsymbol{A}$ 与 $\boldsymbol{B}$ 有相同的特征向量。根据此知识点可以快速解题。

【真题 9】 (2024，数学二)设向量 $\boldsymbol{\alpha}_1=\begin{pmatrix}a\\1\\-1\\1\end{pmatrix}$，$\boldsymbol{\alpha}_2=\begin{pmatrix}1\\1\\b\\a\end{pmatrix}$，$\boldsymbol{\alpha}_3=\begin{pmatrix}1\\a\\-1\\1\end{pmatrix}$，若 $\boldsymbol{\alpha}_1$，$\boldsymbol{\alpha}_2$，$\boldsymbol{\alpha}_3$ 线性相关，且其中任意两个向量均线性无关，则 $ab=$__________。

【解】 参看【真题 2】。

【评注】 同一道题目，数学一是选择题，而数学二是填空题。

【真题 10】 (2024，数学二)设矩阵 $\boldsymbol{A}=\begin{bmatrix}0&1&a\\1&0&1\end{bmatrix}$，$\boldsymbol{B}=\begin{bmatrix}1&1\\1&1\\b&2\end{bmatrix}$，二次型 $f(x_1,x_2,x_2)=\boldsymbol{x}^{\mathrm{T}}\boldsymbol{BAx}$。已知方程组 $\boldsymbol{Ax}=\boldsymbol{0}$ 的解均是 $\boldsymbol{B}^{\mathrm{T}}\boldsymbol{x}=\boldsymbol{0}$ 的解，但这两个方程组不同解。

(1) 求 a,b 的值；

(2) 求正交变换 $\boldsymbol{x}=\boldsymbol{Q}\boldsymbol{y}$，将 $f(x_1, x_2, x_3)$化为标准形。

【思路】 $\boldsymbol{A}\boldsymbol{x}=\boldsymbol{0}$ 的解均是 $\boldsymbol{B}^{\mathrm{T}}\boldsymbol{x}=\boldsymbol{0}$的解，可以得到 $r(\boldsymbol{A})=r\begin{pmatrix}\boldsymbol{A}\\ \boldsymbol{B}^{\mathrm{T}}\end{pmatrix}$。

【解】 (1) 分析以下两个线性方程组：

$$\boldsymbol{A}\boldsymbol{x}=\boldsymbol{0} \tag{①}$$

$$\begin{pmatrix}\boldsymbol{A}\\ \boldsymbol{B}^{\mathrm{T}}\end{pmatrix}\boldsymbol{x}=\boldsymbol{0} \tag{②}$$

设 $\boldsymbol{\xi}$ 是方程组②的解，则有 $\begin{pmatrix}\boldsymbol{A}\\ \boldsymbol{B}^{\mathrm{T}}\end{pmatrix}\boldsymbol{\xi}=\boldsymbol{0}$，$\boldsymbol{A}\boldsymbol{\xi}=\boldsymbol{0}$，$\boldsymbol{B}^{\mathrm{T}}\boldsymbol{\xi}=\boldsymbol{0}$，则 $\boldsymbol{\xi}$ 是方程组①的解。

设 $\boldsymbol{\eta}$ 是方程组①的解，则有 $\boldsymbol{A}\boldsymbol{\eta}=\boldsymbol{0}$，又根据已知条件"方程组 $\boldsymbol{A}\boldsymbol{x}=\boldsymbol{0}$的解均是 $\boldsymbol{B}^{\mathrm{T}}\boldsymbol{x}=\boldsymbol{0}$的解"，得 $\boldsymbol{B}^{\mathrm{T}}\boldsymbol{\eta}=\boldsymbol{0}$，则 $\begin{pmatrix}\boldsymbol{A}\\ \boldsymbol{B}^{\mathrm{T}}\end{pmatrix}\boldsymbol{\eta}=\boldsymbol{0}$，故 $\boldsymbol{\eta}$ 也是方程组②的解。

综上可得，方程组①与②同解，则有

$$r(\boldsymbol{A})=r\begin{pmatrix}\boldsymbol{A}\\ \boldsymbol{B}^{\mathrm{T}}\end{pmatrix}=2$$

$$\begin{pmatrix}\boldsymbol{A}\\ \boldsymbol{B}^{\mathrm{T}}\end{pmatrix}=\begin{bmatrix}0&1&a\\1&0&1\\1&1&2\\1&1&b\end{bmatrix}\rightarrow\begin{bmatrix}1&0&1\\0&1&1\\0&0&a-1\\0&0&b-2\end{bmatrix}$$

解得 $a=1$，$b=2$。此时 $r(\boldsymbol{A})=2$，$r(\boldsymbol{B})=1$，显然 $\boldsymbol{A}\boldsymbol{x}=\boldsymbol{0}$ 与 $\boldsymbol{B}^{\mathrm{T}}\boldsymbol{x}=\boldsymbol{0}$不同解。

(2) 令 $\boldsymbol{C}=\boldsymbol{B}\boldsymbol{A}=\begin{bmatrix}1&1&2\\1&1&2\\2&2&4\end{bmatrix}$。

解特征方程 $|\boldsymbol{C}-\lambda\boldsymbol{E}|=0$。

$$\begin{vmatrix}1-\lambda&1&2\\1&1-\lambda&2\\2&2&4-\lambda\end{vmatrix}\xlongequal{r_2-r_1}\begin{vmatrix}1-\lambda&1&2\\\lambda&-\lambda&0\\2&2&4-\lambda\end{vmatrix}$$

$$\xlongequal{c_1+c_2}\begin{vmatrix}2-\lambda&1&2\\0&-\lambda&0\\4&2&4-\lambda\end{vmatrix}$$

$$\xlongequal{\text{按 } r_2 \text{ 展开}}\lambda^2(6-\lambda)$$

解得 $\boldsymbol{C}$ 的特征值为 $\lambda_1=\lambda_2=0$，$\lambda_3=6$。

当 $\lambda_1=\lambda_2=0$ 时，解方程组$(\boldsymbol{C}-0\boldsymbol{E})\boldsymbol{x}=\boldsymbol{0}$，系数矩阵的行最简形为 $\begin{bmatrix}1&1&2\\ & & \\ & & \end{bmatrix}$，解得特征向量 $\boldsymbol{p}_1=(-1, 1, 0)^{\mathrm{T}}$，设 $\boldsymbol{p}_2=(a, a, b)^{\mathrm{T}}$，把 $\boldsymbol{p}_2$ 代入方程组，得 $a+a+2b=0$，取最简整数解 $a=-1$，$b=1$，得 $\boldsymbol{p}_2=(-1, -1, 1)^{\mathrm{T}}$。

当 $\lambda_3=6$ 时，解方程组$(\boldsymbol{C}-6\boldsymbol{E})\boldsymbol{x}=\boldsymbol{0}$，解得特征向量 $\boldsymbol{p}_3=(1, 1, 2)^{\mathrm{T}}$。

对 $\boldsymbol{p}_1$，$\boldsymbol{p}_2$，$\boldsymbol{p}_3$ 单位化后，构造正交矩阵 $\boldsymbol{Q}$：

$$\boldsymbol{Q}=\left(\frac{\boldsymbol{p}_1}{\|\boldsymbol{p}_1\|},\frac{\boldsymbol{p}_2}{\|\boldsymbol{p}_2\|},\frac{\boldsymbol{p}_3}{\|\boldsymbol{p}_3\|}\right)=\begin{bmatrix}-1/\sqrt{2} & -1/\sqrt{3} & 1/\sqrt{6}\\ 1/\sqrt{2} & -1/\sqrt{3} & 1/\sqrt{6}\\ 0 & 1/\sqrt{3} & 2/\sqrt{6}\end{bmatrix}$$

于是有 $\boldsymbol{Q}^{\mathrm{T}}\boldsymbol{C}\boldsymbol{Q}=\boldsymbol{\Lambda}=\begin{bmatrix}0 & & \\ & 0 & \\ & & 6\end{bmatrix}$，故在正交变换 $\boldsymbol{x}=\boldsymbol{Q}\boldsymbol{y}$ 下，二次型化成的标准形为 $f=6y_3^2$。

【评注】 本题考查了以下知识点：

(1) 若 $\boldsymbol{A}\boldsymbol{x}=\boldsymbol{0}$ 的解均是 $\boldsymbol{B}\boldsymbol{x}=\boldsymbol{0}$的解，则有以下结论：

① 几何意义。下图给出两个方程组解的集合的关系图(若两个圆重合,则两个方程组同解)。

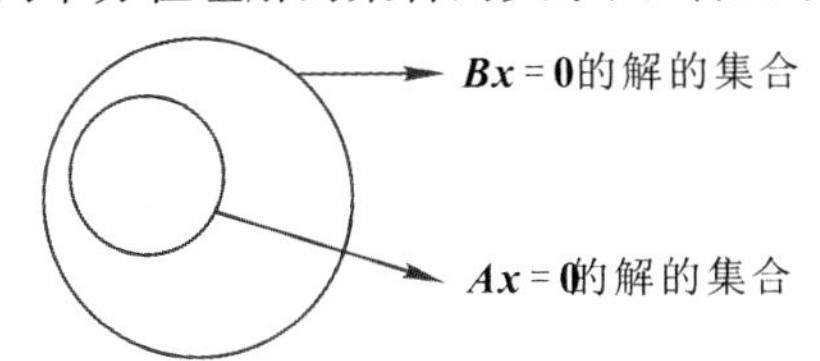

② 根据以上几何关系，可以得到 $r(\boldsymbol{A})\geqslant r(\boldsymbol{B})$。

③ 方程组 $\boldsymbol{A}\boldsymbol{x}=\boldsymbol{0}$ 与 $\begin{pmatrix}\boldsymbol{A}\\ \boldsymbol{B}\end{pmatrix}\boldsymbol{x}=\boldsymbol{0}$同解。

④ 根据结论③，得 $r\begin{pmatrix}\boldsymbol{A}\\ \boldsymbol{B}\end{pmatrix}\boldsymbol{x}=r(\boldsymbol{A})$。

⑤ $\boldsymbol{B}$ 的行向量组可以由 $\boldsymbol{A}$ 的行向量组线性表示。

⑥ 一定存在矩阵 $\boldsymbol{P}$，使得 $\boldsymbol{P}\boldsymbol{A}=\boldsymbol{B}$。

(2) 求正交变换，把二次型化为标准形，参见第 6 章 6.3.4 小节的内容。

注：本题的已知条件“但两个方程组不同解”是一个多余的条件。

【真题 11】 (2024，数学三)设二次型 $f(x_1,x_2,x_3)=\boldsymbol{x}^{\mathrm{T}}\boldsymbol{A}\boldsymbol{x}$ 在正交变换下可化成 $y_1^2-2y_2^2+3y_3^2$，则二次型 f 的矩阵 $\boldsymbol{A}$ 的行列式与迹分别为(　　)。

(A) -6，-2　　(B) 6，-2 (C) -6，2 (D) 6，2

【思路】 根据矩阵 $\boldsymbol{A}$ 的特征值求解。

【解】 因为二次型经过正交变换化为标准形为 $y_1^2-2y_2^2+3y_3^2$，于是矩阵 $\boldsymbol{A}$ 的特征值为 1，-2，3，则有 $|\boldsymbol{A}|=1\times(-2)\times3=-6$，$\mathrm{tr}(\boldsymbol{A})=1+(-2)+3=2$。选项(C)正确。

【评注】 本题考查了以下知识点：

(1) 若二次型 $\boldsymbol{x}^{\mathrm{T}}\boldsymbol{A}\boldsymbol{x}(\boldsymbol{A}^{\mathrm{T}}=\boldsymbol{A})$经过正交变换化为标准形 $\lambda_1y_1^2+\lambda_2y_2^2+\lambda_3y_3^3$，则 $\boldsymbol{A}$ 的特征值为 λ_1，λ_2，λ_3。

(2) 若 3 阶矩阵 $\boldsymbol{A}$ 的特征值为 λ_1，λ_2，λ_3，则 $|\boldsymbol{A}|=\lambda_1\lambda_2\lambda_3$，$\mathrm{tr}(\boldsymbol{A})=\lambda_1+\lambda_2+\lambda_3$。

【真题 12】 (2024，数学三)设矩阵 $\boldsymbol{A}=\begin{bmatrix}a+1 & b & 3\\ a & b/2 & 1\\ 1 & 1 & 2\end{bmatrix}$。$M_{ij}$ 表示 $\boldsymbol{A}$ 的 i 行 j 列元素的余子式。若 $|\boldsymbol{A}|=-\dfrac{1}{2}$，且 $-M_{21}+M_{22}-M_{23}=0$，则(　　)。

(A) $a=0$ 或 $a=-\frac{3}{2}$　　(B) $a=0$ 或 $a=\frac{3}{2}$

(C) $b=1$ 或 $b=-\frac{1}{2}$　　(D) $b=-1$ 或 $b=\frac{1}{2}$

【思路】 根据余子式与代数余子式的概念解题。

【解】 因为 $-M_{21}+M_{22}-M_{23}=0$，所以 $(-1)^{2+1}M_{21}+(-1)^{2+2}M_{22}+(-1)^{2+3}M_{23}=0$，则有 $A_{21}+A_{22}+A_{23}=0$。构造新的矩阵 $\boldsymbol{B}$（$\boldsymbol{B}$ 与 $\boldsymbol{A}$ 除第 2 行外，其余元素均相同）：

$$|\boldsymbol{B}|=\begin{vmatrix} a+1 & b & 3 \\ 1 & 1 & 1 \\ 1 & 1 & 2 \end{vmatrix}$$

计算 $\boldsymbol{B}$ 的行列式得 $|\boldsymbol{B}|=a-b+1$。另一方面，

$$|\boldsymbol{B}|=\begin{vmatrix} a+1 & b & 3 \\ 1 & 1 & 1 \\ 1 & 1 & 2 \end{vmatrix} \xlongequal{\text{按 } r_2 \text{ 展开}} A_{21}+A_{22}+A_{23}=0$$

于是得 $a-b+1=0$，把 $b=a+1$ 代入矩阵 $\boldsymbol{A}$ 中，计算矩阵 $\boldsymbol{A}$ 的行列式，得 $|\boldsymbol{A}|=-\frac{1}{2}(2a-1)(a-1)$，又因为 $|\boldsymbol{A}|=-\frac{1}{2}$，解得 $a=0$ 或 $a=\frac{3}{2}$，选项(B)正确。

【评注】 本题考查了以下知识点：

(1) 余子式和代数余子式的概念，参见第 1 章 1.3.5 小节的内容。

(2) 行列式按行展开定理的推论，参见第 1 章 1.3.13 小节的内容。

【真题 13】 (2024，数学三)设 $\boldsymbol{A}$ 为 3 阶矩阵，$\boldsymbol{A}^*$ 为 $\boldsymbol{A}$ 的伴随矩阵，$\boldsymbol{E}$ 为 3 阶单位矩阵，若 $r(2\boldsymbol{E}-\boldsymbol{A})=1$，$r(\boldsymbol{E}+\boldsymbol{A})=2$，则 $|\boldsymbol{A}^*|=$______。

【思路】 求出矩阵 $\boldsymbol{A}$ 的所有特征值，进一步得到答案。

【解】 因为 $r(2\boldsymbol{E}-\boldsymbol{A})=1$，所以方程组 $(2\boldsymbol{E}-\boldsymbol{A})\boldsymbol{x}=\boldsymbol{0}$ 的基础解系含有 $3-1=2$ 个线性无关的解向量，即矩阵 $\boldsymbol{A}$ 属于特征值 2 的线性无关的特征向量有 2 个，于是 2 至少是矩阵 $\boldsymbol{A}$ 的二重特征值。

因为 $r(\boldsymbol{E}+\boldsymbol{A})=2$，所以方程组 $(\boldsymbol{E}+\boldsymbol{A})\boldsymbol{x}=\boldsymbol{0}$ 的基础解系含有 $3-2=1$ 个线性无关的解向量，即矩阵 $\boldsymbol{A}$ 属于特征值 -1 的线性无关的特征向量有 1 个，于是 -1 至少是矩阵 $\boldsymbol{A}$ 的一重特征值。

综上可得，$\boldsymbol{A}$ 的特征值为 2、2、-1。于是 $|\boldsymbol{A}|=2\times2\times(-1)=-4$。故 $|\boldsymbol{A}|=|\boldsymbol{A}|^2=16$。

【评注】 本题考查了以下知识点：

(1) 若 n 阶矩阵 $\boldsymbol{A}$ 满足 $r(k\boldsymbol{E}-\boldsymbol{A})=r<n$，则 k 是矩阵 $\boldsymbol{A}$ 的至少 $n-r$ 重特征值。

(2) 若 λ_1，λ_2，λ_3 是 3 阶矩阵 $\boldsymbol{A}$ 的特征值，则 $|\boldsymbol{A}|=\lambda_1\lambda_2\lambda_3$。

(3) 设 $\boldsymbol{A}$ 为 n 阶矩阵，则 $|\boldsymbol{A}^*|=|\boldsymbol{A}|^{n-1}$。

【真题 14】 (2024，数学三)设矩阵 $\boldsymbol{A}=\begin{bmatrix} 1 & -1 & 0 & -1 \\ 1 & 1 & 0 & 3 \\ 2 & 1 & 2 & 6 \end{bmatrix}$，$\boldsymbol{B}=\begin{bmatrix} 1 & 0 & 1 & 2 \\ 1 & -1 & a & a-1 \\ 2 & -3 & 2 & -2 \end{bmatrix}$，

向量 $\boldsymbol{\alpha}=\begin{bmatrix}0\\2\\3\end{bmatrix}$，$\boldsymbol{\beta}=\begin{bmatrix}1\\0\\-1\end{bmatrix}$。

(1) 证明：方程组 $\boldsymbol{Ax}=\boldsymbol{\alpha}$ 的解均为方程组 $\boldsymbol{Bx}=\boldsymbol{\beta}$ 的解；

(2) 若方程组 $\boldsymbol{Ax}=\boldsymbol{\alpha}$ 与方程组 $\boldsymbol{Bx}=\boldsymbol{\beta}$ 不同解，求 a 的值。

【思路】 先计算方程组 $\boldsymbol{Ax}=\boldsymbol{\alpha}$ 的通解，进一步证明该通解也是方程组 $\boldsymbol{Bx}=\boldsymbol{\beta}$ 的解。

【证明】 (1) 计算方程组 $\boldsymbol{Ax}=\boldsymbol{\alpha}$ 的通解。对增广矩阵进行初等行变换：

$$[\boldsymbol{A},\ \boldsymbol{\alpha}]=\begin{bmatrix}1 & -1 & 0 & -1 & 0\\1 & 1 & 0 & 3 & 2\\2 & 1 & 2 & 6 & 3\end{bmatrix}\to\begin{bmatrix}1 & 0 & 0 & 1 & 1\\0 & 1 & 0 & 2 & 1\\0 & 0 & 1 & 1 & 0\end{bmatrix}$$

方程组 $\boldsymbol{Ax}=\boldsymbol{\alpha}$ 的通解为 $\boldsymbol{x}=k(-1,\ -2,\ -1,\ 1)^{\mathrm{T}}+(1,\ 1,\ 0,\ 0)^{\mathrm{T}}$，$k$ 为任意常数。

用 $\boldsymbol{Ax}=\boldsymbol{\alpha}$ 的通解 $\boldsymbol{x}$ 右乘矩阵 $\boldsymbol{B}$，得

$$\boldsymbol{Bx}=\begin{bmatrix}1 & 0 & 1 & 2\\1 & -1 & a & a-1\\2 & -3 & 2 & -2\end{bmatrix}\begin{bmatrix}1-k\\1-2k\\-k\\k\end{bmatrix}=\begin{bmatrix}1\\0\\-1\end{bmatrix}=\boldsymbol{\beta}$$

故方程组 $\boldsymbol{Ax}=\boldsymbol{\alpha}$ 的任意一个解向量均为方程组 $\boldsymbol{Bx}=\boldsymbol{\beta}$ 的解。

(2) 因为 $\boldsymbol{Ax}=\boldsymbol{0}$ 的通解 $\boldsymbol{x}=k(-1,\ -2,\ -1,\ 1)^{\mathrm{T}}+(1,\ 1,\ 0,\ 0)^{\mathrm{T}}$ 也是 $\boldsymbol{Bx}=\boldsymbol{0}$ 的解，假设 $r(\boldsymbol{B})=r(\boldsymbol{A})=3$，则 $\boldsymbol{x}=k(-1,\ -2,\ -1,\ 1)^{\mathrm{T}}+(1,\ 1,\ 0,\ 0)^{\mathrm{T}}$ 也是方程组 $\boldsymbol{Bx}=\boldsymbol{0}$ 的通解，即 $\boldsymbol{Ax}=\boldsymbol{0}$与 $\boldsymbol{Bx}=\boldsymbol{0}$同解，与已知矛盾。故假设错误。于是 $r(\boldsymbol{B})<3$。对矩阵 $\boldsymbol{B}$ 进行初等行变换：

$$\boldsymbol{B}=\begin{bmatrix}1 & 0 & 1 & 2\\1 & -1 & a & a-1\\2 & -3 & 2 & -2\end{bmatrix}\to\begin{bmatrix}1 & 0 & 1 & 2\\0 & -1 & a-1 & a-3\\0 & 0 & 3(1-a) & 3(1-a)\end{bmatrix}$$

解得 $a=1$。

【评注】 本题考查了以下知识点：

(1) 方程组 $\boldsymbol{Ax}=\boldsymbol{\alpha}$ 的解均为方程组 $\boldsymbol{Bx}=\boldsymbol{\beta}$ 的解 $\Leftrightarrow$ 方程组 $\boldsymbol{Ax}=\boldsymbol{\alpha}$ 的通解是方程组 $\boldsymbol{Bx}=\boldsymbol{\beta}$ 的解。

(2) 方程组 $\boldsymbol{Ax}=\boldsymbol{\alpha}$ 的解均为方程组 $\boldsymbol{Bx}=\boldsymbol{\beta}$ 的解 $\Leftrightarrow$ 方程组 $\boldsymbol{Ax}=\boldsymbol{\alpha}$ 与方程组 $\begin{pmatrix}\boldsymbol{A}\\\boldsymbol{B}\end{pmatrix}\boldsymbol{x}=\begin{pmatrix}\boldsymbol{\alpha}\\\boldsymbol{\beta}\end{pmatrix}$ 同解 $\Leftrightarrow r(\boldsymbol{A},\ \boldsymbol{\alpha})=r\begin{pmatrix}\boldsymbol{A},\ \boldsymbol{\alpha}\\\boldsymbol{B},\ \boldsymbol{\beta}\end{pmatrix}=r\begin{pmatrix}\boldsymbol{A}\\\boldsymbol{B}\end{pmatrix}$。

(3) 方程组 $\boldsymbol{Ax}=\boldsymbol{\alpha}$ 的解均为方程组 $\boldsymbol{Bx}=\boldsymbol{\beta}$ 的解，且 $r(\boldsymbol{A})=r(\boldsymbol{B})$，则 $\boldsymbol{Ax}=\boldsymbol{\alpha}$ 与 $\boldsymbol{Bx}=\boldsymbol{\beta}$ 同解。

参 考 文 献

[1] 杨威. 满分线性代数[M]. 2版. 西安：西安电子科技大学出版社，2023.

[2] 杨威. 线性代数名师笔记[M]. 西安：西安电子科技大学出版社，2014.

[3] 刘三阳，马建荣，杨国平. 线性代数[M]. 2版. 北京：高等教育出版社，2009.

[4] 杨威，陈建春，宫丰奎，等. 线性代数练习册[M]. 2版. 西安：西安电子科技大学出版社，2020.

[5] 教育部教育考试院. 2024年全国硕士研究生招生考试数学考试大纲[M]. 北京：高等教育出版社，2023.